"十三五"国家重点出版物出版规划项目

有色金属材料制备与应用

刘光磊　刘海霞　万　浩　司乃潮　编著

机械工业出版社

秉持国家节能减排和可持续发展的理念，本书着重介绍铝、铜、镁、钛、锌等合金的基本特性、合金元素的影响、热处理工艺及其制备技术，将材料成分、组织（图谱）、性能及应用四个方面结合起来，配套虚拟仿真实验项目、多媒体课件和习题题库，以便于知识点的深入理解和关联记忆，形成统一的知识体系，增强实用性。

本书包括常用有色金属材料的制备与应用，内容丰富，通俗易懂，可作为高等院校材料、机械和冶金类专业相关课程的教材，也可供企业和科研单位相关工程技术人员、科研管理人员学习和参考。

图书在版编目（CIP）数据

有色金属材料制备与应用/刘光磊等编著．—北京：机械工业出版社，2021.6（2025.1重印）

“十三五”国家重点出版物出版规划项目

ISBN 978-7-111-68290-5

Ⅰ.①有…　Ⅱ.①刘…　Ⅲ.①有色金属—金属材料—高等学校—教材　Ⅳ.①TG146

中国版本图书馆CIP数据核字（2021）第097256号

机械工业出版社（北京市百万庄大街22号　邮政编码100037）
策划编辑：赵亚敏　责任编辑：赵亚敏
责任校对：肖　琳　封面设计：张　静
责任印制：张　博
北京建宏印刷有限公司印刷
2025年1月第1版第4次印刷
184mm×260mm·21印张·515千字
标准书号：ISBN 978-7-111-68290-5
定价：59.80元

电话服务	网络服务
客服电话：010-88361066	机　工　官　网：www.cmpbook.com
010-88379833	机　工　官　博：weibo.com/cmp1952
010-68326294	金　　书　　网：www.golden-book.com
封底无防伪标均为盗版	机工教育服务网：www.cmpedu.com

前言 PREFACE

以铝、镁合金为主的轻质有色金属材料现已成为航空航天、新能源等领域研究、开发及应用的首选材料。有色金属材料的发展对于我国国民经济、人民日常生活、国防工业以及科学技术发展的重要性不言而喻，深入学习和认识有色金属材料的基础理论知识是促进和拓展材料应用的必经之路，更是符合国家发展需要的。

为了适应教育部提出的“新工科”高等教育改革，本书作者在十余年教学实践的基础上，广泛听取了各方面建议并进行了深入研讨，完善了教材体系和内容，强化了应用性和时效性。为更好地指导学生学习，配套了多媒体课件、测试习题题库和高强韧铝基纳米复合材料成分设计与性能调控虚拟仿真实验。读者可以在江苏省高等学校虚拟仿真实验教学共享平台（http：//jsxngx. seu. edu. cn/）和国家实验空间（http：//www. ilab-x. com/）网站上搜索“高强韧铝基纳米复合材料成分设计与性能调控虚拟仿真实验”，注册后登陆开展本虚仿实验。本书在培养学生知识运用能力和持续发展能力方面具有较大的优势，可以作为高等院校材料、机械和冶金类专业的专业课教材，也可供企业和科研单位相关的工程技术人员、科研管理人员学习和参考。

党的二十大报告提出：“全面贯彻党的教育方针，落实立德树人根本任务，培养德智体美劳全面发展的社会主义建设者和接班人。”本书以二维码形式引入了“见证有色金属元素攻坚战的稀土”“新中国第一枚金属国微”“世界最大规格7050铝合金扁锭”“新中国第一块粗铜锭”“科学家精神”等视频，将党的二十大精神融入其中，使学生对中国特色社会主义的道路自信、理论自信、制度自信、文化自信更加坚定，培养学生的科技自立自强意识，助力培养德才兼备的拔尖创新人才。

本书分为上、下两篇，共7章，上篇“材料制备”，包括第1~5章，分别介绍了铝及其合金、铜及其合金、镁及其合金、钛及其合金和锌及其合金的分类及其基本特性、合金元素的作用、热处理工艺和熔炼制备原理及其制备技术；下篇“材料应用”包括第6章和第7章，分别介绍了形状记忆合金和轴承合金的分类及其基本特性、强化方法、制备工艺和应用举例。本书注重知识内容的实用性和综合性，将材料成分、组织（图谱）、性能及应用四个方面结合起来，便于知识点的关联记忆和深入理解，进而形成统一的知识体系。

本书由江苏大学刘光磊副教授、江苏大学刘海霞教授、泰州学院万浩讲师、江苏大学司乃潮教授编著。其中，第1~4章由刘光磊负责撰写，第5章由万浩负责撰写，第6章和第7章由刘海霞、司乃潮负责撰写，全书由刘光磊负责统稿。江苏大学对本书的编写和出版给予了大力支持和资助，江苏大学程晓农校长对本书的编写十分关心和支持，作者在此表示衷心感谢!

本书的编写对于作者而言是一种新的经历和尝试。由于作者水平有限，经验不足，书中内容难免存在疏漏，恳切希望广大读者提出宝贵建议。

编著者

目 录 CONTENTS

前言

上篇 材料制备

下篇 材料应用

上篇
材料制备

绪　论

金属材料是现代工业制造的基础，在机械、电气电子、化工、航空航天、建筑等工业领域，均要求金属材料向具有高强度、高韧性、轻质、耐高温、耐腐蚀以及特殊物理性能的方向发展。当前，人们习惯将金属材料分为黑色金属和有色金属两大类。通常将铁、铬、锰三类金属统称为黑色金属，除此以外的金属则统称为有色金属。我国按照有色金属的密度、价格以及储备量等情况，习惯将有色金属分为五大类：重金属、轻金属、贵金属、稀有金属和半金属。

1. 重金属

重金属一般指密度大于 $4.5g/cm^3$ 的有色金属，主要包括铜（Cu）、铅（Pb）、锌（Zn）、镍（Ni）、锡（Sn）、钴（Co）、锑（Sb）和汞（Hg）等。

2. 轻金属

轻金属一般指密度小于 $4.5g/cm^3$ 的有色金属，主要包括铝（Al）、镁（Mg）、铍（Be）、钠（Na）、钾（K）、钙（Ca）、锶（Sr）和钡（Ba）等。

3. 贵金属

贵金属主要包括金（Au）、银（Ag）和铂族元素，其中铂族元素指铂（Pt）、钯（Pd）、锇（Os）、铱（Ir）、钌（Ru）和铑（Rh）六种金属。由于它们的稳定性较高，且在地壳中的含量少，开采和提取较为困难，故价格较为昂贵。

拓展视频

中国第一块铂铱25合金

拓展视频

见证有色金属元素攻坚战的稀土

4. 稀有金属

稀有金属主要指自然界中含量较少、分布稀疏或难以提取的金属，在冶金工业中主要用来制造特种钢、超硬合金和高温合金等。根据稀有金属的特点，将其分为以下五类：①稀有轻金属，指锂（Li）、铍（Be）、铷（Rb）、铯（Cs）和钛（Ti），其共同特点是密度较小、化学活性强；②稀有高熔点金属，指钨（W）、钼（Mo）、钽（Ta）、铌（Nb）、锆（Zr）、铪（Hf）、钒（V）和铼（Re），其共同特点是熔点高、硬度高、耐蚀性强；③稀土金属，指镧系元素，包括镧（La）、铈（Ce）、镨（Pr）、钕（Nd）、钷（Pm）、钐（Sm）、铕（Eu）、钆（Gd）、铽（Tb）、镝（Dy）、钬（Ho）、铒（Er）、铥（Tm）、镱（Yb）、镥（Lu）及性质相近的钪（Sc）和钇（Y），共17种元素；④稀有分散金属，简称稀散金属，主要包括镓（Ga）、铟（In）、铊（Tl）和锗（Ge）等；⑤稀有放射性金属，包括天然放射性元素，如镭（Ra）、锕（Ac）、钍（Th）、镤（Pa）和铀（U），人造超铀元素，如钚（Pu）、钫（Fr）、锝（Tc）和镎（Np）。

另外，稀有金属并不全稀有，有些稀有金属在地壳中的含量比一些常用金属还要多，如锆、钒、锂和铍的含量就比铅、锌、汞和锡的含量多。

5. 半金属

半金属通常指硅（Si）、硒（Se）、碲（Te）、砷（As）和硼（B），其性质介于金属与非金属之间，如砷具有一些金属材料的导电、导热性能。

随着工业技术的飞速发展以及绿色环保要求的提升，有色金属材料的地位越来越重要，近年来其产量、使用量更是逐年增长。本书主要目的是使读者熟悉各种常见的有色金属材料，依据需求具备选择合适有色金属材料的初步能力，了解有色金属材料性能、组织与成分之间的关系，掌握一些强化有色金属材料性能的基础理论和基本规律，能够在实际生产中解决一些应用问题。

第1章 铝及其合金

铝在地壳中的储量非常丰富，$w_{Al}\approx7.73\%$，仅次于氧（$w_O=48.60\%$）和硅（$w_{Si}=26.30\%$），位列全部金属元素的第一位，远超过广泛应用的铁，如图1-1所示。铝不仅资源丰富，还具有一系列优良的特性。例如，铝的密度小、塑性高，具有优良的导电性和导热性，表面有致密的氧化膜保护，耐蚀性好。在纯铝中加入其他金属或非金属元素，能配制各种可供压力加工或铸造用的铝合金，它们具有比纯铝更为优异的铸造性能和应用性能。铝的比强度（抗拉强度/密度）很高，远比灰铸铁、铜合金和球墨铸铁高，仅次于镁合金、钛合金和高合金钢。

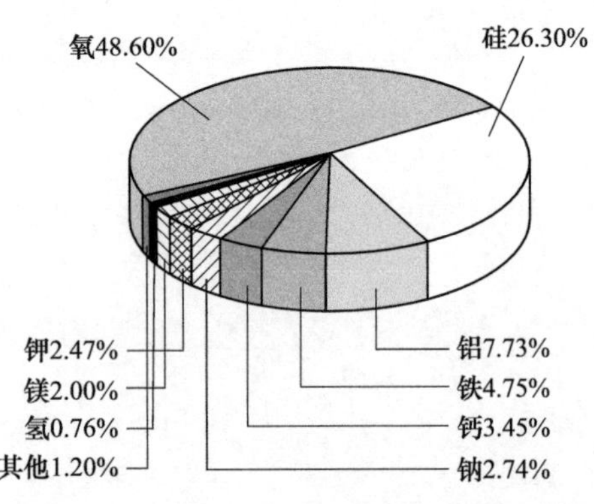

图1-1　地壳中元素的含量（质量分数）

铝及其合金的上述优点，决定了它在工业上越来越重要的地位和突飞猛进的发展。现在，铝及其合金不但大量用于军事、农业、轻工业、重工业和交通运输业，也广泛用于建筑结构材料、家庭生活用具和体育用品等。

本章主要讲述常用铸造铝合金的成分、组织、性能、制备及其应用和发展趋势。

1.1　概述

1.1.1　工业纯铝的特性与应用

1. 纯铝的特性

铝是元素周期表中位于第三周期第ⅢA族的元素，为银白色。所有铸造铝合金都是在纯铝的基础上，加入各种不同的元素制成的，主要成分是铝，因此铝合金的特性，如密度、熔点、导热性、线胀系数、收缩率等物理性能和化学性能及可加工性等，都和纯铝的性能密切相关。表1-1简要列出了工业纯铝的各种性能。

表 1-1 工业纯铝的特性

项目			性能指标	备注
原子及晶体结构	原子序数		13	没有同素异构转变 无磁性
	相对原子质量		26.98	
	原子半径		0.143nm	
	晶格类型		面心立方晶格	
	晶格常数		0.404nm	
化学性能	在淡水、海水、空气、浓硝酸、硝酸盐及汽油、润滑油等有机物质中具有良好的耐蚀性 在碱、碳酸盐、盐酸及卤化物中耐蚀性很差			铝的化学活性很强，极易氧化，而形成致密的氧化膜，对某些物质能起保护作用
物理性能	密度	20℃（常态）	$2.6996g/cm^3$	与纯度有关，除熔点外的数值均为纯度为 99.97% 的 Al 的物理量数值
		700℃（液态）	$2.371g/cm^3$	
	熔点	纯度为 99.996%的 Al	660.24℃	
		纯度为 99.6%的 Al	658.7℃	
	沸点		2467℃	
	熔化潜热		388.116J/g	
	比热容	常温、固态	0.946J/(g·K)	
		熔点、液态	1.289J/(g·K)	
	热导率（0~100℃）		2.177W/(cm·K)	
	线胀系数（0~100℃）		$23.6\times10^{-6}K^{-1}$	
	由液态变为固态时的收缩率		6.6%	
	电极电位（正常状况）		-1.3V	
	电导率		$38.2\times10^{-4}m/(\Omega\cdot cm^2)$	约为铜的 62%~65%
力学性能	弹性模量 E		60000~71000MPa	
	抗拉强度 R_m		80~120MPa	
	屈服强度 R_{eL}		20~90MPa	
	伸长率 A		11%~25%	
	布氏硬度 HBW		24~32HBW	
	冲击韧度 a_K		$10\sim20J/cm^2$	

（1）化学性能　铝和氧的亲和力很大，在室温下即能同空气中的氧结合生成极薄的 Al_2O_3 膜，膜厚约为 $2\times10^{-4}mm$，膜的致密度大，没有空隙，与铝基体的结合力很强，能阻止氧气向金属内部扩散而起保护作用。保护膜一旦破损，能迅速生成新的薄膜，恢复其保护作用，因而铝在空气中有足够的耐蚀能力。但铝的耐蚀性随杂质含量的增加而降低，特别是镁能严重破坏致密的 Al_2O_3 膜。

纯铝在冷的醋酸、有机酸中具有很高的耐蚀性，酸的浓度越高、温度越低，其耐蚀性越好。低温下，铝与浓硫酸、浓硝酸会发生钝化，反应极慢；但热的浓硫酸、浓硝酸却能与铝发生剧烈的反应，产生气体。碱类、盐酸、碳酸盐、食盐等能破坏其氧化膜，引起铝的强烈腐蚀。因此，烧碱（NaOH）往往用于铝或铝合金的宏观组织腐蚀剂。

铝与某些氧化物，如 Fe_2O_3、Cr_2O_3、CuO、MnO_2 等会发生铝热反应，放出大量的热和耀眼的光，可用于冶炼金属和焊接轨道。

（2）物理性能　铝的密度小，仅为铁的1/3左右，是轻量化的首选材料。纯铝的熔点、沸点会随着杂质含量的增加而下降。其导电、导热性能很好，仅次于银和铜，可用于制造电线、电缆等各种导电制品和散热器等导热元件。铝有很高的熔化潜热，约为388.116J/g，比热容约为1.289J/(g·K)。1g铝自0℃加热至熔点所需热量（包括熔化潜热）要比其他金属高得多，见表1-2。所以铝的熔点虽较低，但熔化时需要消耗较多的热能。

表1-2　几种金属自0℃至熔点的熔化潜热　　（单位：J/g）

金属名称	铝（Al）	铁（Fe）	铜（Cu）	铂（Pt）	银（Ag）	金（Au）
熔化潜热	1081.45	1046.7	678.26	428.73	355.88	242.83

（3）力学性能　铝的纯度不同，其力学性能波动范围较大。通常，铝的纯度越低，抗拉强度和硬度越高而塑性越低。其塑性可高达25%，可以采用锻、轧、压等压力加工方法制成各种管、板、棒、线等型材，如果压力加工后再经退火处理，纯铝的塑性更高，伸长率可达30%~40%，用它可以制成厚度为0.0006mm左右的铝箔和极细的金属丝。所谓纯铝，其实并不纯，工业纯铝中常含有铁和硅等杂质。这些杂质会降低铝的塑性、导电性和导热性，并减弱氧化膜的保护作用，大大降低纯铝的化学稳定性。

（4）铸造性能　纯铝的浇注温度为700~750℃，流动性不好。铝的线收缩率是1.7%~1.8%，体收缩率是6.4%~6.6%，均较大，见表1-3。因此，纯铝的铸造性能差，容易产生热裂等铸造缺陷，很少用于铸造各种铸件。纯铝的线胀系数也比其他常用金属大，见表1-3。

表1-3　纯铝和几种常用金属材料的线胀系数 α　　（单位：$10^{-6}K^{-1}$）

材料名称	温度范围/℃		
	20~100	20~200	20~200
纯铝	23.86	24.58	25.45
纯铜	17.2	17.5	17.9
碳钢	10.6~12.2	11.3~13.0	12.1~13.5
铸铁	8.7~11.1	8.5~11.6	10.1~12.2

（5）强化方法　纯铝不能采取热处理的方式进行强化，冷变形强化是其提高强度的唯一手段。但为了去除冷加工过程铝中的残余应力，可以采取退火，一般退火温度为300~500℃，保温时间依据工件厚度而定。

综上所述，由于纯铝的铸造性能差，主要用于配制铝合金，制造电线、电缆和制造家庭用器皿等。

2. 纯铝的冶炼

铝的化学活性强，在自然界以化合物的形式存在。我国铝矿资源丰富，主要种类有铝土矿、高岭石和霞石等。当前，工业上冶炼铝主要是将含铝矿石通过化学处理得到纯净含铝化合物，然后再将这些化合物用电解的方法得到纯铝。

(1) 氧化铝的制备　目前世界上超过90%的氧化铝是采用拜耳法生产的，即将粉碎的铝土矿放入240℃的NaOH强碱溶液中充分反应，通过过滤去除Fe、Si氧化物组成的不溶于水的残留物或红土，得到$Al_2O_3 \cdot 3H_2O$（或$Al(OH)_3$溶液），最后调整煅烧温度和压力，去除水而获得不同形态的Al_2O_3。

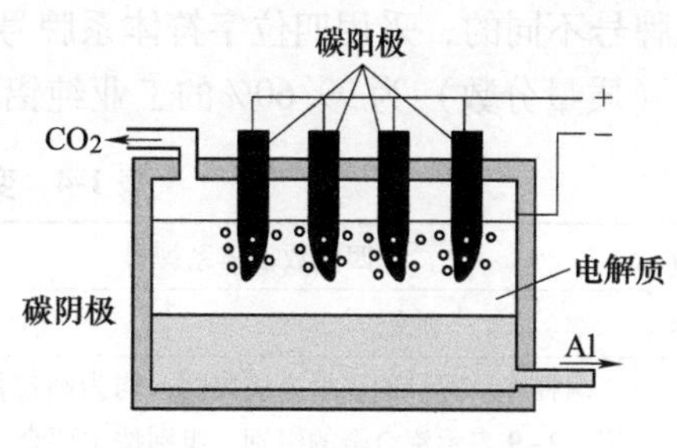

图1-2　电解氧化铝示意图

(2) 电解氧化铝　该方法称为霍尔埃鲁工艺，如图1-2所示，即直流电通过由氧化铝、冰晶石（六氟铝酸钠，Na_3AlF_6）组成的电解质溶剂，在950~970℃下使电解质溶液中的氧化铝分解为铝和氧。阳极析出CO_2，阴极还原出Al，铝液从电解槽底部排出，然后经合金化、净化处理等，铸成铝锭。

1.1.2　铝合金的分类及其特点

在纯铝中加入一些其他金属或非金属元素所熔制的合金称为铝合金，其不仅能保持纯铝的基本性能，而且由于合金化的作用而获得了良好的综合性能。配制铝合金的元素主要有硅、铜、镁、锌及稀土元素等，它们在铝中的加入量较大，能强烈影响铝的力学性能和物理化学性能。

通常情况下，合金被分为变形合金和铸造合金，铝合金也不例外。

所谓变形铝合金，是指纯铝中加入合金元素并熔炼铸成锭之后，经过锻造、挤压、轧制、冲压和拉拔方法进行压力加工，使得组织和性能发生显著变化的铝合金。通常制成各种板材、带材、棒材、管材、型材等半成品，要求合金具有良好的塑性变形能力。因此，变形铝合金组织中以固溶体为主，为了提高强度也可以包含少量第二相，以免降低合金的塑性。

所谓铸造铝合金，是指纯铝中加入合金元素并熔炼后，直接浇注成各种形状复杂铸件的铝合金。铸件后续只需进行切削加工甚至不加工就可成为成品，故要求合金具有良好的铸造性能，尤其是流动性。因此，铸造铝合金组织中要包含一定数量的共晶体，若共晶体中第二相为硬脆化合物，则其含量不能过多。

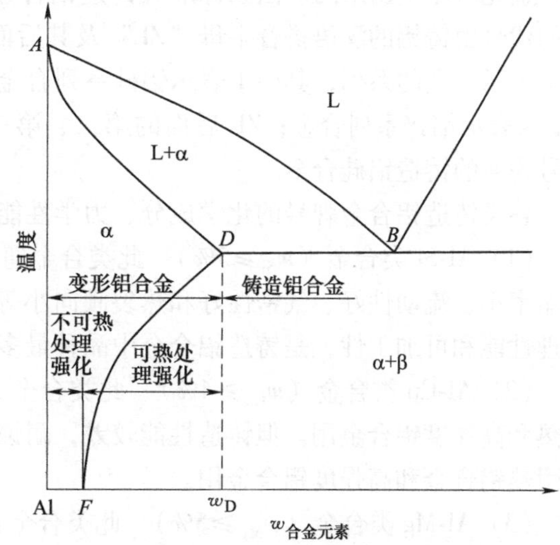

图1-3　铝合金一般具有有限固溶型共晶相图

铝合金一般具有有限固溶型共晶相图，如图1-3所示，根据相图，以D点成分w_D为界限，分为变形铝合金和铸造铝合金，但依据实际生产情况，按上述w_D位置进行划分的方法并不绝对。

1. 变形铝合金的牌号与分类

国家标准《变形铝及铝合金牌号表示方法》（GB/T 16474—2011）规定，凡是化学成分与变形铝及铝合金国际牌号命名的合金相同的所有铝合金，其牌号直接采用国际通用的四位数字体系牌号，若成分与国际四位数字体系牌号不同的，采用四位字符体系牌号，具体表示方法见表 1-4。例如，1060 表示最低含铝量（质量分数）为 99.60%的工业纯铝；7075 表示顺序号为 75 的 Al-Zn 系变形铝合金。

表 1-4　变形铝及铝合金的编号方法

位数	四位数字体系牌号		四位字符体系牌号	
	纯铝	铝合金	纯铝	铝合金
第一位	两种体系牌号的表示方法相同，均为阿拉伯数字，表示纯铝及铝合金的组别。1 表示纯度不低于 99.00%的纯铝；2~9 表示铝合金的组别，组别按主要合金元素划分：2 表示 Cu，3 表示 Mn，4 表示 Si，5 表示 Mg，6 表示 Mg+Si，7 表示 Zn，8 表示其他元素铝合金，9 表示备用铝合金组			
第二位	为阿拉伯数字，表示对杂质范围的修改。0 表示其杂质含量无特殊控制，即原始纯铝；1~9 表示对某一种或几种杂质或合金元素极限含量进行特殊控制	为阿拉伯数字，表示对合金的修改改型情况。0 表示无修改，即原始合金；1~9 表示对合金的修改次数	为英文大写字母，表示原始纯铝的改型情况。A 表示原始纯铝；B~Y（除 C、I、L、N、O、P、Q、Z 之外）表示原始纯铝的改型，其元素含量略有变化	为英文大写字母，表示原始合金的改型情况。A 表示原始合金；B~Y（除 C、I、L、N、O、P、Q、Z 之外）表示原始合金的改型，其化学成分略有变化
最后两位	为阿拉伯数字，表示最低铝含量（质量分数）中小数点后的两位，即表明纯铝纯度	为阿拉伯数字，无特殊意义，仅用来识别同一组别中的不同合金	为阿拉伯数字，表示最低铝含量（质量分数）中小数点后两位，即表明纯铝纯度	为阿拉伯数字，无特殊意义，仅用来识别同一组别中的不同合金

2. 铸造铝合金的牌号与分类

现在世界各国品种繁多的铸造铝合金，基本上都是由 Si、Cu、Mg、Zn 这几种元素和 Al 的合金化所派生出来的。国家标准《铸造铝合金》（GB/T 1173—2013）中规定，铸造铝合金的代号由铸铝的汉语拼音字母“ZL”及其后面的三个阿拉伯数字组成。ZL 后面的第一位数字表示合金的系列，其中 1 表示铝硅系列合金，2 表示铝铜系列合金，3 表示铝镁系列合金，4 表示铝锌系列合金；ZL 后面的第二、第三数字表示合金的顺序号，如 ZL104 表示顺序号为 4 的铸造铝硅合金。

各类铸造铝合金牌号的化学成分、力学性能见表 1-5，其特点简述如下：

（1）Al-Si 类合金（$w_{Si}\geqslant 5\%$）　此类合金通常称为硅铝明。它具有优良的铸造性能，如收缩率小、流动性好、气密性好和热裂倾向小等，变质处理之后，还具有良好的力学性能、物理性能和可加工性，是铸造铝合金中品种最多、用量最大的合金。

（2）Al-Cu 类合金（$w_{Cu}\geqslant 4\%$）　此类合金具有较高的室温和高温力学性能，主要作为耐热和高强度铝合金用。但铸造性能较差，耐蚀性也较低，线胀系数较大。此类合金大多作为耐热铝合金和高强度铝合金用。

（3）Al-Mg 类合金（$w_{Mg}\geqslant 5\%$）　此类合金具有非常优异的耐蚀性，力学性能高，加工表面光亮美观，密度是现有铝合金中最小的。但熔炼、铸造工艺比较复杂，除用作耐蚀合金外，是发展高强度铝合金的基础之一，也可作为装饰用合金。

（4）Al-Zn 类合金（$w_{Zn}\geqslant 10\%$）　锌在铝中的溶解度非常大，能显著提高合金的强度，它最大的优点是无须热处理就能使合金强化。但这种合金耐蚀性差，有应力腐蚀倾向，铸造

表 1-5 铸造铝合金牌号化学成分和力学性能①

类别	序号	合金牌号	合金代号	主要元素及含量（质量分数,%）								铸造方法②	合金状态③	力学性能④（≥）		
				Si	Cu	Mg	Zn	Mn	Ti	其他元素	Al			抗拉强度 R_m/MPa	伸长率 A(%)	布氏硬度 HBW
Al-Si类	1	ZAlSi7Mg	ZL101	6.5~7.5		0.25~0.45					余量	SB、RB、KB	T6	222	1	70
	2	ZAlSi7MgA⑤	ZL101A	6.5~7.5		0.25~0.45			0.08~0.20		余量	SB、RB、KB	T6	271	2	90
	3	ZAlSi12	ZL102	10.0~13.0							余量	SB、RB、KB	T2	133	4	50
	4	ZAlSi9Mg	ZL104	8.0~10.5		0.17~0.3		0.2~0.5			余量	SB、RB、KB	T6	222	2	70
	5	ZAlSi5Cu1Mg	ZL105	4.5~5.5	1.0~1.5	0.4~0.6					余量	S、R、K	T6	222	0.5	70
	6	ZAlSi5Cu1MgA⑤	ZL105A	4.5~5.5	1.0~1.5	0.4~0.55					余量	SB、R、K	T5	271	1	85
	7	ZAlSi8Cu1Mg	ZL106	7.5~8.5	1.0~1.5	0.3~0.5		0.3~0.5	0.10~0.25		余量	SB	T6	241	1	90
	8	ZAlSi7Cu4	ZL107	6.5~7.5	3.5~4.5						余量	SB	T6	241	2.5	90
	9	ZAlSi12Cu2Mg1	ZL108	11.0~13.0	1.0~2.0	0.4~1.0		0.3~0.9			余量	J	T6	251		90
	10	ZAlSi12Cu1Mg1Ni1	ZL109	11.0~13.0	0.5~1.5	0.8~1.3				Ni：0.8~1.5	余量	J	T6	241		100
	11	ZAlSi9Cu2Mg	ZL111	8.0~11.0	1.3~1.8	0.4~0.6		0.10~0.35	0.10~0.35		余量	SB	T6	251	1.5	90
	12	ZAlSi7Mg1A⑤	ZL114A	6.5~7.5		0.45~0.60			0.10~0.20	Be：0.04~0.07	余量	SB	T5	290	2	85
	13	ZAlSi5Zn1Mg	ZL115	4.8~6.2		0.4~0.65	1.2~1.8			Sb：0.10~0.25	余量	S	T5	271	3.5	90
	14	ZAlSi8MgBe	ZL116	6.5~8.5		0.35~0.55			0.10~0.30	Be：0.15~0.40	余量	S	T5	290	2	85
Al-Cu类	15	ZAlCu5Mn	ZL201		4.5~5.3			0.6~1.0	0.15~0.25		余量	S、J、R、K	T5	330	4	90
	16	ZAlCu5MnA⑤	ZL201A		4.8~5.3			0.6~1.0	0.15~0.35		余量	S、J、R、K	T5	388	8	100

（续）

类别	序号	合金牌号	合金代号	主要元素及含量（质量分数,%）								铸造方法②	合金状态③	力学性能④（≥）		
				Si	Cu	Mg	Zn	Mn	Ti	其他元素	Al			抗拉强度 R_m/MPa	伸长率 A(%)	布氏硬度 HBW
Al-Cu类	17	ZAlCu10	ZL202		9.0~11.0						余量	S、J	T6	163		100
	18	ZAlCu4	ZL203		4.0~5.0						余量	S、R、K	T5	212	3	70
	19	ZAlCu5MnCdA⑤	ZL204A		4.6~5.3				0.15~0.35	Cd：0.15~0.25	余量	S	T5	437	4	100
	20	ZAlCu5MnCdVA⑤	ZL205A		4.6~5.3			0.3~0.5	0.15~0.35	Cd：0.15~0.25 V：0.05~0.3 Zr：0.05~0.2 B：0.005~0.06	余量	S	T6	467	3	140
	21	ZAlR5Cu3Si2	ZL207	1.6~2.0	3.0~3.4	0.15~0.25		0.9~1.2		Ni：0.2~0.3 Zr：0.15~0.25 RE：4.4~5.0	余量	S	T1	163		75
Al-Mg类	22	ZAlMg10	ZL301			9.5~11.0					余量	S、J、R	T4	280	9	60
	23	ZAlMg5Si1	ZL303	0.8~1.3		4.5~5.5		0.1~0.4			余量	S、J、R、K	F	143	1	55
	24	ZAlMg8Zn1	ZL305			7.5~9.0	1.0~1.5		0.1~0.2	Be：0.03~0.1	余量	S	T4	290	8	90
Al-Zn类	25	ZAlZn11Si7	ZL401	6.0~8.0		0.1~0.3	9.0~13.0				余量	S、R、K	T1	192	2	80
	26	ZAlZn6Mg	ZL402			0.5~0.65	5.0~6.5		0.15~0.25	Cr：0.4~0.6	余量	S	T1	222	4	65

① 本表中数据摘自国家标准《铸造铝合金》（GB/T 1173—2013）。
② S—砂型铸造；J—金属型铸造；R—熔模铸造；K—壳型铸造；B—变质处理。
③ F—铸态；T1—自然时效；T4—固溶处理后自然时效；T5—固溶处理后不完全人工时效；T6—固溶处理后完全人工时效。
④ 某些牌号合金可以采用多种铸造方法及不同热处理工艺，以得到不同的力学性能。
⑤ 牌号后面注有“A”字的，是优质合金，要求杂质含量（质量分数）总和低于 0.8%。

时容易产生热裂。

另外，近年来Al-RE（混合稀土）类合金也有一定的应用，其高温强度高、热稳定性好，可用于在350~400℃下工作的零件，只是其室温力学性能较差。目前，该类铸造铝合金还未列入国家标准中。

1.2 铸造铝合金的特性

1.2.1 铸造铝硅合金

1. Al-Si 二元相图

Al-Si 二元合金具有简单的共晶型相图，如图1-4所示。室温下仅形成α和β两种相。α相是Si溶于Al中的固溶体，在共晶温度577℃时，Si的最大溶解度（质量分数）是1.65%，但室温时只有0.05%，故α相性能和纯铝相似，可以看成α-Al相。β相是Al溶于Si的固溶体，Al的最大溶解度仍不明确，其量极微，故可将β相看成是纯硅相。

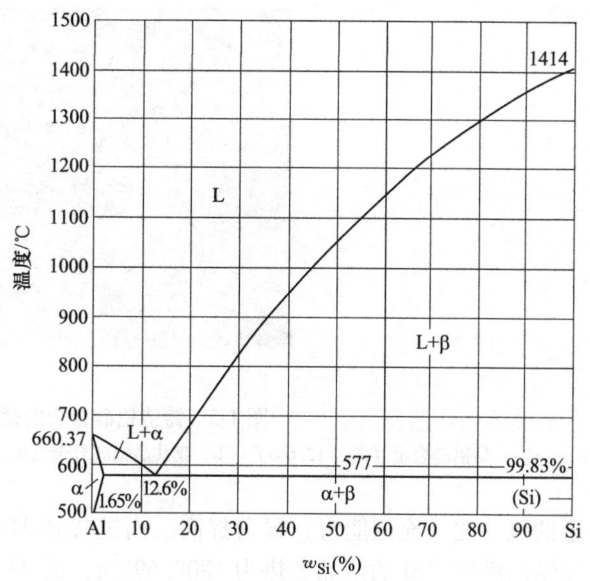

图1-4 Al-Si 二元合金共晶型相图

图1-5所示为不同Si含量的铸造铝硅合金的微观组织照片。

当 w_{Si} = 12.6%时，为共晶铝硅合金，如图1-5a所示，其室温组织为（α+β）共晶体相。通常把共晶体中的β相称为共晶硅相。若不经变质处理，铸态的铝硅合金中的共晶硅一般呈粗大的片状和针状。

当 w_{Si} = 1.65%~12.6%时，为亚共晶铝硅合金，如图1-5b所示。结晶过程中先析出α相，到577℃时，剩余液相发生共晶转变生成（α+β）共晶体，故亚共晶铝硅合金的室温组织为“α-Al相 +（α+β）共晶体相”。

当 w_{Si}>12.6%时，为过共晶铝硅合金，如图1-5c所示。结晶过程中先析出β相，称为初晶Si相，再发生共晶转变，故过共晶铝硅合金的室温组织为“初晶Si相 +（α+β）共晶体相”。实际生产条件下，共晶和过共晶成分的铝硅合金组织中均会出现初晶Si，若不经变质处理，它在铸态下多呈粗大的多角形块状或板状。

注：关于变质处理在本章第1.4节进行讲解。

2. Si 含量对合金组织和性能的影响

（1）Si 含量对铸造性能的影响

1）流动性。对于一般铸造合金，结晶温度范围越大，流动性能越差。二元Al-Si合金，随着Si含量的增加，合金的结晶温度范围不断变小，组织中共晶体的数量逐渐增加，因此

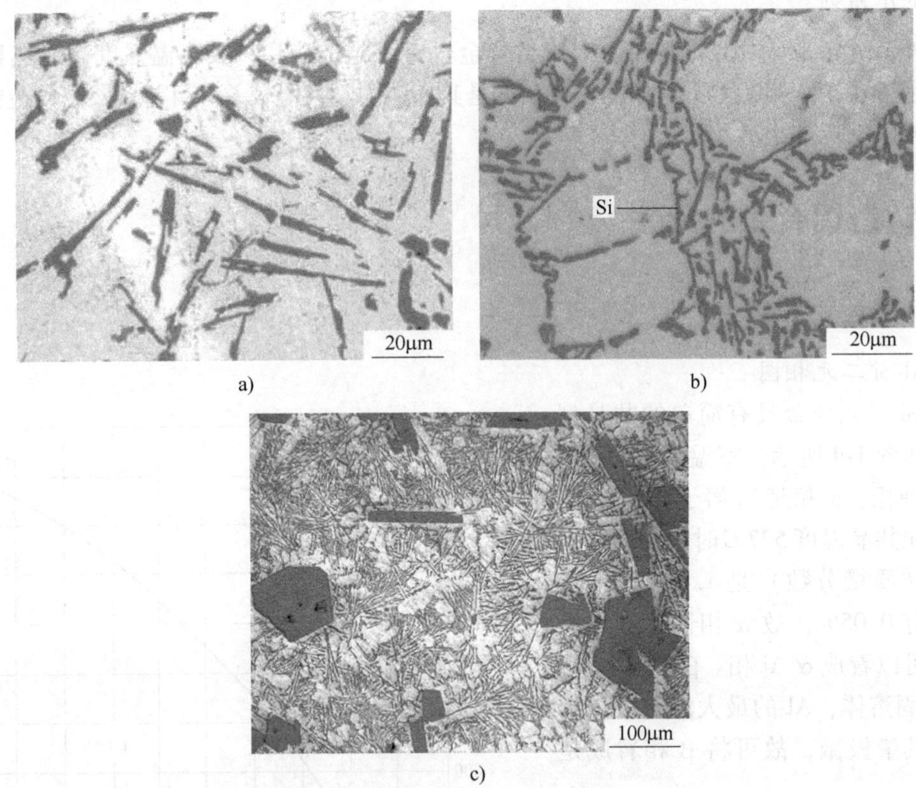

图 1-5　铸造铝硅合金的微观组织照片

a）共晶铝硅合金（w_{Si} = 12.6%）　b）亚共晶铝硅合金（w_{Si} = 7.5%）　c）过共晶铝硅合金（w_{Si} = 18%）

合金的流动性（充型能力）显著提高。而过共晶 Al-Si 合金凝固时，由于初晶 Si 析出会放出大量结晶潜热（Si 的结晶潜热为 1808.69J/g，而 Al 仅为 388.116J/g），所以 Si 含量大于共晶点 Si 含量时，合金仍有比共晶合金更好的流动性。如图 1-6 所示，当 w_{Si} = 16%～20%时，流动性相对较好。

2）线收缩率和体收缩率。纯铝的线收缩率和体收缩率较大，但 Si 几乎不收缩。因此，随着 Si 含量的增加，合金的线收缩率和体收缩率也随之下降。

3）热裂倾向。随 Si 含量的增加，热裂倾向相应降低。根据生产经验，当 w_{Si} = 5%时，合金已有相当好的充型能力；当 w_{Si} = 6%时，可消除热裂；当 w_{Si} = 9%时，已无疏松现象，能获得组织致密的铸件。故生产中常用 w_{Si} = 5%以上的 Al-Si 合金。

4）气密性。合金凝固范围越小，产生疏松的倾向也越小，则不易产生析出性气孔，合金的气密性就越高。

（2）Si 含量对力学性能的影响　图 1-7 表示 Si 含量对 Al-Si 二元合金砂型铸件力学性能的影响。

随着合金中 Si 含量的增加，组织中的 Si 相不断增加，提高了合金的抗拉强度。但 Si 相在未经变质处理以前，在共晶体中一般都呈片状分布，严重地割裂了基体，由于应力集中的影响，伸长率显著降低。当 w_{Si} > 13%～14%时，伸长率只有 1%以下，抗拉强度也只有 100MPa 左右，失去了使用价值。经过变质处理以后，Al-Si 合金的抗拉强度可提高到 200MPa

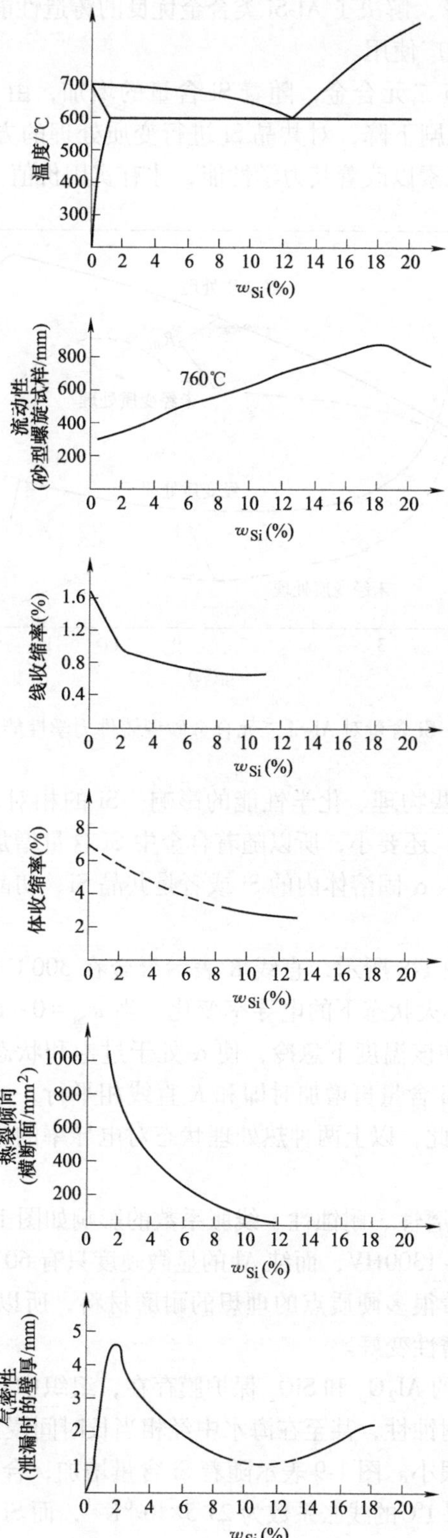

图 1-6 Si 含量对 Al-Si 二元合金铸造性能的影响

以上，伸长率可达6%～12%，解决了Al-Si类合金优良的铸造性能与较差的力学性能这对矛盾，使这一类合金得到了推广使用。

w_{Si}>14%的过共晶Al-Si二元合金，随着Si含量的增加，由于大量大块状的初晶Si析出，抗拉强度和伸长率都急剧下降，对共晶Si进行变质处理的方法已不见效，而必须细化初晶Si，并配入强化合金元素以改善其力学性能，才有实用价值。

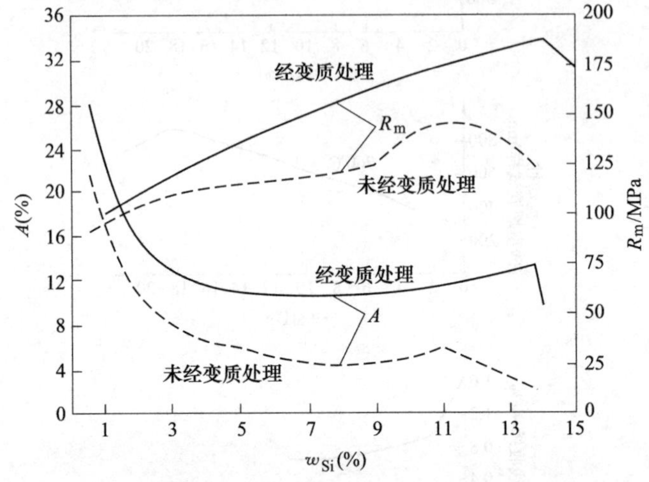

图1-7　Si含量对Al-Si二元合金砂型铸件力学性能的影响

(3) 含Si量对合金某些物理、化学性能的影响　Si的相对质量密度只有2.33～2.35，比铝及其合金（2.5～2.95）还要小，所以随着合金中Si含量增加，其相对质量密度也直线下降（图1-8）。无论是溶入α固溶体内的Si或者是共晶Si、初晶Si，都大大降低合金的导电、导热性能。

以导电性能为例：如图1-8所示，直线K表示合金在300℃回火状态下的电导率变化；曲线K'表示合金在500℃淬火状态下的电导率变化，当w_{Si}=0～1.65%时，在500℃时Si几乎全部溶入α固溶体中，在该温度下急冷，使α处于过饱和状态，电导率急剧下降，因而出现明显的转折点，随后Si含量再增加时即和K直线相平行，这时影响电导率的因素由共晶Si和初晶Si所决定。因此，以上两种热处理状态对电导率的影响相似。Si含量对导热性能的影响与此类似。

Si含量对Al-Si合金耐磨性、耐蚀性、线胀系数的影响如图1-9所示。

Si的显微硬度有1000～1300HV，而纯Al的显微硬度只有60～100HV。Si相析出的Al-Si合金，是软的基体上分布着很多硬质点的理想的耐磨材料，所以合金的磨损量将随Si含量的增加而不断减少，即耐磨性变好。

Al-Si合金表面有致密的Al_2O_3和SiO_2保护膜存在，组织中α相基体和Si相的电位差不大，因此合金具有良好的耐蚀性，甚至在海水中经相当长时间浸蚀后，仍能保持原来的力学性能，应力腐蚀的倾向也很小。图1-9表示随着Si含量增加，合金腐蚀的量减少。

纯Al在0～100℃时，每1℃的线胀系数为$23.5\times10^{-6}K^{-1}$，而Si的线胀系数为$7.6\times10^{-6}K^{-1}$，相差3.09倍，所以含Si量越高，合金的线胀系数越小。这也是Al-Si合金能广泛应用于制作活塞的重要原因。

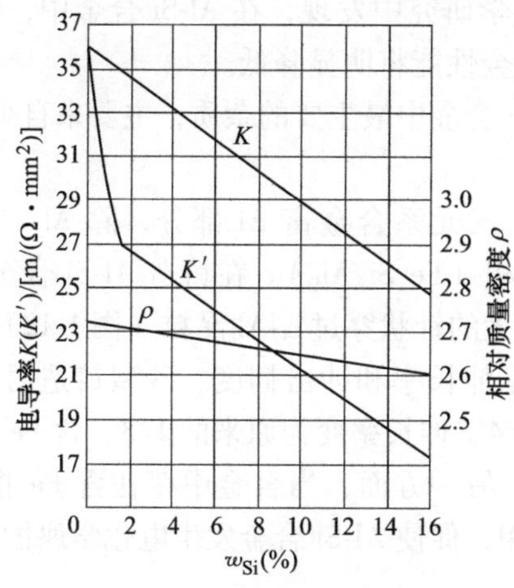

图 1-8 Si 含量对 Al-Si 合金相对质量密度和电导率的影响

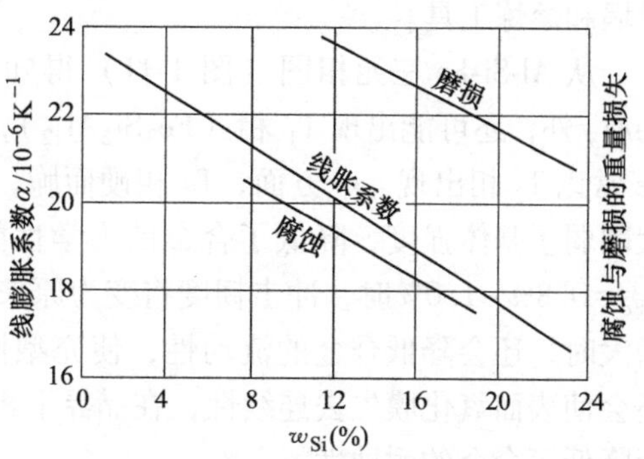

图 1-9 Si 含量对 Al-Si 合金耐磨性、耐蚀性和线胀系数的影响

（4）Si 含量对 Al-Si 合金可加工性的影响　Al-Si 类合金的可加工性比 Al-Cu、Al-Mg 类铸造铝合金差，但比纯 Al 要好。纯 Al 的塑性很大，将它由塑性状态转变为脆性状态并使之破裂需消耗很大的功（图 1-10）。合金中 Si 含量增加，共晶体增多，就使切削过程变得较为容易。特别是经变质处理后的合金，晶粒细化，消耗的切削功减小。另外，因为纯 Al 的塑性大，加工后的表面质量差，表面粗糙度值大，而合金的表面质量反而比纯 Al 好。当 $w_{Si}>15\%$ 时，初晶 Si 量继续增加，合金的可加工性和表面质量都会变差。这是因为过共晶 Al-Si 合金是由高塑性的 Al 和高脆性的初晶 Si 所组成的复合材料，切削加工时，Al 的塑性大、熔点低，易在工件表面与刀尖接触处产生积屑瘤（刀瘤），随后与破碎的初晶 Si 一起，使工件部分表皮剥落，形成刀痕，因而使表面质量变差，同时刀具也容易磨损。因此，过共晶 Al-Si 合金能否用于大批量生产零件，在很大程度上取决于其可加工性的改善。

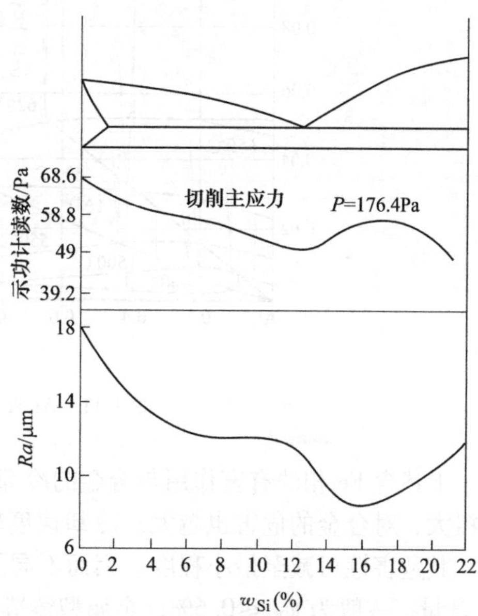

图 1-10 Si 含量对合金可加工性的影响

可以通过充分细化初晶 Si，加入易切削元素（如锡、铋、铅等），采用加热切削、电解磨削等工艺改善过共晶 Al-Si 合金的可加工性，以及使用金刚石刀具，配合恰当的切削速度和加入切削液等方法，也能获得近乎镜面的加工表面。因此，为了兼顾合金的铸造性能和力学性能，并使其可加工性不致太差，Al-Si 合金中 Si 的质量分数一般选择在 7%～13%。

3. 铝硅合金中的有害杂质

当采用高纯 Al 和高纯 Si 配制成 Al-Si 合金时，即使不经变质处理也能获得良好的变质组织，显示很高的力学性能。但是，在生产实践和科学研究中发现，在 Al-Si 合金中，如果 Fe、Sn、Pb、Ca、P 等杂质含量和含气量增大时，合金性能将明显降低。

（1）杂质 Fe 的有害作用和消除方法　Fe 是 Al-Si 合金中最主要的杂质，主要来自炉料、坩埚和熔炼工具。

从 Al-Si-Fe 三元相图（图 1-11）得知：Al-Si-Fe 三元系合金富 Al 部分，除 Al、Si 和 $FeAl_3$ 外，还可能出现 T_1 相（$Fe_3Si_2Al_{12}$），以及 T_2 相（$Fe_2Si_2Al_9$）。在铸造 Al-Si 合金中，Fe 常以 T_2 相出现。一方面，T_2 相硬而脆，往往以粗大的针状穿过 α-Al 晶粒（图 1-12），大大削弱了基体强度，降低了合金的力学性能，尤其是伸长率和冲击韧度。砂型铸造时，当 w_{Fe}=0.8%~1.0%时，冲击韧度将变为原来的 1/5~1/4，伸长率变为原来的 1/3。含 Fe 含量增大时，还会降低合金的流动性，使充型性能恶化。另一方面，当合金中存在含 Fe 相时，还会使表面氧化膜失去连续性，在晶界上析出的 T_2 相，促使 Al-Si 合金发生电化学腐蚀，因而降低了合金的耐蚀性。

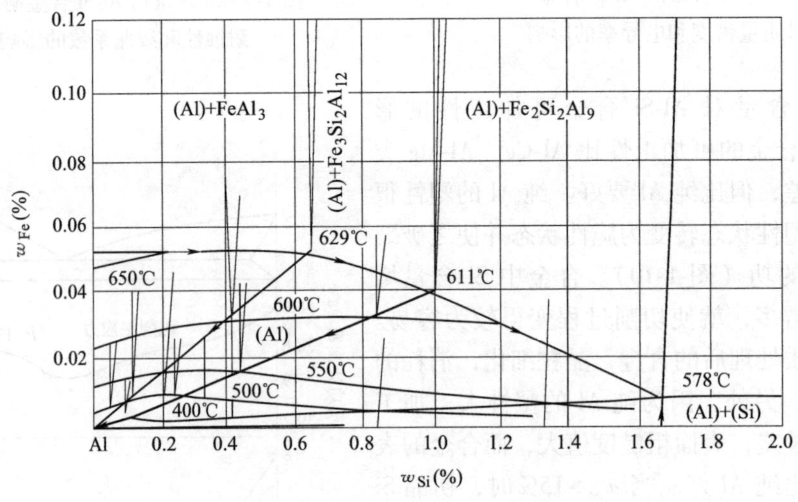

图 1-11　Al-Si-Fe 三元相图等温溶解度

上述含 Fe 相的有害作用与合金的冷却速度有密切关系。冷却速度越小，含 Fe 相的组织越粗大，对合金的危害也越大；冷却速度较大时，T_2 相不易析出或者析出的针状晶尺寸很小，其危害性可减至最小程度。因而不同的铸造方法允许含 Fe 量不同。砂型铸件允许最低 Fe 含量，一般为 w_{Fe}≤0.6%；金属型铸造时允许 Fe 含量可高一些，一般为 w_{Fe}≤1%；压铸或高压挤压铸造时，允许 Fe 含量还可以高一些，一般可达 w_{Fe}=1.2%~1.5%。注意：压力铸造时，Fe 含量过低（w_{Fe}<0.5%），会发生粘模现象，所以 Fe 含量较高使氧化膜失去连续性，可以改善粘模现象。另外，对于某些耐热合金，Fe 能提高耐热性能，反而可以成为一种合金化元素。

为了消除 Fe 的有害作用，可以加入微量 Mn、Cr、Co、Mo、Be 等元素。其中，由于 Mn 的来源广，价格便宜，在工业上得到了广泛的应用。加入这些元素的作用是使粗大针状的 T_2 相变成新的复杂多元化合物（如图 1-13 所示，AlSiMnFe 相为黑色），它们通常呈灰色、块状、杆状或团状，极大降低了原有针状 Fe 相削弱基体的有害作用。但是，Mn 含量不宜过多，否则将形成 (FeMn)Al_6 这种粗大脆性化合物，造成强烈偏析，反而会降低合金的力学性能。故 w_{Mn}≤0.5%，当 w_{Mn} : w_{Fe} =（0.67~0.83）: 1 时，效果最好。除 Mn 外，其他元素也有类似作用，如 w_{Co} : w_{Fe} =0.9 : 1，w_{Cr} : w_{Fe} =0.35 : 1 时，也可获得较好的效果。

另外，诸如 T_2 相这种复杂的多元含 Fe 相，其密度大，会沉至坩埚底部。浇注时，一般底部铝液不浇铸件，这样也可以减少合金中的含 Fe 量。

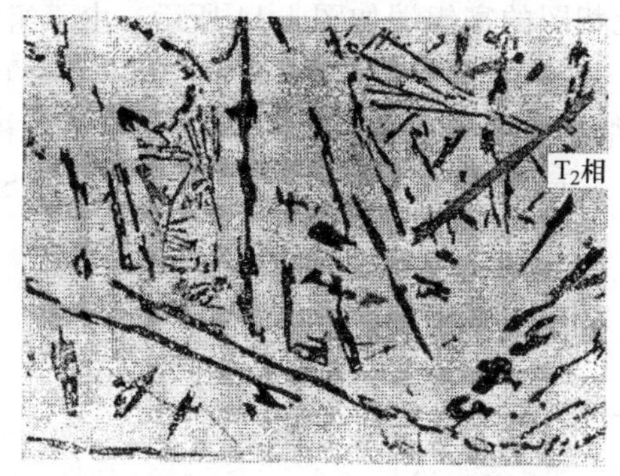

图 1-12　Al-12%Si 合金中 T_2 相（浅灰色）的显微组织（放大 200 倍，0.5%HF 腐蚀）

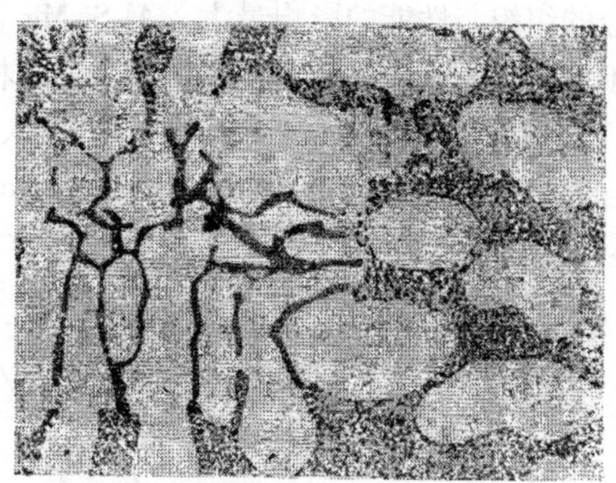

图 1-13　ZL104 合金中 AlSiMnFe 相的显微组织（放大 200 倍，0.5%HF 腐蚀）

（2）其他杂质元素的影响

1）Sn 和 Pb。它们能形成低熔点共晶化合物，对热处理极为不利。极微量的 Sn（w_{Sn} = 0.012%）也能使热处理后的伸长率显著降低。另外，Sn 和 Pb 还会同 Mg 起化学作用，减弱 Mg 的强化作用而使力学性能下降。生产上必须防止含 Sn、Pb 的炉料混入，其质量分数应严格限制在 0.01%以下。

2）Ca 和 P。Ca 对 Al-Si 合金的影响比较复杂，通常认为 Ca 是 Al 基铸造合金中的有害杂质。杂质 Ca 大多是由原材料（结晶 Si）带进的；牌号越低，含 Ca 越多。

杂质 Ca 是以硅化钙（Ca_2Si、CaSi、$CaSi_2$）、氮化钙、磷化钙等化合物形式出现的。含杂质 Ca 较多时，将使流动性变差，容易吸气和发生微观针孔或疏松，并产生偏析性硬脆化合物，严重时将使铸件废品率明显上升。因此，杂质 Ca 的最高允许质量分数为 0.03%。

当用吹氯气、高温静置和搅拌等方法清除了杂质 Ca 之后，再加入质量分数小于 0.01% 的 Ca，则除了可以细化晶粒外，还可以有效地改善液态合金表面氧化膜的特性，或阻止氧化铝膜的形成。压铸时，Ca 具有使金属液流汇合时容易完全润湿并立即融合的作用，从而明显减少冷隔，甚至可以完全消除这种缺陷。而当 Al 基铸造合金中，w_{Ca} = 0.003%~0.03% 时，还可以显著减少粘模现象。前面提到压铸时通常采用含 Fe 量较高的合金，以避免粘模，而当 w_{Ca} =0.01%时，则 Fe 的质量分数可减少到 0.3%~0.6%。

当 P 和 Ca 同时存在时，若 Ca 含量多，则先生成的是 Ca_3P，合金凝固后，它能比较均匀地分布在整个组织内；若 P 的含量多，易生成 AlP，它会成为初晶 Si 的晶核。因此，对于共晶铝硅合金，若含 Ca 较多，通常不会出现初晶 Si，而表现为亚共晶铝硅合金组织特征；而 P 含量较多时，合金容易析出初晶 Si，而成为过共晶组织。

（3）含气量的影响　有人以 w_{Si} = 7%、w_{Mg} = 0.30%的铸铝为对象，研究了含气量对铝合金性能的影响。结果发现：每 100g 铝合金中，若含气量从每立方厘米 0.36 下降到 0.15 后，伸长率可以提高一倍。由此可见，应该严格防止炉料或坩埚工具等带入水分或气体，熔炼时应彻底进行除气。

4. 多元铸造铝硅合金的组织、性能和用途

(1) Al-Si-Mg 合金

1) Mg 含量对合金组织和性能的影响。铝硅合金中单独加入各种合金化元素时，镁对合金的组织、性能的影响最大。Al-Si-Mg 合金三元相图的富铝端如图 1-14 所示。由于组元间不形成三元化合物，Al-Si-Mg 合金三元相图可以分成 Al-Mg_2Si-Al_3Mg_5 和 Al-Mg_2Si-Si 两个伪三元系。通常情况下，铝硅合金中加入镁后的组织，可按 Al-Mg_2Si-Si 伪三元相图分析，所有成分在三相区内的合金，其组织由 α 初晶、二元共晶（α+Si）及三元共晶（α+Si+Mg_2Si）组成。

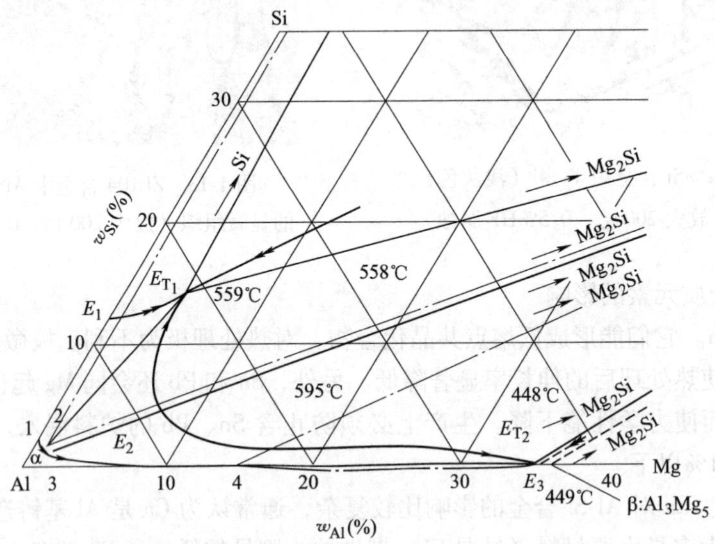

图 1-14 Al-Si-Mg 合金三元相图的富铝端

Al-Si-Mg 合金淬火时，Mg_2Si 先溶入 α 固溶体；时效时，又呈弥散相析出，使 α 固溶体的结晶点阵发生畸变，使合金强化。从图 1-15 可以发现：500℃时，平衡条件下，Mg 在 α 固溶体中的溶解度可达 0.5%~0.6%，但这只有在保温非常长的时间（数十小时）时才能达到。当保温时间不够时，会残存很多的 Mg_2Si，它不但不能提高合金强度，反而使合金的塑性大幅度下降。其次，Mg 含量增大，促进合金氧化、吸气，所以在亚共晶 Al-Si-Mg 合金中，通常控制 w_{Mg} 为 0.2%~0.4%。同时，应当指出，在室温下 α 固溶体中仍含有 w_{Mg} = 0.1%~0.15%，所以若加入的 Mg 量低于 0.15%，也是没有强化效果的。淬火后，抗拉强度和伸长率都明显提高，再经人工时效，抗拉强度继续提高，伸长率则有所下降，如图 1-16 所示。

另外，Al-Mg_2Si-Si 的三元共晶点的温度为 559℃。理论上，合金的淬火温度应低于 559℃，否则在铸态下可能存在的三元共晶相将开始熔化。为了防止合金“过烧”，引起力学性能恶化，生产上一般采用的淬火温度为 530~535℃，以使 Mg 最大限度溶入 α 固溶体，而又保证不过烧。

2) 加入其他微量元素的作用。Al-Si-Mg 系合金的发展方向，主要是在保持优良铸造性能的前提下，进一步提高合金的力学性能。如：

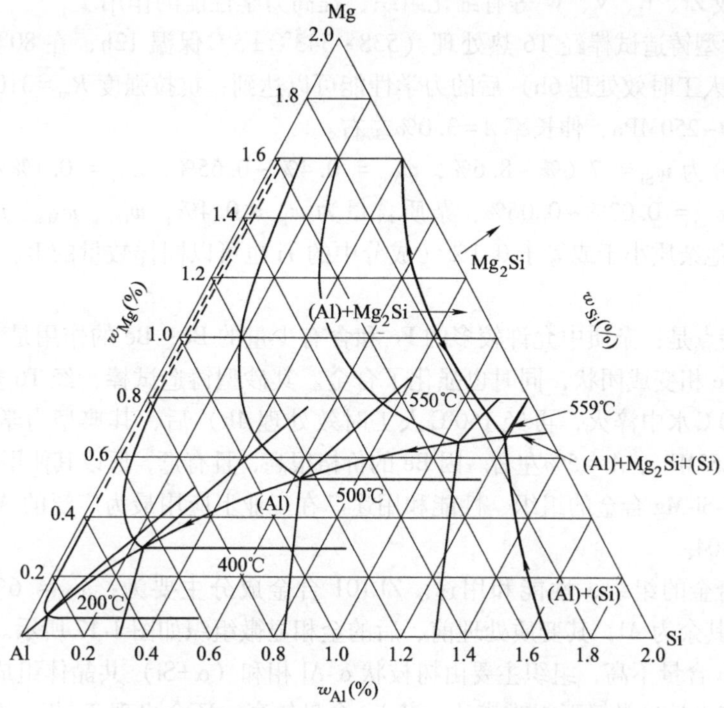

图 1-15　Al-Si-Mg 三元相图富 Al 端等温溶解度

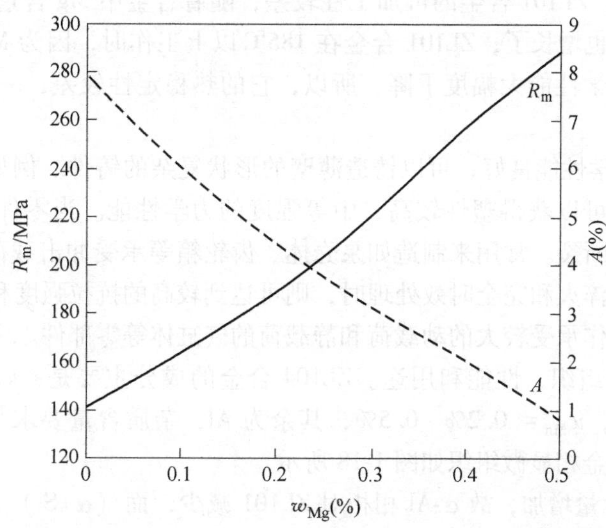

图 1-16　Mg 含量对经 T6 热处理的 Al-7%Si 合金力学性能的影响（变质处理）

① 合金成分为 $w_{Si}=6.5\%\sim7.5\%$，$w_{Mg}=0.45\%\sim0.6\%$，$w_{Ti}=0.1\%\sim0.2\%$；杂质含量为 $w_{Fe}\leqslant0.15\%$，$w_{Cu}\leqslant0.05\%$，$w_{Zn}\leqslant0.03\%$，$w_{Mn}\leqslant0.03\%$。

成分中严格地限制了 Fe 及其他杂质的含量，并且采用了较低的 Si 含量，故显著提高了合金的塑性。而 Mg 含量较高也可以在提高合金强度的同时，仍使合金保持一定的塑性。因 Mg 含量较高，故必须提高淬火保温温度或增加保温时间，以使 Mg_2Si 能完全溶入 α 固溶体中。少量的 Ti 或 Zr、B、V、W 等有细化组织、提高力学性能的作用。

此合金的砂型铸造试棒经 T6 热处理（538~543℃±5℃保温 12h，在 80℃的水中淬火，再在 177℃进行人工时效处理 6h）后的力学性能可以达到：抗拉强度 R_m=310~320MPa，屈服极限 R_{eL}=240~250MPa，伸长率 A=3.0%左右。

② 合金成分为 w_{Si}= 7.6%~8.6%，w_{Mg}= 0.4%~0.65%，w_{Ti}= 0.1%~0.3%，w_{Be}=0.1%~0.3%，w_{Na}= 0.02%~0.06%；杂质含量为 w_{Fe}≤0.4%，w_{Cu}、w_{Mn}、w_{Zn}分别小于或等于 0.2%，其他杂质小于或等于 0.1%（成分中的 Ti 也可以同样数量的 B、Ta、Nb、Zr 或 Mo 所代替）。

此合金的特点是：杂质中允许较多的 Fe 和含有少量的 Be；Be 的作用是与 Fe 形成化合物，使针状含 Fe 相变成团状，同时也强化了合金。其砂型铸造试棒，经 T6 热处理（550℃保温 16h，在 80℃水中淬火，再经 160℃人工时效处理 4h）后，其典型力学性能为：R_m=325MPa，R_{eL}=255MPa，A =5%左右。因 Be 的价格很高，且有毒，所以其使用受到一定限制。

3）常用 Al-Si-Mg 合金的组织、性能和用途。在工业上应用最为广泛的 Al-Si-Mg 系合金是 ZL101 和 ZL104。

① ZL101 合金的组织、性能和用途。ZL101 合金成分主要为：w_{Si}= 6%~8%，w_{Mg}=0.2%~0.4%，其余为 Al，其变质处理前、后的金相显微组织如图 1-17 所示。

由于合金 Si 含量不高，组织主要由树枝状 α-Al 相和（α+Si）共晶体组成，而 Mg_2Si 相很细小，在低倍光学显微镜下很难辨认。若 Fe 含量较高，还会出现 T_2 相。ZL101 合金的结晶温度范围较宽，容易吸气和形成疏松等缺陷；气密性虽然仍属良好，但不如 ZL102、ZL104 等合金。同时，ZL101 合金的可加工性较差，随着合金中 Mg 含量的增加，可加工性虽有所改善，但脆性也增长了；ZL101 合金在 185℃以上工作时，因为 Mg_2Si 的析出、聚集和长大，将使合金力学性能大幅度下降。所以，它的热稳定性较差，一般工作温度不宜超过 150℃。

ZL101 合金的力学性能良好，可以铸造薄壁的形状复杂的铸件。例如，当 Mg 含量取下限值时，淬火处理后可以获得塑性较高、中等强度的力学性能。当零件在超载工况下工作时，只会变形而不易断裂。常用来制造如泵壳体、齿轮箱等承受冲击载荷的零件。当 Mg 含量处于上限值，采用淬火和完全时效处理时，则可达到较高的抗拉强度和屈服极限，还能保持一定的塑性，可用作承受较大的动载荷和静载荷的气缸体等零部件。

② ZL104 合金的组织、性能和用途。ZL104 合金的成分主要是：w_{Si}= 8.0%~10.5%，w_{Mg}= 0.17%~0.3%，w_{Mn}= 0.2%~0.5%，其余为 Al，杂质含量要求与 ZL101 基本相同，其变质处理前、后的金相显微组织如图 1-18 所示。

由于合金中 Si 含量增加，故 α-Al 相相对 ZL101 减少，而（α+Si）共晶体增多。ZL104 合金的特点是由于 Si 含量增大以及 Mn 的加入，使合金的力学性能比 ZL101 好。加入 w_{Mn}=0.2%~0.5%，不仅为了消除 Fe 的有害作用，而且 Mn 本身还具有一定的固溶强化效果。

ZL104 合金的铸造性能更好，有很好的充型能力，较小的线收缩率，热裂、疏松倾向极小，可以铸造很复杂的零件。它的耐蚀性、可加工性和焊接性都较好，因而可以用作承受较大载荷而形状复杂的大型零部件，如气缸体、气缸盖、曲轴箱、增压器壳体以及航空发动机压缩机匣、承力框架等，用途十分广泛。ZL104 合金不足之处是容易产生气孔和集中缩孔，应进行细心的精炼除气操作，因 Si 含量较高，还必须进行变质处理。

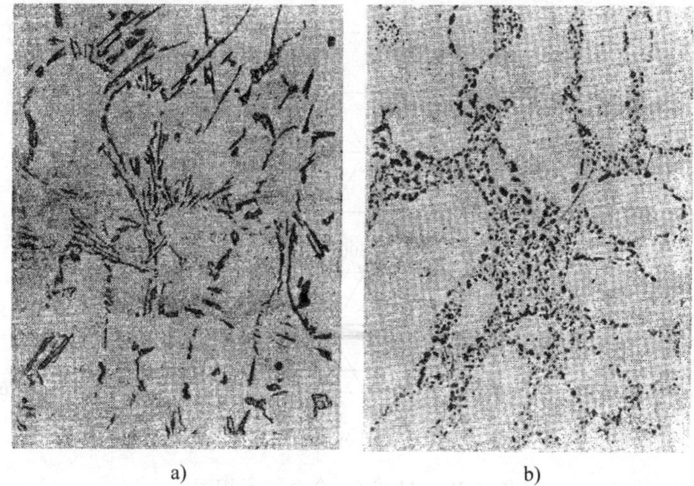

a)　　b)

图 1-17　ZL101 合金变质处理前后的显微组织（砂型，放大 200 倍）

a）变质处理前　b）变质处理后

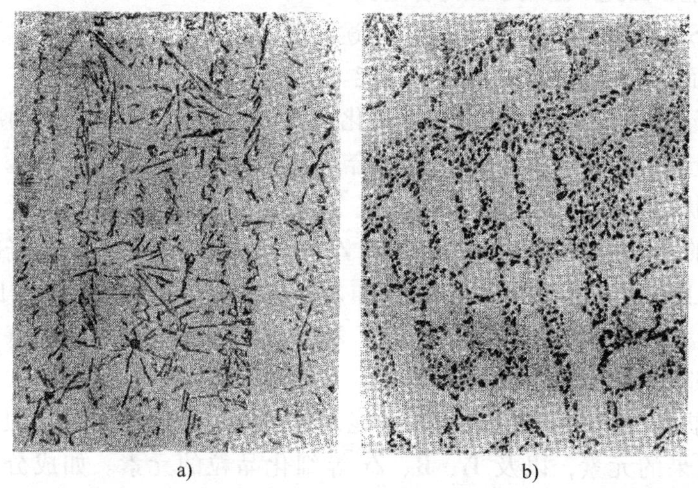

a)　　b)

图 1-18　ZL104 合金变质处理前后的显微组织（砂型，放大 200 倍）

a）变质处理前　b）变质处理后

（2）Al-Si-Cu 合金

1）Cu 含量对合金组织和性能的影响。图 1-19 所示为 Al-Si-Cu 合金三元相图。从中可知：Al-Si-Cu 系合金靠近富 Al 端部分，除 α 固溶体外，还有可能出现 $CuAl_2$ 和 Si 两相，α 相分别与 $CuAl_2$ 或 Si 构成两相共晶体，而这三个相又共同构成三相共晶体，其共晶温度只有 524℃，但在富 Al 端部分并无三元化合物存在。Cu 和 Si 在 524℃时，最大溶解度分别约为 Cu 4.9%和 Si 1.1%。随着温度下降，最大溶解度也逐渐减小，400℃时变为 Cu 1.5%，Si 0.3%；而到了 300℃时，两者的溶解度均趋近于零。Cu 在高温下的最大溶解度远超过 Mg 在 Al-Si 合金中的溶解度。因此，在 Al-Si 合金中加入各种强化元素时，虽然加 Mg 的强化效果最佳，但因 Cu 在 α 固溶体中的溶解度比 Mg 大得多，所以二者的强化效果相似。

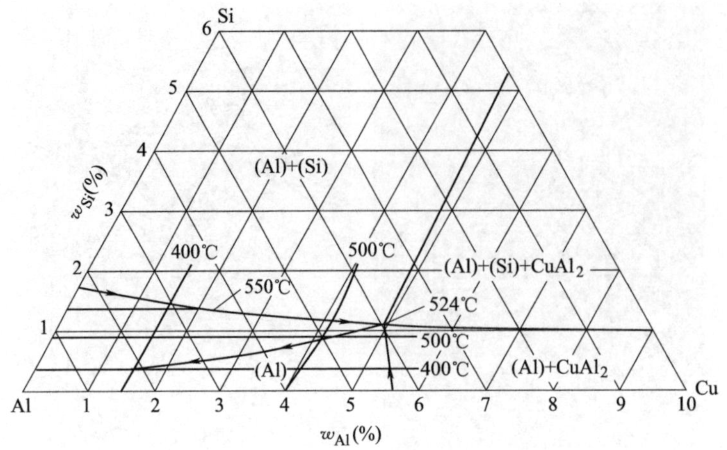

图 1-19　Al-Si-Cu 合金三元相图

总之，由于 Al-Si-Cu 系合金的铸造性能和可加工性都比较好，在铸态下不经过热处理就有较好的力学性能，因此广泛用于压铸合金。

2）常用 Al-Si-Cu 合金的组织、性能和用途。典型牌号为 ZL107 合金。这种合金不仅室温力学性能高，而且具有良好的高温力学性能。

Fe 在此系合金中可能形成 AlCuFeSi 四元化合物相，此相各元素之间的准确质量比以及各种特性至今还未完全弄清楚，但知其对合金的力学性能有不良影响。而三元化合物 Al_7Cu_2Fe相呈团状，对合金的有害作用较小。

ZL107 合金的铸造性能良好，充型能力和 ZL101 合金相近，铸件有良好的气密性，可加工性较好，熔炼工艺不复杂。但由于 Cu 的加入，热裂倾向稍大，耐蚀性比 Al-Si-Mg 合金差，密度也较大。可用作承受中等载荷和低于 250℃工作温度的零件，如汽化器零件、电气设备外壳等，铸造车间中常用作砂箱模具。

为了进一步提高 Al-Si-Cu 合金的力学性能，可在合金中加入如 Ag（银）、Cd（镉）等增强时效强化效果的元素，以及 Ti、B、Zr 等细化晶粒的元素。如成分为 w_{Si} = 6.5%～7.5%，w_{Cu} = 3.8%～4.4%，w_{Ag} = 0.4%～0.8%，w_{Mn} = 0.15%～0.4%，w_{Ti} = 0.1%～0.3%，w_B = 0.002%～0.02%，w_{Fe} ≤0.15%的合金，经 T5 处理（515℃±5℃ 保温 16h，水淬；130℃±5℃不完全时效处理 3h）后，金属型试棒的 R_m = 390～420MPa，R_{eL} = 220～240MPa，A = 9%～11%。

3）Al-Si-Cu 系高强度压铸合金。由于 Al-Si-Cu 合金即使不热处理，也能获得良好的力学性能，因此尤其适用于压铸，是当前高强度压铸合金的发展方向之一。

当前国内外发展的 Al-Si-Cu 系高强度压铸合金，除具有高的力学性能外，还具有良好的充型能力和不易粘模等优越的综合性能，见表 1-6。

（3）Al-Si-Cu-Mg 合金　若在 Al-Si 合金中同时加入 Mg 和 Cu，则强化效果更为显著，能进一步提高合金的室温和高温力学性能。

1）Mg、Cu 含量对 Al-Si 合金组织和性能的影响　在 Al-Si-Mg 合金中加入 Cu 后，随着 Cu 含量的增加，其室温抗拉强度和高温抗拉强度显著增加，而伸长率却不断下降

(图1-20)，合金的可加工性得到改善，表面质量提高，对铸造性能影响不大；但热裂倾向稍有增加，同时合金的耐蚀性降低，这是含 Cu 相的电位比 α 固溶体高的缘故。随着 Cu 含量增加，合金的线胀系数增大，所以不希望含 Cu 量过高。而在 Al-Si-Cu 合金中加入 Mg，也有类似倾向，只是伸长率下降更为急剧（图1-21）。

表1-6 国内外发展的 Al-Si-Cu 系高强度压铸合金

合金牌号	国家	质量分数，其余为 Al						热处理规范	室温力学性能			
		Si	Cu	Mg	Zn	Mn	其他元素		R_m/MPa	R_{eL}/MPa	A(%)	HBW
LZ-9	中国	6.5%~7.5%	3.5%~4.5%	—	—	0.15%~0.4%	Ti：0.1%~0.3% B：<0.1% Fe：<0.3%	T5：520℃±2℃ 4h；150℃±2℃，15~20h	400	230	8	120
SC114A	美国	10.5%~10.6%	3.3%~3.5%	0.02%~0.04%	0.82%~0.84%	0.3%~0.4%	Ti：0.02%~0.04% Cr：0.02%~0.04% Fe：0.8%~1.6%	长时间自然时效	340~380	200~240	2~3	80~100
$DC_{12}V$	日本	11.7%	2.1%	0.3%	—	—	Fe：0.7%	铸态	300	220	1.5	
								吹氧压铸	—	—	2.0	
								T6	410	350	2.0	

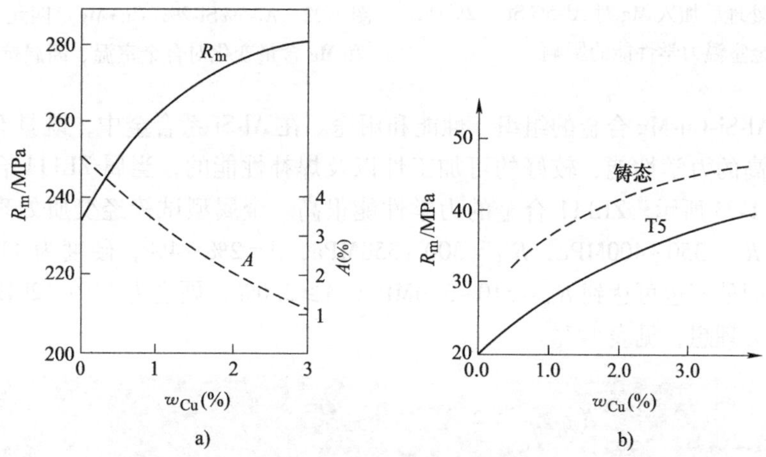

图1-20 加入 Cu 对 Al-5%Si-0.5%Mg 合金力学性能的影响

a）室温 b）高温300℃下保持100h

在 Al-Si 合金中同时加入 Mg 和 Cu，在组织中除出现 α 固溶体、Si、Mg_2Si 三相以外，还将出现 W($Al_xMg_5Cu_4Si_4$) 相和 θ($CuAl_2$) 相。当 Mg_2Si、$CuAl_2$、W 相数量相同时，以 W 相的强化效果最佳，在 250~300℃ 时，其耐热性最好。Mg_2Si 虽在室温下强化效果超过 $CuAl_2$，但其耐热性最差，故在选择此系列合金成分时，如果要求耐热性好，则希望组织中不再出现 Mg_2Si 相，而可以出现一些 $CuAl_2$ 相。

当合金成分中 w_{Cu}/w_{Mg} 约为 2.1 时，组织中的 Mg_2Si 即完全消失，而成为 α+Si+W 的三相组织；当 w_{Cu}/w_{Mg}>2.1 时，组织中除 α+Si+W 外，还将出现 $CuAl_2$ 相。考虑到 $CuAl_2$ 的热稳定性比 Mg_2Si 好得多，故一般常使 w_{Cu}/w_{Mg} 保持在 2.5 左右。

目前，尚缺乏四元系中 Cu 和 Mg 在 α 固溶体中溶解度的具体资料，如 Cu 和 Mg 的总量（质量分数）过少，强化效果就较差，但总量过高，又使合金塑性变差，故在 Al-Si 合金中一般将 Cu 和 Mg 的总量（质量分数）控制在 1.5%～2.0%（含 Cu 量高的合金除外）。图 1-22 表示 Cu、Mg 加入量变化对 Al-5%Si-2%(Cu+Mg) 合金室温和高温抗拉强度的影响。由图可见，当 $w_{Mg}=0.6\%$，$w_{Cu}=1.4\%$，Cu 和 Mg 的质量分数之比为 2.2 左右时，室温和高温的抗拉强度均达到最大值。

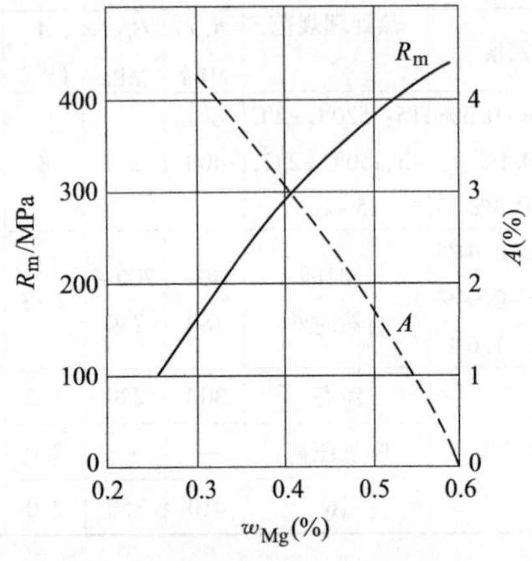

图 1-21　T5 热处理后加入 Mg 对 Al-5%Si-1.2%Cu 合金室温力学性能的影响

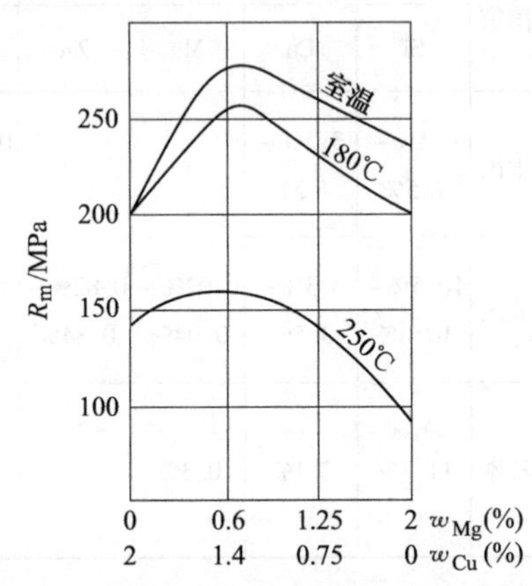

图 1-22　Al-5%Si-2%(Cu+Mg) 四元合金中 Cu 含量和 Mg 含量变化对合金室温、高温抗拉强度的影响

2）常用 Al-Si-Cu-Mg 合金的组织、性能和用途。在 Al-Si 系合金中，既具有良好的铸造性能，又有较高的力学性能、较好的可加工性以及焊补性能的，当属 ZL111 合金，其金相显微组织如图 1-23 所示。ZL111 合金的力学性能很高。金属型试棒经变质处理后室温力学性能可以达到 $R_m=350\sim400\text{MPa}$，$R_{eL}=300\sim350\text{MPa}$，$A=2\%\sim4\%$，硬度为 110～130HBW；砂型试棒经相同处理也可达到 $R_m=310\sim330\text{MPa}$，$A\geq2.0\%$，硬度为 110～120HBW，特别是其高温性能十分理想，见表 1-7。

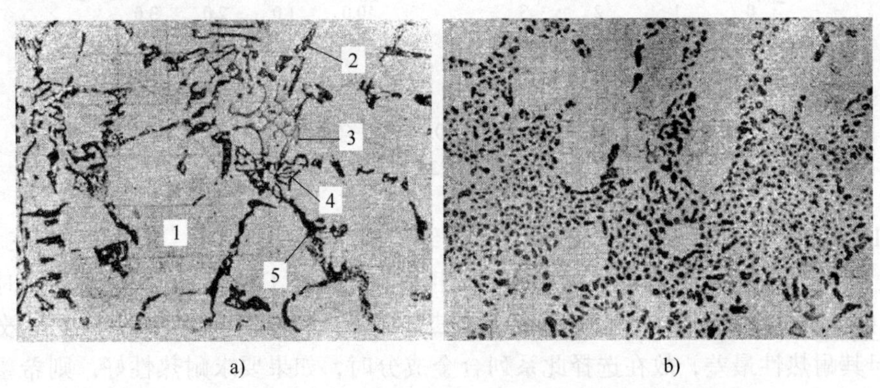

图 1-23　ZL111 合金变质处理前后的显微组织（砂型，放大 200 倍）

a）变质处理前　b）变质处理后并经 T8 处理

1—α 基体　2—Si　3—AlMnFeSi 相　4—Mg_2Si　5—$CuAl_2$

表 1-7 ZL111 合金不同工作温度下的力学性能

工作温度/℃		150	200	250	300
力学性能（金属型）	R_m/MPa	33	30	25	17.5
	A（%）	3.0	3.5	3.5	4.5

同时，此合金的铸造性能良好，一般不会产生热裂，充型能力优良（适宜作为压铸合金），而且线胀系数也较小。它已成功地用来制造在高压气体或液体下长期工作的大型零部件，如转子发动机的缸体、压铸水泵叶轮和军事工业中的大型壳体等重要零件。

3）Al-Si-Cu-Mg 系合金应用举例——活塞。活塞是发动机中传递能量的一个非常重要的构件，对活塞的要求是：密度小、自重轻、热传导性好、热胀系数小，有足够的高温强度，耐磨、耐蚀，尺寸稳定性好、容易制造、成本低廉等。

铸造铝活塞能满足上述大部分要求。目前应用的铸造铝活塞材料大致分为四类：第一类是 Al-Cu-Ni-Mg 系多元合金；第二类是 Al-Cu-Si 系合金；第三类是共晶和亚共晶 Al-Si 系合金；第四类是过共晶 Al-Si 系合金。

① Al-Cu-Ni-Mg 系多元合金（Y 合金），虽然高温强度、导热性、伸长率和耐磨性等都很好，但缺点是线胀系数大、密度大、铸造性能差、价格较高，已逐渐被淘汰。

② Al-Cu-Si 系合金的铸造性能较好，可加工性也不错，在常温和高温下有一定的力学性能，允许含 Fe 量可以偏高些，能用低牌号的铝锭或再生铝，降低了生产成本。但是线胀系数大，体积不稳定，会产生永久性长大现象，从而引起活塞“咬缸”，所以其应用也受限制。

③ Al-Si 系合金，由于其线胀系数小、密度小、耐磨性好、铸造性能好等一系列优点而被广泛采用，使用最多的是亚共晶、共晶和过共晶 Al-Si-Cu-Mg 系合金。

为了提高 Al-Si 类活塞合金的室温和高温力学性能，一方面加入 Ti、Co、Cr 等晶粒细化剂，细化合金组织；另一方面加入 Mn、Mg 和 Ni，使之形成成分复杂的耐热相，以网状化合物形式分布在晶界上，提高了合金的耐热性。但 Ni 是一种昂贵的稀缺元素，国内外最近的研究认为 Ni 对改善高温力学性能的影响不大，因此逐步研发了一批无 Ni 和少 Ni 的 Al-Si-Cu-Mg 合金。

Zn 和 Fe 一般作为杂质元素，但二者在 Al-Si 类合金中允许存在的最小质量分数却呈现逐渐变多的趋势。为了使低牌号铝锭能应用于活塞生产，试验表明：当 $w_{Zn}=0.5\%\sim1.0\%$ 时，力学性能和疲劳强度并未降低，合金中 $w_{Mg}>0.5\%$ 时，Fe 的有害影响就会小得多。当 $w_{Fe}=0.3\%\sim0.7\%$ 时，对伸长率、冲击韧度没有影响，而抗拉强度和屈服极限还略有提高。所以只要在生产工艺上能防止粗大片状的 $\beta(Al_8Si_2Fe_2)$ 相出现，则 $w_{Fe}=0.8\%\sim1.0\%$ 以下是允许的。压铸时，w_{Fe} 甚至可达 $1.2\%\sim1.5\%$。

我国稀土资源丰富，1966 年成功试制了共晶 Al-Si 合金中加入混合稀土含量 $w_{RE}=1.0\%\sim1.5\%$ 的 66-1 活塞合金，主要目的是以 RE 代替 Ni，增加合金中的含稀土化合物耐热相，提高了合金的高温强度。同时，稀土可使共晶（α+Si）相晶粒变细，而代替 Na 或 Na 盐变质处理。国外还研究了稀土元素 Ce、Pr、Nb、Y 和 RE 对共晶 Al-Si 合金针孔度的影响，当加入质量分数为 0.1%～0.3% 的富 Ce 混合稀土时，效果最好，可使针孔度降低 2～3 级。

过共晶 Al-Si 合金由于线胀系数更小，更耐磨和耐蚀，密度也更小，因此引起了世界各国的重视。在使用方面已从摩托车活塞扩大到载重车活塞，Si 的质量分数也从 18%提高到 22%~26%，品种越来越多。但此合金的铸造性能和可加工性比共晶系合金要差。

1.2.2 铸造铝铜合金

拓展视频

新中国第一枚金属国徽

Al-Cu 合金是工业上最早采用的铸铝合金，在各种铸造铝合金中的重要性仅次于 Al-Si 合金。其主要的性能特点是室温和高温力学性能高、可加工性好、耐热性能优良，是发展含 Cu 高强度铝合金和各种耐热铝合金的基础。但在一定的 Cu 含量范围内，Al-Cu 类合金的铸造性能较差，尤其是易产生热裂，耐蚀性较差。

1. 铝铜二元合金的成分、组织、性能及用途

（1）Al-Cu 合金二元相图　由图 1-24 可知，Cu 在 α 固溶体内的溶解度在二元共晶温度（548℃）时约为 5.65%，室温时则降至 0.1% 以下。Al-Cu 二元合金中只有 α 固溶体及 θ($CuAl_2$) 两个相；α 和 θ 在 w_{Cu} = 33.2%处形成二元共晶（α+$CuAl_2$）。

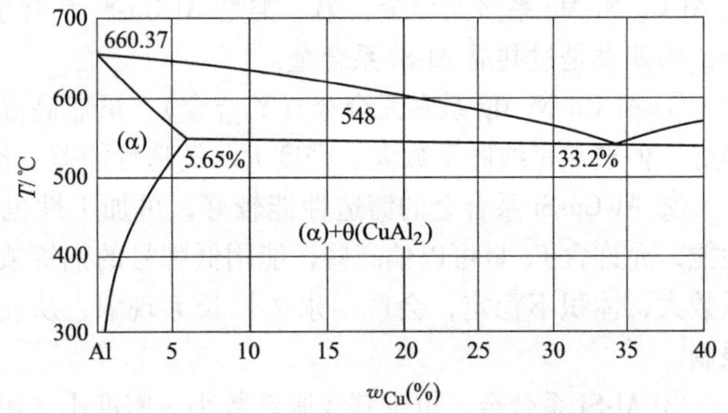

图 1-24　Al-Cu 合金二元相图的富铝端

Cu 在 α 固溶体中的溶解度随温度的下降而显著降低，所以这种合金能进行固溶强化处理。试验表明：w_{Cu} = 4.5%~5.5%的铝合金能保证获得最大的淬火效果；w_{Cu} >5.5%的铝合金在淬火组织中会有残余脆性相 $CuAl_2$ 出现，而且 Cu 含量越高，合金组织中的 $CuAl_2$ 就越多，会导致热处理强化效果降低；当 w_{Cu} > 7%时，合金通常都在铸态下使用的。这种显著的热处理强化作用，主要是由于淬火和时效处理后合金组织中出现大量弥散分布的 θ′相（$CuAl_2$ 的过渡相）而使 α 固溶体的结晶点阵扭曲（畸变），并封闭了晶粒间的滑移面的缘故。

（2）Cu 含量对合金性能的影响　Cu 含量对 Al-Cu 二元合金力学性能的影响如图 1-25 所示。

由图可见：当 w_{Cu} = 5.0%~6.0%时，抗拉强度达到最大值，而伸长率则有所降低；当 w_{Cu} > 6%时，抗拉强度和伸长率都急剧下降，合金的力学性能明显降低。加上 Al-Cu 合金中的 $CuAl_2$ 相与 α 固溶体之间有显著的电位差，合金的耐蚀性能也不好。所以，Al-Cu 二元合金在工业上的应用并不多。

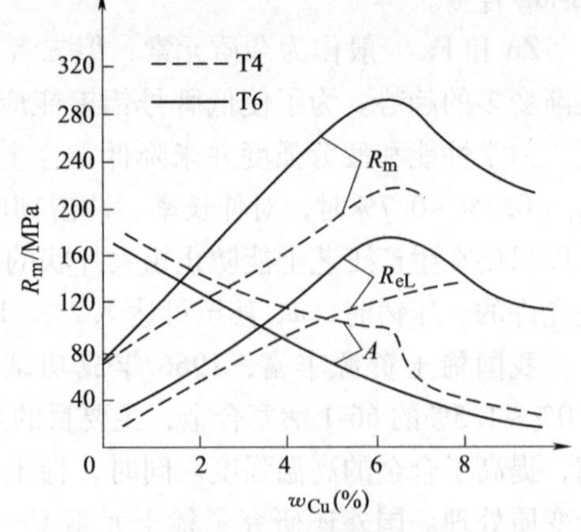

图 1-25　Cu 含量对 Al-Cu 二元合金力学性能的影响

Cu 含量对 Al-Cu 合金铸造性能的影响如图 1-26 所示。

Al-(4%~6%) Cu 合金的铸造性能较差，特别是热裂倾向较大。这是由于它的结晶温度范围

比 Al-Si 类合金要大，有严重的缩松倾向，而它从液态到固态的收缩率也比 Al-Si 类合金要大，同时共晶体中的 $CuAl_2$ 在熔点附近塑性很差，收缩时易被拉裂，因而容易形成热裂。随着 Cu 含量的增加，合金的铸造性能显著改善。

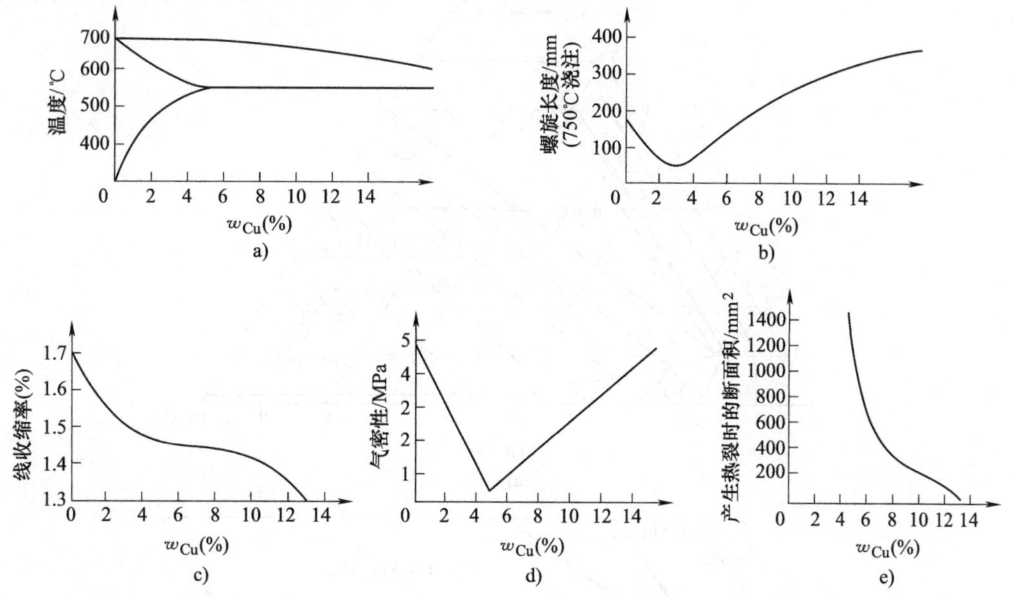

图 1-26　Cu 含量对 Al-Cu 合金铸造性能的影响

（3）常用 Al-Cu 合金的组织、性能和用途　典型的 Al-Cu 二元合金牌号是 ZL202（w_{Cu}= 9.0%~11.0%）和 ZL203（w_{Cu}= 4.0%~5.0%）合金。

ZL203 合金虽可通过热处理强化，获得很好的力学性能，但其铸造性能却很差，充型能力很低（螺旋试样法测得其长度仅为 ZL104 合金的 45%），易产生疏松，特别是热裂倾向很大，力学性能的壁厚效应也很大。故仅用于强度要求较高，而形状不复杂的砂型铸件。

ZL202 合金的含 Cu 量较高，虽然铸造性能得到改善，但不能热处理强化，故只用于高温下工作的功率不大的发动机气缸头等零件上。

Al-Cu 二元合金应用不广泛，但在 Al-Cu 合金中加入 Mn、Ti、Ni、Cd、Ce 等元素后，可以获得各种高强度和耐热铸铝合金。

2. 高强度 Al-Cu-Mn-Ti 合金

Al-Cu 二元合金中加入少量 Mn，能显著提高室温和高温力学性能，同时能改善铸造性能。典型牌号为 ZL201（w_{Cu}= 4.5%~5.3%，w_{Mn}= 0.6%~1.0%，w_{Ti}= 0.15%~0.35%）。

图 1-27a 所示为 Al-Cu-Mn 合金三元相图的固相面，图 1-27b 所示为其等温溶解度曲线。

由图 1-27 可知，该合金的铸态组织为在 α 固溶体晶界上分布着 α+T($Cu_2Mn_3Al_{20}$) 二元共晶体及 α+$CuAl_2$+T($Cu_2Mn_3Al_{20}$) 三元共晶，其显微组织如图 1-28 所示。图 1-28a 所示为铸态组织，其中白色花纹状的为 θ 相，黑色片状与枝杈状的相为 T 相。由于 Mn 在 Al 中的扩散速度极慢，铸态组织中，部分 Mn 即呈过饱和状态存在于 α 固溶体中。图 1-28b 所示为 T4 处理（热处理方法见表 1-8）组织，一方面非平衡的三元共晶体中的 $CuAl_2$ 和 T($Cu_2Mn_3Al_{20}$)溶入 α 固溶体中，另一方面过饱和的 Mn 生成二次 T 相，而呈黑色细小弥散

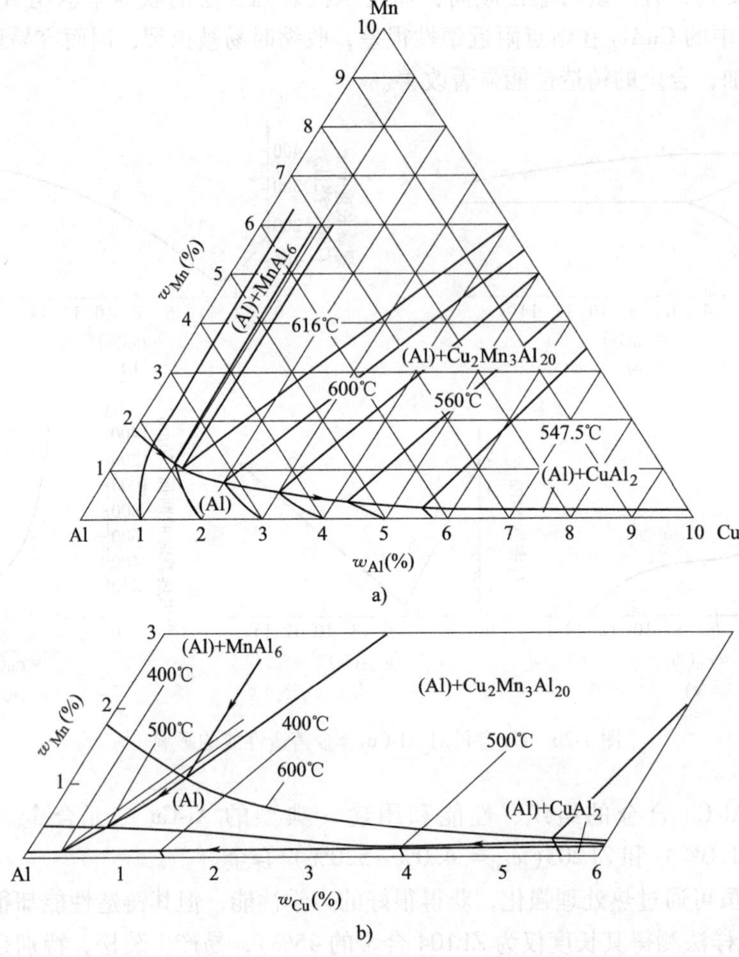

图 1-27 Al-Cu-Mn 合金三元相图

a）固相面 b）等温溶解度曲线

状析出。时效处理过程中，$CuAl_2$ 呈弥散状析出。只有二元共晶体中的 T($Cu_2Mn_3Al_{20}$）相仍以不连续的网状分布在晶界上。此相不仅成分和结晶点阵复杂，400℃以下在 α 固溶体中的溶解度变化很小，高温下比较稳定，不易凝聚长大，又有很高的热硬性。加入的 Mn，除部分形成耐热的 T($Cu_2Mn_3Al_{20}$）相以外，尚有部分溶入 α 固溶体。Mn 属于过渡族元素，具有不完全的外电子层，Mn 原子进入 α 固溶体点阵后即引起电子重新分配，显著增加了原子间的结合力，阻碍了原子的扩散；同时 Mn 对 α 固溶体是表面活性元素，它富集在晶界附近，强烈地抑制了晶界的扩散。

由于上述原因，在 Al-Cu 合金中加入 $w_{Mn}=0.6\%\sim1.0\%$后，不仅提高了室温力学性能，而且大大提高了高温力学性能。加入 Mn 的合金，300℃下经 100h 处理后合金的抗拉强度比不加 Mn 的合金要高 2.3 倍。

当 $w_{Mn}>1\%$时，合金的耐热性虽还有提高，但组织中不溶的 T($Cu_2Mn_3Al_{20}$）相增多，晶粒尺寸也增大，使合金变脆，室温抗拉强度也将下降。Mn 含量过高，还易引起 Mn 的偏析而使力学性能下降，所以 Mn 的质量分数最好控制在 0.8%~0.9%。

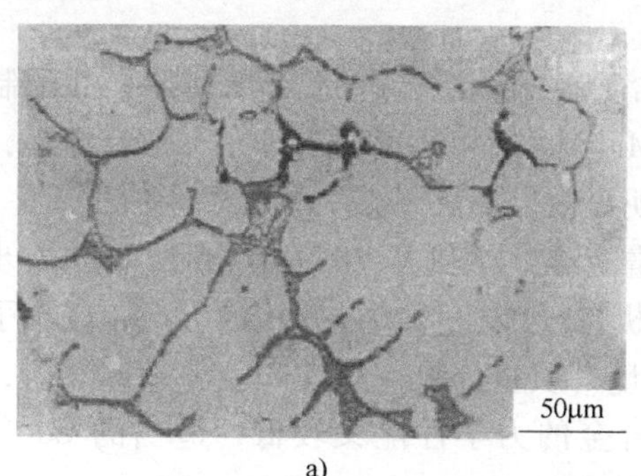

a)

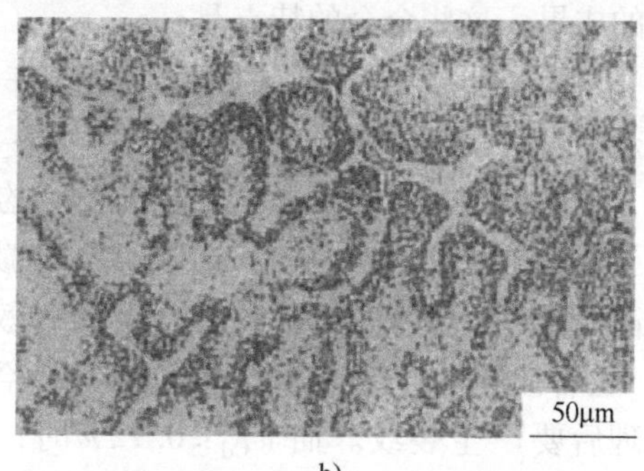

b)

图 1-28 ZL201 合金的显微组织（砂型，200 倍，0.5%HF 腐蚀）
a）铸态组织 b）T4 处理组织

合金中含有少量的 Ti 时可使组织得到显著的细化，从而使 $CuAl_2$ 和 T 相在热处理时能更充分地溶解，使其分布更均匀，充分发挥其阻碍晶间滑移的作用，提高强化效果。Ti 的质量分数加入量以 0.2%~0.25%为佳。Ti 含量过少不能使组织细化，过多则在熔炼时将产生 Ti 的偏析，在坩埚底部出现粗大的 $TiAl_3$ 片状化合物，合金液停留的时间越长，片状 $TiAl_3$ 化合物的晶粒也越大，浇注时，即成为夹杂物混入铸件，使力学性能变差，这点在熔炼时须加以注意。

Al-Cu 合金的热裂倾向很大，但在 $w_{Cu}>4.5\%$的合金内加入 $w_{Mn}>0.5\%$的 Mn 时，即能改善热裂倾向。这是因为 Mn 增加了组织中共晶体含量的缘故。少量 Ti 也能改善合金的热裂倾向（图 1-29），因为晶粒细化使合金凝固时形成晶体骨架时间延迟，并且细小的晶粒间有较大的连接表面，因而在固相温度附近的合金有较好的力学性能，提高了合金的耐热裂性能。

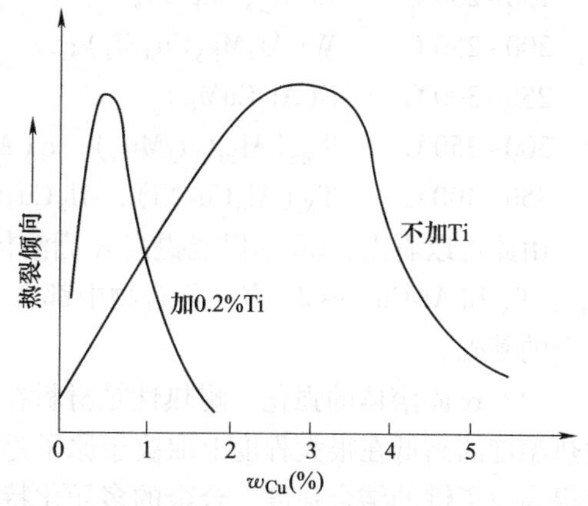

图 1-29 Al-Cu 合金中加入 Ti 对热裂倾向的影响

ZL201 合金的杂质限制为：$w_{Si}\leqslant 0.3\%$，$w_{Fe}\leqslant 0.3\%$，$w_{Zn}\leqslant 0.3\%$，$w_{Mg}\leqslant 0.05\%$。各种杂质中以 Si 对合金的有害影响最大。Si 的加入降低了 Cu 在 α 固溶体中的溶解度，而且组织中出现低熔点的 $\alpha+CuAl_2+Si$ 三元共晶而不得不降低淬火温度，也就减少了溶入 α 固溶体中的 Cu 含量，同时，Si 能形成不溶的$Al_{10}Mn_2Si$ 相而减少溶于 α 固溶体中的 Mn 含量，粗大的 $Al_{10}Mn_2Si$ 相分布在晶界上，削弱了基体。因此，Si 对合金的室温、高温力学性能有明显的恶化作用。

综上所述，ZL201 合金的力学性能相当高，砂型铸造经 T5 处理（见表 1-8），室温力学性能可以达到：$R_m=300\sim400$MPa，$A=4\%\sim10\%$。可用作承受大动载荷和静载荷的零件，也可用于在 300℃以下温度工作的零件。而且此合金在低温（-70℃）时仍保持良好的力学性能，是用途很广的一种合金。

国内外在研制抗拉强度超过 400MPa 的 Al-Cu 系高强度合金方面做了大量工作，取得了很显著的成果。这些合金的特点是：

（1）材料的纯度高　杂质 Fe、Si 等允许含量控制较严。研究表明，高纯 Al 配制的合金，在热处理后的组织中，析出的二次 T($Cu_2Mn_3Al_{20}$）相质点更为细小，数量更多，弥散度更高，分布均匀，这就是提高合金纯度后的明显效果。

（2）加入了 Cd、Ag、V、B、Be、Zr 等微量元素　微量 V、B、Zr 等元素能进一步提高合金的高温强度。Cd 和 Ag 能改善合金的时效机构（加速了 θ′过渡相的形成，减小了晶粒尺寸），显著提高了合金的力学性能。但 Cd 含量（质量分数）超过 0.28%~0.3%时，铸件在热处理后要产生裂纹。而 w_{Cd}<0.12%时，合金的力学性能又较低，适当的 Cd 含量是 w_{Cd}= 0.15%~0.25%。

3. 耐热铸造铝合金

多相铸造铝合金的耐热性由 α 固溶体的化学成分、第二相的性质、形状和分布状况等因素决定。α 固溶体的化学组成越复杂，组织结构越稳定，合金的耐热性也越好，第二相的热稳定性越高，晶粒越细，沿晶界分布的弥散度越高，则越能阻滞 α 固溶体在高温下的变形，合金的耐热性就越好。

第二相的热稳定性，通常可用它在高温下的显微硬度——热硬性来衡量。下面列出某些第二相热稳定性的次序（由弱到强）：

100~150℃　$MgZn_2$，Al_3Mg_2，T[Mg_{32}(Zn，Al)$_{49}$]；

150~200℃　$CuAl_2$，Mg_2Si；

200~250℃　W($Al_4Mg_5Cu_4Si_4$)；

250~300℃　S(Al_2CuMg)；

300~350℃　T_{Mn}($Al_{20}Cu_2Mn_3$)，α(AlSiFe)；

350~400℃　T_{Ni}(Al_6Cu_3Ni)，Al_8Cu_4Ce，Al_8Mn_4Ce，$Al_{24}Cu_8Ce_3Mn$。

由此可以看出，Cu 不但能提高 α 固溶体的热稳定性，更重要的是，高温稳定相 W、S、T_{Mn}、T_{Ni}和 Al-Cu-Ce-Mn 多元化合物中都含有 Cu，所以 Al-Cu 二元合金可以作为耐热铸造铝合金的基础。

（1）α 固溶体的强化　耐热性是材料在高温和外加载荷作用下抵抗蠕变及破坏的能力。耐热温度的高低在很大程度上取决于原子键结合的强度，在合金中添加合适的元素，可以大大提高原子键的结合强度。合金的多元化特别有利于耐热性的提高，在固溶体饱和度相等的情况下，多元合金的原子键结合强度比二元合金高，元素越多，结合强度越高。因此，ZL201 合金的热稳定性高，ZL203 合金的热稳定性低。

原子键结合强度基本上取决于晶格和结构的复杂程度。当合金成分相同时，原子键的结合强度和固溶体的均匀性有关，结晶组织的亚微结构越不均匀，嵌镶块越多，结合强度利用得越多，合金的耐热性就越好。

熔点比铝高的合金元素，它们在 α 固溶体中的扩散速度很小，能提高合金的再结晶温度。当 α 固溶体分解时，形成复杂的耐热相，从而提高了合金的热稳定性。考虑资源情况和成本，最常用的合金元素有铜、锰、铁等。

（2）第二相的性质　热处理（淬火、时效）过程中，析出弥散度和热稳定性都很高的第二相，从而提高合金的高温强度。析出相的化学组成和晶格结构越复杂，和 α 固溶体的组成与结构差别越大，形成新相的扩散过程越慢，在工作温度范围内的溶解度变化越小，则合金的固溶强度和抗蠕变的能力越强。如 $CuAl_2$、$NiAl_3$、Ni_3Ti、S(Al_2CuMg)、Al_4Ce、Al_8Cu_4Ce等化合物就属于这一类型。

(3)第二相的形状和分布状态　第二相如以游离的片状，特别是以多面体或球状存在时，对基体的变形阻碍作用最小，因而没有强化作用。对高温强度最有利的是形状复杂的热稳定性好的化合物，并且晶界是以封闭的网状或骨架状分布的。

网状和骨架状组织是铸态合金所特有的组织。加工变形后，这一特点被消除，变成游离状的夹杂物，它对高温强度的作用也随之消失。由此可知，成分相同时，铸造合金的耐热性要比变形合金好。

(4)晶界性质、晶粒大小和加入微量元素的影响　在高温下进行持久强度和蠕变试验时，在静载荷作用下，工件往往沿晶界破断；但在室温下，工件却是沿晶粒内部破断的，可见晶界性质对高温强度的影响颇大。

试验表明：某些元素（如 Ce）是沿枝晶和晶界分布的，形成连续或不连续的网膜，它们能强烈提高晶界强度和蠕变强度，使晶间裂纹不易发展；另一些元素，如 Ni、Mn、Cr、Be、RE、Zr、W、Mo、V 和 Ti 等，主要分布在晶粒内部，能强化固溶体、提高再结晶温度，而 B、Th、Ca、Co 等元素却是降低再结晶温度的元素。

对于均匀的固溶体型单相合金，一般是晶粒越大，合金的耐热性越强。因为晶粒越粗大，晶格的缺陷或晶界越少，即表面能越小，在高温下的稳定性也越大。但对有第二相的多相合金，则晶粒组织越细，合金的耐热性越高。因为细质点的耐热第二相对固溶体晶粒变形的阻碍作用比在粗晶粒合金中要大，特别是当温度高于 $0.6T_{熔}$（$T_{熔}$为合金熔点）时，第二相的作用就更大。

应该指出，决定合金高温强度的各种因素是相互联系、相互制约的，并非满足了个别因素就会使合金的高温强度得到显著提高。

1.2.3　铸造铝镁合金

Al-Mg 系合金具有很高的综合力学性能，密度在所有铸造铝合金中密度是最小的。合金的耐蚀性极好，能在腐蚀性介质中工作。

1. 铝镁二元合金的成分、组织、性能和用途

图 1-30 为 Al-Mg 合金二元相图富铝端。由图 1-30 可知，Al-Mg 系合金在 Al 侧是简单的共晶型合金。$w_{Mg}<35\%$时，只出现 α 和 β 两相，β 是 Mg_2Al_3 化合物。α 和 β 能形成共晶体。

1）力学性能。Mg 在 α 固溶体中的溶解度很大，在共晶温度 451℃时可达 14.9%，而且 Mg 的原子半径比 Al 大 13%，Mg 大量溶入，使 α 固溶体结晶点阵发生很大的扭曲，合金的力学性能得到很大的提高（图 1-31）。当 $w_{Mg}=10\%$左右，伸长率最大；$w_{Mg}=12\%$左右时，抗拉强度达到最大；$w_{Mg}>12\%$时，β 相不能完全溶入 α 固溶体，而在晶界上的脆性 β 相不仅不能强化合金，反而将大大削弱基体，使力学性能急剧下降。由于生产上热处理（淬火）时间和温度受到一定的限制，不能使合金达到理想的最大固溶度，所以实用的 Al-Mg 二元合金中，$w_{Mg}\leqslant 11.5\%$。

2）耐蚀性。Al-Mg 合金表面有一层高耐蚀性的尖晶石（$Al_2O_3 \cdot MgO \cdot xR_nO_m$）膜，单相组织的 Al-Mg 合金在海水等介质中具有很高的耐蚀性（但在硝酸中它的耐蚀性却比 Al-Si

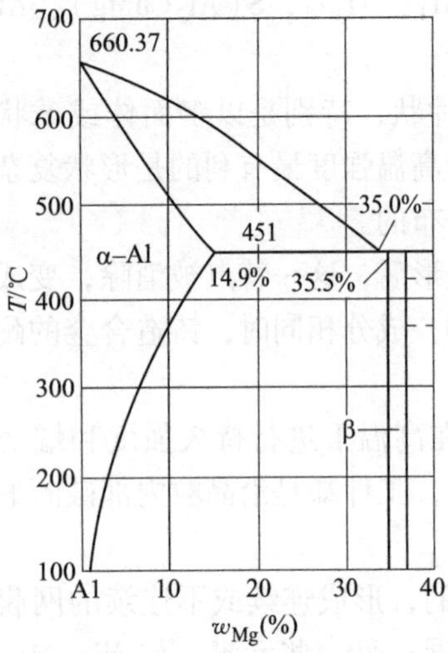

图 1-30 Al-Mg 合金二元相图富铝端

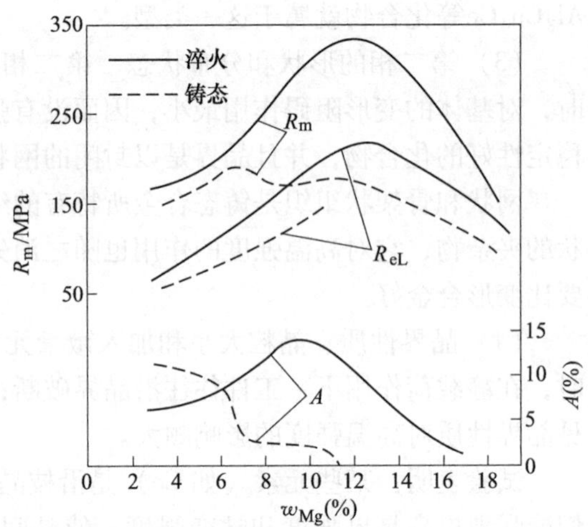

图 1-31 含 Mg 量对 Al-Mg 合金力学性能的影响

合金差得多）。如果组织中出现游离的 β 相时，由于 β 相与 α 相间的电位差很大，将使耐蚀性大大降低。β 相沿 α 相晶界呈网状分布时，尤易引起合金的应力腐蚀。

3）铸造性能。Al-Mg 合金的结晶温度范围很大，因此合金的铸造性能很差。在铸造条件下，合金处于非平衡状态，w_{Mg} = 4%～6%时，结晶温度范围最大（图 1-30），所以形成热裂和疏松的倾向很大。当 Mg 含量增加时，由于非平衡的相图上结晶温度范围不断变小，铸态组织中的共晶体含量不断增加，所以合金的铸造性能不断改善。当 w_{Mg} = 9%～10%时，已有很好的充型能力，热裂倾向也大大下降，如补缩得当，疏松可以大为减轻。

因此，从力学性能、耐蚀性和铸造性能等综合效果出发，Al-Mg 二元合金的含 Mg 量选为 w_{Mg} = 9.5%～11.5%。国家标准的典型牌号为 ZL301，在铸造状态下主要相有 α 固溶体和 β（Al_8Mg_5）相。当有 Fe 和 Si 杂质存在时，会出现 Mg_2Si 相和 Al_3Fe 相。图 1-32 是砂型铸态 ZL301 合金的显微组织，晶粒相当粗大，尺寸约为 90μm，同时存在白色枝晶网络状的 β 相、黑色块状的 Mg_2Si 相和灰色片状 Al_3Fe 相。

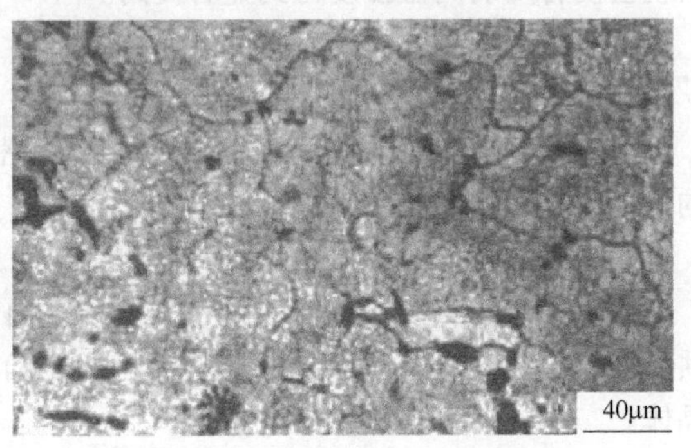

图 1-32 ZL301 合金铸态显微组织
（砂型，200×，0.5%HF 腐蚀）

ZL301 合金有很好的综合力学性能，比强度和冲击韧度比其他铸造铝合金要高得多。由于合金在室温下是单相固溶体型组织，所以具有很高的塑性。

ZL301 合金具有很高的耐蚀性能和耐应力腐蚀性能，可加工性也很好，可以得到很高的表面质量，表面经抛光后，能长期保持原来的光泽。

由于具有上述优点，ZL301 合金可用作暴露在大气或海水等腐蚀性介质中承受大冲击载荷的大、中、小零件，如雷达底座、发动机机匣、螺旋桨、起落架零件和船用舷窗以及其他装饰用零部件等。

ZL301合金的主要缺点之一是力学性能的稳定性差，经淬火的工件，在室温长期使用过程中，会出现自然时效现象，即沿晶界析出β相并不断聚集长大，使合金的力学性能显著恶化。当温度超过100℃时，这一过程将更明显，故此合金工作温度一般不大于100℃。同时，β相和α固溶体有较大的电位差，而成为容易腐蚀的“阳极区”，不宜在海水或其他腐蚀性介质中工作。在应力作用下，还容易沿晶界产生应力腐蚀裂纹。此外，此合金具有壁厚效应较大，熔铸工艺比较复杂等缺点，这些缺点都限制了这一合金的应用。

ZL301合金对Fe、Si及氧化物夹杂、气孔等均很敏感。这些缺陷都能剧烈地降低该合金的力学性能。原因是Fe和Si在Al-Mg合金中，能形成粗大的针状组织——$FeAl_3$和Mg_2Si，无论在铸态或热处理状态下它们都不能溶入α固溶体中，只能沿晶界析出，因此降低了ZL301合金的力学性能和耐蚀性。同时由于杂质Fe、Si的存在，淬火处理时，β相不容易全部溶入α固溶体中，从而降低了合金的耐应力腐蚀性能，故Fe、Si含量都限制在0.3%以下。Mn和Cr在其他铸造铝合金中通常作为抵消Fe的有害作用而加入的合金元素；但在Al-Mg二元合金中，这两种元素不但不能起到上述作用，反而会在合金中形成粗大的$MnAl_6$或Cr_2Al_7相，使合金变脆，故Mn和Cr的含量（质量分数）都限制在0.1%以下。

2. 合金元素对Al-Mg合金的影响

（1）Si　Si在含Mg量较高的ZL301合金中是有害杂质，但为了改善铸造性能而适当降低Mg含量，加入质量分数1%左右的Si以后，组织中就出现了相当数量的（$\alpha+Mg_2Si$）共晶体，合金的铸造性能得到了显著的改善，提高了充型能力，减小了线收缩率，尤其是明显减轻了疏松和热裂倾向。但合金组织中的Mg_2Si相不溶于α固溶体，不能使合金热处理强化，反而使其力学性能下降。

国家标准中的Al-Mg-Si合金是ZL303。ZL303合金中，w_{Mg}为5%左右，$w_{Si}=0.8\%\sim1.3\%$，生成的Mg_2Si沿α固溶体的晶界分布。由于热处理不能使Mg_2Si溶入α固溶体，这种合金铸件只能在铸态下直接使用。它的室温力学性能比ZL301低得多，但在高温下，α固溶体不会析出$\beta(Mg_2Al_3)$相，Mg_2Si在高温下能起到一定的阻碍基体变形的作用，所以ZL303合金的高温力学性能比ZL301合金高。据介绍，在此合金中，加入$w_{Be}=0.001\%$，$w_{Ti}=0.2\%$，$w_B=0.005\%$，铸件在350℃温度下，几乎完全保持了室温下原有的强度，并具有很高的高温瞬时抗拉强度，原因是Mg_2Si和大量弥散状的硼化物、钛化物质点，在高温下起阻碍合金组织中α固溶体变形的作用。

由于Si的存在，合金中加入Mn可形成AlSiMnFe四元化合物，降低杂质Fe所形成的Al_3Fe和$\beta(Al_9Si_2Fe_2)$脆性化合物对合金力学性能的有害影响。

Si的存在对合金的耐蚀性能影响不大。ZL303合金在潮湿空气和海水中具有良好的耐蚀性和一定的耐热性，所以多用作在中等载荷下使用的船舶、航空及内燃机车零件。

（2）Zn　在Al-Mg合金中加入$w_{Zn}>1\%$的Zn后，由于Zn能同时溶于α相和β（Mg_2Al_3）相中，形成［$Mg_{32}(Al、Zn)_{49}$］，降低了Mg原子的扩散能力，因而阻滞了β相的析出，抑制了Al-Mg合金自然时效，同时，加入Zn能使析出的β相呈不连续分布，从而显著提高了合金的耐应力腐蚀能力。$w_{Zn}<1\%$时，抗拉强度较低，随着Zn含量的增加，抗拉强度提高，但引起塑性降低，当$w_{Zn}>1.7\%$时，塑性下降十分明显，所以Zn的质量分数一般选择为1%~1.5%。

我国研制成功的 ZL305 合金，主要成分为：w_{Mg} = 7.5%～9.0%，w_{Zn} = 1.0%～1.5%，w_{Be} = 0.03%～0.1%，w_{Ti} = 0.1%～0.2%，w_{Zr} = 0.1%～0.3%，其余为 Al。

此合金经 T4 处理（440±50℃保温 8h，490±5℃保温 6h，放入 80～100℃的水中淬火）后，室温力学性能为：R_m = 280～320MPa，A = 8%～10%。由于合金成分中以 Zn 代替部分 Mg，既保持了很高的综合力学性能，又因为降低了 Mg 含量，而降低了合金的氧化、疏松和气孔的倾向，改善了合金熔铸工艺性能。合金具有良好的自然时效稳定性，经 3 年自然时效性能试验，观察其显微组织，晶界上仍没有明显的析出物，屈服强度和抗拉强度还稍有提高，伸长率和冲击韧度基本上仍保持在原淬火状态。但经同样试验的 ZL301 合金经 200 天自然时效，观察显微组织时，晶界出现明显的析出物，β 相开始在晶界聚集，因此，ZL305 合金具有比 ZL301 合金更好的时效稳定性，改善了合金的耐蚀性能和耐应力腐蚀性能。

但 ZL305 合金在人工时效温度超过 150℃时，大量强化相析出，抗拉强度虽有提高，但塑性大幅度下降，应力腐蚀现象加剧，所以仍不宜用于工作温度超过 100℃的零件。

美国的 X-250 合金，其成分为 w_{Mg} = 17.5%～8.5%，w_{Zn} = 1.2%～1.7%，w_{Mn} = 0.2%～0.3%，w_{Cu} = 0.1%～0.2%，以及微量的 Be、Ti 和 B。此合金经 T4 处理（440℃保温 8h，490℃保温 2h，沸水中淬火），室温力学性能可以达到：R_m = 300MPa，A = 13%。其综合力学性能很高，而且显著提高了合金的耐应力腐蚀能力，合金中加入适量的 Cu 和 Mn，亦可改善其耐蚀性能。

（3）Be　由于 Be 能优先氧化，在合金中加入 w_{Be} = 0.03%～0.05%的 Be，提高了合金表面膜的致密度，能有效防止 Al 液的氧化、吸气，提高了冶金质量，使铸件厚壁处的晶间氧化和气孔大为降低，从而降低了力学性能的壁厚效应。但含 Be 量过多，将使合金晶粒变粗，降低合金的塑性，增大热裂倾向，因此往往同时加入 w_{Ti} = 0.05%～0.07%的 Ti 以细化晶粒。由于 Be 价格昂贵且对工人健康有害，近年来有人用微量（质量分数为 0.001%左右）的稀土 Ce（铈）来代替 Be，值得试验应用。

（4）Zr、B、Ti　Zr、B 和 Ti 能细化晶粒，可以单独加入，也可以联合加入。加入量极微，一般为 w_{Zr} = 0.1%～0.3%、w_B = 0.005%～0.01%、w_{Ti} = 0.05%～0.07%，能提高 Al-Mg 合金的力学性能。而且 Zr 在不高的温度下（300～400℃）能和氢起反应，生成的 ZrH，在高温中能全部或部分地溶解在金属中，所以具有一定的除气作用。据报道，在 700℃左右，0.1gZr 能和 18.4cm^3 的 H_2 发生反应。Zr 一般以 K_2ZrF_6（氟锆酸钾）盐类制成 Al-3Zr 中间合金的形式加入。17.5gK_2ZrF_6 能生成 5.5gZr。因此加入微量 Zr 不仅细化了晶粒，而且能减轻针孔、疏松和热裂倾向，晶间氧化也有所减轻。晶粒细化还可使铸态组织中的 β 相弥散度更高，淬火后不会出现残余的 β 相，使铸件厚大部位仍保持较高的力学性能，故可改善力学性能的壁厚效应。

（5）Te　国外有人在 Al-Mg 合金中加入质量分数为 0.1%～0.3%的 Te，使合金的综合力学性能大为提高，比一般铸铝合金高 4～8 倍。Te 在铸铁合金中常作为稳定碳化物，以获得白口铸铁的元素。据推测，Te 亦能有效地提高 α 固溶体的稳定性，使母相不易析出而获得单相组织，因而提高合金的力学性能，特别是伸长率和冲击韧度值，同时可改善自然时效现象。

为了抑制 Al-Mg 合金的自然时效现象和提高其耐应力腐蚀性能，据报道，还可加入诸如

Ag、Mo、Ta（钽）、V（钒）等元素。

1.2.4 铸造铝锌合金

Al-Zn 合金是应用得很早的铸造铝合金。Al-Zn 合金铸造工艺简单，形成气孔的敏感性小，在铸态时就具有较高的力学性能。但这类合金的铸造性能不好，热裂倾向大，特别是它的耐蚀性很差，有应力腐蚀倾向，所以单纯的 Al-Zn 二元合金在工业上已不采用，而是采用含 Si 和其他金属元素的多元合金。

1. 铝锌二元合金的成分、组织、性能和用途

图 1-33 是 Al-Zn 二元相图。由图 1-33 可知，Zn 在 Al 中的最大溶解度在共晶温度 382℃时可达 84%；而在室温时，却降到 2%左右。因此，Al-Zn 类合金具有很大的强化潜力。

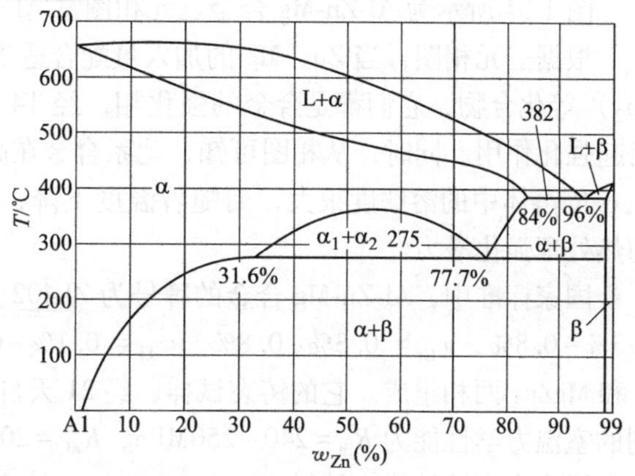

图 1-33 Al-Zn 二元相图

当温度为 275 ~ 353℃ 时，w_{Zn} = 31.6%~77.7%的合金中，单相的 α 固溶体要分解成含 Zn 量不同的两种 α 固溶体 α_1 和 α_2，这两种固溶体的点阵相同，而点阵常数和元素浓度不同。

Al-Zn 二元合金在室温时的组织，仅有 α 和 β 两相。β 相是 Al 溶于 Zn 的固溶体，由于溶解度极小，所以也可写为 Zn 相。Zn 在 α 固溶体内的溶解度虽大，但过饱和的 α 固溶体在不高的温度下要迅速分解，而且 Zn 以纯金属质点的形式从固溶体中很快析出，以第二相形式存在的 Zn，高温显微硬度低于 α 固溶体，这种第二相不能对合金的变形起阻碍作用。因此，Al-Zn 合金高温强度非常低。最早用 Al-Zn 合金制成的发动机活塞，在第一次试验时，即破裂成碎块。而且 Zn 和 α 固溶体的电位差很大，耐蚀性很低，所以 Al-Zn 二元合金在工业上没有实用价值。

为了提高 Al-Zn 合金的铸造性能和耐蚀性，在合金中加入 Si，通常称之为含 Zn 铝硅合金。国家标准牌号为 ZL401。其成分为 w_{Zn} = 9.0%~13.0%，w_{Si} = 6.0%~8.0%，w_{Mg} = 0.1%~0.3%，其余为 Al。

Si 在液态 Zn 中的溶解度极小；固态时，Si 和 Zn 也都不相互形成固溶体。故 Al-Zn-Si 三元系中所出现的相仅为 α 固溶体、Si 晶体和 Zn 晶体三种。在 381℃时，三者形成三元共晶体，其成分为 w_{Al} = 5.10%、w_{Si} = 0.05%、w_{Zn} = 94.85%。但由于 Zn 在 α 固溶体中有很大的溶解度，因此 ZL401 合金中不出现三元共晶体，其显微组织和 ZL101 合金相似。

ZL401 合金的 Zn 含量虽然大大超过室温时 α 固溶体的饱和溶解度，但由于有“自动淬火”倾向，在铸造条件下，Zn 即过饱和地溶入 α 固溶体，时效过程中 Zn 相以弥散质点析出，同时因含 Si 量较高，有较多的（α+Si）共晶体，所以铸造性能大大改善。

此合金中 w_{Si} = 6%~8%，所以需进行变质处理。变质处理后再经自然时效处理 30 天后，砂型试棒的室温抗拉强度可达 280MPa，伸长率可达 3%，具有较高的力学性能，而且不必进行淬火，这是它最大的优点。

ZL401 合金中若加入 Cu、Mn 等元素，虽能提高抗拉强度，但伸长率却降低很多，因此仍把这两种元素视为杂质，限制为 w_{Cu}≤0.6%，w_{Mn}≤0.5%。

此合金一般只能在 200℃以下工作（超过这一温度后组织不稳定）。它的焊接性、可加工性能都很好。最大的缺点是耐蚀性较差，使用时必须涂上保护底漆。而且其密度是所有铸铝合金中最大的，因此通常用作模具、型板以及某些设备的支架等。

2. Al-Zn-Mg 合金的成分、组织、性能和用途

在 Al-Zn 合金中加入适量的 Mg，强化效果十分显著。多年来，国内外对 Al-Zn-Mg 合金研究得颇为广泛和深入，已取得了很大的进展，是一种极有前途的高强度铸造铝合金。

图 1-34 所示为 Al-Zn-Mg 合金三元相图富 Al 端部分。

根据三元相图，当 Zn、Mg 的加入量配合适当时，将形成 T[$Mg_{32}(Zn, Al)_{49}$]、η（$MgZn_2$）等化合物，它们都是合金的强化相，经 T4 淬火处理后，将全部溶入 α 固溶体中，从而起强化作用。同时，从相图可知，此系合金在高温时有很宽的 α 固溶体单相区，Zn 和 Mg 在 α 固溶体中的溶解度很大，而随着温度下降，溶解度显著减小，可见这种合金具有很大的热处理强化潜力。

国家标准中，Al-Zn-Mg 合金的牌号为 ZL402。其主要成分为 w_{Zn} = 5.0%~7.0%，w_{Mg} = 0.3%~0.8%，w_{Cr} = 0.3%~0.8%，w_{Ti} = 0.1%~0.4%。由图 1-34 可知，其室温下的组织由 α 和 $MgZn_2$ 两相组成。它的铸态试样，经 21 天自然时效（或 180℃人工时效 10h）处理后达到的室温力学性能为 R_m = 240~250MPa，R_{eL} = 200MPa，A = 4%~5%，其冲击性能、耐蚀性能和耐应力腐蚀性能也较好。

ZL402 合金的结晶温度范围约 40℃，且晶粒较细（因含少量 Ti），故铸造性能尚好，疏松、热裂倾向均不大，但充型性能仍低于 Al-Si 类合金；设计铸造工艺时必须保证充分补缩。当工艺设计合理时，不但能用熔模、砂模浇注出薄壁复杂铸件，也能用金属型浇注出中等复杂的铸件。

ZL402 合金的可加工性很好，可以获得表面质量很高的零件；它的焊接性也很好，经人工时效处理后，铸件尺寸亦甚稳定，因而可用来制作精密仪表零件和承受大的动载荷的飞机零件；由于耐蚀性较高，且可进行阳极化处理以进一步提高耐蚀性，故也常用于船舶零件。

此合金在淬火处理时，可以在空气中冷却，内应力大大降低，能防止薄壁复杂铸件在淬火时发生变形和裂纹，提高零件尺寸的稳定性。当对零件的力学性能要求不高时，可以省去淬火处理，借自然时效以提高合金的力学性能。

Al-Zn-Mg 合金中，T 相和 η 相的扩散速度很慢，在一般的铸造冷却条件下，常获得过饱和的 α 固溶体，如在较高温度下使用或冷加工后，α 固溶体很容易分解，而促进晶间应力腐蚀；当分解产物为 η 相时，情况就更为严重。因此，这类合金的工作温度一般不能超过 100℃。为了克服这一缺点，可加入微量 Mn 和 Cr，生成新的弥散相——$Al_{12}Mg_2Cr_2$ 和 $Al_{10}Mg_2Mn$。这些细小的金属间化合物，既可沿晶界分布，也可处于晶粒内部，在 α 固溶体分解时，这些质点可作为结晶核心，使 η 和 T 相质点在晶粒内部出现，有效地阻止了 η 和 T 相在边界上的分解，从而提高了合金的力学性能和耐晶间应力腐蚀性能。

合金中加入微量 Ti 能细化晶粒改善合金的铸造性能（如疏松、热裂倾向）和力学性能。

3. Al-Zn-Mg 合金的发展

（1）Al-Zn-Mg 合金成为高强度铸造铝合金的主要原因

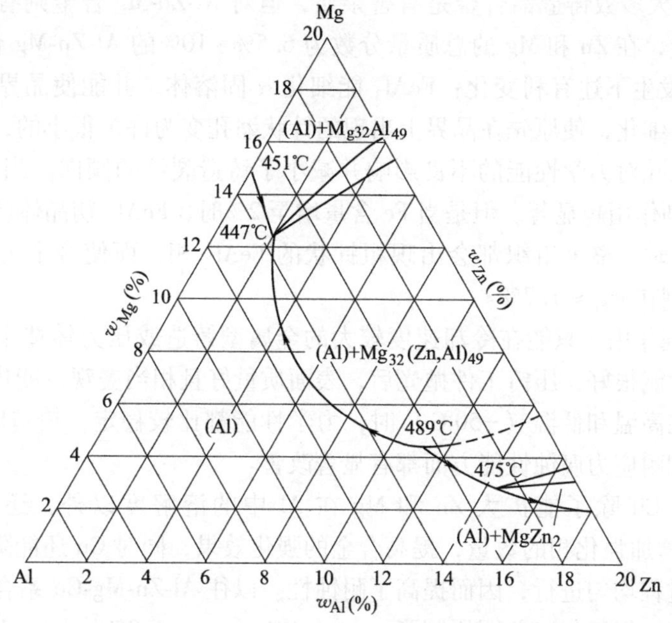

图 1-34　Al-Zn-Mg 三元相图富铝端

1）Al-Zn-Mg 合金在所有 Al 合金中具有最大的强化潜力，α 固溶体中，Zn 和 Mg 的溶解度极大。

2）Al-Zn-Mg 合金铸造性能改善的潜力很大。对 Al-Si 系、Al-Cu 系和 Al-Zn-Mg 系合金的砂型铸件做了力学性能的壁厚效应试验，壁厚 5~30mm。结果表明：Al-Si 系合金的壁厚效应小，Al-Cu 系合金的壁厚效应大，而 Al-Zn-Mg 系合金却呈现出最佳性能，只要在凝固期间对这种合金给予良好的补缩条件，而且经很好的精炼、除气处理，则其熔融金属在缓慢的凝固过程中，显微缩孔和疏松的倾向就很小。同时，其晶粒的增长形式也有利于力学性能的提高，因此壁厚效应很小。此外，Al-Zn-Mg 合金可通过合金化来有效地改善热裂倾向，这就为此类高强度铸铝合金开拓了广阔的应用范围。

3）Al-Zn-Mg 合金的蠕变极限较高，能承受铸造、热处理和机械加工所产生的残余内应力，尺寸稳定。所以工业上往往采用 Al-Zn-Mg 合金制造对精度要求很高的零件。

4）Al-Zn-Mg 合金具有可加工性好，表面质量好、表面美观及焊接性能良好等优点，所以获得了广泛的重视和研究。

（2）Zn 和 Mg 的总量及组成比例　铸造 Al-Zn-Mg 合金中，Zn 和 Mg 的总质量分数越高，抗拉强度越高，而伸长率和耐蚀性则急剧下降；其总质量分数通常采用 6%~7%，但此类合金的强化效果不显著，力学性能偏低，达不到预期的要求。最近研究指出：当加入其他辅助性元素时，Zn 和 Mg 的总质量分数可以提高到 10%~12%，而同时能获得满意的塑性和耐蚀性。根据 Al-Zn-Mg 三元相图，当 Zn 和 Mg 总质量分数较大，甚至超过 12%时，即使在高温下也难以全部溶入 α 固溶体，增加了合金热处理的难度，而这些化合物分布在晶界上将显著降低合金的力学性能和耐蚀性。

（3）添加元素对 Al-Zn-Mg 合金性能的影响　为了提高合金的力学性能和改善其铸造性能，在合金中往往加入 Fe、Cu、Mn、Ti、Cr 和 Ag 等元素。

1）Fe。Fe对大多数铸造铝合金是有害杂质，但对Al-Zn-Mg合金则有所不同。试验表明，对金属型铸造，在Zn和Mg的总质量分数为6.5%~10%的Al-Zn-Mg合金中加入w_{Fe}=1.5%左右时，将发生下述有利变化：$FeAl_3$能细化α固溶体，并能使晶界上的共晶体明显地细化。由于晶粒细化，使原先在晶界上出现的针状缩孔变为许多很小的，呈圆形的微小缩孔，这就降低了缩孔对力学性能的不良影响并减小了铸造裂纹的倾向。当Zn和Mg的总量越高时，Fe的有利作用越显著。但是当Fe含量增至2%时，$FeAl_3$初晶体已在组织中局部聚集；当w_{Fe}=2.5%时，整个组织都会出现粗针状的$FeAl_3$相，而使合金力学性能恶化。因此，Fe含量应控制在w_{Fe}≤1.7%。

Fe的这种有利作用，只能在冷却速度较大的金属型铸造或压力铸造中反映出来。因为这种合金可加工性能很好，压铸工件抛光后，表面质量好且相当美观，能代替镀Cr的零件。另外，这种合金在高温和低温（-50℃）时，力学性能都比较稳定，铸造时裂纹敏感性小，而且耐表面腐蚀和耐应力腐蚀性能方面都有显著改善。

2）Cu。加入Cu除了能扩大Zn和Mg在Al中的溶解度以外，还能形成$CuAl_2$和S(Al_2MgCu)相，增加强化相的数量，提高合金的强化效果，同时Cu还能降低晶内和晶间的电位差，使腐蚀过程均匀进行，因而提高了耐蚀性。以往Al-Zn-Mg-Cu系合金只是作为高强度变形铝合金使用。但近年来美国研制了w_{Zn}=6.0%、w_{Mg}=2.8%、w_{Cu}=1.9%的Al-Zn-Mg-Cu高强度铸造合金，其室温抗拉强度可达600MPa，伸长率也有2.0%。

Cu的作用因含Zn量多少而不同。当含w_{Zn}=4%左右时，加入Cu能显著增强时效强化效果。但当w_{Zn}增加到6%~8%时，加入Cu几乎不再增加时效强化效果，甚至会降低合金的力学性能。

据报道：Cu虽能起强化作用，但会恶化合金的焊接性能。因此，为了改善焊接性能，宁可牺牲Cu的强化效果，而不加入Cu。

3）Ag。Ag有细化合金组织，减轻铸造裂纹和应力裂纹的效果，更能促进合金的时效强化效果，具有提高力学性能的作用。但w_{Ag}<0.05%以下时，时效强化效果很小；当加入量w_{Ag}>0.7%时，也不能获得更好的效果。

4）Mn和Cr。Mn和Cr在改善合金组织，提高力学性能的同时，能提高合金耐应力腐蚀的性能。w_{Mn}<0.3%时，效果很小；w_{Mn}>1.5%时，有增大铸造裂纹的倾向。Cr的加入量也只宜为w_{Cr}= 0.1%~0.5%。

5）Ti和Zr。Ti和Zr起细化组织的作用，同时对铸造裂纹有稳定作用。但当加入量过多，如超过1%时，则有恶化铸造性能的倾向。

6）Si。Si在此类合金中起恶化性能的作用，因此作为杂质，限制w_{Si}<0.3%。

1.3 铸造铝合金的热处理

铝合金在铸态下的力学性能往往不能满足使用要求，所以除Al-Si系的ZL102、Al-Mg系的ZL302和Al-Zn系的ZL401合金外，都要通过热处理进一步提高铸件的力学性能和其他使用性能。

热处理的目的大致为以下几个方面：

1）充分提高铸件的力学性能，保证一定的塑性，提高合金的抗拉强度和硬度，改善合金的可加工性等。

2）消除由于铸件壁厚不均匀、快速冷却等所造成的内应力。

3）稳定铸件的尺寸和组织，防止和消除因高温引起相变而产生体积胀大的现象。

4）消除偏析和针状组织，改善合金的组织和力学性能。

按以上热处理目的，表1-8列出了铸造铝合金热处理的分类和用途。

表1-8　铸造铝合金热处理的分类和用途

代号	热处理类别	主要用途说明
T1	人工时效	合金在湿砂型或金属型中铸造时，由于冷却速度快，会得到一定程度的过饱和固溶体，相当于获得部分淬火效果。人工时效时，脱溶强化，使合金的强度和硬度有所提高，改善了铸件的可加工性，提高表面质量，如ZL103、ZL105合金铸件，抗拉强度可提高30%。时效温度约为150~180℃，保温时间为1~24h
T2	退火	消除铸件中的铸造应力和机械加工所引起的内应力，稳定零件尺寸。对Al-Si系合金，退火还能使Si部分球化，改善合金塑性。退火温度为280~300℃，保温时间为2~4h
T4	淬火	加热保温，使可溶相溶解，急冷后得到过饱和固溶体，也称为固溶化处理 对于Al-Mg系铸造合金，固溶处理是最后完工的热处理。对于需进行人工时效的合金，淬火只是预备热处理。T4实际表示为淬火并自然时效状态。这类热处理除提高合金的抗拉强度外，对工作温度不超过100℃的零件，还能提高其耐蚀性
T5	淬火和部分人工时效	淬火后人工时效，时效强化曲线可分成三个阶段：上升阶段、最高峰值阶段和下降阶段。强度上升阶段相当于部分人工时效状态（T5）；最高峰值阶段相当于完全人工时效状态（T6）；而抗拉强度下降阶段相当于过时效状态，即稳定化回火状态（T7）。T5用于获得足够高的抗拉强度（特别是高屈服极限）并保持高塑性的零件。时效温度为150~170℃，时效时间为3~5h
T6	淬火和完全人工时效	见T5说明 铸件可获得最大抗拉强度而塑性稍有降低，用于要求高负荷的铸件 时效温度为175~185℃，时效时间超过5h
T7	淬火和稳定化回火	见T5说明 用于处理高温条件下工作的零件，既获得足够的抗拉强度又能使组织和尺寸稳定 一般在接近工作温度时进行稳定化回火 回火温度为190~230℃，保温时间为4~9h
T8	淬火和软化回火	在比T7更高的温度下回火，使固溶体充分分解，析出相聚集球化，获得高塑性，但抗拉强度下降；用于处理要求高塑性的铸件 回火温度为230~330℃，保温时间为3~6h

1.3.1　铝合金的热处理特点和原理

1. 铝合金热处理特点

基于多相铸造铝合金的组织特征（固溶体晶粒周围存在粗大的共晶组织，固溶体内部浓度不均匀并存在第二相质点），晶粒间不仅有气孔和显微缩孔，而且还有非金属夹杂物，它们都能使晶粒彼此隔绝，从而阻碍扩散过程的进行，因此铸造铝合金和变形铝合金的热处理有很大的不同。变形铝合金组织致密，保温时间只要几十分钟，很少超过1~2h。而铸造铝合金在淬火温度下需要长时间保温，往往要几个小时，甚至十几个小时，才能使强化相在

α 固溶体中达到最大的溶解度，这是铸造铝合金热处理的主要特点之一。

金属型铸件或采用冷却速度较大、压力下结晶的铸件，其组织比砂型铸件的晶粒细小，固溶体和第二相质点的接触面较大，这就为加速扩散过程创造了条件，从而提高了热处理效果，保温时间也可以大大缩短。

铸造铝合金热处理的另一特点是铸件形状复杂，壁厚不均匀，为了避免热处理变形，有时需要特制的热处理夹具和在温度较高的水（50~100℃）或油中淬火。为了缩短生产周期和提高铸件性能，通常都采用人工时效处理。

2. 铸造铝合金热处理强化的基本原理

铸造铝合金热处理强化的原理和铁碳合金的热处理原理不同，钢、铁是以共析和同素异构转变为基础的，而铝合金是以合金组元或金属间化合物在铝的固溶体中溶解度的变化为基础的。

铝合金强化热处理主要是通过"固溶/淬火"或"固溶/淬火+时效"来实现的。

（1）固溶/淬火　从铝和其他元素的二元相图上可知：凡是合金组元或金属间化合物在 α 固溶体内的溶解度随温度的下降而减小，从而析出第二相的合金在理论上都可以进行淬火（固溶强化处理）。溶解度的变化越大，则固溶强化的效果越显著。其实质是将工件加热到尽可能高的温度，在该温度下，保持足够长的时间，使强化相充分溶入 α 固溶体，随后快速冷却（淬入水或油中），使高温时的固溶体呈过饱和状态保留到室温，从而使固溶体强化。因此，固溶/淬火处理也可称为固溶处理或者淬火，其实质包括固溶处理和淬火两个部分，但又是配合使用、紧密相连的。

1）固溶处理。固溶处理的关键工艺因素是固溶温度和保温时间。固溶温度取决于合金的成分和相图。为了保证固溶原子形成的强化相能够充分固溶，通常加热温度要高于固溶线温度，而低于固相线温度。温度越高，固溶所需时间越短，固溶越完全，淬火的效果越好。

保温时间取决于强化相溶入 α 固溶体所需的时间。若铸件中强化相比较粗大，则保温时间要长一些。如砂型、厚壁铸件相应地要比金属型、薄壁铸件保温时间要长一些；强化相的扩散速度大，则保温时间可以相应缩短。如 Mg_2Si 的扩散速度最大，$CuAl_2$ 次之，而 Mg_2Al_3 最小，所以 Al-Si-Mg 合金的保温时间就可比 Al-Cu、Al-Mg 合金少一些。

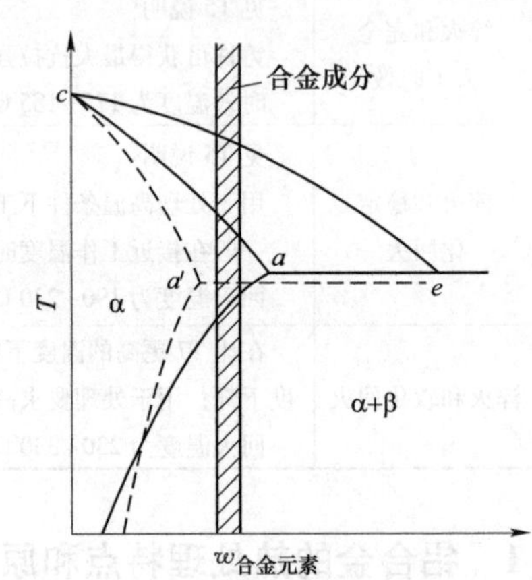

图 1-35　非平衡冷却时相图中相界的变化

ca—平衡冷却时的固相线

ca′—非平衡冷却（冷却速度较高）时的固相线

注意：由于铸件实际凝固过程中冷却速度较大，合金凝固是处于非平衡状态下（图 1-35）的，常会出现非平衡的共晶体。因此，选择固溶温度时，如果仅根据固相线或共晶转变温度线来确定，往往会出现"过烧"（晶界上低熔点共晶体熔化或固溶体的晶粒粗大）现象，一般应比上述温度低 10~15℃。如果为了固溶强化效果的最大化或追求生产效率，可以采取分级加温的方式，即先在低于共晶温度 5~10℃的温度下保温，使组成共晶体的第二相溶入 α 固溶体，然后再升温到接近固相线的温度短期保温，使剩余的第二相尽可能地溶入 α 固溶体中，这样就能获得较高的力学性能而不致"过烧"。

2）淬火。固溶处理后，合金从固溶温度冷却到室温以实现最大过饱和度的过程就是淬火。淬火处理的关键工艺因素是冷却速度的控制。实际生产过程中，通过选择不同的冷却介质来实现对冷却速度的控制。淬火介质包括冷水、沸水、盐浴、油浴、风冷、空冷等，其中最常见、最常用的是水。

近年来国内外还研究和采用了一些新的淬火工艺，简要介绍如下。

① 铸造淬火。将刚凝固仍在高温状态下的铝铸件直接淬入水中，使固溶体处于过饱和状态，再加以人工时效，可以得到与T5或T6相似的热处理效果，这就是所谓的铸造淬火。它可以省去将已冷却的铸件重复加热到淬火温度的工序，对于缩短生产周期、降低电能消耗、节约生产成本等具有一定的经济价值。

铸造淬火的效果受合金成分、淬火温度、淬火前铸件的冷却速度等因素的影响颇大。

试验表明：对于单纯的Al-Si、Al-Cu二元合金和Al-Si-Cu、Al-Cu-Si三元合金，铸造淬火没有明显效果。只是在Si和Mg元素同时存在的合金中，在一定条件下，铸造淬火才可以获得比较满意的力学性能。这主要是因为Si和Mg能形成Mg_2Si强化相，具有很强的淬火效应，从而对时效硬化有较大的影响。如果$w_{Mg}>1\%$，会形成过多的Mg_2Si相，不能全部溶入α固溶体，而游离分布在晶界上，也会明显降低铸造淬火的效果。

② 等温淬火。通常，人工时效是高温固溶处理后在冷却介质中进行淬火，冷却到室温后再进行时效处理的方法。而所谓等温淬火是合金在固溶处理以后，直接淬入到该合金人工时效温度的介质中，并保温至人工时效完毕的方法。

用ZL101合金试棒进行对比试验，等温淬火工艺为：541±3℃固溶处理4h，然后在171℃的盐浴炉中淬火并进行时效处理。普通的热处理方法为：538℃下固溶处理15h，在65℃水中淬火，室温停留24h后，再在171℃时效。可见，新的热处理制度可缩短处理时间，而且新的热处理在保持原有伸长率水平的同时，可提高合金的抗拉强度。由于淬火介质温度提高，故零件的淬火变形也可减少。

③ 循环处理（冷处理）。通过将铝铸件多次加热（至350℃）和冷却（至-50℃、-70℃或-190℃），使铸件的体积更加稳定，这种热处理工艺称为循环处理。它用于精密度要求很高、尺寸很稳定的零件或仪器上。

由于材料经循环处理，引起合金中固溶体结晶点阵的反复收缩和膨胀，也使各相的晶粒发生了少许位移，这就使固溶体结晶点阵内原子的偏聚区和金属化合物的质点，特别是沿晶界分布的金属化合物质点处于更加稳定的状态，因而提高了工件的尺寸稳定性。

（2）时效　时效（或称低温回火）是铝合金热处理的最后一道工序。时效过程中进行着过饱和固溶体分解的过程，使合金基体的结晶点阵恢复到较稳定的状态。过饱和程度越大，时效温度越高，时效过程进行得越强烈。

铝合金的时效是一个十分复杂的物理化学过程。几十年来，人们进行了大量的试验研究，通过X射线及电子显微镜的研究发现：合金时效硬化时，随着温度的升高和时间的延长，大致经过下列几个阶段：

1）过饱和固溶体点阵内原子的重新组合，生成溶质原子富集的区域，称为G.P.1区（图1-36）。这一区域相当于形成第二相质点的准备阶段（厚度为5~10Å，直径为40~60Å，是和母体没有很大区别的二维组织）。在这个阶段，结晶点阵畸变程度将增大（晶格被歪扭），因而提高了合金的力学性能，降低了合金的导电性，并且使合金的其他性能也发生变化。

2）G. P. 1 区消失，第二相的原子按一定规律偏聚，生成 G. P. 2 区（厚度为 10~40Å，直径为 100~400Å），在 100~150℃温度下，这种区域极易形成，这是生成和固溶体基体呈共格关系的亚稳定相的准备阶段，合金在这种状态下，抗拉强度最高。

3）形成亚稳定的第二相，它和固溶体并无明显的分界面，而是部分共格，如 Al-Cu 系的 θ′相，一般在大于 150℃时形成（图 1-37）。

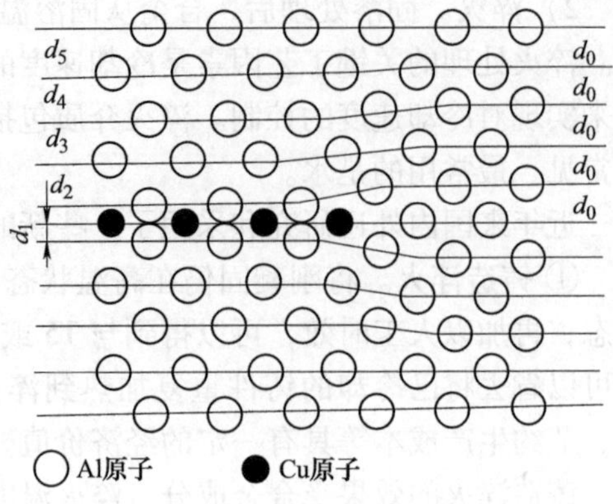

图 1-36　G. P. 1 区结构示意图

4）形成稳定的第二相，它和固溶体晶粒之间有分界面。在固溶体分解时所形成的相质点的成分和结构越复杂，则这些质点的形成过程也越长，尤其是当参与形成复杂相的组元扩散系数很小时（如 Cr、Mn、Zr），过程更长。

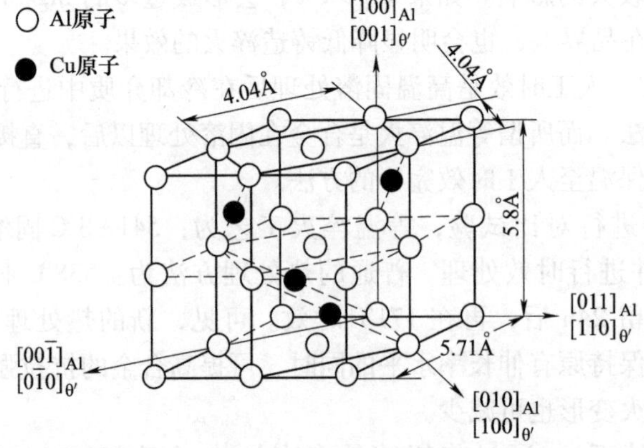

图 1-37　θ′亚稳定相的示意图

第二相质点主要分布在固溶体的晶粒内部，而较粗大的质点则沿晶界分布。分布在固溶体晶粒内部的第二相质点越小，对提高合金强度的作用也越大。

5）固溶体的分解产物——第二相的凝聚。此时固溶体结晶点阵的畸变迅速恢复为平衡状态，晶格的内应力显著下降，因此，合金强度将显著下降，而塑性则明显提高，这一过程是在较高温度下进行的，合金组织趋向稳定状态。

时效处理的关键工艺因素是时效温度和保温时间。

当时效温度较高时，上述几个阶段几乎是同时进行的。时效温度越低，则第一阶段的过程进行得要充分一些。时效温度越高，则第二相形成和聚集的过程进行得越强烈，因而合金的性能也要相应地发生改变。

时效的保温时间对合金性能同样有很大影响。铝合金在较高的温度下短期保温或在较低的温度下长期保温，都可以得到要求的强度。

许多能通过热处理进行强化的合金，时效过程中都经过上述几个阶段，如：

Al-Si-Mg 合金：G. P. 1→G. P. 2→β′→β(Mg_2Si)；

Al-Cu 合金：G. P. 1→G. P. 2→θ′→θ($CuAl_2$)；

Al-Cu-Mg 合金：G. P. 1→G. P. 2→S′→S(Al_2CuMg)；

Al-Zn-Mg 合金：G. P. 1→G. P. 2→M′→M($MgZn_2$)；

↘ T′→T[$Mg_{32}(Zn,Al)_{49}$]。

特别注意，Si 在 Al-Si 二元合金的 α 固溶体中的溶解度虽然随温度的改变而变化，但热处理强化效果不大，这是因为：

① Al 和 Si 不形成任何化合物，Si 溶入 α 固溶体中再析出时，不经过 G. P. 区，仍直接生成 Si 的质点。

② 即使不在高温下，Si 在 Al 中的扩散速度也很大，比 Cu 在 Al 中的扩散速度大 2.5 倍，所以 Si 晶体容易集聚长大。

③ Al 和 Si 原子间的吸引力小。因此，固溶体很容易析出粗大针状的 Si 晶体，削弱了基体，恶化了合金的力学性能，特别是塑性会明显下降。

为此，Al-Si 二元合金不能通过热处理进行强化。

1.3.2 时效过程中组织和性能的一般变化

1. Al-4Cu 合金的时效过程

（1）性能变化　图 1-38 所示为 Al-Cu 合金二元相图，在 548℃下进行共晶转变：L ⟶ α+θ($CuAl_2$)。铜在 α 相中的极限固溶度为 5.65%(548℃时)。随着温度下降，固溶度急剧减小，室温时下降至 0.05%。θ 相的名义组成为 $CuAl_2$，属于正方晶格（a 为 0.6066nm，c 为 0.4874nm)。按 $CuAl_2$ 化学式计算，θ 相中含铜量（质量分数）应为 54.08%，但实际上只含 Cu（质量分数）52.5%~53.9%，即只有在部分铜原子被铝原子置换的条件下，θ 相才

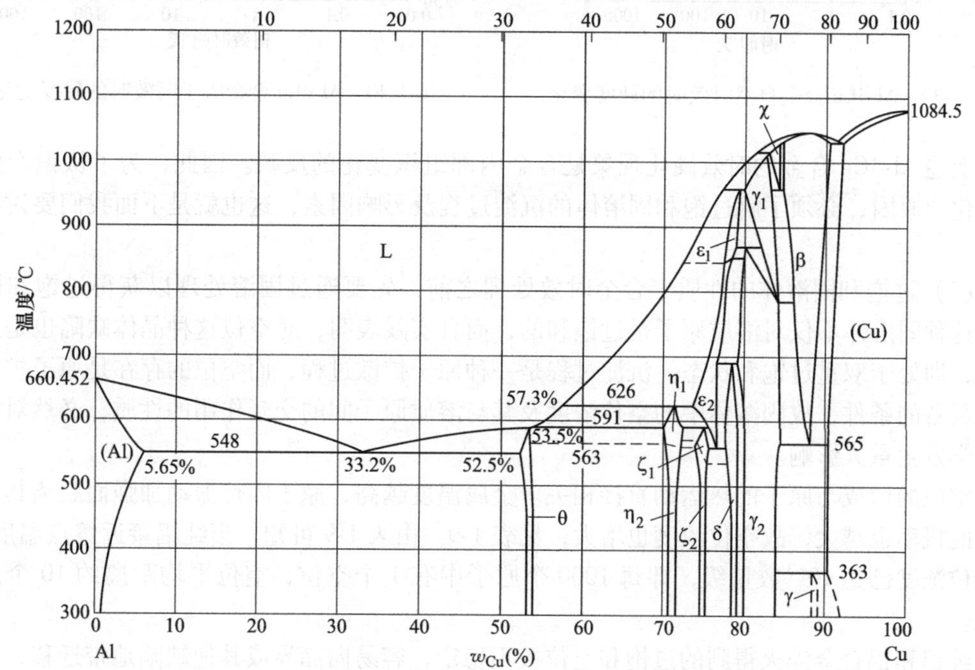

图 1-38　Al-Cu 合金二元相图

能稳定存在。该合金缓慢冷却时的组织为（α+θ）两相，其铸造状态的抗拉强度约为150MPa。

如将该合金加热到固溶度线以上，在保持一段时间后迅速淬入干冰（-78℃）中，形成过饱和固溶体（Al-4Cu合金），其抗拉强度可增至200MPa。长期在干冰中保存，力学性能没有明显变化，但若从干冰中取出，在室温下放置，2h后开始出现硬化，硬度和强度增大，并随时间的增加而加剧，8天后达最大值，以后趋于稳定，如图1-39所示。如将同一合金置于稍高的温度环境内，例如50℃，经2天后硬度即可达最高值。但其变化规律仍与室温的相同。这种将淬火得到的过饱和固溶体置于室温或低于100℃的温度环境下，由于停留时间的增加而导致硬度及强度增大的现象称为自然时效。

如将该合金置于100℃以上时效处理，硬度变化要复杂一些，即在曲线上出现峰值，如图1-40所示。时效温度越高，达到峰值所需时间越短。这种在100℃以上所造成的时效硬化现象称为人工时效。时效温度高于150℃时，最大硬度降低，超过硬度峰值的时效称为过时效，时效温度越高，过时效现象出现越早。

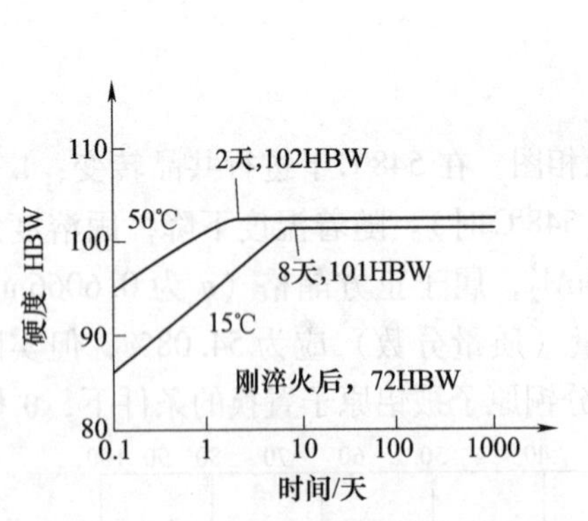

图1-39　Al-4Cu合金自然时效时的硬度变化

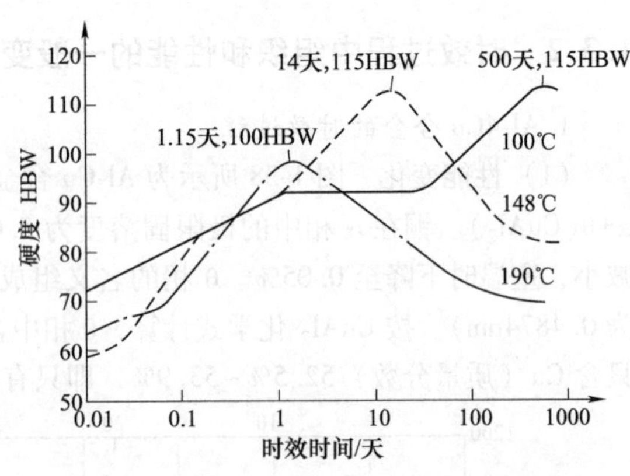

图1-40　Al-4Cu合金人工时效时的硬度变化

上述Al-4Cu合金的时效硬化现象是合金内部组织变化的反映。因此，为了认识产生这种变化的原因，必须了解过饱和固溶体的沉淀过程及影响因素，这也就是下面我们要讨论的内容。

（2）过饱和固溶体的性质　合金时效处理之前，先要通过固溶处理以获得过饱和固溶体。这种固溶体不仅对溶质原子是过饱和的，而且实践表明，对空位这种晶体缺陷也是过饱和的，即处于双重过饱和状态。沉淀过程是一种原子扩散过程，而空位的存在是原子扩散所必须具备的条件，故固溶体中的空位浓度及其与溶质原子间的交互作用的性质，必然对沉淀动力学发生重大影响。

空位的形成与原子的热运动直接相关。金属温度越高，原子因热振动加强而脱离其平衡位置的概率也越大，故空位浓度也增大，见表1-9。由表1-9可知，当纯铝接近熔点温度时，其空位浓度已达10^{-3}数量级，即每1000个原子中有1个空位，空位平均距离约10个原子间距。

纯铝和铝合金淬火得到的过饱和空位极不稳定，容易向晶界或其他缺陷地带迁移，或者空位之间产生聚集，形成新的晶格缺陷，如位错环或位错螺旋线。但对于Al-Cu合金，Cu

表1-9　纯铝不同温度下的空位浓度

温度/K	空位浓度
933	$10^{-3}\sim2\times10^{-3}$
900	$10^{-4}\sim10^{-3}$
800	$10^{-5}\sim10^{-4}$
700	$10^{-6}\sim10^{-5}$
600	$10^{-9}\sim10^{-8}$
300	$10^{-12}\sim10^{-11}$

原子与空位间存在一定的结合能，即Cu原子与空位结合在一起，使空位能够比较稳定地处于固溶体中，不容易向缺陷地带迁移和消失。这种携带空位的Cu原子在形成新相时的扩散过程，要比没有空位时容易得多。淬火后将以很高的速度聚集，这种现象称为丛聚或偏聚。温度越高；丛聚的速度也越快。如果将合金在干冰中淬火，因温度很低，丛聚进行缓慢，可以较长时间地保持过饱和状态。带空位的Cu原子的丛聚，并不能立即形成稳定的相，而是经过几个中间阶段逐步过渡到最终平衡组织。

（3）组织变化　时效过程是第二相从过饱和固溶体中沉淀的过程，和其他固态相变一样，新相以形核和长大的方式完成转变。对于Al-Cu合金，大量试验和研究工作证明，为降低新相形成时所伴随的应变能和表面能，过饱和固溶体沉淀时往往先形成与母相晶体结构相同并保持完全共格的富铜区，即G.P.区，随后再逐步过渡到成分及结构与$CuAl_2$相近的θ"相和θ′相，同时共格关系逐渐被破坏，最后形成非共格的具有正方结构的平衡相θ。

1）G.P.区。G.P.区在室温即可生成。淬火后15min，在Al-Cu合金单晶体的摆动法X射线衍射照片上，就会出现二维衍射效应，即在（100）面上出现窄带状的衍射星芒，但必须时效处理一天，星芒才能变得清楚。这种带状星芒的出现，说明铜原子在晶格的六面体（100）面上聚集，形成了圆片状的脱溶区，或称G.P.区（图1-41）。G.P.区没有独立的晶体结构，完全保持母相的晶格，并与母相共格，只是由于Cu原子半径比Al原子半径小，G.P.区产生一定的弹性收缩（图1-42）。

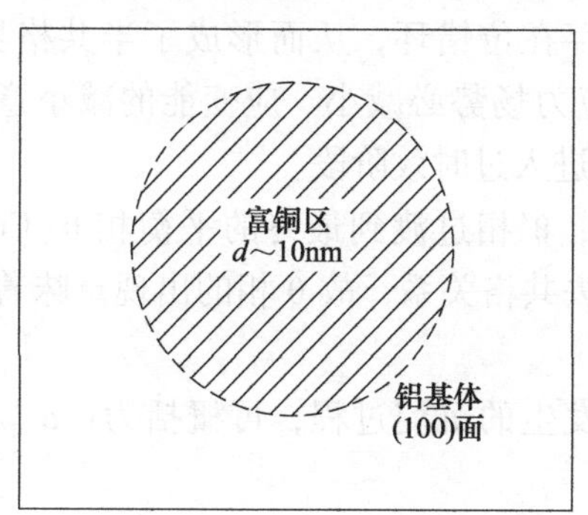

图1-41　G.P.区示意图

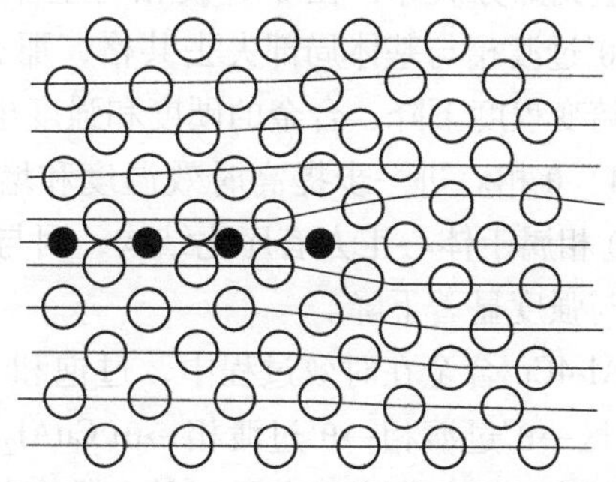

图1-42　Al-Cu合金中G.P.区的共格应变图

G.P.区的厚度只有几个原子，直径随时效温度的高低而不同，一般不超过10nm。Al-Cu合金室温时效形成的G.P.区很小，直径约为5nm，密度为$10^{14}\sim10^{16}$个原子/mm^3。G.P.区之间的距离为2~4nm。130℃时效处理15h，G.P.区直径长大到9nm，厚为0.4~0.6nm。

温度再高，G. P. 区数目开始减少，200℃即不再生成 G. P. 区。G. P. 区的界面能很低，形核功很小，在母相各处均可生核，这与部分共格的过渡相不同。

2）θ″相。如将 Al-4Cu 合金在较高的温度下进行时效，G. P. 区的直径迅速长大，而且 Cu 原子和 Al 原子逐渐形成有序排列，即形成正方有序化结构（图 1-43）。这种结构的 x、y 两轴的晶格常数相等（$a=b=0.404$nm），z 轴的晶格常数为 0.768nm，一般称为 θ″相。θ″过渡相在基体的（100）面上形成圆盘状组织，厚度为 0.8~2nm，直径为 15~40nm。θ″过渡相与基体完全共格。但在 z 轴方向的晶格常数比基体晶格常数的两倍小一些（$2c_{Al}=0.808$nm），产生约 4%的错配度。因此，在 θ″过渡相附近形成一个弹性共格应变场，或晶格畸变区。这种由 θ″过渡相形成的应变场，也可从电镜的衍衬效应上显示出来。如果时效时间继续增加，θ″过渡相密度不断提高，使基体内产生大量畸变区，从而对位错运动的阻碍作用也不断增大，则合金的硬度、强度，尤其是屈服强度显著增加。

3）θ′相。继续提高时效温度或延长时效时间，例如，将 Al-4Cu 合金时效温度提高到 200℃，时效处理 12h 后，θ″相即转变为 θ′过渡相。θ′过渡相属于正方点阵，其中 $a=b=0.404$nm，$c=0.580$nm，名义成分为 $CuAl_2$。θ′过渡相的晶体取向关系为：$(001)_{\theta'}//(001)_{Al}$，$[001]_{\theta'}//[001]_{Al}$。

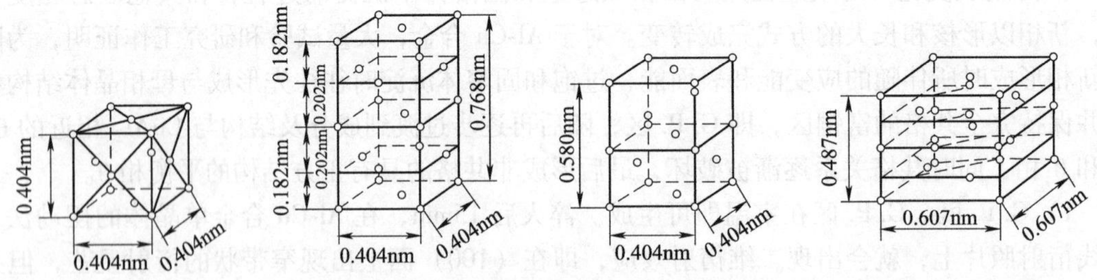

图 1-43　Al-4Cu 合金中平衡相（θ）和过渡相（θ′，θ″）的晶体结构与基体 α 之间的配合比较

θ′的大小取决于时效时间和温度，其直径为 10~600nm，厚度为 10~15nm，密度为 10^8 个原子/mm^3。由于在 z 轴方向的错配度过大（约 30%），在（010）和（100）面上的共格关系遭到部分破坏，在 θ′过渡相与基体间的界面上存在位错环，从而形成了半共格界面。既然 θ′过渡相与基体局部失去共格，那么界面处的应力场势必减小。应变能的减小意味着晶格畸变程度下降、合金的硬度和强度也降低，开始进入过时效阶段。

4）θ 相。进一步提高时效温度和增加时效时间，θ′相过渡到最终的平衡相 θ($CuAl_2$) 相。θ 相属于体心正方有序化结构，因与基体完全失去共格关系，故 θ 相的出现意味着合金硬度与强度显著下降。

Al-4Cu 合金在时效过程中，过饱和 α 固溶体中发生的沉淀过程，可概括为：$\alpha_{过饱和}\to$ G. P. 区→θ″过渡相→θ′过渡相→θ($CuAl_2$) 平衡相。

沉淀过程与合金成分及时效参数有关，而且不同沉淀阶段相互重叠，交叉进行，往往有一种以上的中间过渡相同时存在。例如，Al-4Cu 合金在 130℃以下时效，以 G. P. 区为主，但也可能出现 θ″和 θ′相；在 150~170℃时效，以 θ″为主；在 225~250℃时效，以 θ′相为主；高于 250℃以后，以 θ 相为主，即接近退火组织。表 1-10 列出了 Al-4Cu 合金在不同温度时效时的主要沉淀相。图 1-44 则表示 Al-4Cu 合金在 130℃和 190℃时效过程中硬度的变化。由

图1-44可以看出，G.P.区所造成的硬度增长到一定程度即达到饱和状态。随着θ″相的出现造成硬度重新上升并达到峰值。当组织中出现θ′相时，合金将逐渐进入过时效阶段，若形成了稳定相θ，则合金完全软化。

表1-10 Al-4Cu合金时效组织与时效温度的关系

温度/℃	$w_{Cu}=2\%$	$w_{Cu}=3\%$	$w_{Cu}=4\%$	$w_{Cu}=4.5\%$
110	G.P.区	G.P.区	G.P.区	G.P.区
130	G.P.区+θ″	G.P.区	G.P.区	G.P.区
165	—	θ′+少量θ″	G.P.区+θ″	—
190	θ″	θ′+极少量θ″	θ′+少量θ″	θ″+G.P.区
220	θ′	—	θ′	θ′
240	—	—	θ′	—

2. 其他铝合金系的时效过程

时效过程与合金系的性质有密切关系，下面就常用铝合金系的时效特点作简要补充说明。

在Al-Mg合金中，淬火后几秒钟内即在高能区域（晶界、位错处）形成G.P.区，其直径为1.0~1.5nm，绝大多数过饱和空位以气团形式存在于G.P.区周围，故应变强度低，甚至没有应变，从而也无明显的时效硬化现象，在室温下时效处理几年，G.P.区才长大到10nm。生成G.P.区的临界温度为47~67℃，高于此温度，则直接形成β′相。Al-Mg合金中的平衡相为β相（Mg_5Al_6）。

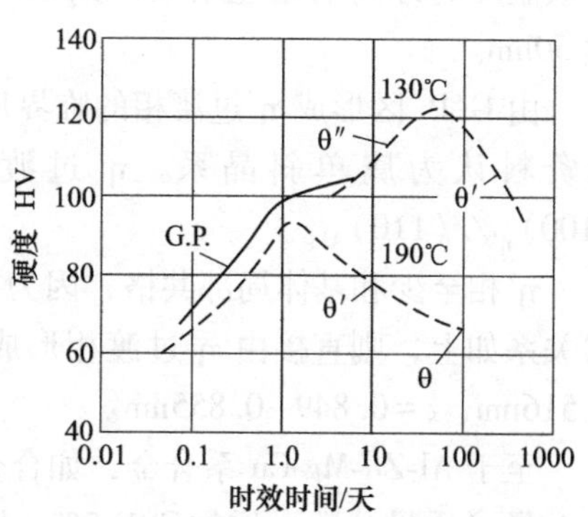

图1-44 Al-4Cu合金的时效硬化曲线

在Al-Si合金中，时效初期，G.P.区在过饱和的空位处丛聚形核，其直径为1.5~2.0nm。随后被一个位于基体（111）或（100）面上的片层状沉淀物所代替。新相很快与母相失去共格，因而强化效应是极其有限的。

对于Al-Zn合金，G.P.区呈球形，其直径为1~6nm，密度为10^{12}~10^{16}个原子/mm^3，并在淬火空位凝聚的位错环上形成。G.P.区的大小主要取决于时效时间和时效温度，合金中的含锌量仅影响到G.P.区的数量。当G.P.区的大小超过约3nm时，即在［111］方向伸长，形成椭圆形，其长轴为10~15nm，短轴为3~5nm，此时强化效果最大，随后即由α′相所代替。高温下进行时效时，并不形成G.P.区，而直接形成过渡相。

在Al-Mg-Si合金中，开始形成球状G.P.区。并迅速长大，沿基体的［100］方向拉长，变成针状或棒状，称为β″相，其$a=b\geqslant0.616$nm，$c=0.71$nm，$\alpha=\beta=90°$，$\gamma=82°$，位向关系为$(111)_{\beta''}//(110)_{Al}$，$[111]_{\beta''}//[110]_{Al}$，并有大量空位。β″相的长度为16~200nm，直径为1.5~6nm，密度为2×10^{12}~3×10^{15}个原子/mm^3，对基体产生压应力，使合金强度提高。如继续升高温度或延长时间，即形成局部共格的β′过渡相。β′为立方晶体结构（$a=0.642$nm），或者呈六方晶体结构（$a=0.705$nm，$c=0.45$nm），与基体的位向关系为$(001)_{\beta'}//(100)_{Al}$，$[100]_{\beta'}//[01\bar{1}]_{Al}$或$[100]_{\beta'}//[011]_{Al}$，最后在β′相与基体的界面上，

以消耗掉 β′过渡相的方式，形成 β(Mg_2Si) 稳定相。其位向关系为$(100)_{\beta}//(110)_{Al}$，$[110]_{\beta}//[001]_{Al}$。在 Al-Cu-Mg 系合金内，当$w_{Cu}/w_{Mg}\geqslant 2$时，由于 Cu 和 Mg 原子在 (210) 面上的丛聚，形成了 G. P. 区，其直径为 0. 16nm，堆垛层错为 G. P. 区的择优形核地带。随后由无序结构变为有序结构，即 S″相，它沿基体[100]方向长大成为棒状，且与基体共格。再进一步，S″转变为 S′过渡相，属于斜方晶体结构，其晶格常数为 $a=0.405$nm，$b=0.906$nm，$c=0.720$nm。S′过渡相仍与基体共格，甚至在厚度超过 10nm 时，仍能维持共格关系。S′过渡相与基体的位向关系为$(100)_{S'}//(21\bar{0})_{Al}$，$[010]_{S'}//[120]_{Al}$。如果 S′过渡相继续长大，即与基体失去共格，形成 S 相 (Al_2CuMg)。

在 Al-Zn-Mg 合金内，$MgZn_2$ 沉淀物的 G. P. 区呈球形，室温时，直径可达 2~3nm，温度到 177℃时，G. P. 区的直径由 3nm 增大到 6nm。如果在较高的温度下继续时效，球状 G. P. 区即在基体的 (111) 面上形成盘状，盘的厚度无明显变化，但其直径随时效时间的增加和时效温度的升高而迅速增大，如在 127℃时效 800h 可达 20nm，在 177℃时效 700h，则可达 50nm。

由 G. P. 区形成 η′过渡相的临界尺寸取决于合金成分。η′相的晶体结构为六方晶系，也有资料认为属单斜晶系。η′过渡相与基体的位向关系之一为 $(001)_{\eta'}//(111)_{Al}$，$(100)_{\eta'}//(110)_{Al}$。

η′相至少和基体局部共格，因为在其周围存在应变场。如果 η′过渡相与基体之间的位向关系如上，则直接由 η′过渡相形成的 η($MgZn_2$) 相属六方拉维斯相，其晶格常数为 $a=0.516$nm，$c=0.849\sim0.855$nm。

至于 Al-Zn-Mg-Cu 系合金，如合金组元的含量为 $w_{Zn}=5\%\sim8\%$，$w_{Mg}=2\%\sim3\%$，并将铜的含量（质量分数）增加到 1.5%，则铜对合金的时效序列并无影响。当在 227~317℃时效时，时效序列为 $\alpha_{过饱和}$→G. P. 区→η′过渡相→$MgZn_2$ 稳定相。

从以上各合金系的情况可知，时效过程的基本规律是相同的。都是先由淬火获得双重过饱和固溶体，时效初期由于空位的作用，使溶质原子以很高的速度进行丛聚，形成 G. P. 区；随着时效温度的提高和时效时间的增加，G. P. 区转变为过渡相，最后则形成稳定相。此外，在晶体内的某些缺陷地带也会直接由过饱和固溶体形成过渡相或稳定相。这种过程也称为时效序列或沉淀序列，可简略概括为：

沉淀相的形状和分布与合金的成分及相界面的性质有直接关系。对于 G. P. 区，由于与基体完全共格，晶格是连续的，故表面能很低，可以忽略不计；而且 G. P. 区尺寸又很小，弹性能不高，因而 G. P. 区的形核功很低，在基体内各处均可形成，即均匀生核，另外形核速度也相当快，甚至在淬火过程中即可发生。G. P. 区的形状取决于溶质原子和铝原子的直径差异。差值小于 3%时，为了减小表面能，G. P. 区一般呈球形；差值超过 5%时，弹性能起主导作用，故常呈薄片状或针状，见表 1-11。

半共格或完全不共格的过渡相和平衡相属于不均匀形核。因为此时沉淀相和基体之间表面能已较高，成分差异也较大，弹性能则视两相晶格错配度及比体积差值而定。总之，形核比较困难，需要比较大的能量起伏和成分起伏。试验表明，过渡相一般在位错、小角度晶界（位错壁）、层错及空位聚合体处优先形成，G. P. 区也可作为过渡相的晶核；平衡相则容易在大角度晶界及空位聚合体处形核。在晶体缺陷处形核，不仅可以降低表面能和弹性

表 1-11 不同合金系中的 G. P. 区形状

G. P. 区形状	合金系	原子直径差（%）
球形	Al-Ag	+0.7
	Al-Zn	-1.9
	Al-Zn-Mg	+2.6
圆盘形	Al-Cu	-11.8
针状	Al-Mg-Si	+2.5
	Al-Cu-Mg	-6.5

能，而且缺陷附近常常发生溶质元素的偏聚，因此，从成分上也是有利的。

掌握各个合金系的时效序列及不同沉淀物的形核分布特点对控制铝合金的性能十分重要，因为影响合金性能的主要组织特征参数是沉淀相的结构、质点尺寸、形态与分布。针对具体要求，通过调整成分，选择恰当的生产工艺和热处理制度，获得预定的组织特征参数即合金设计原则。

1.3.3 时效硬化原因

时效硬化是铝合金的主要强化手段，目前一般应用位错理论来解释。合金沉淀硬化产物（例如 Al-Cu 系合金中的 G. P. 区，θ″相和 θ′相），可引起两方面的影响：其一是新相质点本身的性能和结构与基体不同；其二是质点周围产生了应力场，沿滑移面运动的位错与析出相质点相遇时，就需要克服应力场和相结构本身的阻力，因而使位错运动发生困难。另外，位错通过物理性质与基体不同的析出相区时，其本身的弹性应力场也要改变，所以位错运动也要受到影响。其他缺陷，如在析出过程中形成的空位和螺旋位错，也能阻碍位错运动。

根据位错阻力来源不同，时效硬化可用以下几种强化机制来加以说明，但这些强化机制并不是截然分开的。只能说在一定的时效阶段上，根据析出相的结构特点，某种强化方式可能起主要作用。

1. 内应变强化

这是一种比较经典的理论。这种理论既可以用到沉淀强化合金中，也可以用到固溶强化的合金中。所谓内应变强化，是指沉淀物或者溶质原子，当其与母体金属之间存在一定的错配度时，便产生应变场，或者说应力场，这些应力场阻碍滑移位错运动。

对于新淬火（固溶处理）或经过轻微时效的合金，其溶质原子（或者是小的溶质原子集团）是高度弥散的。因此，这些原子与母相之间的错配度所引起的应力场也是高度弥散的，以小圆圈代表应力场，这种情况如图 1-45a 所示。在这种应力场中的位错取低的能量方式，弯弯曲曲地绕着应力场，在应力场“谷”中通过，位错的弯曲曲率半径要非常小，大约为粒子间距的数量级。假定溶质原子浓度为 1%，那么溶质原子的间距仅有 4～5 个原子间距。使位错弯曲到这种程度所需应力很高，远超过新淬火合金的实际强度。换句话说，原子错配度所产生的应力场大小不足以使位错弯成这样的曲率半径。因此，位错就只能取大致是直线的途径，好似一个刚体线，有时穿过应力“谷”（应力最小处），有时穿过应力峰，有时在峰这边，有时在峰那边。作用在位错线上的应力代数和大致相消，所以此时位错运动的阻力不大，合金处于比较软的状态。

当合金进一步时效时，溶质原子开始聚集，从而使应力场的间距拉开，当拉开距离达到可以使位错线绕应力场呈弯曲状态时，合金开始变硬（图 1-45b）。弯曲半径和应力之间有 $r=Gb/(2\tau)$ 的关系，其中，r 为弯曲半径，G 为切变模量，b 为位错的柏氏矢量，τ 为相应的切应力。因为这时位错弯弯曲曲地全部通过应力“谷”，故位错因应力场间距增大而变成“柔性”。这种柔性位错滑移时，每一段位错都可独立地通过反应力区，不需要其他段位错的帮助，因此位错运动阻力当然比前述刚性位错要大得多，这是合金硬化的原因之一。

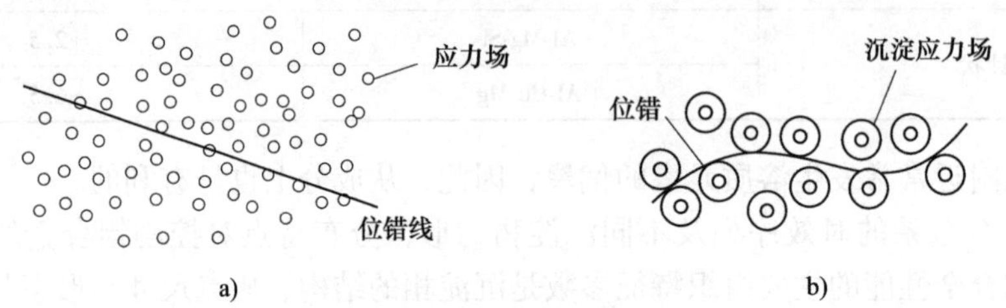

图 1-45　位错线在应力场中的分布

a）位错通过高度弥散应力场　b）应力场间距较大时位错弯曲的情况

造成上述硬化时，第二相质点或溶质原子集团不必处于位错所在滑移面上，只需其应力场作用范围达到位错通过的滑移面即可。

如果粒子处于滑移面上，情况要复杂一些，有下面两种情况。

2. 位错切过沉淀物的硬化

运动位错遇到沉淀物时，可以切过沉淀物而强行通过，如果沉淀物不是太硬而可以和基体一起变形，对于铝合金，根据薄膜透射电镜观察，已证明位错可以切过 Al-Zn 系合金的 G. P. 区、Al-Cu 系合金的 G. P. 区和 θ″过渡相、Al-Zn-Mg 系合金的 η′相和 Al_2Ag 系合金的 γ′相。大致可以认为，如果沉淀相与基体共格，位错可以从中通过；如果沉淀相与基体部分共格，而其晶体结构又与基体相近时，位错也可能切过。因此铝合金在预沉淀阶段或时效前期，运动位错多以切过的方式通过沉淀相。

位错切过粒子时要消耗三种能量。运动阻力来自三方面，即：①粒子与基体的错配引起的应力场；②位错切过粒子后，粒子被切成两部分，因而增加了表面能（图 1-46）；③位错通过粒子时，改变了溶质-溶剂原子的近邻关系，引起了所谓化学强化。

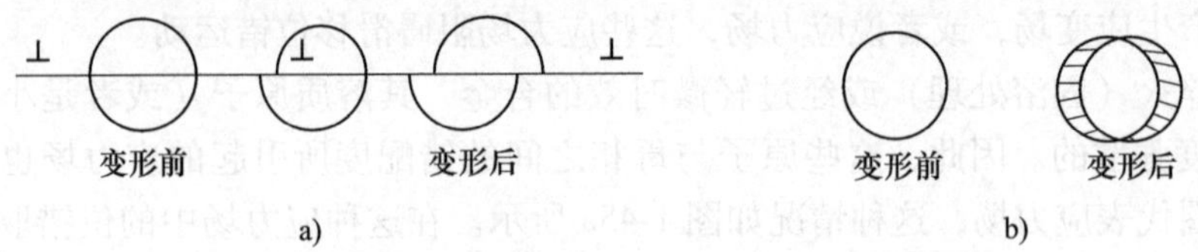

图 1-46　位错切过粒子示意图（阴影表示多出的表面）

a）侧视　b）俯视

3. 位错绕过沉淀物的硬化（弥散硬化）

当位于位错滑移面上的沉淀相很硬，或由于提高时效温度，延长时效时间后，沉淀相聚集，相间距加大时，位错可以从粒子间凸出去，即绕过粒子，因为这样要比切过粒子更容易一些（图 1-47）。位错按此种方式通过粒子所需应力为：

$$\sigma \approx \frac{2Gb}{l}$$

其中，l 为粒子间距。在每次通过粒子后，位错在粒子四周留下一圈位错环，故位错密度不断提高，粒子的有效间距不断减小，使硬化率增加。

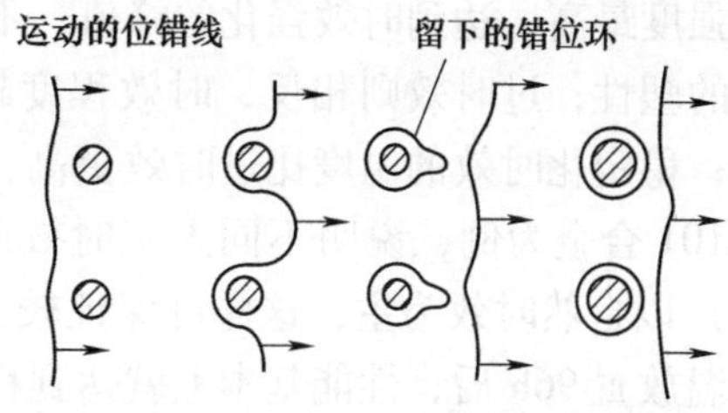

图 1-47　表示位错从粒子间通过的示意图

对于铝合金，一般从时效硬化开始，直到硬化峰值，由于沉淀相与基体保持共格，弥散度又很高，因此时效硬化主要是由应力场的交互作用及运动位错切过粒子造成的，而弥散硬化往往对应着过时效阶段。例如，Al-Cu 合金，从 G. P. 区到 θ″相，由于共格所造成的晶格畸变越来越大，应力场作用范围也越来越宽，甚至相互接触，时效硬化作用达到最大值。此时，位错切过 G. P. 区和 θ″相，在应力-应变曲线上反映为屈服强度较高，但硬化率较低，如图 1-48 所示。这是因为运动位错一旦切过粒子，以后的位错就比较容易通过。在含 G. P. 区的合金中看到的直的滑移线就证实了这点。反之，与 θ′相和 θ 相对应的应力-应变曲线特点为屈服点低而硬化率高。因为时效状态粒子间距大，运动位错开始比较容易从中通过，但以后由于粒子周围位错环数量增加，提高了对位错运动的阻力，所以应力增加很快。

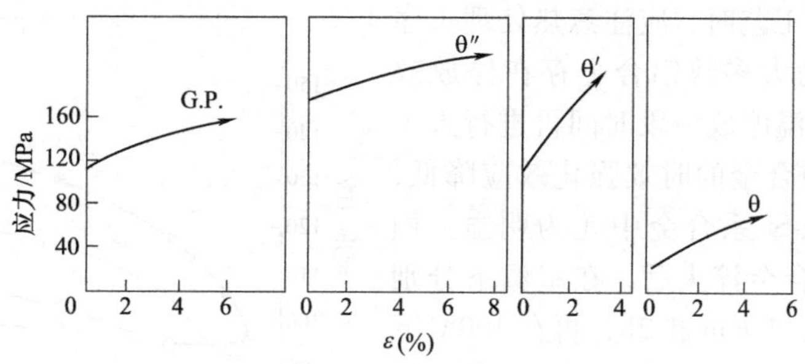

图 1-48　Al-Cu 合金单晶体应力-应变曲线

1.3.4　时效理论的应用

实际生产中，广泛利用时效硬化来提高铝合金的强度。根据合金性质和使用要求，可采用不同的时效工艺。主要包括单级时效、分级时效、形变热处理和回归处理与回归再时效处理等，下面分别予以简单介绍。

1. 单级时效

这是一种最简单也最普及的时效工艺制度，淬火（或称固溶处理）后只进行一次时效处理。可以是自然时效，也可以是人工时效，大多时效处理到最大硬化状态。有时，为消除应力、稳定组织和零件尺寸或改善合金的耐蚀性，也可采用过时效状态。

铝合金自然时效后的性能特点是：塑性高（$A>10\%\sim15\%$），抗拉强度和屈服强度差值较大（$R_{eL}/R_m=0.7\sim0.8$），具有良好的冲击韧度和耐蚀性。人工时效则相反，处理后的铝合金强度较高，屈服强度增加更为明显，R_{eL}/R_m 达 0.8~0.95，但塑性、韧性和耐蚀性一般较差。为了适应不同的使用条件，通过改变时效温度和时间，人工时效尚可分为完全时效（又称峰值时效）、不完全时效（又称欠时效）及过时效、稳定化时效等。完全时效获得的强度最高，达到时效强化的峰值；不完全时效的时效温度稍低或时效时间较短，以保留较高的塑性；过时效则相反，时效程度超过强化峰值，相应综合性能较好，特别是耐蚀性较好；稳定化时效的温度比过时效更高，其目的是稳定合金的性能及零件尺寸。以表 1-12 中 ZL101 合金为例，说明不同人工时效制度与性能的关系。工业铝合金中，硬铝（Al-Cu-Mg 系）以自然时效为主，这样可保证较低的晶间腐蚀倾向，同时工艺也比较简单，淬火后在室温放置 96h 后，性能基本上就达到稳定阶段。其他类型的铝合金，特别是超硬铝（Al-Zn-Mg-Cu 系）以人工时效为宜，不仅可以充分发挥时效强化效果，而且耐应力腐蚀性能较好。对于高温下工作的零件，当然应采用人工时效，以保证合金组织和性能的稳定性。

表 1-12　ZL101 合金的时效制度与性能

状态	时效温度/℃	时间/h	R_m/MPa	R_{eL}/MPa	A（%）
铸造后直接人工时效 T1	170~180	5~17	170	140	2
不完全人工时效 T5	145~155	1~3	230	170	4
完全时效 T6	195~205	2~5	240	210	2
稳定化处理 T7	215~235	3~5	190	140	4.5

采用人工时效工艺时，应注意热处理工序之间的协调，因为大多数铝合金存在停放效应，即淬火后在室温停放一段时间再进行人工时效处理时，将使合金的时效强化效应降低，这种现象在 Al-Mg-Si 系合金中尤为明显。例如，Al-1.75Mg_2Si 合金淬火后，在室温下分别停留 3min、10min、30min 和 2h，再在 160℃下进行人工时效，合金硬度变化如图 1-49 所示，其中以淬火后放置 2h 的影响最大。为弄清其中原因，进行电镜组织分析，发现在室温停留时间越长，人工时效后组织中的过渡相越粗大，因而硬度和强度下降。目前对这种现象的一种解释是，Al-Mg-Si 系合金中的镁在铝中的溶解度远大于硅，在室温停留期间，过剩的硅将首先形成偏聚，而镁、硅原子的 G. P. 区是在硅核上形成的。如果停放时间短，则只产生硅的偏聚，大部分溶质原子仍保留在固溶体内，随后进行人工时效，镁和硅原子继续向硅的偏聚团上迁移，形成大量稳定晶核并继续长大；如果在室温下停留时间过长，合金内形成大量偏聚，因而固溶体中溶质元素浓度大大降低。这样，当温度一旦升高到人工时效温度，那些小于临界尺寸的 G. P. 区将重新溶入固溶体，使稳定的晶核数目减少，从而形成粗大的过渡相。

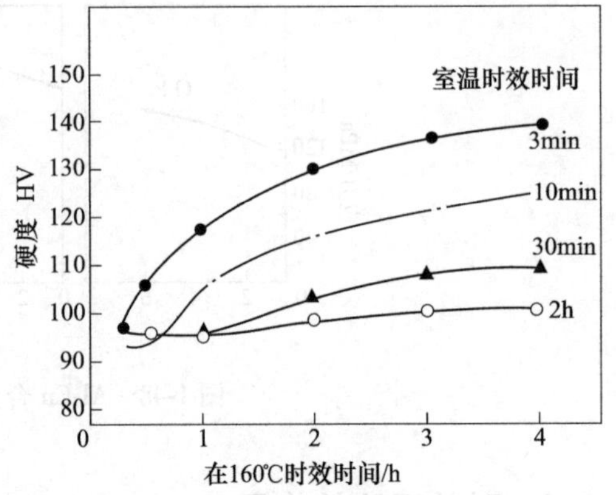

图 1-49　自然时效对 Al-1.75Mg_2Si 合金在 160℃人工时效硬度的影响

为了减轻或消除淬火后停留时间对合金力学性能的影响，可考虑在淬火后立即进行一次短时预人工时效处理，使 G. P. 区长大到可以稳定存在的晶核。但是，这种措施在生产中不方便实施，难以推广应用。后来发现 Al-Mg-Si 系合金中加入 $w_{Cu}=0.2\%\sim0.3\%$，可以大大减小淬火后停留时间对合金性能的影响，原因是铜原子能稳定空位，或与镁、硅原子和空位形成迁移速度更慢的复杂集团。

2. 分级时效

单级时效的优点是生产工艺比较简单，也能获得很高的强度，但是显微组织的均匀性较差，在抗拉性能、疲劳强度和断裂性能与应力腐蚀抗力之间难以得到良好的配合。分级时效则可以弥补这方面的缺点，而且能缩短生产周期。因此，近年来，分级时效在实用中颇受重视，特别是对 Al-Zn-Mg 和 Al-Zn-Mg-Cu 系合金收到很好的效果。

分级时效需在不同温度下进行两次或多次时效处理，按其作用可分为预时效和终时效两个阶段。预时效处理温度一般较低，目的是在合金中形成高密度的 G. P. 区。G. P. 区通常是均匀形核。当其达到一定尺寸，就可成为随后时效沉淀相的核心，从而大大提高组织的均匀性。终时效通过调整沉淀相的结构和弥散度以达到预期的性能要求。实践证明，分级时效可获得较好的综合性能。

为了正确选定分级时效制度，必须了解主要热处理参数对铝合金显微组织及性能的影响。这里所指的显微组织包括基体沉淀相与晶界沉淀相的结构、尺寸和分布，以及晶界无沉淀带的性能和宽度。

基体沉淀相是决定合金性能的主要因素。为了获得最大的强化效果，时效组织应以 G. P. 区和过渡相为主，但过渡相一般在缺陷和晶界处择优形成，即非均匀形核。为了保证组织的均匀性，分级时效的预时效（即成核处理）温度应低于 G. P. 区的溶解温度，又称临界温度（T_c），T_c取决于合金成分。例如，Al- Zn 5. 9%-Mg2. 9%合金的 $T_c=155℃$，Al-4Cu 合金的 $T_c=175℃$。图 1-50 及图 1-51 表示 Al-Cu 系和 Al-Mg-Zn 系 G. P. 区和过渡相溶解温度与成分的关系，即亚稳定相界线。当时效温度 $T_A>T_c$时，如图 1-52a 所示，由于缺少现成的 G. P. 区作为核心，人工时效后沉淀相主要在位错线或其他缺陷上形核，结果形成不均匀分布和尺寸较大的沉淀相，这是一种不合理的时效制度。Al-Mg 合金因临界温度低（小于 50℃），常规热处理后就获得这种组织。当 $T_A<T_c$时，如图 1-52b 所示，G. P. 区可连续形成和长大，则得到高度细密均匀的组织。Al-Cu-Mg 和 Al-Mg-Si 系合金，因临界温度高，一般单级时效温度低于 T_c，故属于这种类型。图 1-52c 所示为一种典型的分级时效制度，预时效

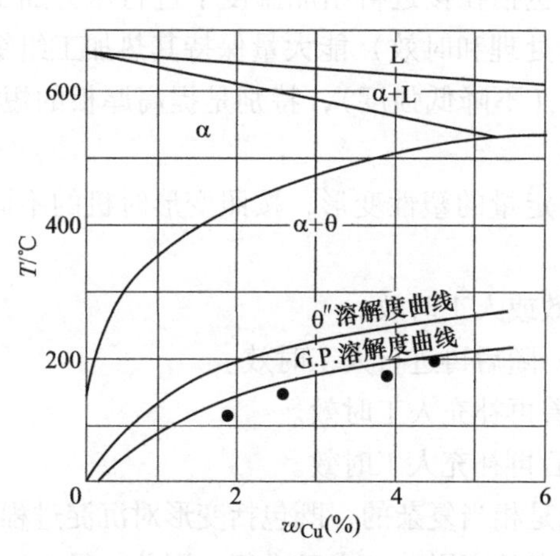

图 1-50 Al-Cu 系合金的 G. P. 区和过渡相的亚稳定相界线

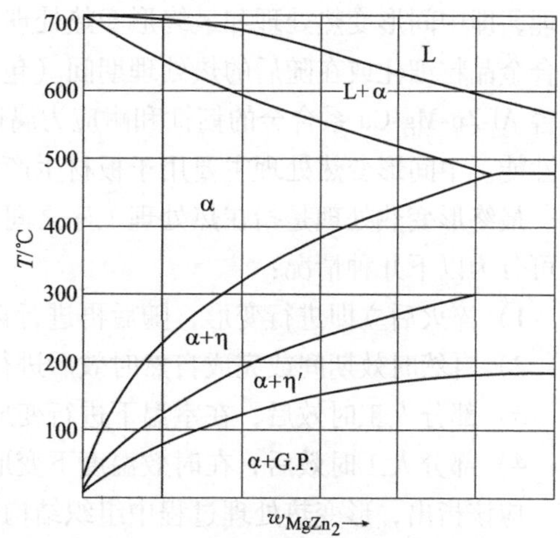

图 1-51 Al-Mg-Zn 系合金 G. P. 区和过渡相的亚稳定相界线

处理温度 T_{A1} 低于 T_c，形成大量的 G. P. 区，成为二次时效（T_{A2}）沉淀相的核心，保证了组织的均匀性。通过改变 T_{A1} 和 T_{A2}，可调整沉淀相的结构和弥散度，以满足性能要求。Al-Zn-Mg 系合金常采用这种分级时效制度。

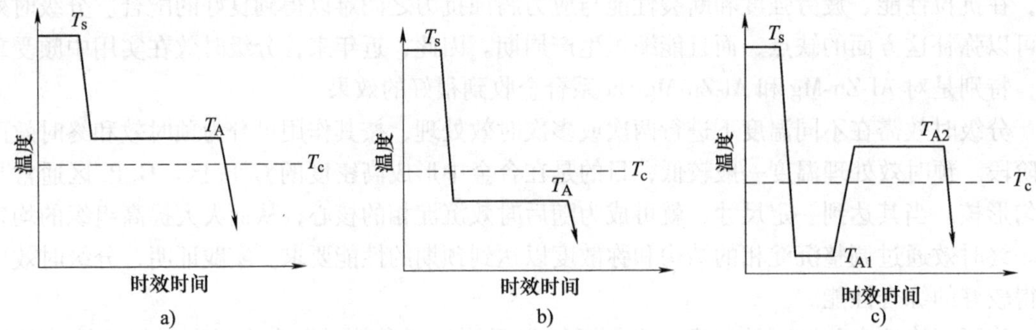

图 1-52　几种等温淬火与时效制度示意图（T_A 为时效温度，T_c 为 G. P. 区的溶解温度）
a）$T_A>T_c$　b）$T_A<T_c$　c）$T_{A1}<T_c$，$T_{A2}>T_c$

晶界沉淀相一般为过渡相或平衡相，在淬火与时效过程中均可形成。固溶温度低，保温不足和冷却速度慢时，容易在晶界析出粗大的第二相质点。时效过程中形成的晶界沉淀相，则尺寸小，密度高。晶界沉淀相的形态和分布对合金性能有明显影响，其中以连续的网膜状分布对性能最为不利，容易在相界面生成裂纹，严重降低合金的力学性能和耐蚀性，分散的质点则影响较小。为此，应提高固溶处理温度，增大淬火速度，以避免或减少晶界沉淀相生成，或调整时效时间，使晶界沉淀相发生聚集，成为间距较大的孤立质点。

3. 形变热处理

形变热处理是一种将塑性变形与热处理联合进行的综合工艺，其目的是改善过渡沉淀相的分布及合金的精细结构，以获得较高的强度、韧性（包括断裂韧性）及耐蚀性。形变热处理可用于板材和厚板，也可用于几何形状比较简单的锻件和挤压件。铝合金有两类形变热处理，即中间形变热处理和最终形变热处理。前者包括在接近再结晶温度下进行压力加工，使合金晶粒细化或在随后的热处理期间（包括固溶处理和时效）能大量保持其热加工组织，改善 Al-Zn-Mg-Cu 系合金的韧性和耐应力腐蚀能力（不降低强度），特别是提高厚板的短横向性能。中间形变热处理主要用于板材生产过程中。

最终形变热处理是指在热处理工序之间进行一定量的塑性变形，按照变形时机的不同，又可分为以下几种情况：

1）淬火后立即进行变形，随后再进行自然时效或人工时效。

2）自然时效期间或完成自然时效后进行变形，随后再进行人工时效。

3）部分人工时效后，在室温下进行变形，接着再补充人工时效。

4）部分人工时效后，在时效温度下变形，随后再补充人工时效。

应该指出，形变热处理过程中组织结构的变化是相当复杂的，既包括变形对沉淀过程的影响，也涉及变形组织在随后时效期间的变化，二者相互影响，交叉进行。因此，最终结果常相互矛盾，并非总是能改善合金的性能，必须针对具体合金的产品性质，通过试验确定恰当的规范。

4. 回归处理

经过自然时效的铝合金在200~250℃短时间加热，然后迅速冷却，可使合金的硬度和强度恢复到接近新淬火状态的水平，这种现象称为回归处理。经过回归处理的合金在室温下放置一段时间后，硬度和强度又重新上升，其水平与直接自然时效后的水平相近。铝合金在回归处理中出现的现象主要为：

1）回归处理后，凡属于自然时效所产生的性能变化，都能不同程度地被消除，即恢复到接近新淬火的状态。但如果是人工时效后进行回归处理，性能的恢复将非常有限。

2）回归处理后性能恢复的程度与之前自然时效的时间长短有关。自然时效的时间越短，性能恢复越完全，但不能百分百恢复。

3）回归处理温度要比时效处理温度高得多，温度差距越大，则性能恢复速度越快且恢复程度也越完全。回归处理温度主要取决于合金中溶质原子的性质和浓度。

4）合金经回归处理后仍可以再进行时效处理，且可以获得与淬火后直接进行时效处理几乎相同的时效强化效果。但是，时效速度要比未经处理的慢得多。如果在更高的温度下进行人工时效处理，则时效速度可以提高。

5）合金淬火后在室温下停留一段时间再进行人工时效，常伴随着一定程度的回归现象。如果合金淬火后先进行一定程度的塑性变形，再进行人工时效，也会出现类似的现象。

在实际生产中，对零件进行修复和校形需要恢复合金的塑性时，可以应用回归处理。注意：回归处理的零件必须保证快速加热到回归温度并在短时间内能使零件截面温度均匀，随后快速冷却。否则，在回归处理过程中将同时发生人工时效。

5. 回归再时效处理

回归处理主要适用于自然时效处理的铝合金，而针对人工时效处理的铝合金，则提出采取回归再时效处理。该方法的回归温度一般为200~280℃，短时保温后快速冷却，接着进行人工时效，对于Al-Zn-Mg-Cu系的超硬铝合金适用效果最好。

1.3.5 铝合金热处理工艺

各种铸造铝合金的热处理工艺规范和用途列于表1-13。

表1-13 铸造铝合金热处理工艺规范和用途

合金代号	热处理状态及铸造方法	固溶处理			时效		
		加热温度/℃	保温时间/h	冷却介质及温度/℃	加热温度/℃	保温时间/h	冷却方式
ZL101	T2	—	—	—	300±10	2~4	空冷或随炉冷
	T4	535±5	2~6	水60~100	—	—	空冷
	T5	535±5	2~6	水60~100	150±5	2~4	空冷
	T6	535±5	2~6	水60~100	200±5	3~5	空冷
	T7	535±5	2~6	水60~100	225±5	3~5	空冷
	T8	535±5	2~6	水60~100	250±5	3~5	空冷
ZL101A	T5	540±5	6~10	水60~100	155±5	6~8	空冷
	T6	540±5	6~10	水60~100	165±5	6~10	空冷

（续）

合金代号	热处理状态及铸造方法	固溶处理			时效		
		加热温度/℃	保温时间/h	冷却介质及温度/℃	加热温度/℃	保温时间/h	冷却方式
ZL101A[①]	T51	—	—	—	227±5	7~9	空冷
	T6（S）	538±5	12	水 65~100	155±5	2~5	空冷
	T6（J）	538±5	8	水 65~100	155±5	3~5	空冷
	T61（J）	538±5	8~10	水 65~100	160±5	8~10	空冷
ZL102	T2	—	—	—	300±10	2~4	空冷或随炉冷
ZL104	T1	—	—	—	175±5	5~10	空冷
	T6	535±5	3~5	水 60~100	175±5	5~10	空冷
ZL105	T1	—	—	—	180±5	5~10	空冷
	T5	525±5	3~5	水 60~100	180±5	5~10	空冷
	T7	525±5	3~5	水 60~100	230±10	3~5	空冷
ZL105A[①]	T51（S）	—	—	—	227±5	7~9	空冷
	T6（S）	527±5	12	水 65~100	155±5	3~5	空冷
	T61（S）	527±5	12	水 65~100	155±5	8~10	空冷
	T61（J）	527±5	8~12	水 65~100	155±5	10~12	空冷
	T7（S）	527±5	12	水 65~100	227±5	3~5	空冷
	T71（S）	527±5	12	水 65~100	246±5	4~6	空冷
	T6（J）	527±5	8	水 65~100	155±5	3~5	空冷
ZL203	T4	515±5	10~15	水 80~100	—	—	—
	T5	515±5	10~15	水 80~100	150±5	2~4	空冷
ZL204A	T6	530±5	7~9	—	—	—	—
	—	540±5	7~9	水 40~100	175±5	3~5	空冷
	T7	530±5	7~9	—	—	—	—
	—	540±5	7~9	水 40~100	190±5	3~5	空冷
ZL205A	T5	530±5	0.5	—	—	—	—
	—	538±5	10~18	水—室温~60	155±5	8~10	空冷
	T6	530±5	0.5	—	—	—	—
	—	538±5	10~18	水—室温~60	175±5	3~5	空冷
	T7	530±5	0.5	—	—	—	—
	—	538±5	10~18	水—室温~60	190±5	3~5	空冷
ZL206	T5	537±5	10~15	水—室温~100	150±5	2~4	空冷
	T6	537±5	10~15	水—室温~100	175±5	4~6	空冷
	T8	537±5	10~15	水—室温~100	175±5	4~6	—
		—	—	—	300±5	3~5	空冷
ZL207	T1	—	—	—	200±5	5~10	空冷

（续）

合金代号	热处理状态及铸造方法	固溶处理			时效		
		加热温度/℃	保温时间/h	冷却介质及温度/℃	加热温度/℃	保温时间/h	冷却方式
ZL208	T7	540±5	7	水70~100	215±5	16	空冷
ZL209	T6	530±5	0.5	—	—	—	—
		538±5	10~18	水—室温~100	170±5	3~5	空冷
KO-1①	T4	490~500	2	—	—	—	—
		521~530	14~20	水65~100	室温	12~24	—
	T6	490~500	2	—	—	—	—
		521~530	14~20	水65~100	152~158	20	空冷
	T7	490~500	2	—	—	—	—
		521~530	14~20	水65~100	185~190	5	空冷
206.0①	T4	490~500	2	—	—	—	—
		521~530	14~20	水65~100	—	—	—
	T6	530±3	14~20	水65~100	155±5	8	空冷
	T7	530±3	14~20	水65~100	200±5	8	空冷
ZL301	T4	430±5	12~20	沸水或油50~100	—	—	—
ZL305	T4	435±5	8	—	—	—	—
		490±5	6	水80~100	—	—	—
ZL401	T1	—	—	—	200±10	5~10	空冷
	T2	—	—	—	300±10	2~4	空冷
ZL402	T1	—	—	—	180	10	空冷
	T5	—	—	—	室温	21天	—
	T5	—	—	—	157±5	6~8	空冷
ZL105A①	T62（J）	527±5	8	水65~100	171±5	14~18	空冷
	T7（J）	527±5	12	水65~100	227±5	7~9	空冷
	T71（J）	527±5	8	水65~100	246±5	4~6	空冷
ZL106	T1	—	—	—	230±5	8	空冷
	T5	515±5	5~12	水80~100	150±5	3	空冷
	T7	515±5	5~12	水80~100	230±5	8	空冷
ZL107	T5	515±5	6~8	水20~100	175±5	6~8	空冷
ZL108	T1	—	—	—	190±5	8~12	空冷
	T6	515±5	6~8	水20~70	175±5	14~18	空冷
	T7	515±5	3~8	水20~70	230~250	6~10	空冷
ZL109	T1	—	—	—	205±5	8~12	空冷
	T6	515±5	6~8	水20~70	170±5	14~18	空冷

（续）

合金代号	热处理状态及铸造方法	固溶处理			时效		
		加热温度/℃	保温时间/h	冷却介质及温度/℃	加热温度/℃	保温时间/h	冷却方式
ZL110	T1	—	—	—	210±10	10~16	空冷
	T6	480~195	3~8	水 20~100	210±10	8~12	空冷
ZL111	T6	490±5(分级加热)	4	—	—	—	—
		500±5	4	—	—	—	—
		510±5	8	水 60~10	175±5	6	空冷
	T6	515±5（分级加热）	4	—	—	—	—
		525±5	8	水 60~100	175±5	6	空冷
ZL114A①	T6（S）	540±5	12	水 65~100	157±5	3~5	空冷
	T6（J）	540±5	8	水 65~100	171±5	3~5	空冷
ZL115	T4（S）	550±5	16	水 65~100	—	—	—
	T5（S）	550±5	16	水 65~100	160±5	4	空冷
ZL116①	T6（S）	540±5	14	水 65~100	155~166	3~8	空冷
	T6（J）	540±5	12	水 65~100	155~171	3~6	空冷
	T62（S）	540±5	14	水 65~100	160~177	3~8	空冷
	T62（J）	540±5	12	水 65~100	160~177	4~12	空冷
ZL117	T6（J）	510±5	4~8	水 60~100	180±5	4~8	空冷
	T7（J）	510±5	4~8	水 60~100	210±5	4~8	空冷
390①	T5	—	—	—	177±5	8	空冷
	T6	502±5	2~8	沸水	177±5	8	空冷
	T7	502±5	2~8	沸水	232±5	8	空冷
ZL201	T4	530±5	7~9	—	—	—	—
		540±5	7~9	水 60~100	—	—	—
	T5	530±5	7~9	—	—	—	—
		540±5	7~9	水 60~100	175±5	3~5	空冷
ZL201A	T5	535±5	7~9	水 60~100	160±5	6~9	空冷
		545±5	7~9	—	—	—	—
ZL202	T2	—	—	—	290±5	3	空冷

① 该合金用的是美国热处理规范。

注：没有标准铸造方法的，可适用任何铸造方法。

1.3.6 铝合金热处理常见缺陷及其防止

铝合金热处理过程中常见的缺陷主要有以下 5 种：

1. 力学性能不合格

力学性能和技术条件不符可能表现为：铸件经时效后，强度和硬度过高，而塑性过低；铸件经 T4 或 T6 处理后，强度和塑性都低于技术条件等。其原因主要是热处理工艺不正确，防止方法是：

1）如时效温度过低，在时效温度下保温时间不足，冷却速度太快，就会造成时效处理后材料塑性过低的现象，故应提高时效温度，延长时效保温时间，降低冷却速度。

2）如淬火加热温度偏低，在淬火温度下保温时间不足，就会使强化相不能充分溶解，而导致力学性能达不到要求。如果淬火时冷却速度过低，淬火时零件过多，出炉时重叠在一起，冷却不良，或者工件从出炉到淬火槽中的转移时间过长等，都会使 α 固溶体的过饱和程度降低，第二相沿晶界析出，不仅使力学性能变差，而且容易产生晶界腐蚀。

以上由于淬火工艺不当，造成力学性能不合格时，零件可以进行重复淬火，但重复淬火次数至多三次。因重复淬火次数过多，将使 α 固溶体晶粒长大，影响合金性能。重复淬火时，保温温度和原来的保温温度相同。因为原来铸态的合金在淬火时强化相已有部分溶入 α 固溶体，即使经过时效，析出的强化相尺寸也很细小，甚至尚未完全析出，故重复淬火时强化相很容易溶入，保温时间可以相应缩短$\frac{1}{3}$~$\frac{1}{2}$。

2. 过烧

所谓过烧是指热处理加热超过某一温度，在合金晶界上的低熔点共晶体开始熔化，出现了液相，因为表面张力的作用，液相收缩成团状、球状或多角状的复熔物，严重时在整个晶界上出现带状的复熔物，还会在工件表面结瘤。图 1-53a 表示 Al-Si-Cu 合金出现复熔球；图 1-53b 表示 Al-Cu-Mg 合金晶界处带状过烧组织。

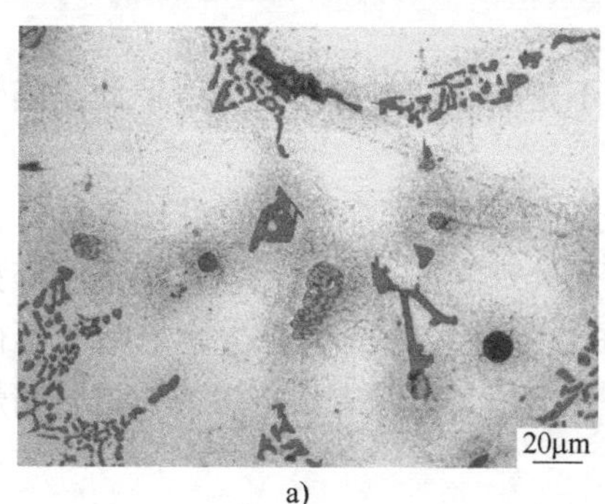

a)

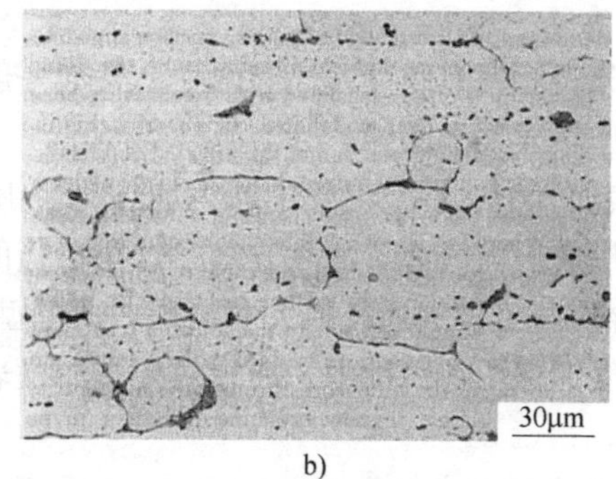

b)

图 1-53　几种合金的过烧组织（砂型，0.5%HF 腐蚀）

这种过烧组织的出现，将使合金性能变坏，而且无法用热处理方法进行挽救，只能报废。零件轻微过烧，对力学性能影响不明显，但零件的耐腐性和疲劳强度将大大降低，所以必须用金相检查来判断铸件是否过烧。

为保证热处理铸件的质量，避免过烧，必须注意以下几点：

1）要求热处理炉内不同加热区的温差不超过±5℃，并定期测量炉内各个加热区的温度，注意测温仪表的准确性。

2）保证零件各个部分加热均匀，对壁厚变化较大、形状复杂和大型零件应该缓慢加热（加热速度不宜超过3℃/min），避免零件局部过热到低熔点共晶体的熔点以上。

3. 变形和裂纹

铸造铝合金在热处理过程中，特别是在淬火和时效时，在多相合金的零件内部发生相变，改变了合金的相组成，因而引起零件尺寸的变化。

加热或冷却越激烈，热处理过程中开始和终了温差越大，零件的壁厚差越大，在个别部位的表层与内部之间的温差也越大，所产生的压缩和拉伸以及原子之间的移动和第二相的形成也就越不均匀。由于以上的温度梯度和相变将会在零件内部产生残余应力。当残余应力超过合金的屈服极限，就会产生零件的变形，当残余应力超过合金的强度极限，便使零件产生裂纹，以致断裂。

防止变形和裂纹的方法，主要有如下几种：

1）缓慢而均匀地加热和冷却。如采用分级加温，严格控制炉内升温速度，适当提高淬火介质的温度等。

2）采用合适的工夹具。可根据零件形状，设计合适的夹具。同时在淬火时选择正确的下水方向等来保证零件变形量减小到最低限度。当淬火零件产生一定变形时，可在淬火后3~4h内用机械方法进行校正，若存放时间过长，零件产生自然时效，塑性降低，校正时往往会产生显微裂纹。

3）选择适当的加热设备。生产实践证明，采用空气循环电阻炉或流态化沸腾热处理炉加热，其变形量比硝盐槽加热小。这是因为用硝盐槽加热时，工件入炉有先后，各部位温差大，盐液的流动对零件有冲击力，而且硝盐槽加热速度快，零件内外温差大，内应力也大。因此，铸造铝合金的热处理最好在炉内温差不超过±5℃的空气循环电炉或流态化沸腾炉内进行。

4. 气泡

气泡分表面气泡和穿通气泡两种。气泡一般不是热处理本身造成的，但此缺陷是通过淬火或退火加热显现出来的。

1）表面气泡。在空气炉中淬火加热时，由于温度过高，加热时间过长，材料表面因吸入气体而形成表面气泡。消除方法：选用恰当的热处理制度，或改用盐浴炉进行淬火。

2）穿通气泡。穿通气泡大多出现在薄壁型材上，主要是因为合金熔炼除气不彻底，使得较大的气泡保留在铸锭中，通过热处理制度表现出来。消除方法：熔炼时进行精炼和除气工艺操作。

5. 表面腐蚀与高温氧化

用硝盐槽加热时，氯化物常常会引起工件表面，特别是疏松部分的腐蚀。当含有氯化物的硝盐渗入疏松部分时，将起到催化剂的作用，促使腐蚀过程的发展。因此，使用的硝盐中的氯化物含量不得大于0.5%。经硝盐槽加热的零件，必须很好地在热水中清洗，彻底清除硝盐残迹，清洗用的水中不得含有碱或酸。有无硝盐残迹，可用二苯胺来检查，有硝盐时变蓝色，无硝盐时其颜色不变。

另外，对于w_{Cu}4%的合金，人工时效后对晶间腐蚀很敏感。晶间腐蚀最初是金属表面沿着晶界发生的，然后再向金属内部扩展，析出的第二相质点能促使这类腐蚀的发展。防止的措施是：①淬火时要有较大的冷却速度；②缩短零件从炉内移入淬火槽的时间；③不允许水温高于工艺规范所规定的温度。

在空气炉中进行高温加热时，若炉膛内湿度较大或含有其他有害物质（如硫化物等），将加剧铝制品的高温氧化，其特征是在金属表面形成气泡或在金属内形成空洞。气泡的外观与因熔炼除气不当形成的气泡（穿通气泡）是非常相似的，但在后续加工过程中高温氧化形成的气泡多是分散的，而熔炼不当产生的气泡多是成串排列的。

为解决腐蚀和氧化的问题，铝件装炉前一定要是干燥的，且不得混入任何有害异物。如，工件在机械加工时残留的润滑剂、热处理炉是否之前处理过镁合金等，都会导致炉膛内残留硫化物，对此要注意防范。

1.4 铸造铝合金的制备

一个优质铝合金铸件的获得需要完成一整套工艺，包括熔炼工艺、铸造及浇注工艺、后处理工艺等。其中，熔炼工艺的目的是获得高质量的铝液，为铸造高品质零件奠定基础，主要应满足以下要求：①化学成分符合国家或企业标准，合金液成分均匀；②合金液纯净，气体、氧化夹杂、熔剂夹杂含量低；③对于需要变质处理的合金液，变质效果良好。

铝合金的熔炼实则是一个炉料重熔及化学成分调整的过程，其过程主要涉及配料计算、炉料处理、熔炼设备选择、熔炼工具处理及熔炼工艺过程控制等环节。由于铝是一种化学活性很高的金属，比铁和铜的化学活性还要高，所以铝液很容易和空气中的氧、水蒸气甚至炉气中的氧化性组分起作用，也容易和熔炼工具起反应，导致铝液产生氧化、吸气和携带氧化夹杂，严重影响铸件的质量。综上所述，铸造铝合金制备的关键还是熔炼工艺过程控制方面，主要包括净化处理和变质处理，也是下面要讲述的重点内容。

1.4.1 铝合金的净化处理原理

精炼的目的在于清除铝液中的气体和各类有害杂质，净化铝液，防止在铸件中形成气孔和夹杂物。

1. 气孔和夹杂物的类型

（1）气孔　铝液中溶解的气体（主要是氢气）含量高，则在浇注后的凝固过程中容易形成气孔。根据气孔缺陷产生的原因可分为气孔和微收缩孔。气孔是铝合金吸收的气体在铸件凝固时释放所形成的，从外表看多为圆形且表面光滑；微收缩孔是伴随着合金在浇注后的凝固收缩而发生的，往往呈尖形且内表面较粗糙，导致合金的力学性能、耐蚀性能、气密性等下降，铸件直接报废。根据气孔的形状大小和分布不同，可以将其分为针孔、皮下气孔和集中性大气孔。

1）针孔。针孔分布在整个铸件截面上，是由铝液中的气体夹杂物含量高、精炼效果差、铸件凝固速度低所引起的。针孔又可分以下三种类型：

① 点状针孔。此类针孔在低倍显微组织中呈圆点状，轮廓清晰且互不相连，能清点出每平方厘米面积上的针孔数目并测得针孔的直径。这类针孔容易和缩孔、缩松相区别。

点状针孔由铸件凝固时析出的气泡形成的，多发生于结晶温度范围小、补缩能力良好的铸件，如ZL102合金铸件。当凝固速度较快时，离共晶成分较远的ZL105合金铸件中也会出现点状针孔。

② 网状针孔。此类针孔在低倍显微组织中密集相连成网状，伴有少数较大的孔洞，不

易清点针孔数目，难以测量针孔的直径，往往带有末梢，俗称“苍蝇脚”。

结晶温度宽的合金，铸件缓慢凝固时析出的气体分布在晶界上及发达的枝晶间隙中，此时结晶骨架已形成，补缩通道被堵塞，便在晶界上及枝晶间隙中形成网状针孔。

③ 混合型针孔。此类针孔与点状针孔和网状针孔混杂在一起，常见于结构复杂、壁厚不均匀的铸件中。

针孔越多，则铸件的力学性能越低，其耐蚀性能和表面质量越差。当达不到铸件技术条件所允许的针孔等级时，铸件将被报废。其中，网状针孔割裂合金基体，危害性比点状针孔大。

2）皮下气孔。气孔位于铸件表皮下面，是由铝液和铸型中的水分反应产生气体所造成的，一般和铝液纯净度无关。

3）集中性大气孔。这种气孔产生的原因是由于铸件工艺设计不合理，如铸型或型芯排气不畅，或者是操作不小心，如浇注时堵死气眼，型腔中的气体被憋在铸件中所引起的，也和铝液纯净度无关。

总之，气孔和微收缩孔的产生与合金液的含气量及凝固速度有关。含气量越多，则铸件中产生的气孔和微收缩孔也越多；凝固速度越快，则越不容易产生气孔和微收缩孔。

（2）夹杂物　夹杂物也可称为夹渣，是在熔炼或铸造过程中产生的金属或非金属氧化物、卤化物等，会对合金的力学性能、加工性能，以及表面质量等带来不好的影响。对于铝合金，通常有以下两种分类方法：

1）按产生时间可分为一次氧化夹杂物和二次氧化夹杂物。

① 一次氧化夹杂物是浇注前铝液中存在的氧化夹杂物，总量约占铝液质量的0.002%~0.02%，在铸件中分布没有规律。②浇注过程中生成的氧化夹杂物称为二次氧化夹杂物，多分布在铸件壁的转角处及最后凝固的部位。

一次氧化夹杂物按形态可分为两类。第①类是分布不均匀的大块夹杂物，它的危害性很大，使合金基体不连续，引起铸件渗漏或成为腐蚀的根源，会明显降低铸件的力学性能。第②类夹杂物呈弥散状，在低倍显微组织中不易被发现，铸件凝固时成为气泡的形核基底，生成针孔。这一类氧化夹杂物很难在精炼时彻底清除。

2）按结构类型可分为大块夹杂物和弥散夹杂物，熔铸中产生的氧化物、金属间化合物、卤化物盐、硼化物、碳化物和外来夹杂物七种。

① 大块夹杂物和弥散夹杂物。大块夹杂物指平均大小超过5μm以上的氧化物或氧化膜，大多分散在合金液里或漂浮在液面上；弥散夹杂物指平均大小在5μm以下的细小氧化物，大多悬浮在合金液里，极少数漂浮在液面上。

② 熔铸中产生的氧化物。伴随着熔化到浇注的操作过程，由于炉料、熔剂、变质剂和氧气、水蒸气等相互发生复杂的化学反应而产生的一类非金属氧化物膜、片状或分散的夹杂物。常见的主要包括氧化铝（α-Al_2O_3、γ-Al_2O_3）、氧化镁（MgO）和尖晶石（$MgAl_2O_4$）三种。

③ 金属间化合物。由于Al对其他元素的固溶度较小，即使合金中所含的杂质元素在规定范围内，这些杂质元素彼此之间或杂质元素与合金元素之间也都会产生金属间化合物。这些金属间化合物通常呈不定型的汉字状、针状或粒状，在合金凝固时它们作为共晶成分结晶出来，即便是热处理对其改善作用也是微乎其微。对于这些金属间化合物，可通过变质处

理、急冷凝固等方法，使其晶粒细化，以减小对合金性能的影响。

④ 卤化物盐。卤化物盐是为了去除铝液中的氢气等气体和夹杂物，使用氯气、氩气或混合气体，以及氯盐、钠盐、钾盐等熔剂作为精炼剂时，所产生的副产品。由于这些化合物的颗粒较为细小，所以很难用过滤的形式去除。

⑤ 硼化物。硼化物是对铝液进行除气除渣的精炼处理时，使用了含有硼化物（如硼酸 H_2BO_3、氟硼酸钠 Na_3BF_6 等）的熔剂成分所产生的副产品 AlB_2、TiB_2 等。

⑥ 碳化物。碳化物是在使用六氯乙烷（C_2Cl_6）等精炼剂对铝液进行除气除渣精炼处理时产生的 Al_4C_3 等化合物，它会随着 $AlCl_3$ 上浮到合金液的表面熔渣中，在撇渣时可以去除。

⑦ 外来夹杂物。外来夹杂物主要是耐火材料的崩落物，或耐火材料与合金、熔剂、精炼剂的反应产物。

2. 夹杂物和气体的来源

铝合金通常在大气中熔炼，当铝液和大气或炉气中的 O_2、N_2、H_2O、CO_2、CO、H_2、C_mH_n等接触时，会产生化合、溶解、扩散等过程，而且大部分反应都将生成 Al_2O_3。Al_2O_3 的化学稳定性极高，熔点高达（2015±15)℃，在铝液中不再分解，是铝铸件中最主要的氧化夹杂物。

在所有的炉气成分中，只有氢能大量地溶解于铝液中。根据测定，存在于铝合金中的气体，氢占85%以上，因而“含气量”可视为“含氢量”的同义词。溶入铝合金中的氢并不是来自炉气中的极微量氢，因为大气中氢的分压很低，约为 5×10^{-6}MPa，远比铝液中的氢分压低。根据热力学原理，溶于铝液中的氢是不稳定的，有从铝液内部自动向大气方向扩散逸出的倾向。其次，研究结果表明，分子态的氢并不能直接溶入铝液中，只有离解成原子态，氢才能溶入铝液，这可以从在纯净氢气氛中熔炼铝液，铸件中并不出现针孔的实验中得到证明。总之，研究证明：铝液中的氢和氧化夹杂物主要来源于铝液与炉气中水蒸气的反应。

（1）铝和水蒸气的反应　低于250℃时，铝锭与大气中的水蒸气接触会产生下列反应：

$$Al(s) + 3H_2O(g) \longrightarrow Al(OH)_3(s) + 3/2H_2(g) \tag{1-1}$$

$Al(OH)_3$ 长在铝锭表面，组织疏松，呈粉末状，对铝锭没有保护作用，俗称铝锈。用带有铝锈的铝锭作为炉料，升温至400℃左右，铝锈按下式分解：

$$2Al(OH)_3 \longrightarrow Al_2O_3 + 3H_2O \tag{1-2}$$

反应生成的氢气在铝液表面离解变为氢原子，便能进入铝液，而 Al_2O_3 则成为夹杂物。其中，分解产物 Al_2O_3 组织疏松，能吸附水蒸气和氢，混入铝液中，增大气体和氧化夹杂物的含量，使铝液质量变差。因此铝锭不宜储存在潮湿的库房内或在雨季露天堆放。炉料库应保持清洁、干燥，以防止生成铝锈。对已生成铝锈的铝锭，投入熔炉前应彻底清除铝锈，否则即使熔炼工艺操作很严格，也不易获得高质量的铝液。

此外，冷炉料或冷的熔炼工具直接进入铝液中会瞬时引起铝液飞溅，甚至爆炸，造成工伤事故。其原因是铝液与冷炉料或熔炼工具上的水蒸气反应，生成大量氢气，在铝液内瞬时膨胀。因此，一切进入铝熔池的炉料、工具、熔剂等都必须按规定进行预热，除去表面吸附的水蒸气。含有结晶水的熔剂则必须预熔脱水，炉衬应烘干，砂型的水分也应严格控制，以防止发生铸型反应，造成废品。

（2）铝和油污的反应　各种油污都是由复杂结构的碳氢化合物组成的，与铝液接触后都会发生下列反应，生成碳化物和氢气。

$$\frac{3m}{4}\text{Al} + \text{C}_m\text{H}_n \longrightarrow \frac{1}{3}m\text{Al}_4\text{C}_3 + \frac{n}{2}\text{H}_2 \tag{1-3}$$

这一反应，也是铝液吸氢的原因之一，故生产中严格禁用沾有油污的炉料直接投入熔池中，事先必须进行“碱洗”处理，清除油污。

3. 影响铝液氧化吸氢的因素

（1）氢在铝中的溶解度　铝液与水蒸气按式（1-1）反应生成 H_2 溶入铝液中，达到平衡时有：

$$K_p = \frac{c_{[H]}}{p_{H_2}} \tag{1-4}$$

式中　K_p——平衡常数；

p_{H_2}——氢分压（MPa）；

$c_{[H]}$——溶于铝中氢的浓度。

$$\text{d}\ln K_p/\text{d}T = \Delta H/RT^2 \tag{1-5}$$

式中　ΔH——氢的溶解热（J/mol）；

T——热力学温度（K）；

R——气体常数。

图1-54所示为常用金属中氢的溶解度变化曲线。从图1-54可见，当铝的熔点温度从液态转变为固态时，氢的溶解度剧烈下降，在液态铝中的溶解度达每100g 0.68mL，而固态铝中只有每100g 0.036mL，二者相差达每100g 0.644mL，相当于1.73%的铝液体积分数。因此，氢在铝中的溶解度还是非常大的，控制不好会严重影响铝液的质量。

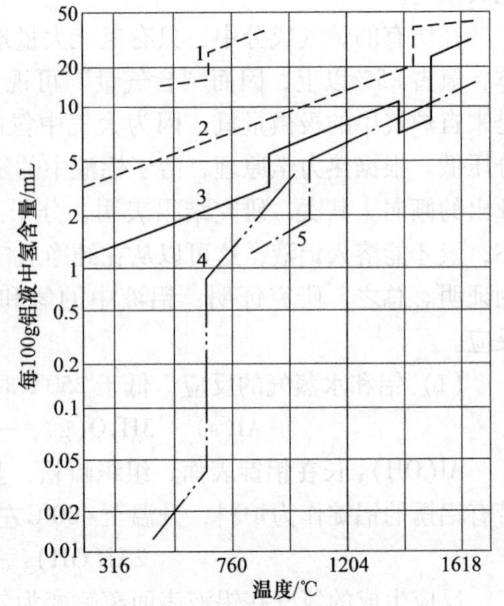

图1-54　常用金属中氢的溶解度变化曲线

1—氢在镁中的溶解度　2—氢在镍中的溶解度　3—氢在铁中的溶解度　4—氢在铝中的溶解度　5—氢在铜中的溶解度

（2）铝液吸收氢的动力学过程　根据热力学计算所得的反应式只能确定氢溶入铝液中的限度和方向，而要了解吸氢的速度和最终结果，必须分析铝液吸氢的动力学过程。

铝液吸氢可分解：①氢分子撞击到铝液表面。②氢分子在铝液表面离解为氢原子，发生反应 $H_2 \longrightarrow 2H$。③氢原子吸附于铝液表面，发生反应 $2H \longrightarrow 2H_{ad}$。④氢原子通过扩散溶入铝液中，发生反应 $2H_{ad} \longrightarrow 2\,[H]$。

第四步扩散过程是整个过程的限制环节，它决定吸氢的速度。

氢在铝液中的扩散速度可用原子扩散系数 D 表示。根据实验结果，D 的表达式如下：

$$D = K\sqrt{p_{H_2}}\exp\left(\frac{-\Delta H}{2RT}\right) \tag{1-6}$$

式中　ΔH——扩散热（J/mol）；

p_{H_2}——氢分压（MPa）；

R——气体常数，8.3145J/(mol·K)；

T——铝液温度（K）；

K——常数。

由式（1-6）可见，氢分压和铝液温度越高，扩散热越小，扩散系数越大，即氢的溶解速度越大。

（3）氧化铝的形态、性能对吸氢的影响　根据结构分析，铝及其合金中存在三种不同形态的无水氧化铝——γ、η和α，它们各自的特性列于表1-14中。

室温下生成的表面氧化膜由少量结晶形态的γ-Al_2O_3和非晶态的Al_2O_3混合物组成。随着温度的上升，非晶态Al_2O_3逐渐转化为η-Al_2O_3和γ-Al_2O_3，一方面铝熔点附近温度，氧化膜厚度达0.2mm，有较高的强度，$R_m \geqslant 20MPa$；另一方面随着静置时间的延长，η-Al_2O_3将逐渐全部转化为γ-Al_2O_3。因此，在铝液表面形成了一层致密的氧化膜，隔绝了炉气和铝液的直接接触，阻滞了铝液的氧化和吸气，对铝液能起保护作用。所以，除Al-Mg类合金，铝合金可直接在大气中熔炼，不必加覆盖剂，这是γ-Al_2O_3膜有利的一面。

表1-14　不同形态氧化铝的特性

形态	密度/(g/cm³)	晶型	吸附水蒸气/(×10⁻³g/cm³)	存在条件
η	3.2	三角形	0.18	低温、短期静置
γ	~3.5	尖晶石形立方	0.1~0.27	在所有温度下，700~850℃最多
α	4.0	三角形	0.01	850℃以上的高温

根据观察结果，氧化膜只有和铝液接触的一面是致密的，和炉气接触的一面却是粗糙、疏松的，存在着大量直径为5×10^{-3}mm的小孔，小孔中吸附着水蒸气和氢，甚至将γ-Al_2O_3焙烧到890~900℃仍能吸附少量水蒸气，只有当温度高于900℃，γ-Al_2O_3完全转化为α-Al_2O_3时，才能较完全地脱水。熔炼时，搅动铝液会划破连续、均匀地覆盖在铝液表面的氧化膜，并将氧化膜卷进铝液中，导致铝液和氧化膜小孔中的水蒸气反应，吸入氢气，使铝液进一步氧化，生成氧化夹杂物。这样，γ-Al_2O_3膜就起了传递水蒸气的作用，成为氢和氧化夹杂物的载体，这就是γ-Al_2O_3膜不利的一面。

600~700℃时，η-Al_2O_3、γ-Al_2O_3吸附水蒸气和氢的能力最强。因此，铝液中的氢有两种存在形式：溶解氢和吸附在氧化夹杂缝隙中的氢，前者占90%以上，后者占10%以下。故铝液中氧化夹杂物越多，则含氢量也越高。通常，熔池深处氧化夹杂物浓度较高，含氢量也较高。可见铝液中的Al_2O_3和H_2之间存在着密切的孪生关系。

为了解释这种现象，有数种观点，最早有人根据直流电除气时阴极附近聚集H_2这一现象认为Al_2O_3和H_2在铝液中以复合形态的mγ-$Al_2O_3^-\cdot nH^+$形式存在，虽然也能解释铝液含氢量和Al_2O_3含量成正比的事实，但始终没有这种复合物存在的证据。

另一种观点认为Al_2O_3吸附H_2属于化学吸附，在Al_2O_3夹杂物的周围存在吸附力场，在吸附力场中氢的吸附方向和扩散脱氢方向相反，因而降低了扩散脱氢的速度。当Al_2O_3含量足够多，各个吸附力场相互靠拢时，进一步降低扩散脱氢速度，使除氢困难。这种观点能解释“渣多气多”“渣多难除气”的现象。

最近的实验分别实测了表面粗糙、带有众多缝隙的Al_2O_3和表面平整的Al_2O_3吸附氢的情况，发现前者吸附大量氢，后者却不吸附氢，说明 Al_2O_3 吸附 H_2 不属于化学吸附，而是物理吸附。

铝液中卷入 Al_2O_3 夹杂物，既增加了含氢量，吸附 H_2 的 Al_2O_3 又是温度下降时气泡形核的现成基底，容易在铸件中形成气孔。

有人对不同 Al_2O_3 夹杂物含量的铝液凝固后形成的针孔进行了回归分析，证实 Al_2O_3 夹杂物含量与针孔率之间存在着正的线性相关性，即夹杂物含量增加、针孔率也随之增加。且 Al_2O_3 夹杂物含量低于0.001%后，铝液中不再生成气泡，而形成针孔。因此，为了消除铝铸件中的针孔，应遵循“除杂为主，除气为辅”“除杂是除气的基础”的原则。

（4）合金元素的影响

1）对溶解度的影响。工程应用中常使用溶解度方程的对数式来表示：

$$\lg c_{H} = -\Delta H/(2.303RT) + \lg K_0 + 0.5 \times \lg p_{H_2} = 0.5 \times \lg p_{H_2} - A/T + B$$

式中　ΔH——氢的溶解热（J/mol）；

R——气体常数[J/(mol·K)]；

T——热力学温度（K）；

K_0——常数；

A、B——与合金化学成分有关的常数。

在 $p_{H_2}=0.1\text{MPa}$ 的条件下，测得硅、铜、镁对溶解度的影响，算得不同温度时溶解度常数 A、B 值列于表1-15中。从表中可见，含镁量越高，氢的溶解度越高；反之，硅、铜含量越高，氢的溶解度越低。

表1-15　某些铝合金中氢的溶解度公式中的常数值

合金成分		A	B
纯铝		2760	2.296
Al-Si	Al+2%Si	2800	2.386
	Al+4%Si	2950	2.408
	Al+6%Si	3000	2.428
	Al+8%Si	3050	2.448
	Al+10%Si	3070	2.458
	Al+12%Si	3150	2.498

合金成分		A	B
Al-Cu	Al+2%Cu	2950	2.398
	Al+4%Cu	3050	2.438
	Al+6%Cu	3110	2.438
	Al+8%Cu	3150	2.438
Al-Mg	Al+3%Mg	2695	2.438
	Al+6%Mg	2620	2.508

注：表中均为质量分数。

2）对氧化膜性能的影响。常用合金元素的氧化次序排列如下：Na→Be→Mg→Al→Ce→Ti→Si→Mn→Zn→Cr→Fe→Ni→Cu。Al以后的元素，如Si、Zn、Cu等在铝液中不是表面活性元素，密度又较大，不富集在铝液表面，被炉气氧化后和 Al_2O_3 组成尖晶石型复杂氧化物 γ-$Al_2O_3\cdot MeO$（式中Me代表Zn、Si、Cu等元素）。这种氧化物仍具有 γ-Al_2O_3 的晶型，只是晶格常数发生变化，组织致密，对铝液同样有保护作用。

Li、Mg、Na、Ca等与氧的亲和力比铝大，是表面活性元素，密度又比铝小，富集于铝液表面，熔炼时，优先被炉气氧化。铝液中的含镁量高于1.0%，表面氧化膜全部由MgO所组成，这层MgO组织疏松，$\eta=V_{MgO}/V_{Mg}<1$，对铝液不起保护作用，故Al-Mg类合金必须在熔剂覆盖下进行熔炼。

在改变氧化膜性能方面，最突出的是铍，它比铝轻，富集在铝液表层，优先被氧化，生成的 BeO 蒸气压很低，非常稳定。熔炼 Al-Mg 类合金时，BeO 填补了 MgO 疏松组织中的空隙，使这层复合氧化膜的 $\eta>1$，对铝液能起保护作用；此外，BeO 的电阻很大，能阻止电子交换，防止镁原子透过表面氧化膜和炉气接触，进一步被氧化，因此是一种非常有效的防氧化剂。在 ZL301 合金中加入 $w_{Be}=0.03\%\sim0.07\%$，就能使氧化速度和纯铝相近，从而保护 Al-Mg 合金液。

加入硫，与镁反应生成 MgS，也能成为氧化膜的填充剂，提高氧化膜的保护性能。

（5）熔炼时间的影响　在大气中熔炼铝合金，铝液不断被氧化，熔炼时间越长，生成的氧化夹杂物越多，吸气也越严重。因此，在生产中，应遵循“快速熔炼”原则，尽量避免铝液在炉内长期停留。若除气精炼后较长时间内铝液没有进行浇注或浇注未完成，则炉内剩余的铝液可能会重新吸氢，这时需再次进行除气精炼。

1.4.2　铝合金的净化处理工艺

由于炉料和铝合金液在熔炼、转送、浇注过程中吸收了气体，产生了夹杂物，使合金液的纯度降低，流动性变差，浇注后会使铸件产生多种缺陷，影响其性能。故必须在浇注前对其进行净化处理（也称为精炼处理）。净化处理工艺，按作用方法分为吸附精炼和非吸附精炼两类；按精炼工艺部位分为炉内精炼和炉外精炼。

1. 吸附精炼

所谓吸附精炼是依靠精炼剂产生吸附氧化夹杂物的作用，同时清除氧化夹杂物及其表面吸附的氢气，达到净化铝液的目的。吸附精炼的有效作用仅发生在吸附界面上，净化效果取决于接触条件。具体可分为：浮游法、熔剂法和过滤法等，是目前企业生产广泛使用的方式。

（1）浮游法

1）通氯气精炼。氯不溶于铝液，但能和铝液及溶于铝液内的氢产生剧烈反应：

$$\frac{3}{2}Cl_2 + Al \longrightarrow AlCl_3 \qquad \Delta G^{\ominus}_{1000} = -532.07\text{kJ/mol} \tag{1-7}$$

$$\frac{1}{2}Cl_2 + \frac{1}{2}H_2 \longrightarrow HCl \qquad \Delta G^{\ominus}_{1000} = -238.90\text{kJ/mol} \tag{1-8}$$

反应生成物 HCl（沸点为-85℃）、$AlCl_3$（沸点为 183℃）都呈气态，且不溶于铝液，和未参加反应的氯均能起精炼作用，如图 1-55 所示，因此净化效果比通氮气甚至比通氩气更明显。

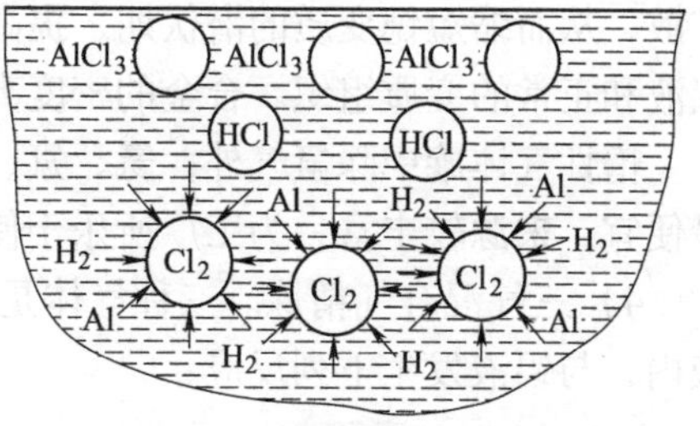

图 1-55　吹氯精炼的示意图

工业用氯气瓶中常掺有水分，影响净化效果。精炼使用的氯气含水量应控制在 0.08%（体积分数）以下。随着使用时间的推移，氯气瓶中的含水量将逐渐增加，最终可增加 1 倍以上，在生产中必须注意。

氯气是剧毒气体，通氯装置应安放在密封的房间内，以防泄漏，熔炉、坩埚上方应安装通风罩，净化操作环境。

首先，通氯气的净化效果虽好，但氯气对人体有害，通氯设备较复杂，泄漏的氯气严重腐蚀厂房、设备。其次，通氯气后引起合金的晶粒粗大，降低力学性能，故生产中极少采用，已改用氮-氯联合精炼工艺：先通氯气，再通氮气，以净化通氯管道、设备，保护厂房及车间设备，改善劳动条件。也可用体积分数为 90% N_2+10% Cl_2 的混合气体进行精炼，也能获得良好的净化效果。

2）通氮气精炼。热力学分析表明：铝液中的 Al_2O_3 夹杂物能自动吸附在氮气泡上，随气泡上浮而被带出液面。如能不断地向铝液中通入氮气，形成气泡流，就可以不断地从铝液中带走 Al_2O_3 夹杂物。另外，通氮气初始时，铝液内的氮气泡中氢分压为 0，使得铝液中的氢在氢压力差的驱动下向氮气泡中扩散，这一过程直到氮气泡中的氢分压和铝液内的氢分压平衡时才会停止。因此，氮气泡上升时可以同时带走 Al_2O_3 夹杂物和氢气。

通常通氮气精炼的温度应控制在 710~720℃，温度过低会降低氢的扩散系数，温度过高将生成大量 AlN 夹杂物，造成铝液的污染。此外，镁比铝更容易和氮发生反应，生成 Mg_3N_2 夹杂物，因此对于铸造铝镁合金不希望采取通氮气精炼的方法。

研究表明：在大气压力下熔炼，当氮气泡中的氢分压达到 0.01MPa 时，就与铝液内的氢分压平衡，即氮气泡只能吸入约为自身容积 0.1 倍的氢，故其精炼效果并不是十分明显，但由于价格较便宜，生产中仍有使用。

工业应用的氮气瓶中常含有微量的氧气，通氮时会产生 Al_2O_3 而降低除气效果。实验研究发现：当氮气瓶中氧气的体积分数为 0.5%、1.0%时，除气效果分别下降 40%、90%。倘若氮气瓶中再含有水分，则危害更大。通常要求氮气瓶中氧气的体积分数应低于 0.03%，水分应低于 0.3g/m^3。在实际生产过程中，为了清除氮气中的水分，在通入铝液之前，氮气应通过储有干燥剂 $CaCl_2$、硅胶、分子筛、浓硫酸等的干燥器进行严格的脱水处理。

3）通氩气精炼。工业用氩气瓶中含氧量较低，为 0.005%~0.05%，精炼温度允许提高到 760℃。氩气的密度为 1.78kg/m^3，高于氧的密度（1.25kg/m^3），通氩气精炼时，较重的氩气富集在铝熔池表面，能防止铝液和炉气发生反应，故净化效果好。对原始质量较好的铝锭，如大块炉料，净化效果和六氯乙烷 C_2Cl_6 相近，而对于质量较差的炉料，如回炉料，有时其净化效果还优于 C_2Cl_6。

Al-Si 合金加锶变质后，如用氯盐精炼，生成 $SrCl_2$，变质失效，此时必须通氩气精炼。操作时，变质处理与精炼可以同步进行，精炼时氩气泡对铝液起搅动作用，加速变质元素的扩散，从而缩短锶变质的潜伏期，提高生产率。通氩气精炼和锶变质相配合，能获得纯净的铝液和正常的变质组织。合金的密度高于不同步、先精炼后变质工艺所获得的合金密度。

惰性气体族中除氩气外，氦、氖、氪、氙等气体都有类似的净化效果，但以氩气的价格最便宜，来源较丰富，为工厂所乐于使用。

4）三气混合气精炼。三种气体是 Cl_2、CO 和 N_2，配比为 15∶11∶74，混合后吹入铝液内，与铝液发生下列反应：

$$Al_2O_3 + 3Cl_2 \longrightarrow 2AlCl_3 + \frac{3}{2}O_2 \tag{1-9}$$

$$\frac{3}{2}O_2 + 3CO \longrightarrow 3CO_2 \tag{1-10}$$

$$Al_2O_3 + 3Cl_2 + 3CO \longrightarrow 2AlCl_3 + 3CO_2 \tag{1-11}$$

在混合气中 Cl_2 被稀释，有可能来得及全部参与反应，生成的 $AlCl_3$ 及 N_2 起精炼作用，CO_2 和铝液继续发生反应，生成 Al_2O_3、C，精炼后趋向平衡，微量的 C 有可能细化晶粒。因此，使用三气混合气的净化效果与使用 C_2Cl_6 相当，而精炼时间可缩短近一半，污染程度减轻。

三气混合气精炼的缺点是要配备一套较复杂的三气发生装置及输送管道。

5）氯盐精炼。常用的氯盐有氯化锌（$ZnCl_2$）、氯化锰（$MnCl_2$）、六氯乙烷（C_2Cl_6）、四氯化碳（CCl_4）和四氯化钛（$TiCl_4$）等。氯盐精炼时与铝液发生下列反应：

$$n\mathrm{Al} + 3\mathrm{MeCl}_n = n\mathrm{AlCl}_3 + 3\mathrm{Me} \quad (1\text{-}12)$$

式中　Me——各种金属的代号。

反应产物 $AlCl_3$ 即起精炼作用。

氯盐精炼的优点是省去了一整套气体发生装置和输送管道；其次，$AlCl_3$ 的毒性比氯气要小得多。

氯盐精炼工艺简述如下：

① $ZnCl_2$。$ZnCl_2$ 的熔点为 365℃，沸点为 732℃，与铝液发生下列反应：

$$2\mathrm{Al} + 3\mathrm{ZnCl}_2 = 3\mathrm{Zn} + 2\mathrm{AlCl}_3 \quad (1\text{-}13)$$

精炼时，将占铝液质量 0.1%~0.2%的无水 $ZnCl_2$ 分批用钟罩压入 700~720℃的铝液中。操作时，钟罩离坩埚底部约 100mm，以免将底部杂质泛起。在同一水平高度上，在铝液内顺时针方向移动钟罩直至不再有 $AlCl_3$ 气泡上浮至液面。取出钟罩，静置铝液 3~5min，使铝液内残留的 $AlCl_3$ 带走 Al_2O_3 夹杂物继续上浮，然后扒去浮渣，迅速加热到浇注温度后进行浇注。对于 Al-Si 系合金，则变质处理后再进行浇注。

精炼温度超过 $ZnCl_2$ 的沸点（732℃）时，$ZnCl_2$ 剧烈汽化，气泡大，铝液剧烈翻滚引起飞溅，降低净化效果。因此，精炼温度应控制在 730℃以下。

$ZnCl_2$ 能强烈吸湿，使用前应在炉旁重熔脱水，现配现用。重熔时会沸腾，3~5min 后，沸腾停止后，白色水蒸气转为 $ZnCl_2$ 黄色蒸气时即可浇到干净的铁板上，凝固后趁热用钟罩压入铝液内。$ZnCl_2$ 的脱水质量可根据凝固时仍呈糊状的 $ZnCl_2$ 拉出细丝的长短来判断。丝拉得越长，说明重熔脱水越彻底。

$ZnCl_2$ 的价格便宜，生产中使用很普遍，缺点是净化效果一般，使用前要重熔，一部分锌还原后进入铝液中，长期反复使用后，会引起回炉料中锌含量超标，因此必须注意防止。

② C_2Cl_6。C_2Cl_6 为白色结晶体，密度为 2.091g/cm³，升华温度为 185.5℃，压入铝液后产生下列反应：

$$\mathrm{C_2Cl_6} \xrightarrow{\Delta} \mathrm{C_2Cl_4} + \mathrm{Cl_2} \quad (1\text{-}14)$$

$$3\mathrm{Cl_2} + 2\mathrm{Al} \longrightarrow 2\mathrm{AlCl_3} \quad (1\text{-}15)$$

$$3\mathrm{C_2Cl_6} + 2\mathrm{Al} \longrightarrow 3\mathrm{C_2Cl_4} + 2\mathrm{AlCl_3} \quad (1\text{-}16)$$

反应产物 C_2Cl_4的沸点为 121℃，不溶于铝液，和 $AlCl_3$ 同时参与精炼，故净化效果比 $ZnCl_2$ 好。C_2Cl_6 不吸湿，不必脱水处理，使用、储存都很方便，被一般工厂所乐于使用。为了防止松散的 C_2Cl_6 和铝液反应过于剧烈，应将其压制成块状使用。如掺入 1/3~1/2 的 N_2SiF_6 压块，由于 N_2SiF_6 具有化解 Al_2O_3 的作用，净化效果更好。有时为了掺入 $NaBF_4$压块，则同时还具有细化合金组织的效果。

C_2Cl_6 的用量与合金成分有关，特别与含镁量有关，因为精炼时镁将与 C_2Cl_6 的分解产物发生如下反应：

$$Mg + Cl_2 \longrightarrow MgCl_2 \tag{1-17}$$

$$3Mg + 2AlCl_3 \longrightarrow 2Al + 3MgCl_2 \tag{1-18}$$

合金中的镁元素部分被烧损，生成的 $MgCl_2$ 熔点为 715℃。液态 $MgCl_2$ 有辅助精炼作用，当精炼温度低于 715℃时，固态 $MgCl_2$ 则成为夹杂物进入熔渣中，因此精炼温度要求高于 730~740℃。为了弥补生成 $MgCl_2$ 所消耗的镁和氯，配料时镁和 C_2Cl_6 都要相应增加。

C_2Cl_6 的缺点是造成空气污染，升华的 C_2Cl_6 与大气中的氧发生如下反应：

$$C_2Cl_6 + 2O_2 \longrightarrow 2CO_2 + 3Cl_2 \qquad \Delta G^{\ominus}_{10000} = -865.524\text{kJ/mol} \tag{1-19}$$

其平衡常数随温度下降而增大，故室温时就能嗅到氯气的气味；精炼时，按式（1-14）分解出的 Cl_2 有部分未与 Al 进行反应即逸出液面，污染环境。精炼温度越高，逸出的 Cl_2 也越多，再加上 C_2Cl_4会形成一股呛人的气味，对人体、厂房、设备有害。

6）固体无公害精炼剂。其主要成分为煤粉和硝酸盐，压制成块并压入铝液中，发生下列反应：

$$4NaNO_3 + 3C \longrightarrow 2Na_2NO_3 + N_2 + 3CO_2 \tag{1-20}$$

生成的 N_2 即起精炼作用。CO_2 在铝液中也能生成 Al_2O_3，但由于上浮速度较快，故氧化程度较轻。精炼时，由于反应产物无嗅无味，为工人所乐于使用。缺点是没有氯、氟等有效成分，净化效果欠理想。无公害精炼剂价格便宜，适用于不重要的中、小型铝铸件。

7）固体三气精炼块。在无公害精炼剂的基础上，加入适量的 C_2Cl_6 组成三气精炼块，将在铝液内生成 $AlCl_3$、C_2Cl_4、N_2 及 CO_2。反应时，反应产物通过填充剂的空隙逸出，形成的气泡较小，在铝液内的上浮时间较长，使 C_2Cl_6 反应较完全，可提高 C_2Cl_6 的利用率，净化效果优于无公害精炼剂，反应产物中除 C_2Cl_4外无嗅无味，能用于较重要的铝铸件。缺点是原材料烘干不彻底，压块前搅拌不均匀时，净化效果不稳定。

8）喷粉精炼。采用惰性气体氮气、氩气精炼的后期，熔炼坩埚内会逐渐积聚水蒸气和氧气，带入铝液中会生成 Al_2O_3 并吸附在氮气、氩气气泡的表面。当气泡表面被 Al_2O_3 包裹后，将阻碍氢扩散进入气泡中。

为了消除气泡表面的这层氧化膜，可将粉状熔剂和惰性气体一起吹入铝液内，熔化后包围在气泡表面，从而将氧化膜溶解、破碎，以确保惰性气体气泡充分发挥其精炼作用。通常该方法的净化效果甚至可以超过真空精炼。

（2）熔剂法　熔剂法的净化机理在于通过吸附、溶解铝液中的氧化夹杂物及吸附其上的氢，上浮至液面而进入熔渣中，以实现除渣除气的目的。熔炼 Al-Mg 系合金或重熔切削、碎料时，适宜采取熔剂法。

1）对熔剂的要求。不与铝液发生化学反应，也不能相互溶解；熔点应低于精炼温度，具有良好的流动性，容易在铝液表面形成连续的覆盖层以保护铝液，最好熔点要高于浇注温度，便于扒渣去除；能吸附、溶解、破碎 Al_2O_3 夹杂物；来源丰富，价格低廉。

2）熔剂的工艺性能。工艺性能包括覆盖性能、分离性能和精炼性能，以决定熔剂的表面性能。覆盖性能即铺展性，指熔剂在铝液表面自动铺开，形成连续覆盖层的能力。分离性能指熔剂与铝液自动分离的性能，分离性能越好，扒渣越容易，熔剂也越不容易混入铝液、浇入铸件中而引起熔剂夹杂。精炼性能指熔剂吸附、溶解、破碎铝液内氧化夹杂物的能力，即除渣、除气的净化能力。

熔剂的工艺性能与熔剂的表面性能密切相关，而表面性能又取决于熔剂组分，为了获得良好的综合工艺性能，通常要配制多组分的熔剂。常用的熔剂组分包括 NaCl、KCl、NaF、Na_3AlF_6、Na_2SiF_6 和 CaF_2 等，不同组分按不同配比制成熔剂，可以获得不同熔点、表面性能及工艺性能的熔剂，以满足不同的要求。

NaCl、KCl 的熔点比较低，共晶成分在质量分数为 45%的 NaCl 和 5%的 KCl 附近，熔点只有 660℃左右，表面张力小，价格便宜，是常用的覆盖剂。再加入一定比例的 NaF，就可以作为铝硅合金的变质剂。Na_3AlF_6 能溶解 Al_2O_3，熔剂分离性能优良，精炼能力强。因此，在 NaCl-KCl-NaF 三元变质剂中加入一定比例的 Na_3AlF_6，同时具有覆盖、精炼、变质的作用，又称为万能熔剂。

（3）过滤法　过滤精炼净化效果也不错，对于一些重要的铸铝件采取过滤精炼是目前净化处理技术的发展方向。

过滤剂分为两类：一类是非活性过滤剂，如石墨、镁屑、玻璃纤维等，依靠机械作用清除铝液中的非金属夹杂物；另一类是活性过滤剂，如 NaF、CaF_2、Na_3AlF_6 等，主要通过溶解、吸附的作用清除氧化夹杂物。

过滤的方法和装置是多种多样的，常见的方式有：

1）网状过滤法。此法是让铝液通过由玻璃纤维或耐热金属丝制成的网状过滤器，来清除氧化夹杂物、氧化膜等，效果明显。过滤器制作简单，结构可根据实际情况制定，一般安装在坩埚、浇包或连续铸造的保温炉中，缺点是对于小于过滤网眼孔的氧化夹杂物难以去除，而且过滤器直接接触高温铝液，容易损坏，使用寿命短。

2）填充床过滤法。图 1-56 为填充床过滤法的示意图。填充床由固体过滤介质或液态熔剂组成，铝液与过滤介质之间有较大的接触面积。除了具有挡渣作用外，过滤介质与夹渣之间还有溶解、吸附作用，净化效果好。通过过滤介质间的间隙越小，过滤介质越厚，熔体流速越低，过滤效果越好。缺点是需要额外的装置，占地面积大；为提高过滤效果，介质粒度太小，减少铝液流量，降低生产效率；过滤时还需加热保温，消耗能源，增大成本。

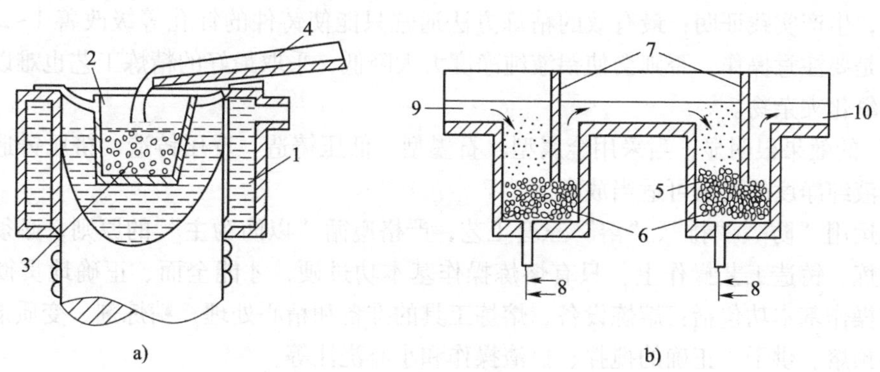

图 1-56　填充床过滤法的示意图

a）单过滤　b）双过滤

1—结晶器　2—漏斗　3—块状介质　4—流槽　5—片状氧化铝　6—氧化铝球

7—隔板　8—氩气/氮气　9—铝液入口　10—铝液出口

2. 非吸附精炼

非吸附精炼是通过物理作用（真空、超声波、密度差等），改变金属-气体系统或金属-夹杂物系统平衡，从而使气体和固体非金属夹杂物从铝液中分离的方法。净化效果取决于破坏平衡的外界条件，以及熔体与夹杂物的运动特性。非吸附精炼主要包括真空处理、振荡处理、直流电解法、静置处理等。对于非吸附精炼，由于要配备相应的设备，工艺操作也相应变得复杂，制造成本增加，故实际工业应用并不多。

（1）真空处理　真空精炼是将铝液置于真空室内，在一定的温度下保持一段时间，铝液中的氢或因温度下降引起溶解度的降低，或因含氢量超过溶解度，氢自动从铝液中以气泡的形式排出并顺带带走夹杂物，从而达到净化铝液的目的。按照铝液是否流动可分为静态和动态两种真空处理方法。由于铝液表面形成一层致密的 Al_2O_3，会阻滞氢气泡溢出液面，因此精炼时通常在铝液表面撒一层熔剂，便于通过氢气泡溶解 Al_2O_3，提高净化效果。实际处理过程中，可以明显看到铝液表面冒泡。

真空处理的优点：明显改善针孔等级，使合金的力学性能提高10%左右；精炼时不会破坏 Na、Sr 等对合金的变质作用，可以在变质处理的同时进行净化处理，既能避免变质处理时的二次吸气，又能提高生产效率。

真空处理的缺点：精炼后铝液的温度下降；铝液深度过大时，净化效果受影响；当生产批量小、铸件小、合金牌号较多时，对坩埚吊运、铝液温度调整等均会带来麻烦。

（2）振荡处理　金属液受到高速定向往互振动时，金属液中的弹性波会在熔体内部引起“空化”现象，产生无数显微空穴。于是溶于金属中的气体原子就以空穴为气泡核心，进入空穴并复合为气体分子，长大成为气泡而逸出熔体，达到脱气的目的。振荡力主要包括机械振荡和超声波振荡。此外，在振荡力的作用下，枝晶被振碎，促进枝晶增殖，具有一定的细化晶粒的作用。

（3）直流电解　用一对电极插入铝液中，其表面用熔剂覆盖；或以金属熔体作为一个电极，另一极插入熔剂中，然后通直流电进行电解。在电场作用下，金属中的氢离子趋向阴极，电荷中和后聚合成氢分子并随即逸出。该方法不仅可以除气还可以除去夹杂物。

综上，生产实践证明：最有效的精炼方法通常只能使铸件的针孔等级改善 1~2 级，在生产中还是要注意操作，否则会使铝液纯净度大大降低，采取最好的精炼工艺也难以彻底清除气体和氧化夹杂物。

“溶”的效果很明显，当采用金属型、石墨型、低压铸造、反压铸造、挤压铸造和压铸时，对铝液纯净度的要求可适当放宽。

正确运用“防”、“排”、“溶”三套工艺，严格遵循“以防为主”的原则，必须落实到具体的熔炼、铸造工艺操作上，只有熔炼操作基本功过硬，才能全面、正确地贯彻这些原则。熔炼操作基本功包括：熔炼设备、熔炼工具的准备和精心处理，精炼剂、变质剂和覆盖剂的细心预熔、烘干，正确的搅拌、扒渣操作和小心浇注等。

1.4.3　铝合金的细化与变质处理技术

合金性能由合金的金相组织决定，金相组织由合金成分、冷却速度、凝固时外加力场（如静压力、振动、电磁力等）所决定。通过调节、控制上述各个因素，能获得多种多样、符合技术条件要求的合金组织。

细化处理（Refinement）又称为晶粒细化，是指通过增加晶核数量来实现晶粒细小化，从而获得组织细小、性能较高的铸件铸锭的工艺方法。增加晶核数量的措施主要有：①向熔体中加入少量添加剂，以增加异质形核或均质形核的数量，使晶粒细化，而基体成分基本不变；②通过搅拌、对流等方法使晶核数量增加，或改变晶体生长速度，使晶粒细化。

变质处理（Modification）是指通过改变凝固过程中晶体的生长形态以获得较为理想的微观组织的工艺方法，同样可以达到提高铸件铸锭性能的目的。如铝硅合金中共晶硅的变质处理，铸铁中石墨的球化处理等。

这里必须要指出的是：通常情况下，在合金成分、冷却速度、凝固时外加力场不变的条件下，细化和变质处理就是在铝液中加入少量添加剂，使金相组织发生明显变化，获得理想的合金组织的方法。虽然细化和变质处理的目的和原理是不同的，但因为二者的某些处理结果是相同的，如都可以使组织获得细化，所以，这两种工艺方法通常是很难划分的。

下面将主要介绍绝大多数铝合金在熔炼过程中都需要的α-Al相晶粒细化技术，铝硅合金中共晶硅的变质处理技术，以及铝硅合金中初晶硅的晶粒细化技术。

1. α-Al相的晶粒细化处理

对于铸造亚共晶铝硅合金、铝铜合金、铝镁合金以及大多数变形铝合金，α-Al相是影响其性能的重要因素，细化α-Al相自然是强化合金的重要手段。当前，α-Al相晶粒细化技术主要包括细化剂处理、动态结晶法和快速冷却法等。

（1）细化剂处理　细化剂处理即通过向铝合金熔体中添加细化剂来形成晶核，增加晶核数量，从而细化铝合金组织的方法。细化剂主要分为三类：自身具有异质晶核的中间合金、通过反应生成异质晶核的盐类和同成分的粉末。

1）自身具有异质晶核的中间合金。这类细化剂主要是指Al-Ti、Al-Ti-B、Al-Ti-C和Al-Zr等中间合金，因为它们自身就含有能够作为α-Al相异质形核核心的$TiAl_3$、AlB_2、TiB_2、TiC、$ZrAl_3$等颗粒，能够显著细化铝合金组织。图1-57所示为Al-Ti-B-RE细化剂对A356铸造铝硅合金组织的影响。

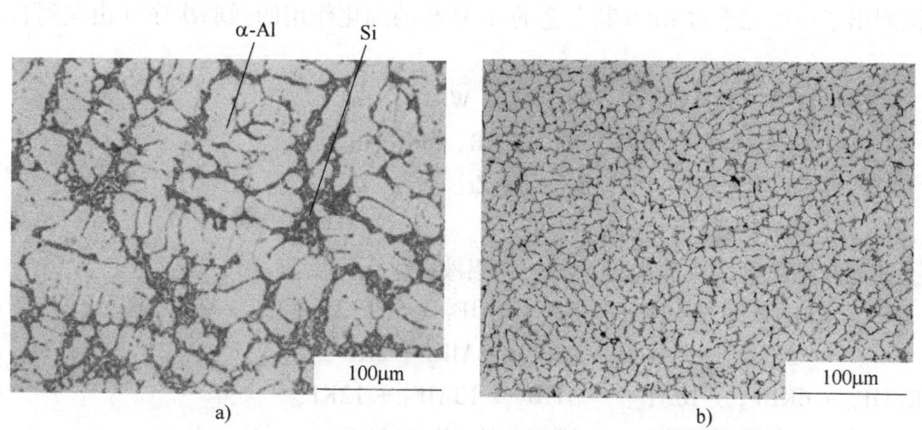

图1-57　Al-Ti-B-RE细化剂对A356铸造铝硅合金组织的影响

a）未添加Al-Ti-B-RE细化剂　b）添加0.8% Al-Ti-B-RE细化剂

2）通过反应生成异质晶核的盐类。在纯铝或铝合金中加入微量Ti、B、Zr、V等金属元素或K_2TiF_2（氟钛酸钾）、KBF_4（氟硼酸钾）、K_2ZrF_6（氟锆酸钾）等盐类时，将形成高熔点化合物，如 $TiAl_3$、AlB_2、$ZrAl_3$、TiB_2 等，可以作为外来晶核（如 $TiAl_3$ 为四方体晶格，晶格形式与 Al 相似，晶格常数为 $a=5.42Å$，$c=8.57Å$，和 Al 相差不超过 4%~5%），使纯铝或铝合金中 α 固溶体晶粒细化，从而改善工业纯铝和铝合金的性能（图 1-58）。

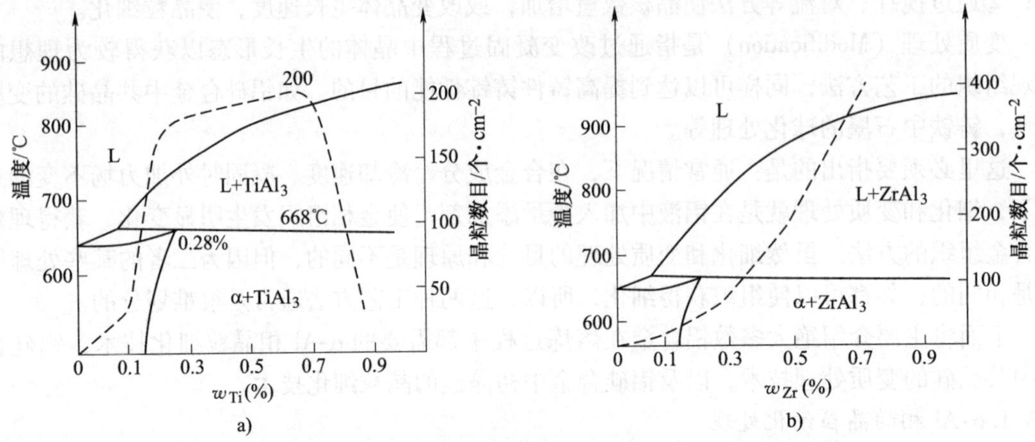

图 1-58　Ti 和 Zr 对 99.99%Al 晶粒细化作用的影响
a）添加 Ti　b）添加 Zr

图 1-58a、b 分别表示 Ti 和 Zr 对 99.99%Al 晶粒细化作用的影响。当合金成分比较复杂时，细化元素在低的浓度下就会产生细化作用。当总的加入量相同时，加入多种元素比单独加入一种元素的细化作用好。同时可以看出，若在纯 Al 中加入 $w_{Ti}>0.7\%\sim0.8\%$，由于 $TiAl_3$ 的聚集，晶核数目下降，晶粒粗大。

上述细化元素对于室温下为固溶体型的合金（如 Al-Cu、Al-Mg 和 Al-Zn 类），都可作为主要的强化手段。试验表明，当在合金中加入质量分数为 0.1%~0.35%的 Ti 或质量分数为 0.02%~0.1%的 B 等细化元素时，合金的性能可以得到进一步改善。

下面列出了一些元素对 Al 及其合金的 α-Al 相的细化作用的强弱次序（由左到右逐次减弱）：

1）对于纯 Al 有：Ti、Zr、V、Nb、Mo、W、B、Ta。

2）对于 Al-Si-Mg 合金有：Ti、W、Zr、B、Mo、Nb。

3）对于 Al-Cu 类合金有：Ti、B、Nb、Zr。

4）对于 Al-Mg 类合金有：Zr、B、Ti。

当上述晶粒细化剂采用盐类形式时，与铝液发生下列反应：

$$3K_2TiF_6 + 4Al \longrightarrow 3Ti + 4AlF_3 + 6KF, Ti + 3Al \longrightarrow TiAl_3 \tag{1-21}$$

$$2KBF_4 + 3Al \longrightarrow AlB_2 + 2AlF_3 + 2KF \tag{1-22}$$

$$3K_2TiF_6 + 6KBF_4 + 10Al \longrightarrow 3TiB_2 + 10AlF_3 + 12KF \tag{1-23}$$

$$3K_2TiF_6 + 4Al + 3C \longrightarrow 3TiC + 4AlF_3 + 6KF \tag{1-24}$$

$$4KBF_4 + 4Al + C \longrightarrow B_4C + 4AlF_3 + 4KF \tag{1-25}$$

$$3K_2ZrF_6 + 4Al \longrightarrow 3Zr + 4AlF_3 + 6KF,\ Zr + 3Al \longrightarrow ZrAl_3 \tag{1-26}$$

上述反应产物中的 $TiAl_3$、AlB_2、TiB_2、TiC、B_4C 和 $ZrAl_3$ 等均起晶粒细化作用，反应式（1-24）、（1-25）中的碳来自 C_2Cl_6 精炼后的残留碳，或以碳粉形式直接加入铝液中。

细化剂的加入量与合金种类、成分、加入方法、熔炼温度、浇注时间等有关，以固溶体型合金 ZL201 为例，以中间合金 Al-Ti、Al-B 形式加入的最佳量分别为 w_{Ti}=0.10%~0.30% 和 w_{B}=0.02%~0.04%。对于共晶型合金如 ZL101，因 α-Al 初晶数量比 ZL201 合金少，细化剂的加入量酌减。当把钛和硼以（5~6）：1 的质量比例同时加入时，加入量可降低 75%~80%并能延缓衰退现象。

细化剂的加入量过大或熔炼、浇注时间过长时，$TiAl_3$ 逐渐聚集，由于其密度为 3.7g/cm^3，比铝液大，因此积聚在熔池底部，丧失细化能力，产生衰退现象。

用盐类细化剂时，由于反应生成的 $TiAl_3$、TiB_2 等尺寸小，弥散分布，使整个熔体内反应界面分布均匀，在界面上的钛、硼富集区形成了大量 α-Al 的异质核心，提高细化效果，细化剂加入量约为以中间合金作为细化剂方法的五分之一，而且由于这种异质核心长期悬浮在铝液中，因而抗衰退能力强。

细化剂的加入温度取决于中间合金的熔点，一般为 800~950℃，使用盐类细化剂时要选择合适的温度并辅以搅拌，确保反应完全，提高钛、硼、锆的铸件成品率，又不会使合金液过热。

3）同成分的粉末。在熔体流入铸型或铸模的过程中，将相同成分的合金粉末加入熔体，会造成整个熔体强烈地冷却。这种方法对于壁厚铸件的凝固结晶过程较为有效。合金粉末的加入就如同加入许多微小的冷铁并且均匀分布在熔体中，使得整个熔体强烈地冷却并生成大量晶核，起到细化晶粒的作用。

（2）动态结晶法　在铸件/铸锭凝固过程中，采取某些物理方法，如振动（机械振动、超声波振动等）、搅拌（机械搅拌、电磁搅拌等）或铸型旋转等方法，均可以促进液相和固相间的相对运动，引起枝晶的破碎、脱落、游离和增殖，在液相中形成大量的晶核，有效减少柱状晶或树枝晶，细化等轴晶。

（3）快速冷却法　根据凝固原理，冷却速度越快，合金凝固中过冷度越大，则形核率越高，组织越细小。因此，在可以实现的情况下，尽可能地提高冷却速度有利于细化组织。目前，快速冷却技术获得极大的关注，现已开发出喷射成形、雾化沉积、激光加工等技术。

2. 共晶硅的变质处理

自 1921 年发现金属钠对 Al-Si 共晶合金的共晶组织有变质作用，能明显提高合金的力学性能尤其是伸长率以来，加钠变质处理即成为含硅量（质量分数）为 6%~13%的铝合金砂型铸造、熔模铸造及金属型铸造的必要工序。半个多世纪以来，人们已经积累了丰富的理论知识和生产经验，老的变质工艺不断被新的变质工艺所取代，因变质不良而报废的铸件已经很少见。

（1）Al-Si 合金变质处理机理　Al-Si 合金随着含 Si 量的增加，共晶体含量随之增加，虽然铸造性能获得改善，但组织中出现针状的共晶 Si，甚至出现粗大的多角形板状初晶 Si，严重地割裂了 Al 基体，在 Si 相的尖端和棱角处引起应力集中，合金容易沿晶粒的边界处开裂，或者板状初晶 Si 本身开裂而形成裂纹，使合金变脆，力学性能特别是伸长率显著降低，可加工性也变差。因此，此类合金当 w_{Si}> 6%时，必须进行变质处理。

以铝硅共晶合金为例，通过加 Na（钠）或 Na 盐变质处理，由原来的粗片状（α+Si）共晶体基体上分布着少量多角形初晶 Si 的组织，变为由树枝状的 α 固溶体和（α+Si）共晶体组成的亚共晶组织，共晶体中的 Si 也变为细粒状，显微组织照片如图 1-59 所示。由于组织的显著变化，合金的室温力学性能特别是伸长率得到很大的提高，可加工性也有明显的改善。

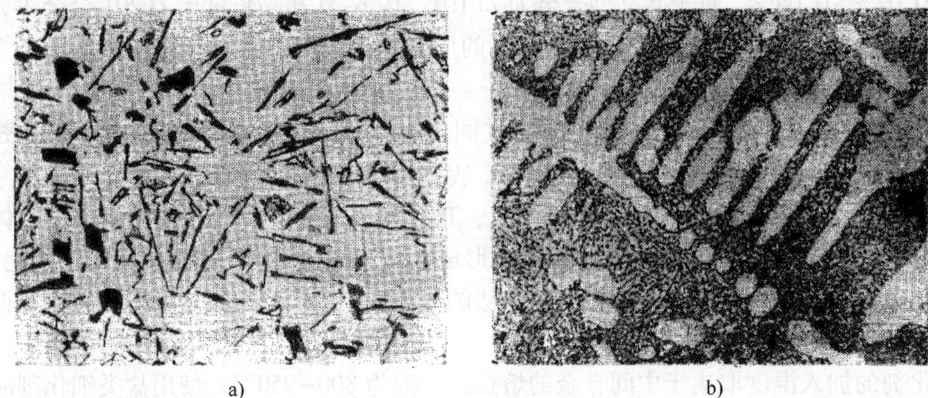

a)　　b)

图 1-59　Al-12Si 合金（砂型铸造）加三元 Na 盐变质处理前后的显微组织（放大 100×，NaOH 腐蚀）

a）变质处理前　b）变质处理后

近年来，运用现代测试技术的观察结果，对变质机理提出了种种假说，择其要点说明如下：

1）Si 晶粒的成长受到抑制假说。Al-Si 共晶成分的合金凝固时，由于 Si 在 Al 液中的扩散速度大，Si 晶核容易得到 Si 原子而成长为 Si 晶粒。因此，Si 在共晶转变时是先导相，先析出板片状 Si，接着才在 Si 晶体的基础上析出长片状的连续共晶 Si。

加入微量 Na 后，Na 原子不溶于 α 固溶体，而是呈薄膜状吸附在 Si 晶核和 α 晶核的表面上。共晶转变时，一方面 Na 原子薄膜使液相中结晶出来的 Si 晶体固液界面上产生凹凸不平，凸起部分就形成分叉的共晶 Si；另一方面，吸附在 α 晶核表面的 Na 原子比 Si 晶核表面少得多，而且 Na 对 Al 原子扩散的阻碍作用比 Si 原子小，所以加 Na 后将使 α 晶核得到优先结晶和成长，因而共晶组织中出现了初晶 α。α 固溶体优先发展，很快地包围尚未长大的 Si 晶体，也就限制了 Si 晶体的长大。从电子扫描显微照片中可以清晰地看到变质处理前的 Si 晶体（图 1-60 中白色物体）呈粗片状，加 Na 后成为分叉的棒状。

同时，加入 Na 后，提高了合金液的黏度，使合金液对流减弱，原子扩散困难，因而易于达到较大的过冷度，而使结晶的成长减慢。有人测得在 607℃时加入 Na 后，合金液中 Si 的扩散系数仅为加入 Na 前的 15%，证实 Na 有阻碍 Si 原子扩散的作用。变质后的合金液，通过振动或剧烈搅动，变质效果会很快消失，证明 Si 晶粒表面有 Na 的薄膜存在。

2）Si 晶核的生成受到抑制假说。这一假说认为：在合金液中存在着一些未熔化的 Si 晶体（因为 Si 的熔点为 1414℃，远高于合金的熔炼温度），在合金结晶时即成为 Si 的晶核，使共晶成分合金中的 Si 优先析出而成为结晶的主导相。加入 Na 后，由于 Na 在晶核表面的吸附作用，就消除了它们作为晶核的作用，使 Si 不致提前析出而能达到较大的过冷度。

早已有人发现：通常 Al-Si 合金实际上常含有微量的 P（磷），并且从合金液中分离出了 AlP 化合物质点，它和 Si 的晶型相同，均为金刚石型点阵，晶格常数又相近（Si 为 5.42Å，AlP 为 5.45Å），最小原子间距离也十分接近（Si 为 2.44Å，AlP 为 2.56Å）。因此，AlP 可以作为 Si 的晶核，使合金中出现初晶 Si，并使共晶体（α+Si）组织粗大，成为非变

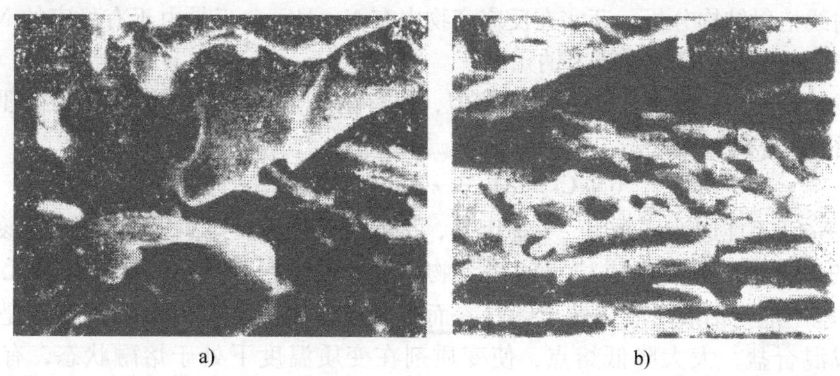

a)　　b)

图 1-60　Al-Si 合金加 Na 变质处理前后的 Si 晶体形状（电子扫描照片 Al 基体已被深腐蚀除去）
a）变质处理前　b）变质处理后

质组织。当含 P 量（质数分数）低于 0.00015%时，由于缺乏这一晶核，Si 晶体不易析出，合金液就容易过冷。共晶凝固时，Si 在固液界面上可能的扩散时间大为缩短，Si 晶体不易长大，使共晶组织细化。所以如用纯度很高的单晶 Si 和纯 Al 配制 Al-Si 合金，即使不加任何变质剂也能获得良好的变质组织。

而在工业用 Al-Si 共晶合金熔液中加入微量的 Na，将产生如下反应：

$$AlP + 3Na \longrightarrow Al + Na_3P$$

AlP 被破坏，Si 晶体不易析出，使合金液过冷，便获得了变质组织。

这一假说，能同时解释过共晶 Al-Si 合金中初晶 Si 的变质。在过共晶 Al-Si 合金中，加入 P 形成 AlP 化合物，作为外来异质核心，可以有效地细化初晶 Si，但加入 Na 非但不能细化初晶 Si，反而有碍 P 的变质作用。

上面两种假说，虽然出发点不一样，但都认为变质机理在于阻止 Si 晶体的优先析出，首先析出树枝状 α 固溶体，引起合金液的过冷，使共晶组织细化。

这些假说不同程度地解释了变质机理。可以认为，除了加入 Na 或 Na 盐，通过急冷、加入高纯 Si 或加入非 Na 的其他元素，以消除 P 的异质晶核作用等方法都能抑制 Si 晶体的长大，不使其成为先导相，使合金液过冷，从而出现变质现象。但是要建立完整的变质理论，必须深入研究 Al-Si 合金的结晶动力学。

以前认为未变质的 Al-Si 合金中 Si 晶体是彼此分开，相互孤立的。最近，通过电子扫描显微镜和连续研磨法，并经 $CuCl_2$ 深腐蚀，发现除去 α 相的 Si 晶体，无论是否变质，它在共晶团中都是连续的，形状有如彗星或一颗花菜。加 Na 变质后的光学显微照片反映出来的颗粒状 Si，实际上是棍状的截面。变质前，Si 原子主要在（100）面上结晶，分枝较少，容易形成粗大的板块状 Si 晶体；用 Na 变质后，Si 晶体表面凹凸不平，Si 沿（111）面结晶，形成细而密的双晶分枝，交叉长大。

（2）变质剂成分的选择和制备　在生产中应用最广泛的变质剂是由钠盐和钾盐混合而成，变质剂种类繁多。铝硅合金常用几种变质剂成分及特征列于表 1-16 中。

在变质剂的四种组成物中，只有 NaF 在变质温度下能与铝液反应，分解出钠元素，起变质作用。

$$6NaF + Al \longrightarrow Na_3AlF_6 + 3Na \tag{1-27}$$

经X射线衍射结构分析，证实在反应产物中有Na_3AlF_6。正是由于有稳定的Na_3AlF_6存在，才能按反应式（1-27）分解出钠元素。

NaCl的价格便宜、来源广，和NaF相似，也有钠离子（Na^+），但在变质处理的温度下与铝液不能产生下列反应：

$$6NaCl + Al \longrightarrow Na_3AlCl_6 + 3Na \quad (1\text{-}28)$$

因此，NaCl不能起变质作用，其原因是，按照酸碱理论，氯离子（Cl^-）的酸度比氟离子（F^-）的酸度小，不能生成稳定的络合物Na_3AlCl_6。同理，KCl虽有变质元素钾的离子（K^+），也不能与铝液反应分解出钾元素而起变质作用。NaCl和KCl的作用是和高熔点的NaF组成混合盐，大大降低熔点，使变质剂在变质温度下处于熔融状态，有利于反应式（1-27）的进行，加快反应速度，提高变质效果。同时，液态变质剂能在铝液表面形成覆盖层，对铝液起保护作用，减少氧化、吸气。NaCl、KCl称为稀释剂或助熔剂，可根据具体要求确定合适比例。

表1-16　铝硅合金常用变质剂成分及特征

变质剂名称	组成物（质量分数%）				熔点/℃	配备方法	变质温度/℃
	NaF	NaCl	KCl	Na_3AlF_6			
二元	67	33			810~830	机械混合	750~780
三元（1）	25	62	13		约606	重熔后冷凝	730~750
三元（2）	45	40	15		730~750	机械混合	740~760
通用一号	60	25		15	约750	机械混合	约800
通用二号	40	45		15	约700	机械混合	<750
通用三号	30	50	10	10	约650	机械混合	730~750

有的变质剂中还会加入Na_3AlF_6（冰晶石），对铝液具有除气、除杂和变质等多重作用，称为通用变质剂，适用于重要的铝铸件。

生产中可根据下列原则选择变质剂：

1）变质处理一般在精炼后进行，变质剂的熔点最好介于变质温度和浇注温度之间，变质处理时处于液态，利于反应式（1-27）的完成，浇注时要变为很稠的熔渣，便于扒去，不致形成熔剂夹渣。

2）不同牌号的合金应采用不同的变质剂，如ZL102合金中不含镁，可采用熔点高的二元变质剂，不必考虑镁的烧损，故可提高变质温度，增加钠的铸件成品率。对含镁的合金，应采用熔点较低的多元变质剂。对重要铸件则应采用通用变质剂。

3）工业用NaCl、KCl都含有结晶水，容易潮解，配制变质剂前必须进行脱水处理，破碎、过筛后才能使用。脱水方法有两种：一种是重熔，将按比例混合好的变质剂放在坩埚中熔化直至不冒泡、不冒烟，破碎、过筛后储存在密封干燥的容器中备用。重熔法的优点是能彻底去除结晶水；缺点是增加工时、消耗燃料，使用铁质坩埚重熔时会引起渗铁。因各组成物的熔耗不同，变质剂的成分配比波动且不稳定。另一种是机械混合法，将NaF、NaCl、KCl等分别单独烘干、破碎、过筛，按一定比例混合后储存于密封、干燥的容器中备用。机械混合法制备工艺较简便，生产中大多采用此法。但应注意，如果变质剂撒在铝液表面发生强烈的噼啪声，甚至有变质颗粒飞溅，说明含有水分，脱水不彻底，应重新烘干。

(3) 变质处理工艺要点　变质处理工艺要点有四个，即变质温度、变质时间、变质剂用量及变质处理操作方法。

1) 变质温度。钠盐变质温度范围为 720~760℃，变质温度越高，对变质反应越有利，Na 的吸收率高、反应快。但是，温度高的同时也会增大铝液氧化、吸气的程度，并提高铝液吸收杂质 Fe 的能力，Na 也容易挥发而导致变质效果衰退较快；变质温度过低，变质反应慢，钠的铸件成品率低，浪费变质剂，变质效果差。因此，在生产中，变质温度的选择通常以稍高于浇注温度为宜。此外，还应考虑变质效果、铝液冶金质量，经过试验来确定变质温度。

2) 变质时间。变质温度越高，铝液和变质剂反应速度越快，所需变质时间也越短，具体时间通过试验确定。有研究指出：变质过程存在孕育潜伏期（依据变质元素不同，时间可达几分钟至几十分钟），在此期间变质剂不发挥作用。实践证明：变质时间过短，变质反应不完全；时间过长，又会增加合金的吸气和氧化倾向，甚至导致变质效果衰退。

对于钠盐变质剂，加入铝液后一般静置 12~15min，再搅拌 1~2min 使其混合充分，要求该处理后 30~40min 内完成浇注，才能获得良好的变质效果。

3) 变质剂用量。实际生产中要考虑变质剂反应是否进行完全，用量不能过少以防止变质效果受影响，用量也不能过多以防止变质，即在晶界出现粗大团块状共晶硅。结合实际生产经验，为了覆盖铝液全部表面并考虑 NaF 不可能全部分解出 Na，加入量一般为 1.0%~3.0%（质量分数）。对于硅含量低、坩埚的高径比大的情况，或对于金属型铸件可取下限，反之则取上限，但此时需防止过变质。

4) 变质处理操作方法。精炼后，扒去氧化皮和熔渣，均匀地撒上一层粉状变质剂，并在规定的变质温度下保持足够长的时间，和铝液接触的一层变质剂先发生反应，接着反应产物 AlF_3 和下一层 NaF 发生如下反应：

$$3NaF + AlF_3 \longrightarrow Na_3AlF_6 \tag{1-29}$$

Na_3AlF_6 的熔点高达 992℃，在反应界面将形成固化的 Na_3AlF_6，阻止了铝液和 NaF 的继续反应。因此，覆盖时间再长，也达不到正常变质的效果，必须把已结壳或熔化的变质剂压入铝液中，使铝液和 NaF 完全接触才能进行充分地反应，得到正常的变质组织。常见操作方法有以下三种：

① 采用“压盐”法时，先将变质剂均匀地撒在铝液表面，覆盖时间一般为 10~12min；然后用压瓢把变质剂压入液面下 100~150mm 处，3~5min 后，即可取样检验变质效果，变质效果良好。

② 采用“切盐”法时，同样先将变质剂均匀地撒在铝液表面，覆盖时间一般为 10~12min；再把液面结壳的变质剂切成碎块，然后把碎块用压瓢一起压入铝液中，3~5min 后取样检验变质效果，质量也很稳定。

③ 采用搅拌法时，一边撒变质剂，一边进行搅拌。由于变质剂完全混入铝液中，接触面积大，反应完全，故此法所需时间最短，铝液净化效果好，但劳动强度大，镁的熔耗大，容易引起熔剂夹渣。

为了加速变质，缩短变质时间，可采用液态变质剂，先在专门熔化设备中化清变质剂，然后冲入铝液中，同时进行搅拌，变质时间可缩短到 6~8min，缺点是要另配熔炉，消耗能源。

铝合金净化处理

扫码看视频讲解

（4）其他变质方法　Na或Na盐虽然能有效地促进共晶体变质，但在工艺和合金质量上仍存在许多问题，主要有以下几点：

1）Na易与铸型中的水蒸气产生反应：$2Na+H_2O \longrightarrow Na_2O+H_2$。反应结果是铸件中产生皮下气孔，而且加入Na使合金熔液黏度升高，阻滞气泡和夹杂物的排出，所以变质合金容易形成针孔、夹渣等缺陷。

2）Na变质处理的有效时间只有40~60min，超过此时间，变质效果会自行消失，温度越高，失效也越快。重熔时，必须重新变质处理。

3）变质剂对坩埚壁和工具的腐蚀严重，如熔融变质剂中的F^-、Cl^-，腐蚀铁质坩埚的同时，还会使铝液渗铁，在坩埚壁上形成一层结合牢固的炉瘤，浇注后很难清除。

4）Na或Na盐变质剂的制备、保存都比较麻烦等。

以上这些，对于大量连续生产、浇注机械化、自动化和低压铸造等均有不便。近年来，国内外都在探求Al-Si合金新的变质剂和变质方法。据报道，下列元素对共晶体（α+Si）均可起到不同程度的变质作用，如Sr（锶）、Sb（锑）、RE（混合稀土）、Bi（铋）、Y（钇）、La（镧）等。

1）锶变质。锶变质已获得工业上的应用，加入质量分数为0.02%~0.06%，砂型铸造取上限，金属型铸造取下限。锶极其活泼，在大气中即强烈氧化为白色粉末SrO，遇水即分解出氢，必须在煤油或石蜡油中储存，使用前用丙酮清洗干净后立即投入铝液中。通常情况下，以质量分数为3%~5%的Al-Sr中间合金形式加入，也有以SrF_2+SrCl_2混合盐的形式加入。变质后，不能用氯盐精炼，以免生成$SrCl_2$，使其失去变质作用，只能通氩气精炼。

锶的沸点达1380℃，比钠的沸点高得多，不易烧损。与钠盐相比，变质效果相仿，但变质后有效时间大大超过加入Na和加入Na盐的合金，可达6~7h，称为长效变质剂，适用于浇注时间长的场合。锶变质的缺点是锶中存在SrH，除氢不易，并且易产生铸型反应，常在铸件中形成针孔。

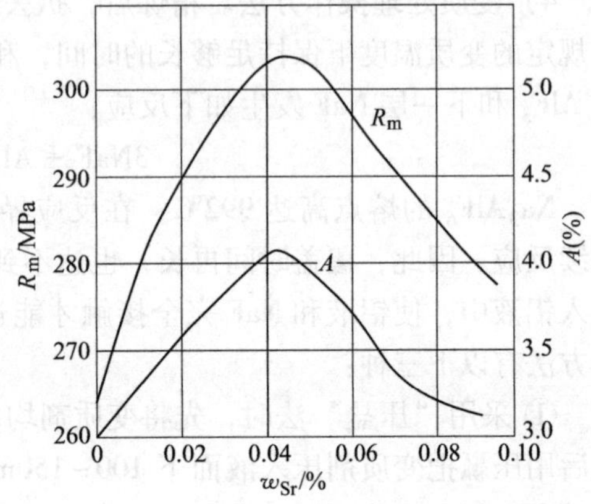

图1-61　含Sr量对ZL104合金力学性能的影响

图1-61表示ZL104合金的实际含Sr量和力学性能的关系。由图可见，w_{Sr} = 0.02%~0.06%时，抗拉强度和塑性先达到最大值，随后性能下降。这是因为w_{Sr}> 0.06%后，出现新的脆化相（Al_2Si_2Sr），使合金性能变差。图1-62a和b所示分别为ZL102和ZL104合金加入Na和Sr变质处理效果持续时间的对比，可见Na比Sr的烧损要快得多，当加入质量分数为0.05%~0.06%的Sr时，变质处理的有效时间比加入Na时长得多。

2）锑变质。锑变质只适用于亚共晶合金，变质效果对冷却速度很敏感，当铸造厚壁件或砂型铸件时，含Si量较高的共晶合金的变质效果不明显，往往需要热处理，才能显示变质效果，所以使用上受到一定限制。故常用于金属型铸造，变质后共晶硅呈短杆状，需辅以热处理，使共晶硅进一步溶断、粒化，方能明显提高力学性能。图1-63所示为含Sb量对砂型和金属型浇注的ZL102合金力学性能的影响。同时，必须加强炉料管理，不能和经Na盐

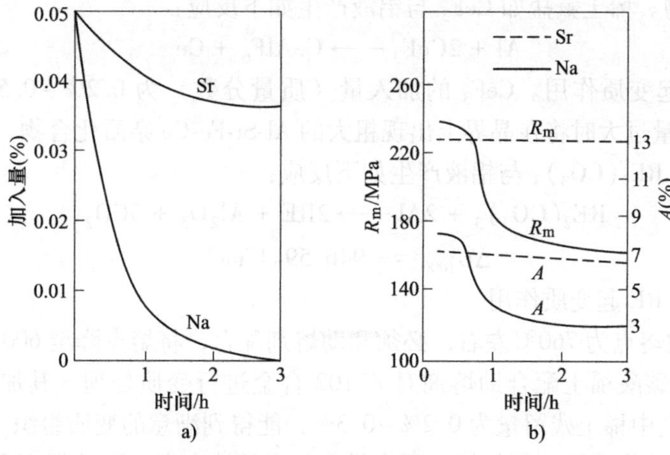

图 1-62　加 Na 和 Sr 变质有效时间的对比（实线用 Na 变质、虚线用 Sr 变质）
a）ZL102 中 Na 和 Sr 变质处理有效时间对比　b）ZL104（T6）加 Na、Sr 变质处理后力学性能对比

变质的回炉料相混，因为 Na 和 Sb 容易形成 Na_3Sb 化合物，不仅抵消了各自的变质效果，而且产生夹杂，导致合金性能恶化。

锑的熔点为 630℃，密度为 6.67g/cm³，直接加入铝液中将生成熔点达 1100℃ 的 AlSb，冻结在坩埚底部，因此必须以 Al-Sb 中间合金的形式加入。锑的加入量为 w_{Sb} = 0.1%~0.5%。经锑变质的铝液流动性好，充型能力强，能获得致密的铸件；锑变质的一个突出优点是变质作用保持时间很长，100h 后依然能保持变质效果，锑不易烧损，多次重熔后仍有相同的变质效果，称为“永久变质剂”，适用于需长时间浇注的场合。缺点有：锑和镁形成 Mg_3Sb_2，使合金的强度下降，必须补加镁；不能和钠变质的回炉料混杂，否则变质作用互相抵消；另外，热处理后铸件表面有一薄层黑色 SbO，影响美观。

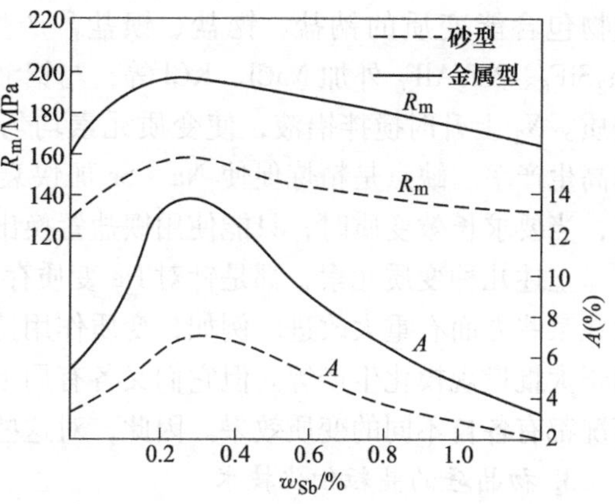

图 1-63　含 Sb 量对 ZL102 合金力学性能的影响

3）稀土元素变质：

① 混合稀土。混合稀土一般富铈，占 40%以上，其余为 La、Nd、Sm 等，密度为 7g/cm³ 左右，容易氧化，可预制成质量分数为 10%左右的 Al-RE 中间合金再加入铝液，也可包在铝箔中预热后直接加入铝液中，轻轻搅拌，使其逐渐熔清，不沉底，形成冷冻块。当加入量大于 0.5%时，共晶硅开始细化；超过 0.8%时，共晶硅呈细片状；超过 1.2%时，共晶硅反而粗化，并且在显微组织中出现新的 Al-Si-RE 三元化合物，使合金的常温力学性能下降，故混合稀土理想加入量为 w_{RE} = 0.8%~1.2%。混合稀土的变质作用对冷却速度敏感，适用于金属型铸件，获得的组织属于亚稳组织，随后的热处理使共晶硅溶断、粒化，合金的力学性能明显提高。因此，对于金属型铸造，其加入量可酌量减少。

② 稀土化合物。稀土氟盐如 CeF_3 与铝液产生如下反应：

$$Al + 2CeF_3 \longrightarrow CeAlF_6 + Ce \tag{1-30}$$

反应产物 Ce 起变质作用。CeF_3 的加入量（质量分数）为 0.2%~0.5%，变质温度为 730~750℃，加入量过大时将在晶界上出现粗大的 Al-Si-Fe-Ce 杂质化合物，导致合金力学性能恶化。碳酸稀土 $RE_2(CO_3)_3$ 与铝液产生如下反应：

$$RE_2(CO_3)_3 + 2Al \longrightarrow 2RE + Al_2O_3 + 3CO_2 \tag{1-31}$$

$$\Delta G^{\ominus}_{1000} = -946.59kJ/mol$$

反应置换出的 RE 起变质作用。

$RE_2(CO_3)_3$ 的熔点为 760℃左右，必须和助熔剂配合，将熔点降至 600~744℃，然后加入铝液。采用富镧碳酸稀土配合助熔剂对 ZL102 合金进行变质处理，其加入的质量分数为 0.4%~0.6%，合金中稀土残留量为 0.2%~0.3%，能得到满意的变质组织。

稀土元素变质的优点是：①长效，因为稀土元素的熔点高，和钠相比不易烧损；②有微量稀土溶入 α-Al 中，起固溶强化作用；③能捕获合金中的氢生成 RE_mH_n，减少针孔缺陷。缺点是不适用于缓慢冷却的铸件，变质后必须辅以固溶处理。

4）Bi。国内外对 Bi 作为 Al-Si 合金变质元素作了对比试验，发现合金中加入质量分数为 0.2%~0.25%的 Bi 时，变质效果比 Sb 还要好一些。

5）精炼-变质剂。国内数家单位开发了精炼-变质剂，在精炼的同时起变质作用，其组成物包含能变质的钠盐、锶盐、钡盐，产生惰性气体的硝酸盐、碳粉及有精炼作用的 Na_2SiF_6、Na_3AlF_6 外加 NaCl、KCl 等，与铝液反应产生 Na、Sr、Ba 及 N_2 等同时完成精炼、变质。N_2 上升时搅拌铝液，使变质元素均匀分布，缩短变质所需的孕育期，能节省工时，提高生产率。缺点是精炼促使 Na、Sr 加快衰退，只适用于一炉铝液只浇 1~2 个铸件的工况，当要求长效变质时，只能使用钡盐置换出钡，起变质作用。

上述几种变质元素，都是针对 Na 变质存在的缺陷，经过大量试验和选择而提出的，因而在某些方面有重大改进。例如，变质作用持续时间长，一般可以重熔，不腐蚀坩埚壁，适用于大批量规模化生产等。但它们又各有局限性，对砂型、金属型、铸件的壁厚大小等各种情况都有各自不同的变质效果。因此，对这些长效变质剂应具体分析，合理选用。

3. 初晶硅的晶粒细化技术

由于过共晶 Al-Si 合金（w_{Si}>15%）线胀系数小，密度小，耐磨性、耐蚀性、流动性、抗热裂性好，早已引起人们研究的兴趣。过共晶 Al-Si 合金的组织由初晶 Si 和共晶体（α+Si）组成。随着含 Si 量的增加和冷却速度的减小，初晶 Si 逐渐粗大，并成为形状不规则的板状晶。这种初晶 Si 是由一些极薄的六角形板状晶重叠而成的，板块与板块之间的结合力很弱，受拉时，一般在板块间断裂，有时板状 Si 本身断裂而使裂纹扩展，断面上呈现不规则的贝壳状，所以抗拉强度很低，塑性更差。如不经细化处理，在工业生产上没有实用价值。

长期以来，各国铸铝工作者对初晶 Si 的细化进行了深入的研究。发现采用超声波振动结晶法、急冷法、过热熔化、低温铸造、高压铸造法等都能取得一定效果。但是在工业上采用的效果最稳定的方法还是加入变质元素，最早使用的变质剂是赤磷。图 1-64 所示为 Al-20Si-1.2Cu-0.6Mg 的过共晶 Al-Si 合金加 P 变质处理前后的金相显微组织。

通常情况下，赤磷的加入量为合金质量的 0.1%。赤磷虽有较好的细化作用，但由于燃点低，只有 240℃，变质处理时激烈燃烧，产生大量有毒的 P_2O_5 烟雾，污染环境，使铝液

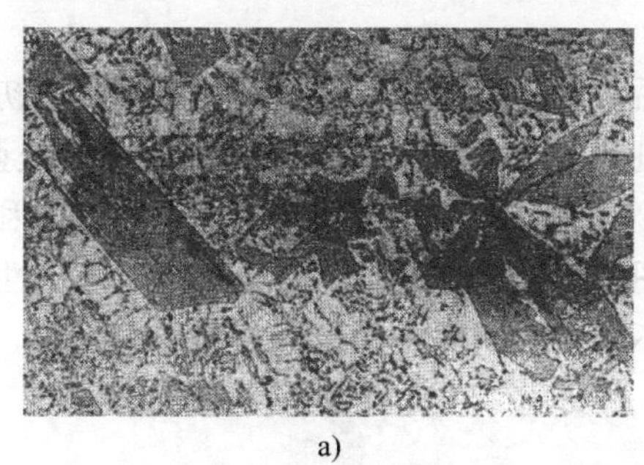
a)

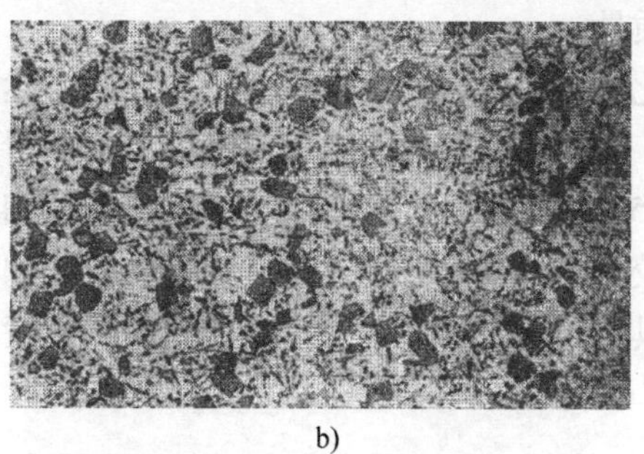
b)

图 1-64 Al-20Si-1.2Cu-0.6Mg 合金加 P 变质处理前后的显微组织（×100，0.5%HF 腐蚀）
a）未加变质剂，初晶 Si 平均尺寸为 400μm 左右 b）加入 w_P=0.3%混合变质剂，初晶 Si 平均尺寸为 30~40μm

严重吸气。另外，赤磷不能加热干燥，储运也不安全，因此已逐渐被淘汰。

目前，赤磷多与其他化合物混合使用，已改善操作。常用含磷的中间合金就是磷铜合金。磷铜合金的成分为 w_P = 8%~14%，其余为铜，熔点为 720~800℃。为了防止磷铜表面氧化，加入铝液后生成氧化夹杂，通常磷铜破碎后要立即使用。磷铜合金加入铝液后能很快溶解，磷的铸件成品率高，效果稳定，也易于保管和运输，因此普遍应用于实际生产中。

对于不含铜或含铜量较低的过共晶铝硅合金，可以采用 Al-P 中间合金。

加入 P 使初晶 Si 细化的机理是：P 在合金中与 Al 形成 AlP。AlP 的晶格常数为 0.5451nm，而 Si 的晶格常数为 0.5428nm。根据晶体结构相似、晶格常数相应的原理，AlP 可以起到异质核心的作用，由于晶核数目增加而使初晶 Si 细化，但对共晶硅没有明显作用。

有些含磷化合物也可以用作细化剂。

（1）$PNCl_2$ 因本身结构不同，有白色小晶体和橡胶状两种，加入铝液后，反应很快，在液面轻微燃烧，细化效果较好，熔渣不多。

（2）混合变质剂 $w_{NaPO_3}=80\%+w_{V_2O_5}=10\%+w_{Al_2O_3}=10\%$混合均匀后，经预熔、冷凝、粉碎后待用，加入量为合金质量的 1%~2%，处理时覆盖在液面上，10~15min 后，即可有细化效果。这种细化剂吸湿性小，操作简便。

还有研究指出：加 As（砷）生成 AlAs 化合物，它具有闪锌矿型立方晶格，晶格常数为 5.63Å，熔点高于 1600℃，也可以成为初晶 Si 的异质晶核，因此也有一定的变质效果。

加入 P 细化初晶硅的影响因素有：

（1）最佳含磷量　和许多工艺因素有关，如处理温度、浇注温度、合金成分、孕育时间等，应通过试验确定最佳含磷量的范围及其加入量。低于最佳值，则细化不足；过量时，会产生“过变质”，使初晶硅粗化。

（2）处理温度　AlP 的熔点高于 1000℃，处理温度过低，AlP 在铝液中凝聚成团，随着温度下降逐渐失去细化作用，处理温度一般高于合金液相 120~150℃，已有正常的细化效果。处理温度过高，将增加气体和夹杂物含量。

（3）浇注时间　细化处理的铝液在 800~900℃高温下长期保温，细化效果会因 AlP 逐渐聚集而衰退，在浇注时间长的条件下，发现细化效果衰退后应用 C_2Cl_6 反复精炼，在精炼的同时打散聚集的 AlP，重新获得细化效果。

初晶硅细化效果的炉前检测方法，一般是浇注金属型试块，打断观察断口判断细化效果及冶金质量。

细化处理前，裂纹源穿过板状初晶硅，然后沿基体扩张，导致断裂。一颗板状初晶硅被破断后，分布在断口的两半边，断口上可以看到粗大发亮的初晶硅片，因此断口呈蓝灰色，如图 1-65a 所示。细化处理后，初晶硅变为细小颗粒，裂纹穿过 α-Al 及硅初晶，因而初晶硅亮点较少，分布较均匀，断口颜色较浅，如图 1-65b 所示。为了提高判断的准确性，应将试样模具控制在 150~200℃，以免因冷却速度不同，引起假象，影响判断的准确性。

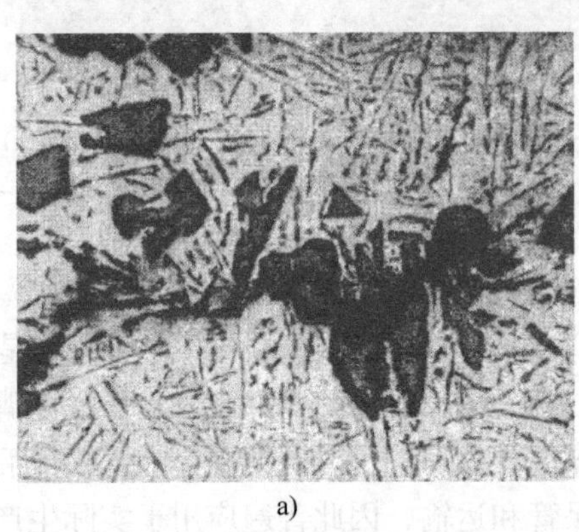

a)

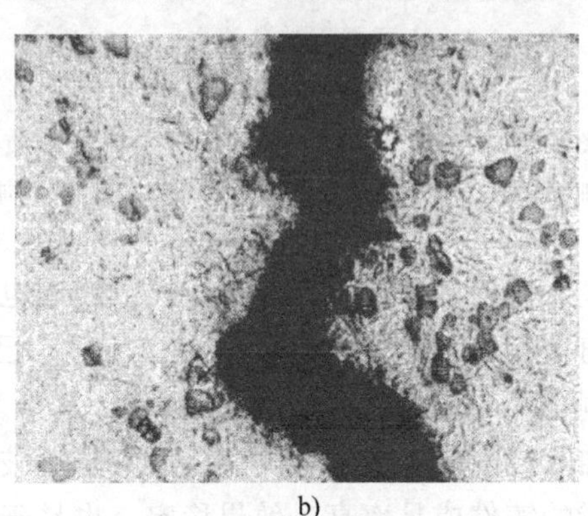

b)

图 1-65　过共晶铝硅合金细化前后的断裂带（放大 200×，w_{Si} = 17%）

a）细化处理前，裂纹穿过初晶硅　b）细化处理后，裂纹穿过 α-Al 及硅初晶

细化处理只能细化初晶硅，不能同时细化共晶硅。近年来，出现了能同时细化初晶硅和共晶硅的变质方法，即双重变质，能进一步改善合金的力学性能，尤其是伸长率。对于含硅较低的过共晶铝硅合金，双重变质显得更加重要。

细化共晶硅的常用变质剂如钠、锶和磷，同时加入铝液时，生成稳定的化合物 Na_3P、Sr_3P_2，变质作用互相抵消。因此，双重变质应防止出现这种情况。据报道，下列几种方案取得了效果。

1）对于 w_{Si} = 25%的合金，在 900℃以下加入质量分数为 2%的 $NaH_2PO_4 \cdot 2H_2O$，内含 w_{Na} = 0.3%、w_P = 0.4%，10min 后先出现磷的细化作用。随着保温时间的推移，钠的作用逐渐明显，到 40min 左右达到峰值，以后钠的作用逐渐消失。加入其他磷酸钠也有类似情况。因此，加入后 20~40min 时有双重变质效果。缺点是变质效果不稳定。

2）混合变质剂配方为 w_{NaPO_3} = 80%，$w_{V_2O_5}$ = 10%，$w_{Al_2O_3}$ = 10%。加入混合变质剂的质量分数为 2.5%，同时加入 w_{SrF_2} = 1.4%，获得的合金组织中，初晶硅尺寸达 20~30μm，共晶硅接近纤维状。

上述两种方案有效作用的解释是加入量比单独变质时稍多，磷与钠或锶化合生成 Na_3P、Sr_3P_2 后尚有剩余，多余的磷能使初晶硅细化，只要有 w_{Na} = 0.01%或 w_{Sr} = 0.02%就足以使共晶硅变质，这样低的残留量是可能出现的。

3）在 w_{Si} = 18%的合金中同时加入磷和稀土元素，当残留有 w_P = 0.08%、w_{RE} = 0.88%时，能获得满意的双重变质效果，没有发现磷和稀土之间相互干扰。

4）在 w_{Si} = 18%的合金中，先加入 w_S = 0.5%，再加入 w_P = 0.1%，据报道，初晶硅和共晶硅都得到了细化。

1.4.4 铝合金熔炼制备工艺

1. 配料及烧损

（1）配料原则　配料是指根据合金本身的工艺性能和该合金加工制品的技术条件要求，在符合国家标准、行业标准或有关标准所规定的化学成分范围内，确定合金的炉料组成和配料比，计算每炉的全部炉料量，进行炉料的称量和准备的工艺过程。

1）配料的基本任务。控制合金的成分和杂质含量，使之符合标准要求；合理利用各种炉料，降低生产成本；确保炉料质量，正确备料，为提高产量、质量和成品率创造有利条件。

2）配料的基本步骤。明确合金牌号、制品用途、所需合金液的质量等；确定合金中各元素的计算成分；确定炉料组成及每种炉料的配比和烧损率；掌握每种炉料的具体化学成分；计算每炉次的炉料总质量和每种炉料的需要量；炉料的承重和准备。

3）配料的基本原则。在保证产品质量的前提下，根据产品用途和加工要求，充分利用重熔的废料，尽量少用新料，合理利用化学成分合格的废料。对于质量、性能要求较高的产品，则应少用废料，多用高质量的新料；控制多次使用过的废料的比例。废料多次循环使用后，炉料的质量降低（含气量和夹杂增多）且可能出现遗传效应，一般应控制其质量分数小于50%。为降低成本，可以考虑使用低质量的纯金属代替废料；如果加入的合金元素熔点比基体金属高很多，或在基体金属中易产生偏析，或自身烧损率较大，或要求其含量成分控制较为精确，则要采用中间合金而不采用纯金属。

（2）烧损　烧损是指合金在熔炼过程中由于氧化、挥发，以及与炉渣、精炼剂等相互作用而造成不可回收金属损失的现象。合金的烧损及合金中每种元素的烧损各不相同，且波动范围较大，通常随熔炼炉的类型及容量、炉料的组成及配比、合金元素的加入方式、熔炼工艺及操作方法等因素影响而发生变化。表1-17为以中间合金熔制铝合金时各种元素的烧损率。

表1-17　铝合金熔炼时各种元素的烧损率

元素	Al	Si	Cu	Zn	Mg	Mn	Ni	Sn	Pb	Be	Ti	Zr
烧损率（%）	1.0~3.0	1.0~1.5	0.5~1.5	1.0~3.0	3.0~5.0	0.5~2.0	0.5~1.0	0.5~1.0	0.8~1.2	5.0~8.0	1.0~2.0	1.5~2.0

通常情况下，总烧损由熔制合金时的烧损、熔制中间合金时的烧损、废料重熔时的烧损以及提料炉渣中金属的烧损四个部分组成。当前，铝产品加工厂的总烧损率随各厂产品结构和管理水平的不同，大致的质量分数为2.5%~5%。

（3）配料计算方法

1）计算整理过程。根据所使用的各种炉料的牌号、质保单或成分检查报告等资料进行配料，大致计算过程如下：

① 确定所需合金液的质量及所使用炉料的组成比例及回炉料的质量。炉料种类主要包括：新金属锭、回炉料、中间合金和二次合金锭等。回炉料按品质高低又分为一级回炉料（主要指废旧铸件及大块冒口）、二级回炉料（主要指小块冒口及杂质含量较多的金属）和三级回炉料（主要指切屑、溅渣、小毛边等废料，需经重熔精练后才能使用）。中间合金是将某些单质元素做成对原材料影响不大的以一种金属为基体的特种合金，主要解决向该材料加入的元素易烧损或元素熔点较高不易加入或密度大、易偏析的问题。二次合金锭指经过

重熔后制成的铸锭。炉料比例可参照表 1-18 的经验数据来计算。

表 1-18　铝合金炉料不同配比组成参考

合金名称	炉料组成比例（质量分数）				
	新金属	一级回炉料	二级回炉料	三级回炉料	二次合金锭
铝合金	20%~50%	30%~60%	0~30%	0~15%	0~30%

② 考虑元素的烧损，计算出 100kg 炉料内各元素的需要量。

③ 根据第一步所需熔化的合金质量，计算出各元素的实际需求量。通常按照各种元素成分范围的平均值来计算。烧损率较大的元素，则按该成分范围上限值计算。

④ 计算出在回炉料中已有的上述各元素的含量。

⑤ 计算出除去回炉料中已有的合金元素的含量之外，还应补加新的合金元素的质量。

⑥ 根据第五步计算出应添加的各种中间合金的质量或纯金属的质量。

⑦ 根据第六步计算出除了回炉料和中间合金带入的铝的质量外，还应补加进去的纯铝的质量。

⑧ 计算出实际的炉料总质量。

⑨ 核算杂质含量，检查杂质含量是否超标，以便给出相应措施。

⑩ 填写配料单，通常一式两份，一份留底备查，一份交生产现场备料使用。

2）计算举例。下面以熔炼 ZL104 铝硅合金为例，介绍炉料配料的典型过程，详见表 1-19。

表 1-19　典型的炉料配料计算步骤

步　骤	举　例
明确熔炼合金牌号及所需炉料	熔制 ZL104 合金 200kg，其成分为 Si 9%、Mg 0.27%、Mn 0.4%，其余为 Al，杂质 Fe 含量应不大于 0.6%，其余为 Al。注：以上为质量分数，其他成分及杂质忽略。 炉料选择： 中间合金：Al-Si，Si 12%，Fe 0.4%；Al-Mn，Mn 10%，Fe 0.3%。 纯金属锭：Mg 99.8%；Al 99.5%，其中 Fe 0.3%。 回炉料：$P=60$kg（占炉料总质量的 30%），其成分（质量分数）为 Si 9.2%、Mg 0.27%、Mn 0.4%、Fe 0.4%
确定各元素的烧损率 E	$E_{Si}=1\%$，$E_{Mg}=20\%$，$E_{Mn}=0.8\%$，$E_{Al}=1.5\%$
计算包括烧损在内的 100kg 炉料内各元素的需要量 $Q=(100\text{kg}\times a)/(1-E)$，$a$ 是该元素的化学成分含量（质量分数）	$Q_{Si}=(100\times 9\%)/(1-E_{Si})$ kg$=9.09$kg $Q_{Mg}=(100\times 0.27\%)/(1-E_{Mg})$ kg$=0.34$kg $Q_{Mn}=(100\times 0.4\%)/(1-E_{Mn})$ kg $=0.40$kg $Q_{Al}=(100\times 90.33\%)/(1-E_{Al})$ kg$=91.7$kg
根据熔制合金的实际质量，计算各元素的实际需要量 A	熔制总质量为 200kg，则各元素的需求量应为： $A_{Si}=(200/100)Q_{Si}$ kg$=18.18$kg $A_{Mg}=(200/100)Q_{Mg}$ kg$=0.68$kg $A_{Mn}=(200/100)Q_{Mn}$ kg$=0.8$kg $A_{Al}=(200/100)Q_{Al}$ kg$=183.4$kg

（续）

步 骤	举 例
计算在回炉料中各元素的含量 B	60kg 回炉料中所有元素的质量为： $B_{Si}=60\times9.2\%$ kg $=5.52$kg $B_{Mg}=60\times0.27\%$ kg $=0.16$kg $B_{Mn}=60\times0.4\%$ kg $=0.24$kg $B_{Al}=60\times90.13\%$ kg $=54.1$kg
计算补加新元素的质量 $C=A-B$	$C_{Si}=18.18$ kg -5.52 kg $=12.66$kg $C_{Mg}=0.68$ kg -0.16 kg $=0.52$kg $C_{Mn}=0.8$ kg -0.24 kg $=0.56$kg
计算中间合金的加入量 $D=C/F$，F 为中间合金中元素的质量分数；另，中间合金所带入的 Al 量 $L_M=D-C$	$D_{Al\text{-}Si}=12.66\div12\%$ kg $=105.5$kg $D_{Al\text{-}Mn}=0.56\div10\%$ kg $=5.6$kg 中间合金所带入的 Al 量为： $L_{Al\text{-}Si}=105.5$kg -12.66kg $=92.84$kg $L_{Al\text{-}Mn}=5.6$kg -0.56kg $=5.04$kg
计算应加入纯铝的量 L_C	$L_C=A_{Al}-(B_{Al}+L_{Al\text{-}Si}+L_{Al\text{-}Mn})=183.4\text{kg}-(54.1+92.84+5.04)\text{kg}=31.42\text{kg}$
计算实际炉料的总质量 m	$m=L_C+D_{Al\text{-}Si}+D_{Al\text{-}Mn}+C_{Mg}+P=31.42\text{kg}+105.5\text{kg}+5.6\text{kg}+0.52\text{kg}+60\text{kg}=203.04\text{kg}$
核算杂质含量 u，以 Fe 为例	炉料中 Fe 含量为： $u=L_C\times0.3\%+D_{Al\text{-}Si}\times0.4\%+D_{Al\text{-}Mn}\times0.3\%+P\times0.4\%=31.42\times0.3\%\text{kg}+105.5\times0.4\%\text{kg}+5.6\times0.3\%\text{kg}+60\times0.4\%\text{kg}=0.773\text{kg}$ 炉料中 Fe 含量为： $u_{Fe}=0.773\div200\times100\%=0.3865\%$

3）调整合金成分。当核查杂质超标或在炉前分析时发现某元素含量低于或高于标准成分的情况下，就需要对熔炼合金的化学成分进行调整使其达标，有以下两种方法。

① 补充合金元素。当某合金元素含量低于标准成分时，需要补加料，按如下公式进行计算：

$$P=Q(a_1-a_2)/(b_1-a_1) \tag{1-32}$$

式中 P——补充加入元素用的中间合金质量（kg）；

a_1——标准中规定的合金元素成分含量（质量分数,%）；

a_2——炉前分析所得到的合金元素成分含量（质量分数,%）；

Q——炉料总质量（kg）；

b_1——中间合金的该合金元素成分含量（质量分数,%），若为纯金属，则取100%。

② 冲淡合金元素。当某合金元素含量高于标准成分时，需要冲淡，则按如下公式进行计算：

$$P=Q(a_2-a_1)/a_1 \tag{1-33}$$

式中 P——补充冲淡元素用的纯金属质量（kg）；

a_1——该合金元素在标准中上限要求的含量（质量分数,%）；

a_2——炉前分析所得到的合金元素的成分含量（质量分数,%）。

为了节省纯金属以降低成本，最好在配料计算中根据烧损经验值认真仔细计算，确保熔炼后获得合格成分，尽量不出现需要冲淡的情况。

2. 熔炼设备

（1）电炉

1）电阻式坩埚炉。电阻式坩埚炉是通过电热体发热来熔化合金，炉子容量为30~300kg，电热体一般使用镍铬合金、铁铬铝合金或碳化硅，是广泛用来熔化铝合金的炉子，如图1-66所示。该类型炉子的优点是结构简单，投资小，适应性强，适合中小规模企业使用；缺点是直接加热，温度不宜控制，质量不易保证，劳动条件较差。

2）电阻式反射炉。该炉子的电阻加热元件在炉膛内部，热效率更高，加热速度较快，温度控制准确，炉气对合金液无污染，元素的烧损较少，操作方便，如图1-67所示。但是，发热元件易损坏，更换不便，成本增加，容量可达到3000~10000kg，为集中式熔炼炉，适合企业批量生产铝合金的熔化和保温。

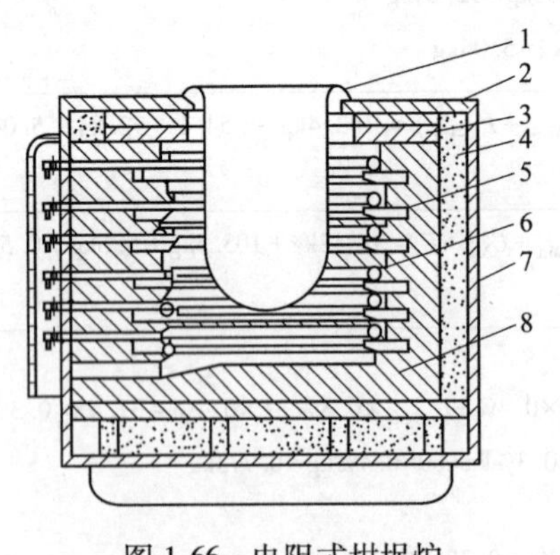

图1-66 电阻式坩埚炉

1—坩埚 2—坩埚托板 3—耐热铸铁板 4—石棉板
5—电阻丝托砖 6—电阻丝 7—炉壳 8—耐火砖

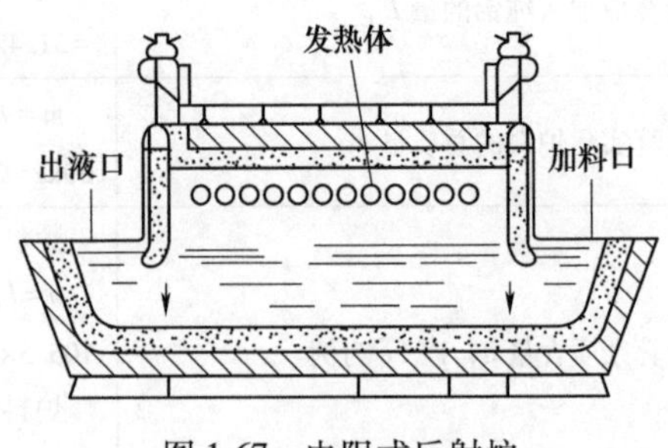

图1-67 电阻式反射炉

3）无铁心工频感应电炉。该炉在炼铁、炼钢工业中使用较多，近年来发现用来熔铝、熔铜也具有较好的效果，其结构示意图如图1-68所示。与电阻炉相比，无铁心工频感应电炉的优势是熔化速度快、生产效率高，金属液成分及温度均匀，且易于控制。与高频、中频炉相比，炉子结构简单，维修方便，设备使用寿命长。

根据实际生产经验，无铁心工频感应电炉熔铝的主要问题是电磁搅拌作用使铝液翻腾，大量表面氧化膜卷入铝液中，使夹杂物和含气量增加，变质效果也不易稳定。所以，实际生产中会采取如下措施：一方面采用工频感应电炉-电阻炉双联，铝先在工频感应电炉中熔化，然后转入电阻炉中进行保温、精炼和变质；另一方面熔炼时要装满料，使铝液液面高于感应线圈上缘一段距离，电磁搅拌只会在铝液内部进行，从而减小氧化膜的破损。生产结果表明：由于工频感应电炉熔炼缩短了冶炼时间，再加上上述措施，能够保证熔炼铝合金的质量较高。

4）中频感应电炉。中频感应电炉的结构与工频电炉大致相同，区别在于多了一台中频变频控制装置。从生产角度看，中频感应电炉比工频电炉的熔化速度更快，生产效率更高，在产量不变的前提下，就可以选择容量小一点的炉子，对生产品种较多、批量较小的企业非常适用。

5）加热器浸入式保温炉。加热器浸入式保温炉主要是采用陶瓷加热器通电后所产生的热能来使合金熔液升温的，其大致结构如图1-69所示。其特点是直接传热，升温快，热效率高，控制温度方便，特别适合铝液的保温处理。

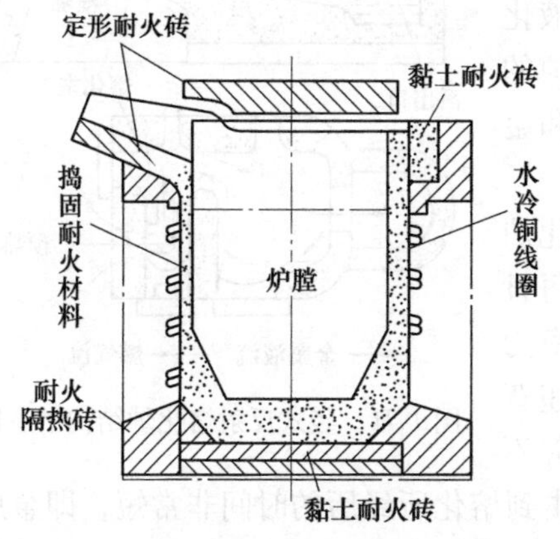

图1-68　无铁芯工频感应电炉结构示意图

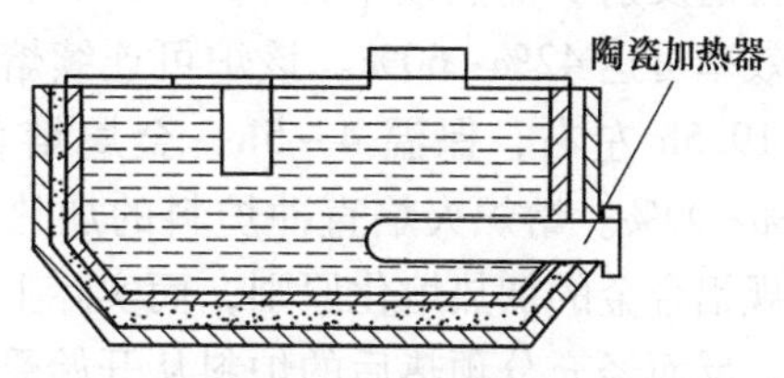

图1-69　加热器浸入式保温炉结构示意图

（2）燃料炉

1）液体、气体燃料坩埚炉。燃料炉中的燃料主要指柴油、煤气或天然气，比固体燃料燃烧速度快而稳定，使得炉温容易控制，合金质量较高，适用于中小型企业，最大容量可达900kg。

液体燃料燃烧使用的主要部件是雾化器（喷嘴），而气体燃料燃烧使用的主要部件是混合器（烧嘴）。操作时，喷嘴将风、油混合物以切线方向喷入炉中，火焰自下而上绕坩埚旋转运动。炉膛入口较大，有足够的时间和空间使燃料充分燃烧，放出热量，炉口直径小，可增加气流速度，提高传热效率。但是这种炉子浇注时需要配备坩埚的起吊设备，也可以改为倾转式。图1-70所示为固定式燃料坩埚炉结构示意图，其敞开型与封闭型的主要区别在于合金液是否直接暴露在燃烧气氛中，是否会对金属液造成吸气影响。

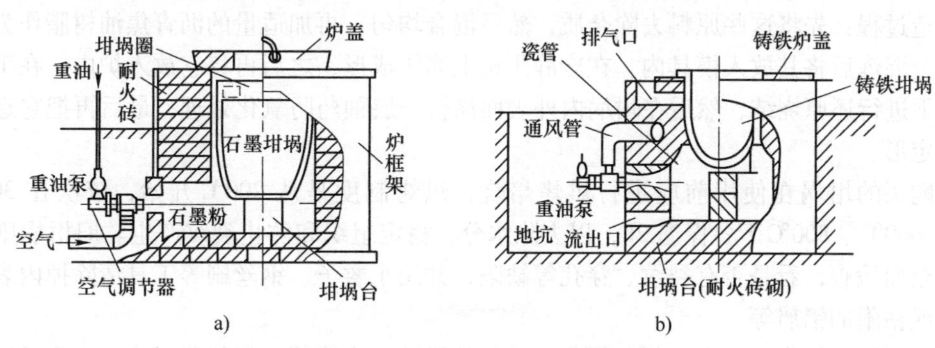

图1-70　固定式燃料坩埚炉结构示意图
a）敞开型　b）封闭型

2）竖式火焰反射熔化炉。火焰熔化金属所需的热量是靠燃料燃烧装置提供的，燃烧产物从燃烧装置流向烟道的过程中，热量主要以辐射的形式传给炉料。为了提高炉子的熔化效率，最近发展为火焰直接喷射加热和顶吹加热的快速熔化炉，热量则以对流传给炉料为主。目前，这种快速熔化炉已成为铸铝生产的主要熔化设备，其特点是节能，熔化速度快，熔化量大，使用燃料依旧以气体燃料（煤气、天然气、液化气）和液体燃料（煤油、柴油）为主。快速熔化炉的结构如图 1-71 所示，大致分为预热竖炉、熔化区和金属液过热升温熔池三个主要部分。

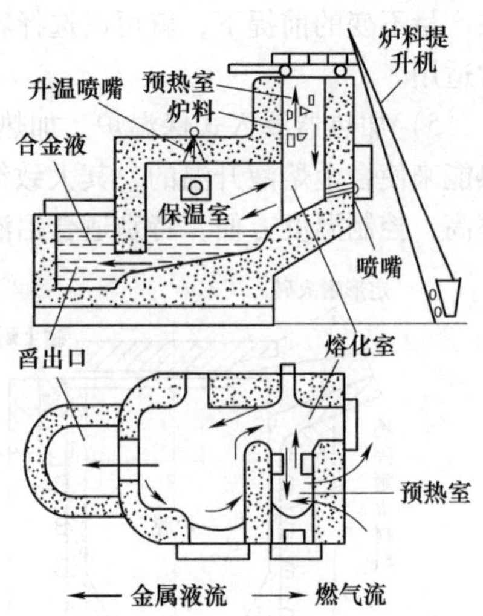

图 1-71　竖式反射熔化炉结构示意图

普通反射炉的热效率为 18%～30%，而快速熔化炉的热效率可达 42%～60%。该炉可连续熔化一周，每日熔化 19.5h 左右，保温 4～5h，金属熔化的实收率为 98.5%～99%。熔炉火焰直冲炉料的加热方法似乎违背了常规铝合金的加热熔化原则，而实际上熔耗氧化并不严重，反而经充分预热后的炉料从开始受到火焰冲击到熔化所经历的时间非常短，即金属液氧化的时间极短，金属的烧损也就比较低。

为了进一步提高熔化率，新熔炉正朝着以下方向改进和发展：将高速火焰改为低速富红外火焰，以进一步提高合金液的质量和热效率；完善炉外的辅助设备；改变炉内结构，以便于维修。

（3）坩埚　铝及其合金熔化使用的坩埚包括石墨坩埚、铝矾土坩埚、铸铁坩埚和钢板焊接坩埚等。其中，使用最为广泛的还是石墨坩埚，其优点主要有：抗润湿性能好，能疏离合金液和炉渣，不被它们润湿而减少吸附的氧化物；耐蚀性好，由于采取冷静压技术三维高压成形后再进行高温烧结，故其组织非常致密，合金液和熔剂等很难渗入并与其发生化学反应；耐热冲击性能好，热膨胀系数小，耐剥落性能也好，可长期承受急冷急热的交替作用；耐热性好，其材质为石墨-碳化硅并辅以石墨为黏结剂，热强度高，可承受 1500℃的高温；热传导性好，热导率可达 25～35W/(m·K)，热效率好；成本低，原料来源充足，是现有使用坩埚中价格最低的。

制造过程：先将这些原料去除杂质，然后混合均匀，再加适量的沥青焦油树脂作为黏结剂，充分混炼后将其放入模具内，在冷静压机上高压成形，之后再将它放入炉内，在 1300～1500℃下进行还原烧结，然后在坩埚内外表面涂覆一层釉药防氧化处理，最后再把它送入炉内烧结定形。

新购买的坩埚在使用前应进行烘烤焙烧，烘烤制度是从 200℃开始，依次在 300℃、400℃、600℃、800℃下各保温 2h，以去除水分，稳定组织和防止裂纹产生。旧坩埚则应在使用前全面检查，看是否有裂纹、穿孔等缺陷，并用小錾子、钢丝刷等工具清除掉内表面的氧化渣或粘附的铝屑等。

石墨坩埚的损伤，通常有氧化损伤、熔剂的浸蚀、裂纹等。①氧化损伤。主要是因为构成石墨坩埚的石墨（结晶性碳）和结合材料碳（非结晶性碳）容易氧化，为抑制氧化而使用了玻璃粉，用它在高温下堵塞石墨坩埚组织中的微孔，又可以在内外表面涂覆釉药而形成玻璃膜，共同阻挡氧气的入侵。注意：在 450～500℃下，玻璃成分的堵孔效率差，容易造成低温氧化。②熔剂的浸蚀。主要是因为在石墨坩埚中对铝硅合金采用Na系熔剂进行变质处理时，熔剂中的Na在高温下变成气相或液相，浸透扩散到坩埚组织中会与坩埚成分中的SiO_2发生反应，生产低熔点的变质层，逐步腐蚀，穿通坩埚壁而引起穿孔现象。同时，变质层的产生又使坩埚的强度、耐蚀性进一步变坏，最后导致裂纹出现。③裂纹。除了人为碰撞等误操作导致坩埚产生裂纹外，石墨坩埚在反复使用受到激烈的热变化作用时，其内部也会产生变形、疲劳而在底部或壁面上出现裂纹。

3. 铝合金的熔炼工艺

（1）熔炼准备及一般工艺流程

1）熔炼准备工作主要包括以下几点：

① 配料计算。

② 根据配料结构，准备金属炉料。

③ 准备非金属材料，主要指覆盖剂、精炼剂（应进行烘烤去除水分）、除气用的气体（氩气、氮气）、变质剂等。

④ 准备熔炼炉及坩埚，必要时要进行干燥和刷涂料处理。

⑤ 清炉和烘炉：清炉是对反射炉、感应炉等熔炉在使用前对炉膛残存的渣瘤、铝屑等进行彻底清除，同时仔细观察炉底和炉壁是否有裂纹、剥落、孔洞等缺陷。具体方法是：在炉底撒上一层均匀粒状的熔剂，然后把炉子升温到800~850℃，清除炉内残渣。对于一般铝合金制品，可连续熔炼8~15炉后清炉一次，对于要求较高的产品，则每生产一炉都要清炉一次。烘炉是新建和小修以后的炉子在使用前必须进行的工序，目的是去除炉体中吸入的水分，使炉体各部分的耐火材料缓慢膨胀，使砖缝烧结，整个炉体协调定型，防止在熔炼中出现热胀冷缩，产生裂纹，挤胀崩塌。

⑥ 准备熔炼工具：包括浇包、钟罩、撇渣勺、通气管（石墨管、碳钢管、陶瓷管）、喷枪、锭模、锭模架等。

2）一般工艺过程为：配料计算→准备金属炉料→准备非金属材料→选择并准备熔炼炉、保温炉及工具→装炉及熔化→炉前分析及成分调整→精炼→脱氧扒渣→变质、细化处理→静置、保温→浇注。

（2）涂料与熔剂

1）涂料。熔炼工具喷涂或刷的涂料厚度通常为0.5~1mm，然后在熔化炉旁烘烤涂料至白色方可使用，其常见成分、配制比例及适用范围见表1-20。

表1-20 熔炼工具用涂料介绍

序号	成分	配制比例（质量分数,%）	适用范围
C-1	耐火水泥	28	熔化铝合金的坩埚涂料
	硅砂	17	
	苏打粉	28	
	水（≥40℃）	27	
C-2	白垩粉	22	熔化铝合金的工具浇包涂料
	水玻璃（密度1.45~1.55g/cm³）	4	
	水	74	

（续）

序号	成分	配制比例（质量分数,%）	适用范围
C-3	滑石粉或氧化锌	20~30	熔化铝合金的坩埚工具铸锭涂料
	水玻璃	6	
	水	余量	

配制方法如下：

① 各种固态组分必须经过研磨，使其粒度能通过140号筛（筛孔直径为0.104mm）。

② 配涂料用水应加热到60~80℃。

③ 配涂料时，先将三分之一的水玻璃加入到水中并使其溶解。

④ 将涂料的其他组分加入到剩余的水中，仔细搅拌后用20号筛（筛孔直径为0.85mm）过筛，去除大的颗粒，再将水玻璃溶液加入到已过滤的混合溶液中，并进行搅拌，然后将此混合液加热到沸腾。

⑤ 涂料一般是各个工作班各配一次使用，涂料配制后不能停放时间太长而不使用，以防止涂料变质或降低效果。

2）熔剂。熔剂即常用的覆盖剂，用量通常为炉料总质量的3%~5%，其成分配比见表1-21。配制工艺如下：

① 将原材料粉碎（粒度通常达到80~100号筛过筛，筛孔直径为0.150~0.178mm）后，在200~250℃温度下烘烤3~5h，然后按表1-21中的比例称取各组元的质量，并放在容器中混合均匀，保存在110~120℃的烘干箱或干燥的容器里。

② 冰晶石应在200~300℃下烘烤2~3h后才能使用，且在烘烤时每隔0.5h翻动1次，以彻底去除水分。

目前，市场上有针对不同铝合金的熔剂和涂料进行销售。

表1-21 铝合金常用熔剂的成分配比

序号	成分（质量分数,%）								适用范围
	氯化钾 KCl	氯化钠 NaCl	氟化钙 CaF_2	氟铝酸钠 Na_3AlF_6	氯化钡 $BaCl_2$	氯化镁 MgCl	光卤石 $MgCl_2 \cdot KCl$	氯化钙 $CaCl_2$	
1	50	50	—	—	—	—	—	—	适合Al-Si及Al-Cu系合金，表面张力好，可防止吸气
2	50	39	4.4	6.6	—	—	—	—	适合Al-Si、Al-Cu系合金
3	47	30	—	23	—	—	—	—	适合Al-Si、Al-Cu系合金
4	40 (35)	—	—	—	60 (65)	—	—	—	适合Al-Be中间合金配制
5	—	31	11	—	—	14	—	44	Al-Mg系合金或Mg含量高的Al-Si合金
6	—	—	20	—	—	—	80	—	Al-Mg系合金或洗涤浇包及坩埚

（续）

序号	成分（质量分数,%）								适用范围
	氯化钾 KCl	氯化钠 NaCl	氟化钙 CaF_2	氟铝酸钠 Na_3AlF_6	氯化钡 $BaCl_2$	氯化镁 MgCl	光卤石 $MgCl_2 \cdot KCl$	氯化钙 $CaCl_2$	
7	—	—	10	—	—	67	—	15 (MgF_2)	Al-Mg系或Mg含量高的铝合金
8	32~40	—	3~5	—	5~8	38~46	—	—	Al-Mg系或Mg含量高的铝合金，可防止合金燃烧并有精炼效果

（3）炉料装炉次序　炉料加入次序的原则是：

1）易烧损的炉料应装在炉底，或加入液体铝中。

2）熔点较高的中间合金应装在炉料上层。

3）大块废料和原铝锭应装在中间层。

4）低熔点和易烧损的纯金属待炉料熔化后加入。

5）为保护炉底，装炉前最好以废板材或短料铺底。

6）除铜、镁、锌外，其余炉料应尽可能一次装入。

总之，尽量增大炉料与坩埚的接触面积，加速熔化过程，并尽可能减少耗损。

（4）典型铝合金的熔炼工艺

1）铝硅合金的熔炼工艺。300kg以下熔化量在电阻坩埚中熔炼，先按牌号要求进行配料，算出炉料、熔剂数量，熔炼工具清理干净并预热。

用新坩埚时，先空炉加热到600~700℃，呈暗红色，保持30~60min，烧去铁坩埚内壁的水分及可燃杂质，然后冷却至200℃左右，喷上涂料。如能熔化一次ZL104合金的回炉料或杂铝后再正式熔炼，则更为理想。

对于旧坩埚，则应将内壁清理干净，用小锤轻敲，凭声音判断有无裂缝出现。检查后，将坩埚加至200℃左右，喷涂料。常用涂料列于表1-22中。涂料由填充剂、黏结剂和适量水或酒精组成，使用涂料时要根据具体用途，选择合适的填充剂和稠度。常用的填充剂有白垩粉、滑石粉、氧化锌、石棉粉等。

表1-22　常用涂料成分、配比及用途

序号	组成（质量分数,%）							用途
	白垩粉 $CaCO_3$	滑石粉 $3MgO \cdot 4SiO_2 \cdot H_2O$	刚玉粉 (Al_2O_3)	氧化锌 (ZnO)	石棉粉	水玻璃	水 (H_2O)	
No. 1	15	—	—	—	—	3	82	工具
No. 2	—	—	—	15	—	3	82	工具
No. 3	—	15	—	—	—	3	82	工具
No. 4	—	90	—	—	—	10	适量	坩埚
No. 5	90	—	—	—	—	10	适量	坩埚
No. 6	—	—	—	23	—	2	75	金属型型腔
No. 7	—	—	—	20	—	15	适量	金属型浇冒口
No. 8	—	—	250g	—	—	硅溶胶100mL	酒精15mL	工具、坩埚

白垩粉遇铝液将发生分解，反应式如下：

$$CaCO_3 \longrightarrow CaO + CO_2 \tag{1-34}$$

故用 No. 1 涂料喷涂的工具留取铝液时，起初有 CO_2 气泡产生，但 CaO 仍能紧紧地粘附在工具或坩埚上，不易脱落。

用氧化锌作为填充剂时，与铝液发生如下反应：

$$3ZnO + 2Al \longrightarrow Al_2O_3 + 3Zn \tag{1-35}$$

反应结果是 ZnO 被还原，涂料容易剥落，但氧化锌有以下两个优点：一是当工具预热至 350℃左右时，涂料由白色转为杏黄色，由此，可以估计工具的温度，判断工具表面是否吸附了水蒸气；二是，氧化锌涂料不会分解出气态产物。因此，常用 No. 1、No. 2 涂料喷涂熔炼工具，用 No. 4、No. 5 涂料喷涂坩埚，用 No. 6 或 No. 7 涂料喷涂金属型型腔或浇冒口。No. 8 涂料既不分解，也不会被还原，非常稳定，寿命长，不污染铝液，缺点是价格高，故只在重要场合使用。

涂料的稠度由涂料层厚度决定，涂料层越厚，稠度要求越高。坩埚与高温铝液长时间接触，在浇注过程中无法补涂，因此熔炼前要涂得厚一些，涂料的稠度要大。

金属型的浇冒口要求有良好的保温作用，故用 No. 7 涂料，涂料层要厚，稠度要大。

熔炼工具的涂料层要薄，即使有剥落，也可以补涂。如涂得太厚，则急冷急热时，涂料剥落后落入铝液中，成为夹渣。

当锌作为合金中的杂质且含量控制很严时，最好不用氧化锌作为涂料。

坩埚喷好涂料后，升温至 500~600℃，呈暗红色时，开始装料。炉料预热温度为 300~400℃。预热温度越高，熔化速度越快，但温度过高，会使炉料失去强度，装料不便。严禁把冷料直接加入铝液中，否则会使铝液飞溅甚至爆炸。

传统的加料次序是先加熔点较低的回炉料、Al-Si 合金锭，再加熔点较高的铝锭、Al-Mn 中间合金，待全部炉料熔清后，再加回炉料将温度降至 680~700℃，加入镁锭，搅拌均匀后，即可进行精炼、变质，炉前质量检测合格后，浇注试棒，浇注铸件。

近年来推荐直接加硅、加锰，具有一定的优点。加料次序改为先投铝锭，升温至 700~730℃，把预热至 600~700℃的结晶硅或电解锰直接加入铝液中，同时吹氮精炼，搅拌铝液，加速结晶硅、电解锰的熔化。全部熔清后，用回炉料降温后加镁，搅拌均匀后即可进行变质处理。

此法省去了熔制中间合金的工时、能源，免去了熔制中间合金的高温操作，对提高冶金质量有利。此法的关键是要创造良好的合金化条件，保证铝液和结晶硅、电解锰的表面直接接触，直至熔清，不宜随便翻动液面上的结晶硅、电解锰，防止在表面生成 SiO_2 或 MnO 膜，外包一层 Al_2O_3，隔断铝液和结晶硅、电解锰的接触，阻止合金化过程，这样熔炼就会失败。

2）铝铜合金的熔炼工艺。熔炼 ZL201 合金的工艺要点是：严格控制化学成分和杂质含量，防止产生钛偏析、沉底。为此应使用纯度较高的铝锭，回炉料不能超过 60%，配料时要准确掌握各元素的熔耗率，并验算铁、硅含量。防止和消除钛偏析的工艺措施有：

① 不允许使用成分不均匀、存在大片状 $TiAl_3$ 或冶金质量差的 Al-Ti 中间合金；配料时钛的质量分数应控制在 0.15%~0.30%。

② 熔炼时加强搅拌，尽量采用感应电炉熔炼。

③ 尽量缩短搅拌到浇注铸件时的保温时间，不要超过 20~30min。

ZL201 合金对杂质铁、硅很敏感，最好用石墨坩埚，投料前要清理干净并进行预热。

铜、锰、钛分别以 Al-Cu、Al-Mn、Al-Ti 中间合金形式加入，也可以用 K_2TiF_6 加入钛。为了获得成分准确、冶金质量高的合金，常用二次熔炼法，先熔制预制合金锭，第二次快速熔化，调整成分后即进行浇注。在熔炼工艺成熟，能准确控制合金成分，保证合金质量的条件下，可以省去预制合金锭。

3）铝镁合金的熔炼工艺。ZL301 合金熔炼工艺的要点是：因含镁量高，极易氧化，液面全部由 MgO 组成，对铝液没有保护作用。因此，必须在以光卤石（$w_{MgCl_2}=40\%\sim60\%$，$w_{KCl}=60\%\sim40\%$）为主的熔剂覆盖下熔炼，微量的铁、硅、钠均能明显降低合金的力学性能。因此，除加料时严格控制外，还不允许过热，熔炼温度不得超过 700℃，以防止渗铁，不能使用含钠离子（Na^+）的熔剂，以防止渗钠，不允许投入粘有型砂的炉料，以防渗硅，不宜在不易控制炉温的焦炭炉中熔炼，也不宜在感应炉内熔炼，以防铝液剧烈翻滚，大量氧化、吸气。黏土坩埚中含有 SiO_2，和铝液长时间接触，会发生如式（1-36）和（1-37）的反应，引起渗硅，所以要么尽量缩短熔炼时间，要么使用铸钢坩埚。

$$3SiO_2 + 4Al \longrightarrow 3Si + 2Al_2O_3 \tag{1-36}$$

$$SiO_2 + 2Mg \longrightarrow Si + 2MgO \tag{1-37}$$

加料次序为：先在暗红色的坩埚内撒入经预熔脱水的光卤石，然后加入预热的回炉料及铝锭，熔清澈后加入 Al-Ti 中间合金，再在 670~690℃时加入镁锭，精炼合格后，撒入粉状 CaF_2 或 Na_2SiF_6，起辅助精炼作用，稠化熔渣。浇注时将熔渣扒至边缘，为保持浇注平稳可以用茶壶包舀取铝液完成浇注。

对于重要的铸件，常进行二次熔炼。第一次精炼后的铝液浇入预制合金锭模时，须在裸露的液面上按质量分数均匀地撒上 50%硫磺粉+50%硼酸的混合物，以防止氧化，预制锭浇得要薄，以获得细晶粒组织。二次熔炼时要快速熔化，调整成分后进行低温浇注，能保证合金的力学性能。

为提高合金的力学性能，可用 K_2ZrF_6 进行变质处理，变质温度为 780~800℃，加入量（质量分数）为 1%，在此温度下保持 10min 左右，将 K_2ZrF_6 压入铝液，搅拌 2~3min，此时在铝液内部发生下列反应：

$$K_2ZrF_6 + 2Mg \longrightarrow 2MgF_2 + 2KF + Zr \tag{1-38}$$

$$3K + ZrF_6 + 4Al \longrightarrow 4AlF_3 + 6KF + 3Zr \tag{1-39}$$

$$3Al + Zr \longrightarrow ZrAl_3 \tag{1-40}$$

MgF_2、KF、AlF_3 等有辅助精炼作用，$ZrAl_3$ 是 α-Al 的异质核心，可细化晶粒。锆还能夺取铝液中的氢，生成氢化锆（ZrH），以降低含氢量。

当液面开始泛金黄色，用工具推开液面后颜色发蓝时，说明反应正常，再降温至 680~700℃，补撒覆盖剂，压入镁块，之后的操作与常规工艺相同。

1.4.5 铝液质量检测技术

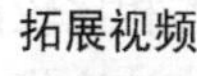

世界最大规格 7050 铝合金扁锭

1. 常规炉前检测

（1）温度检测 铝合金熔炼常用测温仪表包括指针型、数字型、电位差计、自动平衡记录调节仪和便携式测温仪等，测温核心部件使用最多的是 K 型热电偶。为了准确控制合金液的温度，通常在熔化炉炉膛（电阻丝和坩埚外壁之间）内装一根热电偶，由仪表自动控制炉膛温度。另外，在精炼、浇注等工序，为了准确测定熔液温度，需将装有钢制保护套的热电偶插入合金液。

（2）化学成分分析　炉前合金成分检测方法包括直读光谱仪、化学分析和热分析等方法。为控制合金的化学成分，每炉都应浇注化学成分分析试样。该分析试样通常在金属模内浇注，浇注温度以700~730℃为宜，试样一般为直径40mm、高20mm的圆柱体。

小炉熔炼（炉料质量小于60kg）时，可只浇注一个试样；炉料质量超过100kg时，可浇注两个或三个试样。浇注一个试样时，应在精炼静置后、铸件浇注前完成浇注；浇注两个试样时，应在铸件浇注到最后几个铸件前完成第二个试样的浇注；浇注三个试样时，可在浇注铸件过程中分开始、中间和最后各浇注一个试样。

（3）组织观察与分析　最常规的就是采取金相分析，在铸件要求区域切取试样，磨平、抛光、腐蚀后，在金相显微镜下进行组织观察与分析，以评定铸件的组织优劣。

近年来，现场金相仪的出现为组织的观察与分析带来了极大地便利，主要是通过照相机和计算机系统进行直接观察或拍摄记录。

（4）力学性能检测　力学性能的检测需要浇注拉伸试样，具体可参照国家标准《铸造铝合金》（GB/T 1173—2013）。若对硬度有要求，可以在现场采用便携硬度计进行硬度测量。

2. 含气量检测

（1）含气量检测的原理　如前所述，铝合金（还有镁合金）熔液含气量（主要是含氢量）过高是铸件产生气孔、缩松等缺陷的主要原因。通常在合金除气精炼之后，浇注之前应进行含气量的检测。若精炼后保温时间较长，铝液的吸气量增多，则需再次进行检查，以确定是否需要重新进行除气精炼。

氢的溶解度 c_H 与氢分压的关系服从 Sievert 定律（平方根定律），在一定温度下有：$\lg c_H = 0.5 \times \lg p_{H_2} - A/T + B$。故只要测出在某一温度下与合金液平衡的气相中氢的分压力 p_{H_2}，根据上式即可得到合金液的含氢量。

（2）含气量检测的方法　含气量测定方法有真空固体加热抽气法、真空熔融抽气法等，其精度和可靠性都比较高，多用于标准试样分析和质量管理的最终检查，并不适用于炉前分析。适用于炉前分析的含气量检测方法包括定性法和定量法，其中定性法包括常压凝固法、减压凝固法；定量法包括第一气泡法、惰性气体载体法、气体遥测法、同位素测氢法、光谱测氢法、气相色谱法等。

1）减压凝固法。该法主要是在不锈钢制的耐热坩埚中浇入数十克的铝合金熔液，并在13.3kPa以下的减压容器内缓慢凝固。由于压力较低，即使气体量少，气泡也容易产生并识别出来。通过与所需样本进行比较，可进行半定量的测定。

评价方法：可根据凝固过程中气泡的产生数量，或根据凝固后的表面状况，或根据横截面气孔的数量，或根据测定的密度进行评价。其中最常用的是根据横截面气孔的数量同基准样本相比较的方法。

该法优点：仅仅需要真空泵与减压容器组合起来，装置简单，所需时间大概为10min。虽然此法是定性的，但设备简单、检测迅速，同样适于炉前检验使用。缺点：铝合金熔体中含气量越低，此法的精确度越差；气泡析出情况与氢在铝合金中的溶解度、试样凝固速度、合金凝固范围和测定温度等众多因素有关，故对不同铝合金的分析判断标准略有差别；影响此法最重要的因素是熔体中夹杂物的含量。夹杂物作为气泡核心更利于气泡的形成，所以此法实为熔体中氢含量与夹杂物的综合反应，而不仅仅与氢含量有关。

2）第一气泡法。此法测定原理是取数十克的铝合金熔体，浇入保温的坩埚中，减压至0.333kPa左右，根据Sievert公式定量求出含氢量。该法优缺点与减压凝固法相似，此外，铝合金中易挥发元素（Mg、Zn）的蒸气也容易干扰判断，且氢含量较低时析出的气泡极小，肉眼判断也比较困难，因此测定结果受主观因素的影响较大。

3）惰性气体载体法。此法是Ransley等人在20世纪50年代中期发明的，使少量氩气或氮气连续循环地通过熔液，以达到如下的平衡：$2[\mathrm{H}]_{金属液} \rightleftharpoons \{\mathrm{H_2}\}_{氩气或氮气}$。本法使用的探头如图1-72所示，入口与起泡管相通，出口与集气罩相通。分析时，循环纯净气体通过仪器循环系统从入口进入，经起泡管再进入熔体中，气体在熔体中经过一段行程后经过滤片、集气罩、出口再进仪器，通过热导仪分析出氢气含量及分压力。按Sievert定律，如已知在101.325kPa和给定温度下，氢在合金熔体中的溶解度S_{H}，再测定惰性气体中的氢分压p_{H}，即可按下式求得熔液的含氢量c_{H}：

$$c_{\mathrm{H}} = S_{\mathrm{H}} \times (p_{\mathrm{H}}/101325)^{0.5} \tag{1-41}$$

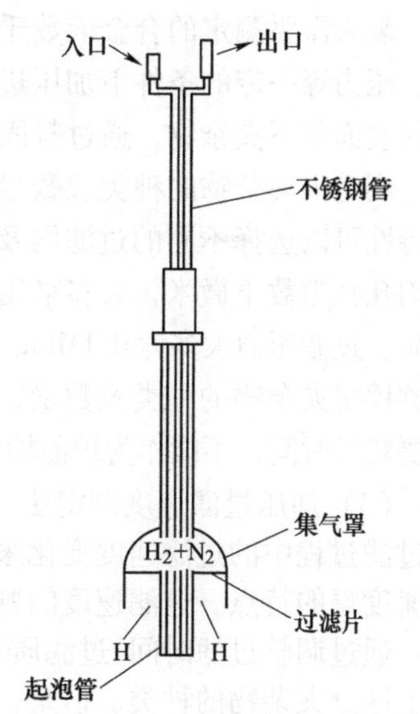

图1-72　惰性气体循环法探头示意图

该方法的优点：精度较高，为每100gAl0.01～0.02cm^3，分析时间短，为5～10min。此法可用于检测生产各阶段中熔体的氢含量变化，已成为目前最好的适用于生产现场的测氢方法之一。该方法的缺点：探头易堵易坏；氢在不同铝合金中的溶解度的数据目前还不够齐全，对不同铝合金测定结果的修正缺少依据，影响结果的准确性；分析时间相对还是较长，氢气循环何时达到平衡还无法判断。

3. 夹杂物检测

夹杂物测定中最大的问题是夹杂物的扩散。对于氢气，扩散速度快，在同一熔炉内，不同场所几乎不存在氢气量的差别。而夹杂物自身并不扩散，即使在同一熔炉内，由于夹杂物密度不同而容易引起上下偏析，或由于对流而附着在炉壁，或夹杂物之间的凝聚等，都会引起各种形态、各种类型的偏析。因此，虽然目前有一些检测方法及设备在售，但能准确稳定测定夹杂物的方法还很少，导致生产应用也很少。

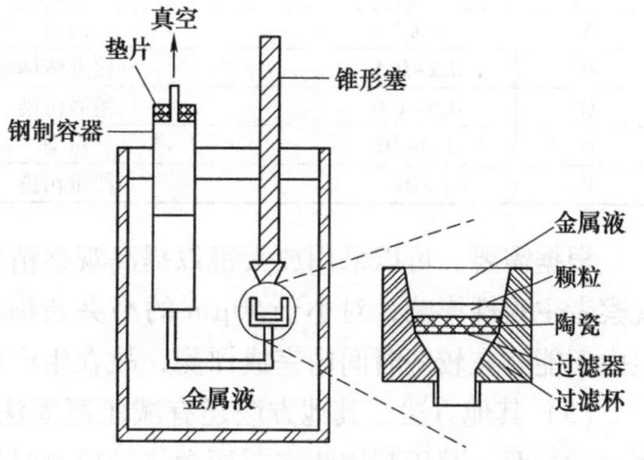

图1-73　吸引过滤测定法示意图

（1）吸引过滤速度测定法　原理：将装有过滤网的特殊容器与真空泵相连接，放在合金液中吸引该合金液，由时间与合金液通过量的关系等评价合金液的清洁度，过滤网部分凝固的夹杂物也便于观察，如图1-73所示。熔体夹杂真空过滤检测系统主要包括：过滤器、过滤杯、锥形塞和真空容器组成。首先，用锥形塞塞住过滤杯，然后将整个装置浸入到熔体中进行预热，拔掉塞子，熔体在真空的抽吸作用下通过过滤器浸入到钢制取样管中。当取得一定数量的熔体后，取出过滤杯进行冷却，将凝固和冷却后的过滤体从过滤杯中取出并沿垂直于过滤体表面的直径切取试片进行检测。该方法的优势是便于合金液浸入测定工具，并能够对合金液直接进行测定，是炉前检验的有效方法。

（2）加压过滤法　如图1-74所示，在底部有合金液排出口的加压容器中放置装有过滤网的坩埚，装入需要测定的合金液数千克，在合金液温度、压力等一定的条件下加压进行过滤，在过滤网的表面留下夹杂物，通过凝固后的显微组织观察，测定出夹杂物的种类及数量等。根据合金液的特性可以选择不同的过滤网及其孔径，但一般平均孔径为数十微米，大多采用耐火材料颗粒的制品。过滤压力大多为0.1MPa。该方法的优势是能够评定夹杂物的种类及数量，但由于显微观察需要较长时间，不能作为炉前检验的方法。

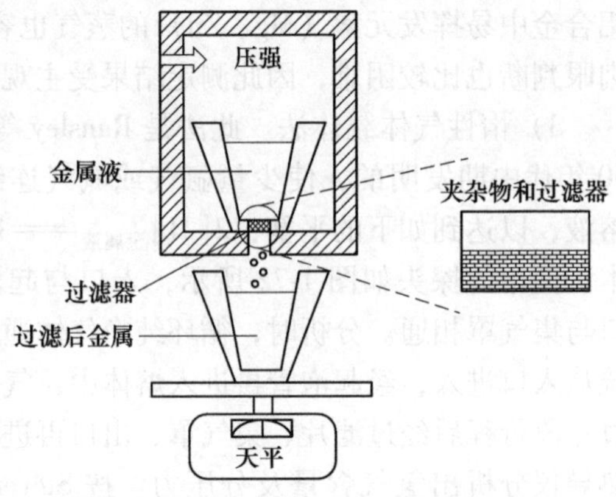

图1-74　加压过滤测定法示意图

（3）加压过滤速度测定法　测定原理及设备与加压过滤法大体相同，但此法是通过测定过滤过程中的过滤速度变化来评价熔液的纯净度的。即利用夹杂物少时过滤速度快，而多时速度慢的特点。过滤速度的判别是通过载荷管等测量过滤金属液质量的变化而获得的。优势：通过调整过滤时间-过滤质量的关系，可以作为炉前检验的方法之一，但不能从过滤速度上区分夹杂物的种类。但是，凝固后可以采集过滤网上的样本进行显微组织观察分析以鉴别夹杂物种类。

（4）K型法　该方法是由日本轻金属公司开发的断口检测法。原理是将测定合金液采取急冷的方式制成薄壁平板试样，然后用榔头破碎成小片，求出断面观察到的夹杂物总数S，除以片数n，即可获得每一小片上夹杂物的数量，用K值表示。K值与熔体纯净度的对应关系见表1-23。

表1-23　K值与熔体纯净度的对应关系

顺序	K值	纯净度情况	判定能够浇注
A	<0.1	清洁	可以
B	0.1~0.5	接近清洁	可以，但再处理为好
C	0.5~1.0	稍微污染	必须处理
D	1.0~10	污染	必须处理
E	>10	严重污染	必须处理

根据需要，可以采用放大镜以提高观察精度。该方法的优缺点有：夹杂物的观察结果受观察者主观性影响，对小于50μm的小夹杂物不适合评价，对于质地较软的合金也不合适。但由于能够在较短时间内完成评测，故在生产中应用较多。

（5）其他方法　其他方法还有减压凝固法和上捞法等，方法简单，且仅能作为夹杂物测定的参照。减压凝固法在前面含气量检测时提到过，上捞法则是用玻璃布等网状物固定在框上，浸入合金液后提起，夹杂物附在网上被捞起，可以直接对网上的夹杂物进行观察。

4. 变质处理效果检测

（1）断口观察法　该方法是采用砂型浇注出三角形试样或ϕ15~30mm的棒状试样，待试样凝固冷却后再剖开，观察断口形貌。若断口呈白色、平整、组织细密，无明显硅亮点，有时还可见分布均匀的细小硅亮点，则说明变质良好。炉前断口观察无法定量分析，主观随意性大，已逐渐不被采用。

（2）金相法　金相法是根据试样凝固后的金相组织判断变质处理效果好坏的方法，其缺点是制作金相试样需要花费较多时间，不适合作为炉前检测这种需要快速测试的场合。目前，我国制定了《铸造铝合金金相第1部分：铸造铝硅合金变质》（JB/T 7946.1—2017）相应行业标准，规定了当前企业广泛使用的钠变质、锶变质、锑变质和磷变质的变质效果评价标准。提供了未变质、变质不足、变质正常、变质衰退、过变质等情况下的金相组织图。图1-75所示为铸造铝硅合金钠变质的金相组织标准图片。

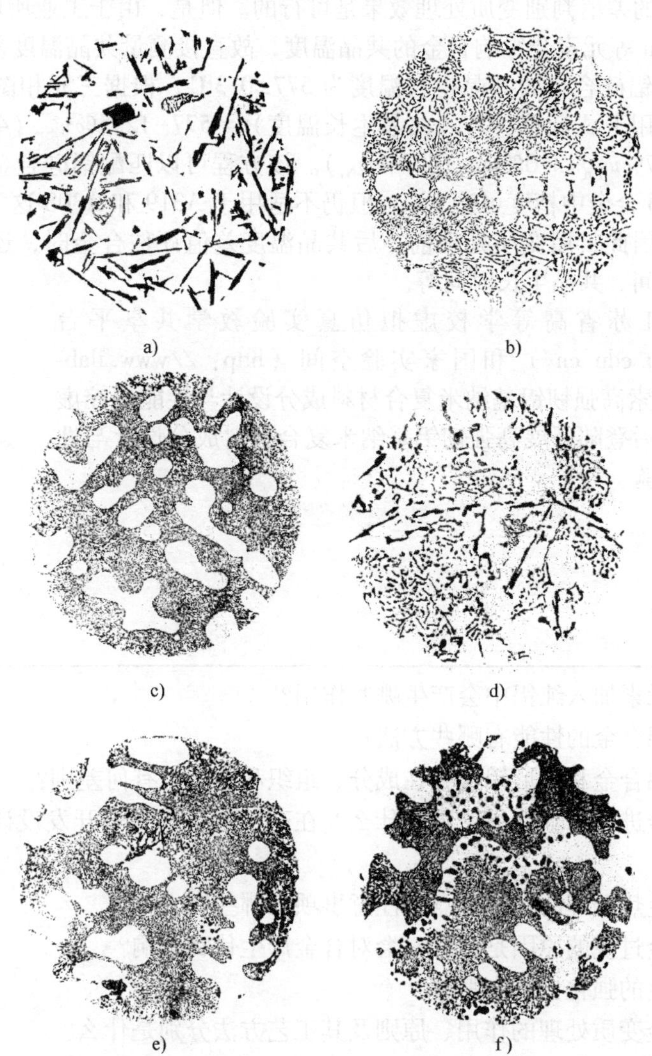

图1-75　铸造铝硅合金钠变质处理后的金相组织（放大200倍）

a）未变质　b）变质不足　c）变质正常　d）变质衰退　e）轻度过变质　f）严重过变质

（3）电导率法　由于硅的电导率远小于铝，铝硅合金未变质时，共晶硅以片状或针状存在，且初生α-Al相较少，对电子的阻碍作用较大；而变质处理后，初始α-Al相随变质程度增大而数量增加，共晶硅也变为短小的纤维状，电子运动阻力减小，导电能力大大提高。因此，通过测试变质前后合金电导率的变化可以得出变质处理效果的好坏。

目前，企业已普遍采用金属材料电导率测试仪进行现场测量，获得的电导率准确度较高，但该结果不仅局限于变质处理效果的影响，还包括气体、夹杂物、试样温度、试样尺寸等因素的影响，故结果只能作为参考。

（4）热分析法　热分析法是利用合金冷却曲线上的某些特征值评价合金变质效果的方法，该方法由于精度高、稳定性好、适宜在线检测，在铸造行业的应用日益广泛。

对于变质处理效果的热分析技术，热分析判据的合理性和有效性是影响预测结果准确性的关键因素。大量研究发现：变质处理后会导致铝硅合金的共晶生长温度降低，利用变质处理前、后共晶温度的差值判别变质处理效果是可行的。但是，由于工业所用的铝硅合金中普遍含有 Fe、Mg、Cu 等元素会影响合金的共晶温度，故直接测量共晶温度差值是不准确的。

未变质的高纯铝硅合金的共晶生长温度为 577±0.3℃，根据三元相图 Al-Si-X，合金的共晶生长温度可以用下式计算：T_e（共晶生长温度）= $577-12.5\%w_{Si}$（$4.43\%w_{Mg}+1.43\%w_{Fe}+1.93\%w_{Cu}+1.7\%w_{Zn}+3.0\%w_{Mn}+4.0\%w_{Ni}$）。该方程可以匹配铝硅合金含量超过 99%的合金，尤其是 A356 合金中精度可达 1℃。但仍不适用于 A319 和 A308 这类铜、铁、镁、锌含量较高的合金。因此，用变质处理前、后共晶温度差值评估合金时，还应该考虑其他因素，如共晶过冷时间、共晶生长时间等。

读者可以在江苏省高等学校虚拟仿真实验教学共享平台（http：//jsxngx.seu.edu.cn/）和国家实验空间（http：//www.ilab-x.com/）网站上搜索高强韧铝基纳米复合材料成分设计与性能调控虚拟仿真实验，注册后登陆开展高强韧铝基纳米复合材料成分设计与性能调控虚拟仿真实验。

虚拟仿真实验操作简介

扫码看视频讲解

思考题

1. 合金元素加入纯铝中会产生哪些作用？
2. 提高铝合金的性能有哪些方法？
3. 铸造铝合金和变形铝合金在成分、组织和性能上有何差别？
4. 铝合金进行合金化的原则是什么？在高强耐热铝合金开发设计中，如何运用这些原则？
5. 铝合金热处理的工艺特点及注意事项有哪些？
6. 铝合金过烧的原因是什么？会对合金产生什么影响？
7. 铝合金的强化机理有哪些？
8. 铝合金变质处理的作用、原则及其工艺方法分别是什么？
9. 铝合金净化处理的作用、原则及其工艺方法分别是什么？
10. 铝合金熔炼操作的注意事项有哪些？
11. 铝合金炉前检测包括哪些内容？
12. 典型铝合金的常规熔炼工艺步骤是什么？

第2章 铜及其合金

铜是人类历史上应用最早的金属材料，史前时代就开始采掘露天铜矿，用铜制造武器、工具和其他器皿。铜在地壳中的含量（质量分数）约为0.01%。铜多以铜矿物存在，铜矿物与其他矿物聚合成铜矿石，铜矿石经选矿而成为含铜较高的铜精矿。铜矿石主要分为三类：

（1）硫化矿　黄铜矿（$CuFeS_2$）、斑铜矿（Cu_5FeS_4）和辉铜矿（Cu_2S）。

（2）氧化矿　赤铜矿（Cu_2O）、孔雀石［$CuCO_3Cu(OH)_2$］、蓝铜矿［$2CuCO_3 \cdot Cu(OH)_2$］、硅孔雀石（$CuSiO_3 \cdot 2H_2O$）。

（3）自然铜　铜矿石中铜的质量分数为1%左右（$w_{Cu}=0.5\%\sim3\%$）便有开采价值，用浮选法将矿石中的部分脉石等杂质除去，得到含铜量较高（$w_{Cu}=8\%\sim35\%$）的精矿砂。

目前，铜仍然是应用较为广泛的金属材料之一，主要用于导电、导热与兼具耐蚀性的各种元部件以及配制各种铜合金，是航空航天、电气电子、化工、造船、机械等工业领域广泛使用的重要材料。

2.1　工业纯铜

拓展视频

新中国第一块粗铜锭

2.1.1　纯铜的特性

纯铜主要特性如下：

1. 导电性、导热性好

铜的导电性、导热性能仅次于银，居于第二位，广泛用于制作各种导线、电缆等导电器材和冷凝器、散热器、热交换器、结晶器等，其用量占铜材总用量的一半以上。

杂质对铜的导电性和导热性能影响巨大。一切杂质元素或合金化元素的加入都会降低铜的导电、导热性能，但降低程度因元素类别而异，如图2-1所示。从图中可以发现，磷、铁、硅、钴、锰、铍、铝等元素强烈降低纯铜的导电性，从导电性能角度出发应尽量减少这些元素的含量。而银、镉、铬、锆、锌、钙等元素对纯铜的导电性影响较小，故有时为了提高导线的强度、硬度，可加入微量上述元素。

冷变形对铜的导电性影响不大，如纯铜经80%冷变形而电导率下降不到3%。因此，冷

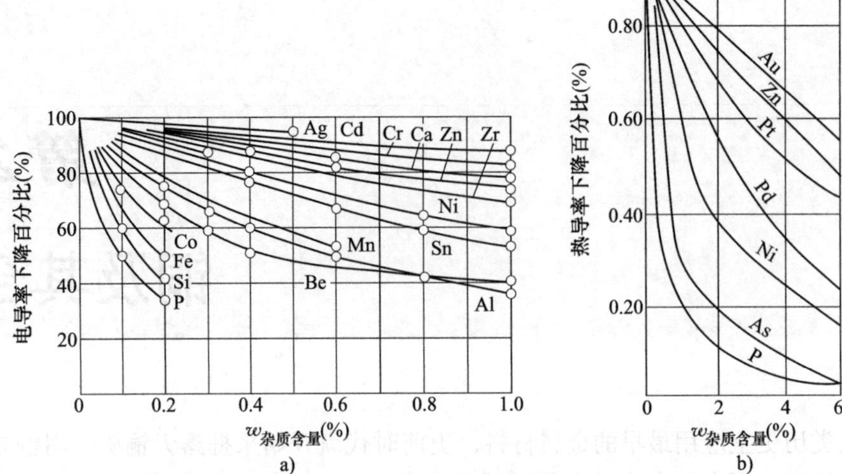

图 2-1 杂质和合金化元素对纯铜导电性、导热性的影响

a）导电性 b）导热性

作硬化是提高铜及铜合金强度的常用方法，有些铜导线可在冷作硬化状态下使用。

2. 化学稳定性高，耐蚀性好

由于铜的标准电极电位比氢高，铜在许多介质中化学性能均很稳定。①铜在大气中耐蚀性良好，暴露在大气中的铜在表面会生成 $CuSO_4 \cdot 2Cu(OH)_2$ 保护膜而使腐蚀速度降低，但铜对 NH_4OH、NH_4Cl、碱性氰化物、氧化性矿物酸和含硫气体的耐蚀性能较差。②铜在淡水及蒸汽中耐蚀性较好，故铜可广泛用于制作冷热水的配水设备等。③铜在自然条件（流速不大）的海水中耐蚀性较好，加入质量分数为 0.15%~0.3%的砷能提高铜在海水中的耐蚀性。④铜的标准电极电势次序（也称电化序、电动序）较高，当与其他金属接触时会导致被接触金属发生腐蚀。为此，在使用过程中铜或铜合金结构件若需要与其他金属接触，应先进行镀锌处理以保护被接触金属。

3. 无磁性

铜是反磁性物质，磁化系数极低，故铜及铜合金可以用来制作不允许受磁性干扰的磁学仪器，如罗盘、航空仪器等。

4. 塑性变形性好

铜是面心立方晶格结构，晶格常数为 0.36075nm，具有很高的塑性变形性，可进行挤压、拉伸等压力加工。铜在中温区的塑性强烈降低，故压力加工温度一般在 800~900℃。对于铸态铜通常具有等轴晶或柱状晶，在变形加工过程中会使晶粒沿一定方向伸长。当变形程度较大时，甚至可出现纤维状组织。进行再结晶退火时，可使晶粒细化；但退火温度过高时，晶粒反而粗化。铜及铜合金经变形退火处理后，典型组织是退火孪晶。图 2-2 所示为铜在不同状态下的显微组织示意图。

2.1.2 杂质元素对纯铜性能的影响

杂质元素对纯铜性能的影响主要取决于铜与杂质元素的相互作用。当杂质元素固溶于铜

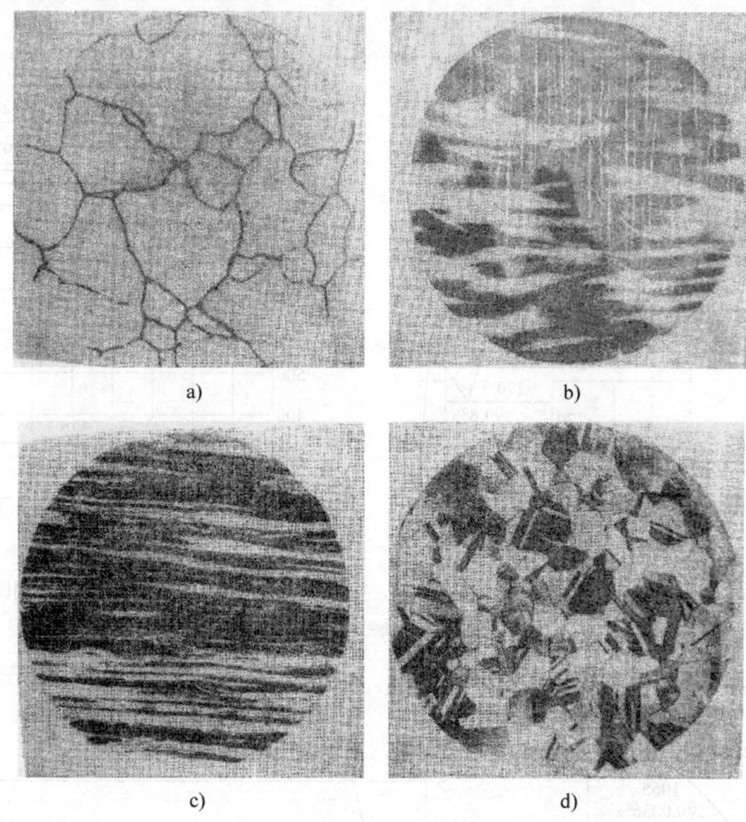

图 2-2　铜在不同状态下的显微组织

a）铸态　b）变形 20%　c）变形 80%　d）变形+再结晶退火

时，影响一般较小。若杂质元素与铜形成低熔点共晶体，则会导致“热脆”，即金属在共晶体熔点以上温度变形时容易开裂；若杂质元素与铜形成脆性化合物并分布在晶界时，则会导致“冷脆”，即金属冷变形时容易开裂。

1. 铋和铅

铋和铅均属于“热脆”性影响元素，这两个元素与铜均形成共晶系相图，如图 2-3 和图 2-4 所示。共晶温度都很低，分别为 270℃ 和 326℃，相应共晶点成分为 $w_{Bi}=99.8\%$ 和 $w_{Pb}=99.94\%$。在铸锭凝固过程中，这种低熔点共晶体在最后结晶，在晶界上形成极薄的膜状组织。热加工时，这些薄膜熔化导致金属晶粒之间的结合力显著下降，更容易发生晶间断裂。晶界上形成的含铋薄膜在金相显微镜下呈亮色，而铅的薄膜则呈暗色。必须严格限制铜制品中铋和铅的含量，铋的最大质量分数允许量为小于等于 0.002%，铅的最大质量分数允许量为 0.005%~0.05%。铜中含有大量的铋和铅时，可以加入微量的钙、铈或锆，与铋和铅形成难熔化合物，尽量消除其有害影响。

2. 杂质硫、氧

杂质硫、氧等与铜的相图也为共晶系相图，如图 2-5 和图 2-6 所示，由于共晶温度较高，而共晶化合物硬而脆，故属于“冷脆”性影响元素。因此，要严格控制铜材中硫和氧的含量，其中氧的最大质量分数允许量为 0.02%~0.1%，硫的最大质量分数允许量为 0.01%~0.05%。

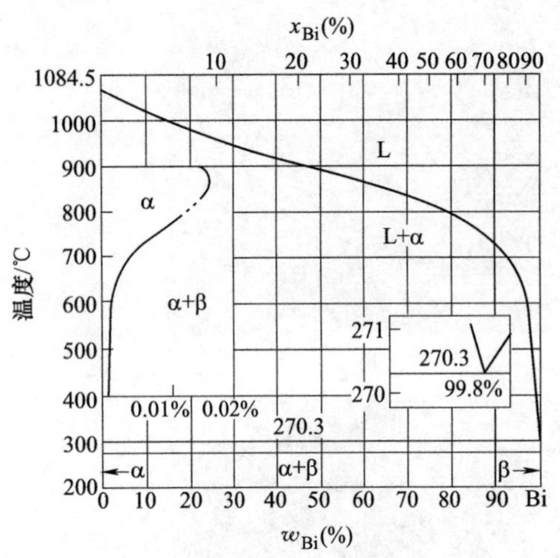

图 2-3　铜-铋二元相图

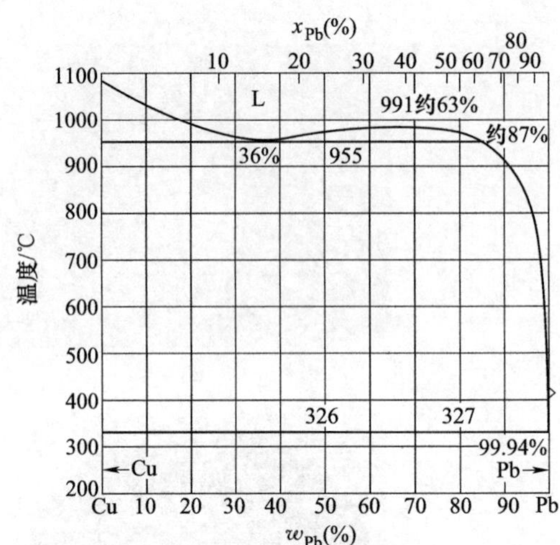

图 2-4　铜-铅二元相图

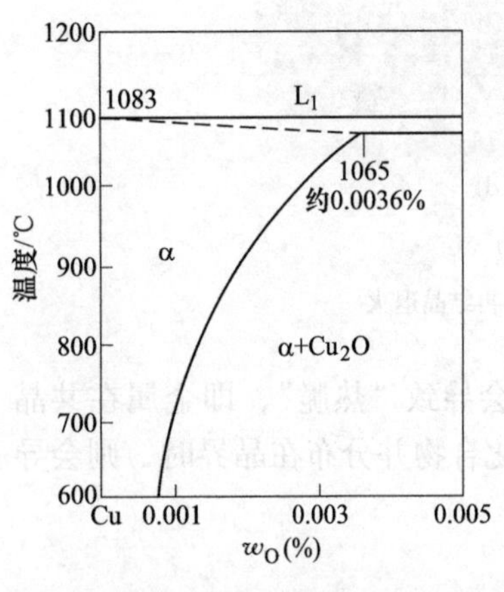

图 2-5　铜-氧二元相图

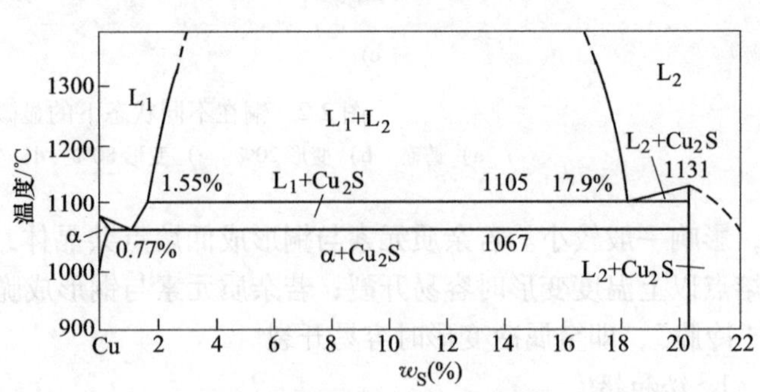

图 2-6　铜-硫二元相图

铜中含氧量不超过共晶成分（$w_O < 0.39\%$）时，其含量可用显微分析法求得。先在显微镜下估计视区内共晶体（$\alpha+Cu_2O$）所占的面积百分数。设此面积百分数为 $S_{共}$，代入下式即可求出合金中的含氧量：$w_O = 0.39\% S_{共}/100\%$，式中 0.39% 为共晶体中的氧含量。共晶体（$\alpha+Cu_2O$）沿晶分布，虽然 Cu_2O 和 Cu_2S 的外形相似，难于分辨，但在偏光下，未经腐蚀的 Cu_2O 呈鲜红色，而 Cu_2S 则不变色。如用质量分数 3%$FeCl_3$+10%HCl 的水溶液腐蚀，则 Cu_2O 由淡青色变为黑色，而 Cu_2S 仍为淡青色。

3. 其他元素的影响

锑的性质很脆，与铋情况一样，对铜的塑性变形性能有害，质量分数一般不得超过 0.05%。

钛能使铜的晶粒细化，加入 w_{Ti} = 0.05%便能使铜的晶粒细化 3~4 倍。细化后，晶界总面积增大，单位晶界上分布的低熔点杂质相会相对减少，从而提高热轧的成品率。

2.1.3 氢病

纯铜中含氧量被严格限制的一个重要原因是氧能引发铜的“氢病”。所谓氢病是指：含氧铜在还原性气氛（如 H_2、CO、CH_4等气体介质）中退火时会自动发生变脆或开裂的现象。该现象产生的主要原因是退火时氢或其他气体渗透到铜的内部，与铜中所含的氧反应，生成水蒸气或 CO_2，反应如下：

$$Cu_2O + H_2 = 2Cu + H_2O$$

$$Cu_2O + CO = 2Cu + CO_2$$

有研究表明：100g 含 $w_O = 0.01\%$的铜在氢气介质中退火就能产生 14mL 蒸汽，这些气体不溶于铜，更没有扩散能力，便会在铜中形成很大的压强，使铜立即破裂，或产生显微裂纹，在压力加工或服役过程中破裂。因此，含氧铜热处理时应在弱氧化性气氛中加热保温。另外，氢对含氧铜的危害不仅和含氧量有关，与热处理时的加热温度也密切相关。加热至150℃时，水蒸气处于凝聚状态而不构成危害；但在 200℃时，铜保持 1.5 年就发生开裂；在 400℃时，仅 70h 即发生开裂；在 600℃且氢体积分数小于 0.02%时，在保护性气氛条件（真空、氢气、木炭和铸铁屑保护）下，铜能保持良好的塑性和韧性。

总之，在 500℃以下且氧的体积分数小于 0.05%时，短时间内氢病现象不敏感，退火最好在真空炉或低于 500℃下进行。

2.1.4 纯铜的热处理

工业纯铜一般只进行再结晶退火，目的是消除内应力，使金属软化或改变晶粒度。退火温度一般为 500～700℃。图 2-7 所示为纯铜 T2 退火处理温度与力学性能、电阻率的关系。

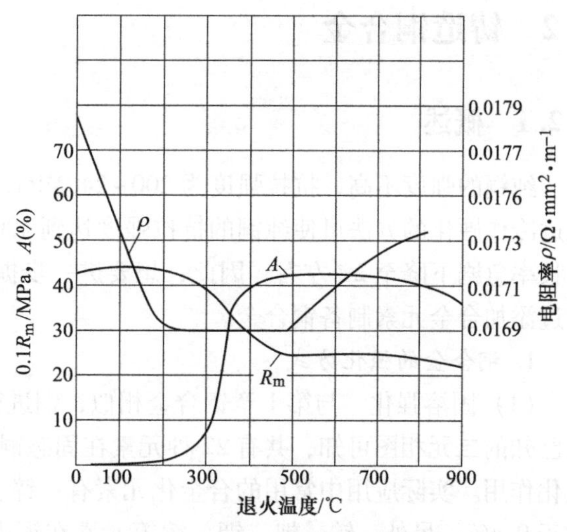

图 2-7 纯铜 T2 退火处理温度与力学性能、电阻率的关系

为防止氢病，退火前需将工件认真清洗干净。对于含氧铜，特别是氧质量分数大于 0.02%的含氧铜，需在微氧化性气氛（如燃烧完全的煤气炉）下进行，或将退火温度降至 500℃以下。经验证明：在500℃以下，由于氢、碳等元素在固态铜中的扩散极慢，使得与铜中氧的反应进行缓慢而不易发生氢病。另外，退火后，应迅速将工件转入冷水中冷却，以减少氧化。

再结晶退火后，铜的晶粒度取决于退火温度和保温时间。实验表明：退火温度低于500℃时，保温时间的影响较小；若退火温度高，则保温时间对晶粒度的影响较大。高温下退火时应尽量缩短保温时间，避免晶粒长大。同时，为了避免出现再结晶组织，退火前的冷变形不应大于 40%，退火温度不应超过 700℃。冷变形量越大，退火温度越高，再结晶组织结构越明显。

2.1.5 纯铜的牌号及分类

纯铜牌号一般是：T（铜的拼音首字母）+数字表示，如T1、T2等，数字增大表示铜的纯度降低。

针对氧含量多少，将 w_O<0.01%的铜称为无氧铜，表示方法是：TU+数字，数字增大表示无氧铜中铜的纯度降低。无氧铜中含氧量甚微，杂质含量也少，不会发生氢病，具有更高的导电、导热性能，优良的耐蚀性、焊接性、塑性等，可用于真空器件。表2-1为工业纯铜的牌号及成分。

表2-1 工业纯铜的牌号及成分

类别	牌号	主要成分（质量分数,%）			主要杂质（质量分数,%）（含量不大于）						
		Cu	P	Mn	Bi	Sb	Pb	As	S	P	O
纯铜	T1	99.95	—	—	0.002	0.002	0.005	0.002	0.005	0.001	0.02
	T2	99.90	—	—	0.002	0.002	0.005	0.002	0.005	—	0.06
	T3	99.70	—	—	0.002	0.005	0.01	0.01	0.01	—	0.1
	T4	99.50	—	—	0.003	0.005	0.05	0.05	0.01	—	0.1
无氧铜	TU1	99.97	—	—	0.002	0.002	0.005	0.002	0.005	0.003	0.003
	TU2	99.95	—	—	0.002	0.002	0.005	0.002	0.005	0.003	0.003

2.2 铸造铜合金

2.2.1 概述

纯铜的强度不高，抗拉强度为200~240MPa，布氏硬度为30~50HBW，伸长率为50%。通过冷作硬化的方法可使纯铜的抗拉强度达到400~500MPa，布氏硬度为100~200HBW，而伸长率急剧下降至2%左右。因此，想要进一步提高纯铜的强度且保持一定的塑性，就必须通过添加合金元素制备铜合金。

1. 铜合金的强化方式

（1）固溶强化　与第1章铝合金相似，铜进行合金化变成铜合金的重要依据也是相图。从已知的二元相图可知，共有22种元素在固态铜中的极限溶解度大于0.2%，可以产生固溶强化作用。实际应用中常用的合金化元素有：锌、铝、锡、锰、镍，它们在铜中的固溶度均大于9.4%。另外，铂、钯、铟、镓等元素在铜中的固溶度也很大，但这些元素较为稀贵，通常不会采用。还有些元素，如锑、砷等，虽然固溶度较大，但会显著降低铜合金的塑性，故也不作为固溶强化元素。一般情况下，固溶强化后，铜合金的强度可以达到650MPa。

（2）时效强化　从二元合金相图中还可以发现：许多元素在固态铜中的溶解度随温度降低而急剧减小，是可以进行淬火和时效处理的。这种强化方式最突出的是Cu-Be合金，当 w_{Be}=2%时，铜合金热处理后的强度可达1400MPa，接近高强度合金钢的强度。此外，Cu-Ni-Al、Cu-Ni-Si系合金也具有良好的淬火时效强化效果。

（3）过剩相强化　通过控制过剩相的种类、形貌和数量等，并配合上述两种强化方式，同样可以显著提高铜合金的性能，该方法也是常用的强化方法。

2. 铜合金的分类与牌号

按照合金的化学成分不同，铜合金可分为青铜、黄铜和白铜。

（1）青铜　不以锌及镍为主加元素的铜合金统称为青铜，用大写字母 Q 表示。Q 后面写主加元素的化学符号及质量分数的数字，例如，QSn7 表示含锡 7%（质量分数）的锡青铜。若合金中还添加了其他元素，则只写添加元素的质量分数的数字即可，例如，QSn6. 4-0. 4 表示 $w_{Sn}=6.4\%$，$w_P=0.4\%$ 的锡磷青铜，QAl10-3-1. 5 表示 $w_{Al}=10\%$,，$w_{Fe}=3\%$，$w_{Mn}=1.5\%$的铝铁锰青铜。

（2）黄铜　以锌为主加元素的铜合金称为黄铜，用大写字母 H 表示。H 后面的数字表示铜的质量分数，如 H68 表示含铜质量分数为 68%的黄铜。若合金中还加入其他元素，则在 H 后面添加所加元素的化学符号，并在表示含锌量的数字后面画短横线，写上该元素的质量分数，例如，HAl21-5-2-2 表示 $w_{Zn}=21\%$，$w_{Al}=5\%$，$w_{Fe}=2\%$，$w_{Mn}=2\%$的铝铁锰黄铜。

（3）白铜　以镍为主加元素的铜合金称为白铜，用大写字母 B 表示。其牌号表示方法与黄铜相似，例如，BAl6-1. 5 表示 $w_{Ni}=6\%$，$w_{Al}=1.5\%$的铝白铜。

在国家标准《铸造铜及铜合金》（GB/T 1176—2013）中共列入 36 个牌号，其中包含了主要的合金牌号、名称、化学成分、杂质允许量和力学性能等信息，详见相关国家标准。

2. 2. 2　锡青铜

1. 铜锡二元合金的成分、组织

锡青铜在我国的应用历史可以追溯到两千多年以前。图 2-8 所示为 Cu-Sn 二元相图，存在 α、β、γ、δ 几个相。其中，α 相是锡溶于纯铜中的置换型固溶体，为面心立方晶格，故保留了纯铜的良好塑性。β 相是以电子化合物 Cu-Sn 为基的固溶体，为体心立方晶格，高温时存在，降温过程中被分解。γ 相是以 CuSn 为基的固溶体，性能和 β 相相近。δ 相是以电子化合物 $Cu_{31}Sn_8$为基的固溶体，为复杂立方晶格，在常温下存在，硬而脆。以含锡 20%的合金为例，开始凝固时，从液相中析出 α 相，降至 799℃时发生包晶转变：

$$\alpha + L \longrightarrow \beta \tag{2-1}$$

随着温度继续降低，依次产生如下三个共析反应：

586℃：
$$\beta \longrightarrow \alpha + \gamma \tag{2-2}$$

520℃：
$$\gamma \longrightarrow \alpha + \delta \tag{2-3}$$

350℃：
$$\delta \longrightarrow \alpha + \varepsilon \tag{2-4}$$

因此，$w_{Sn}=20\%$的锡青铜的平衡组织将由 α 固溶体+（α+ε）共析体组成，但式（2-4）一般情况下并不发生，只有在长时间保温时才能发生。铸造条件下出现的是 α+(α+δ)。由于锡的原子直径 $d_{Sn}=3.16\times10^{-10}$m，比铜的原子直径（$d_{Cu}=2.56\times10^{-10}$m）要大得多，因此锡原子在铜中的扩散速度极慢，发生式（2-3）所示的共析转变后，α 的成分不再变化。由于 Cu-Sn 二元合金铜侧的凝固温度范围很宽，发生非平衡结晶，相变将按照 Cu-Sn 二元相图进行，α 相区将随冷却速度增大而缩小，如图 2-9 所示。

锡青铜典型的铸态组织由树枝晶 α 和共析体 α+δ 所组成，树枝晶 α 内部存在明显的晶内偏析，枝晶轴富铜，枝晶边缘富锡，腐蚀后的枝晶轴呈白色，枝晶边缘发暗。图 2-10 所示为 ZCuSn10 的铸态显微组织。由于不平衡结晶，$w_{Sn}=5\%\sim7\%$的合金就可能出现 α+δ 共析体，这种非平衡组织对塑性不利，可采用均匀化退火提高合金的塑性，但对于要求耐磨性能好的零件却是理想的组织。

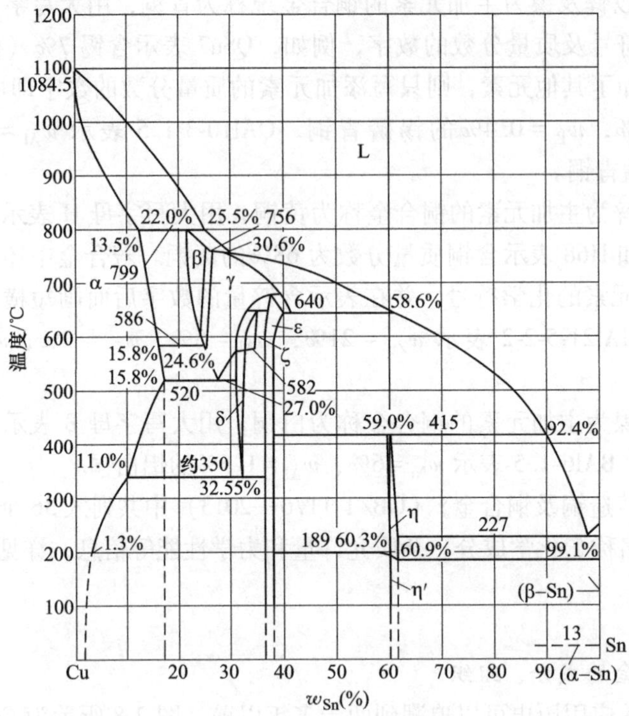

图 2-8 Cu-Sn 二元相图

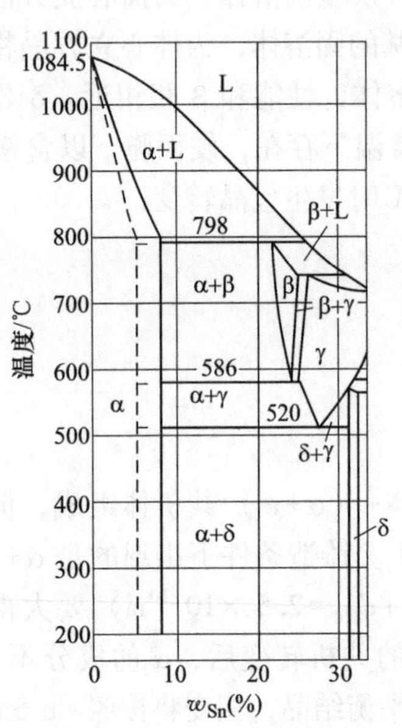

图 2-9 Cu-Sn 二元实用相图

——砂型铸造 ---金属型铸造

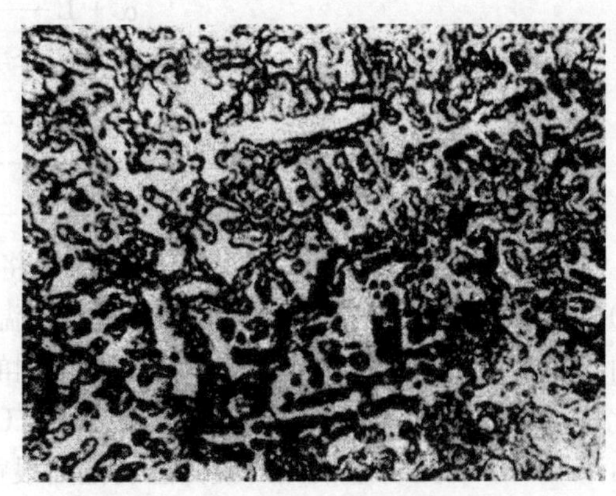

图 2-10 ZCuSn10 锡青铜铸态显微组织

2. 铜锡二元合金的性能及工艺特点

Cu-Sn二元合金的力学性能取决于组织中α+δ共析体所占的比例，即含锡量及冷却速度决定合金的力学性能，如图2-11所示。从图中可知，锡质量分数为7%~10%的合金具有最佳的综合力学性能。

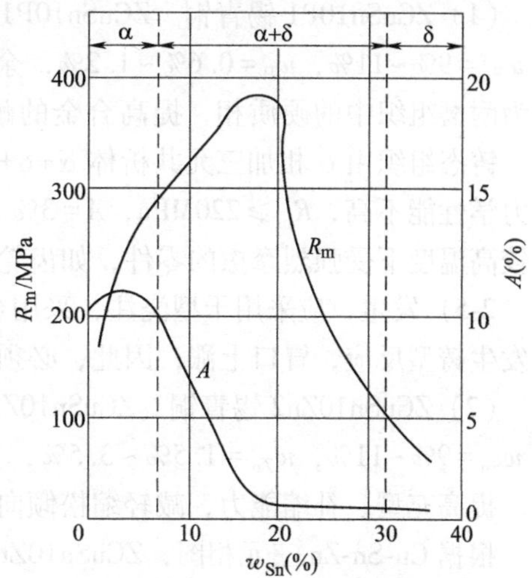

图2-11 含锡量对锡青铜力学性能的影响

锡青铜的结晶温度范围很宽，凝固速度较慢时，容易形成缩松，这是导致锡青铜铸件渗漏的主要原因。均匀化退火后，α枝晶消失，能防止铸件渗漏。但是分布均匀的显微缩松能储存润滑油，对于耐磨零件是有利的。

锡青铜呈糊状凝固，枝晶发达，能在铸件内快速形成晶体骨架，开始线收缩，此时凝固层较薄，高温强度又低，因此铸件容易发生热裂。

反偏析是锡青铜铸件中常见的缺陷，铸件表面会渗出灰白色颗粒状的富锡分泌物，俗称冒“锡汗”。“锡汗”中富集δ相，使铸件内外成分不均匀，降低了合金力学性能，而且使组织更加疏松，引起渗漏，同时，表面富集坚硬的δ相，使其可加工性恶化，加工后的表面会出现灰白色斑点，影响表面质量。反偏析层一般有5mm左右，严重时可深入表皮下25~30mm。凝固速度越慢，反偏析越严重。

出现反偏析的原因是锡青铜的结晶温度范围宽，枝晶发达，低熔点的富锡δ相被包围在α枝晶间隙中，此时氢的溶解度因温度下降而急剧降低，呈气泡形式析出，产生背压，将富锡熔体推向枝晶间隙中心。而在凝固后期，铸件从内到外仍存在着大量的显微通道，在氢气泡形成的背压和固态收缩力内外力的影响下，迫使富锡熔体沿α枝晶间的显微通道向铸件表面渗出，堆积在铸件表面。

二元锡青铜如加入磷，将发生如下铸型反应：

$$2P + 5H_2O \xlongequal{} P_2O_5 + 5H_2 \qquad (2\text{-}5)$$

上述反应会产生大量的氢气，因此反偏析特别严重。

防止反偏析的工艺措施有：

1）放置冷铁，提高冷却速度，出现层状凝固。

2）调整化学成分，如加入锌，缩小结晶温度范围。

3）采取有效的精炼除气措施，减少合金中的含气量。

锡青铜中的主加元素锡不易氧化和蒸发，因此在各类青铜中锡青铜的氧化倾向小，熔炼工艺较简单，不需要设置复杂的挡渣系统，不需要采用底注的浇注系统，一般采用雨淋式浇口；对于形状不复杂的中、小型件，可用简单的压边浇口。缩松补偿部分体收缩，可不用专用冒口。

锡青铜的线收缩率为1.2%~1.6%，是铜合金中最小的，所以铸造内应力小，冷裂倾向小，适用于铸造形状复杂的铸件或艺术铸造品。

3. 多元锡青铜

（1）ZCuSn10P1锡青铜　ZCuSn10P1是合金牌号，合金的名称为“10-1锡青铜”，成分为$w_{Sn}=9\%\sim11\%$，$w_{P}=0.6\%\sim1.2\%$，余量为Cu。磷的作用有三：①生成Cu_3P，硬度高，作为耐磨组织中的硬质相，提高合金的耐磨性；②脱氧；③提高合金流动性，改善充型能力。铸态组织由α相加三元共析体α+δ+Cu_3P组成，耐磨性能比二元锡青铜更好。砂型试块力学性能不高，$R_m\geqslant220$MPa，$A=3\%$。ZCuSn10P1常用来制造在重载荷、高转速，以及在较高温度下受强烈摩擦的零件，如齿轮等。Cu-Sn-P相图如图2-12所示。为了防止铸型反应（2-5）发生，应采用干型浇注，采用金属型时，表面必须处理干净。浇注时稍不注意就会发生铸型反应，冒口上涨；因此，必须低温浇注，快速冷却，才能获得合格铸件。

（2）ZCuSn10Zn2锡青铜　ZCuSn10Zn2是合金牌号，合金名称为“10-2锡青铜”，成分为$w_{Sn}=9\%\sim11\%$，$w_{Zn}=1.5\%\sim3.5\%$，其余为Cu。锌的作用为：缩小合金的结晶温度范围，提高充型、补缩能力，减轻缩松倾向，提高气密性；锌溶入α固溶体中，强化合金。

根据Cu-Sn-Zn三元相图，ZCuSn10Zn2的铸态组织为α-Cu+二元共析体（α+δ）。共析体所占比例和ZCuSn11相同，即质量分数为2%的锌引起的组织变化与质量分数为1%的锡相当，故锌的锡当量为0.5。由于锌的沸点低，只有910℃，蒸汽压大，加入锌还有除气作用，锌的价格又较便宜，因此用锌取代一部分锡乃是一举三得。砂型试块力学性能为：$R_m\geqslant240$MPa，$A\geqslant12\%$。Cu-Sn-Zn三元相图如图2-13所示。α相是软基体，镶嵌共析体（α+δ）硬质点，是一种耐磨组织。因此，10-2锡青铜常用作在水蒸气或流速不大的海水中工作，承受中等载荷的船用衬套、阀门及转速不高的蜗轮等。

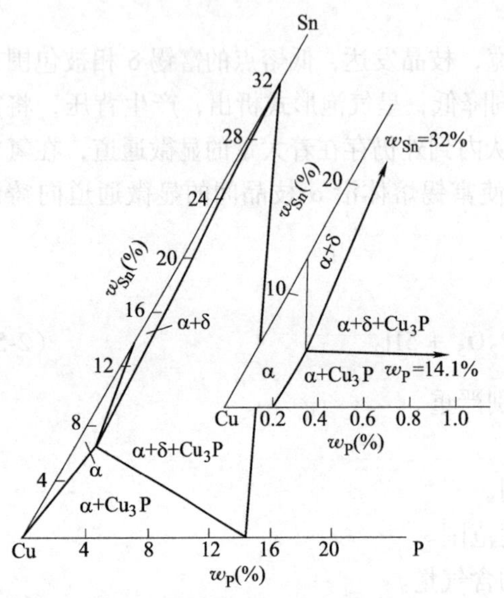

图2-12　Cu-Sn-P三元相图（常温等温截面）

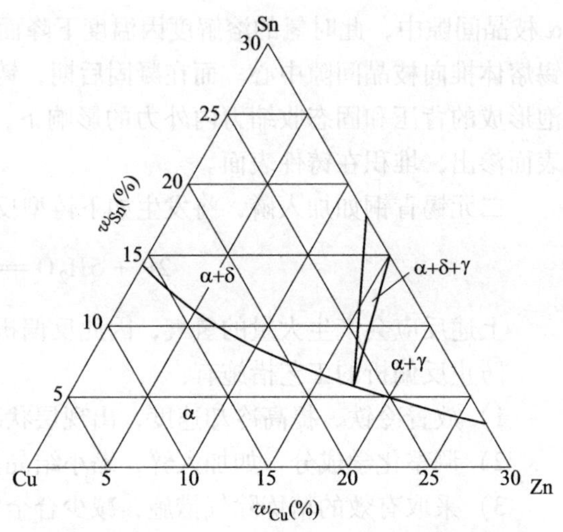

图2-13　Cu-Sn-Zn三元相图（常温等温截面）

（3）ZCuSn5Pb5Zn5锡青铜　ZCuSn5Pb5Zn5是合金牌号，合金名称为“5-5-5锡青铜”，成分为$w_{Sn}=4\%\sim6\%$，$w_{Pb}=4\%\sim6\%$，$w_{Zn}=4\%\sim6\%$，其余为Cu。铅的作用：①铅以细小分散的颗粒均匀分布在合金基体上，具有良好的自润滑作用，能降低摩擦系数，提高耐磨性；②在最后凝固阶段，铅填补了α-Cu枝晶空隙，有助于消除显微缩松，提高耐水压性能；③孤立分散的铅粒破坏了合金基体的连续性，可以改善可加工性。含铅量的上限为6%，超过上限，其作用不但不增加，合金的力学性能反而会明显下降。

5-5-5 锡青铜的组织与 $w_{Sn}=7.5\%$ 的二元锡青铜相当，由 α-Cu 枝晶及分布在 α-Cu 枝晶间隙中的共析体（α+δ）和铅颗粒组成，塑性较好，$A\geqslant13\%$，强度尚可，$R_m\geqslant200MPa$。由于该合金的耐磨性、铸造性能、可加工性能均较好，能承受冲击载荷，故常用于制造承受中等载荷和转速的轴承、轴套以及螺母和垫圈等耐磨零件。

4. 锡青铜中的杂质

铝、硅、镁都是锡青铜中有害的杂质，在熔炼和浇注过程中会形成 Al_2O_3、SO_2、MgO 等难熔化合物。这些固态、弥散状的杂质很难从铜液中清除出去，而且会降低合金液的流动性，阻碍补缩通道，降低铸件致密性，容易渗漏；其次，这些氧化物凝固时往往被推向晶界，会削弱晶界强度，降低合金的力学性能。在国家标准《铸造铜及铜合金》（GB/T 1176—2013）中，铝、硅、镁的含量均应进行严格限制。除磷青铜以外，磷质量分数必须限制在 0.05%以下，以防止铸型反应生成皮下气孔。

由于锡青铜对这些杂质很敏感，因此应使用专用的坩埚熔炼，不能使用熔炼黄铜的坩埚，以免混入有害杂质。

5. 锡青铜的热处理

依据铜锡二元相图，虽然存在共析转变，但由于铜锡合金中原子扩散缓慢，尤其是温度最低（350℃）时的共析转变，只有在长时间保温后才能发生。在实际生产中，由于冷却速度较快，这些共析转变通常不能进行完全，合金中不会出现（α+ε）组织。另外，工程应用中锡质量分数一般小于 10%，否则会产生较为严重的脆性，故基本为单相 α 相，也不能进行热处理强化。

根据锡青铜的使用目的和加工方法，通常会进行均匀化处理、再结晶退火和去应力退火。

锡青铜铸造性能一般，容易产生枝晶偏析，尤其是锡质量分数大于 8%的锡青铜和锡磷青铜，不但铸锭中存在较为严重的枝晶偏析，还存在硬而脆的 δ 相（$Cu_{31}Sn_8$）。为了消除这种偏析就需要进行均匀化退火，均匀化处理温度不能过高也不能过低，过高会引起晶粒长大甚至过烧，过低则影响消除枝晶偏析的效果。通常均匀化处理温度为 625~725℃，保温时间为 1~6h。

加工锡青铜在冷变形工序之间需要进行再结晶退火，主要是为了消除形变硬化，温度一般为 600℃左右；用作弹性器件中的锡青铜由于不能进行再结晶退火，只能进行去应力退火，温度一般为 250~300℃。

2.2.3 铝青铜

1. 铜铝二元合金的成分、组织、性能

图 2-14 所示为 Cu-Al 二元相图铝侧部分，只存在 α、β、γ_2 三种相。α 相具有铜的面心立方晶格，塑性高并因溶入铝而强化，故单相 α 铝青铜用于冷、热压力加工成形材；β 相是以电子化合物 Cu_3Al 为基的固溶体，为体心立方晶格，在高温时稳定，降温过程中发生如下共析分解反应：

586℃： $\beta \longrightarrow \alpha + \gamma_2$ (2-6)

γ_2 相是以电子化合物 $Cu_{32}Al_{19}$ 为基的固溶体，具有复杂的立方晶格，硬而脆，出现 γ_2 相后，合金的塑性下降。

在平衡的条件下，α 相区很宽，室温下铝在铜中的溶解度可达 9.4%；铸造条件下发生非平衡结晶，α 相区将缩至 7.5%甚至以下。

二元铝青铜的力学性能主要取决于含铝量，如图 2-15 所示。在 $w_{Al}=5\%\sim6\%$处有伸长率的峰值；继续增加含铝量，伸长率开始下降，强度则仍旧升高，而在 $w_{Al}=10\%$处强度达到峰值；此后随着铝含量的增加，伸长率和强度均明显下降。因此，含铝量（质量分数）一般控制在 9%~11%。

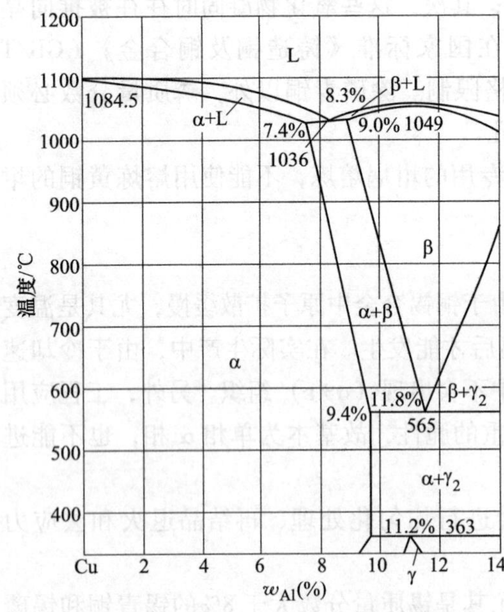

图 2-14 Cu-Al 二元相图铝侧

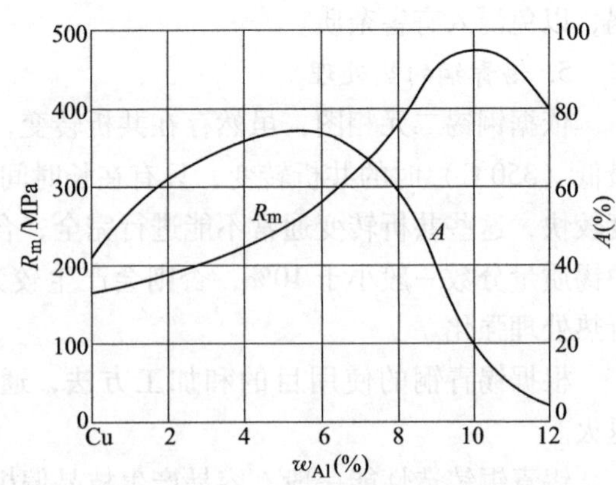

图 2-15 铝青铜力学性能（砂型）与含铝量的关系

铝青铜的铸态组织由塑性好的 α-Cu 作为基体，其上均匀分布有硬度较高的 β′相，因此是一种耐磨组织。但铝青铜的干摩擦系数比湿摩擦系数大 30~40 倍，因此不宜在干摩擦工况下工作。

铝青铜表面有一层致密的 Al_2O_3 惰性保护膜，在海水、氯盐及酸性介质中有良好的耐蚀性。但不允许出现 γ_2 相，因为 γ_2 相可成为阳极，首先被腐蚀，形成许多腐蚀小空洞，空洞壁呈现紫铜色，称为脱铝腐蚀，使合金失去强度。当加入 $w_{Ni}=4\%$左右，可以扩大 α 相区，消除 γ_2 相，能防止脱铝腐蚀。

铝青铜的结晶温度范围很小，流动性好，铸件组织致密，壁厚效应小。凝固时的体收缩率较大，达 4.1%左右，容易形成集中性大缩孔，因此必须设置大冒口，配以冷铁，严格控制顺序凝固方能获得合格的铸件。

熔炼铝青铜时，液面大部分由 Al_2O_3 组成，如不排出，进入铸件中，将使其力学性能恶化。可采用铝合金的精炼方法除渣除气。设计浇注系统时，必须设置严密的挡渣系统，如采用带过滤网、集渣包的先封闭后开放的底注式浇注系统，以防止在型腔中生成二次氧化渣。

铝青铜的线收缩率大，如浇注系统设置不合理，型芯退让性差，浇注温度过高，杂质含量高等因素，都会导致厚、薄壁的连接处或内浇口附近产生裂纹。设计浇注系统时应尽量使内浇口分散，避免热量集中，并采取相应措施以消除上述因素。

2. 铝青铜的缓冷脆性

缓冷塑性是铝青铜特有的缺陷，在缓慢冷却的条件下，共析分解式（2-6）的产物 γ_2 相呈网状在 α 相晶上析出，形成隔离晶体联结的脆性硬壳，使合金发脆，这就是“缓冷脆性”，又称为“自动退火脆性”。

消除缓冷脆性的工艺措施有：

1）加入铁、锰等合金元素，增加 β 相的稳定性，不使 β 相分解。

2）加入镍以扩大 α 相区，消除 β 相。

3）提高冷却速度，对于薄壁铸件，β 相将被过冷至 520℃进行有序转变如下：

$$\beta \longrightarrow \beta_1 \tag{2-7}$$

325℃时，又进行马氏体无扩散转变如下：

$$\beta_1 \longrightarrow \beta' \tag{2-8}$$

β′是具有密排六方晶格的亚稳定相，强度、硬度较高，塑性较低。当含有适量的 β′相且分布均匀时，合金有较高的综合力学性能。但当 β′相质量分数超过 30%时，合金变脆。

3. 多元铝青铜

（1）ZCuAl10Fe3 铝青铜　牌号为 ZCuAl10Fe3 的名称是“10-3 铝青铜”，成分为 w_{Al} = 8.5%~11.0%，w_{Fe} = 2.0%~4.0%，其余为 Cu，铸态组织由 α-Cu 及分布在 α-Cu 基体上的 κ 相（$FeAl_3$）组成。如果冷却速度较慢，可能出现少量的 $\alpha+\gamma_2$ 共析体。铁的作用为：

1）生成异质核心，细化 α-Cu。

2）阻滞三相共析转变为：

$$\beta \longrightarrow \alpha + \gamma_2 + \kappa \tag{2-9}$$

3）扩大 α-Cu 相区，减少 β 相及其转变产物 $\alpha+\gamma_2$ 共析体，消除“缓冷脆性”。

铁的加入明显提高合金的力学性能和耐磨性，但当其质量分数超过 4%后，耐蚀性下降。10-3 铝青铜可作为承受中等载荷、低转速的耐磨件，如蜗轮、轴套等，承受高载荷或发生干摩擦时会出现“咬卡”现象。由于铸件致密、耐水压，10-3 铝青铜也可用作高压阀门，工作温度可达 350℃。10-3 铝青铜不含稀贵的合金元素，成本比锡青铜低，应用较广泛。

为了改善合金的力学性能，可进行如下热处理：

1）淬火加回火。加热至 950℃以上，保温 3~4h，淬火后获得针状马氏体 β′相，再在 250~300℃回火 2~3h，强度、硬度都大大提高。

2）合金的常化处理。先在 600~700℃保温 3~4h，然后空冷，能减少甚至消除 $\alpha+\gamma_2$ 共析体，提高合金的塑性。

（2）ZCuAl9Mn2 铝青铜　ZCuAl9Mn2 的名称是“9-2 铝青铜”，成分为 w_{Al} = 8.0%~10.0%，w_{Mn} = 1.5%~2.5%。

锰的作用有：

1）提高 β 相稳定性，降低 β 相共析转变温度，使共析体细化，消除“缓冷脆性”。

2）溶入 α-Cu 中强化合金，塑性降低不多，铸态组织如图 2-16 所示。

9-2 铝青铜的耐海水腐蚀性及耐磨性都较好，不含稀贵元素，成本比锡青铜低，铸造性能和 10-3 铝青铜相近，可用作船用零件、化工机械中的高压阀门，也可用作承受中等载荷的耐磨件。

（3）ZCuAl8Mn13Fe3Ni2 铝青铜　ZCuAl8Mn13Fe3Ni2 的名称为“8-13-3-2 铝青铜”，成分为 $w_{Al}=7.0\%\sim8.5\%$，$w_{Mn}=12.0\%\sim14.5\%$，$w_{Fe}=2.5\%\sim4\%$，$w_{Ni}=1.8\%\sim2.5\%$，其余为 Cu。锰的含量虽比铝高，但对组织、性能的影响较弱，如加入 $w_{Mn}=1\%$产生的影响仅相当于加入 $w_{Al}=0.16\%$产生的影响，因此仍属于铝青铜。大量的锰稳定了 β 相，当 $w_{Mn}\geq6\%$时，甚至 0.02℃/s 的冷却速度也不会使 β 相分解。锰含量增加，β 相增加，强度直线上升，塑性则有所下降，合金熔点降低，改善了铸造性能。最佳成分可按 $w_{Al}+0.16w_{Mn}\leq10.5\%$来选择。根据统计，锰的最佳质量分数为 10%～14%。镍溶入 α-Cu，扩大 α 相区，能提高合金的耐蚀性，但镍含量超过上限时会产生网状含镍化合物，使合金的力学性能下降。铁形成 $FeAl_3$，成为异质核心，细化晶粒和网状富镍化合物。细化所需的铁含量随锰含量的增加而减少，当 $w_{Mn}\leq1.0\%$时至少要加 $w_{Fe}=3.5\%$，但当 $w_{Mn}>10\%$后，加 $w_{Fe}=3.0\%$就足够了。如果 $w_{Fe}>4\%$，则生成树枝状的富铁化合物，降低合金的耐蚀性，因此应保证 $w_{Fe}\leq4\%$。合金的铸态组织如图 2-17 所示，由 α-Cu+β+$CuMn_2Al$ 及 κ 相所组成，力学性能很高，$R_m\geq660$MPa，$A\geq20\%$。由于力学性能很高，铸造性能较好，在海水中耐蚀性、耐空泡腐蚀性好，是制造大型船、舰和高速快艇推进器的理想材料之一，缺点是抗海生物附着能力较差。

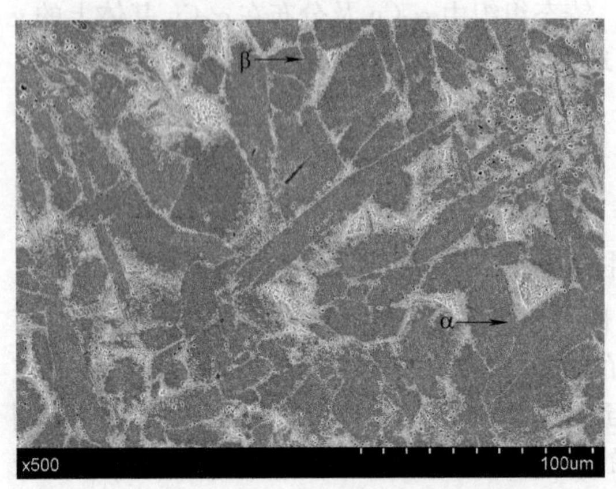

图 2-16　ZCuAl10Fe3Mn2 铝青铜显微组织

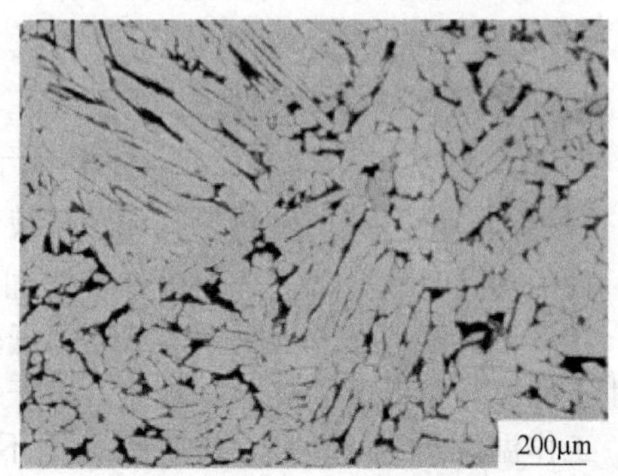

图 2-17　8-13-3-2 铝青铜显微组织

（4）ZCuAl9Fe4Ni4Mn2 铝青铜　ZCuAl9Fe4Ni4Mn2 的合金名称为“9-4-4-2 铝青铜”，成分为 $w_{Al}=8.5\%\sim10\%$，$w_{Fe}=4.0\%\sim5.0\%$，$w_{Ni}=4.0\%\sim5.0\%$，$w_{Mn}=0.8\%\sim2.5\%$，其余为 Cu。图 2-18 所示为 $w_{Fe}=5\%$，$w_{Ni}=5\%$的 Cu-Al 合金二元相图截面，由于镍含量高、锰含量低，α 相区扩大，高温时为 β 相。随着温度的下降，先在 β 相的晶界处析出 α 相，并沿着 β 相的晶面长大，接着在 β 相和 α 相上析出球状或玫瑰花状的 Fe-κ 相。继续冷却，在 β 相上析出细小层状或小球状的富镍 κ 相，降至室温，在 α 相上析出弥散的 Fe-κ 相。最终的典型组织是 α+κ 相，力学性能很高，$R_m\geq630$MPa，$A\leq16\%$。与 8-13-3-2 铝青铜相比，9-4-4-2 铝青铜力学性能稍有降低，但耐空泡腐蚀性能更好，而且抗海生物附着能力强，因此是制造大功率船舰或高速快艇推进器的理想材料。缺点是熔点比 8-13-3-2 铝青铜高 100℃左右，密度更大，成本高。

4. 铝青铜的热处理

根据铜铝合金二元相图，合金中 w_{Al}<7.4%时，为单相 α 固溶体，塑性好且易于加工。压力加工时，通常可以进行再结晶退火和去应力退火。当 w_{Al}=9.4%~15.6%时，可以进行热处理强化。当加热温度到达 β 相区时，快速冷却会发生 $\beta \longrightarrow \beta'$ 相变。常用铝青铜的热处理制度见表 2-2。

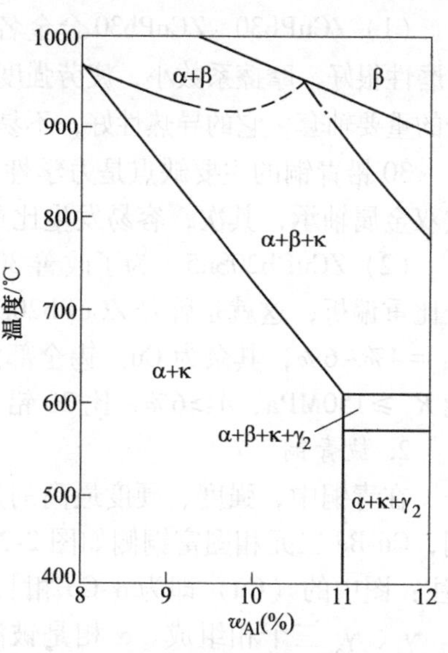

图 2-18　含 w_{Fe}=5%和 w_{Ni}=5%的 Cu-Al 合金二元相图截面

2.2.4　其他青铜

1. 铅青铜

图 2-19 所示为 Cu-Pb 合金二元相图，铅几乎不溶于铜。

当 w_{Pb}< 36%，降温时，先析出 α 相，然后在 955℃发生偏晶反应：

$$L_1 \longrightarrow \alpha + L_2 \tag{2-10}$$

955~326℃时，富铅的 L_2 不断析出 α 相。

表 2-2　几种铝青铜的热处理制度

合金牌号	再结晶退火/℃	去应力退火/℃	固溶温度/℃	回火温度/℃
QAl5	600~700	300~360	—	—
QAl7	650~750	300~360	—	—
QAl9-2	650~750	—	800	350
QAl9-4	650~750	—	850	400
QAl10-4-4	650~750	—	920	650

在 w_{Pb}=99.94%，326℃处发生共晶反应如下：

$$L_2 \longrightarrow \alpha + Pb \tag{2-11}$$

α 相可以看作纯铜，因此常温下的组织为树枝晶 α 及填满树枝晶间隙的 Pb，在铜的基体上均匀分布软的铅，有自润滑作用，摩擦系数很小，耐磨性能优良。

由于 L_1、L_2 与 α 相共存的温度范围宽，α 相与液相之间的密度相差较大，凝固时会产生严重的比重偏析，引起铅相的聚集和球化，导致合金的力学性能恶化，因此必须采用水冷金属型，加快凝固，使铅相呈细小点状分布在铜基体上。采用金属型离心铸造时，要控制浇注速度，边浇注边凝固，避免引起比

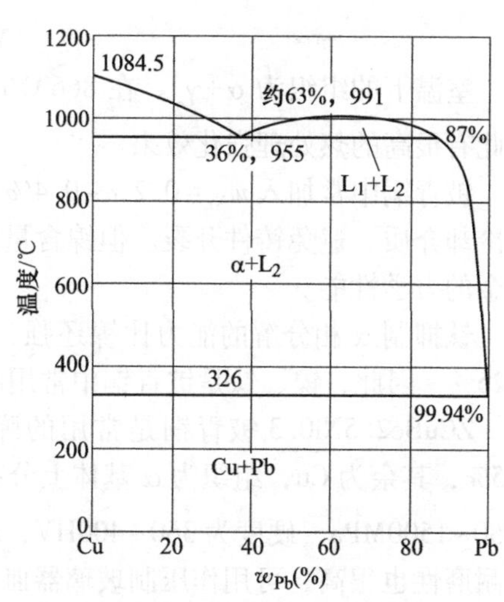

图 2-19　Cu-Pb 合金二元相图

重偏析，获得均匀的细晶粒组织。

（1）ZCuPb30　ZCuPb30 合金名称为“30 铅青铜”，成分为 $w_{Pb}=27\%\sim33\%$，其余为 Cu。耐磨性很好，摩擦系数小，疲劳强度较高，在冲击下不易开裂，用作承受高压、高转速并受冲击的重要轴套，它的导热性好，不易因摩擦发热而与轴颈粘连，工作温度可达 300℃。

30 铅青铜的主要缺点是力学性能很低，不能作单体轴承，只能镶铸在钢套内壁上，制成双金属轴承；其次，容易发生比重偏析，浇注时必须采用水冷金属型，控制浇注速度。

（2）ZCuPb20Sn5　为了改善 30 铅青铜的力学性能，常加入锡、锌等元素，它们还能减轻比重偏析，这就是牌号 ZCuPb20Sn5，合金名称为 20-5 铅青铜，成分为 $w_{Pb}=18\%\sim23\%$，$w_{Sn}=4\%\sim6\%$，其余为 Cu。锡全部溶入 α-Cu 中，因此铸态组织与 30 铅青铜相似，力学性能 $R_m\geqslant150$MPa，$A\geqslant6\%$，比 30 铅青铜高得多，可以提高使用寿命。

2. 铍青铜

在青铜中，强度、硬度最高的是铍青铜，Cu-Be 二元相图富铜侧如图 2-20 所示［注：图中的（Cu）即为 α-Cu 相］，存在 α、γ_1、γ_2 三个相组成。α 相是铍溶入铜中的固溶体，为面心立方晶格，塑性好；γ_1 相是以电子化合物 CuBe 为基的无序固溶体，为体心立方晶格；γ_2 相是以 CuBe 为基的有序固溶体，也是体心立方晶格。γ_1、γ_2 都是高硬度、低塑性的相，尤其是 γ_2 相。

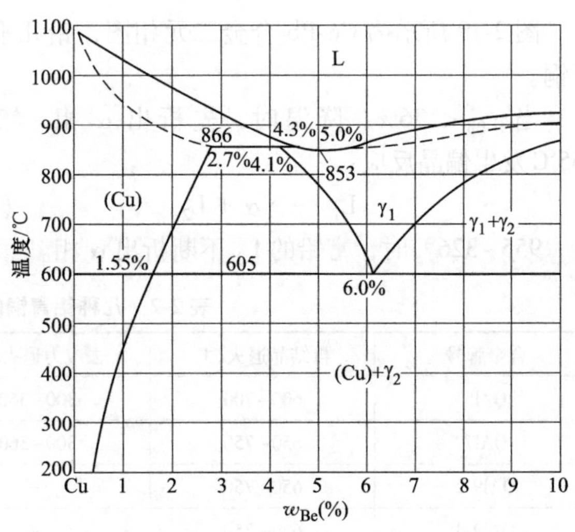

图 2-20　Cu-Be 二元相图铜侧

铸造条件下，$w_{Be}=2.3\%\sim2.5\%$的合金由于非平衡结晶，高温时形成 $\alpha+\gamma_1$，然后在 605℃、$w_{Be}=6\%$处发生共析转变如下：

$$\gamma_1 \longrightarrow \alpha+\gamma_2 \tag{2-12}$$

室温下的组织为 $\alpha+\gamma_2$。在 866℃时，铍的极限溶解度为 2.7%，300℃时降为 0.02%，因此有很高的热处理强化效果。

铍青铜中常加入 $w_{Ni}=0.2\%\sim0.4\%$，能延缓 α 相的分解，提高淬透性，应采用温度较高的冷却介质，避免铸件开裂。但镍含量过高时，会降低铍在铜中的溶解度，影响时效处理后合金的力学性能。

钛抑制 α 相分解的能力比镍还强，还能细化铸态组织，最佳加入质量分数为 0.10%～0.25%。因此，镍、钛是铍青铜中常用的微量元素。

ZCuBe2.5Ni0.3 铍青铜是常用的弹簧材料，成分为 $w_{Be}=2.3\%\sim2.6\%$，$w_{Ni}=0.2\%\sim0.5\%$，其余为 Cu，组织为 α 基体上分布着细小的 γ_2 相及少量的 NiBe 相，力学性能为 $R_m=1250\sim1500$MPa，硬度为 360～400HV，$R_{eL}\geqslant600$MPa，适用于制作强力弹簧之类的零件。它的耐磨性也很高，可用作压制玻璃器皿的模具。

由于铍的价格高，而且有毒，近来出现了一些含铍较低的铍青铜，如 ZCuBe1.7Ni0.3，

成分为 w_{Be} = 1.60% ~ 1.85%，w_{Ni} = 0.2% ~ 0.4%，w_{Ti} = 0.10% ~ 0.25%，其余为 Cu；ZCuBe1.9Ni0.3，成分为 w_{Be} = 1.85% ~ 2.1%，w_{Ni} = 0.2% ~ 0.4%，w_{Ti} = 0.10% ~ 0.25%，其余为 Cu。强度、硬度稍有下降，但改善了工艺性能，降低了成本，有代替部分 ZCuBe2.5Ni0.3 的趋势。这些合金的导电性、导热性都很好，可用作电极材料。

铍青铜在碰撞时不会发生火花，适于制作防爆工具。

铍青铜中的有害杂质有镁，可降低塑性；磷可促使 α 固溶体分解，导致零件不易淬透；还有铅、铋、锑等，可产生热脆性，对轧制零件极为有害，均应予以控制。

3. 铜锰基高阻尼合金

阻尼合金是一种功能材料，在 20 世纪 40 年代就发现了 Cu-Mn 合金的高阻尼性能，成功地用在低噪声推进器上，提高了隐蔽性，取得了成功。

Cu-Mn 合金二元相图如图 2-21 所示，以 w_{Mn} = 60%合金为例，分析其成分和组织。由于凝固温度范围很宽，锰原子在铜中的扩散速度很慢，在铸造条件下形成不平衡组织，先凝固的 γ_{Mn} 相（$w_{Mn} \approx 71\%$）和后凝固的 γ_{Cu} 相（$w_{Cu} \approx 50\%$）之间有很大的浓度差，在 γ 相内产生严重的晶内偏析。继续降温时，锰来不及脱溶析出，很快通过 $\gamma+\alpha_{Mn}$ 相区而进入 OO' 线以下的二相混溶区，结果高温相 γ 以亚稳定相状态保留到室温，铸态组织几乎是由一个具有严重晶内偏析的亚稳相 γ 所组成的组织。

MC77 合金是我国开发的高阻尼合金，成分为：w_{Cu} = 35% ~ 38%，w_{Al} = 4.0% ~ 4.8%，w_{Fe} = 2.5% ~ 5.0%，w_{Ni} = 1.0% ~ 2.0%，其余为 Mn。

加入铝的目的是提高合金的力学性能。铝缩小 γ 相区，γ 相因溶入铝而强化。当铝质量分数超过 4.0%后，出现条状 β 相，分布在 γ 相周围。β 相随铝含量的增加而增加，并开始析出 β_{Mn} 相。当 w_{Al} = 5.0%时，β 相在 γ_{Mn} 相周围形成网络状，力学性能开始下降。

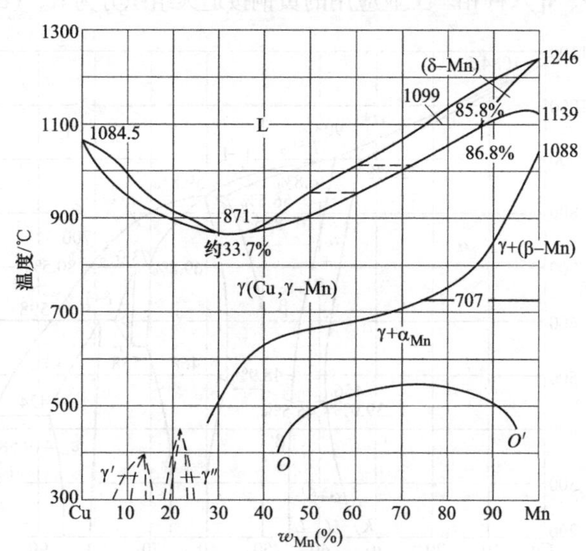

图 2-21　Cu-Mn 合金二元相图

铁生成富铁 κ 相，能细化 γ 相。镍能提高合金的耐蚀性，MC77 的铸态组织如图 2-22 所示，图中白色为 γ 相，黑色为 β 相；力学性能为 $R_m \geqslant 550$MPa，$A \geqslant 25\%$，是一种“强如钢，声如木”的高阻尼结构材料。

γ相在外力作用下会发生马氏体相变，形成微双晶，诱发界面间运动和反铁磁性磁矩（畴）转向运动，引起静滞后型内耗。温度高于 *Ms* 点时，马氏体相变消失，阻尼性能也随之消失。故温度越低，阻尼性能越好；反之，温度超过 *Ms* 点 70℃左右，阻尼性能消失。

MC77 经 400~450℃保温 4h 时效处理后，能增加马氏体内微双晶的数量，改善其阻尼性能。

有害杂质碳、硅对合金的阻尼性能影响较大，分别应控制在 w_C<0. 05%、w_{Si}<0. 2%。

图 2-22 MC77 高阻尼锰铜合金的显微组织

2. 2. 5 黄铜

铸造黄铜是以锌为主加元素的铜合金，结晶温度范围小，充型能力强，锌的沸点低，有自发的除气作用，因而铸造性能好，锌的价格便宜，成本较低，力学性能却比锡青铜高得多，因此应用很广泛。

铸造黄铜的主要缺点是脱锌腐蚀，在海水或带有电解质的腐蚀介质中工作时，电极电位较低的富锌 β 相与富铜的 α 相之间产生相间电流，β 相成为微电池的阳极而被腐蚀脱锌。最后，β 相只剩下铜的骨架，成为构件断裂的根源，使用时必须采取措施，防止脱锌腐蚀。

1. 铜锌二元黄铜

（1）Cu-Zn 二元黄铜的成分和组织　Cu-Zn 合金二元相图如图 2-23 所示，其中包含五个包晶反应和 α、β、γ、δ、ε、η 六种相。工业应用的黄铜按退火组织分为 α、（α+β′）和 β′黄铜三类。

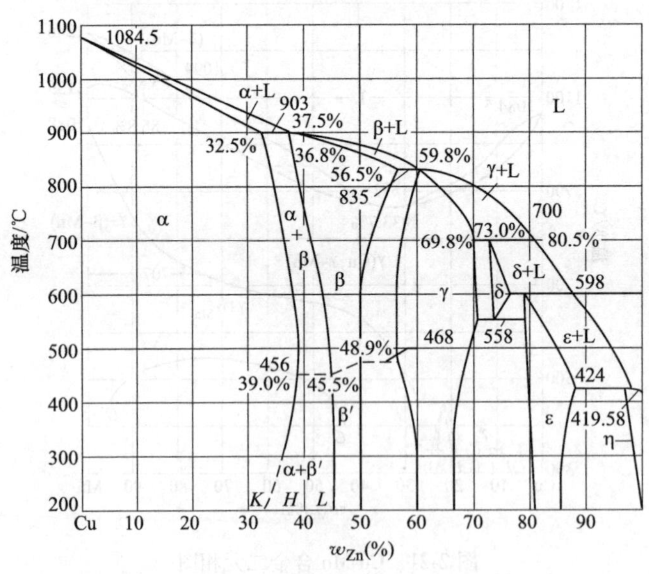

图 2-23 Cu-Zn 合金二元相图

α 相是以铜为基的固溶体，其晶格常数随锌含量的增大而增大。锌在固态铜中的溶解度与其他合金系不同，是随温度的降低先增大后减小的。当温度降至 456℃，锌在铜中的溶解度达到最大值39%。在α相区内存在两个有序化合金区，即Cu_3Zn和Cu_9Zn区。实验表明：Cu_3Zn区有两个变体，即α_1和α_2，约在420℃时α固溶体有序化为α_1，在217℃时，α_1转变为α_2。α相塑性良好，适于冷热加工，但在上述有序化合金区中存在低温退火硬化现象。

另外，α固溶体的相区很宽，在平衡相图中，锌在α相中的最大溶解度为39%，但在实际铸造条件下，由于非平衡结晶，在相同的温度，如456℃时，锌的最大溶解度降为32%左右。对于大多数黄铜，不适宜热处理强化，因为从900℃起向下降温过程中，自β相中沉淀析出的二次α相，是一种软的晶体，没有强化作用，自456℃继续冷却时，由于温度过低，二次β相难以从α相中析出。因此固溶处理后，合金的力学性能不能提高。只有对结构复杂的中、大型铸件可进行低温退火，以消除内应力。

（2）Cu-Zn二元合金的力学性能 Cu-Zn二元合金的力学性能与含锌量的关系如图2-24所示，当锌低于32%时是α相单相组织，α相是以铜为基的固溶体，为面心立方晶格，塑性好；当锌含量增大时，强度、塑性均提高，在w_{Zn}=30%附近存在伸长率的峰值。继续增大锌含量，伸长率开始下降，当w_{Zn}=32%~39%时，组织开始出现β相。β相是以电子化合物CuZn为基的固溶体，为体心立方晶格，在456~468℃间发生如下有序化转变：

$$\beta \longrightarrow \beta' \qquad (2\text{-}13)$$

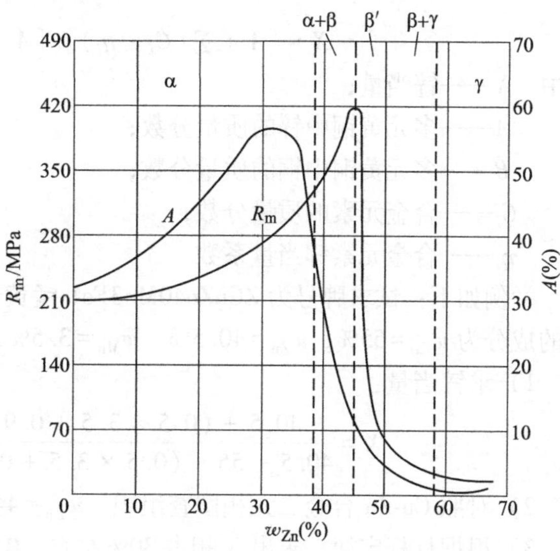

图2-24 含锌量对铸造黄铜力学性能的影响

该有序化转变进行得很快，即使在β相区淬火也不能抑制其进行。高温无序的β相塑性好，可以承受压力加工。室温下的有序β′相塑性差，不能承受压力加工，但抗拉强度、硬度高。因此，室温下的抗拉强度继续增大，直至w_{Zn}=45%附近出现峰值。当w_{Zn}>45%后，进入β′相区，抗拉强度和伸长率均剧烈下降，已不适于作为结构材料。

铸造黄铜基本上都是（α+β）两相组织，可根据不同需要选择不同的α/β比例，确定最佳含锌量。需要高塑性时取大比值，需要高强度时取小比值。

（3）Cu-Zn二元合金的铸造性能 Cu-Zn二元合金的结晶温度范围很小，只有30℃左右，液相线随含锌量增加而很快下降，流动性好，熔化温度比锡青铜低，但w_{Zn}=40%的黄铜沸点只有1050℃，往往低于熔炼温度，能带走铜液中的气体和夹杂；锌本身是脱氧剂，因此不用脱氧，熔铸工艺比较简单，适宜用金属型铸造和压铸，能获得致密的铸件。黄铜的收缩率较大，容易生成集中缩孔，应按顺序凝固原则设计较大的冒口和冷铁相配合。

（4）提高铸造黄铜性能的途径

1）合金化。加入铝、锰、硅、铅、镍等合金元素，通过固溶强化α相和β相，在保留良好铸造性能的同时，提高其力学性能、耐蚀性和可加工性等。

2）细化晶粒。加入铁或微量硼、钒、钛、锆等元素，细化晶粒，提高合金的力学性能，改善其铸造性能。

3）提高合金纯度。严格控制杂质元素铋、硫等的含量；当杂质含量超差时，可加铈、钙、锂等，使分布在晶界上的低熔点相转变为高熔点相，稀土元素作用最明显。

（5）锌当量　二元黄铜中加入硅、铝、锰等元素后，缩小 α 相区，而加入镍、钴则扩大 α 相区。为了可靠地控制多元黄铜的组织和性能，通过实验定量测定了不同合金元素对组织影响的程度，具体参照表 2-3 中合金元素的锌当量系数。有了锌当量系数，就可以按式（2-14）求得多元黄铜的锌当量，并利用 Cu-Zn 二元相图判断合金的组织和性能。

表 2-3　合金元素的锌当量系数

合金元素	Si	Al	Sn	Pb	Fe	Mn	Ni
当量系数	10~12	4~6	2	1	0.9	0.5	−1.3~−1.0

$$X = [A + \sum(C_i \cdot \eta_i)]/[A + B + \sum(C_i + \eta_i)] \tag{2-14}$$

式中　X——锌当量；

A——多元黄铜中锌的质量分数；

B——多元黄铜中铜的质量分数；

C_i——合金元素的质量分数；

η_i——合金元素锌当量系数。

举例如下：试求牌号为 ZCuZn40Mn3Fe1 锰黄铜的锌当量，并分析它具有什么组织。合金的成分为 $w_{Cu}=55\%$，$w_{Zn}=40.5\%$，$w_{Mn}=3.5\%$，$w_{Fe}=1\%$。

1）求锌当量：

$$X = \frac{40.5 + (0.5 \times 3.5 + 0.9 \times 1)}{40.5 + 55 + (0.5 \times 3.5 + 0.9 \times 1)} \times 100\% \approx 44\%$$

2）对照 Cu-Zn 合金二元相图查组织，$w_{Zn}=44\%$时，其组织为 β′+α。

3）根据杠杆定律，求出 α 相占 30%左右，β′相占 70%左右，可见合金的强度很高。

反之，也可以根据已定的组织和性能来确定合金元素的配比。

应当指出，锌当量系数是统计所得，只适用于合金元素质量分数不大于 2%~5%的情况。合金元素含量过大时就不准确，尤其是锌当量系数大的元素，如硅更是如此。其中铜质量分数的适用范围为 55%~63%。

2. 多元黄铜

国家标准中除牌号为 ZCuZn38，名称为“38 黄铜”外的铸造黄铜都是多元黄铜。

（1）ZCuZn16Si4　ZCuZn16Si4 的名称为“16-4 硅黄铜”，成分为 $w_{Cu}=79\%\sim81\%$，$w_{Si}=2.5\%\sim4.5\%$，其余为 Zn。合金铸态组织由 α 固溶体和少量（α+γ）共析体组成。γ 相是以电子化合物 Cu_5Zn_8 为基的固溶体，为复杂立方晶格，室温下硬而脆，溶入硅的 γ 相比例要小，过多时会使合金变脆，其显微组织如图 2-25 所示。硅溶入 α 相中起固溶强化作用，在铸件表面形成一层黑色的致密保护膜 SiO_2，能提高合金的耐蚀性。此外，硅还能降

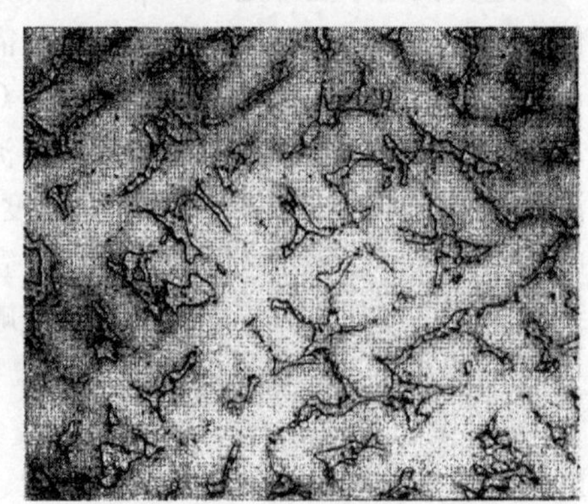

图 2-25　16-4 硅黄铜铸态显微组织

低合金熔点，明显缩小合金的结晶温度范围，因此16-4硅黄铜铸造性能是铸造黄铜中最好的，容易获得合格的铸件。其力学性能为：金属型试块 $R_m \geqslant 390MPa$，$A \geqslant 20\%$。该合金适合金属型铸造或压铸，用作复杂的船用泵壳、叶轮、水泵活塞、阀体等耐水压零件。16-4硅黄铜的含锌量低，熔炼时要防止吸气，防止浇注时冒口上涨。

（2）ZCuZn26Al4Fe3Mn3　ZCuZn26Al4Fe3Mn3 的名称是“26-4-3-3铝黄铜”，成分为：$w_{Cu}=60\%\sim66\%$，$w_{Al}=2.5\%\sim5\%$，$w_{Fe}=1.5\%\sim4.0\%$，$w_{Mn}=1.5\%\sim4.0\%$，其余为Zn。铝、锰均能溶入α相、β相中，可强化合金，铁生成富铁κ相，可细化晶粒。如取各元素含量的平均值，按式（2-14）算得锌当量为44.55%，已知 $w_{Zn}=38\%$ 以下为α相单相区，$w_{Zn}=45.7\%$ 为β相单相区，根据杠杆定律，算得α相约占15%，β相约占85%。合金的显微组织示意图如图2-26所示，力学性能很高，砂型试块 $R_m \geqslant 600MPa$，$A \geqslant 18\%$。

26-4-3-3铝黄铜表面有一层致密的 Al_2O_3 保护膜，在大气、海水中有良好的耐蚀性，力学性能很高，因此常用作船、舰用推进器。

26-4-3-3铝黄铜的成分若控制不当，如除锌以外的合金元素都取上限，化学成分虽符合国家标准，但锌当量已等于45.7%~47.4%，组织全部由β相组成，甚至出现γ相，脱锌腐蚀严重，合金变脆，船、舰推进器很容易发生断桨事故。为了提高推进器的寿命，α相最好占20%~25%。

（3）ZCuZn25Al6Fe3Mn3　ZCuZn25Al6Fe3Mn3 的名称为“25-6-3-3铝黄铜”，成分为 $w_{Cu}=60\%\sim66\%$，$w_{Al}=4.5\%\sim7.0\%$，$w_{Fe}=2.0\%\sim4.0\%$，$w_{Mn}=1.5\%\sim4.0\%$，其余为Zn，组织全部由β相组成。合金的力学性能为：砂型试块 $R_m \geqslant 725MPa$，$A \geqslant 10\%$。塑性很低，已不能用作船用推进器，但强度、硬度高，可用作重型机器上受摩擦、承受重载荷的大型齿轮及重型螺杆等。

（4）ZCuZn40Mn3Fe1　ZCuZn40Mn3Fe1 的名称为“40-3-1锰黄铜”，成分为 $w_{Cu}=53\%\sim58\%$，$w_{Mn}=3.0\%\sim4.0\%$，$w_{Fe}=0.5\%\sim1.5\%$，其余为Zn。锰溶入α相中，起固溶强化作用，还能提高在水蒸气或海水中的耐蚀性，防止脱锌腐蚀。显微组织由（α+β）两相组成。锌当量为43%~44%，合金的综合力学性能最好。显微组织示意图如图2-27所示。锰含量超过4%后，组织中将出现ε相，伸长率急剧下降。

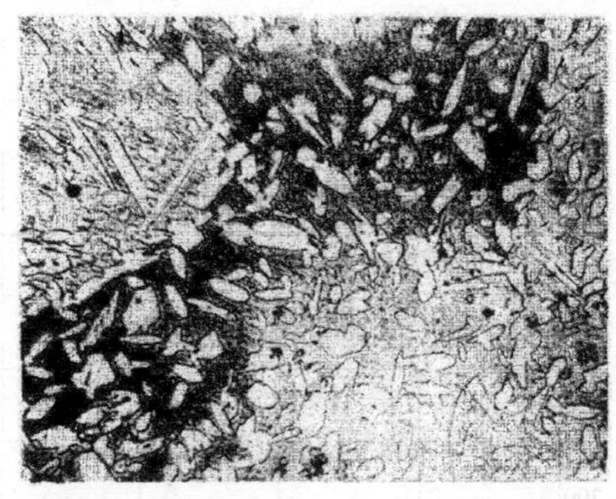

图2-26　26-4-3-3铝黄铜铸态显微组织

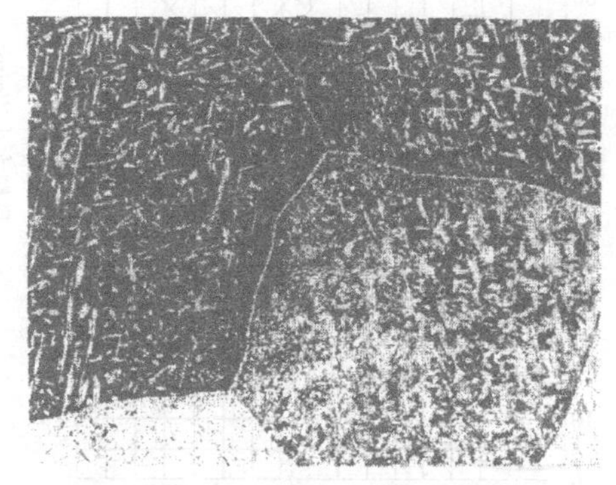

图2-27　40-3-1锰黄铜显微组织

40-3-1锰黄铜生产成本较低，熔铸工艺较简单，砂型试块力学性能为 $R_m \geqslant 440MPa$，$A \geqslant 18\%$，是中、小型船用推进器常用材料，同样需要控制金相组织，避免出现β相单相组织，防止断桨事故发生。

3. 黄铜的压力加工性能和耐蚀性

单相黄铜具有良好的塑性，能承受冷热加工，但在200~700℃时存在中温脆性区，通过添加微量的Ce就可使脆性区消失。两相黄铜加热到β相区后，晶粒极易长大，使压力加工性能降低，故两相黄铜锻造时加热温度应略低于（α+β）相区与β相区界线处。

黄铜在大气中有良好的耐蚀性，但在某些介质中会发生脱锌及应力腐蚀。由于锌的电极电位远低于铜，所以黄铜在盐水中极易发生电化学腐蚀，使电位低的锌被溶解，铜则呈多孔薄膜残留在表面，并与表面的黄铜再次组成微电池，使黄铜成为阳极而加速腐蚀，导致脱锌。为了防止脱锌，可选用低锌黄铜（$w_{Zn}<15\%$）或加入$w_{As}=0.02\%\sim0.06\%$。

冷变形的黄铜工件或半成品在车间放置几天，有时会发生自发式的破裂，这种现象叫黄铜的“自裂”或“季裂”。这是一种应力腐蚀破坏，是在残留张应力、腐蚀介质（主要是氨或SO_2）、氧及潮湿空气的联合作用下发生的。黄铜含锌量越大，越容易发生自裂，当$w_{Zn}>25\%$时，自裂倾向就较为敏感。实验表明：①压应力不产生腐蚀破坏，且对腐蚀破坏还有抑制作用，因此，对零件表面进行喷丸或滚压是防止黄铜自裂的一种方法；②黄铜制品必须去应力退火，退火后还要避免撞伤或在装配过程中产生新的张应力；③在黄铜中加入少量Si（$w_{Si}=1\%$左右）、As（$w_{As}=0.02\%\sim0.06\%$）或Mg（$w_{Mg}=0.1\%$左右），均能减小自裂倾向；④黄铜制品的表面镀锌或镀镉也能防止自裂。

4. 黄铜热处理

黄铜的主要热处理方式是退火，包括再结晶退火和去应力退火。

（1）再结晶退火　再结晶退火包括加工工序之间的中间退火和产品的最终退火两种形式，其目的主要是消除加工硬化，恢复塑性并获得细晶组织。黄铜的再结晶温度随合金成分及杂质含量的不同，大多为300~400℃，故再结晶退火通常在600~700℃进行。图2-28所示为H68黄铜退火温度与力学性能间的关系。图2-29所示为Cu-Zn合金的晶粒度与退火温

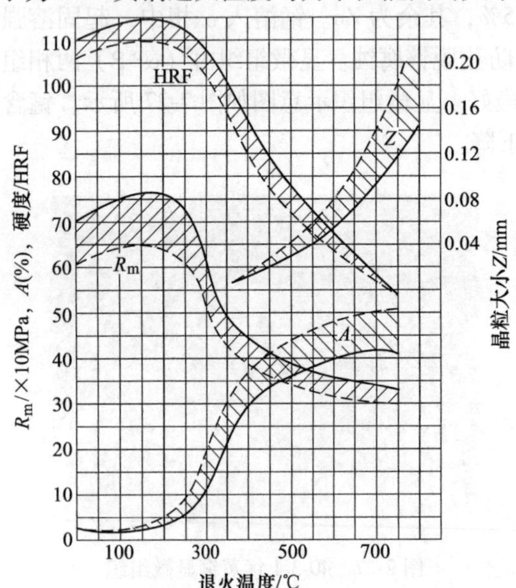

图2-28　H68黄铜退火温度与力学性能的关系
（带材：退火时间1h，原材料晶粒度0.01~0.1mm，变形50%）

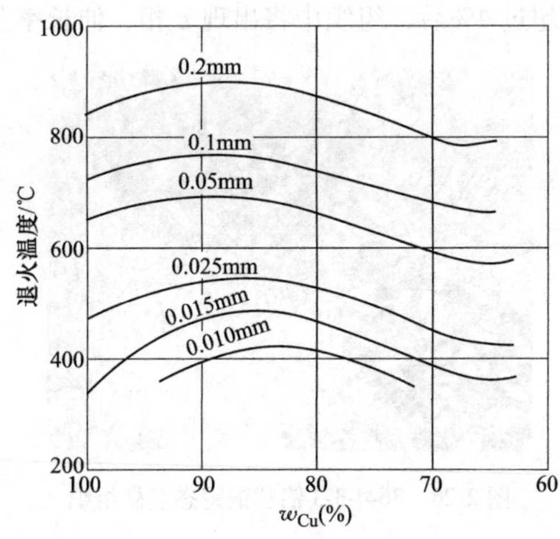

图2-29　Cu-Zn合金的晶粒度与退火温度、合金成分的关系
（带材：退火时间30min，冷压变形44%）

度、合金成分间的关系。

黄铜退火后的冷却方式对合金力学性能影响不大，水冷或空冷都可以。水冷可使工件表面的氧化皮脱落，获得质量较好的表面，航空产品大多采用水冷的方式。

对于（α+β）黄铜，由于冷却过程中发生β⟶α相变，冷却速度越快，析出的针状α相越细，硬度越高。若要求合金的塑性高，应采取缓慢冷却方式。反之，若要求改善合金的可加工性和获得较大的强度，应采取较快的冷却速度。

（2）去应力退火　黄铜，特别是含锌量较高的黄铜，具有很强的应力腐蚀倾向，其冷变形产品必须进行去应力退火，以防止自裂。去应力退火的温度一般比再结晶温度低30~100℃，大概为230~300℃。若为成分复杂的黄铜则退火温度为300~350℃。退火的保温时间为30min~1h。

（3）退火硬化现象　α黄铜冷变形后于再结晶温度以下退火或长期保存，其抗拉强度不但不会下降，反而会有所升高（但电阻有所降低）。例如，$w_{Zn}=30\%$的ZCuZn30（又称三七黄铜）冷变形50%后在235℃去应力退火1h，其抗拉强度反而升高，伸长率下降约2%。实验表明：$w_{Zn}>10\%$的黄铜、$w_{Al}>4\%$的铝青铜、$w_{Mn}>5\%$的锰青铜和$w_{Ni}>30\%$的白铜都有这种退火异常硬化的现象，这种现象也称为变形时效。

2.3　铸造铜合金的制备

2.3.1　铜合金的氧化和脱氧

1. 铜合金的氧化特性

铜合金熔化后，高温下容易被炉气中的氧所氧化，在液面上进行下列氧化反应：

$$4Cu + O_2 = 2Cu_2O \quad (2\text{-}15)$$

反应产物氧化亚铜Cu_2O的密度为6g/cm^3，熔点为1235℃。当温度低于熔点时是固态，呈黑色，$\eta=1.71>1$，该氧化膜是致密的，对铜液有保护作用，温度高于Cu_2O的熔点时，呈液态，对铜液失去保护作用。Cu_2O有以下两个特点：

1）Cu_2O溶于铜液中，随着温度的下降，Cu_2O与α相在1066℃时形成α+Cu_2O共晶体。α相是铜中溶有氧0.0010%~0.0036%（质量分数）的固溶体，凝固时，先形成α相，降至共晶温度时，共晶体在α相晶粒连接处析出，分布在α相晶界上，如图2-30所示。

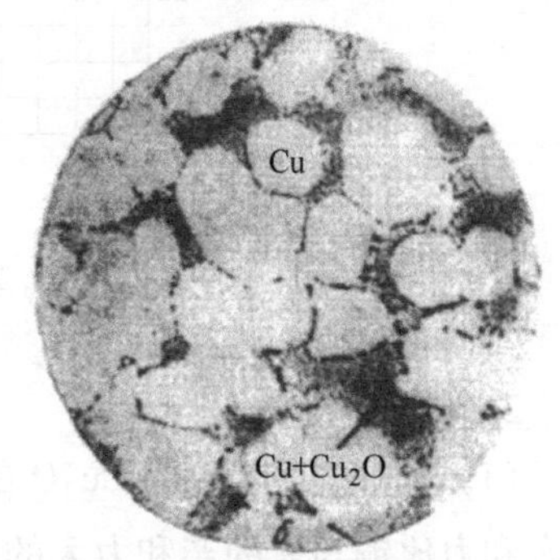

图2-30　纯铜脱氧不彻底(含氧0.15%)α-Cu+(α+Cu_2O)共晶体

纯铜、锡青铜、铅青铜等脱氧不彻底时，组织中出现α+Cu_2O共晶体。由于熔点低，会引起热脆，如吸入氢气，则发生下列反应：

$$Cu_2O + H_2 = 2Cu + H_2O \quad (2\text{-}16)$$

凝固后在铸件中生成气孔。含有Cu_2O的铜铸件不能在还原性的炉氛中进行热处理，否则氢将渗入α相的晶界，按反应式（2-16）生成水蒸气，其压力随晶间压力的增大而增大，会导致晶界显微裂纹产生。

2）Cu_2O 有很高的分解压力。由图 2-31 可见，Cu_2O 的分解压力 p_{O_2} 比合金元素铝、镁、硅、锰的氧化物分解压力高得多，熔炼时，如果在脱氧消除 Cu_2O 之前加入这些合金元素，将发生下列反应：

$$3Cu_2O + 2Al \longrightarrow Al_2O_3 + 6Cu \tag{2-17}$$

$$2Cu_2O + Si \longrightarrow SiO_2 + 4Cu \tag{2-18}$$

弥散状反应产物 Al_2O_3、SiO_2 将悬浮在铜液中，很难清除，会在铸件中形成夹杂，导致合金的力学性能恶化。因此，熔炼纯铜、锡青铜、铅青铜等必须彻底脱氧，清除 Cu_2O 后再加入合金元素。

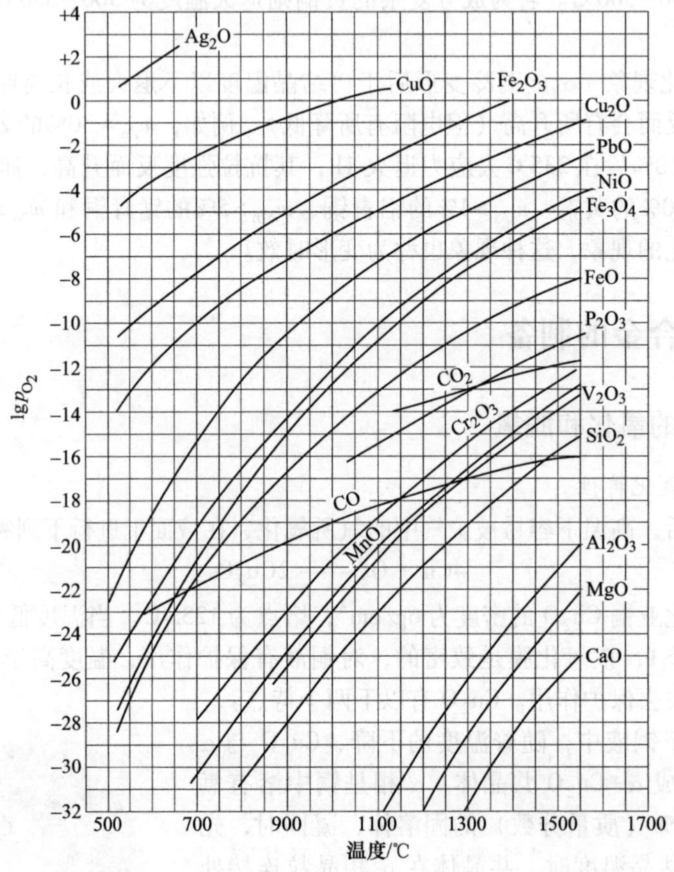

图 2-31　某些金属氧化物的分解压 p_{O_2} 与温度的关系

2. 铜合金的脱氧

（1）脱氧基本原理　Cu_2O 的分解压力高，能溶于铜液中，因此向铜液中加入那些与氧的亲和力比铜与氧的亲和力大的元素，通过如式（2-17）、式（2-18）这类反应就可将 Cu_2O 中的铜还原出来，生成物能自动上浮至铜液表面而被除去，完成脱氧过程。

（2）脱氧方法

1）沉淀脱氧。脱氧剂本身能溶解于铜液中，脱氧反应在整个熔池内进行，优点是脱氧速度快，脱氧彻底。缺点是脱氧产物不易清除。磷铜脱氧、铝脱氧、镁脱氧均属于沉淀脱氧。

2）扩散脱氧。脱氧剂本身不溶于铜液中，覆盖在铜液表面，脱氧仅在表层进行，借助 Cu_2O 不断向液面扩散才能不断脱氧，故称为扩散脱氧。缺点是脱氧速度较低，受 Cu_2O 的扩散速度控制，但对铜液成分无影响，不会污染合金。脱氧剂有碳化钙（CaC_2）、硼化镁（Mg_3B_2）、硼渣（$Na_2B_4O_6 \cdot MgO$）等。脱氧反应如下：

$$5Cu_2O + CaC_2 = CaO + 2CO_2 + 10Cu \quad (2\text{-}19)$$

$$6Cu_2O + Mg_3B_2 = 3MgO + B_2O_3 + 12Cu \quad (2\text{-}20)$$

$$Cu_2O + Na_2B_4O_6 \cdot MgO = Na_2B_4O_7 \cdot MgO + 2Cu \quad (2\text{-}21)$$

反应产物 CaO、MgO、B_2O_3、$Na_2B_4O_7 \cdot MgO$ 等在液面成渣，容易扒去。

3）沸腾脱氧。沸腾脱氧又称"青木脱氧"，即将新鲜树干插入铜液中，由于燃烧不完全，产生大量的 CO 及碳氢化合物 C_mH_n，上浮时会引起铜液翻腾，发生下列反应：

$$CO + Cu_2O = CO_2 + 2Cu \quad (2\text{-}22)$$

$$C + 2Cu_2O = CO_2 + 4Cu \quad (2\text{-}23)$$

$$H_2 + Cu_2O = H_2O + 2Cu \quad (2\text{-}24)$$

Cu_2O 被清除，反应产物 CO_2 呈气泡上浮，起精炼作用。H_2O 和 CO_2 一样不溶于铜液中，如不能从铜液中上浮排去，将带来不利影响。

纯铜能溶解氢，熔炼时应控制炉氛，避免吸氢。

3. 磷铜脱氧

除电工材料用的纯铜外，磷是应用最广泛的脱氧剂；磷以磷铜中间合金形式加入，P-Cu 二元相图中在 $w_P=8.4\%$处形成 Cu+Cu_3P 共晶体，熔点为 714℃；$w_P>14\%$后，磷以蒸气形式逸出，故常用的磷铜中含磷量 $w_P<14\%$。磷铜加入铜液后，即在整个熔池内进行脱氧反应。脱氧第一阶段，磷蒸气与铜液中的 Cu_2O 作用为：

$$5Cu_2O + 2P = P_2O_5 + 10Cu \quad (2\text{-}25)$$

反应产物 P_2O_5的沸点为 347℃，在铜液中以气泡形式上浮，上浮过程中继续与 Cu_2O 反应，进入脱氧第二阶段，反应为

$$Cu_2O + P_2O_5 = 2CuPO_3 \quad (2\text{-}26)$$

Cu_2O 可以清除殆尽。当 Cu_2O 含量较高，磷蒸气逸出较慢时，磷也可能直接与 Cu_2O 发生如下反应：

$$6Cu_2O + 2P = 2CuPO_3 + 10Cu \quad (2\text{-}27)$$

偏磷酸铜 $CuPO_3$ 的熔点低，密度比铜小，容易上浮至液面而被除去。由于反应（2-25）较剧烈，产生了大量 P_2O_5，总有部分 P_2O_5未及进一步反应生成 $CuPO_3$ 而逸出液面，污染环境。

脱氧所需磷铜的加入量取决于铜液含氧量、磷铜的含磷量，与铜液温度及操作工艺也有密切关系。

图 2-32 所示为 ZCuSn10 脱氧时磷的加入量与铜液中残余含氧量之间的关系曲线。由图 2-32 可知，当原始 $w_{O_2}=0.02\%$时，加入微量磷，含氧量就急剧降低，当 $w_P=0.02\%$时，氧质量分数已降至 0.003%以下，因而生产中磷的加入量一般控制在 $w_P=0.03\%\sim0.06\%$。

加入磷量过多时，则铜液中残留磷量过高，促使铜液与铸型中的水分发生如下反应：

$$2P + 5H_2O = P_2O_5 + 5H_2 \quad (2\text{-}28)$$

反应产物 H_2 渗入铜铸件中，形成皮下气孔。因此，砂型铸造时残余 w_P 应控制在 0.005% ~ 0.01%，金属型铸造可适当放宽。

铜液中没有残余磷同样有害，此时铜液中必然残留氧，凝固时与极微量氢相遇就会反应生成水蒸气，在铸件中留下气孔。

磷能明显降低铜液的表面张力，因而能提高流动性，对充型有利，故对薄壁小铸件可适当增加磷的加入量，防止浇不到。

电工器材用的高电导率铜不能用磷铜脱氧，以免强烈降低电导率。熔炼高电导率的铜时，可先加质量分数为 0.03%的磷进行预脱氧，然后加质量分数为 0.03%的 Li 进行终脱氧。锂以 Li-Ca 或 Li-Cu 中间合金的形式加入，产生下列反应，能同时去氢去氧：

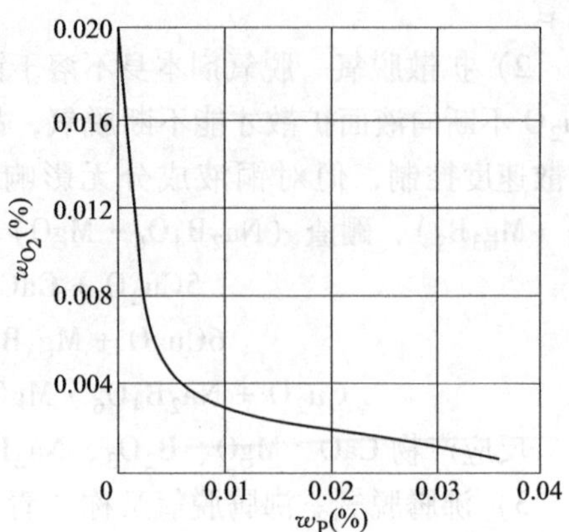

图 2-32　磷加入量与 ZCuSn10 中残余含氧量的关系

$$2Li + H_2 + 2Cu_2O \longrightarrow 2LiOH + 4Cu \qquad (2\text{-}29)$$

残留锂对电导率影响较少，故使用广泛，但锂的价格昂贵，仅在最终脱氧时加入，加入量要严格计算好。

铜合金脱氧时，磷铜通常分两次加入，第一次是熔化清澈后，加入 2/3，使铜液中的 Cu_2O 还原，再依次加入合金元素；第二次在浇注前加入剩余的 1/3，终脱氧并提高铜液的流动性，降低铜液黏度。此外，P_2O_5还能与铜液中的 SiO_2、Al_2O_3 等夹杂物形成低熔点的复合化合物，如 $Al_2O_3 \cdot 3P_2O_5$、$SiO_2 \cdot P_2O_5$等，这些复合化合物的密度比铜液小，易于凝聚上浮。生产经验表明，浇注前加入磷铜后，铜液会立即清亮起来。

黄铜含锌量高，锌本身能脱氧；铝青铜和硅青铜中的铝、硅是强脱氧剂，因此都不必进行脱氧操作。

2.3.2　铜合金液的除氢

常用的除氢方法有氧化法除氢、沸腾法除氢、通惰性气体除氢、氯盐除氢、真空除氢等，后面三种方法和铝液除氢的工艺原理相似。

1. 氧化法除氢

这种方法是当熔炼温度、炉膛压力不变，炉气中水蒸气浓度一定时，K、p_{H_2O} 可作为常数，则 $c_{[H]}^2 c_O$ 也为一常数，可作出图 2-33 所示的铜液中 $K=c_{[H]}^2 c_O$ 关系曲线。从图中可知，氧浓度增加，则氢浓度降低，反之亦然。因此，铜液脱氧和除氢是两个互相制约、相互矛盾的过程，要除氢，需要在铜液中增氧。

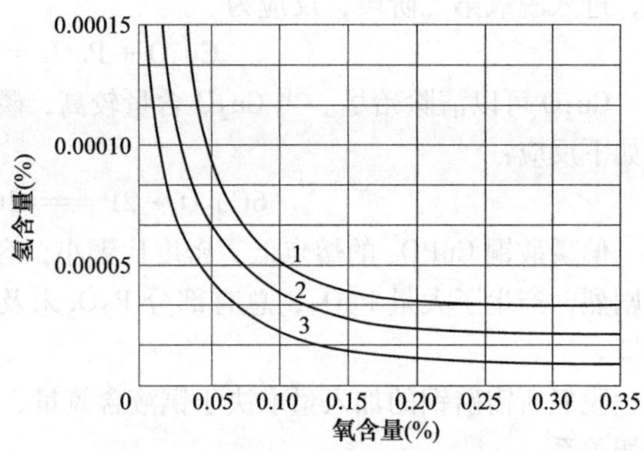

图 2-33　铜液中 $K=c_{[H]}^2 c_O$ 关系曲线

1—1350℃　2—1250℃　3—1150℃

氧化法除氢先是使铜液氧化增氧，彻底清除氢，然后进行脱氧，脱氧后及时浇注，从而完成除氢、脱氧这两个相互矛盾的过程，在一定条件下得到统一，达到既除氢又脱氧的目的。

氧化法除氢只适用于纯铜、锡青铜和铅青铜等。如熔炼铝青铜、硅青铜和锰青铜时，应在加入铝、硅、锰之前用氧化法除氢，然后用磷铜脱氧，再加入合金元素或回炉料。用合金锭熔炼时，不允许采用氧化法脱氢，以防止元素烧损。

铜液增氧方法有两种。一种是控制炉气为氧化性，提高炉气中氧的分压，增加铜液中氧的浓度。具体工艺措施是增加鼓风量以提高炉膛内氧的分压，对自然通风的焦炭炉可适当增加烟囱高度，加强通风，增强供氧；对于油炉应控制风量、油量，使燃油充分燃烧并有剩余氧。另一种为加入氧化性熔剂，使铜液增氧。

氧化性炉氛的特征为火焰呈强烈白光，并有淡绿色的透明焰冠，弱氧化性炉氛的特征是火焰光亮无烟。

通常的熔炼操作为先将纯铜在氧化性火焰中熔化，化清后用磷铜脱氧，脱氧后控制炉氛为微氧化性，再加入其他合金元素。

采用氧化性熔剂增氧，效果比较明显。常用的氧化性熔剂是一些高温下分解的高价氧化物，如 MnO_2、$KMnO_4$、CuO 等，熔剂装在坩埚底部，与炉料同时加热，高温下熔剂被分解，析出氧溶入铜液中，本身被还原为低价氧化物，具体反应如下：

$$2MnO_2 \xrightarrow{\Delta} 2MnO + O_2 \tag{2-30}$$

$$4KMnO_4 \xrightarrow{\Delta} 4MnO + 2K_2O + 5O_2 \tag{2-31}$$

$$4CuO \xrightarrow{\Delta} 2Cu_2O + O_2 \tag{2-32}$$

反应产物 Cu_2O 脱氧后被除去，K_2O、MnO 不溶于铜液，进入炉渣中被扒去。熔炼有油污的废杂铜，化清后含氢量高，尤宜采用此法。

氧化性熔剂加入量为炉料质量的1%~2%，脱氧时要加大磷铜的加入量，具体数量由氧化程度来决定。一般情况下，在弱氧化性炉气中熔炼，加入磷的质量分数为 0.04%~0.06%；使用氧化性熔剂时，加磷的质量分数为 0.15%~0.20%。

2. 沸腾法除氢

锌的沸点只有907℃，黄铜可采用沸腾法除氢。黄铜的蒸气压随锌含量增大、温度上升而增大，见表 2-4。从表中可知，$w_{Zn}>35\%$ 的黄铜沸点低于 1130℃，黄铜的熔炼温度为 1150~1200℃，铜液已经沸腾，大量锌蒸气逸出，气体、夹杂也随之带出，从而净化铜液，无需其他措施就能获得优质的铜液。对于含锌量较低的黄铜，在熔炼温度下不沸腾，如16-4硅黄铜，含锌量最低，为了除氢，在熔炼后期，必须快速加热至沸点，使铜液短期沸腾后，再加入回炉料，快速降温，及时浇注。

表 2-4 黄铜含锌量与沸腾温度的关系

w_{Zn} (%)	10	20	30	35	40	100
沸点/℃	1600	1300	1185	1130	1080	907

2.3.3 铜合金所用熔剂

1. 覆盖熔剂

（1）木炭 木炭曾是熔炼铜合金应用最普遍的覆盖剂，主要作用是防氧化、脱氧和保温，但由于木炭是疏松多孔的物质，表面活性大，能强烈吸附水蒸气，因此使用前必须在1000~1050℃高温下焙烧，除去吸附的水蒸气。

木炭在铜液表面燃烧，生成还原性气体CO，形成保护气膜，阻止铜液进一步被氧化，还能扩散脱氧使Cu_2O还原，起辅助脱氧作用。木炭燃烧发热又是良好的保温剂。对于熔池表面积大，浇注时间长的反射炉，浇注过程中应覆盖木炭，防止氧化和温度下降。只有含镍的铜合金不能用木炭作覆盖剂，否则将发生有害反应析出CO，在铸件中形成气孔，Ni_3C、NiO形成夹渣。

当焦炭、重油等燃烧不完全，炉气呈还原性时，也不能用木炭覆盖，否则炉气中的氢将通过活性的木炭溶入铜合金液中。

废石墨坩埚碎块，碎石墨块不吸附水蒸气，代替木炭作覆盖剂，效果良好。干草灰价格便宜，来源充沛，浇注时覆盖在铜液表面，也有保温、保护作用，故中、小工厂使用较多。

（2）玻璃　不宜用木炭覆盖时可使用玻璃。玻璃是一种复合硅酸盐，分子式为$Na_2O \cdot CaO \cdot 6SiO_2$，熔点为900~1200℃，化学性能稳定，不与铜合金中的任何元素发生化学反应，也不吸收炉气中的水蒸气，故同时具有氧化和保温作用。但由于熔点高、黏度大，扒渣较困难，熔渣和铜液相混，会增大熔耗，应加入Na_2NO_3、CaO、$Na_2B_4O_7$等碱性物质和玻璃形成低熔点的复合硅酸盐，提高流动性，以便于清除。

1）50%碎玻璃+50%Na_2CO_3，温度高于1100℃时，形成流动性好的$CaSiO_3 \cdot 5Na_2SiO_3$，适用于熔点高的铝青铜、含镍的锡青铜等。

2）37%碎玻璃+63%$Na_2B_4O_7$，熔点较低，兼有覆盖和精炼作用，适用于硅青铜。

3）90%Na_4SiO_4+10%NaCl或10%CaF_2，适用于黄铜。

2. 精炼熔剂

铜液中常见的不溶性氧化夹杂有Al_2O_3、SiO_2、SnO_2等，它们的熔点高，呈弥散状分布在铜液中。SiO_2、SnO_2呈酸性，Al_2O_3呈中性，可用碱性熔剂清除这些夹杂，由碱性熔剂与这些夹杂形成低熔点的复盐，密度比铜液小，能聚集上浮进入熔渣后被清除。

（1）清除Al_2O_3　清除Al_2O_3可用Na_2CO_3、CaF_2、Na_3AlF_6，化学反应如下：

$$Al_2O_3 + Na_2CO_3 = Na_2Al_2O_4 + CO_2 \tag{2-33}$$

$Na_2Al_2O_4$的熔点低，密度比铜液小，上浮至液面，成为熔渣，CO_2呈气泡上浮，有精炼作用。

$$Al_2O_3 + 3CaF_2 = 2AlF_3 + 3CaO \tag{2-34}$$

AlF_3呈气泡逸出液面，CaO与玻璃形成低熔点复合盐进入熔渣中。

$$2Al_2O_3 + 2Na_3AlF_6 = 4AlF_3 + Na_2Al_2O_4 + 2Na_2O \tag{2-35}$$

$Na_2Al_2O_4$、Na_2O进入熔渣中，Na_3AlF_6还能溶解Al_2O_3，清除Al_2O_3的效果最好，对铝青铜有良好的精炼作用。

（2）清除SiO_2　可用Na_2CO_3清除SiO_2，即：

$$SiO_2 + 2Na_2CO_3 = Na_4SiO_4 + 2CO_2 \tag{2-36}$$

生成的Na_4SiO_4成为熔渣被除去。

（3）清除SnO_2　清除SnO_2可使用Na_2CO_3、$Na_2B_4O_7$、CaO、B_2O_3，精炼反应如下：

$$SnO_2 + Na_2CO_3 = Na_2SnO_3 + CO_2 \tag{2-37}$$

$$SnO_2 + 2Na_2CO_3 + B_2O_3 = Na_2B_4O_4 \cdot Na_2SnO_3 + 2CO_2 \tag{2-38}$$

$$SnO_2 + 2CaO + Na_2B_4O_7 = 2CaB_2O_4 \cdot Na_2SnO_3 \tag{2-39}$$

反应产物 Na_2SnO_3 及其复盐，其熔点比铜液低，密度比铜液小，容易上浮至铜液表面层，形成熔渣而被除去。

采用精炼熔剂时，增加了熔渣量，给清渣带来了麻烦，一般只在熔炼夹杂量多的杂铜及易氧化的铝青铜时使用。

精炼熔剂使用前应彻底烘干，防止带入水蒸气、油污，$Na_2B_4O_7$、Na_2CO_3 需经过脱水处理。

2.3.4 铜合金典型制备工艺

1. 铜合金熔炼一般原则

各类铜合金熔炼工艺不尽相同。但均应遵循下列原则：

1）所有金属炉料表面必须清理干净，预热，熔剂应焙烧或预熔，彻底去除水分。更换合金牌号时，特别要注意的是，铝青铜、铝黄铜、硅黄铜用过的坩埚、炉衬不可熔炼锡青铜、铅青铜、镍白铜。

2）铜合金液易氧化、吸气，应遵守“快速熔炼，及时浇注”的原则，不使铜液在炉内停留时间过长。

3）控制炉氛为中性，对锡青铜、铅青铜，可在弱氧化性炉氛中熔炼。

4）加料次序甚为重要，应服从“快速熔化”，“防止氧化、吸气”的原则，具体次序根据炉料组成、熔炼设备特性等灵活运用。

5）熔炼温度与铜液质量密切相关，应严格控制，符合工艺要求。

6）及时、准确执行炉前质量检验。

2. 炉料管理及回炉料牌号判断

熔炼工段应设有专门的炉料仓库，由专门人员负责管理。

每批回炉料应按化验成分归类分开存放，严防不同牌号的回炉料混放在一起。

迅速而准确地判断回炉料的牌号及化学成分，是炉料管理中一项重要的工作。根据炉料表面特征、氧化皮颜色及高温下破断情况可大体判断出不同的牌号，见表 2-5。对成批成分不明的回炉料，则应进行化学成分分析。

表 2-5 回炉料牌号判断方法

合金牌号	表面特征	加热后特征
ZCuZn40Mn3Fe1	冒口缩陷，表皮颜色黄里泛白	加热至暗红色仍不易敲碎，淬入水中后表皮发亮
ZCuZn26Al4Fe3Mn3	冒口缩陷，顶部氧化皮发红，下部氧化皮发黄，颜色分层	同 ZCuZn40Mn3Fe1
ZCuZn16Si4	冒口微缩，表皮光滑	同 ZCuZn40Mn3Fe1，铜液滴到地上形成光滑的铜豆
ZCuAl8Mn13Fe3Ni2	冒口缩陷，表皮发白发亮，露天堆放一段时间后表皮发暗	韧性好，加热直至熔化前不易敲碎
ZCuSn10P1	冒口不缩，顶面上有黑色花斑，冒口根部发黑	加热至暗红色，一敲即碎

（续）

合金牌号	表面特征	加热后特征
ZCuSn10Zn2	冒口不缩，顶部表皮光滑，微泛红色	加热至暗红色，一敲即碎
ZCuSn5Pb5Zn5	冒口微缩，顶面有黑色花斑，根部发黄泛红	加热至暗红色，一敲即碎
ZCuSn3Zn8Pb6Ni1	同 ZCuSn5Pb5Zn5	加热至暗红色，一敲即碎
ZCuAl10Fe3	集中缩孔，冒口缩成喇叭形，表皮黄中泛红	韧性好，加热至熔化前不易敲碎
ZCuAl9Mn2	同 ZCuAl10Fe3	韧性好，加热至熔化前不易敲碎

3. 铜合金熔炼工艺要点

（1）纯铜　纯铜铸件的熔炼、铸造难度很大，因为纯铜铸件要求高的导热性或导电性，对杂质含量的控制特别严，尤其是磷，不可用磷铜进行最终脱氧处理，对炉衬、坩埚、熔炼工具要求严，不能使用铁质工具，以防止渗铁，降低纯铜的导热、导电性能；其次，纯铜的熔点高，容易氧化、吸氢，凝固时发生反应并生成水蒸气气泡，浇注时浇、冒口会上涨，导致大量针孔；第三，纯铜的收缩率大，高温强度低，容易发生热裂。

熔炼纯铜一般在经焙烧的木炭、米糠或麸皮的严密覆盖下进行，以防氧化，覆盖剂应随纯铜料一起加入炉中，纯铜开始熔化就被严密覆盖。在熔炼过程中须随时补加覆盖剂，保持 50~100mm 的层厚。木炭应在 800℃以上焙烧 4h，边焙烧边使用，不允许在焙烧炉外放置 24h。

用木炭覆盖容易形成还原性炉氛，吸入氢气，应在弱氧化性炉氛中快速熔炼，使燃料燃烧完全。熔炼温度应控制在 1180~1220℃，可先用磷铜预脱氧，出炉前再加质量分数为 0.03%左右的锂进行最终脱氧处理，锂以 Li-Ca 或 Li-Cu 中间合金形式加入，脱氧反应如下：

$$2Li + Cu_2O = Li_2O + 2Cu \quad (2\text{-}40)$$

$$Ca + Cu_2O = CaO + 2Cu \quad (2\text{-}41)$$

即使已渗入氢，也能借助下述反应除去：

$$2Cu_2O + Ca + H_2 = Ca(OH)_2 + 4Cu \quad (2\text{-}42)$$

上述反应的产物，密度都比铜液小，容易与铜液分离。

（2）锡青铜　锡青铜中的合金元素锡、铅、锌、磷等的熔点都比较低，除磷以 P-Cu 中间合金形式加入外，其余都以纯金属状态直接加入炉中。以 5-5-5 锡青铜为例说明熔炼工艺要点。

1）传统工艺。先加入木炭覆盖剂，加热坩埚，然后加入全部纯铜，熔化后升温至 1200℃左右，用质量分数为 0.3%~0.4%的磷铜脱氧后，依次加入回炉料和锡、锌、铅，最后补加质量分数为 0.1%~0.2%的磷铜进行最终脱氧处理，改善流动性，出炉温度为 1200℃左右，浇注温度为 1100~1180℃。传统工艺的特点是先熔化熔点高的铜，再加入低熔点的合金元素，容易氧化、蒸发的锌最后加入。

2）新工艺。新工艺的特点是底部加锌，上面覆盖纯铜和回炉料，即锌熔化后将纯铜、回炉料逐步熔化，预脱氧后依次加入锡和铅。新工艺缩短了熔炼时间，降低了含气量。由于锌具有脱氧作用，因此可少加或不加磷铜脱氧，可减少残留含磷量，防止铸型反应，消除皮下气孔。另外，由于熔化锌时温度逐渐升高，不像传统工艺那样将锌直接加入高温铜液中剧烈氧化，产生浓厚的 ZnO 白色烟雾，因此锌的熔化、蒸发时间虽比传统工艺时间长，但烧损率并不增加。新工艺能加速熔炼，提高铜液质量，有取代传统工艺的趋势。

（3）铝青铜　铝青铜中含有铝、铁、锰等，化清后铜液表面覆盖一层 Al_2O_3 保护膜，故可以不加覆盖剂，但需防止铜液吸氢。以下是 10-3 铝青铜两种不同的熔炼工艺。

1）二次熔炼工艺。由于铝和铁的熔点差别很大，先预制成Al-Fe中间合金，使其熔点接近铝青铜的熔炼温度，降低铝青铜的熔炼温度，加快熔炼速度。加料次序为：先加纯铜，熔化后升温至1150~1180℃，再加回炉料和Al-Fe中间合金，继续升温至1200℃左右，用$w_{ZnCl_2}=0.1\%$精炼，炉前工艺试验合格后，调整铜液温度并加少量Na_3AlF_6清渣后，即可浇注。为防止铜液过热，留少量回炉料作降温用。

2）一次熔炼工艺。一次熔炼工艺的特点是利用铝热反应发热熔化高熔点的铁。先在坩埚底部加入经除油的低碳钢屑，上面覆盖纯铜；纯铜完全熔化后，升温至1150℃左右，估计钢屑尚有1/3左右未熔化时，加入铝锭并搅拌，利用铝热效应升温使钢屑熔化，然后加回炉料降温；炉前质量检测合格后，加入少量Na_3AlF_6清渣，即可浇注。此法的关键是掌握好加铝的时间，过早则钢屑不能完全熔化，过晚则钢液过热跑温，严重氧化、吸氢。

一次熔炼工艺省去了一道熔制Al-Fe中间合金的工序，节省了能源和工时，但要求有丰富的熔炼经验。

（4）黄铜　黄铜含有大量的锌，由于锌的沸点低，高锌黄铜在熔炼时会沸腾，有除气效果，故熔炼黄铜时，除16-4硅黄铜外，一般不进行精炼。

熔炼黄铜应遵循“低温加锌”和“逐块加锌”的原则，防止铜液剧烈沸腾，否则会引起铜液飞溅，且锌被大量损耗，甚至会危害人身安全。

熔炼铝黄铜，应在加锌之前加铝。熔炼锰黄铜，应加$w_{Al}=0.2\%\sim0.5\%$，可防止锰被氧化，提高铜液流动性，并改善合金的表面光泽。

思考题

1. 如何提高铜导线的强度、导电性能？
2. 试述铜及其合金中的有害杂质。它们是如何危害其塑性、韧性的？如何消除？
3. 试述锡青铜铸件中常见的缺陷。其出现原因和改善措施是什么？
4. 试说明铝青铜的特性及其缓冷脆性。
5. 什么是锌当量？如何利用它判断黄铜的性能和组织？
6. 试举例说明铜合金热处理具有的特点。
7. 何谓自裂或季裂？试述其产生的原因及消除方法。
8. 论述铜合金的氧化和脱氧工艺。
9. 论述铜合金的除气工艺。
10. 典型铜合金的常规熔炼工艺步骤及其注意事项是什么？
11. 某工厂对一批纯铜线材进行退火后，经过碰撞发生了破碎现象，试分析原因。
12. 某铜合金零件热处理后力学性能不达标，试分析其可能的原因。
13. 如何鉴别铜材中Cu_2O夹杂以及含氧量？

第3章 镁及其合金

镁资源十分丰富，在金属材料中仅次于铝和铁，排在第3位，在地壳中的含量约为2.35%。我国镁资源也是比较丰富的。镁合金是航空工业中应用较多的一种轻有色金属，其密度比铝小，比强度、比刚度较高，减振能力强，能承受较大的冲击振动载荷。此外，镁合金具有优良的可加工性，易于锻造和热加工，可以生产各类铸件、锻件和其他压力加工制品。

纯镁作为添加元素，在化学、冶金、军事等工业得到广泛应用。镁合金的主要缺点是在潮湿的大气中耐蚀性差，缺口敏感性大。除了航空工业，镁合金在航天、光学仪器、交通运输、计算机、电子与通信、医疗等领域有广泛应用。

3.1 概述

纯镁的力学性能很差，不能直接用作结构材料，向镁中加入一些合金元素，即镁的合金化是实际应用中最基本、最常用和最有效的强化途径，而其他强化方法往往都首先建立在镁的合金化基础上。目前在应用中已有很多商业化的镁合金，了解这些镁合金的成分、合金分类、牌号、显微组织和力学性能特点，有利于深入系统地掌握镁合金的基本属性。

3.1.1 镁的基本特性

镁具有密排六方结构，25℃时，$a=0.3202\text{nm}$，$c=0.5199\text{nm}$，$c/a=1.6235$。配位数等于12时，原子半径0.162nm，原子体积为$13.99\text{cm}^3/\text{mol}$。

镁的主要物理性能数据见表3-1，特点是密度小、比热容和线胀系数较大（高于铝，超过铁的一倍），而弹性模量在常用航空金属中是最低的。

表3-1 镁的主要物理性能

密度/(g/cm^3)	熔点/℃	线胀系数/10^{-6}K^{-1}	热导率/[W/(m·℃)]	比热容/[J/(kg·℃)]	弹性模量/GPa
1.74	651	26.1	145	101.7	44.6

镁属于六方晶体结构，主滑移面为基面，滑移系少。镁单晶在取向有利时，伸长率可达100%，但是对于多晶镁，其室温和低温塑性较低，容易发生脆性断裂。温度升至150～

225℃时，棱柱面 $(10\bar{1}0)$ 和棱锥面 $(10\bar{1}1)$ 也参与滑移，因而高温塑性较好，可进行各种热变形加工。镁除了以滑移方式进行塑性变形外，孪晶也会起重要作用，主要孪晶面是 $\{10\bar{1}2\}$ 和 $\{10\bar{1}3\}$。

镁及其合金力学性能的主要特点是屈服强度较低，压力加工制品的性能具有明显的方向性，其基本性能见表 3-2。

表 3-2　工业纯镁的力学性能

加工状态	抗拉强度/MPa	屈服强度/MPa	伸长率（%）	断面收缩率（%）	硬度（HBW）
铸态	115	25	8	9	30
变形态	200	90	11.5	12.5	36

镁的化学性很强，耐蚀性较差。镁在空气中能形成一层氧化膜，但这种膜很脆且不致密，远不如铝表面的氧化膜，其防护性较差。镁在潮湿大气、海水、淡水及绝大多数酸、盐溶液中易被腐蚀，故镁合金在生产、加工、储存和使用期间，应采取适当的防护措施，如表面氧化处理和涂漆等。镁合金在氢氟酸、铬酸、碱和矿物油（汽油、煤油等）中比较稳定，可用作输油管道。镁与其他金属接触时，会发生接触腐蚀。故当和其他金属组装时，应在接触面上垫以浸油或浸石蜡的硬化纸。

镁中的主要杂质是镍、铁、铜、硅和锡。其中，镍、铁、铜，尤其是镍，会强烈降低镁的耐蚀性。镍的熔点和密度远大于镁，但它与铁、铬、钴等金属不同，可以很好地溶解在镁中，因此必须严格限制镍的含量，尤其是熔炼坩埚，需要用含镍量很低的钢材制造，以防污染。铁对镁的耐蚀性也有不利影响，w_{Fe}从 0.003%增加到 0.026%时，耐蚀性就会降为原来的 1/5，但铁在镁中的溶解度很低，故仍可用钢材质的坩埚熔炼镁。

3.1.2　合金成分与牌号标记方法

依据国家标准 GB/T 5153—2016，变形镁及镁合金牌号的命名规则如下：①纯镁牌号以“Mg+数字”的形式表示，Mg 后的数字表示 Mg 的质量分数；②镁合金牌号以“英文字母+数字+英文字母”的形式表示。前面的字母是最主要的合金组成元素（元素代号见表 3-3），其后面的数字表示最主要合金元素的大致含量，字母的顺序按实际合金中含量的多少排列，含量高的化学元素在前，如果两种元素的含量相同，则按英文字母的先后顺序排列。最后面的英文字母为表示代号，用以标识各具体组成元素相异或元素含量有微小差别的不同合金。例如，AZ91M 表示合金 Mg-9Al-1Zn（M 为标识代号），但该合金的实际化学成分是 w_{Al} = 8.3%~9.7%和 w_{Zn} = 0.4%~1.0%。

按照加工方法不同，我国对镁合金的标记方法还有一组更简单的方法，即用两个汉语拼音字母和其后的合金顺序号（阿拉伯数字）组成。依据前两个汉语拼音字母将镁合金分为 4 类：变形镁合金、铸造镁合金、压铸镁合金和航空镁合金。合金的顺序号表示合金之间的化学成分差异。变形镁合金用 MB 两个汉语拼音字母表示，M 表示镁合金，B 表示变形；铸造镁合金用 ZM 两个汉语拼音字母表示，Z 表示铸造，M 表示镁合金；压铸镁合金虽然也属于铸造镁合金，但还是专用两个汉语拼音字母 YM 来表示，Y 表示压铸，M 表示镁合金。用于航空的铸造镁合金与其他铸造镁合金在牌号上略有区别，即 ZM 两个字母与代号的连接加一个横杠。例如，1 号铸造镁合金用 ZM1 表示，2 号变形镁合金用 MB2 表示，5 号压铸镁合金用 YM5 表示，5 号航空铸造镁合金用 ZM-5 表示。可见，我国对镁合金标记的特点是按成形工艺划分镁合金的。

目前，我国镁合金材料主要是采用国家标准 GB/T 5153—2016 的形式命名，因此本书中也以此标准为主，仅通过如下一些典型实例说明世界上几个主要国家和组织镁合金表示方法上的区别，见表 3-4。各种镁合金铸造、热处理和冷加工状态的符号见表 3-5。

表 3-3 ASTM 标准中镁合金中的英文字母代号所代表的化学元素

英文字母	元素符号	中文名称	英文字母	元素符号	中文名称
A	Al	铝	M	Mn	锰
B	Bi	铋	N	Ni	镍
C	Cu	铜	P	Pb	铅
D	Cd	镉	Q	Ag	银
E	RE	混合稀土	R	Cr	铬
F	Fe	铁	S	Si	硅
G	Ca	钙	T	Sn	锡
H	Th	钍	V	Gd	钆
J	Sr	锶	W	Y	钇
K	Zr	锆	Y	Sb	锑
L	Li	锂	Z	Zn	锌

表 3-4 几个主要国家和组织 MR-Al 系合金相近牌号（代号）的对照

ISO	美国	英国	法国	德国	中国	俄罗斯
Mg-Al8Zn	AZ81A AZ91C	MAG1 3L122	G-A8Z G-A9Z	G-MgAl8Zn1 G-MgAl9Zn1	ZM5	Mл5
Mg-Al9Zn	AM100A	MAG3 3L125	G-A9Z	G-MgAl9Zn1	ZM10	Mл6

表 3-5 标记镁合金状态特性的主要符号及其意义

符号		意义
F		铸造或锻造的加工状态
O		锻件的退火、再结晶等软化状态
H（冷加工）	H1	形变硬化，硬化程度用在其符号后添加的 0~8 这些整数表示，其中 0 表示退火态，8 表示完全硬化状态
	H2	形变硬化后接着部分退火。硬化程度用在其符号后添加的 0~8 这些整数表示，其中 0 表示退火态，8 表示完全硬化状态
	H3	形变硬化后接着是稳定化退火。硬化程度用在其符号后添加的 0~8 这些整数表示，其中 0 表示退火态，8 表示完全硬化状态

（续）

符号		意　义
T（热处理）	T1	铸造或加工变形后，不再单独进行固溶处理而直接进行人工时效处理。这种热处理工艺简单，也能获得相当的时效强化效果，特别是 Mg-Zn 系合金，因晶粒容易长大，重新加热淬火往往由于晶粒粗大，时效后的综合性能反而不如 T1 状态
	T2	消除铸件残余应力及变形合金冷作硬化而进行的退火处理
	T3	固溶处理后接着进行冷加工
	T4	固溶处理后在室温放置。镁合金中原子扩散速度慢，对自然时效不敏感，淬火后在室温放置仍能保持淬火状态的原有性能。此时，镁合金处于亚稳、单相和固溶状态
	T5	高温加工过程（铸造或锻造）中直接冷却淬火，之后进行高温人工时效以改善其性能和稳定性
	T6	固溶处理后人工时效，其目的是提高合金的屈服强度，但塑性有所降低。该方法主要用于 Mg-Al-Zn、Mg-RE-Zr 和 Mg-Zn-Zr 系合金
	T61	热水中淬火+人工时效。采用热水淬火对冷却速度敏感性较高的 Mg-RE-Zr 系合金效果明显。例如，对于 MJ110 合金（$w_{Nd}=2.2\%\sim2.8\%$，$w_{Zr}=0.4\%\sim1.0\%$，$w_{Zn}=0.1\%\sim0.7\%$）而言，T6 使合金强度提高 40%~50%，而 T61 可提高 60%~70%，伸长率仍可保持原有水平
	T7	固溶处理后接着在高温进行稳定化处理
	T8	固溶处理、冷加工，后接人工时效处理
	T9	固溶处理、人工时效，后接冷加工
	T10	人工时效后接冷加工

镁合金的性能不仅与化学成分有关，还与热处理和冷加工状态有关。对于镁合金铸件，铸态力学性能可通过固溶和时效的方式加以改善；对于锻件，既可采用单独方式，也可以并用冷加工、退火、固溶和时效等方式来进一步调整镁合金的力学性能。镁合金热处理如此重要，以至于为了能更清楚地描述某一镁合金的特性，有时往往需要同时给出镁合金的牌号与其成形、加工或热处理状态的标记符号。镁合金加工或热处理状态，则是在合金牌号之后加一横杠，接着再用一个英文字母（有时还要加一个数字）来表示。例如，ZK60A-T5，ZK60A 表示名义化学成分为 $w_{Zn}=6\%$和 $w_{Zr}=0\%\sim0.5\%$的镁合金，不同之处是前者比后者多了一个表示热处理状态的符号 T5。

3.1.3　镁合金的分类方法

镁合金一般按 3 种方式分类，即按合金的化学成分、按成形工艺和按合金中是否含锆。

1. 按化学成分

按化学成分，镁合金可分为二元合金系、三元合金系或多元合金系。大多数的镁合金都含有不止一种合金元素。但在实际中，为了分析问题的方便，也是为了简化和突出合金中最主要的合金元素，习惯上总是依据 Mg 与其中的一个主要合金元素，将镁合金划分为二元合金系：如 Mg-Mn 系、Mg-Al 系、Mg-Zn 系、Mg-RE 系、Mg-Th 系、Mg-Ag 系和 Mg-Li 系。

2. 按成形工艺

按成形工艺，镁合金可分为两大类，即变形镁合金和铸造镁合金。变形镁合金和铸造镁合金在成分、组织和性能上存在很大的差异。如前所述，固溶体合金的塑性变形性能优良，但强度比较低。对于包含金属间化合物的两相合金，其强度高，但塑性变形能力差，特别是当第二相很脆时，变形往往不均匀，容易造成开裂。因此，早期的变形镁合金由于要求其兼有良好的塑性变形能力和尽可能高的强度，对其组织的设计，大多要求不含金属间化合物，其强度的提高主要依赖合金元素对镁合金的固溶强化和塑性变形引起的加工硬化。例如，最早的变形镁合金是 Mg-Mn（$w_{Mn}=1.5\%$）系合金，按 ASTM 标记方法，即为 M1 合金。这类合金主要用于薄板、挤压件和锻件。虽然该合金的强度较低，但具有很好的耐蚀性和焊接性。例如，Mg-Mn（$w_{Mn}=1.5\%$）系合金薄板件的屈服强度只有 70MPa，但锻造后，其锻件的屈服强度升高至 105MPa，挤压后升高至 130MPa。在 Mg-Mn（$w_{Mn}=1.5\%$）系合金中加入 Th，合金的强度将会进一步提高，特别是高温蠕变性能得到明显的改善。例如，HM21（$w_{Th}=2\%$，$w_{Mn}=0.8\%$）合金不但具有很高的耐蚀性和焊接性，而且工作温度可提高至 350℃，短期工作温度还可进一步提高至 425℃。但目前，由于钍（Th）是放射性元素，这种材料已经很少使用。很多高强度的变形镁合金，例如 AZ81（Al 8.5%、Zn 0.5%和 Mn 0.12%~0.29%）和 ZMC711（Zn 6.5%、Mn 0.75%和 Cu 0.125%）中允许包含一定数量的金属间化合物相，由于这些金属间化合物的弥散强化作用，这类合金一般都具有很高的室温强度。

铸造镁合金比变形镁合金的应用要广泛得多。镁合金的铸造方法有砂型铸造、金属型铸造、挤压铸造、低压铸造、高压铸造和熔模铸造。砂型铸造适用于表面积大、体积小、形状复杂和高质量的镁合金铸件的生产；金属型铸造适用于表面积大、体积大、形状复杂和高质量的镁合金铸件的生产；挤压铸造的充型压力比重力金属型铸造要高几个数量级，可减少铸件中的疏松和气孔缺陷，提高铸件的致密度；低压铸造适用于表面积中等、形状复杂和高质量镁合金铸件的生产；高压铸造适用于表面积中等、尺寸精密、形状复杂、体积大和中等质量的镁合金铸件的生产；熔模铸造适用于尺寸非常精密、形状非常复杂、体积小和高质量的镁合金铸件的生产。其中，高压铸造是批量生产成本最低的方法，目前 98%以上的镁合金汽车件都是采用高压铸造方法生产的。

3. 按合金中是否含锆

按合金成分是否含锆，镁合金又可分为含锆镁合金和不含锆镁合金两大类。图 3-1 所示为 Mg-Zr 二元合金相图。Mg-Zr 合金中一般都含有另一组元，最常见含锆镁合金的合金系列为：Mg-Zn-Zr 系列、Mg-RE-Zr 系列、Mg-Th-Zr 系列和 Mg-Ag-Zr 系列。不含锆镁合金有：Mg-Zn 系列、Mg-Mn 系列和 Mg-Al 系列。目前应用最多的是不含锆压铸镁合金 Mg-Al 系列。含锆镁合金与不含锆镁合金中均既包含变形镁合金，又包含铸造镁合金。锆在镁合金中的主要作用就是细化镁合金晶粒。锆细化晶粒的作用是在第二次世界大战期间发现的，那时镁合金铸件容易产生不均匀的大晶粒，这常使其力学性能恶化，还导致其组织中含有较多的显微疏松，并且变形部件的性能具有过大的方向性，特别是屈服应力相对于抗拉强度总是偏低。这导致发展了全新系列的含 Zr 铸造镁合金和变形镁合金。

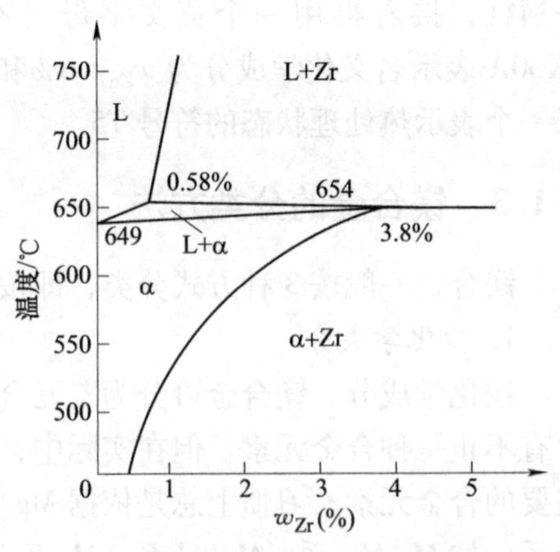

图 3-1 Mg-Zr 相图的富镁端

这类镁合金具有优良的室温性能和高温性能。遗憾的是，Zr不能用于所有的工业合金中，对于Mg-Al系和Mg-Mn系合金，由于冶炼时Zr与Al及Mn可形成稳定的化合物，并沉入坩埚底部，无法起到细化晶粒的作用。

目前还不清楚Zr细化镁合金铸态组织的机理。但是，由于六方α-Zr的晶格常数（a=0.323μm，c=0.514μm）与Mg的晶格常数（a=0.320μm，c=0.520μm）极其接近，因此普遍认为Zr可以作为镁结晶时的晶核。

3.1.4 镁合金系及其特点

如前所述，镁合金系也是按合金中的主要组元（合金元素）来划分的，最常用的镁合金系有：Mg-Mn系、Mg-Al系、Mg-Zn系、Mg-RE系、Mg-Th系、Mg-Ag系和Mg-Li系。按ASTM、DIN等标准的制定原则，镁合金的牌号侧重反映了镁合金中的主要化学成分，定量地给出了其中主要合金元素的质量分数。显然，同一个镁合金系包含着一系列的镁合金牌号，镁合金牌号是具体合金的名称。由镁合金牌号既可以确定其所属的镁合金系列，还可以大致确定其主要合金元素的含量和成分特点，这在实际应用中非常方便，也是ASTM、DIN等标准标定方法的优点。

3.2 镁合金的特性

3.2.1 镁铝合金系

（镁铝）（Mg-Al）合金系是最早用于铸件的二元合金系，该系既包括铸造合金也包括变形合金，是目前牌号最多，应用最广的系列。大多数Mg-Al合金实际上还包括其他的合金元素，以此为基础发展的三元合金系主要有Mg-Al-Zn系、Mg-Al-Mn系、Mg-Al-Si系和Mg-Al-RE系4个系列。

1. 镁铝合金的成分、组织、性能

Mg-Al二元合金的平衡和非平衡结晶过程可借助Mg-Al二元合金相图来讨论，图3-2所示为Mg-Al二元合金相图，图3-3所示为Mg-Al二元合金相图富镁部分的放大图。图3-3中，实线表示慢速冷却，即平衡状态的情况；虚线代表快速冷却，即非平衡状态冷却的情况。

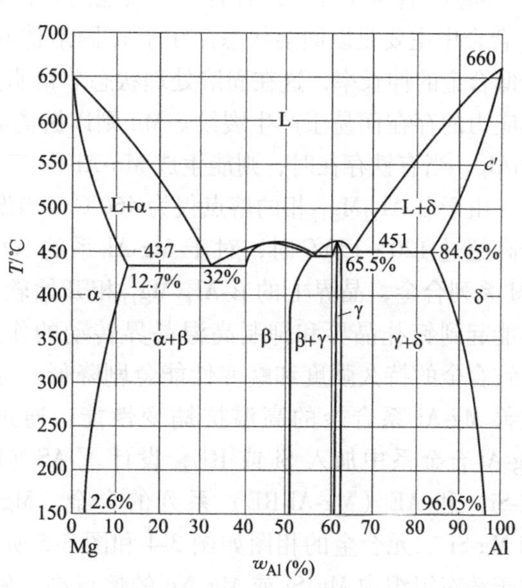

图3-2 Mg-Al二元合金相图

由3-2可见，Al在Mg中的最大溶解度是在437℃时，达到12.7%，降至室温时Al的溶解度只有2.6%。在w_{Al}=2%~12.7%内慢速冷却至相图中的液相线时，合金首先应发生的是匀晶反应L⟶α；当合金冷却至固相线时，匀晶反应结束，伴随着缓慢冷却过程，Al原子通过扩散使α-Mg固溶体的合金成分不断地趋于均匀化。随着α-Mg单相固溶体继续冷却到固溶度曲线以下时，Mg-Al化合物β-$Al_{12}Mg_{17}$将开始从α固溶体中沉淀析出，这一过程一直持续至室温。因此，合金成分在这一范围的镁合金平衡结晶的室温组织应当是α固溶体与β-$Al_{12}Mg_{17}$沉淀相的混合物，没有共晶组织。

在实际的凝固条件下，对于大多数Mg-Al系合金，特别是含Al较多的镁合金（如AZ91、AM100），尽管合金中Al的含量小于其溶解度极限（12.7%），铸态组织中仍存在一些分布在α-Mg晶界上的β-$Al_{12}Mg_{17}$共晶组织。这一事实说明，Mg-Al二元合金的实际结晶过程大多是在非平衡条件下进行的，冷却过程中相的平衡关系应如图3-3中的虚线所示。在c点以左，b点以右，特别是成分接近c点的合金，当以较大的冷却速度结晶时，在L⟶α的转变过程中，由液相生成的初生α-Mg中的溶质Al来不及扩散均匀化，使溶质Al在尚未凝固的液相中富集，并超过溶解度极限，使凝固组织中产生共晶组织。虚线的位置依赖于具体的凝固条件。铸件的冷却速度越大，非平衡态就越远离平衡态，Mg-Al二元合金相图中的虚线对实线的偏离就越大。在这种情况下，在c点以左，b点以右的合金，特别是成分接近c点的合金在足够大的冷却速度下，有可能得到一些非平衡的共晶组织。冷却速度越大，先共晶α-Mg固溶体中铝的偏析倾向也越大，先共晶α-Mg晶粒与β-$Al_{12}Mg_{17}$相组织的尺寸越小，铸态显微组织也更加细密。

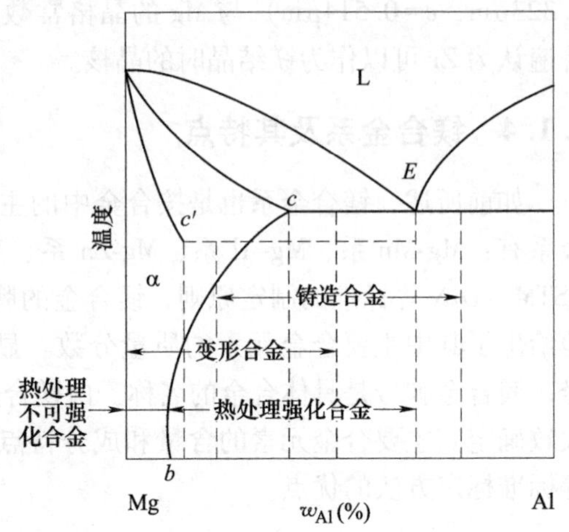

图3-3 Mg-Al二元合金相图富镁部分相图

2. 多元镁铝合金

Mg-Al合金中往往还含有一些其他的合金元素，其中最重要的就是Zn和Mn。Zn在Mg-Al合金中主要是以固溶状态存在于α固溶体和β-$Al_{12}Mg_{17}$相中。Zn的添加量$w_{Zn}>2\%$，会降低合金的伸长率，这在固溶处理状态非常明显，使得该合金在固溶处理温度淬火时，由于热应力的存在而易于产生裂纹。Mn则以游离状态存在，Mn和Al还能形成化合物$MnAl_4$或$MnAl_6$；当有铁存在时，则能生成Mn-Al-Fe三元化合物。

由于β-$Al_{12}Mg_{17}$相的熔点仅为460℃，当温度升高超过120～130℃时，对于Mg-Al系的AZ和AM系列合金，晶界上的β-$Al_{12}Mg_{17}$相开始软化，不能起到钉扎晶界和抑制高温晶界转动的作用，导致合金的持久强度和蠕变性能急剧降低。为了改善Mg-Al系合金的高温抗蠕变性能，通过向Mg-Al合金系中加入Si或RE，设计了AS（Mg-Al-Si）和AE（Mg-Al-RE）系列的合金。Mg-Nd和Mg-Si二元合金的相图如图3-4和图3-5所示。由于铸态组织中Mg_2Si或Mg_9Nd的熔点高、硬度大而稳定，故可改善合金高温蠕变性能。不同温

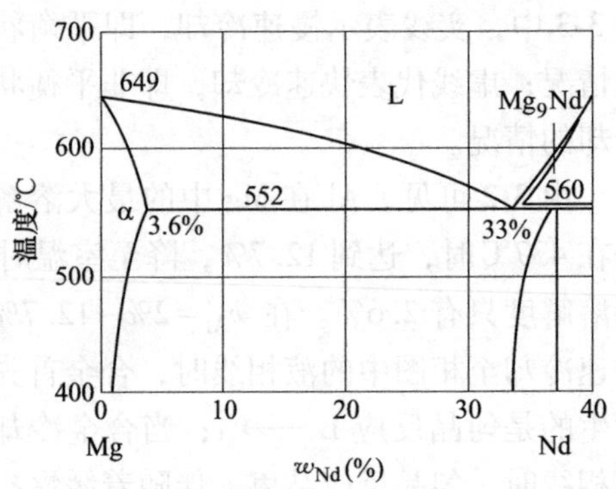

图3-4 Mg-Nd二元合金相图

度下镁合金中各相的持久显微硬度值见表 3-6。稀土元素比硅对镁合金蠕变性能的影响效果要大，但成本也比硅高。

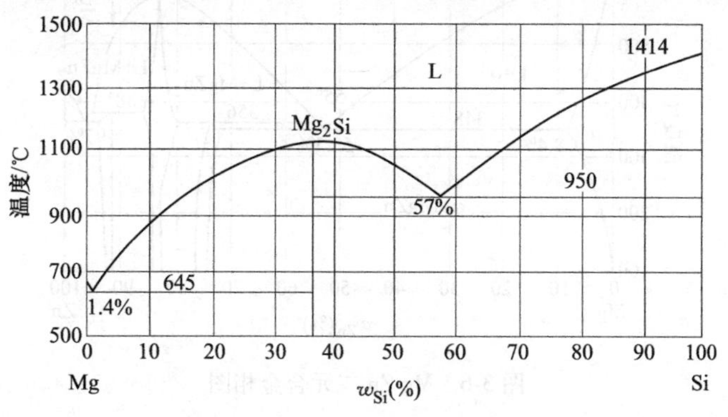

图 3-5　Mg-Si 二元合金相图

表 3-6　不同温度下镁合金中各相的持久（保持 60min）显微强度　（单位：MPa）

相	温度				
	20℃	150℃	200℃	250℃	300℃
α-Mn	9350	8450	6540	5440	4750
$Al_{12}Mg_{17}$	1750	1490	1040	420	130
Mg_9Ce	1580	1450	1170	1020	850
Mg_xNd_y	1690	1570	1360	1020	360
MgZn	2460	1240	990	530	210
Mg_4Th	2340	2100	1900	1610	1390
Al_2Ca	3560	3500	3180	3100	2940
Mg_2Ca	1490	1270	630	150	100

3.2.2　镁锌合金系

1. 镁锌合金的成分、组织、性能

镁锌（Mg-Zn）二元合金相图较复杂，其中某些转变至今尚未确定。由图 3-6 可知，富镁端于 348℃时进行共晶转变 L ⟶α+MgZn。Mg-Zn 二元系中的 MgZn 化合物具有六方结构，晶格常数：$a=53.3\text{nm}$，$c=171.6\text{nm}$。在共晶温度（348℃）时，Zn 在 Mg 中的固溶度为 8.4%，300℃时为 6.0%，250℃时为 3.3%，200℃时为 2.0%，150℃时为 1.7%，室温下小于 1.0%。因此，在共晶温度以下，Zn 在镁中的溶解度减小，有 MgZn 化合物沉淀。MgZn 化合物对合金性能的影响与 $Al_{12}Mg_{17}$ 对 Mg-Al 系合金的影响类似，但 MgZn 化合物在 Mg-Zn 系合金中的强化效果更好一些。

2. 多元镁锌合金

因为纯粹的 Mg-Zn 二元合金组织粗大，对显微缩孔非常敏感，因此，该合金在实际中几乎没有得到应用。但这一合金有一个明显的优点，就是可通过时效硬化来显著改善强度。因此，Mg-Zn 系合金的进一步发展，需要寻找第三种合金元素，以细化晶粒并减少显微缩孔的倾向。一些研究表明，在 Mg-Zn 二元合金中加入第三个组元铜，将会导致其韧性和时效

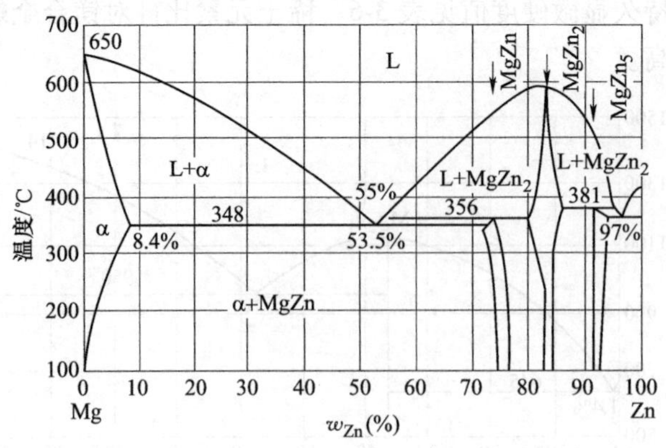

图 3-6　Mg-Zn 二元合金相图

硬化的明显增加。砂型铸造合金 ZC63（$w_{Zn}=6\%$，$w_{Cu}=3\%$，$w_{Mn}=0.5\%$）是这类合金的典型代表，在时效状态，其抗拉强度、屈服强度和伸长率分别达到 240MPa、145MPa 和 5%，高于 Mg-Al-Zn 系合金的 AZ91。Mg-Zn 合金中的铜被认为可以提高其共晶温度，因而可在较高的温度下固溶，使更多的 Zn 和 Cu 溶入合金中，增加了随后的时效强化效果。Mg-Zn 合金中铜的存在，使铸态共晶组织随之改变，α-Mg 晶界及枝晶臂之间的 MgZn 相的形态由完全离异的不规则块状转变为片状。Mg-Zn-Cu 合金的缺点是 Cu 的加入导致合金的耐蚀性降低。

Mg-Zn 系合金的晶粒容易长大，Zr 则被认为在镁合金中具有细化作用，是铸态 Mg-Zn 合金中最有效的晶粒细化的元素，故工业 Mg-Zn 系合金中均添加一定量的 Zr。这类合金都属于时效强化合金，一般都在直接时效或固溶再接着时效的状态下使用，具有较高的抗拉强度和屈服强度。这类合金的典型代表是 ZK51（$w_{Zn}=4.5\%$，$w_{Zr}=0.7\%$）和 ZK61（$w_{Zn}=5.5\%$，$w_{Zr}=0.7\%$），ZK51 在 T5 状态的抗拉强度、屈服强度和伸长率分别为 140MPa、235MPa 和 5%，ZK61 在 T5 状态的抗拉强度、屈服强度和伸长率分别为 175MPa、275MPa 和 5%。Mg-Zn-Zr 系合金的显微组织为 α-Mg 固溶体加沿晶界分布的 MgZn 化合物。这种合金在铸造时容易出现晶内偏析，Zr 主要集中于晶粒内部，偏析区中心浓度很高，由中心向外浓度逐渐降低，侵蚀后偏析区呈年轮状或花纹状。锌大多富集在晶粒周围，晶界处 Zn 浓度很高，由晶界向晶内浓度逐渐降低，铸造后人工时效的金相组织与铸态组织无明显区别。这类合金的缺点是对显微缩松比较敏感，焊接性差。然而，只要适当加入稀土元素后，合金的晶粒被细化，形成显微缩松的倾向就会明显降低，铸态性能得到改善。

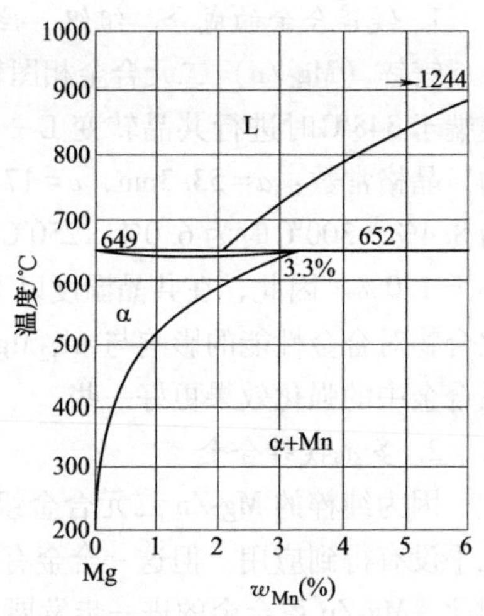

图 3-7　Mg-Mn 系二元合金相图

3.2.3　镁锰合金系

1. 镁锰合金的成分、组织、性能

图 3-7 所示为 Mg-Mn 系二元合金相图，在 652℃时发生包晶转变：L+β（Mn）⟶α 固溶体。在包晶温度下，Mn 在 α 固溶体内的溶解度为 3.3%。随着温度下

降，Mn 的固溶度迅速减小，620℃为 2.06%，455℃为 0.25%。由于 β-Mn 实际上是纯锰，故 Mg-Mn 系合金的热处理强化作用小，属于不可热处理强化的合金，一般在退火状态下使用。

在铸造状态下，虽然 Mn 对镁合金的强化作用很弱，但合金变形后强度仍有一定的提高。Mg-Mn 系合金的铸造工艺性能差，凝固收缩大，热裂倾向较高，故 Mg-Mn 系合金都属于变形镁合金。Mg-Mn 系合金存在着挤压效应，挤压制品的强度超过轧制产品。表 3-7 所列为 MB1 和 MB8 力学性能的比较。Mg-Mn 系合金最主要的优点是具有优良的耐蚀性和焊接性。如前所述，Mn 容易同有害杂质元素化合，从而清除铁对耐蚀性的有害影响，使得腐蚀速度特别是海水中的腐蚀速度大大降低。

表 3-7 MB1 和 MB8 力学性能的比较

合金	抗拉强度/MPa	屈服强度/MPa	疲劳极限/MPa	硬度 HBW	冲击韧度/10^4J	伸长率(%)	断面收缩率(%)
MB1	210	100	75	45	6	4	6
MB8	250	170	85	55	12	18	28

2. 多元镁锰合金

MB8 合金是在 MB1 合金的基础上添加了稀土 Ce，使铸态晶粒得到细化，其屈服强度，特别是在压缩状态下的屈服强度因晶体中的孪生受到抑制而显著地增长。此合金最适用于制造承受纵向弯曲负荷的结构件。Mn 是提高镁合金耐热性能比较显著的元素之一，但稀土的作用更加显著。MB1 合金可在 150℃以下长期工作，MB8 合金则可在 200℃以下长期工作，表 3-8 是 MB1 和 MB8 合金高温性能的比较。如前所述，MB1 平衡状态的显微组织是在 α 固溶体上分布着少量的点状 β-Mn 相。MB8 平衡状态的显微组织与 MB1 相同，其中还含有一些在金相显微镜下难以分辨的 Mg_9Ce 化合物。MB1 和 MB8 合金具有良好的冲压、挤压和轧制工艺性能，应力腐蚀倾向小，容易焊接，且 MB1 的焊接性能优于 MB8。这类合金的板材可用于制造飞机蒙皮、壁板及内部零件；模锻件可制作外形复杂的构件；管材多用于汽油、润滑油系统等要求耐腐蚀的管路。

表 3-8 MB1 和 MB8 合金高温性能的比较

合金	抗拉强度/MPa				屈服强度（150℃）/MPa
	100℃	150℃	200℃	250℃	
MB1	180	130	80	60	45
MB8	200	160	140	120	60

3.2.4 镁稀土合金系

1. 镁铈系合金

稀土是中国的富有资源，同时稀土元素也是镁合金中的重要元素，对镁合金的性能具有极大的影响。稀土元素可降低镁在液态和固态下的氧化倾向。由于大部分 Mg-RE 系，例如 Mg-Ce、Mg-Nd 和 Mg-La 合金二元相图的富镁区都是相似的，即它们都具有简单的共晶反应，因此一般在晶界存在着熔点较低的共晶。这些以网络形式存在于晶界上的共晶体，被认为能够起到抑制显微缩松的作用，只是由于合金中部分 Zn 在晶界上形成了 Mg-Zn-RE 相，减轻了一些合金原有的固溶强化效果，导致合金的室温力学性能（强度和塑性）有所降低，但高温蠕变性能得到明显的改善。例如，在 Mg-Zn 合金中添加一些稀土元素可以显著改善其性能。我国的镁合金 ZM2（$w_{Zn}=3.5\%\sim5.0\%$，$w_{Zr}=0.5\%\sim1.0\%$，$w_{Ce}=0.7\%\sim1.7\%$）就是在不含 RE 的镁合金 ZM1（$w_{Zn}=3.5\%\sim5.0\%$，$w_{Zr}=0.5\%\sim1.0\%$）成分的基础上，添加一定量的稀土元素，由此增加组织中共晶体的数量，从而改善了该合金的力学性能。再如镁合金 ZE41（$w_{Zn}=4.2\%$，$w_{Ce}=1.3\%$，$w_{Zr}=0.6\%$），由于稀土元素提高了镁合金的耐热性能，使其使用温度提高至 150℃，其典型应用是用来制造直升机的变速箱壳体。进一步增加 Zn 的含量，镁合金中会有大块的低熔点 Mg-RE-Zn 相在晶界形成，导致合金的脆性增加，且固溶处理时晶界处容易出现过烧现象。一些研究认为，这些相可在氢气中长时间的加热而溶解，并将其成功应用于镁合金 ZE63 薄壁件。

在铸造镁合金中，稀土元素是改善合金耐热性最有效和最具实用价值的金属。在稀土金属中，Nd 的作用最佳，可同时强化镁合金在高温和常温下的性能，Ce 或 Ce 的混合稀土虽然对改善合金的耐热性效果较好，但常温强化作用差。La 的作用则在两个方面均不如 Ce。含稀土的镁合金之所以具有较好的耐热性是因为 Mg-RE 系中 α 固溶体及化合物相热稳定性较高。Mg-RE 系的共晶温度比 Mg-Al 及 Mg-Zn 高得多。三价稀土元素被认为提高了电子浓度，可以增强镁合金原子间的结合力，减小了镁在 200~300℃的原子扩散速度，特别是稀土金属与镁形成的化合物比 $Al_{12}Mg_{17}$ 和 MgZn 的热稳定性高。当从室温加热到 200℃时，Mg-Nd 系中的 Mg_9Nd 相的硬度下降约 20%，而 $Al_{12}Mg_{17}$ 和 MgZn 相的硬度则减小 40%~50%。此外，在 150~300℃范围内 Nd 在镁中的固溶度较小，因而固溶体与第二相之间的原子交换作用减弱。这些因素都有助于阻止高温下晶界迁移和减小扩散性蠕变变形。一般认为稀土镁合金较高的抗蠕变性能主要归功于两个方面，即 Mg-RE 化合物的弥散强化和其在晶界上对晶界滑移的影响。Mg-RE 系合金可在 150~250℃下工作。

与在 Mg-Zn 合金中常要加入稀土金属一样，在 Mg-RE 合金中往往也要通过加入 Zn 来增加合金的强度，加入 Zr 以细化合金的晶粒组织，并在熔炼过程中起到净化的作用，以此改善镁合金的耐蚀性。例如，镁合金 EZ33（$w_{RE}=3\%$，$w_{Zn}=2.5\%$，$w_{Zr}=0.6\%$），既具有高强度，同时又具有高的蠕变性能，使用温度可高达 250℃。有时还要在 Mg-RE 中加入 Mn，因为 Mn 具有一定的固溶强化效果，同时可降低原子的扩散能力，提高合金的耐热性，也有提高合金耐蚀性的作用。

2. 镁钇系合金

镁合金中的另一个重要的稀土元素是 Y。Mg-Y 二元合金相图如图 3-8 所示，Y 在 Mg 中的溶解度是 12.5%，并且其溶解度曲线随温度的改变而变化，表明其具有很高的时效硬化的倾向。在 Mg-Y 合金中往往还要加入 Nd 和 Zr。Mg-Y-Nd-Zr 合金系列具有比其他合金高得多的室温强度和高温蠕变性能，使用温度可高达 300℃。此外，Mg-Y-Nd-Zr 热处理后的耐蚀性优于所有其他的镁合金。纯的稀土元素 Y 在使用中具有一定的难度，其一是价格昂贵，其二是熔点高（1500℃），与氧的亲和力大。一些研究用质量分数约为 75%的 Y 和钆、铒等重稀土元素的混合稀土来代替纯的稀土元素 Y，并通过在惰性气体中加稀土元素 Y，收到了明显的实效。有关 Mg-Y 合金的热处理工艺也比较复杂。

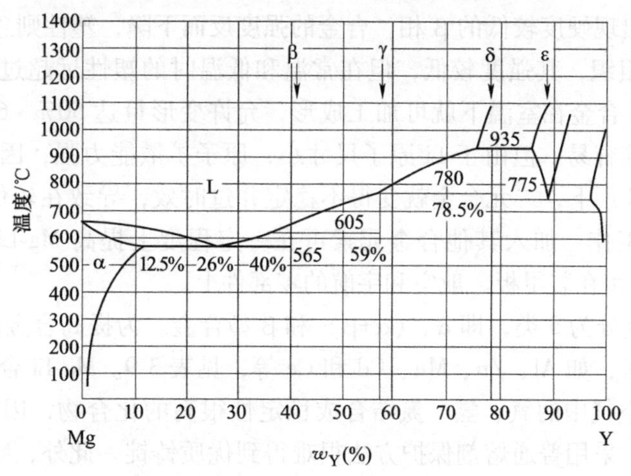

图 3-8 Mg-Y 二元合金相图

3.2.5 其他镁合金系

1. 镁钍合金

Mg-Th 系合金也具有很好的抗蠕变性能，其锻件和铸件的使用温度可高达 350℃。就像 RE 元素一样，Th 也能够改善镁合金的铸造和焊接性能。最简单的 Mg-Th 系合金是 Mg-Th-Zr 三元合金，如 HK31（$w_{Th}=3\%$，$w_{Zr}=0.7\%$），其组织有些类似于 Mg-RE-Zr 三元合金，通过适当的热处理，晶内连续析出的 Mg-Th 化合物可以改善镁合金的室温力学性能，相晶界上非连续析出的 Mg-Th 弥散相能够有效地抑制高温时的晶界转动，从而提高了其抗蠕变性能。向 Mg-Th-Zr 中加入 Zn，如 HZ32（$w_{Th}=3\%$，$w_{Zn}=2.2\%$，$w_{Zr}=0.7\%$）和 ZH62（$w_{Zn}=5.7\%$，$w_{Th}=1.8\%$，$w_{Zr}=0.7\%$），使晶界上针状相形成，镁合金蠕变性将得以进一步提高。Mg-Th 系合金曾应用于导弹和飞机上，但现在几乎不再应用，因为 Th 属于放射性元素，对人体健康有害。

一些研究还发现 Ag 可以提高 Mg-RE-Zr 合金系抗拉强度。若富 Nd 混合稀土代替富 Ce 混合稀土，并在加入 RE 的同时加入 Th，其强度将会进一步增加。因此以 Mg-Ag 合金系为基础的 Mg-Ag-RE（Nd）-Zr 合金系，如 QE22（$w_{Ag}=2.5\%$，$w_{RE}=2\%$，$w_{Zr}=0.7\%$）合金，或 Mg-Ag-Th-RE（Nd）-Zr 合金系，如 QH21（$w_{Ag}=2.5\%$，$w_{Th}=1\%$，$w_{RE}=1\%$，$w_{Zr}=0.7\%$）合金，曾用于制造一些飞机零件，如直升机上的着陆轮、齿轮箱壳体和叶轮盖。但自从发现了稀土元素 Y 的作用后，QE22 和 QH21 已经不再受人们青睐，因为稀土元素 Y 不但可起到 Ag 的作用，即增大合金抗拉强度和蠕变强度，而且还能够改善合金的耐蚀性。混合稀土 RE（Y）还不像 Ag 那样的贵重。对于 QH21 合金，就像 Mg-Th 系合金一样，由于 Th 的放射性，更限制了其广泛的应用。

2. 镁锂合金

Li 的密度只有 0.53g/cm^3，Mg-Li 合金系被称为超轻镁合金。Mg-Li 合金属于共晶系，平衡结晶时，在 588℃发生共晶反应：L ⟶（α+β）。其中 α 相和 β 相分别是以 Mg 和 Li 为基的固溶体，β 相为体心立方结构，其塑性高于 α 相，具有较好的冷成形性。共晶温度下，α 相的溶解度极限是 $w_{Li}=5.7\%$，温度下降，溶解度基本不变。Li 质量分数超过 5.7%

以后，由于组织中出现硬度较低的β相，合金的强度反而下降，塑性则急剧提高；w_{Li}>10%时，合金为单相β组织，其强度较低，但在常温和低温时的塑性远超过普通镁合金，容易加工。铸造的Mg-Li合金在室温下就可加工成形，允许变形量达50%~60%。Mg-Li合金的缺口敏感性小，焊接容易。但由于Li原子尺寸小，原子扩散能力强，因而耐热性很差，在稍高温度（50~70℃）下，二元合金就变得不稳定并过时效，导致在较低载荷下过度蠕变，故只适合在常温下工作。加入其他合金元素可在一定程度上提高Mg-Li合金的热稳定性。Mg-Li合金现在已应用在装甲板、航空和宇航的零部件上。

工业Mg-Li合金分为3类，即α、(α+β）和β型合金。为提高合金的强度，除Li外尚需添加其他合金元素，如Al、Zn、Mn、Cd和Ce等，见表3-9。Mg-Li合金的缺点是化学活性很高，Li极易与空气中的氧、氢、氮结合成稳定性很高的化合物，因此熔炼和铸造必须在惰性气氛中进行，采用普通熔剂保护方法很难得到优质铸锭。此外，Mg-Li合金的耐蚀性低于一般镁合金，应力腐蚀倾向严重。常见镁合金的化学成分见表3-10。

3.2.6 镁合金的金相组织

Mg-Al系合金是目前用得最多的镁合金，Mg-Al系合金在铸态、加工和热处理状态下的显微组织具有很多其他合金所不具备的特点，这些特点往往决定了这类合金的性能。

1. 镁合金金相分析方法

金相组织观察是揭示镁合金力学行为微观机制的有效方法。金相试样制备方法主要包括磨、抛光和浸蚀3个环节。

表3-9 常见Mg-Li系合金成分

合金	组织类型	主要合金元素及含量（质量分数,%）						
		Li	Al	Zn	Mn	Sn	Cd	Ce
HMB1	α	4.5~6.0	5.0~6.0	0.6~1.2	0.2~0.8	0.6~1.2	—	—
MA21	α+β	7.0~10.0	4.0~6.0	0.18~2.0	0.1~0.5	—	3.0~5.0	—
MA18	β	10.0~11.5	0.5~1.0	2.0~2.5	0.1~0.4	—	—	0.15~0.35

表3-10 各种镁合金的化学成分（质量分数,%）

合金牌号	化学成分										说明
	Al	Cu	Mn	RE	Si	Ag	Th	Y	Zn	Zr	
AM20	1.7~2.5	0.008 (max)	0.20 (rain)	—	0.05 (max)	—	—	—	0.20 (max)	—	其他：0.01 (max)
AM50A	4.5~5.3	0.008 (max)	0.28~0.50	—	0.05 (max)	—	—	—	0.20	—	其他：0.01 (max)
AM60A	5.6~6.4	0.008 (max)	0.26~0.50	—	0.05 (max)	—	—	—	0.20	—	其他：0.01 (max)
AM100A	9.9	—	0.10	—	—	—	—	—	—	—	—
AE42	3.6~4.4	0.04	0.01 (min)	2.0~3.0	—	—	—	—	0.20 (max)	—	其他：0.01 (max)

（续）

合金牌号	化学成分										说明
	Al	Cu	Mn	RE	Si	Ag	Th	Y	Zn	Zr	
AS21	1.9~2.5	0.008（max）	0.02（min）		0.7~1.2		—		0.15~0.25		其他：0.01（max）
AS41B	3.7~4.8	0.015	0.35~0.60		0.6~1.4				0.10		其他：0.01（max）
AZ31B	3.0		0.2						1.0		低 Fe、Cu、Ni
AZ31C	3.0		0.2						1.0		—
AZ61A	6.5		0.15						1.0		低 Fe、Cu、Ni
AZ61B	6.5		0.15						1.0		
AZ61C	6.5		0.30						1.0		—
AZ63A	6.5		0.15						3.0		
AZ80A	8.5		0.12						0.5		低 Fe、Ni
AZ81A	7.5		0.13	—		—			0.7	—	
AZ81B	8.0		0.3				—		0.6		—
AZ81C	8.4		0.5						0.9		
AZ81D	8.0		0.4						0.6		低 Fe、Cu、Ni、Si
AZ81E	8.4		0.2						0.6		低 Fe、Mo
AZ91A	9.0		0.13						0.68		低 Cu
AZ91B	9.0		0.13						0.68		—
AZ91C	8.7		0.13						0.7		低 Cu
AZ91D	9.0		0.13						0.68		低 Fe、Ni、Cu
AZ91E	8.1~9.3		0.17~0.5						0.4~1.0		低 Fe、Ni、Cu
AZ92A	9.0		0.10						2.0		
AZ101A	9.8								0.6		
EQ21A			—	2.2		1.5				0.7	
HK31A							3.2		—	0.7	—
HM21A	—		0.8	—		—	2.0			—	
HZ11A			—				0.8		0.6	0.6	
HZ32A							3.2		2.1	0.7	
K1A			—							0.7	
M1A			1.2	—		—	—	—		—	
QE22A		—		2.2		2.5			—	0.7	
QH21A	—		—	1.0	—	2.0	1.1			0.7	—
WE54A				3.5						0.5	
ZC61A		1.2	0.7			—	—	5.25	6.5	—	
ZE10A		—	—	0.17					1.2		

（续）

合金牌号	化学成分										说明
	Al	Cu	Mn	RE	Si	Ag	Th	Y	Zn	Zr	
ZE41A	—	—	—	1.2	—	—	—	—	4.2	0.7	—
ZE63A	—	—	—	2.6	—	—	—	—	5.8	0.7	—
ZH11A	—	—	—	—	—	—	0.75	—	0.5	0.6	—
ZH62A	—	—	—	—	—	—	1.8	—	5.7	0.7	—
ZK10A	—	—	—	—	—	—	—	—	1.3	0.6	—
ZK30A	—	—	—	—	—	—	—	—	3.0	0.6	—
ZK40A	—	—	—	—	—	—	—	—	4.0	0.7	—
ZK51A	—	—	—	—	—	—	—	—	4.6	0.7	—
ZK60A	—	—	—	—	—	—	—	—	5.5	0.4	—
ZK61A	—	—	—	—	—	—	—	—	6.0	0.8	—
ZM21A	—	—	1.2	—	—	—	—	—	2.2	—	—

首先将试样在不同等级的砂纸上磨光，当前一道砂纸留下的划痕消失后，再使用下一号砂纸磨，并且使磨光方向变换90°。换砂纸时不必连续使用所有等级的砂纸，一般更换3个等级的砂纸后即可获得满意的结果。在换新一号砂纸前应该先用水将试样洗干净。

试样抛光一般在转数为700~800r/min的转盘上进行，转盘上包有毛呢，在随转盘旋转的毛呢表面要不断撒以抛光剂——氧化铝或氧化镁。为了避免试片在抛光时发暗，宜将上述抛光剂混溶于浓度为0.001mol/L的苛性钠溶液中。抛光后试片要在酒精中洗涤，然后干燥，将试样保存在干燥皿中。用于研究微观和低倍组织的浸蚀剂配方见表3-11和表3-12。

表3-11　显示镁合金微观结构的浸蚀剂

序号	浸蚀剂组成	浸蚀时间/s	操作程序	应用范围
1	浓硝酸0.5mL+乙醇99.5mL	3~5	用浸蚀剂将试样表面浸湿，然后用乙醇洗涤	显露铸造镁合金的显微组织
2	浓硝酸0.5mL+乙醇99.5mL	5~10	将试片表面浸入浸蚀剂中，用热水洗涤，然后干燥	显露热处理后镁合金的显微组织
3	乙二醇或二乙二醇醚75mL蒸馏水241mL+浓硝酸1mL	热处理前（后）5~10（1~2）	将浸蚀剂涂在试样上，经过数秒后用热水洗涤试片，然后干燥	用于铸造或时效镁合金的显微组织显示
4	乙二醇或二乙二醇醚60mL+醋酸20mL+浓硝酸1mL+蒸馏水19mL	5~30	将浸蚀剂涂在试样上，经过数秒后用棉花拭掉，用热水洗涤试片，然后在空气流下干燥	用于经过热处理的铸造或变形镁合金显微组织
5	酒石酸2mL+蒸馏水98mL	5~10	用浸有浸蚀剂的棉花擦拭试片，用热水洗涤，然后干燥	用于经过热处理的铸造或变形镁合金的晶粒边界
6	正磷酸0.7mL+苦味酸4.3mL+乙醇95mL	5~10	用浸有浸蚀剂的棉花擦拭试片，然后用乙醇洗涤	显露铸造或变形镁合金晶粒边界

（续）

序号	浸蚀剂组成	浸蚀时间/s	操作程序	应用范围
7	苦味酸 5g+醋酸 5g+蒸馏水 10mL+乙醇 100mL	5~10	用浸蚀剂将试片表面浸湿，然后用乙醇洗涤	显露变形镁合金晶粒边界
8	柠檬酸 5mL+蒸馏水 95mL	5~30	用浸蚀剂将试片表面浸湿，用热水洗涤，然后干燥	显露 Mg-Mn 系变形镁合金的晶粒边界
9	质量分数为 48%的氢氟酸 1mL+蒸馏水 99mL	20~10	用浸有浸蚀剂的棉花擦拭试片，用热水洗涤若干次，然后干燥	显露 Mg-Al 系和 Mg-Al-Zn 系合金的显微组织。浸蚀剂能使晶粒边界变暗，所以适用于含铝量低的合金
10	草酸 2mL+蒸馏水 98mL	2~5	用浸有浸蚀剂的棉花擦拭试片	显露铸造或变形镁合金的显微组织
11	① 质量分数为 48%的氢氟酸 10mL+蒸馏水 90mL ② 质量分数为 5%的（苦味酸 5g+乙醇 100mL）10mL+蒸馏水 90mL	① 1~2 ② 15~30	用浸有浸蚀剂①的棉花擦拭试片，先用水洗涤，然后用乙醇洗涤，接着用浸有浸蚀剂②的棉花擦拭试片，洗涤并干燥	显露 Mg_4Al_3 呈黑色，$Mg_xAl_xZn_x$呈白色

表 3-12 显示镁合金低倍组织的浸蚀剂

序号	浸蚀剂组成	浸蚀时间/s	操作程序	应用范围
1	醋酸 10mL+蒸馏水 90mL	10~120	用浸蚀剂将试样表面浸湿，然后用乙醇洗涤	显露纯镁的低倍组织
2	醋酸 19mL+变性酒精 10mL+苦味酸 10mL+蒸馏水 70mL	15~60	将浸蚀剂一滴一滴地滴在试片表面上，直至试片表面出现红色。用热水洗涤，然后用空气吹干	显露铸态和热处理状态镁合金的低倍组织
3	酒石酸 10mL+蒸馏水 90mL	10~20	将浸蚀剂涂在试样上，经过数秒后用水洗涤，而不要将浸蚀产物冲掉，然后干燥	用于显露变形镁合金的低倍组织
4	浓硝酸 15mL+蒸馏水 85mL	10~30	用浸蚀剂将试样表面浸湿，经过数秒后用热水洗涤，然后干燥	用于 Mg-Mn 系变形合金的低倍组织
5	过硫酸铵 10mL+蒸馏水 90mL	直至显露出晶界	将试片表面浸入浸蚀剂中，一直停留到显露出褐色的边界为止	用于 Mg-Mn 系合金锭的低倍组织

2. 镁铝合金铸态组织

镁的原子尺寸大，固态下扩散激活能较高，结晶潜热小，凝固过程快，这些原因都导致镁合金在实际的铸造过程中会得到远离平衡态的组织，其偏离程度取决于铸造方法和铸件尺寸。

Mg-Al 化合物的颗粒往往以块状和针状的形态出现，有时这些颗粒表面呈现锯齿状，这是早期凝固阶段长大形成的。游离状态的 Mg 和 Mg 的化合物用硝酸酒精浸蚀后变为黑色，这些黑色相零散地分布在基体中。以镁合金 AZ91D 为例，图 3-9 和图 3-10 所示分别为该合金用金属型和砂型铸造得到的显微组织。图中的大块晶粒是先共晶的 α-Mg 固溶体，在先共晶 α-Mg 固溶体晶界上白色并具有黑色轮廓线的相是非平衡凝固产生的 β-$Al_{12}Mg_{17}$离异共晶体，即共晶组织中的 α-Mg 依附在原有的先共晶 α-Mg 相上，β-$Al_{12}Mg_{17}$相则以不规则的块状分布在晶界上。离异共晶 β-$Al_{12}Mg_{17}$周围的黑色组织是在共晶反应后的冷却过程中，由 α-Mg 固溶体中析出的二次 β-$Al_{12}Mg_{17}$相，其析出受固态相变规律的控制。

Mg-Al 系合金铸态显微组织与铸造方法有关。金属型铸造时，铸件的冷却速度比砂型铸造快得多，因此其 α-Mg 晶粒与晶界上的 β-$Al_{12}Mg_{17}$相的尺寸都比砂型的细，而且离异共晶 β-$Al_{12}Mg_{17}$相周围的黑色沉淀组织也比砂型铸造少。同样的道理，当采用压铸（高压铸造）的方法时，镁合金的铸态组织将比金属型的还要细密，往往在晶界上只能观察到非连续网状离异共晶的 β-$Al_{12}Mg_{17}$相。

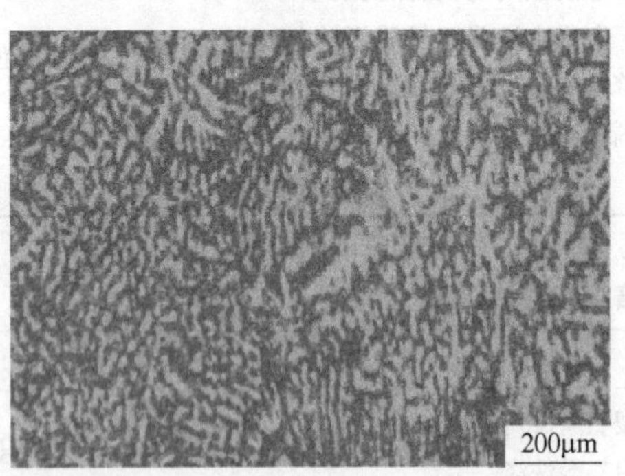

图 3-9　AZ91D 合金金属型铸件的显微组织

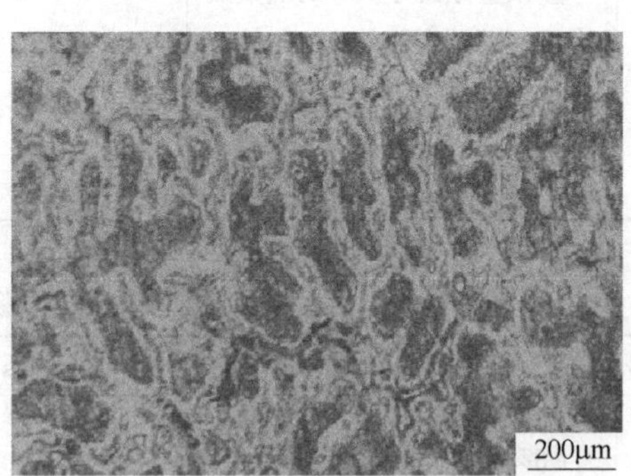

图 3-10　AZ91D 合金砂型铸件的显微组织

3. 镁铝合金热处理组织

镁合金中 α 与 β 两相组织可通过热处理方法调整。图 3-11 所示为 AZ80 镁合金的铸态组织，其特征为粗大的树枝状晶，基体 α-Mg 相晶粒比较粗大，晶界处分布有不连续、网状 β-$Al_{12}Mg_{17}$共晶组织，其中有点状析出物，是一种典型的铸造离异共晶组织。图 3-12 所示为挤压态 AZ80 镁合金经 440℃固溶 2h 后的金相显微组织，原组织中沿晶界分布的粗大、网状 β-$Al_{12}Mg_{17}$相逐渐分解，溶入 α-Mg 基体中形成不稳定的过饱和固溶体，同时有非常少量的小颗粒状 β-$Al_{12}Mg_{17}$相在冷却过程中再析出，且均匀分布于基体中。在 440℃ 固溶处理 2h 后，β-$Al_{12}Mg_{17}$相已经基本分解溶入基体中。注意，随着固溶温度的升高，合金晶粒同时会发生粗化。

图 3-13 所示为挤压态 AZ80 镁合金经 T6（420℃固溶 1h，再 180℃时效 18h）处理后的金相显微组织，图 3-14 所示为挤压态 AZ80 镁合金经 T6（420℃固溶 8h，再 180℃时效 18h）处理后的金相显微组织。对比分析可知，晶粒会有一定程度的长大，在固溶阶段溶入基体中的第二相会逐渐析出，且分布更为均匀，尺寸更加细小。该过程中，β-$Al_{12}Mg_{17}$相的析出较为明显，但随着时效时间的变化，β-$Al_{12}Mg_{17}$相的数量并未发生变化，主要表现为聚集长大，在一定程度上导致合金的力学性能恶化。

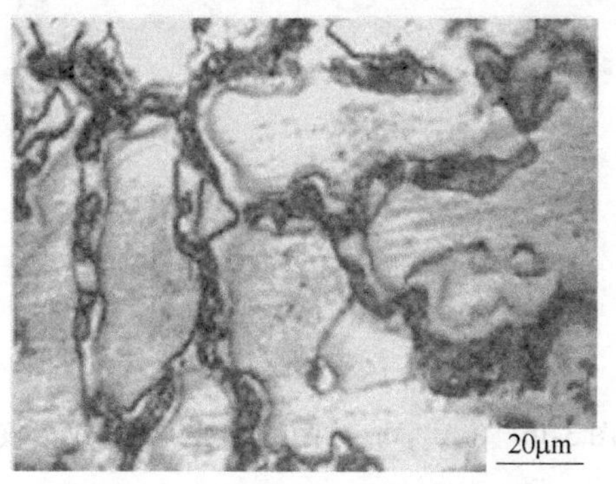

图 3-11　AZ80 镁合金的铸态组织

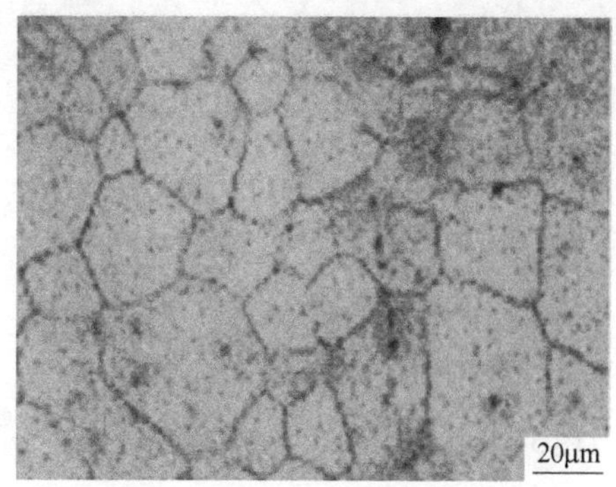

图 3-12　挤压态 AZ80 镁合金经 440℃固溶 2h 后的金相显微组织

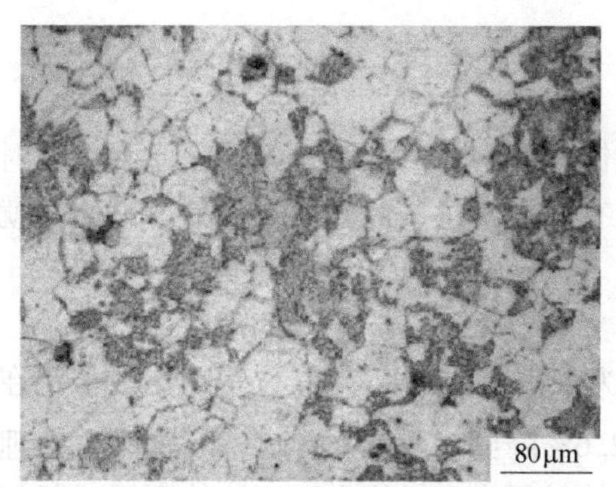

图 3-13　挤压态 AZ80 镁合金经 T6（420℃固溶 1h，再 180℃时效 18h）处理后的金相显微组织

图 3-14　挤压态 AZ80 镁合金经 T6（420℃固溶 8h，再 180℃时效 18h）处理后的金相显微组织

在所有的 Mg-Al 系合金中，只有 AZ91 可通过热处理强化，只是其强化效果不像含稀土的镁合金（如 QE22 或 WE43）那样好。研究结果表明，铸态的 Mg-Al 系列合金 AZ91 的显微组织是由 α-Mg 固溶体与其晶界上非连续析出的金属间化合物 β-$Al_{12}Mg_{17}$相组成的。加热至 415℃，保温 8h 后淬火（固溶处理），β-$Al_{12}Mg_{17}$相将全部溶入基体中，形成过饱和的 α-Mg 固溶体。α-Mg 固溶体在人工时效过程中，将发生 β-$Al_{12}Mg_{17}$相的非连续和连续的沉淀析出。非连续析出的 β-$Al_{12}Mg_{17}$相首先在晶界形核，开始时呈颗粒状，随后进入块状和胞状共存阶段，最后块状的 β-$Al_{12}Mg_{17}$相消失，胞状 β-$Al_{12}Mg_{17}$相不断地向晶内蔓延长大。在透射电镜下，还可发现晶内连续析出的片状 β-$Al_{12}Mg_{17}$相（图 3-15 和 3-16）。伴随 β-$Al_{12}Mg_{17}$相的析出与形态转变过程，AZ91 的性能也随之变化。固溶处理（T4）后，伸长率和抗拉强度明显增加，但屈服强度降低；经固溶处理之后接着再时效处理（T6），抗拉强度继续增加，屈服强度则大幅度增加，但在强度达到最高值时伸长率降至最低值，显示了明显的时效硬化特征。热处理对 AZ91 镁合金的低周疲劳行为具有不同的影响：固溶处理（T4）可增加镁合金的循环硬化效果，提高镁合金的过渡疲劳寿命，延长高应变幅值下的疲劳寿命；人工时效处理（T6）对镁合金的低周疲劳性能的影响不大。

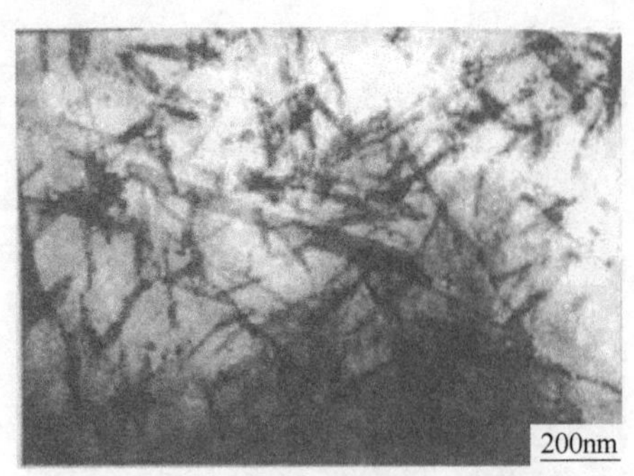

图 3-15　β-$Al_{12}Mg_{17}$相在晶内连续析出

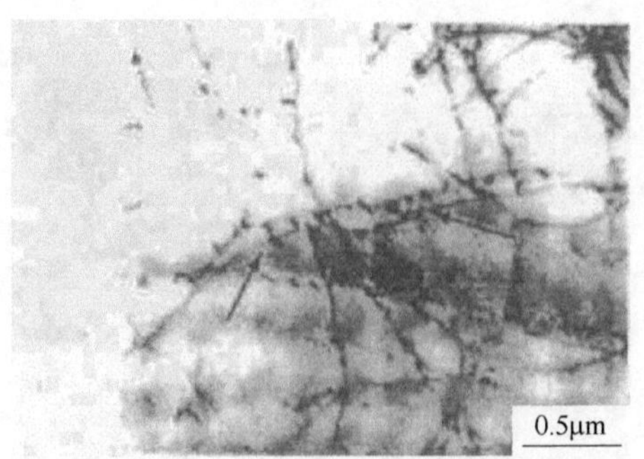

图 3-16　β-$Al_{12}Mg_{17}$相在位错线上非连续形核

3.3　镁合金热处理

3.3.1　镁合金的固态相变特点

和铝合金相同，镁合金的基本固态相变或是过饱和固溶体的分解，其强化原因也是时效硬化的理论根据。由于其基本规律在铝合金一章已有详细阐述，此处不再重复。下面仅就某些主要镁合金系各自的相变特点，作简要补充说明。

1. Mg-Al 系

在共晶温度以下，Mg-Al 系合金的平衡组织应为δ固溶体+$Mg_{17}Al_{12}$化合物。由于铝在镁中的固溶度随温度下降有明显变化，从437℃的12.6%降到室温下的约1%，故淬火处理可获得过饱和δ固溶体，大量试验证明，在随后的时效过程中，过饱和δ固溶体不经过任何中间阶段直接析出非共格的平衡相$Mg_{17}Al_{12}$，不存在预沉淀或过渡相阶段。但$Mg_{17}Al_{12}$相在形成方式上有两种类型，即连续析出和非连续析出。一般情况下，这两种析出方式是共存的，但通常以非连续析出为先导，然后再进行连续析出。这表明前者在能量上处于有利地位，易于形成。

非连续析出大多从晶界或位错处开始，$Mg_{17}Al_{12}$相以片状形式按一定取向往晶内生长，附近的δ固溶体同时达到平衡浓度。由于整个反应区呈片层状结构，故有时也称为珠光体型沉淀（图 3-17）。反应区和未反应区有明显的分界面，后者的成分未发生变化，仍保持原有的过饱和程度。从晶界开始的非连续析出进行到一定程度后，晶内产生连续析出。$Mg_{17}Al_{12}$相以细小片状形式沿基面（0001）生长。与此相应，基体含铝量不断下降，晶格常数连续增大，由于此时晶格常数的变化是连续的，故有此名。

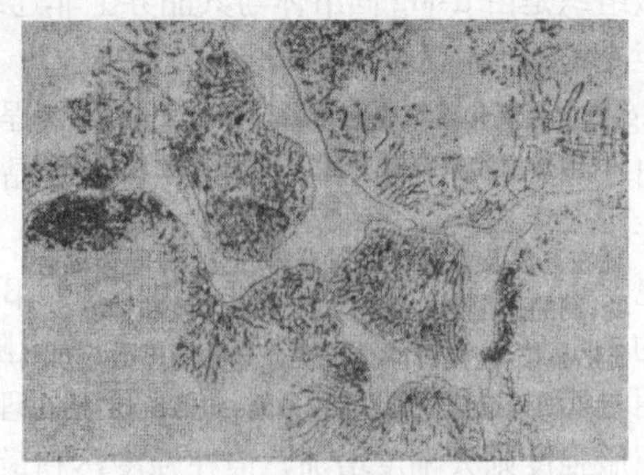
图 3-17　Mg-Al-Zn 合金铸态组织
（共晶体及非连续析出）（×500）

在时效组织中连续及非连续析出所占相对量与合金成分、淬火加热温度、冷却速度及时效规范等因素有关。一般情况下，非连续析出优先进行。特别是在过饱和程度较低，固溶体内存在成分偏析及时效不充分的情况下，更有利于发展非连续析出。反之，在含铝量较高，铸锭经均匀化处理及采用快速淬火与时效温度较高时，则连续析出占主导地位。

由于 Mg-Al 及 Mg-Al-Zn 系合金在时效过程中直接析出平衡相，且弥散度较低，故时效硬化作用不是十分显著，尤其是非连续析出占较大比例时，强化作用更弱，见表3-13。由表3-13 还可以看出，时效主要作用是提高合金的屈服强度。

表 3-13　淬火速度对 Mg-9Al-2Zn 合金时效组织及性能的影响

410~190℃的冷却时间/s	连续析出和非连续析出量之间的比例（质量分数,%）	时效规范		A（%）	R_{eL}/MPa	R_m/MPa
		时间/h	温度/℃			
190	40	18	175	2	169	281
65	65	18	175	1.8	176	294
5	88	18	175	2.2	211	312
0.5	96	18	175	3.2	209	338
各种冷却速度①	—	—	—	2	110	280

① 指淬火状态性能。

2. Mg-Zn 系

Mg-Zn 系合金的时效过程比较复杂，存在预沉淀阶段。110℃以下，可观察到 G. P. 区→β′→β（MgZn）。110℃以上，不形成 G. P. 区，而是α→β′→β（MgZn）。β′为亚稳定过渡相，具有与 $MgZn_2$ 同样的结构，稳定性较高。250℃时效时，可保持到 5000h。

Mg-Zn 系合金时效为连续析出，β′相尺寸很小，呈片状，并与基面平行。长期时效后，利用电子显微镜可观察到β′相的形态及分布特征。

Mg-Zn 系合金的时效强化效果超过 Mg-Al 系，且随含锌量的增加而提高。但 Mg-Zn 系合金晶粒容易长大，故工业合金中常添加少量锆，以细化晶粒，改善其力学性能。

3. Mg-RE 系

Mg-RE 系合金时效强化相为 Mg_9RE 或 $Mg_{12}RE$。在稀土元素中，钕在α固溶体中的溶解度较大（约4%），铈、镧、镨则较低（最大固溶度分别为 0.74%，1.9%和 2.0%），故 Mg-Nd 系合金的时效强化效果最显著。

对于 Mg-RE 系合金的时效序列，目前尚有分歧意见。一些著作认为，在这类合金的过饱和固溶体分解过程中，不存在明显的析出阶段，直接形成 Mg_9Nd 或 Mg_9Ce 等平衡相；另外有一些试验结果则表明其存在中间过渡相，沉淀序列为过饱α固溶体→G. P. 区→β″→β′→β（Mg_9Nd），过渡相与基体之间保持共格关系。

Mg-RE 系的时效产物弥散度高，与硬化峰值相对应的时效组织在普通光学显微镜下难以分辨，只是晶界处有较深的浸蚀色，是由于强化相优先在晶界析出所致。

工业 Mg-RE 合金中常添加少量锌。除有补充固溶强化作用外，还能增强时效硬化效果。此时，强化相 Mg_9RE 中固溶了一部分锌，成为 $(MgZn)_9RE$。

4. Mg-Mn 系

单独的 Mg-Mn 系合金应用较少，但锰是大多数工业镁合金常见的辅助元素，它对改善合金耐热性及耐蚀性具有良好作用。

Mg-Mn 系合金在时效期间，不经过预析出阶段，直接形成 α-Mn。由于 α-Mn 为立方晶格，强化效果较差，但热稳定性却较高。

3.3.2 镁合金热处理的主要类型

镁合金的热处理方式与铝合金基本相同，但镁合金中原子扩散速度慢，淬火加热后通常在静止或流动空气中冷却即可达到固溶处理的目的。另外，绝大多数镁合金对自然时效不敏感，淬火后在室温下放置仍能保持淬火状态的原有性能。值得注意的是，镁合金氧化倾向比铝合金强烈，当氧化反应产生的热量不能及时散发时，容易引起燃烧。因此，热处理加热炉内应保持一定的中性气氛。镁合金常用的热处理类型有：

1. T1

T1 为铸造或铸锭变形加工后，不再单独进行固溶处理而是直接进行人工时效处理。这种处理工艺简单，也能获得相当的时效强化效果。对于 Mg-Zn 系合金，因晶粒容易长大，重新加热淬火会形成粗晶粒组织，时效后的综合性能反而不如 T1 状态。

2. T2

T2 是指为了消除铸件残余应力及变形合金的冷作硬化而进行的退火处理。例如，Mg-Al-Zn 系铸造合金 ZM5 的退火规范为：350℃加热 2~3h，空冷，冷却速度对性能无影响。对于某些热处理强化效果不显著的镁合金，如 ZM3，T2 则为最终热处理状态。

3. T4

T4 为淬火处理，可用于提高合金的抗拉强度和伸长率。ZM5 合金常用此规范。

为了获得最大的过饱和固溶度，淬火加热温度通常只比固相线低 5~10℃。镁合金原子扩散能力弱，为保证强化相充分固溶，需要较长的加热保温时间，特别是砂型厚壁铸件。对于薄壁铸件或金属型铸件，加热保温时间可适当缩短，变形合金则更短，这是因为强化相溶解速度除与本身尺寸有关外，晶粒度也有明显影响。例如，ZM5 金属型铸件，固溶处理规范为 415℃保温 8~16h，薄壁（<10mm）砂型铸件时间延长到 12~24h，而厚壁（>20mm）铸件为防止过烧应采用分段加热，即 360℃保温 3h+420℃保温 21~29h。淬火形式一般为空冷。

4. T6

T6 为淬火+人工时效处理，目的是提高合金的屈服强度，但塑性相应有所降低。T6 状态主要应用于 Mg-Al-Zn 系及 Mg-RE-Zr 系合金。含锌量高的 Mg-Zn-Zr 系合金，为充分发挥时效强化效果，也可选用 T6 处理。

5. T61

T61 为热水中淬火+人工时效处理。一般 T6 为空冷淬火，T61 则采用热水淬火，可提高时效强化效果。特别是对冷却速度敏感性较高的 Mg-RE-Zr 系合金，例如，MJ110 合金，即 Mg-(2.2~2.8)Nd-(0.4~1.0)Zr-(0.1~0.7)Zn。与铸态性能相比，T6 处理可使强度提高 40%~50%，T61 处理可使强度提高 60%~70%，而伸长率仍可保持原有水平。

3.3.3 典型镁合金热处理工艺

镁合金的性能不仅与其化学成分，而且还与其所处的热处理和冷加工状态有关。对于镁合金铸件，铸态力学性能可通过固溶和时效的方式改善。对于锻件，既可单独，也可以并用冷加工、退火、固溶和时效等方式来进一步调整镁合金的力学性能。

镁合金热处理时，工艺上应特别注意防止零件在高温加热过程中发生氧化与燃烧。加热炉常选用带空气循环的电炉，炉温波动小于等于±5℃，加热体与零件之间应安置屏蔽罩，一般用不锈钢制作。炉内需保持中性气氛（二氧化碳或氩气）或二氧化硫体积比为0.5%~1%的大气气氛。二氧化硫由管道通入炉膛或事先在炉内按0.5~1kg/m^3的比例放置黄铁矿（FeS_2）或黄铜矿（$CuFeS_2$）。

镁合金常见的热处理缺陷为不完全淬火、晶粒长大、表面氧化、过烧及变形等。对于压铸件，由于其中含有较多的压缩气体，特别是氢气，在高温长时间固溶处理时，气体膨胀往往会导致表面起泡，如图3-18所示。

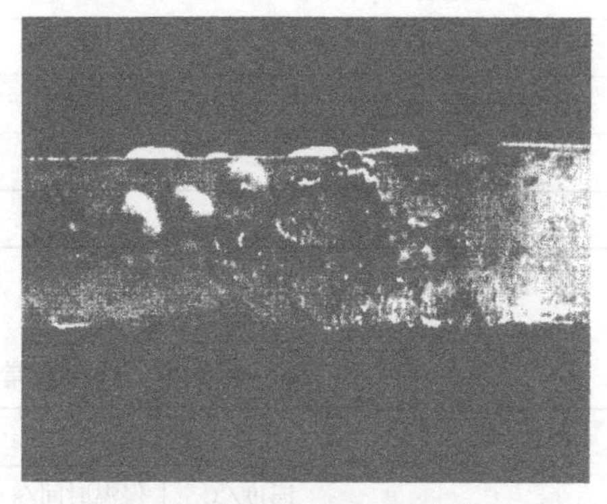

图3-18　AZ91压铸样品固溶处理时表面产生的气泡

对于Mg-Zn-RE-Zr系合金，除上述热处理方法外，氢化处理可显著提高其力学性能。由于Mg-Zn-Zr系合金的特点是常温强度超过Mg-Al-Zn和Mg-RE-Zr系合金，但工艺性较差，显微缩松和热裂倾向比较严重，焊接性也不好。若在Mg-Zn-Zr系合金基础上添加稀土元素或钍，可明显改善其工艺性，但也伴随产生一个新问题，即Mg-Zn-RE-Zr系中，第二相Mg-RE-Zn化合物常以粗块状聚集在晶界构成的脆性网络，从而降低了合金的强度和塑性。这种晶界相十分稳定，常规热处理难以使其溶解和破碎，因而不能有效地改进合金性能。但如将该合金置于氢气气氛中固溶处理，就会发现连续的粗块状化合物将被断续的细点状化合物取代，数量上也有所减少。这是因为氢气处理时，氢扩散到金属基体内部与Mg-RE-Zn化合物发生反应。稀土元素与氢有很好的亲和力，化合形成稀土氢化物，呈黑色小颗粒状，而原化合物中的锌与氢不发生反应，被释放出来转入基体。故氢化处理既改善了晶界结构，也提高了基体的固溶度，由此显著提高了Mg-Zn-RE-Zr合金的力学性能。氢化处理的缺点是氢扩散慢，厚壁铸件所需保温时间较长，并需要专门的渗氢设备。

表3-14和表3-15分别是典型镁合金牌号的常用热处理工艺以及所对应的热处理工艺参数的推荐值。

表3-14　典型镁合金牌号的常用热处理工艺

镁合金	热处理工艺	镁合金	热处理工艺
铸造合金		变形合金	
AM100A	T4，T5，T6，T61	AZ80A	T5
AZ63A	T4，T5，T6	ZC71A	F，T5，T6
AZ81A	T4	ZK60A	T5
AZ91C	T4，T6	—	—
AZ92A	T4，T6		
EZ33A	T5		
EQ21A	T6		

（续）

镁合金	热处理工艺	镁合金	热处理工艺
铸造合金		变形合金	
QE22A	T6	—	—
WE43A	T6		
WE54A	T6		
ZC63A	T6		
ZE41A	T5		
ZE63A	T6①		
ZK51A	T5		
ZK61A	T4，T6		

① 热处理还包括氢化处理。

表 3-15　镁合金常用热处理工艺及其参数的推荐值

合金	热处理	时效		固溶			固溶后时效	
		温度/℃	保温时间/s	温度/℃	保温时间/s	温度/℃	温度/℃	保温时间/s
Mg-Al-Zn 合金								
AM100A	T5	232	5	—	—	—	—	—
	T4	—	—	424	16~24	432	—	—
	T6	—	—	424	16~24	432	218	25
	T61	—	—	424	16~24	432	218	25
AZ63A	T5	260	4	—	—	—	—	—
	T4	—	—	385	10~14	391	—	—
	T6	—	—	385	10~14	391	218	5
AZ81A	T4	—	—	413	16~24	418	—	—
AZ91C	T5	168	16	—	—	—	—	—
	T4	—	—	413	16~24	418	—	—
	T6	—	—	413	16~24	418	168	16
AZ92A	T5	260	4	—	—	—	—	—
	T4	—	—	407	16~24	413	—	—
	T6	—	—	407	16~24	413	218	5
Mg-Zn-Cu 合金								
ZC63A	T6	—	—	440	4~8	445	200	16
Mg-Zr 合金								
EQ21A①	T6	—	—	520	4~8	530	200	16
EZ33A②	T5	175	16	—	—	—	—	—
QE22A①	T6	—	—	525	4~8	538	204	8
OH21A②	T6	—	—	525	4~8	538	204	8

（续）

合金	热处理	时效		固溶		固溶后时效	
		温度/℃	保温时间/s	温度/℃	保温时间/s	温度/℃	温度/℃	保温时间/s
Mg-Zr 合金								
WE43A②	T6	—	—	525	4~8	535	250	16
WE54A②	T6	—	—	527	4~8	535	250	16
ZE41A	T5	329	2	—	—	—	—	—
ZE63A	T6	—	—	480	10~72	491	141	48
ZK51A	T5	177	12	—	—	—	—	—
ZK61A	T5	149	48	—	—	—	—	—
	T6	—	—	499	2	502	129	48
变形镁合金								
ZK60A	T5	150	24	—	—	—	—	—
AZ80A	T5	177	16~24	—	—	—	—	—
ZC71A②	T5	180	16	—	—	—	—	—
	T6	—	—	430	4~8	435	180	16

① 最高温度。

② 在固溶温度在 65℃的水或其他介质中淬火。

3.4 镁合金制备技术

3.4.1 镁合金的物理化学特性

1. 镁-氧反应

各种金属与氧反应的能力是不同的。从防止氧化的观点来看，金属表面形成的氧化膜结构有着非常重要的意义。氧化膜结构常以 α 值来区别，α 值越大，一方面表明该元素与氧的结合能力越弱，另一方面表明该元素与氧形成的氧化膜越致密。一些金属的 α 值见表 3-16。

表 3-16 一些金属的 α 值

金属名称	钾 K	钠 Na	锂 Li	钙 Ca	钡 Ba	镁 Mg	铝 Al	锌 Zn	镍 Ni
氧化物分子式	K_2O	Na_2O	Li_2O	CaO	BaO	MgO	Al_2O_3	ZnO	NiO
α 值	0.41	0.57	0.6	0.64	0.74	0.79	1.28	1.57	1.61
金属名称	铜 Cu	铬 Cr	铁 Fe	钨 W	铍 Be	镉 Cd	锡 Sn	—	—
氧化物分子式	Cu_2O	Cr_2O_3	Fe_2O_3	WO_3	BeO	CdO	SnO_2	—	—
α 值	1.71	2.03	2.16	1.59	1.71	1.19	1.31	—	—

镁与氧的化学亲和力很大，而且生成的氧化膜是较为疏松的。温度高于 500℃时氧化加

速，但在较低温度下镁的氧化速度不大。当温度超过熔点，镁已处于液态时，其氧化速度更是大大加快，镁液遇氧即发生剧烈氧化而燃烧，放出大量的热，而生成 MgO 层绝热性又很好，使反应生成的热量不能很好地散出去，因而提高了反应界面上的温度；温度的提高反过来又加速了镁的氧化，使镁燃烧加剧。如此循环，将使反应界面上的温度越来越高，最高甚至可达 2850℃，此时已引起镁的大量汽化，使燃烧大大加剧，甚至引起爆炸。

在镁中加少量铍后，由于铍富集在镁液的表面，表面含铍量约为合金中的 10 倍，氧化后填充了 MgO 的空隙，形成较为致密的复合氧化膜，故可降低镁液的氧化倾向。但当温度大于 750℃时，加入铍降低氧化倾向的作用就不大了。

根据镁易氧化的特点：镁合金熔化时必须采取防止氧化、燃烧的措施，如采用熔剂覆盖或防护性气氛，这与一般铝合金熔化工艺是不同的。

2. 镁-水反应

室温下固态镁遇水即发生下列两个放热反应：

$$Mg + H_2O \longrightarrow MgO + H_2\uparrow \tag{3-1}$$

$$Mg + 2H_2O \longrightarrow Mg(OH)_2 + H_2\uparrow \tag{3-2}$$

室温下这两个反应均很缓慢，温度升高时反应速度就逐渐加快，并引起后一反应中生成的 Mg（OH）$_2$ 分解为 MgO 及 H_2O，当高温时只发生前一种反应。

其他条件相同时，镁与水蒸气（Mg-H_2O）之间的反应将比镁与氧（Mg-O）之间的反应更为激烈。当熔融的镁液与水接触时，不仅由于发生上述反应而放出大量的热，而且还因为反应产物中的氢与周围大气中的氧迅速反应以及液态的水受热迅速汽化，而将导致猛烈的爆炸，引起镁液的剧烈飞溅。由于 Mg-H_2O 反应比 Mg-O 反应更为激烈，故潮湿的镁屑在通风不良处将比干镁屑更容易发生“自发燃烧”，空气中悬浮的湿的镁粉尘的爆炸能力也比干粉尘大得多。

由于 Mg-H_2O 反应更为激烈，所以在熔化镁合金时要特别注意采取适当措施以防止发生事故。除此之外，镁合金的疏松缺陷也与镁液中的氢有关，主要来源于 Mg-H_2O 反应，所以镁合金熔化工艺中的除气问题日益引起人们的重视。

3. 镁与其他气体（N_2、CO_2、CO）间的反应

镁与氮（Mg-N）发生反应，生成 Mg_3N_2 的膜，此膜是多孔的，不能阻止反应继续进行。但 Mg-N 反应的剧烈程度远小于 Mg-H_2O 及 Mg-O 的反应，在较低温度下此反应进行得极慢。

镁与 CO_2、CO 发生反应生成 MgO+C。据国内外资料报道：镁与 CO_2 反应生成的表面膜具有一定的防护作用，其在实验室条件下的试验表明，镁合金在 700℃熔炼时，对密封坩埚，CO_2 的防护性尚好。

镁与 CO_2、CO 的反应比 Mg-H_2O 及 Mg-O 反应要弱得多，同样在较低温度下，其反应进行地极慢，所以可认为 CO_2 对固态镁是惰性气氛。

当镁处于液态时，Mg 与 N_2、CO_2、CO 的反应将显著加快，但其程度远比 Mg-H_2O 及 Mg-O 反应慢。

4. 镁与某些化学物质（S、H_3BO_3、$NH_4F \cdot HF$+NH_4BF_4等）的反应

镁液与硫（S）相遇时，硫即蒸发为蒸气（硫的沸点为 444.6℃），并在镁液表面形成

致密的 MgS 膜；如果在大气中将硫撒在镁液上，则除上述反应外，硫蒸气遇氧后即生成 SO_2，SO_2 与镁液相遇时，即发生下列放热反应：

$$3Mg + SO_2 \longrightarrow 2MgO + MgS \tag{3-3}$$

$$4Mg + 2SO_2 \longrightarrow 4MgO + 2S \tag{3-4}$$

生成的 2MgO+MgS 复合表面膜近似致密，所以具有减缓镁液氧化的作用，但若温度高于 750℃，此膜将不再起保护作用，SO_2 将与镁液发生剧烈反应而生成大量硫化物夹杂。

硼酸（H_3BO_3）受热后即脱水变成硼酐（B_2O_3），B_2O_3 遇镁液及其表面生成 MgO，即发生下列反应：

$$B_2O_3 + 3Mg \longrightarrow 3MgO + 2B \tag{3-5}$$

$$B_2O_3 + MgO \longrightarrow MgO \cdot B_2O_3 \tag{3-6}$$

还原出的硼立即与镁液反应生成致密的 Mg_3B_2 膜，后一反应中生成的 $MgO \cdot B_2O_3$ 也能在镁液表面形成致密的保护膜。

$NH_4F \cdot HF$ 及 NH_4BF_4（氟硼酸铵）与镁液相遇时则分解，在镁液周围形成 NH_3 及 HF 的保护气体，并且在镁液表面形成致密的 MgF_2 膜及 Mg_3B_2 膜。

总之，当镁液与上述化学物质相遇时，由于都能在镁液表面形成保护性气氛或生成致密保护膜，因而有效地起到隔绝镁液与大气的作用。

3.4.2 镁合金的净化和变质处理

1. 镁合金的精炼

熔炼时，镁液与炉气中的 H_2O 反应生成 MgO 夹杂，镁液和 N_2 接触生成 Mg_3N_2 夹杂。当在熔剂保护下熔化时，镁液中也会产生熔剂夹杂。所以镁合金和铝合金一样，必须进行精炼。镁合金的精炼一般采取“下部熔剂法”，即用专门的勺子使镁液上下循环流动，将经过充分脱水烘烤的由氯盐、氟盐组成的精炼熔剂撒在液面上，使其随着上下翻动的液流和镁液充分接触，多次循环，将悬浮在镁液中的夹杂物俘获、沉淀到坩埚底部，静置 10min，镁液呈“镜面”状，这样合金中的气体、氧化夹杂和熔剂夹杂将大大减少。

2. 镁合金的变质

未经变质处理的镁合金，晶粒比较粗大，在厚壁处更为明显。晶粒粗大将使合金的缩松和热裂倾向大大加剧，力学性能下降，所以必须进行变质处理，使 δ（Mg）基体细化。

对于含铝的 ZM5 合金，可采用“过热变质”，即把精炼后的镁液升温到 850~900℃，保温 10~15min，然后迅速冷却到浇注温度进行浇注。经验表明，“过热变质”必须是 Mg-Al 合金中含有一定量的铁。其机理可能是随着温度上升，铁在镁中的溶解量增加，迅速降温时，这些铁就以大量不溶于镁液的 Mg-Al-Fe 或 Mg-Al-Fe-Mn 化合物细小质点析出，成为镁合金凝固时的结晶核心，使晶粒细化。

另一种方法是往镁液中加入一些含碳物质，如 $MgCO_3$、C_2Cl_6 等，它们与镁液的反应如下：

$$MgCO_3 \overset{\triangle}{=\!=\!=} MgO + CO_2 \tag{3-7}$$

$$2Mg + CO_2 =\!=\!= 2MgO + C \tag{3-8}$$

$$3C + 4Al =\!=\!= Al_4C_3 \tag{3-9}$$

上述反应生成大量弥散分布的 Al_4C_3 质点，增加了结晶晶核，使晶粒细化。

另外，Mg-Zn 系合金通过加锆，也可以细化晶粒。

3. 镁合金的熔剂

熔剂的性能应包括：熔点、密度、黏度、夹杂物含量、化学稳定性（不与合金、炉衬、炉气反应），对人应无毒。镁合金熔炼时用的熔剂分为覆盖剂和精炼剂两大类。传统的熔剂都是用无水光卤石（$w_{NaCl_2}=44\%\sim52\%$，$w_{KCl}=32\%\sim46\%$）添加 $BaCl_2$、CaF_2 构成。覆盖、精炼的效果尚可，但由于熔剂会不断下沉，需持续添加。值得注意的是，熔剂熔化时释放出来的 HCl、HF、Cl_2 严重污染环境。

国内近年开发出来的 JDMF 覆盖剂、JDMJ 精炼剂，是以无水光卤石为基体的，其中添加一些固体化合物，使熔剂的熔点降低、黏度增加。在镁合金熔炼温度下，固体化合物分解，释放出保护气体，使熔剂分散，密度下降，大大减缓了熔剂的沉降，这种新型熔剂对镁液来说，兼有熔剂保护与气体保护、熔剂精炼和气体精炼双重功效，能有效地防止镁合金液的氧化和提高镁合金的冶金质量，使用中释放出来的有害气体的含量远低于国家标准，消除了公害，改善了环境。

4. 镁合金的型砂

镁合金的浇注温度不高，热容量又小，不会产生严重的粘砂、包砂等缺陷，因而型砂的耐火度可以差一些。同时为了得到表面质量好的铸件，砂的粒度应尽可能细一些。镁合金的收缩率较大，高温强度又低，容易产生热裂，为了防止热裂，必须采用强度较低的型砂，特别是型芯，应有足够的退让性。

镁合金液进入型腔后，会和砂型中的 H_2O、SiO_2 以及型腔中的空气（O_2、N_2）剧烈地反应，放出大量的热。由于镁的表面氧化膜导热性差，反应界面温度急剧升高，最后引起燃烧。为此，除尽可能降低型砂中的水分外，型砂中还应加入专门的保护剂。常用的保护剂有硫磺、氟的附加物和硼酸，这些添加物在镁液浇注过程中会释放出一些保护气体，避免镁液被氧化。但是，浇注时产生的 HF、SiF_4、NH_3、SO_2 等有毒气体，严重地危害了操作工人的身体健康，造成厂房、设备的腐蚀，污染了环境。近年来已在铸镁行业推广了以 $MgCO_3$、H_3BO_3、烷基磺酸钠等作为附加物的无毒型砂，既有效地防止了镁合金浇注时的氧化、燃烧，又保护了环境。

3.4.3 镁合金的典型制备工艺

随着航空工业的发展，对铸造镁合金提出了更多的新要求，如高强度及耐热性等，含锆等元素的镁合金就是适应这种新的要求而发展起来的。与常用的 ZM5 合金相比，含锆、含稀土、含钍等铸造镁合金在熔模工艺上是有其特点的。将含锆等元素的镁合金熔炼工艺介绍如下。

1. 含锆镁合金的制备工艺

从含锆镁合金的发展历史来看，怎样加锆是生产中的主要问题。1937 年，人们发现在 Mg-Zn 类镁合金中加锆能使晶粒显著细化，但由于加锆工艺没有解决，并未得到实际应用，直到 1947 年才初步解决加锆工艺问题。目前，加锆工艺仍然是含锆镁合金生产中影响质量的关键问题。

（1）镁合金中加锆的主要困难

1）锆的熔点高，其相对密度也大（锆的熔点约为1850℃，其相对密度为6.5）。而镁的熔点为651℃，相对密度为1.74。所以纯锆加入镁合金液中呈固体，难以溶解。而且由于相对密度大，易形成比重偏析。

2）锆在镁及镁合金液中溶解度小。锆和镁在液态时不能无限溶解，锆的溶解度仅为0.6%左右。在镁锆系合金液中，锆的溶解度也小于1%，因此加入后难以溶解。由于锆在镁液中的溶解度低，故很难熔制含锆量高且成分又均匀的中间合金。

3）锆的化学活泼性强。在高温下锆易和大气或炉气中的O_2、N_2、H_2、CO、CO_2发生反应，形成的化合物（ZrO_3、ZrN、ZrH_2、ZrC）也不溶于镁液中，使锆的损耗增加。

4）在镁液中，锆与许多元素如Fe、Al、Si、Mn、Co、Ni、Sb、P等形成化合物（Fe_2Zr、Al_2Zr、$SiZr_2$……），这些化合物不溶于镁液中，在坩埚底部形成沉淀，因而降低了合金液中的含锆量。

（2）在熔炼含锆镁合金时，加锆工艺方面应采取的措施

1）严格控制炉料和熔化工具。①尽可能采用纯度较高的金属炉料，以减少铁、硅、铝等杂质的影响。对回炉料要严加管理，不允许和Mg-Al类镁合金，如ZM5型镁合金相混。②炉料使用前应仔细清理表面。③要有专用的坩埚和熔化工具，不允许与熔炼Mg-Al类镁合金用的坩埚、熔化工具相混。

2）严格控制熔炼温度。在加锆和加锆以后，都必须严格控制合金液的温度，通常控制在760~800℃较为合适。当温度低于750℃时，溶于镁液中的锆很容易析出并沉淀在坩埚底部，增加了合金中锆的损耗；温度过高时，如超过800℃，镁液不仅表面燃烧加剧，而且从坩埚壁上吸收铁，并从大气中吸收氢，锆与铁、氢形成化合物，将显著增加锆的损耗，使加锆效果降低。实践证明：熔化温度最高不能超过820℃。

3）加锆前应进行适当的精炼。有的研究工作指出：氧化镁（MgO）会使镁合金液中的锆沉淀析出，增加锆的损耗，因此，在加锆前需用熔剂进行精炼，以清除合金液中的MgO夹杂物。

4）选择适当的加锆方法。加入纯锆不仅在技术上有困难，而且在经济上也不合算，目前世界各国都采用比较便宜的、熔点较低的锆盐，通过化学反应将锆加入镁合金中，或先用锆盐预制成Mg-Zr中间合金后再加入。最常用的锆盐是氟锆酸钾（K_2ZrF_6）和四氯化锆（$ZrCl_4$）。

由于用$ZrCl_4$制得的含锆镁合金常含有非金属夹杂物，降低了合金的耐蚀性，现较少采用加入$ZrCl_4$熔制Mg-Zr中间合金的方法。

（3）锆以化合物形式直接加入

1）用四氟化锆（$ZrCl_4$）。其熔点为437℃，故加入温度较低，一般为760~780℃，将$ZrCl_4$加在合金液面上，并进行适当搅拌。$ZrCl_4$加入后很容易起置换反应，在接触面上发生如下反应：

$$ZrCl_4 + 2Mg \longrightarrow 2MgCl_2 + Zr \tag{3-10}$$

反应后生成的锆进入合金液中。由于镁与氯的亲和力很大，反应形成的产物$MgCl_2$熔点也较低（718℃），故反应进行的比较充分，因此锆的回收率较高，一般在30%左右。但使用$ZrCl_4$制得的含锆镁合金常含有腐蚀性的非金属夹杂物，因而降低了合金的耐蚀性。如何减少合金中具有腐蚀性的非金属夹杂物是用$ZrCl_4$加入锆的主要问题。有人认为这种腐蚀性

夹杂物是反应产物 $MgCl_2$；也有人认为这种腐蚀性夹杂物是 $ZrCl_4$ 吸湿后形成的 $ZrOCl_2$。由于 $ZrCl_4$ 吸湿性很强，受热时 $ZrCl_4$ 即与水分发生反应，生成 $ZrOCl_2$ 及 HCl，而 $ZrOCl_2$ 本身以及它与 $MgCl_2$ 的复合物，虽经静置、精炼或重熔均不能将其从镁液中清除。所以采用 $ZrCl_4$ 的方法受到限制。有人提出：采用 $ZrCl_4$+KCl（1∶1）或 $ZrCl_4$+KCl+NaCl（2∶1∶1）熔制的合成盐加锆，加入温度控制在750~800℃，搅拌时间为5~15min。由于采用合成盐使反应产物熔点降低，流动性增加，较易和镁液分离，可进一步，减少腐蚀性夹杂物。

2）用氟锆酸钾（K_2ZrF_6）。常用的是 K_2ZrF_6 和其他卤盐的混合物。而采用 K_2ZrF_6 加锆，即在合金液表面加入 K_2ZrF_6，发生下列反应，使锆进入合金液中：

$$K_2ZrF_6 + 2Mg \longrightarrow Zr + 2KF \cdot MgF_2 \tag{3-11}$$

此外，如含有 $KZrF_5$，反应后会产生中间产物，反应如下：

$$\begin{aligned} &6KZrF_5 + 12Mg \rightleftharpoons 3K_2ZrF_6 + 6MgF_2 + 3Zr + 6Mg \rightleftharpoons \\ &2K_3ZrF_7 + 8MgF_2 + 4Zr + 4Mg \rightleftharpoons 6KF + 12MgF_2 + 6Zr \end{aligned} \tag{3-12}$$

反应过程中生成的 K_3ZrF_7（熔点为930℃）、KF · MgF_2（熔点为1054℃）、MgF_2（熔点为1270℃）等的熔点均很高。所以，如在通常的熔炼温度（700~800℃）下加入时，这些反应产物均将以固态停留在反应界面上，显著阻碍了反应的顺利进行；反应将很不完全，此时氟锆酸钾中的锆仅有15%左右进入了合金。为了促进反应进行，需将温度提高到920℃左右，但即使在此温度下也仅有20%~30%的锆能进入合金。其余的锆由于反应不完全和氟锆酸钾的升华，以及反应析出的锆也常常来不及进入合金中，从而被搅入浓稠的熔渣中而损失掉了。如将温度再提高，虽能促进反应，却又将显著增加镁液的蒸发（镁的沸点约为1107℃）、氧化及锆盐的升华。因此，采用 K_2ZrF_6 的主要问题在于设法降低盐的熔点，以提高锆的回收率。

因此，现在大多不采用单独氟锆酸钾加入镁液，而以加入混合盐的办法，采用的成分为66% K_2ZrF_6+8% CaF_2+26% LiCl。混合盐中加入 LiCl 及 CaF_2 的作用是降低反应过程中混合物的熔化温度及黏度，使反应界面保持液态，有利于扩散和对流过程。这些都使反应能在较低温度下顺利进行，且有助于从镁液中排除反应产物。这些盐类均有较高的化学稳定性，故它们不与镁液或锆发生反应。混合盐中成分的选择应既能保证它具有较低的熔化温度，又能使其中含有尽可能多的锆盐数量。采用上述混合盐时，加入温度可降至800℃，而同时锆的回收率却可提高到30%~50%。加入混合盐时的操作如下：将镁液用RJ-2熔剂精炼后，升温至800℃，除去液面上的熔剂，在液面上分批均匀地撒上混合盐，并强烈搅拌至不再冒烟时为止；再降温至760℃，用RJ-2熔剂精炼2~3min；然后静置10~15min，再快速冷却至所需的浇注温度进行浇注。混合盐的加入量通常为镁液质量的7.5%~8%，加入后镁液中将含有 w_{Zr}=0.5%~0.8%。

这种混合盐在使用前需经下列步骤配制：先将 LiCl 熔化，待其不再沸腾时，在750℃加入 CaF_2，然后再在700℃下分批加入 K_2ZrF_6，待所有盐类全部熔化后，即浇入锭模，所得的块状混合盐再经粉碎、过筛后，即可使用。这样制得的混合盐成分均匀，且无吸湿性。

（4）锆以Mg-Zr中间合金形式加入　采用Mg-Zr中间合金形式加锆有下列优点（与直接用混合盐加锆相比）：①使用方便；②非金属夹杂少；③合金化效果较好。但在熔制Mg-Zr中间合金时由于锆在镁液中的溶解度很小，难以制得含锆量高的并具有均匀成分的中间合金。为克服这个困难，可以通过适当地机械搅拌，将锆均匀混入镁液中。

无论采用 $ZrCl_4$，还是采用 K_2ZrF_6，都要先用合成盐预制成中间合金。有人采用以镁还原由质量分数分别为 50% $ZrCl_4$+25% KCl+25% NaCl 组成的合成盐制得 Mg-Zr 中间合金，其 Zr 质量分数约为 30%。由于采用 $ZrCl_4$产生具有腐蚀性的夹杂物，所以应用较少。

目前常采用以氟锆酸钾制作 Mg-Zr 中间合金的方法，其工艺方法也各有不同。有的采用由质量分数分别为 50%的氟锆酸钾，25%的无水光卤石及 25%的镁熔制得 Mg-Zr 中间合金。其熔制过程如下。先在坩埚中熔化光卤石，并加热至 730~750℃，一直保持到停止沸腾时为止；然后升温至 750~800℃，将氟锆酸钾分批加入熔池，待锆盐完全熔化后，再把在另一坩埚中熔化的 780~800℃的镁液注入熔融盐液中，并仔细搅拌 10~15min，直到不再冒烟为止，倒出浮在中间合金液面上的熔融盐液，再将坩埚中的合金液用勺舀出，浇入锭模。由于 Mg-Zr 中间合金难以粉碎，故应浇成小块。这样制得的合金约含 30%~50%的 Zr（其中大部分为游离铅），将此中间合金加入镁液时，其中的锆只有 35%~50%能进入合金。

这种工艺方法的缺点：①由于用镁还原 K_2ZrF_6 制得 Mg-Zr 中间合金的反应是放热反应，这样突然大量倒入镁液会使反应非常激烈，熔池温度上升很快，操作上不安全；② 将镁液加入熔盐中，由于镁在熔盐中的溶解度很小，镁液密度小，浮于熔盐表面，高温下镁剧烈氧化，放出大量热，更加速了熔池温度的上升，不仅增加了镁的损耗，而且导致操作不安全，甚至有时会引起爆炸；③反应过程中生成大量高熔点的副产物，使熔体黏稠，中间合金与熔渣较难分离，得到的中间合金含有大量熔渣。由于含有熔渣，容易腐蚀，所以制得的中间合金不容易保存。

为了克服上述缺点，将经预热的镁块分批加入熔盐的熔池中，全熔后，进行快速搅拌 10~15min，去掉表面熔渣，浇成锭块。再将带有熔渣的镁锆中间合金用热水浸泡 10~20h，洗掉部分熔渣。将剩余的镁锆中间合金烘干后再次重熔成锭。这样改进后，效果稍有改善，但工艺复杂。

国内现采用下列工艺：

原材料为氟锆酸钾（$w_{K_2ZrF_6} \geqslant 98\%$），氯化钾（$w_{KCl} \geqslant 95\%$，不允许混有 KNO_3 等氧化剂），纯镁锭（$w_{Mg} \geqslant 99.9\%$）；配料质量分数为，氟锆酸钾 30%，氯化钾 47%，纯镁 23%。

熔炼过程：将清理干净的氯化钾加入到预热至暗红色的坩埚中，当氯化钾熔化后升温至 800~820℃，保持到剧烈沸腾停止，以彻底去除水分。然后将经预热的氟锆酸钾分批加入熔融的氯化钾中，搅拌均匀，并升温至 870~900℃，刮净表面并扒除溶液底部的熔渣，再加入经预热的镁锭（预热温度不低于 400℃，时间不少于 30min）。镁锭熔化后，温度不低于 850℃时，搅拌 8~10min，静置 3~5min。当坩埚内的熔液分成三层后，用勺子小心地除去表面的氯化钾及中间的黏稠状熔渣。吊出坩埚，静置冷却，最后用热水浸泡或蒸汽煮去熔渣，取出合金坨，清除干净。或将底部的中间合金舀出浇入经预热的锭模中。Mg-Zr 中间合金极易氧化，贮存时应泡在煤油中。

这种方法有如下优点：①锆的回收率较高，w_{Zr} 可达 26%；②制得的镁锆中间合金只含有少量的非金属夹杂；③因氯化钾密度小，流动性好，在熔液表面形成连续的保护层防止了镁液的烧损；④氯化钾价格比较便宜。

应注意的是氯化钾不允许混有硝酸钾等氧化杂质。因为反应本身是放热反应，熔池温度上升很快，如再混入硝酸钾等杂质，就会加速镁液氧化，引起爆炸事故。所以氯化钾进厂必须经严格化学分析，合格后才允许使用。

（5）含锆镁合金的熔炼　现以ZM-1合金为例，其熔炼工艺如下：

ZM-1镁合金化学成分：$w_{Zn}=3.5\%\sim5.5\%$，$w_{Zr}=0.5\%\sim1.0\%$（其中溶解$w_{Zr}\geqslant0.5\%$），其余为镁量。

原材料要求：镁锭（不低于Mg-2），锌锭（不低于Zn-3）Mg-Zr中间合金应有总锆量大于等于25%（其中有效含锆量（质量分数）为10%左右，有效含锆量指配制合金时能起合金化作用的锆含量）。

炉料组成：$w_{新料}=10\%\sim20\%$，$w_{回炉料}=80\%\sim90\%$（其中$w_{一级回炉料}\geqslant60\%$）。

熔炼工艺过程：将预热过的回炉料、镁锭加入坩埚内熔化，采用RJ-4熔剂覆盖；升温至720~740℃，加入锌，在780~810℃时分批加Mg-Zr中间合金，全部熔化后彻底搅拌2~5min，以加速锆的溶解，并使成分均匀；在760~780℃浇注断口试样，断口合格后，在750~760℃精炼，精炼时间约为10min，熔剂用量（质量分数）为1.5%~2.5%；精炼后升温至780~820℃静置15min，进行浇注。精炼后，停放时间不允许超过2h，保温温度应在780~820℃，以免锆析出沉淀。所以一般应尽量缩短停放时间。若断口不合格，允许酌情补加质量分数为1%~2%的镁锆中间合金，再重复精炼。

应严格控制熔炼工艺。炉料表面的清洁程度，不仅对锆的损耗有一定影响，而且严重地影响合金质量，所以炉料使用前应吹砂。为了避免锆的析出、沉淀，应尽量缩短合金在760℃以下的停留时间。温度高于820℃会使大量铁熔入合金液，同样会使锆损耗增加，应尽可能避免。加Mg-Zr中间合金的温度不应低于780℃，如果低于780℃加锆效果不好；精炼温度在750~760℃较为合适。

炉前检验合金含锆量是根据浇注工艺试样的断口晶粒粗细来判断的，其标准断口是根据合金晶粒度随含锆量变化的规律性经试验来制定的。实践证明，此方法是适用的。

ZM5镁合金用的熔剂用于Mg-Zn-Zr合金熔炼时不容易下沉。此外，Mg-Zn-Zr合金在加锆过程中会带入一些密度小、流动性高的氯化钾和熔渣（配制Mg-Zr中间合金过程中产生的副产物$KF\cdot MgF_2$等）。因而，Mg-Zn-Zr合金用的熔剂除应具有一般镁合金溶剂的性能外，还应有较大的密度、适当的黏度，良好的精炼性能。因此，对RJ-2熔剂成分作了调整，使新熔剂（RJ-4）组成为：$w_{MgCl_2}=32\%\sim38\%$，$w_{KCl}=32\%\sim36\%$，$w_{CaF_2}=8\%\sim10\%$，$w_{BaCl_2}=12\%\sim16\%$。这种熔剂不仅有较大的密度和适当的黏度，而且具有较好的覆盖和精炼性能，适用于固定式坩埚熔炼。国外Mg-Zr类合金用熔剂成分见表3-17，可供参考。

Mg-Zn-Zr合金比普通镁合金易氧化，而且浇注温度又高，加一定量的铍，以增加合金抗氧化性是必要的。铍是以铍氟酸钠（Na_2BeF_4）化合物形式加入的，在720~740℃与锌同时加入合金液，铍氟酸钠加入量为合金质量分数的0.12%，仍然要注意不可过量，以防止引起合金晶粒粗大。

根据生产实践统计，回炉料每重熔一次，锆量损耗约为炉料质量的0.1%（表3-18），为了弥补此锆量损耗，在配制工作合金时应补加占回炉料3%~5%的Mg-Zr中间合金。另有经验指出：配料计算中锆损耗按炉料质量的0.2%考虑。

（6）ZM-1镁合金的非金属夹渣和偏析　ZM-1镁合金在熔炼中比普通镁合金容易产生非金属夹渣，最常见的是“熔剂夹渣”和“熔渣”，由于它们都有较大的密度，在X光底片上都呈现白色，不易区分，故在生产中将这两种夹渣通称为“大密度夹渣”。克服大密度夹渣是ZM-1合金熔炼中的重要环节。

表 3-17　国外关于 Mg-Zr 类合金用的“加重熔剂”（质量分数,%）

成分	序号							
	1①	2①	3①	4①	5①	6①	7②	8②
	用途							
	良好的全能“超重熔剂”	优良的覆盖熔剂	“超重熔剂”，精炼用	含 RE 合金用	可用于所有合金，无潮解性熔剂	含 Ti 合金用	D_{ow}234	由 D_{ow}222 和 D_{ow}234 综合
$BaCl_2$	38	30	38	28	40	40	20	70
$CaCl_2$	—	—	—	26	—	—	—	—
$MgCl_2$	28	30	29	—	—	35	50	17
KCl	9	10	9	10	26	10	25	8
NaCl	—	—	—	16	17	—	—	—
BaF_2	—	21	24③	—	—	—	—	—
CaF_2	—	—	—	—	—	—	5	5
MgF_2	25	—	—	20	17	15	—	—

① 英国专刊 No. 652234。

② 美国熔剂（1962 年通用）。

③ BaF_2 需重熔后使用。

表 3-18　合金重熔对含锆量的影响

重熔次数	原始合金	第一次重熔	第二次重熔
合金含锆量（质量分数）	0.60%	0.50%	0.41%

1）熔剂夹渣。产生原因：Mg-Zr 中间合金不纯净，常含有氯化钾。用它来配制工作合金时带进了氯化钾，因而增加了熔剂中氯化钾的含量，使熔剂的黏度和密度降低，流动性得到提高，因而在浇注时金属和熔剂不易分离，易产生熔剂夹渣。

防止方法：①增加溶剂中稠化剂（如氟化钙）和加重剂（如氯化钡）的含量，使金属与熔剂容易分离并使熔剂容易下沉。如 ZM-1 合金原用 RJ-2 熔剂，其成分中的氯化钡和氟化钙含量低，如 $BaCl_2$ 5%~8%，CaF_2 3%~5%。后来采用专用熔剂（RJ-4）增大了它们的含量，其成分中的 $w_{BaCl_2}=12\%\sim16\%$，$w_{CaF_2}=8\%\sim10\%$。此外，$MgCl_2$ 也由原来的 $w_{MgCl_2}=38\%\sim46\%$降低到 $w_{MgCl_2}=32\%\sim38\%$，使熔剂稠化。②控制中间合金的加入量，采用预制合金锭和 Mg-Zr 中间合金综合加锆法。

2）熔渣。产生原因是中间合金带入的熔渣。它是配置中间合金还原反应过程中产生的高熔点副产物 KF-MgF_2 等与氯化钾的熔渣。

防止方法：①机械过滤（如在浇注系统中加钢丝棉进行过滤）。②加强浇注系统的挡渣作用。③提高静置温度至 800~820℃，适当延长静置时间不少于 20min，用可提式浇包浇注两次间隔时间不少于 5min。④控制中间合金加入量。

如前所述，由于锆的熔点高，密度大，在镁合金中锆的溶解度小，镁液凝固时，随锆的溶解度下降而析出。此外，锆的化学活性强，和许多元素形成化合物，这些化合物密度也大，且难溶于镁液中。如果出现熔铸温度过低、浇注不当等原因，容易在铸件中产生比重偏析。这种偏析在X光底片上呈现成群分布的白亮区；宏观检查时偏析区比基体粗大，可以发现微小的金属亮点。在显微镜下，呈局部密集的轮廓清晰、有棱有角的块状凸起（图3-19）。经电子探针试验分析，此块状凸起物主要为Zn_2Zr_3化合物。此种偏析是由于降低其他组织区域的含锆量，局部又形成较大的金属夹杂，故对性能有一定的影响，允许在铸件中少量存在，但若数量及面积过大时，会降低力学性能，故必须控制。

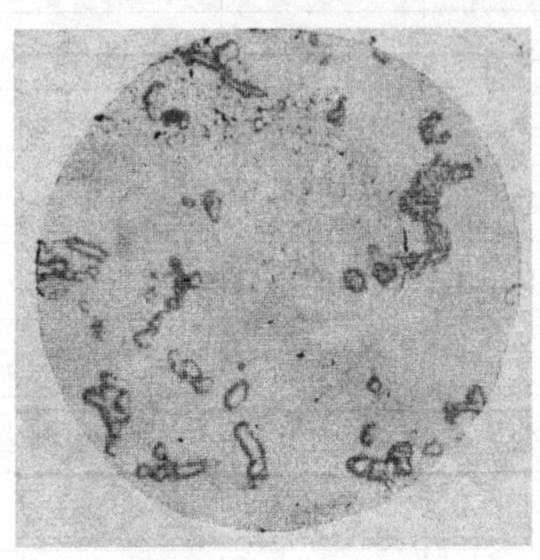

图3-19　含锆铸造镁合金的比重偏析

2. 含稀土镁合金的制备工艺

纯铈的熔点约为815℃，纯镧的熔点约为812℃，纯钕的熔点约为840℃，混合稀土金属RE（M）的熔点约为640℃，因此它们一般均可直接加入镁液。

稀土元素很容易氧化而烧损，且在熔炼温度下很容易与熔剂中的$MaCl_2$发生反应而损耗。例如：

$$2Ce + 3MgCl_2 \longrightarrow 2CECl_3 + 3Mg \tag{3-13}$$

因此，在熔炼含有RE（M）的镁合金时，应采用不含$MgCl_2$或$MaCl_2$含量低的熔剂。

通常采用的是不含$MgCl_2$的美国的D_{ow}220熔剂，其成分为$w_{KCl}=55\%$、$w_{BaCl_2}=15\%$、$w_{CaCl_2}=28\%$、$w_{CaF_2}=2\%$。它可用于覆盖和精炼，熔炼末期可在覆盖层上加入CaF_2以使其稠化。

另有人采用$MgCl_2$含量低的MZ熔剂，成分为$w_{CaCl_2}=40\%$、$w_{NaCl}=30\%$、$w_{KCl}=20\%$及$w_{MgCl_2}=10\%$，它主要用作覆盖熔剂；在精炼时采用质量分数为70%的MZ熔剂和30%的MgF_2的混合物，这种精炼熔剂将使熔炼末期液面上的熔剂层得到稠化。MgF_2虽能与RE发生反应，但因它以固态质点悬浮在液态氯盐中而不与镁液直接接触，故不会使RE大量损耗。由于MgF_2价格较高，故此种熔剂较少采用。

为了减少RE的损耗，故应采用较低的加入温度，一般为740℃或750℃以下，并尽量缩短熔炼持续时间，加入RE时一般采用钟罩将其迅速压入熔池深处；熔炼Mg-RE合金时的熔剂消耗量一般应比标准类合金高。此外，含RE的合金不允许通氯除气以免引起RE的大量损耗。

据资料报道，合金中如同时含有Zn、RE及Zr时，则其炉料加入次序通常为：在700~720℃时加入锌，再在730~740℃时加入RE，然后在780℃分批加入Mg-Zr中间合金并搅拌，再在750℃精炼并静置10~15min，然后加入CaF_2以使液面上的$D_{ow}220$熔剂稠化并进行浇注。

在我国，熔炼Mg-Zn-RE-Zr合金时，有的采用先加入RE，后加入Mg-Zr中间合金的方法，如ZM-3合金的熔炼。另外，也有的采用先加入Mg-Zr中间合金，后加入RE的方法，如ZM-2合金的熔炼。

在熔炼此类合金时，工艺上主要应考虑提高锆的回收率，减少锆的损失以及防止产生含锆的熔剂夹渣；同时，由于稀土金属具有很大的化学活泼性，易氧化，所以应尽量减少稀土的烧损（实践指出，稀土烧损系数一般为15%）。试验指出，在780~810℃高温下保持，会使稀土损失，而在740~760℃温度下保持2h，发现稀土和锆损失不明显。另有人指出，熔炼结束后，停放时间不超过1h，对锆和稀土的损耗无显著影响。一般认为，在熔炼时准确地控制温度，并尽量缩短熔炼时间和熔化后的停放时间，对减少锆和稀土的损耗是有利的。

下面介绍ZM-2镁合金的熔炼工艺：

ZM-2镁合金的化学成分为$w_{Zn}=3.5\%\sim5.0\%$，$w_{RE}=0.7\%\sim1.7\%$，$w_{Zr}=0.5\%\sim1.0\%$（其中溶解$w_{Zr}\geqslant0.5\%$），余量为镁。

熔炼工艺过程：回炉料及镁锭熔化后，升温至720~740℃加锌（如必要时同时加入铍氟酸钠），搅拌3~5min。升温至780~810℃，分批缓慢加入经预热的Mg-Zr中间合金和稀土，待其熔化后捞底搅拌2~5min，静置3~5min，在760~780℃时浇注断口试样。若断口不合格，可在760~800℃酌情补加Mg-Zr中间合金，使合金中含锆质量分数控制在0.5%~1.0%，重新取断口试样。断口合格后，在760~780℃下精炼6~10min，在熔炼中采用RJ-5熔剂，其用量为炉料重的1.5%~2.5%，精炼后扒除表面熔渣，撒一层新熔剂覆盖，升温到780~820℃，静置15min，必要时可再次检查断口，直至总静置时间为30~35min，即可出炉浇注。

3. 含钍镁合金的制备工艺

纯钍（Th）的熔点为1845℃。故一般以Mg-Th中间合金（$w_{Th}=20\%\sim25\%$）形式加入。钍容易与$MgCl_2$反应而损失，故熔炼时应采用不含$MgCl_2$的$D_{ow}220$的溶剂。钍易氧化而烧损；故加入钍时应迅速压入熔池，钍一般在熔炼末期加入。

在熔制Mg-Th-Zn-Zr合金时，其操作次序为：先在700~720℃下加锌，再在760~800℃时加入Mg-Zr中间合金，待其熔化后，搅拌、扒渣，换上不含$MgCl_2$的$D_{ow}220$熔剂，在780~800℃加入Mg-Th中间合金，搅拌、扒渣，覆盖新熔剂，并加入CaF_2稠化，静置10~15min后，即可浇注。

也有人主张先在较低温度（如700℃）下加入Mg-Th中间合金，再升温至780℃加入Mg-Zr中间合金，这样可以减少钍的损耗。

Mg-Th中间合金的制造可以采用钍盐与镁液间作用的置换法，也可采用烧结的钍粉或钍屑加入镁液的混熔法来制造。不允许将未经烧结的钍粉末加入镁液，因为这将使反应进行得过分剧烈。钍屑在加入镁液前需充分烘干；但加热时应使钍不被氧化，因为ThO_2进入镁液后能发生剧烈的放热反应。钍以带孔钟罩分批压入熔池。加入钍的同时会产生有害于人体健康的蒸气。用此法制造Mg-Th中间合金时有质量分数为20%~25%的钍被烧损掉。

钍为放射性元素，放出α射线，为了避免钍落在人体上（特别是吸入体内），应注意良好的通风，操作时穿上专门的工作服。

思考题

1. 简述镁合金的特点及其分类。
2. 试述镁合金的主要热处理方式及工艺特点。
3. 稀土在镁合金中具有哪些作用?
4. 典型镁合金的常规熔炼工艺步骤及其注意事项是什么?
5. 试述镁合金的净化和变质工艺。
6. 试述镁合金的主要类型及其成分、组织特点。

第4章 钛及其合金

钛及钛合金具有许多优点。首先是其比强度高于其他合金；其次是具有较高的耐蚀性，特别是在海水和含氨介质中，耐蚀性尤其突出。另外，钛及钛合金的耐热性也比铝合金和镁合金高，目前实际应用的钛合金工作温度可达400~500℃。从20世纪50年代开始，在较短的时间内，钛工业获得了迅速发展，尤其在航空航天工业，应用范围及数量日益增长，并正在迅速取代某些铝合金、镁合金及钢等制造各种构件。此外，钛及钛合金在机械工程、生物医学、海洋工程、化工、冶金、建材及一般民用工业中的应用也有逐年增长之势。

钛在地壳中的储量仅次于铝、铁、镁，而居第四位。在我国，钛资源十分丰富，虽然开展钛及钛合金的研究与应用工作起步较晚，但已取得了可观的进步，已建成一批大型的海绵钛生产企业，已可生产板材、条材、线材等产品。

我国在航空工业中应用钛合金始于20世纪60年代初期。目前钛及钛合金已广泛应用或准备应用于制造飞机上的隔热罩、整流罩、导风罩、蒙皮、框类、支臂构件及发动机中的压气机盘、叶片及机匣等。

因为钛的化学性十分活泼，熔点高，冶炼制取工艺复杂及价格昂贵等方面的问题，导致钛及钛合金的发展与应用受到了一定限制。随着科学技术的不断进步，这些问题正在不断被解决，钛及钛合金由于其所具有的优异特性，必将发展成为普遍应用的重要结构材料。

4.1 纯钛

4.1.1 纯钛的特性

钛的原子序数为22，主要物理性能见表4-1。钛的主要特点是熔点高、导热性差，与铁、镍相比，密度较低，线胀系数较小，弹性模量也较低。

表4-1 纯钛与几种常用金属的物理性能

物理性能	Ti	Mg	Al	Fe	Ni	Cu
密度/(g/cm^3)	4.54	1.74	2.7	7.8	8.9	8.9
熔点/℃	1668	650	660	1535	1455	1083

（续）

物理性能	Ti	Mg	Al	Fe	Ni	Cu
沸点/℃	3260	1091	2200	2735	3337	2588
线胀系数/$10^{-6}K^{-1}$	8.5	26	23.9	11.7	13.3	16.5
热导率/[$10^2W/(m·K)$]	0.1463	1.4654	2.1771	0.8374	0.594	3.8518
弹性模量 E/GPa	113	43.6	72.4	200	210	130

固态钛在 882.5℃时具有 $\alpha \rightleftharpoons \beta$ 同素异构转变，将 882.5℃称为纯钛的 β 转变温度或 β 相变点。在 882.5℃以下为 α 钛，具有密排六方晶格，晶格常数 $a=0.295$nm，$c=0.468$nm；自 882.5℃直到熔点温度为 β 钛，具有体心立方晶格，900℃时的晶格常数为 $a=0.331$nm。

钛的化学活性极高，高温下能同许多元素发生强烈反应而受污染，不能用常规方法熔铸，只能用真空电弧炉熔铸。

纯钛在较多的介质中有很强的耐蚀性，尤其是在中性及氧化性介质中的耐蚀性很强。钛在海水中的耐蚀性优于不锈钢及铜合金，在碱溶液及大多数有机酸中也很耐蚀。纯钛一般只发生均匀腐蚀，不发生局部和晶界腐蚀现象，其耐蚀疲劳性能也较好。

钛极易吸氢而产生氢脆，但可利用这一特点，制成以钛为主要成分的储氢材料。

钛在 550℃以下空气中能形成致密的氧化膜，并具有较高的稳定性。但温度高于 550℃后，空气中的氧能迅速穿过氧化膜向内扩散使基体氧化，这是目前钛及钛合金不能在更高温度下使用的主要原因之一。

体心立方的 β 钛具有良好的塑性。α 钛虽为密排六方，但其轴比 c/a 小于理论值 1.633。除｛0001｝外，$\{10\bar{1}0\}$ 及 $\{10\bar{1}1\}$ 也参与滑移，使 α 钛的滑移系增多，故其也有相当的塑性，可进行冷变形强化。但钛的屈服强度（R_{eL}）与抗拉强度（R_m）接近，屈强比（R_{eL}/R_m）可达 0.7～0.9。加之其 E 值较小，变形回弹大，因而钛的压力加工性能不如钢。

钛的导热性差，摩擦系数大（$\mu=0.42$），切削加工时易粘刀，刀具温升快，因而可加工性较差，应使用特定刀具切削。另外，钛的耐磨性能也较差，具有较高的表面缺口敏感性，对加工及使用均不利。

纯钛的组织与热加工及热处理条件有关，在 α 相区温度变形退火，可得到等轴 α 组织；从 β 相区温度退火，可得到片状 α 组织；如从 β 相区淬火，β 相可发生马氏体相变，生成针状马氏体 α′组织。工业纯钛的等轴 α 及针状马氏体 α′的组织形态如图 4-1 所示。

4.1.2 杂质对纯钛的影响

高纯钛的塑性很好，强度不高，其等轴 α 相组织的抗拉强度 $R_m=216\sim255$MPa，非比例延伸强度 $R_{p0.2}=118\sim167$MPa，伸长率 $A=50\%\sim60\%$，断面收缩率 $Z=70\%\sim80\%$。当纯钛中存在杂质元素时，随着纯度下降，强度显著升高，塑性却大大降低。

按在晶格中存在的形式区分，杂质元素与钛可形成间隙式或置换式两种固溶体，杂质含量较多时，也会形成脆性化合物。

形成间隙固溶体的杂质主要有氧、氮、氢及碳等，这些杂质可造成严重的晶格畸变，强

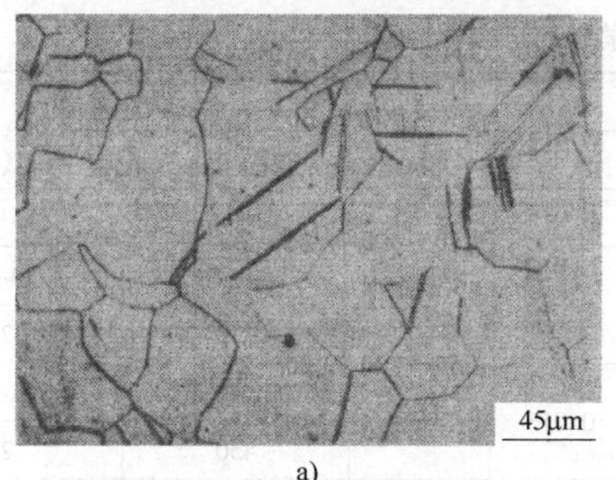

a)

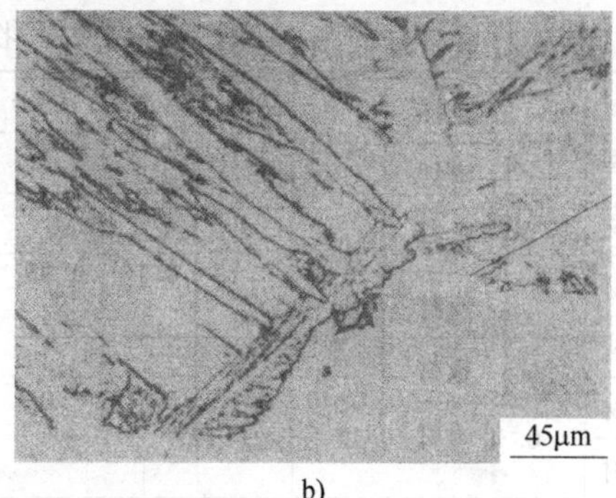

b)

图 4-1 工业纯钛的组织形态

a）变形退火后的等轴 α 相 b）β 相区淬火的针状 α′相

烈阻碍位错运动，提高硬度。图 4-2 所示为 C、O、N 对高纯钛强度和塑性的影响。另外，氢的扩散能力较强，应变时效现象比较明显，而且容易以 TiH 化合物的形式析出，引起氢脆，严重损害钛的韧性。因此，间隙式杂质对钛的塑性危害很大。

形成置换式固溶体的杂质主要有铁和硅等。这些杂质造成的晶格畸变不如间隙式杂质严重，对塑性及韧性的影响程度也小于间隙式杂质的影响，在有的合金中，甚至还将置换式杂质作为合金元素加入。

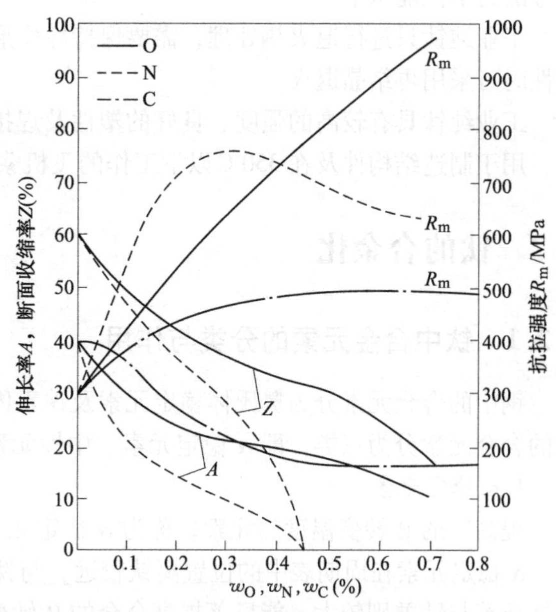

图 4-2 C、O、N 对高纯钛强度和塑性的影响

钛中的杂质（尤其是间隙式杂质）不但使塑性及韧性降低，而且对疲劳性能、蠕变抗力、热稳定性及缺口敏感性等也有很大的危害。现有的和发展中的高强钛合金，主要依靠添加各种合金元素来强化基体，其先决条件之一是钛基体必须具有较高的纯度，以保证具有足够的塑性储备。

4.1.3 工业纯钛简介

高纯钛仅在科学研究中应用。工业应用的纯钛均含一定量的杂质，称为工业纯钛。

如前所述，杂质对钛的力学性能影响很大，有时可将钛中的杂质近似看作合金的强化元素。工业纯钛实际上是钛与杂质元素形成的合金。

纯钛的牌号为 TA0、TA1、TA2 及 TA3。TA0 为高纯钛，其余三种为工业纯钛。牌号不同，杂质含量也不同。数字越大，钛的纯度越低。四种纯钛的成分与力学性能见表 4-2。

β 相变点对成分很敏感，随杂质含量不同，工业纯钛的 β 相变点为 865~920℃。

除杂质元素造成的固溶强化外，工业纯钛还可采用冷变形强化。当冷变形程度为 30%~40%时，其抗拉强度可达到 800MPa 以上，伸长率仍能保持在 10%~15%，这已超过超硬铝

表 4-2 纯钛的化学成分与力学性能

牌号	材料类型	杂质含量（≤）（%）						力学性能	
		Fe	Si	C	N	H	O	R_m/MPa	A（%）
TA0	板材	0.04	0.03	0.03	0.01	0.015	0.05	250~290	56~64
TA1	板材	0.15	0.10	0.05	0.03	0.015	0.15	350~500	30~40
	棒材							350	25
TA2	板材	0.30	0.15	0.10	0.05	0.015	0.20	450~600	25~30
	棒材							450	20
TA3	板材	0.40	0.15	0.10	0.05	0.015	0.30	550~700	20~25
	棒材							550	15

合金的力学性能水平。

工业纯钛只进行退火热处理，需要保持冷变形强化效果时，采用去应力退火，需要恢复塑性时可采用再结晶退火。

工业纯钛具有较高的强度、良好的塑性及焊接性，可制成板、棒、管、线、带材等半成品，用于制造结构件及在350℃以下工作的飞机蒙皮、隔热板等。

4.2 钛的合金化

4.2.1 钛中合金元素的分类与作用

钢中的合金元素分为奥氏体稳定元素及铁素体稳定元素两大类。与此类似，可将加入钛中的合金元素分为三类，即α稳定元素、中性元素和β稳定元素。

1. α稳定元素

提高钛的β转变温度的元素，称为α稳定元素。

α稳定元素在周期表中的位置离钛较远，与钛形成包析反应，这些元素的电子结构、化学性质等与钛差别较大，能显著提高合金的β转变温度，稳定α相，故称α稳定元素。

典型的α稳定元素为铝，钛-铝二元相图如图4-3所示。加入铝后，可强化钛的α相，降低钛合金密度，并显著提高合金的再结晶温度和高温强度。另外，添加铝可提高β转变温度，使β稳定元素在α相中的溶解度增大。因此，铝在钛合金中的作用类似碳在钢中的作用，几乎所有的钛合金中均含铝。但铝对合金耐蚀性无益，还会使压力加工性能降低。

铝原子以置换方式存在于$α_2$相中。当铝的添加量超过α相的溶解极限后，会出现以Ti_3Al为基的有序$α_2$固溶体，使合金变脆，热稳定性降低。因此，钛合金中对铝的最高含量有限制。随着材料科学的发展，已发现Ti-Al系金属间化合物的密度小、高温强度高，抗氧化性强及刚性好，这些优点对航空航天工业具有极大的吸引力。因此，国内外已对以Ti_3Al甚至TiAl化合物为基的合金及复合材料进行了很多研究，在采用细化晶粒及适当合金化方法来降低Ti-Al系金属间化合物室温脆性的研究方面，已取得重大进展，使Ti-Al系金属间化合物类合金成为迅速发展的高技术领域内的新型材料之一。

除铝外，镓、锗、氧、氮、碳也是α稳定元素。镓属于稀贵元素，其应用仍处于研究阶段。氧、氮、碳一般作为杂质元素，很少特意作为合金中的添加元素使用。

为了衡量α稳定元素在钛合金中稳定α相的程度，提出了铝当量的概念，即：

$$铝当量 = w_{Al} + \frac{1}{3}w_{Sn} + \frac{1}{6}w_{Zr} + 10w_{O}$$

钛合金中的铝当量过高时，会形成有序的α_2相，使合金变脆。因此，钛合金中的铝当量一般应小于9。

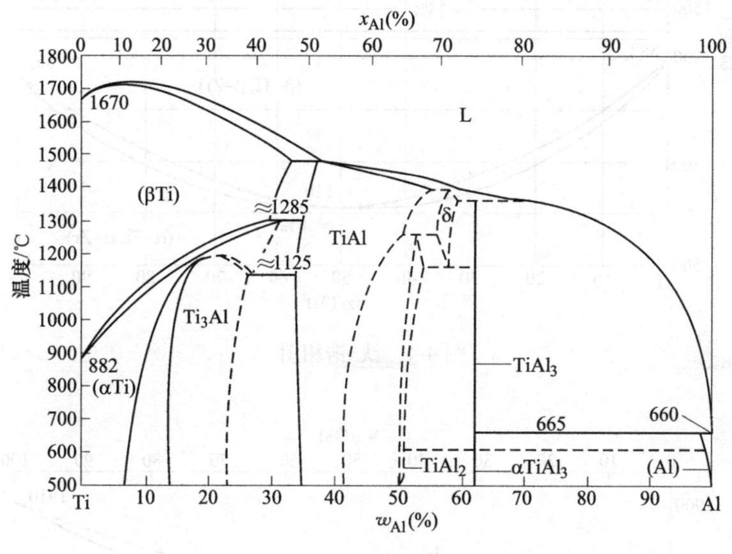

图4-3 钛-铝相图

2. 中性元素

对钛的β转变温度影响不明显的元素，称为中性元素。

中性元素在α、β两相中均有较大的溶解度，甚至能形成无限固溶体，如与钛同族的锆。钛-锆相图如图4-4所示。另外，锡、铈、镧、镁等元素对钛的β转变温度影响也不明显，也属中性元素。中性元素加入后主要对α相起固溶强化作用，故有时也可将中性元素看作α相稳定元素。

钛的合金化中常用的中性元素主要为锆和锡。这些元素在提高α相强度的同时，也能提高其热强度，对塑性的不利作用比铝小，这样利于压力加工及改善合金的焊接性能，但其对α相的强化效果低于铝。有的合金中加入了铈、镧等稀土元素，可细化晶粒，并能提高合金的高温抗拉强度及热稳定性。

3. β稳定元素

能降低钛的β转变温度的元素称为β稳定元素。

根据β稳定元素的晶格类型及与钛形成的二元相图特点，又可将β稳定元素分为β同晶稳定元素及β共析稳定元素两类。

（1）β同晶稳定元素（简称β同晶元素） 这类元素具有与β钛相同的晶格类型，如钒、钼、铌、钽等。这些元素在元素周期表上的位置靠近钛，能与β钛无限互溶，而在α钛中有限溶解。钛-钒相图（图4-5）是这类相图的典型。

由于这类元素的晶格类型与β钛相同，能以置换方式大量固溶入β钛中，所产生的晶

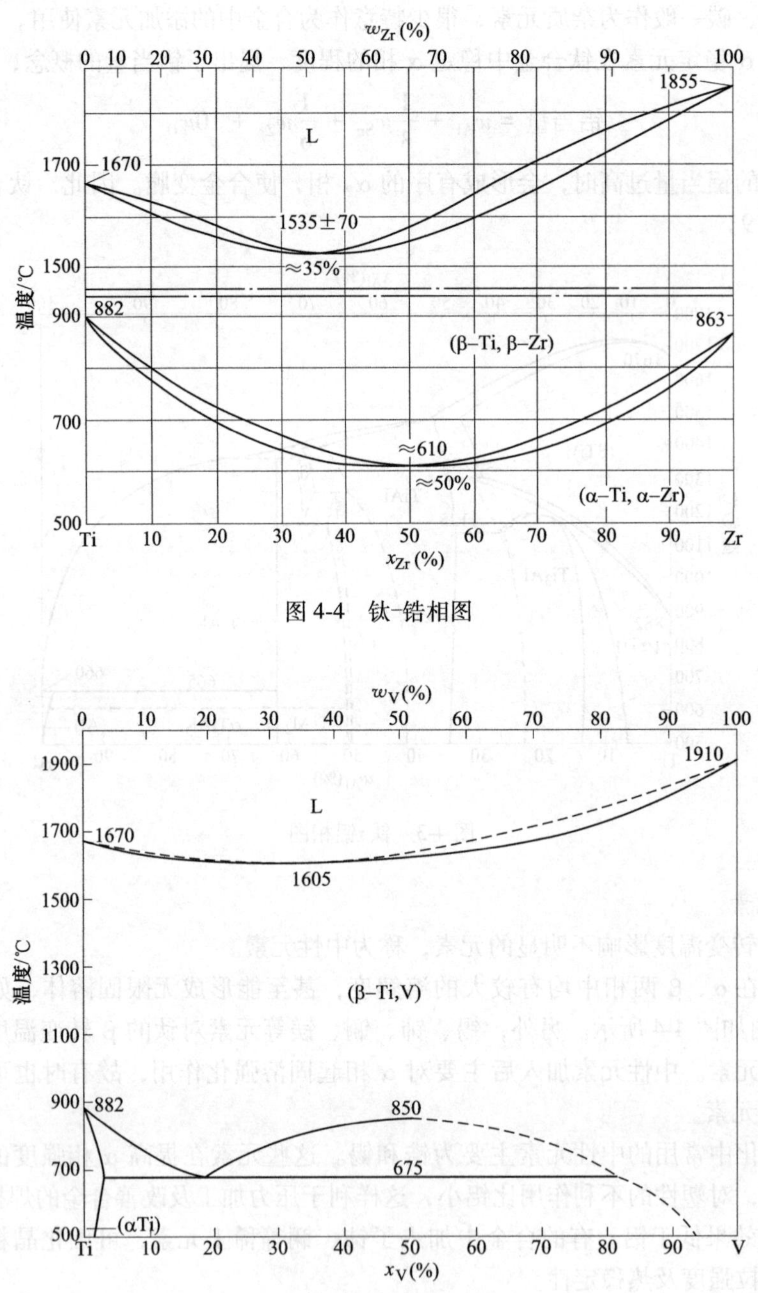

图 4-4 钛-锆相图

图 4-5 钛-钒相图

格畸变较小，因此在提高强度的同时，还能使固溶体保持较高的塑性。另外，用 β 同晶元素强化的 β 相，组织稳定性较好，温度变化时，β 相不会因 β 同晶元素的存在而发生共析或包析反应而生成脆性相。因此，β 同晶元素在钛合金中被广泛应用。

（2）β 共析稳定元素（简称 β 共析元素） 这类元素在 α 和 β 钛中均为有限溶解，但在 β 钛中溶解度比在 α 钛中大，与钛形成具有共析反应的相图，如钛-锰相图（图 4-6）。

根据 β 共析元素加入后 β 相发生共析反应的速度，又可将其分成慢共析元素和快共析

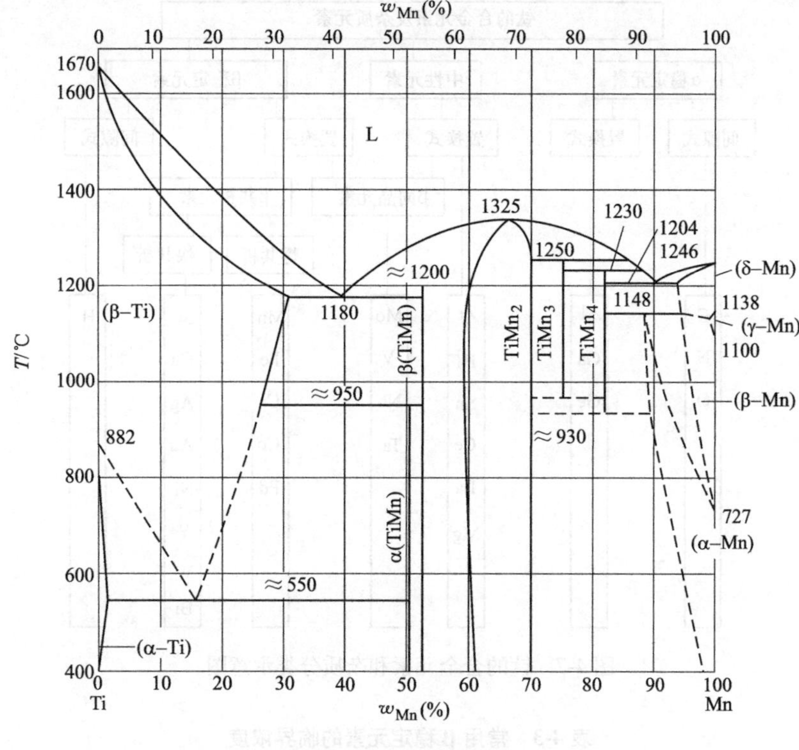

图4-6 钛-锰相图

元素。

能够使β相具有很慢的共析反应速度的β共析元素，称为慢共析元素。这种共析反应，在一般冷却速度下来不及进行，因而慢共析元素与β同晶元素作用类似，这类元素主要有锰、铬、铁等。

使共析反应速度很快的β共析元素称为快共析元素。这类元素形成的共析反应在一般冷却速度下即可进行。因此，用快共析元素合金化的β相实际很难保留到室温。此类元素主要有硅、铜、镍等。

β共析元素铬、钨的晶格类型为体心立方，故也可将铬、钨归入β同晶元素一类。

钛的合金元素及杂质元素的分类如图4-7所示。

（3）临界浓度 β稳定元素加入后，可稳定β相，随着含量增加，β转变温度降低。当β稳定元素含量达到某一临界值时，较快的冷却速度能使合金中的β相保持到室温。这一临界值称为“临界浓度”，用c_k表示。临界浓度可以衡量各种β稳定元素稳定β相的能力。元素的c_k越小，其稳定β相的能力越强。一般，β共析元素（尤其是慢共析元素）的c_k值要小于β同晶元素。各种β稳定元素的c_k值见表4-3。

（4）β稳定元素的作用 β稳定元素除有固溶强化作用外，主要使合金组织中具有一定量的β相或形成一些其他第二相，以进一步强化合金。β相冷却时发生同素异构转变或马氏体转变，使合金能够进行强化热处理。当加入的β稳定元素较多时，可获得以β相为基的、具有高强度、高韧性、耐腐蚀、易成形的β型钛合金。

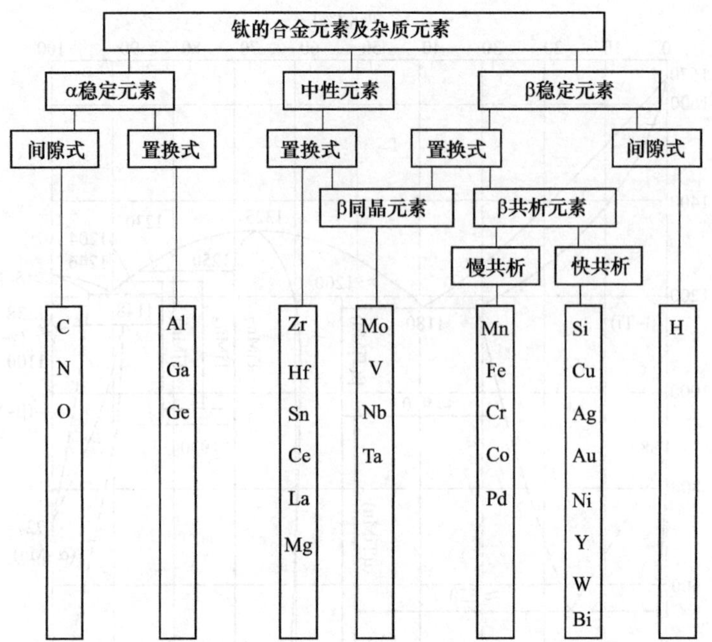

图 4-7 钛的合金元素和杂质分类示意图

表 4-3 常用 β 稳定元素的临界浓度

合金元素	Mo	V	Nb	Ta	Mn	Fe	Cr	Co	Cu	Ni	W
c_k（%）	11	14.9	28.4	40	6.5	5	6.5	7	13	9	22

在 β 稳定元素中，锰、铁、铬对 β 相的稳定效果最好，但它们是慢共析元素，在高温长时间工作条件下，β 相易发生共析反应，因而合金组织不稳定，蠕变抗力差。但如果同时加入钼、钒、钽、铌等 β 同晶元素，则共析反应可受到进一步抑制。由于钒的密度相对最小，故最常用。快共析元素硅易在位错处偏聚，阻碍位错运动，提高蠕变抗力。特别是硅、锆共存时，能形成复杂的硅化物，对位错运动阻碍作用更大，可进一步提高蠕变强度。铋的作用与硅类似，但应用不广泛。

4.2.2 钛合金的分类及特点

1. β 稳定系数

钛合金中 β 相的数量及稳定程度与 β 稳定元素含量有直接关系。为了衡量钛合金中 β 相的稳定程度或 β 稳定元素的作用，并便于钛合金的分类，提出了 β 稳定系数的概念。

β 稳定系数是指钛合金中各 β 稳定元素浓度与各自的临界浓度比值之和，即：

$$K_\beta = \frac{c_1}{c_{k_1}} + \frac{c_2}{c_{k_2}} + \frac{c_3}{c_{k_3}} + \cdots + \frac{c_n}{c_{k_n}}$$

式中 K_β——β 稳定系数；

c_1、c_2、…、c_n——分别为合金中所含各 β 稳定元素的浓度；

c_{k_1}、c_{k_2}、…、c_{k_n}——分别为各 β 稳定元素的临界浓度。

显然，钛合金的K_β值越大，其β稳定元素总含量越高，β相数量也越多。

2. 工业钛合金的分类

根据K_β值及退火（空冷）后的组织不同，可粗略地将工业钛合金分为α、近α、（α+β）及β型四大类。

（1）α钛合金　K_β值接近零的合金为α钛合金。这类合金几乎不含β稳定元素，退火组织基本为等轴α，铝当量为5%~6%，主要合金元素是α稳定元素及中性元素。

我国α钛合金牌号为TA后加一个代表合金序号的数字，包括工业纯钛TA1、TA2及TA3，以及含不同α稳定元素或中性元素的TA4、TA5、TA6及TA7等，随着序号增大，合金元素含量增多，强度增大。

此类合金不能进行热处理强化，主要优点是组织稳定、耐腐蚀、易焊接。缺点是强度低，压力加工性较差。α钛合金主要用作飞机上受力不大的板或管材结构件。工业纯钛使用温度可达250~300℃，TA7使用温度可达450℃。

（2）近α钛合金　$K_\beta<0.23$的合金一般属于近α钛合金。这类合金主要靠α稳定元素固溶强化，另加少量的β稳定元素，以使退火组织中有少量β相，可改善压力加工性。并使合金具有一定的热处理强化效果，也可抑制α_2相的析出。

近α钛合金有低铝当量及高铝当量两类。

低铝当量的近α合金，铝当量小于2%，α稳定元素相对较少，固溶强化效果不显著，组织中含有2%~4%的β相，故主要优点是压力加工性相对较好，具有与工业纯钛相似的焊接性及良好的热稳定性，使用温度可达400℃，其缺点也是强度较低，不能热处理强化。这类合金适合制造形状复杂的板材冲压及焊接件。

高铝当量近α钛合金的铝当量为6%~9%。因其含有较多的、有益于高温强度的α稳定元素，故主要优点是具有比其他类型钛合金高的蠕变抗力，是最有希望用于500℃以上长时间工作的合金。这类合金的热稳定性和焊接性良好，压力加工性优于α钛合金，疲劳裂纹扩展抗力和断裂韧度也较好，其主要的缺点是塑性较低。这类合金一般在退火状态下使用，有些合金还可进行强化热处理。这种合金可用于500℃以上工作的结构件，如航空发动机的压气机盘、叶片等。

我国近α钛合金尚无明确牌号。英国牌号有IMI230、IMI679、IMI829等，美国牌号有Ti-6242，Ti-11等。

（3）（α+β）钛合金　$K_\beta=0.23\sim1.0$的钛合金一般属于（α+β）钛合金，也称为两相钛合金。这类合金中的铝当量一般控制在8%以下。β稳定元素的添加量为2%~10%（质量分数），主要是为了获得足够数量的β相，以进一步改善压力加工性和热处理强化能力。

（α+β）钛合金中β稳定元素的选择比较复杂，主要选用钒、钼等β同晶元素。虽然慢共析元素铬、铁稳定β的能力比β同晶元素强，但在长时间加热条件下产生的共析反应易生成$TiCr_2$或TiFe等脆性化合物，降低合金韧性。故慢共析元素只在某些合金中少量加入。在一些合金中，也辅加少量快共析元素硅，以提高其高温强度。

低铝当量两相钛合金的铝当量小于6%。这类合金中一般含β稳定元素较多，β相数量及稳定程度较大。退火状态下β相在组织中体积比占10%~30%，淬火后的β相体积比可达到55%。这类合金具有中等的强度、塑性、蠕变抗力和热稳定性，使用温度为300~400℃，可用于小型结构件或紧固件。

高铝当量两相钛合金的铝当量不小于6%。这类合金中除含有较多的铝、锡或锆外，还含有适量的β稳定元素，尤其是钼和钒。有些合金中还添加了微量硅，是目前在400~500℃时实际应用最广的钛合金。

与近α钛合金相比，两相钛合金具有较高的强度和良好的塑性，尤其是高铝当量的两相钛合金，其高温抗拉强度居所有类型的钛合金之首，蠕变抗力及热稳定性也较好，但焊接性不如近α钛合金。

两相钛合金可在退火状态下使用，也可进行热处理强化，但其淬透性较低，强化热处理后断裂韧度也降低。这类合金淬火时β相可发生马氏体转变，因而也称为马氏体型（α+β）钛合金。

我国两相钛合金牌号为TC后面加表示序号的数字，如TC2、TC4、TC11等。国外常见牌号有BT14、BT16、BT23、BT8、Ti-6246、Ti-6222、IMI550等，其中用途最广的是TC4（即Ti6Al4V）。

（4）β钛合金　$K_\beta>1$的β钛合金一般为β钛合金。有些情况下还将β钛合金再次细分为近β合金、亚稳β合金及稳定β合金三种。

1）$K_\beta=1\sim1.5$的β钛合金为近β合金。这种合金退火状态为（α+β）两相，所以有时也称为过渡型（α+β）合金，即可按两相钛合金看待。但在淬火时，β相可由高温保留至室温，或发生ω相变，使组织中全部为淬火状态的亚稳β相或亚稳（β+ω）相。因此，又将其归类在β合金中。

2）$K_\beta=1.5\sim2.5$的β钛合金为亚稳β合金。这类合金平衡状态仍为（α+β）两相，β相体积分数超过50%，但在一般退火冷却速度条件下，β相即可保留至室温，使组织中全部为退火状态的亚稳β相。显然，亚稳β合金中β相的稳定性高于近β合金。

3）$K_\beta>2.5$的β钛合金为稳定β合金。这类合金在平衡状态下，全部由稳定的β相组成，热处理不能改变其相组成。

以上三种合金虽各有特点，但为简略起见，统称为β钛合金。最常应用的β钛合金是近β和亚稳β钛合金。因此，以下介绍的β钛合金特点主要是指这两种合金。

β钛合金的铝当量一般较低，为2%~5%，其合金化特点主要是加入了较多的β稳定元素，通过水冷或空冷得到几乎全部的等轴亚稳β相组织（稳定β合金则得到全部稳定β相）。亚稳β相通过时效处理，可分解为弥散分布的α相、稳定β相或其他第二相，使合金强度有大幅度提高。在所有类型的钛合金中，这类合金的室温强度最高。

β钛合金通过水冷或空冷得到单一的体心立方β相组织，容易塑性变形，因而具有较好的冷成形性。这类合金通常采用淬火时效的强化热处理，由于其β稳定元素含量高，淬火过程中β相不易发生分解，故其淬透性高于马氏体型（α+β）两相钛合金。

β钛合金的缺点是含有较多的β共析元素。在长时间加热条件下易析出脆性化合物，加之β相具有较高的自扩散系数，故热稳定性较低，并且时效处理后拉伸塑性、高温强度及蠕变抗力也较低。因此，这类合金的使用温度低于近α及两相钛合金，长时间工作温度一般不超过250℃。另外，合金中所含较高浓度的β稳定元素易产生成分偏析，并使钛合金密度增加，这些缺点限制了β钛合金的大量应用。目前各国都在寻找更为合理的合金化系统，如提高铝当量，限制铬的加入量，寻找多元β稳定元素最优添加量等，以克服β钛合金的这些缺点。

β 钛合金目前主要用于 250℃ 以下长时间工作或 350℃ 以下短时间工作、要求成形性好的飞机结构件或紧固件。我国 β 钛合金的牌号是 TB 后加一个表示序号的数字，有 TB1 及 TB2 两种。国外牌号主要有 BT22、β-Ⅲ、BT32、Ti1023、Ti153 等。目前，苏联研制的 4201 合金是唯一一个稳定 β 钛合金，其中 $w_{Mo}=33\%$，有极好的工艺塑性，可冷轧成薄板，焊接性良好。这种合金的主要优点是耐蚀性好，但不能时效强化，而且合金密度也高。

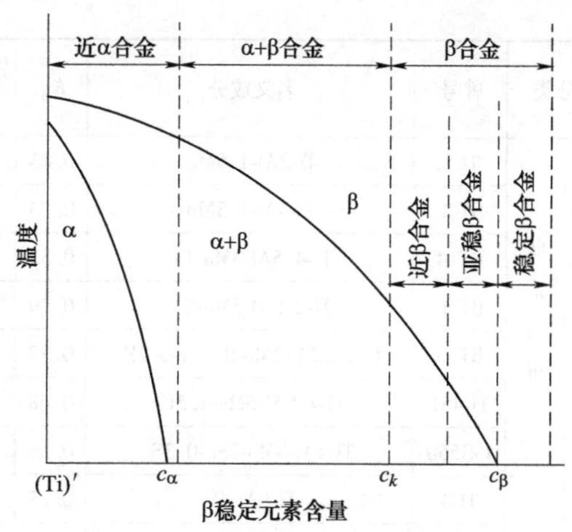

图 4-8　钛合金分类与钛合金平衡组织及成分关系示意图

图 4-8 所示为一般的钛-β 稳定元素平衡相图（示意图）。实际上与钛-β 同晶元素相图（图 4-5）类似，也可看作钛与合金元素的多元相图的垂直截面。以上四类合金的成分范围已在图中标出，原点成分（Ti）′表示工业纯钛成分或钛与 β 稳定元素及中性元素的混合成分。比较典型的钛合金牌号、成分、特点及主要用途，简略总结列于表 4-4。

表 4-4　典型钛合金的分类、牌号、特点及用途

分类		牌号	名义成分	$K_β$	铝当量（%）	热处理类型	工作温度/℃	特点	主要用途
α 钛合金		TA1	工业纯钛	0		退火	<300	焊接性好。拉伸塑性高，热稳定性好，耐蚀，强度低	飞机蒙皮及受力不大的焊接件或锻件
		TA2	工业纯钛	0					
		TA3	工业纯钛	0					
近 α 钛合金	低铝当量	IMI230	Ti-2. 5Cu	0. 19		退火	<400	工艺塑性略高于 α 钛合金，其他方面与 α 钛合金类似	类似于 α 钛合金
		OT4-0	Ti-0. 8Al-0. 8Mn	0. 12	0. 8				
		OT4-1	Ti-1. 5Al-1. 0Mn	0. 15	1. 5				
	高铝当量	IMI679	Ti-2. 25Al-11Sn-5Zr-1Mo-0. 25Si	0. 09	7. 8	退火或强化热处理	450~600	有最高的蠕变抗力；焊接性及热塑性良好。耐热性好，拉伸塑性较低	压气机盘、叶片等
		IMI829	Ti-5. 5Al-2. 5Sn-3Zr-1Nb-0. 3Mo-0. 3Si	0. 06	8. 0				
		Ti-6242	Ti-6Al-2Sn-4Zr-2Mo	0. 18	7. 3				
		Ti-811	Ti-8Al-1Mo-1V	0. 16	8. 0				
		Ti-62111	Ti-6Al-2Nb-1Ta-1Mo	0. 19	6. 0				
		BT18	Ti-7. 7Al-11Zr-0. 6Mo-1Nb	0. 09	9. 5				
		BT20	Ti-6Al-2Zr-1Mo-1V	0. 16	6. 3				
		IMI685	Ti-6Al-5Zr-0. 5Mo-0. 3Si	0. 05	8. 0				
		Ti-11	Ti-6Al-2Sn-1. 5Zr-1Mo-0. 35Bi	0. 10	6. 9				

(续)

分类		牌号	名义成分	K_β	铝当量(%)	热处理类型	工作温度/℃	特点	主要用途
(α+β)钛合金	低铝当量	TC1	Ti-2Al-1. 5Mn	0. 23	2. 0	退火或强化热处理	300~400	中强，中耐热性，韧性较高	紧固件，小型锻件、压气机盘、叶片等
		TC2	Ti-4Al-1. 5Mn	0. 23	3. 0				
		BT14	Ti-4. 5Al-3Mo-1V	0. 33	4. 5				
		BT16	Ti-2. 5Al-5Mo-5V	0. 79	2. 5				
		BT23	Ti-5Al-5V-2Mo-0. 7Cr-0. 7Fe	0. 77	5. 0				
		Ti-451	Ti-4. 5Al-5Mo-1. 5Cr	0. 68	4. 5				
		IMI550	Ti-4Al-4Mo-2Sn-0. 3Si	0. 36	5. 9				
(α+β)钛合金	高铝当量	TC4	Ti-6Al-4V	0. 27	6. 0	退火或强化热处理	400~500	高温强度最高，耐热，焊接性不如近α钛合金，室温强度中等。淬透性差	压气机盘、叶片、导向器、隔圈、进气机匣等
		TC6	Ti-6Al-1. 5Cr-2. 5Mo-0. 5Fe-0. 3Si	0. 63	6. 0				
		TC10	Ti-6Al-6V-2Sn-0. 5Cu-0. 5Fe	0. 54	6. 7				
		TC11	Ti-6. 5Al-0. 5Me-1. 5Zr-0. 3Si	0. 32	7. 8				
		Ti-6246	Ti-6Al-2Sn-4Zr-6Mo	0. 55	7. 3				
		Ti-6222	Ti-6Al-2Sn-2Zr-2Mo-2Cr	0. 49	7. 0				
		BT8	Ti-6. 5Al-3. 3Mo-0. 3Si	0. 30	7. 8				
β钛合金	近β型	BT22	Ti-5Al-5Mo-8V-1Fe-1Cr	1. 14	5. 0	强化热处理	<350	最高的室温强度，冷成形性好，良好的断裂韧度。淬透性好，密度大，耐热性差	紧固件及要求冷成形性好的结构件
		BT30	Ti-11Mo-6Sn-4Zr	1. 00	2. 7				
		β-Ⅲ	Ti-4. 5Sn-6Zr-11. 5Mo	1. 05	2. 5				
		Ti1023	Ti-10V-2Fe-3Al	1. 07	3. 0				
	亚稳β型	Ti153	Ti-15V-3Sn-3Cr-3Al	1. 46	4. 0				
		TB2	Ti-5Mo-5V-8G-3Al	2. 02	3. 0				
		BT32	Ti-2Al-8. 5Mo-8. 5V-1. 2Fe-1. 2Cr	1. 77	2. 0				
		Ti8823	Ti-8Mo-8V-2Fe-3Al	1. 66	3. 0				
	稳定β型	4201	Ti-33Mo	3. 00		退火			

4.3 钛合金的相变

4.3.1 同素异构转变

在正常大气压力下，纯钛在约882.5℃时发生同素异构转变，即：

$$\alpha(\text{密排六方}) \xrightleftharpoons{882.5℃} \beta(\text{体心立方})$$

平衡冷却时，β相在882.5℃时转变为α相，相变体积效应不大，约为0.17%，两相之间的配置符合Burgers位向关系：

$$\{110\}_\beta /\!/ \{0002\}_\alpha,\langle 111\rangle_\beta /\!/ \langle 11\bar{2}0\rangle_\alpha$$

β 相转变为 α 相的过程容易进行，相变阻力及所需过冷度均很小。例如，冷却速度增至10℃/s 时，转变温度仅由 882.5℃ 降至 850℃。另外，和铁的 γ ⇌ α 转变不同，钛的 β ⇌ α 转变不能细化晶粒，也不易消除织构，这个现象产生的原因还不十分清楚。仅从理论上初步认为，钛进行同素异构转变时。相的比体积变化的理论计算仅约为铁的同素异构转变时的五十分之一，相变应力很小，不足以使新相大量形核。另外，钛进行同素异构转变时，各相之间又具有严格的晶体学取向关系和强烈的组织遗传性。以上因素均不利于利用钛的同素异构转变过程细化晶粒。

添加合金元素后，钛的同素异构转变开始温度（即 β 转变温度或 β 相变点）发生变化，转变不在恒温下进行，而是在一个温度范围内进行（因系统的自由度 $f>0$）。必须指出，β 转变温度对合金成分极为敏感，主要取决于添加的合金元素种类与数量。甚至同一成分的合金，由于熔炼的炉次不同，β 转变温度可能相差 5~70℃。这是由不同炉次的合金成分（特别是氧、氮等杂质浓度）波动所致。

β 相中的原子扩散系数较大，加热至超过 β 转变温度后，β 晶粒极易粗化。

钛及钛合金同素异构转变过程所具有的这些特点，在制定钛合金热加工工艺及实际操作过程中应给予特别注意。

4.3.2 马氏体相变

将纯钛自 882.5℃以上温度，或将合金元素含量低于临界浓度 c_k 的钛合金自 β 相区温度以足够的冷却速度冷却（淬火）时，金相试件表面出现浮凸，组织中出现马氏体相，即在快速冷却时，钛及钛合金可发生马氏体相变。纯钛中的马氏体形态如图 4-1b 所示。

钛或钛合金中的马氏体相变是由于 β 相在快速冷却时来不及通过扩散转变成平衡的 α 相，只有通过 β 相中的原子做集体有规律的近程迁移，发生切变相变，形成 α 相稳定元素过饱和的固溶体，这种固溶体便称为马氏体。实质上，马氏体相变也是一种广义的同素异构转变。

若钛合金中 β 稳定元素含量不高，则淬火时 β 相将由体心立方晶格通过切变转变为密排六方晶格。这种具有六方晶格的过饱和固溶体称为六方马氏体，用 α′表示。若 β 稳定元素含量较高，则晶格切变阻力较大，淬火时，β 相由体心立方切变为斜方晶格。这种具有斜方晶格的过饱和固溶体称为斜方马氏体，用 α″表示。与钢中的马氏体转变类似，钛合金中的马氏体转变开始温度为 *Ms* 点，转变终止温度为 *Mf* 点。随 β 稳定元素含量增高，切变阻力变大，转变所需过冷度也增大，*Ms* 与 *Mf* 点下降。当 β 稳定元素含量高于 c_k 时（如 β 钛合金）。合金的 *Ms* 点降至室温以下，即切变阻力已足够使 β 相淬火过冷至室温时也不发生马氏体转变。这种 β 相称过冷 β 或亚稳 β。若 β 稳定元素浓度超过 c_k 很多且超过图 4-8 中的 c_β 成分时，则无论快冷或慢冷，β 相均不发生任何转变。

钛合金中的六方马氏体 α′有两种形态：合金元素含量较低时，*Ms* 点高，在光学显微镜下 α′为可分辨的块状集团，并且有表面浮凸效应。薄膜透射电子显微镜下可观察到这些表面浮凸由集团所含板条状组织产生。每个集团内的马氏体板条互相平行，各集团之间由小角度晶界隔开，马氏体板条内主要是密集位错的精细结构，基本上不存在孪晶。块状马氏体 α′的典型组织如图 4-9 所示。

随着合金元素含量增加，*Ms* 点下降，块状马氏体 α′集团尺寸减小，甚至可以减小到变

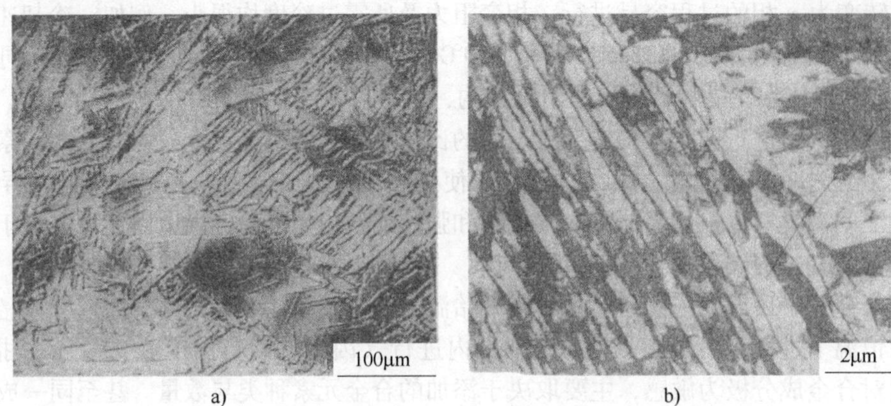

图 4-9　块状马氏体 α′的组织形态（Ti-1. 78Cu 合金，900℃水冷）

a）光学显微镜照片　b）透射电子显微镜照片

为单片的 α′，即每片 α′之间均有不同的位向关系，同时片内出现较多的孪晶。这种马氏体称为针状马氏体，其典型组织如图 4-10 所示。

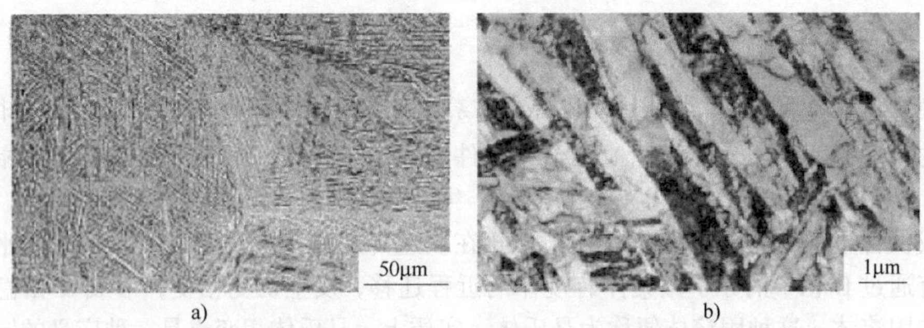

图 4-10　针状马氏体 α′的组织形态（Ti-6Al-4V 合金，从 β 相区淬火）

a）光学显微镜照片　b）透射电子显微镜照片

当合金元素含量更高时，一些合金中可能会出现斜方马氏体 α″。因其 *Ms* 点更低，α″为更细的针状形态，内有密集的孪晶，其光学显微镜、透射电子显微镜组织及 α″相的选取衍射如图 4-11 所示。并非所有合金系中均会出现 α″相，实验表明，在二元合金中，只有钛与合金元素原子半径之比小于 1. 07 时，才可能形成 α″。

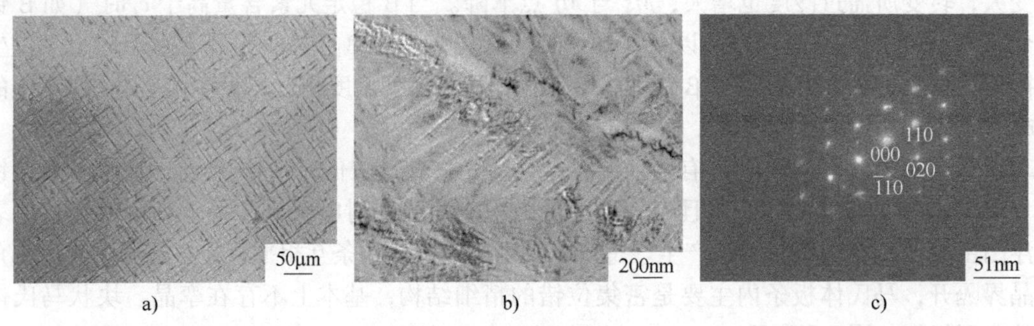

图 4-11　针状 α″马氏体形态及其选区电子衍射图（TC21 合金，1000℃保温 1h+水冷）

a）光学显微镜照片　b）透射电子显微镜照片　c）［001］晶带轴 α″相的选取衍射图

除淬火时 β 相可发生马氏体转变外，过冷 β 相在受力时也可能发生马氏体转变，称为应力诱发马氏体，尤其在 β 稳定元素含量略高于 c_k的某些 β 钛合金中，容易出现这种现象。应力诱发马氏体均为 α″晶体结构，也为针状，如图 4-12 所示。

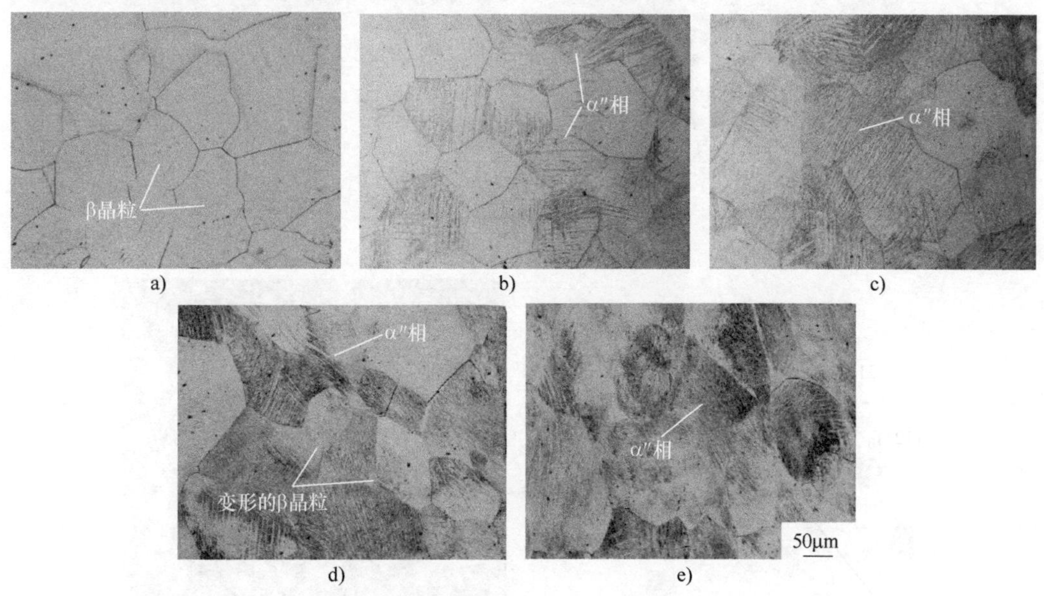

图 4-12　不同变形条件下应力诱发马氏体组织形态（Ti-10V-2Fe-3Al）

a）压缩前　b）压缩变形 5%　c）压缩变形 9%　d）压缩变形 18%　e）压缩变形 31%

应当指出，钢中马氏体是过饱和的间隙固溶体，能强烈提高钢的硬度与强度。而钛合金中的马氏体是过饱和的置换固溶体，产生的晶格畸变较小。故其强度、硬度仅略高于 α 相，对合金只有较小的强化作用。当合金中出现斜方马氏体 α″时，强度、硬度特别是屈服强度会明显下降。

4.3.3　ω 相变

成分位于 c_k附近的合金，若将其 β 相从高温迅速冷却（淬火），可转变成 ω 相，当合金元素含量较低时，ω 相为六方结构，随着合金元素含量增加，逐步过渡到菱方晶系。ω 相总是与 β 相共生且共格，被认为是 β ⟶α 转变的中间过渡相。

淬火时，β ⟶ω 相变也属于无扩散型相变，但与经典的马氏体转变不同，点阵改组时原子位移很少，金相试片上不出现表面浮凸。ω 相的粒子尺寸很小，仅为 2~4nm，为高度弥散、密集分布的颗粒，体积分数可达 80%以上，其形态如图 4-13 所示。

ω 相不仅在淬火时可由 β 相形成，淬火后的亚稳 β 相在 550℃以下等温（回火或时效），也可转变为 ω 相。形核仍以切变方式进行，但随后的长大却靠原子扩散，这点不同于淬火 ω 相。这种等温时由亚稳 β 相转变而成的 ω 相称为等温 ω 相，或称为时效 ω 相。

等温 ω 相的形成原因是亚稳 β 相在等温时发生了溶质原子偏聚，形成了溶质富集区和贫化区，当贫化区溶质浓度接近 c_k时，即可发生 ω 转变。等温 ω 相一般有椭球形和立方体形两种形态，如图 4-14 所示。这主要与合金元素在 ω 相和 β 相共格界面造成的错配度高低有关。

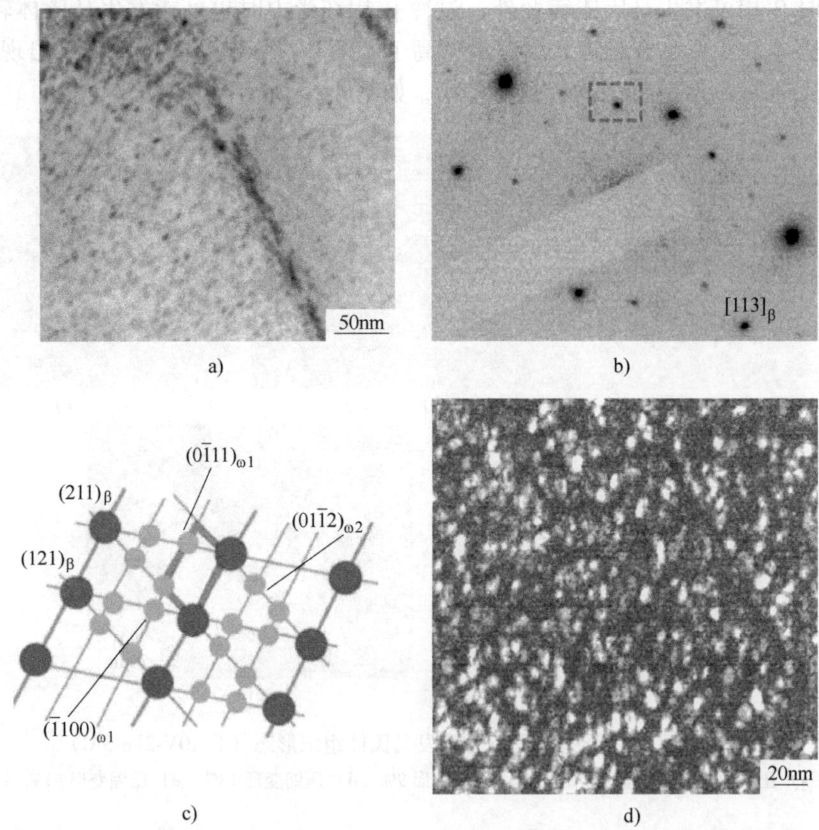

a)　b)　c)　d)

图 4-13　ω 相的透射电子电镜图及选取衍射图（Ti-1300 合金，350℃时效 10min）

a）明场像　b）选取衍射图　c）图 4-13b 空间结构示意图　d）暗场相

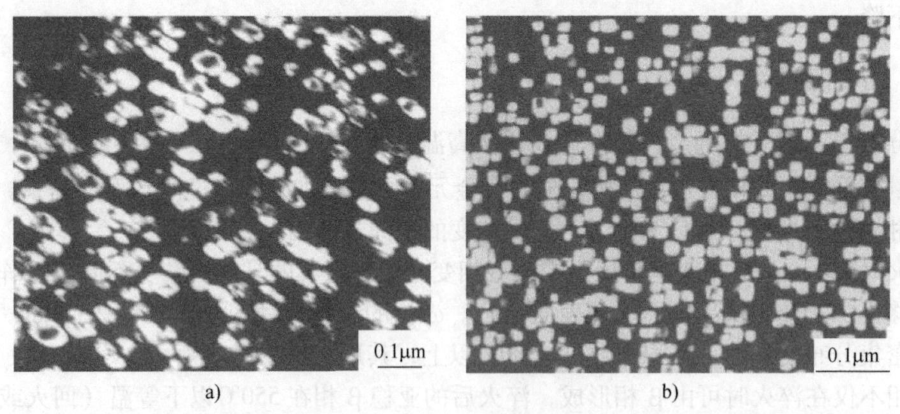

a)　b)

图 4-14　ω 相的透射电镜暗场相

a）Ti-16Mo 合金中的椭球状 ω 相（450℃时效 48h）　b）Ti-8Fe 合金中的立方体状 ω 相（400℃时效 4h）

ω 相是一种硬脆相，合金中出现 ω 相时，强度、硬度和弹性模量都显著增大，但塑性却急剧降低。当合金中 ω 相体积超过 80%时，即无宏观塑性，如 ω 相体积分数适当（约 50%左右），则合金可有强度与塑性的良好配合。

时效或回火时，如合金中含铝，可促使 α 相在亚稳 β 相中的形核和长大。α 相长大要消耗母体（β+ω），从而降低 ω 相的稳定性，即降低 ω 相在回火过程中存在的温度及时间范围。钛合金中的杂质氧是 α 相强稳定元素，也有抑制 ω 相形成的作用。一般的工业钛合金中都含较多的铝，在回火或时效工艺适当（如温度略高、时间略长）时，一般可使合金中的 ω 相充分分解。

4.3.4 钛合金慢冷却中的相变

对钛合金相变影响最大的是 β 稳定元素。图 4-15 为 Ti-β 同晶元素二元系固态平衡相图的示意图。实际上，大部分钛合金多元相图的垂直截面图形都与图 4-15 相类似。

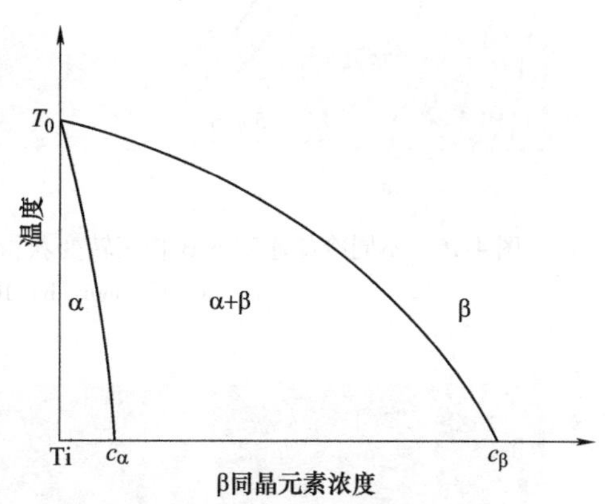

图 4-15 Ti-β 同晶元素二元系固态平衡相图示意图

相图中的 T_0点为纯钛的同素异构转变温度。若相图原点不是纯钛而是合金，则 T_0点可扩展为一个温度区间。

图中的 T_0c_β线表示 β ⟶α 转变开始温度线，即 β 相变点线。T_0c_α线为 β ⟶α 转变终止线。

钛合金慢冷（如退火中的炉冷或大型工件空冷）过程可用此图进行分析。β 稳定元素含量小于 c_α的合金，无论从何种温度炉冷，组织均为单相 α，但空冷时，由于 β ⟶α 相变来不及进行到底，合金组织中往往残留有少量的亚稳 β 相。

成分为 $c_\alpha \sim c_\beta$的合金自 β 相区慢冷时，将从 β 相中不断析出 α 相。两相成分各沿 T_0c_α及 T_0c_β线变化，α 核心首先在 β 晶界形成，并沿晶界长大成为网状晶界 α，同时由晶界 α 处以片状 α 形态向 β 晶内生长，并平行排列，形成 α 片丛，每个片丛称为一个 α 束域。这种形态的 α 组织如图 4-16a～c 和图 4-17a～c 所示。

当加热温度较低或冷却速度较快时，不同位向的 α 形核率较高，α 束域尺寸减小，有时甚至每片 α 都有不同的位向，互相交错，称为编织或网篮状 α 组织，如图 4-16c 和图 4-17c 所示。

在 α 片间存在剩余的 β 相薄层时，β 稳定元素含量越多，剩余 β 相也越多，β 相薄层越厚。

钛合金从（α+β）两相区慢冷时，由于冷却前组织中已存在 α 颗粒（称为初生 α），冷却过程中 α 相沿初生 α 颗粒边界析出，使初生 α 颗粒粗化，也可在初生 α 颗粒边界形核后向 β 相内生长，形成 α 束域。

慢冷时，从 β 晶粒中析出的 α 束域组织，统称为 β 转变组织。但习惯上，β 转变组织比 β 稳定元素含量大于 c_β时，任何温度下慢冷或快冷，均为单相 β 组织。

4.3.5 钛合金的亚稳相图及快速冷却中的相变

如前所述，钛合金的非平衡冷却相变比较复杂，存在着 β 向 α′、α″、ω 及亚稳 β 的相变过程。

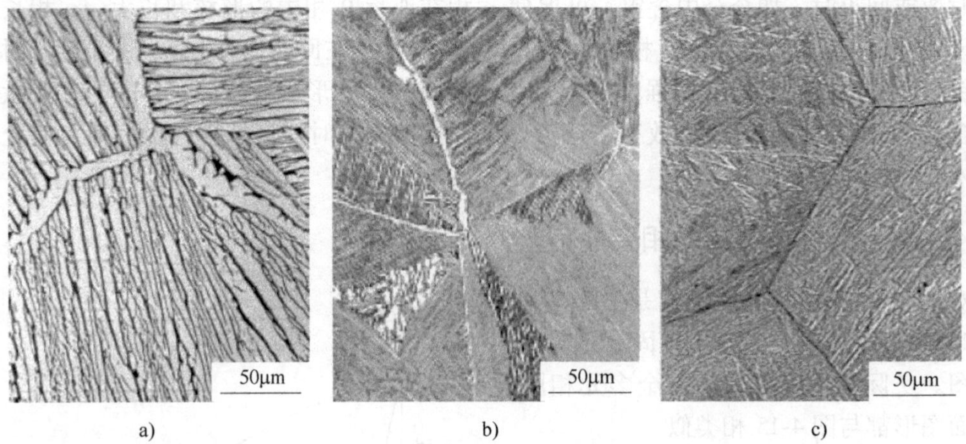

a) b) c)

图 4-16 不同冷却速度下 β 相区转变获得的平直状 α 相和编织状 α 相（Ti6242，光镜图）

a）1℃/min b）100℃/min c）8000℃/min

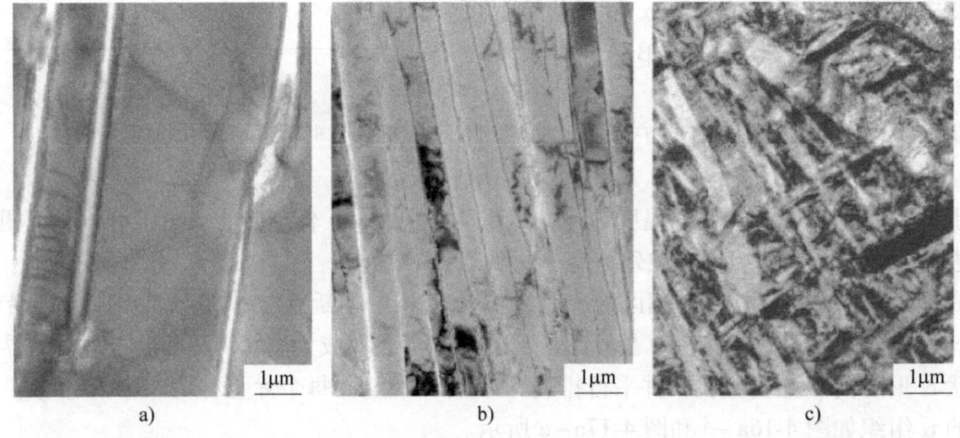

a) b) c)

图 4-17 不同冷却速度下 β 相区转变获得的平直状 α 相和编织状 α 相（Ti6242，透射电镜图）

a）1℃/min b）100℃/min c）8000℃/min

不平衡冷却条件下获得的相与组织取决于淬火加热温度及原始组织状态等因素，可用亚稳相图表示，如图 4-18 所示。

与平衡相图（图 4-18）相比，亚稳相图中仅增加了 T_0c_k 及 T_0c_1 两条线，T_0c_k 线为马氏体相变开始线，也称 *Ms* 线，T_0c_1 线为马氏体相变终止线，也称 *Mf* 线。β 稳定元素含量不同时，马氏体有 α′及 α″两种，在 c_k 附近，还有可能出现 ω 相变。因此，在亚稳相图的成分坐标上又增加了 c_0、c_2 及 c_3 各点，分别对应于快冷时开始出现 α″、ω 及不再出现 ω 的 β 稳定元素含量界限。这样，在成分坐标上，被具有不同相变特性的各成分点 c_α、c_0、c_1、c_2、c_k、c_3 及 c_β 分隔为具有不同相变特性的各成分区间。与此相对应，自 β 相区快冷，得到不同相变产物的成分区间以垂直虚线标示于 T_0c_β 线的上部。由图可见，β 稳定元素含量低于 c_0 的合金自 β 相区淬火得 α′相；成分在 c_0c_1 之间的合金得 α″相；成分在 c_1c_2 之间的合金得 α″及残余 β 相，成分在 c_2c_3 之间的合金淬火过程中发生 ω 相变生成 ω 相与残余 β 相的弥散混合物，

成分在 c_2c_k之间的合金淬火产物中还有 α″相。

若将合金只加热到（α+β）两相区（即 $T_0c_β$线以下）温度，则在该加热温度下，合金组织中存在 α 相。此时，与 α 相共存的 β 相的成分，根据杠杆定律应位于此温度水平线与 $T_0c_β$线的交点上。快冷时 α 相不发生转变，只有 β 相发生转变。转变产物由 β 相的成分决定。因此，可做一系列水平线段，将（α+β）两相区分隔成不同的温度区间。分别自各区间内的温度淬火所得组织（或相组成物）标示于各区间内（图 4-18）。根据此图可预测任何成分的合金自任何温度淬火所得的组织。例如，此图表明，从略高于 $α_3$对应的温度淬火所得组织为 α+α″+β(ω)。

4.3.6 界面相

一般条件下，钛合金往往由（α+β）两相组成。在电子显微镜下观察时，经常可在 β/α 交界上看到一种界面相，其形态如图 4-19 所示。

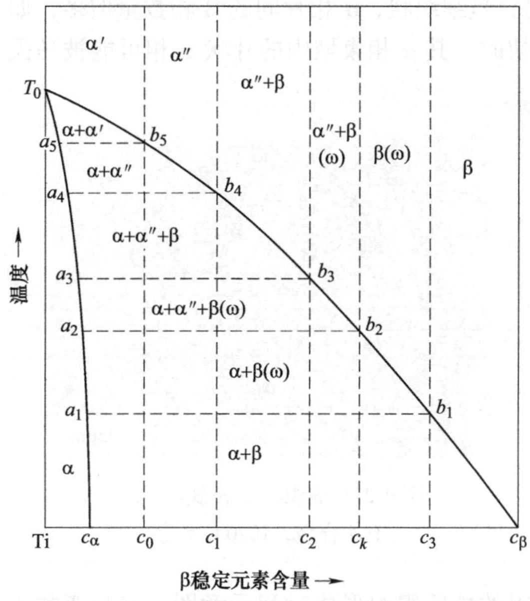

图 4-18　Ti-β 同晶元素二元系亚稳相图示意图

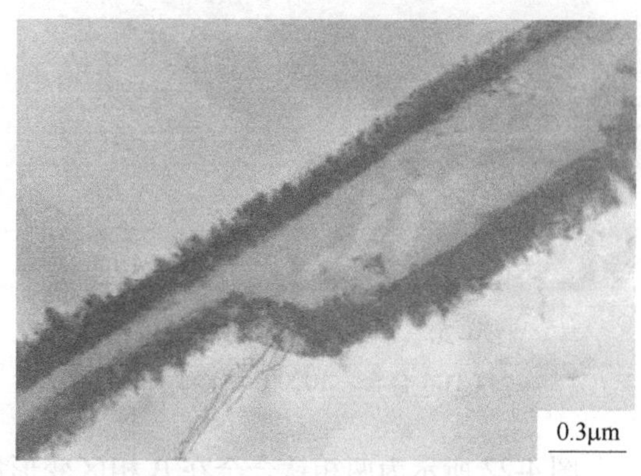

图 4-19　Ti-6Al-4V 合金中界面相的透射电子显微镜照片（电解抛光获得）

界面相一般由两层组成，邻接 β 相一侧的一层呈整块状，为面心立方。邻接 α 相一侧的一层呈密集“梳齿”状，具有密排六方晶格。因界面相不是单一的相，而是这两层不同晶体结构的相的总称。故亦称界面层。

界面相是连续冷却时在一定温度范围内形成的，其厚度与冷却速度有关。目前对界面相的转变机制及形成原因研究尚不充分，但可以认为它是 β⟶α 转变过程中的一种中间过渡相。

4.3.7 （α+β）钛合金的基本组织类型与性能特点

钛合金组织不但取决于相变过程，更与热加工（轧制、锻造、挤压等）过程有关，仅靠热处理不能显著改变其组织形态。因而，分析钛合金的组织变化，除应根据相图外，还必须考虑合金的热加工过程及材料的原始组织。

钛合金的最终性能主要由组织组成物决定。由于钛合金相变的复杂性及热加工过程的多样性，其显微组织类型较多。但就应用最广的两相钛合金而言，一般可归纳为魏氏组织、网篮组织、双态组织及等轴组织四大类，有时也把双态组织归入等轴组织一类。

1. 魏氏组织

当两相钛合金变形开始和终了温度都在 β 相区，变形量又不是很大（一般小于 50%）时，或将合金加热到 β 相区后冷却较慢时，都将得到魏氏组织。

魏氏组织的特征是具有粗大的原始 β 晶粒，在原始 β 晶界上分布有清晰的晶界 α 相，原 β 相晶内为片状 α 相束域，α 相片间为 β 相。若在 β 相区较高温度加热、冷却速度较慢，则形成的晶界 α 相较宽，α 相束域较粗大，片状 α 相为平直状，如图 4-16 及图 4-20 所示。若从 β 相区较快冷却，则形成的晶界 α 相较窄，甚至不出现，α 相束域尺寸减小，甚至每片的位向均不相同，片的宽度也变窄，互相交错，呈编织状，α 相片间的 β 相数量增多，如图 4-17 及图 4-21 所示。工件较薄，冷却速度较快时，其 α 相束域内的片状 α 相可能被马氏体针所替代。

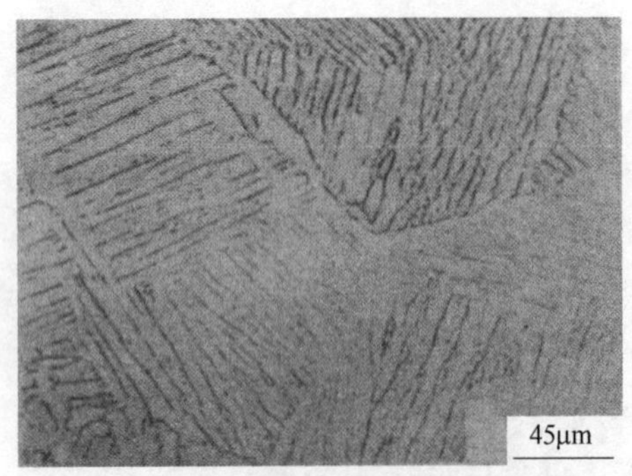

图 4-20　平直状 α 相魏氏组织
（TC4 合金，1020℃炉冷）

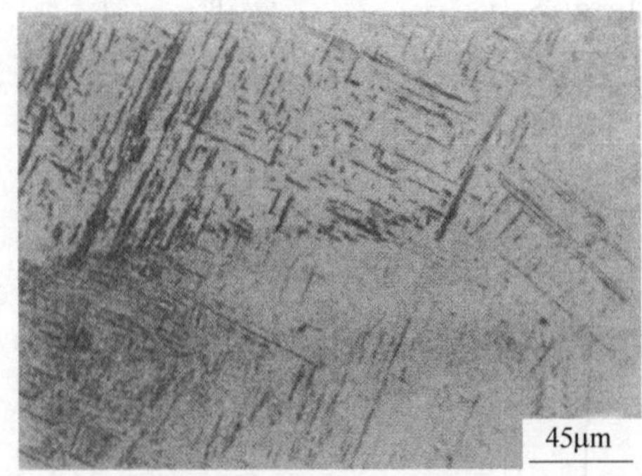

图 4-21　编织状 α 相魏氏组织
（TC4 合金，1020℃水冷）

图 4-22 所示为两相钛合金在 β 相区变形所得的魏氏组织形成过程示意图，它与亚共析钢魏氏组织形成过程类似。

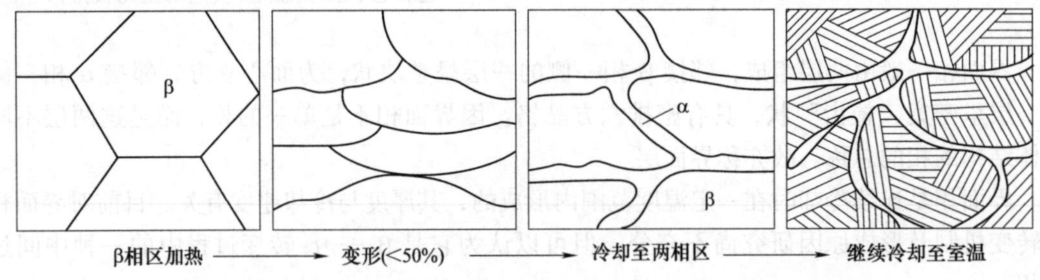

图 4-22　β 相区变形及冷却过程中魏氏组织形成示意图

2. 网篮组织

两相钛合金在 β 转变温度附近变形，或在 β 相区开始变形，但在两相区终止变形，变形量为50%~80%时，都将得到网篮组织。

图4-23 TC4合金的网篮组织
（1020~1050℃固溶1h+540℃时效8h）

网篮组织的特征是原始β晶粒边界在变形过程中被破坏，不出现或仅出现少量分散分布的颗粒状晶界α，原始β晶粒内的α相片变短（即长宽比较小），α相束域尺寸较小，各片丛交错排列，犹如编织网篮状，如图4-23所示。

魏氏组织和网篮组织中的α相片形态类似，均统称为片状α相组织。但两者的形成条件不同，性能也有很大差异，组织形态（如晶界α相的形态、α相片的长宽比及α相束域尺寸）也有一定差别。

两相钛合金变形在β相区开始、在两相区终止，所得到的网篮组织形成过程示意图如图4-24所示。

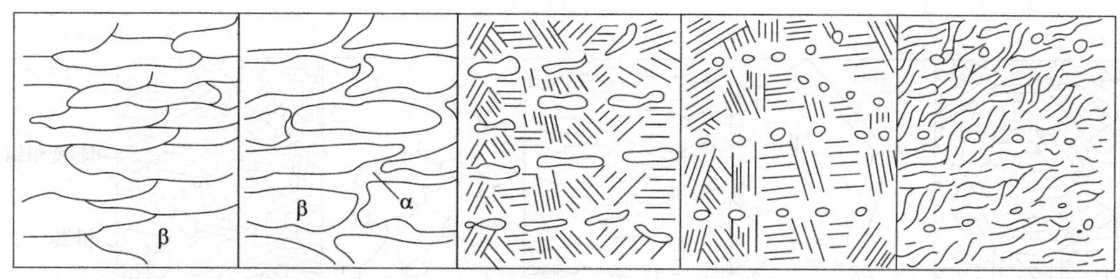

图4-24 β相区开始变形、两相区终止变形的网篮组织形成过程示意图

3. 双态组织

两相钛合金在两相区上部温度变形。或在两相区变形后，再加热至两相区上部温度后空冷，可得到双态组织。

双态组织的特征是在β相转变组织的基体上。分布有互不相连的初生α相颗粒，其数量小于50%。双态组织指组织中的α相有两种形态，一种为等轴状的初生α相，另一种为β相转变组织中的片状α相，与初生α相相对应，这种片状α相也称为次生α相或二次α相，如图4-25所示。

若在两相区变形后于两相区上部温度淬火，也可得到双态组织，但β相转变组织中的α相片可能被板条状或针状马氏体所替代。双态组织的形成过程如图4-26所示。

4. 等轴组织

两相钛合金在低于双态组织形成温度（约低于β相变点30~50℃）的两相区变形，一般可获得等轴组织。

等轴组织的特征是在均匀分布的、含量超过50%的等轴初生α相基体上，存在一定数量的β相转变组织，如图4-27a所示。变形温度越低，则初生α相数量越多，其中的位错密度越大。当变形温度很低或变形量很大时，动态再结晶不充分或来不及进行，以致初生α相及β相转变组织沿变形方向伸长。若将这种拉长的组织进行两相区加热的再结晶退火，则初生α相仍可变为等轴状。

100μm

a)

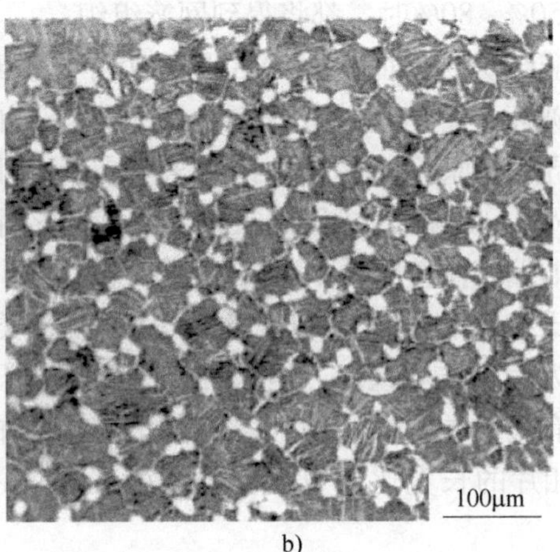

b)

图 4-25　IMI834 合金的双态组织（从 β 相区以不同冷却速度获得）

a）较慢冷却速度获得　b）较快冷却速度获得

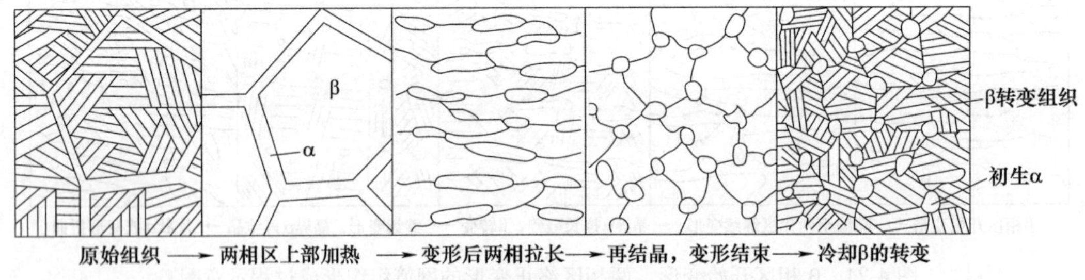

图 4-26　两相区上部变形的双态组织形成过程示意图

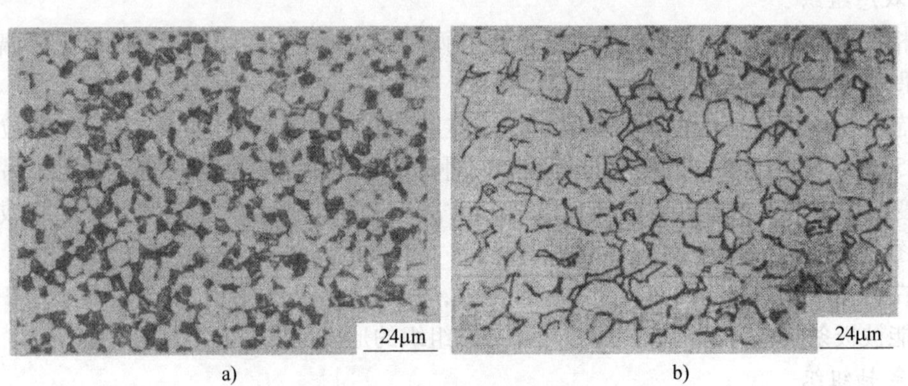

a)　　b)

图 4-27　TC4 合金的等轴组织

a）初生（α+β）转变组织　b）初生 α+晶间 β 组织

当变形温度很低时，β 相中的 β 稳定元素含量较高，比较稳定，冷却时 β 相内不会析出片状次生 α 相，其最终形态为等轴初生 α 相颗粒分布在 β 相基体之上。这种等轴的组织称为晶间 β 组织，如图 4-27b 所示。若将初生（α+β）转变组织加热至两相区上部温度后，以极慢的冷却速度冷却，则次生 α 相不在 β 相晶内形核析出，而是沿初生 α 相边界析出，

与初生 α 相连在一起，也得到晶间 β 组织。

等轴组织中初生 α 相数量最多，而双态组织中则是 β 相转变组织数量最多。但当初生 α 相含量接近 50%时，究竟属于双态组织还是属于等轴组织，已无原则区别。因此，有的书中也将双态组织称为等轴组织。

等轴组织的形成过程与双态组织形成过程相似，可参考图 4-26，仅需注意等轴组织中初生 α 相的相对量应增多即可。

上述所有组织，在其形成的温度范围内，施加的变形程度增大，可使组织的细化程度增加。

5. 各类显微组织的性能特点

(1) 魏氏组织　在原始 β 晶粒不十分粗大的情况下，魏氏组织的室温抗拉强度与其他类型的组织相差不多，有时略高。魏氏组织突出的弱点是塑性，尤其是断面收缩率远低于其他类型的组织。这是由于其原始 β 晶粒比其他类型的组织粗大，而且存在网状晶界 α 的缘故。另外，这种组织的疲劳性能也较低。

魏氏组织的主要优点之一是断裂韧度高，原因有二：①由于晶界 α 相的存在，使晶间断裂比例减小；②在魏氏组织中，裂纹往往沿 α、β 相界面扩展，因各 α 相束域取向不同，使裂纹扩展至束域边界后，继续扩展受到另一位向 α 相束域的阻碍而被迫改变方向。这样，裂纹扩展遇到不同位向的 α 相束域时，就要经常改变方向，使扩展路径曲折，增加了分枝及裂纹的总长度，从而使断裂时吸收的能量变大，因而断裂韧度增大。

魏氏组织的另一优点是在较快冷却速度（如空冷）的状态下，其蠕变抗力及持久强度较高，这是因为其原始 β 相晶粒比较粗大。魏氏组织的持久强度与 α 相束域中的次生 α 相数量及弥散度有密切联系，如 TC11 合金炉冷退火所得魏氏组织在 500℃时持久拉伸寿命甚至低于双重退火的等轴组织，主要原因是前者在炉冷状态下片状形态的次生 α 相数量少及弥散度差。

魏氏组织是 β 相区热加工的产物。在 β 相区进行压力加工，变形抗力小，容易加工变形。

魏氏组织虽有上述许多优点，但其塑性较低，其应用远不及其他类型的组织广泛。目前，已开展了改善魏氏组织拉伸塑性的研究，如循环热处理细化魏氏组织等，并已取得了较好效果。

(2) 网篮组织　网篮组织的塑性高于魏氏组织，一般可满足使用要求，但仍不够理想。网篮组织的疲劳性能高于魏氏组织，但断裂韧度却低于魏氏组织，一些大型锻件容易获得网篮组织。在实际应用中，对于高温长期受力部件，往往采用网篮组织代替魏氏组织，因为网篮组织的塑性、蠕变抗力及高温持久强度等综合性能较好。

(3) 双态组织和等轴组织　双态组织和等轴组织的性能特点大致相同，仅随所含初生 α 相数量不同而有一定差异。

这两种组织性能特点恰与魏氏组织相反，具有较高的疲劳强度和塑性。因而，在大多数场合，一般都希望获得这两种组织。

这两种组织的主要缺点是断裂韧度及高温性能不如魏氏组织或网篮组织，且必须在两相区进行压力加工才能得到，而在两相区压力加工时变形抗力大。

初生 α 相颗粒数量对两种组织的性能有一定影响。一般来说，初生 α 相颗粒数量增加时，强度变化不大，但断面收缩率增大，当初生 α 相增加至一定数量后，断面收缩率增加已不明显。疲劳极限也随初生 α 数量的增多而提高。但是，蠕变抗力及持久强度却随初生 α 相颗粒的增多而下降。可见，双态组织与等轴组织在性能上的差别是因初生 α 相颗粒数量的差别所致。初生 α 相颗粒数量对两相钛合金（如 TC4 合金）力学性能的影响如图 4-28 所示。

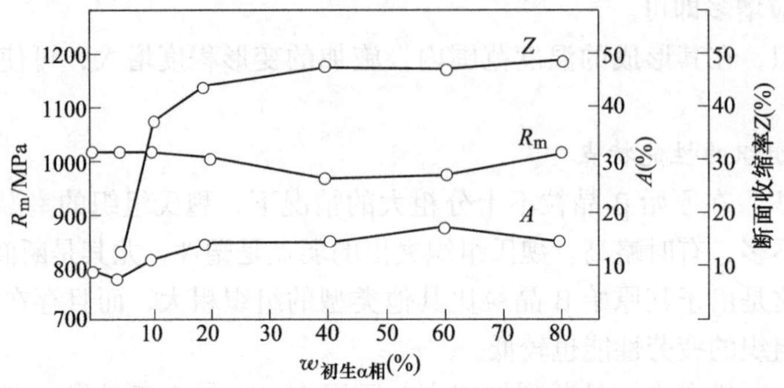

图 4-28 初生 α 相颗粒数量对 TC4 合金室温力学性能的影响

适当控制初生 α 相或 β 相转变组织的相对数量，可以调整合金的各种性能。一般，当初生 α 相颗粒为 15%~45%时，两相钛合金的综合性能好。若欲减少组织中初生 α 相颗粒的数量，可在两相区上部温度退火，退火温度越高，初生 α 相颗粒数量越少；若欲增加初生 α 相颗粒数量，则单纯的热处理不能实现此目的，需要在两相区较低温度进一步变形加工，随后用控制热处理加热温度的方法控制初生 α 相颗粒数量。

试验表明，等轴组织的断裂韧度 K_{IC} 随其 β 相转变组织中 α 相片的厚度增大而增加。这是因为在等轴组织中，当裂纹在 β 相转变组织内扩展时，β 相转变组织中的 α 相片较厚，其抵抗裂纹穿越并迫使裂纹遇到 α 相片时拐弯的可能性增大，从而增加了裂纹扩展路径的曲折程度。故欲提高合金的 K_{IC} 时，可提高（α+β）相区内热处理的加热温度，使之接近 β 相变点，并适当延长保温时间和进行空冷，以增大 α 相片的厚度。

表 4-5 总结了两相钛合金典型组织的性能特点。

表 4-5 两相钛合金典型组织性能特点比较

组织类型	室温强度	室温塑性	冲击韧性	断裂韧性	疲劳极限	高温瞬时抗拉强度	高温瞬时拉伸塑性	持久强度	蠕变抗力
魏氏组织	最高	最低	最低	最高	最低	中	最低	最高	最高
网篮组织	较高	较低	中	较高	中	中	较高	较高	较高
双态组织	较低	较高	审	较低	中	较低	较高	较低	较低
等轴组织	较低	最高	最高	最低	最高	较高	较高	最低	最低

4.3.8 亚稳相的分解

在慢冷条件下（如炉冷），钛合金相变按图 4-15 进行，室温下为稳定的 α、β 或（α+β）组织。在较快冷却条件下（如水冷），相变则按图 4-18 进行，形成具有 α′、α″、ω 及亚

稳 β 等相的组织。这些相在热力学上是不稳定的，一旦有条件（如加热），便要分解，合金的性能也随之变化。这些相的分解过程比较复杂，但最终产物均为平衡状态的 α、β。若合金中存在 β 共析元素，并且在分解过程中能够发生共析反应时，部分 β 相会发生 $\beta \longrightarrow \alpha + Ti_xM_y$ 的反应，生成一些 Ti_xM_y 化合物相。

在亚稳相分解过程的一定阶段，可以获得弥散分布的 α、β 相，造成弥散强化效应，这便是大多数钛合金能够热处理强化（即淬火时效强化）的基本原理。

1. 六方马氏体 α′的分解

α′时效时的分解过程与 β 稳定元素含量有关。如果合金中 β 稳定元素含量较少，*Ms* 点较高，则 α′的分解过程一般为：

$$\alpha' \longrightarrow \alpha + \alpha' \longrightarrow \alpha + \beta$$

即 α′首先析出 α。随着 α 的析出，α′内 β 稳定元素浓度不断增大，最终改组为 β 晶格。α 相既可在 α′中形核，也可在已形成的 β 相中继续形核，相界、位错等处是 α 相形核的主要地点。

如果合金中 β 稳定元素含量较高，且主要为 β 同晶元素时，则 α′的分解过程一般为：

$$\alpha' \longrightarrow \alpha' + \beta \longrightarrow \alpha + \beta$$

即 α′首先析出 β，随 β 的析出，α′中 β 稳定元素浓度不断降低，最后其晶格常数变为与 α 的相同，即转变成 α 相。β 相的形核位置如图 4-29 所示。

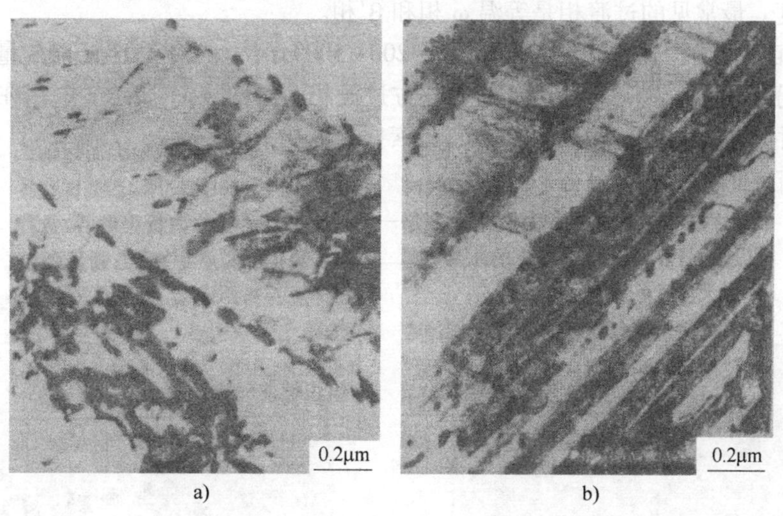

a) b)

图 4-29 TC4 合金的 α′时效时 β 相析出位置

a）在 α′边界及晶内形核 b）在位错上形核

当合金中 β 稳定元素含量较高，并存在 β 共析元素时，α 的分解过程可表示为：

含快共析元素时 $\alpha' \longrightarrow \alpha' + \beta \longrightarrow \alpha + \beta \longrightarrow \alpha + Ti_xM_y$

或 $\alpha' \longrightarrow \alpha' + Ti_xM_y \longrightarrow \alpha + Ti_xM_y$

含慢共析元素时 $\alpha' \longrightarrow \alpha' + \beta \longrightarrow \alpha + \beta \longrightarrow \alpha + Ti_xM_y$

共析反应生成的 Ti_xM_y 化合物形成过程是在含快共析元素的 α′分解的初期，与 β 相析出的同时，形成快共析元素的富化区（即过渡相），并与 α′共格（图 4-30），在继续时效过程中，这些过渡相再转变为半共格或共格的化合物。有些化合物（如硅化物 Ti_5Si_3）也可在相界及位错线上直接析出。

如果α′中含有慢共析元素，则分解时倾向于首先析出β。至于共析反应是否能发生，则取决于溶质浓度、时效温度及持续时间等因素。

2. 斜方马氏体α″的分解

α″的分解更为复杂，可以归纳为以下几种方式：

α″ ⟶ 亚稳β + α″(贫) ⟶ 亚稳β + α′ ⟶ β + α

α″ ⟶ α + α″(富) ⟶ α + 亚稳β ⟶ α + β

α″ ⟶ α″(富) + α″(贫) ⟶ 亚稳β + α″(贫) ⟶ β + α

α″ ⟶ 亚稳β { ⟶ β（贫） ⟶ ω ⟶ α ; ⟶ β（富） ⟶ β } ⟶ α+β

根据α″的成分、溶质性质、淬火组织中与α″共存相及热处理状态的不同，α″的分解过程也不同。

3. 亚稳β相的分解

时效温度下，密排六方的α在体心立方的亚稳β中形核比较困难。因此，亚稳β必须经过一些中间过渡阶段才能析出平衡的α相。至于形成何种中间过渡相，则取决于合金成分和时效温度。最常见的过渡相是等温ω相和β′相。

等温ω相在前面已作过介绍。β′相是在200~500℃时，由β稳定元素含量较高的合金亚稳β相中分离出来的另一种成分的体心立方过渡相，如图4-31所示。β′相在β相基体内均匀分布，并与β相共格，但所含β稳定元素比β相少。

亚稳β相在时效时的分解过程一般为：

亚稳β ⟶ β′ + β ⟶ α″ + β ⟶ α + β

或　亚稳β ⟶ β′ + β ⟶ ω + β ⟶ α + β

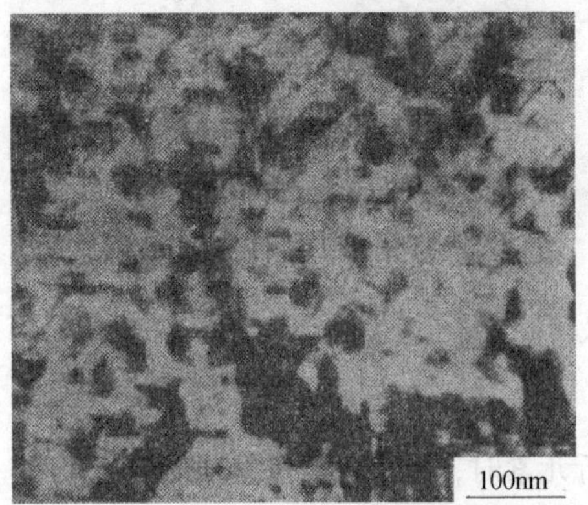

图4-30　Ti_4Cu合金α′时效形成的共格富Cu区

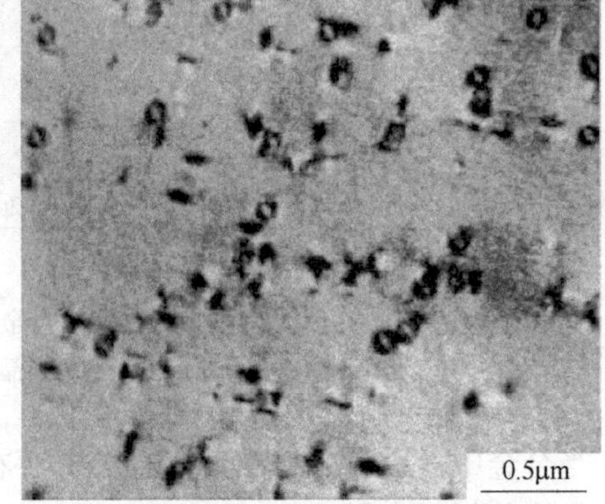

图4-31　Ti-20V-15Zr合金中的β′相形态（450℃时效6h）

4. 其他相的分解

（1）ω相的分解　ω相实际上也是β稳定元素在α相中的一种过饱和固溶体，分解过程也比较复杂。由于合金中一般含有铝，使ω相不稳定而易于分解。淬火ω相在时效时与其他亚稳相一起分解成（α+β）；而等温 ω 相则是亚稳 β 相或 α″相分解过程中的过渡相，当时效温度和时间合适时，最终也要分解为（α+β）。

（2）过饱和 α 相的分解　淬火后，一些 α 稳定元素、中性元素及一些快共析元素（如硅、铜等），有可能在 α 相中过饱和。时效过程中，过饱和 α 相有可能发生 $\alpha \longrightarrow \alpha_2$ 的析出。α_2 为有序相，名义成分为 Ti_3M，如 Ti_3Al、Ti_3Sn 等。α_2 本身是一种脆性相，形态一般为椭球状、杆状或细颗粒状，分布在 α 基体内。

（3）共析分解　钛与 β 共析元素组成合金系时，在一定成分或温度范围内发生 $\beta \longrightarrow \alpha + Ti_xM_y$ 的共析反应。共析反应速度除与所加入元素是快共析元素还是慢共析元素有关外，还与元素浓度、反应温度及杂质元素有关。在共析反应容易进行的条件下，快冷过程即可发生，此时甚至得不到过冷的亚稳 β 相。在含慢共析元素且共析温度又比较低的条件下，即使在共析温度保温几周时间，反应也不能开始。

共析分解产物 Ti_xM_y 一般会使合金脆化。如合金在高温下长时间工作，则逐渐分解出来的 Ti_xM_y 会使合金逐渐脆化，使合金的热稳定性降低。但若能合理控制共析分解产生的硅化物的数量与分布，则可对提高合金的蠕变抗力有利。

4.4　钛合金热处理

在不同的加热、冷却条件下，钛合金中会出现各种相变，得到不同的组织。适当的热处理可控制这些相变并获得所希望的显微组织，从而改善合金的力学性能和工艺性能。

4.4.1　钛合金热处理的特点

下面对钛合金热处理的特点做概括说明。

1）马氏体相变不引起合金的显著强化。这个特点与钢的马氏体相变不同，钛合金的热处理强化只能依赖淬火形成的亚稳相（包括马氏体相）的时效分解。

2）应避免形成 ω 相。形成 ω 相会使合金变脆，正确选择时效工艺（如采用高一些的时效温度），即可使 ω 相分解为平衡的（α+β）相。

3）同素异构转变难于晶粒细化。

4）导热性差。导热性差可导致钛合金，尤其是（α+β）钛合金的淬透性差，淬火热应力大，淬火时零件易产生翘曲。由于导热性差，钛合金变形时易引起局部温升过高，导致局部温度有可能超过 β 相变点而形成魏氏组织。

5）化学性活泼。热处理时，钛合金易与氧和水蒸气反应，在工件表面形成具有一定深度的富氧层或氧化皮，使合金性能变差。钛合金热处理时容易吸氢，引起氢脆。

6）β 相变点差异大。即使是同一成分，但冶炼炉次不同的合金，其 β 转变温度有时差别也很大（一般相差 5~70℃）。这是制定工件加热温度时要特别注意的特点。

7）在 β 相区加热时 β 晶粒长大倾向大。β 晶粒粗化可使塑性急剧下降，故应严格控制加热温度与时间，并慎用在 β 相区温度加热的热处理。

以上特点，在钛合金热处理工艺的制定与实施过程中，必须给予充分注意。

4.4.2　退火

退火的主要目的是提高塑性，消除应力，稳定组织，保证一定的力学性能。

常见的钛合金退火方式有普通退火、再结晶退火、去应力退火、β 退火、等温退火、双重退火及真空除氢退火等。各种方式的退火温度范围如图 4-32 所示。具体的退火温度可查阅有关手册。

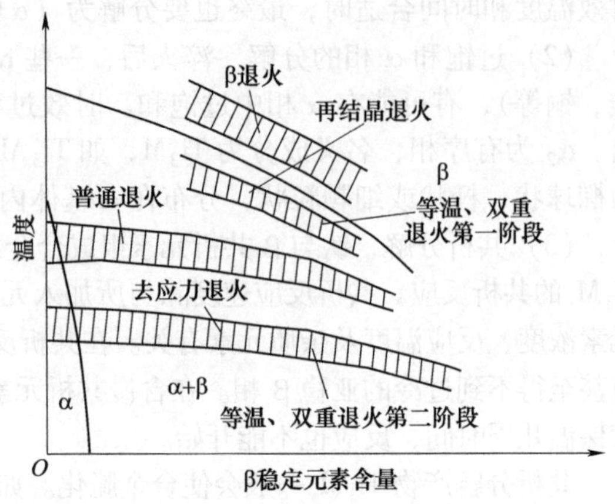

图 4-32　钛合金各种方式退火温度范围示意图

对于两相钛合金，在退火过程中会发生 β⟶α 相变，退火温度较低或冷却速度较慢时，容易得到 α+晶间 β 组织。

退火常用的冷却方式为：炉冷到一定温度后空冷；空冷；分级冷却（在加热保温后，将工件迅速转入另一温度较低的炉中保温一定时间后空冷），两次（或三次）加热，每次加热后均空冷（即双重或三重退火）。

两相钛合金中，β 稳定元素含量越少，退火冷却速度对合金组织、性能的影响越小。

亚稳 β 钛合金中的 β 相比较稳定，空冷即可阻止 α 相的析出。炉冷时，α 相有少量析出，分布不均匀，性能不如空冷时的单一 β 相组织好。

大多数钛合金的 β 转变温度高于其再结晶温度，只有一些 β 稳定元素含量很高的合金例外。

再结晶温度与变形度有关。两相钛合金的再结晶过程比单相钛合金复杂。这是因为 α、β 两相都要发生再结晶，因两相的特性及变形量不同，故再结晶过程不完全相同。此外，β 相对 α 相的再结晶有一定的阻碍作用。一般，合金的变形度要达到 20%以上才能使合金中的 α、β 相均沿变形方向伸长，再结晶退火时，两个相才能都发生再结晶。退火空冷时，在再结晶的 β 相中会析出次生 α 相，成为 β 相转变组织。

钛合金的临界变形度为 2%~10%。

1. 去应力退火

其目的是消除合金在机械加工、冲压、弯边、焊接和其他工艺过程中出现的部分内应力。进行这种退火时，退火温度较低，组织中空位浓度下降，发生部分多边化，形成亚结构。退火后，合金屈服强度略有降低，其他性能基本不变。

退火保温时间取决于工件的变形加工历史、所需消除应力的程度和工件的截面尺寸。对机加工件一般为 0.5~2h，焊接件为 2~12h。

2. 普通退火

其目的是使钛合金半成品基本消除应力，并具有较高的强度和符合技术条件要求的塑性。普通退火温度一般与再结晶开始温度相当或略低。这种退火是一般冶金产品出厂时常用的热处理方法，故也称工厂退火。

这种退火的实质是使经过热变形的半成品组织发生完全多边化和部分再结晶及热变形后得到的一些亚稳 β 相发生分解，从而使半成品既能完全消除内应力，又能适当保持强化状态，并具有符合要求的塑性。通过调整退火温度和时间，可控制半成品的强度和塑性。

3. 再结晶退火

其目的是彻底消除加工硬化，调整组织中初生 α 相的比例和稳定组织。退火温度应高于或接近再结晶终了温度。根据工件厚度保温一定时间（小于5mm时保温少于0.5h，大于5mm后，随厚度增加，适当增加保温时间，但一般不超过2h）后，炉冷至一定温度时出炉空冷。

该过程的实质是将变形晶粒通过再结晶变为等轴晶粒。退火后的性能取决于晶粒尺寸、初生α相数量及再结晶程度等。一般情况下，再结晶退火后的材料强度低于普通退火，但塑性高于普通退火。

4. 双重退火和三重退火

其目的是改善合金的断裂韧度、稳定组织，并获得良好的强度和塑性配合。此类退火一般适用于高温工作的钛合金。

所谓双重退火，即对合金进行两次加热和空冷。第一次加热温度相当于再结晶终了温度，使组织发生再结晶并具有合适体积分数的初生α相，然后空冷。第二次再加热到低于再结晶温度的某一温度（低于β相变点300~500℃），保温较长时间，使第一次退火空冷得到的亚稳β相（对不太厚的工件，甚至可得到马氏体相）充分分解，从而可产生一定程度的时效强化效果，以得到具有与普通退火相近的强度、较高的断裂韧度及高温下稳定的组织。

有的合金采用三重退火，原理与双重退火类似，只是将第二次退火再分两次完成。三重退火的第一次退火与双重退火第一次退火的目的及工艺相同，第二次退火温度略低于再结晶开始温度，保温时间较短，主要使成形工序中的热校形易于进行，并使组织进一步稳定。第三次退火过程与双重退火的第二次退火相同（保温时间略短），目的仍是进一步稳定组织和造成一定程度的时效强化。

5. 等温退火

其目的是获得最好的塑性及热稳定性，适合于含β稳定元素较多的、高温下工作的两相钛合金。等温退火采用分级冷却方式，可使β相充分分解，并有一定聚集。退火后组织的热稳定性及塑性均很高，但强度低于双重退火。有时，等温退火可用双重退火代替。

6. β退火

其目的是得到具有较高断裂韧度和蠕变抗力的魏氏组织。这种退火只适用于要求高温蠕变性能好的某些钛合金。β退火工艺是将工件加热至比β相变点高20~30℃的温度，保温后空冷或油冷，然后在约500~600℃加热保温较长时间。可见，β退火与β相区的固溶时效相近。因在β相区加热会严重损害合金的塑性，故此工艺应慎用，尤其应严格控制加热温度，以免β晶粒过度长大。

7. 真空退火

其目的是降低钛合金中的氢含量。钛合金极易吸氢而引起氢脆。当氢含量超过规定值时，可用真空退火除氢。真空退火温度为600~890℃，保温1~6h，要维持0.013Pa的真空度。在这种条件下，合金中的TiH化合物发生分解，氢可从合金中逸出。

4.4.3 强化热处理

钛合金的退火往往伴随加工硬化效果的丧失，相当于软化处理。双重退火虽有弱强化作用，但与加工硬化状态或强化热处理状态相比，所获得的强度仍然较低。

如前所述，钛合金中具有不同的相变，可以利用这些相变产生强化，如淬火（或固溶）时效。

1. 钛合金强化热处理的特点

钛合金的强化热处理除具有本节所述的共同特点之外，与钢和铝合金的强化热处理比较，又有一些独特之处。近 β 及亚稳 β 钛合金加热后快冷，或两相钛合金加热到低于 T_k 温度快冷，冷却过程中不发生相变，仅得到亚稳 β 组织。若对亚稳 β 组织进行时效处理，则可获得弥散相使合金强化。这种情况类似铝合金的固溶时效强化机制。因此，钛合金的这种强化热处理也可称为固溶时效处理。钛合金的固溶时效强化机制与铝合金的主要区别在于后者固溶时，得到的是溶质过饱和的固溶体，而钛合金得到的是 β 稳定元素欠饱和的固溶体；铝合金时效时靠过渡相强化，而钛合金时效时是靠弥散分布的平衡相强化。

两相钛合金从高于 T_k 或近 α 钛合金从高于 Ms 温度快冷时，β 相发生无扩散相变，转变为马氏体。回火时，马氏体分解为弥散相，使合金强化。钛合金的这种强化过程类似于钢中的淬火+回火。因此，也可将钛合金的这种强化热处理称为淬火+回火。钛合金的淬火+回火与钢的主要区别在于后者的马氏体可造成强化或硬化。而回火是为了降低马氏体硬度，提高韧性。钛合金则相反，马氏体不引起显著强化，强化主要靠回火时马氏体分解所得的弥散相，这与亚稳 β 相的时效强化机制相同。由此可见，钛合金的强化热处理既可称为固溶时效处理，也可称为淬火+回火处理，有时也笼统地称其为淬火时效处理。这三者之间并无原则性的区别。

强化热处理适用于（α+β）及亚稳 β 相钛合金。有的近 α 钛合金有时也采用强化热处理，但因其组织中 β 相数量较少，则马氏体分解弥散强化效果是低于（α+β）及亚稳 β 钛合金的。

2. 合金成分对热处理强化效果的影响

一般情况下，淬火所得亚稳相的时效强化效果由强到弱的次序为：亚稳 β，α″，α′。合金中 β 稳定元素越多，淬火后的亚稳 β 相数量就越多，时效强化效果也就越强。β 稳定元素的含量达到 c_k 时，时效强化效果最好。β 稳定元素的含量进一步增加时，因亚稳 β 相时效时析出的 α 相数量减少，强化效果反而下降。图 4-33 示意地说明了这一影响规律。

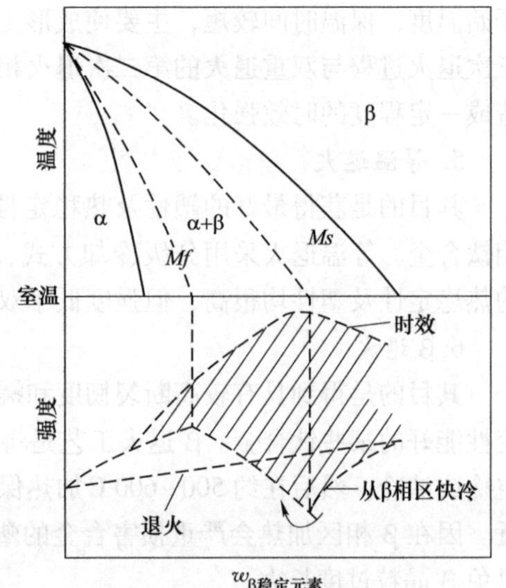

图 4-33 Ti-β 同晶元素含量与热处理强化效果关系示意图

同样的原因，一般 c_k 越低的 β 稳定元素，热处理强化效果越好。

几种 β 稳定元素同时加入时，综合强化效果大于单一元素的强化效果。表 4-6 列出了几种工业用钛合金的热处理强化效果。

表 4-6 几种工业用钛合金的热处理强化效果

合金成分	R_m/MPa		热处理强化效果提高（%）
	退火态	淬火时效态	
Ti6Al4V	95	110	16
Ti6Al3Mo0. 3Si	100	120	20
Ti5. 5Al3Mo1V	90	120	33
Ti13V11Cr3Al	88. 5	133	50

3. 热处理工艺参数对热处理强化效果的影响

β稳定元素含量较少的两相钛合金，淬火温度超过 T_k 后，淬火态的强度增加，这是因组织中出现了强度略高的α′之故，如图 4-34a 所示。β稳定元素含量较高的合金，淬火温度升高时，由于组织中出现了硬度较低的α″相，故淬火后强度并不增加，如图 4-34b 所示。含β稳定元素更多的β钛合金，在β相变点附近淬火时，强度出现最低值，如图 4-34c 所示。这是由于在此条件下淬火应得到单一亚稳β相组织，故其强度必然低于β相变点以下淬火得到的α+亚稳β相组织。

两相钛合金在 T_k 温度附近淬火，$R_{p0.2}$ 出现最低值，如图 4-34a 和 4-34b 所示。这是由于在拉伸应力作用下，c_k 成分附近的亚稳β相中形成了应力诱发马氏体，此时合金具有良好的冷成形性。

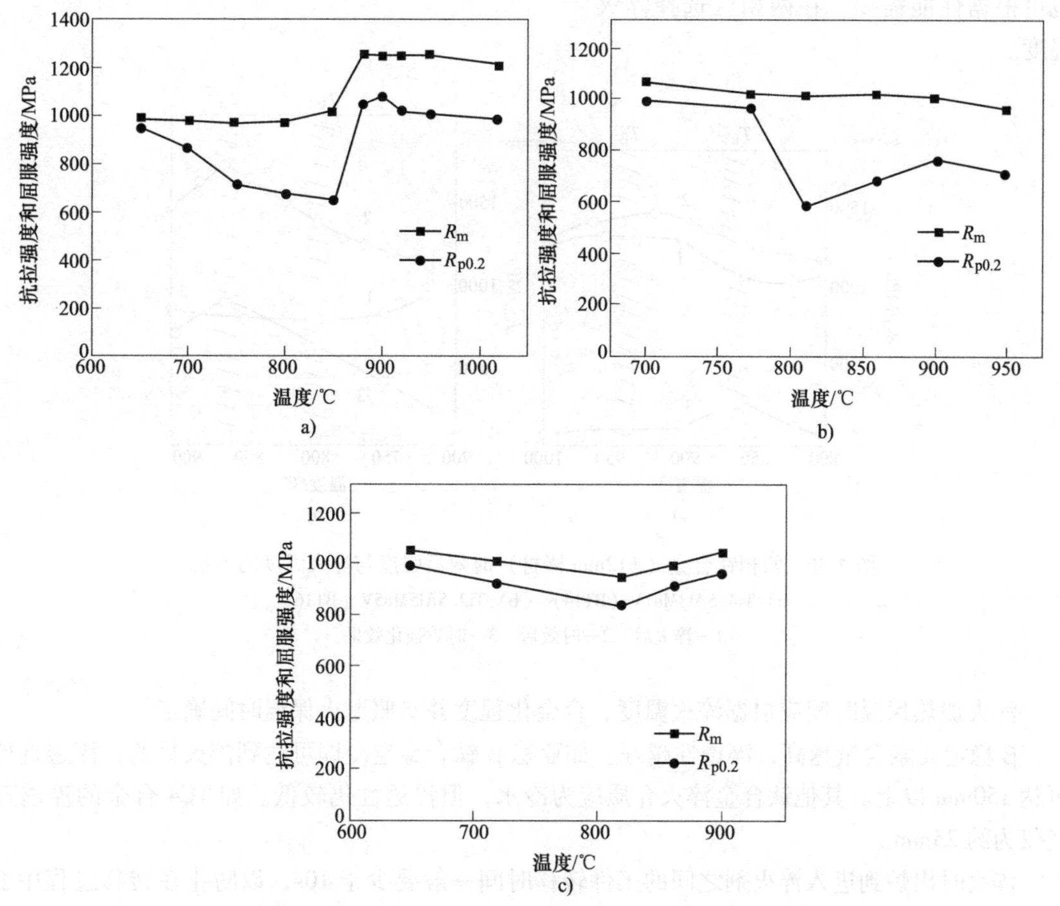

图 4-34 钛合金淬火后拉伸性能与淬火温度的关系

a) Ti-4. 5Al-3Mo-1V（BT14） b) Ti-2. 5Al-5Mo-5V（BT16） c) Ti-3Al-7Mo-11Cr（BT15）

时效后的性能可反映热处理强化效果，淬火温度对所得各亚稳相比例的影响如图 4-35 所示。亚稳相比例不同，时效强化效果也不同。一般条件下，组织中的亚稳β相或α″相越多，时效强化效果越明显。不同β稳定元素含量的两种钛合金，淬火温度对其时效后强度的影响如图 4-36 所示。β 稳定元素含量较低的两相钛合金，在 T_k 附近淬火，时效强化效果最好（图 4-36a）；而 β 稳定元素含量较高的两相钛合金，在略低于 β 相变点附近淬火时，时效强化效果最好（图 4-36b），因为在这种淬火条件下，组织中可得到较多的 α″相或亚稳 β 相。因此，两相钛合金一般宜在 T_k 与 β 相交点温度之间淬火。

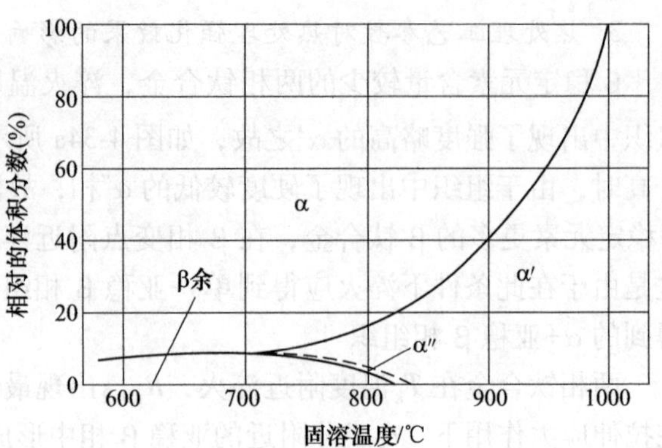

图 4-35　TC4 合金不同温度淬火相组成

β 钛合金的淬火温度一般在 β 相变点附近。淬火温度过高，β 晶粒易粗化。也可根据性能需要，在两相区选择淬火温度。

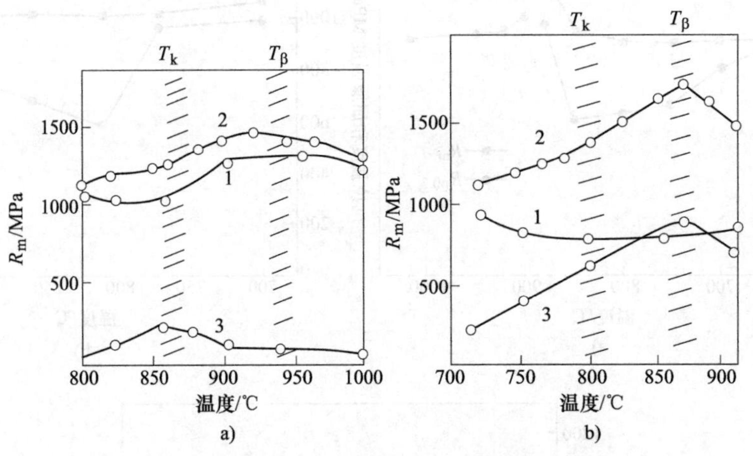

图 4-36　两相钛合金（ϕ12mm 棒材）时效后强度与淬火温度的关系

a）Ti4. 5Al3Mo1V（BT14）　b）Ti2. 5Al5Mo5V（BT16）

1—淬火后　2—时效后　3—时效强化效果

淬火加热保温时间应根据淬火温度、合金化程度并参照退火保温时间确定。

β 稳定元素含量越高，淬透性越好。如亚稳 β 钛合金空冷即可达到淬火目的，淬透直径可达 150mm 以上。其他钛合金淬火介质应为冷水，但淬透性仍较低。如 TC4 合金的淬透直径仅为约 25mm。

淬火时出炉到进入淬火剂之间的工件转移时间一般要少于 10s，以防止在转移过程中 β 相部分分解，降低热处理强化效果。

板材淬火比较复杂，一般应采用无氧化加热或高纯惰性气氛保护，以防止板材表面产生大面积富氧层。淬火时还应采取措施，以保证翘曲最小。截面尺寸较小的钛合金零件可考虑采用真空炉加热并淬火。

达到最好强化效果的时效温度与淬火温度有关。具体的时效工艺应根据不同温度淬火后的时效曲线或有关性能指标来确定，大多数两相钛合金在 450~550℃时时效强度最高。时效温度高于600℃后，强度明显下降，塑性增加不多。尽管如此，钛合金有时仍采用较高温度的过时效，以改善其断裂韧度和热稳定性。

易形成ω相的钛合金，应选择高一些的时效温度（如500℃以上），使ω相分解。不易形成ω相的合金，可选用低一些的时效温度，此时，亚稳相分解析出的平衡相分布更为弥散。

有的钛合金中β稳定元素含量不高，在T_k以上淬火时，组织中有较多的α′相，在T_k以下淬火时，则组织中有较少的亚稳β相，若时效规范合适，用这两种淬火温度均可获得相同的强化效果。这是因为较少的亚稳β相时效产生的强化与较多的α′相时效产生的强化相当。采用较低的淬火温度，淬火后组织中有较多的初生α相，可使合金的疲劳性能及塑性高于淬火温度较高时的情况。因此，对于这类合金，要特别注意淬火温度与时效温度的合理匹配。

时效时间对力学性能的影响不如时效温度的影响明显，一般为2~20h。β稳定元素含量高的合金，时效时间应长一些。

钛合金最常用一次时效，与铝合金的分级时效类似，有的钛合金也采用两次时效。第一次时效温度较低，目的是产生大量新相核心，使第二相均匀、弥散地析出，以获得较高的强度。第二次时效温度较高，使第二相颗粒部分聚集，亚稳相进一步分解，改善合金的塑性和组织稳定性。

综上所述，钛合金热处理参数对热处理强化效果的影响比较复杂，其中最主要的参数是淬火温度及时效温度。在制定热处理规范时，必须根据以上基本原理，认真参阅有关手册及资料。对于新型合金或热处理工艺不成熟的合金，必须经过一定的试验来确定热处理规范。 199

4.4.4 形变热处理

除淬火时效外，形变热处理也是提高钛合金强度的有效方法。

形变热处理是将压力加工变形和热处理结合起来的一种工艺（图4-37）。在这种工艺过程中，变形终了时立即淬火，使压力加工变形时晶粒内部产生的高密度位错或其他晶格缺陷全部或部分地保留至室温，在随后的时效过程中，作为析出相的形核位置，使析出相高度弥散，并均匀分布，从而显著增强时效强化效果。在时效前预先对合金进行冷变形，也可在组织中造成高密度位错及大量晶格缺陷，随后进行时效，可获得同样效果。

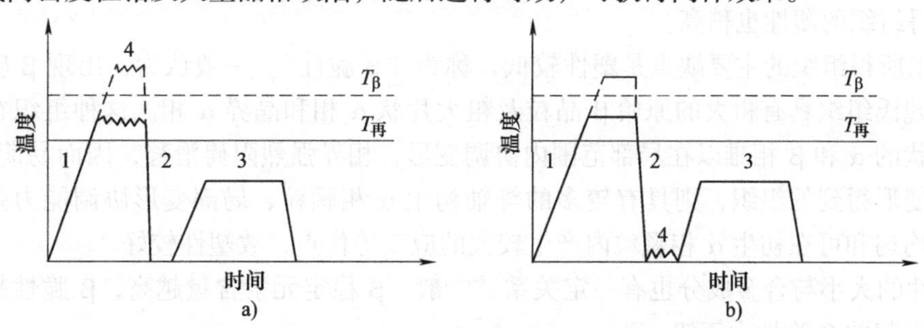

图4-37　钛合金常用的形变热处理工艺过程示意图

a）高温形变热处理　b）低温形变热处理

1—加热　2—水冷　3—时效　4—空冷或低温变形　$T_β$—β相变点　$T_再$—再结晶温度

对两相钛合金进行形变热处理时，R_m可比一般的淬火时效处理提高5%~10%，R_{eL}提高10%~30%。比较可贵的是，对于许多钛合金，形变热处理在提高其强度的同时，并不会影响合金的塑性，甚至还会使塑性有一定提高，还可提高疲劳、持久及耐蚀等性能，但有时会使合金的热稳定性下降。

常用的钛合金形变热处理工艺有高温形变热处理和低温形变热处理两种，影响其强化效果的主要因素是合金成分、变形温度、变形程度、冷却速度及时效规范等。

两相钛合金多采用高温形变热处理，变形终止后立即水冷。变形温度一般不超过β相变点，变形度为40%~70%。目前此工艺已用于叶片、盘形件、杯形件及端盖等简单形状的薄壁锻件，强化效果较好。

β钛合金可采用高温或低温形变热处理，也可将两者综合在一起。β钛合金淬透性较好，高温变形终止后可进行空冷，高温变形温度对其影响不如对两相钛合金敏感。因此，在生产条件下，β钛合金更容易采用高温形变热处理工艺。

4.4.5 钛合金的β及近β加工

两相钛合金的热变形通常是在两相区温度进行的，并在两相区热处理，以得到双态或等轴组织，综合力学性能较好。

但是，在两相区变形时，合金变形抗力大，尤其在生产形状复杂、体积大的锻件时，有较大的困难。

在β相区发生的变形称为β加工，在稍低于β相交点的变形称为近β加工。在β或近β加工时的加热温度下，钛合金的组织几乎为单一的、塑性较好的β相，其变形抗力仅为两相区变形抗力的一半以下，故可比较容易地生产形状复杂的大型锻件，并能提高锻件尺寸精度，减少模具磨损，降低设备公称压力。

β加工得到的组织一般是魏氏组织或网篮组织，终锻温度较低时也可能得到初生α相颗粒很少的双态组织。近β加工得到的是等轴α相颗粒体积含量较少（10%~15%）的双态组织。这些组织具有断裂韧度、蠕变抗力及裂纹扩展抗力高的突出优点。当采用合适的变形温度、较快的变形速度、较大的变形程度及锻后较快的冷却工艺时，β加工得到的魏氏组织不是很粗大，甚至可以得到网篮或有少量初生α相颗粒的双态组织，其疲劳强度也可能接近两相区加工所得组织的疲劳强度，尤其是缺口疲劳强度甚至优于两相区加工的组织。采用近β加工所得组织的塑性也稍高。

β加工所得组织的主要缺点是塑性较低，称为“β脆性”。一般认为，出现β脆性的原因主要是魏氏组织具有粗大的原始β晶粒及粗大片状α相和晶界α相。这种组织在发生应变时，片状的α和β相难以在局部范围内协调变形，相界强烈阻碍滑移，因而易萌生裂纹。而两相区变形得到的组织，则具有较多的等轴初生α相颗粒、局部变形协调能力强、局部应变比较均匀和可在初生α相颗粒内产生较大的应变等优点，故塑性较好。

β脆性的大小与合金成分也有一定关系。一般，β稳定元素含量越高，β脆性越大。铝在合金中引起的β脆性大于钒。

进行两相钛合金β加工时，加热温度不应超过β相变点30℃以上，并尽可能快速、大变形量加工，变形终止后，要以较快速度冷却，以利于获得较细的魏氏组织或网篮组织，β相原始晶粒也不致过分粗大。变形后的热处理可采用双重退火或等温退火，以尽量改善塑性。另外，为进一步降低β脆性，β加工后采用循环热处理也是一种很有前途的方法。例如，对TC4合金锻件魏氏组织采用β相区淬火预处理+循环热处理+双重退火热处理，与仅用双重退火热处理相比，魏氏组织中α相片变为短条状，位向更为散乱，晶界α相消失，如图4-38所示，断面收缩率由15%提高到27%，而强度基本不变。但循环热处理工艺周期较长，不适用于大型锻件，且反复加热也会增加表面氧污染及吸氢等问题，故其实际应用有一定的局限性。

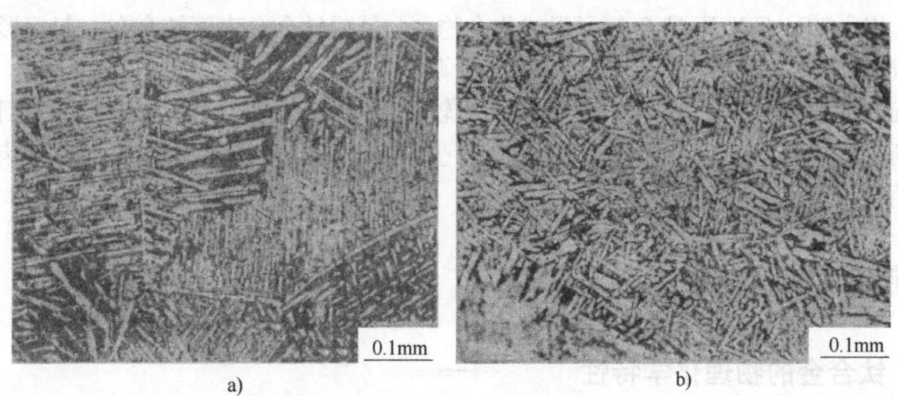

图4-38　TC4合金锻件魏氏组织循环热处理（940℃⇌790℃，循环15次）前后的显微组织
a）原始魏氏组织　b）循环热处理后魏氏组织

两相钛合金的β及近β加工是钛合金加工工艺的一个重要发展方向。采用这种加工方法时，由于容易出现β脆性，而且对变形温度和变形过程要求严格，故生产上不易控制，若使用不当，会导致合金的塑性指标达不到技术要求。但由于这种工艺的突出优点，从20世纪60年代中后期，它便获得了一定的应用。近些年来，国外已在如航空发动机叶片、盘，战斗机水平尾翼转轴及直升机、运输机的某些轴类件上应用了β及近β加工工艺。

4.4.6　钛合金的化学热处理及表面改性

钛合金的耐磨性较差，比钢低约40%。钛合金在氧化性介质中的耐蚀性较强，但在还原性介质（如盐酸、硫酸等）中的耐蚀性却较差。为了改善这些性能，可采用化学热处理及表面改性等处理方法。

1. 化学热处理

钛合金的化学热处理有渗氮、渗氧、渗碳、渗硼和渗金属等。这些化学热处理类似钢的化学热处理，即采用一定手段，将待渗元素转换成活性原子或离子状态，在热能或电场作用下，向工件表面渗透，并扩散至一定深度，形成一定厚度的渗层，以提高钛合金的表面硬度、耐磨性及耐蚀性。各种化学热处理的具体方法及规范可参阅有关资料。

钛合金化学热处理的方法很多，也有许多先进工艺与设备可以应用。主要存在的问题是表面质量不理想。一般会使表面脆化，工艺不够成熟，有些工艺也比较复杂，不易掌握。因此，目前应用还不广泛。

2. 表面机械强化

为提高钛合金的疲劳强度，往往采用表面机械强化方法，如湿喷丸处理、滚筒振动强化、压缩空气喷丸强化和超声波处理等，目的是使工件表面产生冷作硬化，产生残余压应力，使疲劳裂纹不易生成。

3. 表面改性

表面改性是利用特殊手段改变钛合金表面特性的方法及工艺，也是目前相当活跃的研究和应用领域。例如，通过等离子喷涂（镀）、激光或电子束熔敷、离子注入、离子镀、电镀、物理气相沉积（PVD）及化学气相沉积（CVD）等方法，将碳、氮、氧、钼、钒、铝、镍、铬、银、SiC、TiN 及 Al_2O 等元素或化合物，与钛或钛合金表面结合在一起，形成硬化层或涂（镀）层，可以提高钛合金的耐磨性、耐蚀性及其他性能。

表面改性技术种类较多，但工艺及设备比较复杂，不易掌握，成本较高，并且目前大多数方法还不够成熟，正处于研究发展阶段。有些方法已在化工工业的钛合金轴承、齿轮、轴类及医用钛人工骨骼方面有所应用。

4.5 钛合金制备技术

4.5.1 钛合金的物理化学特性

钛的熔点（1668℃）很高，钛是非常活泼的金属，很容易和氧、氮、氢、碳等元素反应，特别是钛在高温下具有高度的化学活性，熔融状态的钛与这些元素反应尤甚。钛在几百摄氏度的温度下，即开始吸收氢、氧、氮这些气体。先通过吸附作用，在表面与钛相互作用而形成由化合物构成的表面膜，并能通过表面膜扩散到金属内部与钛原子形成间隙固溶体。这可以起强化作用，但对其他一些重要性能有不良的影响，特别是使塑性冲击韧度显著降低。其中以氧和氮的危害最大，因为氧、氮溶解于钛以后，不能用一般的方法去除，同时微量的氧和氮会严重降低金属的塑性，使之发脆。

1. 钛与氧的反应

钛与氧的反应是极复杂的过程。许多研究者指出：由于氧化，钛表面易生成氧化物，其基体由金红石形态的二氧化钛（TiO_2）组成。此外，也有人认为其基体除二氧化钛外，还有一氧化钛（TiO）或三氧化二钛（Ti_2O_3）等。

有研究指出，钛的氧化过程取决于钛金属与氧化层的界面上氧与钛之间所发生的反应。钛氧化过程包括两方面：一方面，氧是通过氧化物层点阵的阴离子空位扩散而进行的；另一方面，在钛和氧化物层交界处，TiO_2 的不稳定和分解使氧继续深入到钛金属内部。从室温开始的低温氧化，使钛表面形成薄膜氧化物层，氧以扩散方式通过氧化物层使钛进一步氧化，当这层膜变得足够厚时，就碎裂成为多孔状膜，其氧化速度激增。温度不高时，钛的氧化极其缓慢；高于600℃时，钛开始明显氧化；700~800℃时，氧在钛中扩散很快，氧化也更激烈。

2. 钛与氮的反应

钛吸收氮的过程与钛吸收氧类似。研究工作证实，钛吸收氮的速度比吸收氧的速度要慢得多。用灵敏的重量分析法，500~825℃，并在 0.01MPa 测到氮吸收量与温度、时间的关系（图 4-39）。另有人在 1400℃ 实验测得钛吸收氮的过程符合抛物线关系，可以用下式表示：

$$W^2 = Kt \tag{4-1}$$

式中 W——所吸收的氮量（mg/cm³）；

t——时间（min）；

K——速度常数（K值的对数是热力学温度倒数的直线函数）。

吸收氮的速度也随温度而变化。钛与氮的反应速度取决于氮通过氮化钛层的扩散速度。氮与钛反应的早期阶段所生成的氮化钛薄膜与金属表面紧密结合，牢固地粘附于金属表面，但随着厚度增加，薄膜出现破裂的倾向。氮化钛以薄膜形态存在于钛表面上却不能保护金属不受氧化，因为所有钛的氧化物都比氮化钛稳定。有人研究发现，固体氮化钛与氧在1200℃下会迅速反应而析出氮。

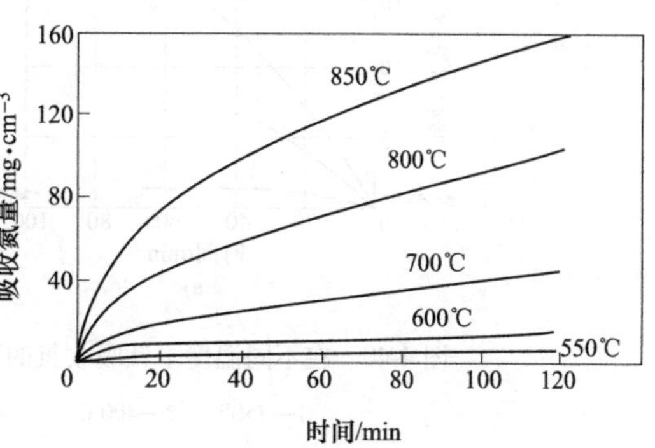

图4-39 钛在0.01MPa氮气氛内的不同温度下吸收氮的曲线

3. 钛与空气的反应

从实用观点出发，研究钛在空气内加热的反应比考虑它在纯氧和纯氮中的反应更为重要。虽然大气中含氮约为4/5，但由于氮在钛和氮化钛内的扩散速度较低，且因氧化钛比氮化钛稳定，氮-钛反应在钛与空气的反应过程中仅起着次要的作用。大气中除氧与氢外的其他气体也会参加反应，其中水蒸气是最重要的，因为水被还原生成的氢很容易被金属吸收。钛在空气中加热所发生的反应，有待进一步研究，因这方面的知识很不完全。当钛在空气中加热，其温度高于600℃时，氧化速度已相当大。很多研究者认为，在加热时，与空气接触的钛表面层含有金红石结构，且观察到该层的厚度随时间的增长而增加。

4. 钛与氢的反应

（1）钛吸收氢是可逆过程　当钛在氢气氛内加热，吸氢反应将连续发生，直至氢在钛金属内的浓度达到平衡值。假使钛的表面是无氧化膜的，则吸氢的速度在300℃时已经很快；进一步提高温度时，吸氢速度将迅速增加；当温度高于500℃时，钛-氢平衡在数秒钟内即可达到。

（2）钛-氢反应速度随着温度的升高迅速增加　从图4-40可以看出，随着温度提高，吸收氢的数量剧烈增加。此外，钛-氢反应速度随氢分压力的增大而提高，这是由于在单位时间内，与钛表面互撞的氢分子数量随氢的压力增大而增多。

（3）钛吸收氢的速度还受到钛表面洁净程度的影响　钛表面存在的极薄氧化膜会使吸收氢的速度下降若干倍。例如，存在厚度小于0.45μm的氧化膜使钛吸收氢的速度降低到1/4以下（与表面无氧化膜的情况相比）。

钛表面的氧化膜不致密可能是由于钛的氧化和吸氢过程同时进行，由于氢的溶解引起钛的体积不断增大，所产生的应力使形成的氧化膜不断受到破坏。

钛-氢反应的结果是在钛金属表面生成了氢化钛，氢化钛是在低于300℃的温度区形成的。这时氢将被恒速吸收，因为氢在α-钛中的溶解度极低，并且在300℃以下吸氢速度显著减小，在250℃以下吸氢速度几乎不可察觉，这是与图4-40所示相符的。

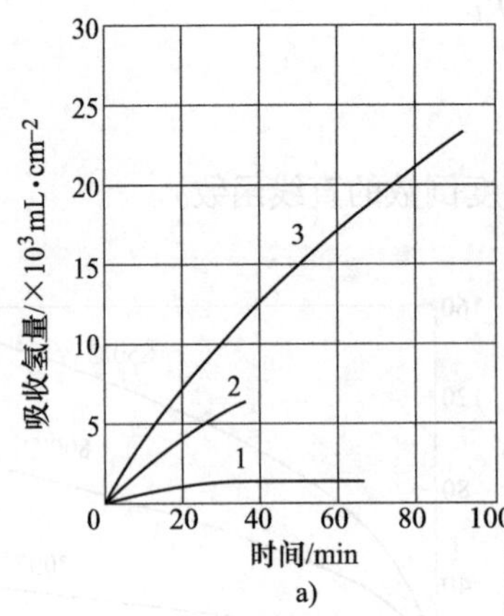

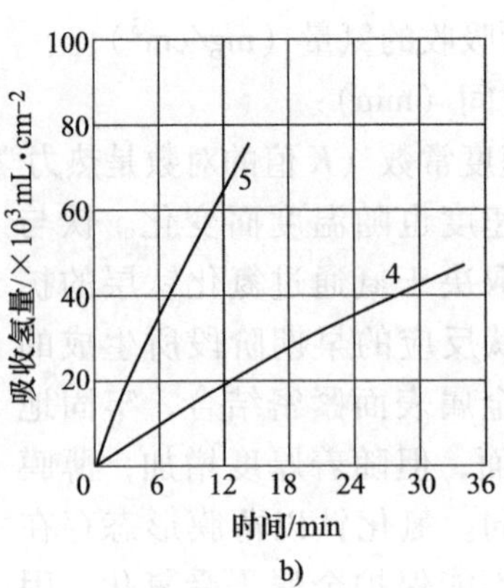

图 4-40　在不同温度下钛吸收氢的数量与时间的关系（p_{H_2}=0.03MPa）

1—350℃　2—400℃　3—450℃　4—500℃　5—550℃

氢化钛的脆性层的多孔性，是由于氢在钛中的溶解，钛的体积剧烈增大的缘故。此脆性层在内应力作用下可能会破裂。

氢主要溶于β-钛中，而在α-钛中溶解度极低。氢对钛的危害性很大，极微量的氢就能使合金发脆。原因是氢在β相中的最大溶解度为2%，而室温时在α相中的溶解度急剧下降到0.002%，高温时溶解到β相中的氢在室温时几乎全部要以TiH_2形式析出，特别是优先沿晶界滑移面等能量较高的区域内析出。TiH_2呈片状或针状，很脆，在受力时TiH_2断裂，因而在金属内部生成许多微小裂纹，使材料强度和塑性下降，尤其对冲击韧度影响最大，为此，增加了钛对“氢脆”的敏感性。氢的脆化作用取决于TiH_2的数量、尺寸和分布，以及形成裂纹后裂纹的传播速度。氮、氧有增加TiH_2及裂纹传播速度的倾向。由于氢在钛中溶解是可逆过程，所以采用真空退火可以消除“氢脆”。在750~800℃真空退火，可使钛中氢含量减少到0.002%，但氧化膜的存在不利于氢的去除。

5. 钛与水蒸气的反应

水蒸气是钛被氧、氢沾污的根源之一。研究表明，钛与水蒸气反应后，在钛表面覆盖一层青灰色薄膜。经X射线衍射分析表明，薄膜是金红石形态的二氧化钛。对试样进行金相检验，发现有氢化钛的片状夹杂物。这说明了钛与水蒸气发生反应生成的氢扩散到钛中而形成了固溶体，即钛与水蒸气发生反应可用如下方程式表示：

$$3Ti + 2H_2O \longrightarrow TiO_2 + 2TiH_2 \tag{4-2}$$

另外，还发现钛与水蒸气发生反应时有氢析出，该反应方程式如下：

$$Ti + 2H_2O \longrightarrow TiO_2 + 2H_2 \tag{4-3}$$

因此，在钛与水蒸气反应时，水发生分解，同时在钛表面形成氧化膜，而氢按照固溶体与气相之间的平衡规律分布。整体来说，钛与水蒸气的反应过程可以用下式表示：

$$(3+x)Ti + (4+2x)H_2O \longrightarrow (2+x)TiO_2 + TiH_x + \left(4+\frac{3}{2}x\right)H_2 \tag{4-4}$$

从图4-41可以看出，在反应开始阶段，钛与水蒸气的反应服从抛物线规律，然后，过一定时间，抛物线规律转变为直线规律。而且，随着温度的升高，钛-水蒸气反应速度显著加快。钛与水蒸气反应所生成的氧化膜是多孔表面薄膜，这是由于氢的溶解引起钛的体积增大，促使氧化膜不断遭到破坏。正由于这种不致密氧化膜的存在，水蒸气使钛氧化的速度比氧使钛氧化的速度快得多，特别是在900℃以上更加明显，这是由于氢的扩散速度较快，使钛中溶有大量氢。如果溶解氢的数量很小时（当处于低温以及水蒸气压力不大的条件下），氧化膜的破坏也可能不发生。在这种情况下，钛被水蒸气氧化的速度接近于被氧氧化的速度。

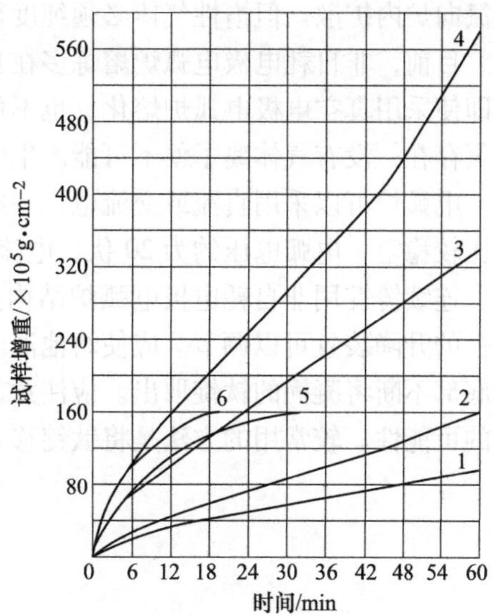

图4-41　钛与水蒸气反应的动力学曲线
1—800℃，0.002MPa　2—850℃，0.002MPa
3—900℃，0.002MPa　4—950℃，0.002MPa
5，6—约900℃，0.00055MPa

熔融状态的钛和钛合金不仅与气体反应，而且也与工业上常用的大部分耐火材料起反应。高温下，钛与碳相互作用形成碳化钛，在包析温度以下，碳在钛中的溶解度不断下降，碳以碳化钛形式析出，因此严重地降低了钛的塑性。通常的硅酸盐耐火材料与钛起反应，对熔炼钛合金是完全不适合的。氧化镁因有挥发性，氧化铝、氧化锆均与钛起剧烈反应，均不宜作为耐火材料。在钛的熔化温度附近，能比较长期经受钛接触的材料，只有致密的石墨、再结晶的氧化钍和氧化钙。但在较高的过热温度下，此三种物质也能与熔融钛相互作用，使金属液沾污。因此，寻求适合的熔化钛及钛合金的坩埚材料和铸型材料已成为一个难题。

当上述杂质（氧、氮、氢及碳）在钛及其合金中超过一定量时，会使其抗拉强度和屈服强度都降低。更主要的是这些杂质会使其塑性和冲击韧度显著降低。所以，在钛及钛合金中必须对这些杂质进行严格控制，一般钛中含氧量（质量分数）不大于0.15%，含氮量（质量分数）不大于0.05%，含氢量（质量分数）不大于0.015%，含碳量（质量分数）不大于0.1%。

由于上述原因，钛及其合金的熔炼和铸造必须在较高的真空或惰性气体下进行。

4.5.2　钛合金典型制备工艺

1. 非自耗电极电弧炉制备工艺

非自耗电极电弧炉熔炼通常在惰性气体保护或真空下进行。非自耗电极电弧炉示意图如图4-42所示。采用由纯铜制成的水冷坩埚。该炉中水冷铜电极为阴极，金属炉料及铜坩埚为阳极，通电后起弧，利用电弧的热量熔化钛合金。为此，水冷电极的端头要求用高熔点、高电子发射系数、导热性和导电性好以及强度合适的材料制成。此外，这种材料还应具有适当的耐热振性，便于加工或能用焊接方法连接于铜极上。两种较适宜的电极材料是钨钍合金（熔点为3400℃）和石墨（开始蒸发温度大约为4000℃）。

熔化时，不允许熔化室内存在氧和氢，以防止高温下它们与钛合金发生反应。实验室用的小型炉子多采用密封装置，在低压（8~26.66kPa）的惰性气体（氩或氮）下熔化。大型炉子采用完全密封的装置不方便，一般采用以压力略高于大气压的惰性气体通入，以防止氧和氮向炉内扩散。但惰性气体必须纯度很高，对较大的炉子采用炉外过滤装置进行纯化。

目前，非自耗电极电弧炉熔炼多在真空下进行。在真空下熔化可以除去钛中大部分氢。但即使采用真空电极电弧炉熔化，也不可能完全除去金属中的氢，因为真空下熔化总需要有些氢存在，没有气体离子便不可能产生电弧。

电弧炉可以采用直流或交流电，一般大型炉子多用交流电，小型炉子多用直流电，使电弧比较稳定。电弧电压约为20伏，电流从50安到几千安。

连续铸锭用非自耗电极电弧炉结构如图4-43所示。非自耗电极在熔化时能旋转，并有电极的升降装置可以调节。应使熔池液面保持一定，不断加入金属炉料，进行熔化，并从坩埚底部不断将凝固的钛锭取出。应注意，钛锭在与空气接触以前应充分冷却，以消除大气沾污的可能性。较常用的方法是将钛锭移入一个充有惰性气体的室内。

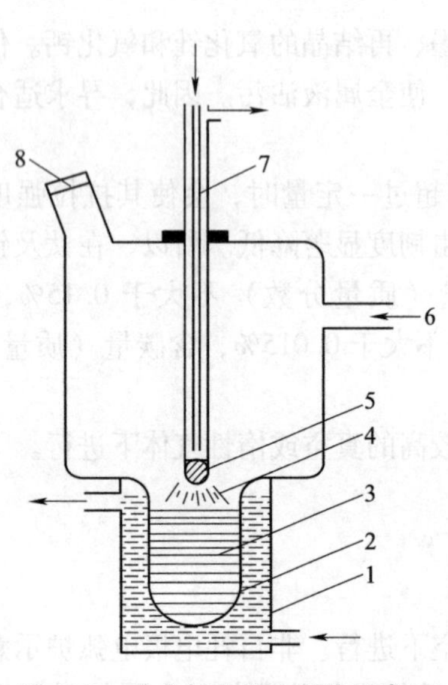

图4-42 非自耗电极电弧炉示意图
1—冷却水套 2—铜坩埚（阳极）
3—熔体 4—电弧 5—电极头
6—氩气 7—水冷电极（阴极） 8—观察孔

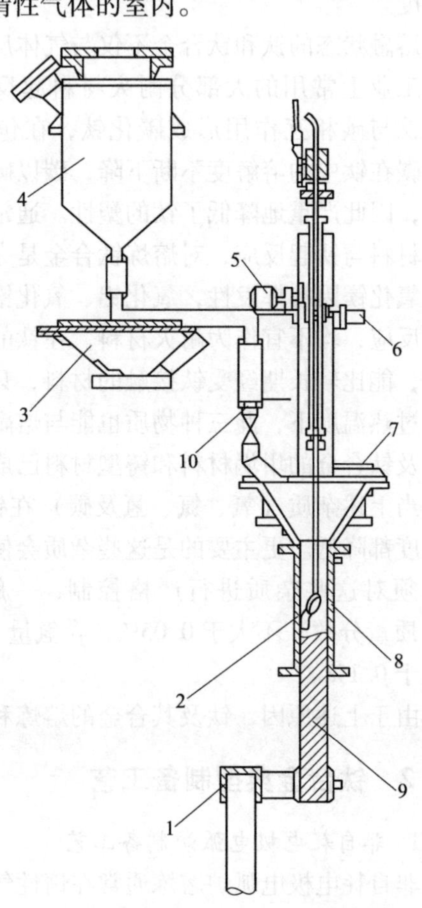

图4-43 非自耗电极电弧炉（连续铸锭用）
1—抽锭器 2—水冷电极头 3—振动加料器
4—加料斗 5—电极转动马达
6—电极升降马达 7—观察孔
8—水冷坩埚 9—钛锭 10—出料口

在大型电弧炉中，电弧通常不能靠电极和坩埚或炉料之间的直接接触而满意地触发引弧，常用加于电极和坩埚间的高频电流来引弧，或用一根镁带使电极和炉料相互接触而引弧。因镁不溶于钛，不会使熔体沾污，但镁将挥发而冷凝于炉内较冷部分。

非自耗电极电弧炉目前主要有两种形式：一种是旋转电极型，采用水冷铜电极头，电极与坩埚中心垂直线成20°倾斜角，并能上下移动，这样使电弧产生在与熔池最近的电极头表面，熔炼时电极旋转，电弧即周期性地在电极头上四周移动，避免局部过热；另一种为旋转电弧型，也采用水冷铜电极，在电极头内装有电磁线圈，电极起弧后利用磁场迫使电弧沿电极端部表面不断旋转，亦即使电弧在熔体表面上自动旋转。这一电极头表面移动，能使电弧的热量分布在较大的面积上，因此，又减少了电极头过热的危险。

制造较大钛锭的一个主要困难是金属料装进熔池时，不能让任何空气进入炉内，并且不能断弧，如熔炼过程停而复始，则制得的钛锭会有脆弱面（相当于断弧间隔时熔池的水平面）。应将炉料盛在一个装于炉上的密闭而充满惰性气体的料斗内，并采用振动式送料机构。因为此种机械可以更好地控制，使送料速度提高。金属钛的进料应迅速而小批量地进行，而不采用缓慢和固定速度连续送料。

非自耗电极电弧炉能全部利用残料，但效率低，约有30%的电弧功率损耗在水冷电极上。另外，非自耗电极能使钛沾污，因为钛炉料中含有相当数量的挥发性物质，如镁、氯化镁、氢等，加热熔化时往往发生钛液飞溅，部分飞溅的钛液与电极头接触。

非自耗电极电弧熔炼也可用于采用浇注成形铸造的钛铸件。但现在主要用于回收废料和致密块料（只需熔化炉料表面使其互相粘连），以及为自耗熔炼准备电极。

2. 自耗电极电弧炉制备工艺

（1）概述　目前钛的铸锭和成形铸造中最广泛应用的是真空自耗电极电弧炉熔炼。真空自耗电极电弧炉熔炼示意图如图4-44所示，它的工作原理是以钛或钛合金制成自耗电极，夹在电极杆上（直流电源的负极），使之在水冷铜坩埚（直流电源的正极）间产生电弧，依靠电弧的热能将电极熔化，熔化了的电极以液滴形式进入坩埚，形成熔池。熔池表面被电弧加热，始终呈液态，而其底部和周围受到通水强制冷却产生自下而上的结晶过程，使熔池金属冷却成锭。在自耗电极熔化并逐渐消耗的进程中，不间断地以适当的速度使电极下降，以保持电弧熔炼的持续进行，一直到熔炼结束。

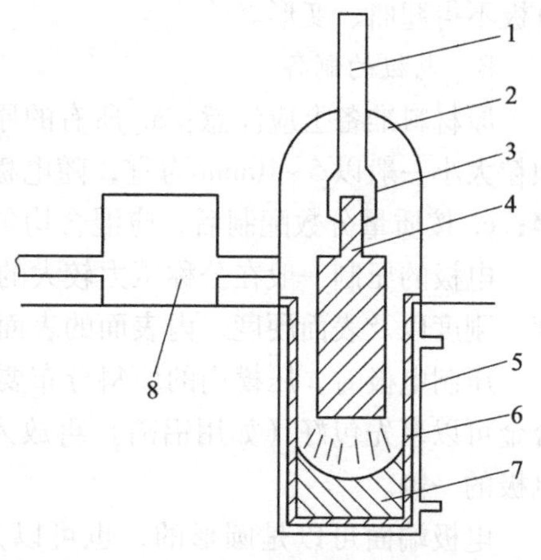

图4-44　真空自耗电极电弧炉熔炼示意图

1—电极杆　2—炉壳　3—电极夹头　4—电极　5—水套　6—坩埚　7—铸锭　8—真空泵

自耗电极真空电弧炉熔炼的主要优点如下：①在高真空下熔炼，不但防止了钛金属的氧化，还减少了钛金属内气体和杂质的含量；②用电弧加热，温度高，可以得到极高的熔化速度；③利用水冷铜坩埚，消除了钛液被坩埚的沾污；④由于结晶是在强制冷却并依顺序凝固的条件进行的，故可得到致密的铸锭，锭重可达数吨。

真空自耗电极电弧炉结构的基本部分包括：炉体、结晶器、电极传送机构、真空系统、控制系统、观察系统、支架及其他附属设备等。

结晶器由坩埚、冷却水套、底座、稳弧线圈四部分组成。真空自耗电极电弧炉熔炼对坩埚有如下要求：①导电性好，以减少功率损耗；②导热性好，以便使熔入坩埚内的钛液能迅速在坩埚壁上冷凝成一层壳，在其内形成熔池，并且将熔化的钛液凝固成锭；③坩埚不与被熔金属起化学反应。生产中普遍采用的是水冷纯铜坩埚，它装在冷却水套里。通常，通以压力为25~35MPa的水进行强制冷却。

真空电弧炉几乎都采用直流电源，其优点在于：①直流供电的功率利用率高；②直流供电较易稳定电弧。而交流供电却要求高的电压或用高频起弧，电弧稳定较困难，交变时，电弧中断而后又燃烧；会导致铸件质量恶化。

（2）真空自耗电极电弧炉熔炼工艺

1）自耗电极的制备

A　对自耗电极的要求

a. 合金元素在电极中要力求均匀分布，不得有局部堆积。b. 易熔、易挥发的合金元素不应暴露在电极表面，避免预先熔脱；对于熔点和密度相差悬殊的元素，应预先制成中间合金（如Al-Sn，Al-V，Al-Mo等）后，再压制电极。c. 要具有一定的强度，以免在搬运、安装和熔化过程中折断。d. 要求紧密度尽可能大，以利于导电和高产量。并且紧密度应均匀，如电极松紧不一，则在松的地方电阻大，当电流通过电极时首先在该处出现易熔合金元素的熔脱，而合金元素的熔脱又进一步增大该处的电阻，使温度上升越高，于是给形成侧边电弧制造了条件。一旦在该处形成电弧，电极将易烧断。紧密的自耗电极熔炼过程比较平稳，熔池由于处在稳定电弧及较长时间加热下也变得宽、深起来，有利于得到成分均匀的合金。e. 电极不得翘曲、变形。

B　电极的制备

原材料准备上应注意：a. 所有的原材料都应符合技术条件规定；b. 原材料粒度要均匀，颗粒大小一般以5~10mm为宜，随电极直径增大也可适当增大，如果有大块料，应进行破碎；c. 按质量分数配制后，应混合均匀。

电极的压制一般在公称压力较大的液压机或水压机上进行。压制用的压模要有一定的强度、刚度以及表面硬度，内表面的表面质量要高。此外，装卸要方便。

压制电极时，压模内的原料分布要均匀，特别要注意添加合金元素的均匀性。一般粉状合金可以事先包好（如用铝箔）再放入压模内，以防止这些粉状的合金元素在压制时偏于电极的一侧。

电极端面可以是圆形的，也可以是方形或矩形的，对于钛电极，一般希望压缩到金属理论密度的80%~85%。用1800t压力机可以压制150mm×150mm×400mm的钛电极（压强相当于8t/cm^2），所以压制大电极的压力机难以实现。目前生产中均采用焊接的方法，将几根小电极焊在一起。图4-45所示为两种组合形式。

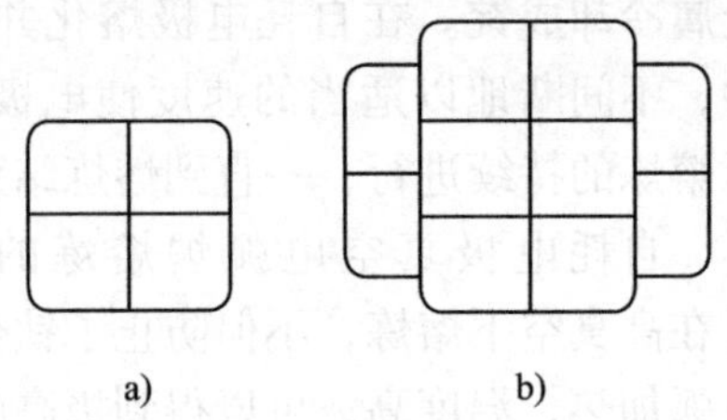

图4-45　组合电极的端面形式
a）四根组合　b）十根组合

为了保证合金成分的均匀性，常采用二次重熔。

2）坩埚和电极直径比率的选择。坩埚和电极直径的比率是真空自耗熔炼的重要工艺参数，它对电弧操作、产品质量和熔化速率等都有很大的影响。首先应根据铸锭的大小来选择坩埚尺寸，坩埚尺寸确定后，就可选择坩埚和电极直径的比率，来确定电极的直径。

一般希望电极直径尽可能大，此时电极与坩埚间的空隙（即坩极距）小。熔池被电极均匀加热，熔池宽而深，因而合金易于均匀，金属流动性好，并减少了熔池的喷溅，使铸锭表面光滑。同时，由于电极直径大，单位表面的热损失较小，热效率高，因而提高了熔化效率。电极直径不能过大（即坩极距过小），否则会增大排气阻力，从而影响合金的除气，并且易在电极与坩埚壁间发生侧边电弧，有灼伤或击穿坩埚的危险，所以应使坩极距大于电弧长度，即$\frac{D-d}{2}>l$，其中，D为坩埚直径，d为电极直径，l为电弧长度。此外，如果坩极距太大，即电极很细，熔炼时则需很长的电极，这给炉子结构设计造成困难。并且细电极熔炼时，电流密度大，进料速度快，难以控制，如降低电流，则生产率随着降低。而且用细电极熔炼得到的铸锭表面质量也不好。

基于上述理由，生产中总的趋势是采用短而粗的电极。对于熔炼钛合金，推荐坩极距为30~50mm。只有当坩埚尺寸很小时才允许用更小的坩极距。熔炼钛合金时选用坩埚和电极直径的比率可参考表4-7的实践数据。

表4-7　熔炼钛合金的坩埚和电极直径的比率

坩埚直径 D/mm	电极直径 d/mm	坩极距/mm	直径比（d/D）
160	100	30	0.63
220	160	30	0.73
296	220	38	0.74
357	296	30	0.83
440	357	41	0.81
518	440	39	0.84
622	518	52	0.83
711	622	45	0.80

3）供电制度。供电制度是指熔炼时电弧电压和电弧电流的大小。采用高电压，虽然起弧容易，熔化速度较大，但其缺点是高压电弧很不稳定，熔炼时喷溅严重，锭的表面不光滑，锭的质量受到严重影响，而且操作不安全。所以真空电极电弧炉熔炼都采用低电压、大电流的供电制度，它同样能获得大功率，而且避开了上述高压供电时引起的缺点。

电弧电压主要由电极材料来确定。对于既定材料的电极，电压是一个变化不大的数值。在生产中，通常起弧电压为60~70V，熔炼过程中的维弧电压为30~40V。确定熔炼电压的经验公式如下：

$$V = a + bI \tag{4-5}$$

式中　V——熔炼电压（V）；

I——熔炼电流（A）；

a、b——与电极材料有关的常数（对钛而言，a=19.8，$b=1\times10^{-3}$t）。

电弧电流的选择很重要，它直接影响熔化温度、熔池深度和熔化速度，而且也影响铸锭的表面质量和内部质量。电流选择适当，可使铸锭得到良好的除气效果和光滑的表面，而且偏析、夹杂最少。电流过大和过小都是不合适的。一方面，熔炼电流过大会引起金属喷溅，熔化速度过快，使去除气体和非金属夹杂的作用相对减弱，这是由于熔池温度升高，与它平衡的气体浓度相应增加所致；另一方面也与物理过程除气及非金属夹杂上浮的动力条件变差有关。此外，熔炼电流过大，会降低铸锭的表面质量和内部质量。熔炼电流过小，则熔化速度小，输入熔池内的热量小，导致熔池浅、熔池温度低、金属黏度大，使靠物理过程去除气体和非金属夹杂的效果差，同时会出现冷隔和皮下气孔，总之，会降低铸锭质量。钛合金熔炼时，应调节熔炼电流，使熔池深度一般保持在铸锭直径的0.8~1倍。

电流的最佳值与许多因素有关，如电极直径、电极直径与坩埚直径的比值、真空度以及稳弧线圈的安匝数等。因此，对熔炼电流的确定，很难找到一个通用的公式。

根据文献报道，熔炼钛合金钛锭直径与熔炼电流的关系见表4-8。实际工作中，可参考经验数据，选择适当电流进行熔炼，然后根据铸锭质量情况进行调整。

表4-8　钛锭直径与熔炼电流的关系

钛锭直径/mm	160	200	380	622
熔炼电流/A	300~400	5600~5800	8000~8200	22000~23000

4）熔化速度。熔化速度不仅涉及生产率，还会影响合金的除气程度。若熔化速度过大，则合金元素来不及熔化和扩散，气体来不及逸出；若熔化速度过小，将使熔池小。

熔化速度主要依赖电弧熔炼功率，消耗的功率越高，熔化速度也越高。对电弧电压降的测量结果证明，当电流增大时，电弧电压降是每1000A电流只提高0.3~0.5V。因此，可以认为电弧熔炼功率仅取决于电流强度。电流越大，则熔化速度也越大。

此外，电极直径及密度对熔化速度也有一定的影响。电极直径增加使电流密度降低，因而熔化速度降低。电极密度增大，则电阻减小，因而熔化速度增大。磁场（稳弧线圈）的存在，使电弧集中，并使熔化速度增大。钛合金重熔时电流与电极熔化速度的关系如图4-46所示。

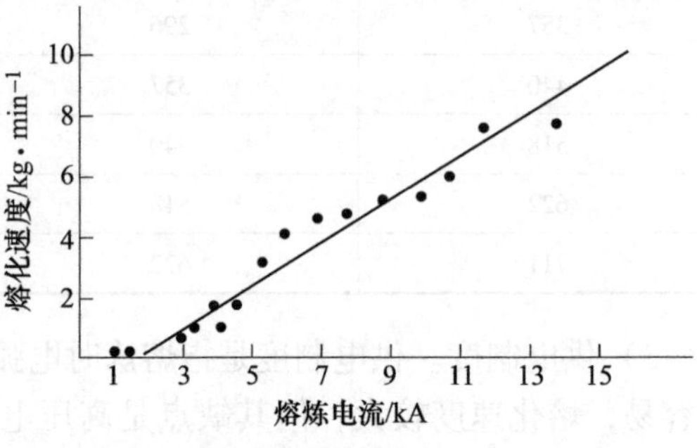

图4-46　熔炼电流与电极熔化速度的关系

一般认为，钛合金熔炼时单位电流的熔化速度为0.5kg/(A·min)左右。

5）磁场（稳弧线圈）。在坩埚外面绕上线圈，通以直流电，即形成纵向磁场。熔炼时利用纵向磁场来稳定电弧及改善铸锭质量。磁场对电弧形状影响颇大，如图4-47所示。无纵向磁场时，电弧呈扩散状（图4-47a）；有纵向磁场存在时，则电弧弧柱减小，形成压缩电弧（图4-47b）。

由于磁场的作用，显示了下列良好效果：

① 磁场使弧壁竖面减少，形成压缩电弧，从而稳定了电弧燃烧，减少了电弧击穿坩埚壁的危险，保证了安全。

② 磁场使电弧热能集中，提高了熔化速度和熔池的温度，有利于减少金属液的飞溅及消除铸锭的飞边，因而提高了铸锭表面质量。

③ 磁场不仅使电弧集中，而且使熔池中的金属液旋转，由于搅拌作用，改善了合金成分的均匀性；金属液在搅拌条件下凝固，利于柱状晶的消除。

上述良好效果只有在适当的磁场强度下才能获得。磁场强度的控制是通过选择稳弧电流的大小来实现的。由于影响因素较多，通常，稳弧电流的大小是通过反复试验来确定的。实

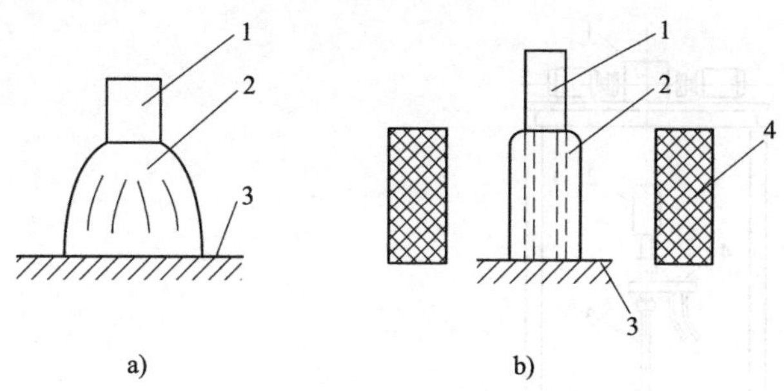

图 4-47　纵向磁场对电弧形状的影响
a）无磁场　b）有磁场
1—电极　2—电弧　3—熔池　4—磁化线圈

践中采用的稳弧电流数值见表 4-9（稳弧线圈相同）。

表 4-9　实践中采用的稳弧电流数值

坩埚直径/mm	357	440	518	622	711
稳弧电流/A	15	15	15	20	20

6）真空度。建立合适的真空度是保证熔炼正常进行和获得高质量铸锭的关键之一。真空度的选择是根据避免钛的氧化、保证钛的除气以及电弧的稳定来进行的。可根据实践经验熔炼钛合金，电极间的真空度维持在 0. 013Pa 就能很好地满足要求。关于炉内的真空度，一般认为最佳真空度为 6.66×10^{-6} ~0. 13Pa。为了防止熔炼过程中金属的突然放气，使真空度下降到电弧不稳定燃烧的范围，因而生产中实际所采用的真空度须高些。经常采用的真空度为 0. 067~0. 67Pa。

要保证上述真空度，必须有较大抽气速率的真空系统。一般常选用两种或两种以上的真空泵，即由机械泵、增压泵和罗茨泵联合使用。

应特别注意，在熔炼过程中自耗电极放出的大量气体会使电弧区处于危险的压力范围（66. 67~6666Pa）。在此范围内，会出现扩散弧、脉动弧和不正常放电。电极端头的电弧沿电极移动频繁，呈扩散状。当电弧“上爬”时，不能熔化金属或熔化不正常。电弧在坩埚端也不稳定，常会离开熔池而沿坩埚壁上下游荡。这种扩散弧危害最严重，它可能导致电极与坩埚壁间出现电弧，很容易灼坏坩埚，产生漏水，甚至会导致严重的爆炸事故，应竭力避免。为此，应避免真空度停滞在此危险的压力范围。

7）电弧长度。在炉内气氛保持一定时，电弧长度是需控制的中心问题。一般认为电弧长度控制在 15~25mm 为适宜。电弧太短，有时会由于电极熔化的钛液连续流下，使电极与熔池间被钛液连接而发生短路，对熔炼不利；电弧过长会引起扩散电弧，容易灼坏坩埚，并导致铸锭表面质量变差。

电弧长度与两级间的电压成正比，为此，可以控制电压来保证需要的电弧长度。

3. 真空自耗电弧凝壳炉制备工艺

在生产铸锭的真空自耗电弧炉的基础上发展形成的凝壳炉，不但保留了真空自耗电弧炉的优点，又能直接浇注成形铸件，为航空和其他工业广泛使用钛铸件创造了有利条件。凝壳炉结构如图 4-48 所示。

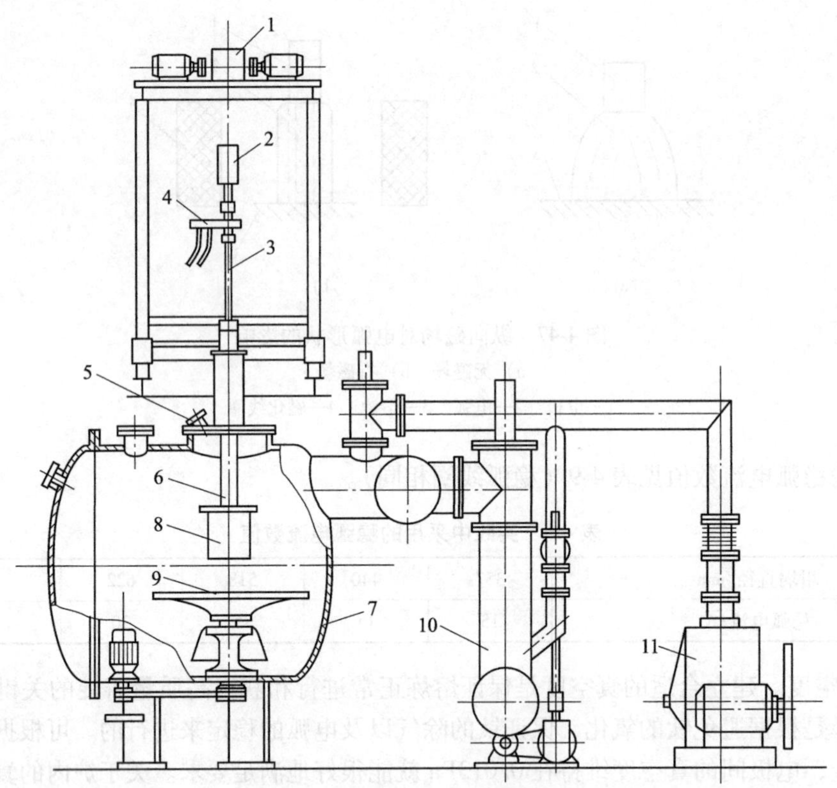

图 4-48 真空自耗电弧凝壳炉

1—电极传递机构 2—气缸 3—水冷电极杆 4—电源接线 5—观察孔 6—自耗电极 7—炉体 8—坩埚 9—离心旋转盘 10—扩散泵 11—机械泵

为了浇注铸件，炉子结构上应具有下列特点：

1）炉体大，并呈圆柱形。

2）水冷铜坩埚在炉体内部。

3）坩埚可以倾转，并且有一套可以调速的传动机构。

4）为了进行离心铸造而设有离心旋转盘。

5）为了熔化完后迅速进行浇注，设有快速提升电极的气缸。

熔炼时，应使坩埚壁散热程度恰能在坩埚底部和周围维持一层由钛液凝结的薄壳，这层薄壳就作为坩埚的内衬，而在薄壳中间形成熔池，储存着钛液，以备浇注。为了保持尽可能多的钛液，除了选择合适的坩埚冷却强度外，在熔炼时应采用大功率供电制度，即采用大电流熔炼，这是凝壳炉区别于前述自耗炉（铸锭用）的特点。如用 ϕ160mm 的自耗电极熔炼，一般的自耗炉用 3k～5kA 的电流，而凝壳炉则需用 8k～10kA 的电流。由于采用大电流熔炼，故形成较深的熔池，坩埚中的金属大部分呈液态。在坩埚壁上凝结的薄壳约占熔化量的 1/4。这层薄壳作为坩埚内衬连续熔炼几次以后，将上部飞边切去，仍然可以继续使用。

凝壳炉熔炼钛合金的工艺过程如下：使用凝壳炉熔炼时，所采用的水冷铜坩埚的直径为 200mm。自耗电极为 ϕ160mm×1000mm 的二次钛锭。首先在坩埚中放入上次熔炼留下的钛凝壳，并在凝壳内加入若干引弧料（干净的钛边角料或海绵钛）。将经过预热并去除水分和气体的铸型装入炉内，然后抽真空到 6.67×10^{-4}Pa，即可开始送电熔化。起弧电压为60V，电流为4kA，随后增到9k~10kA 进行熔化，电压为32V。当坩埚内已有足以浇满型腔和浇注系统的钛液时，则用气动气缸快速提升电极，同时熄灭电弧，倾转坩埚浇注。从熄灭电弧到钛液全部浇入铸型为止，需时约3~5s。若进行离心铸造，在浇注前，起动离心盘并调到所需的转速。经过一定时间，即可取出铸型，留在坩埚内一层凝壳则可作为坩埚内衬继续使用。

思考题

1. 简述钛中添加合金元素的分类及作用。
2. 钛合金中主要有哪些典型组织？是如何形成的？具有怎样的特点？
3. 简述钛合金的分类及其特点。
4. 简述钛合金热处理的工艺特点及常用方法。
5. 简述典型钛合金的常规熔炼工艺及其注意事项。

第5章

锌及其合金

锌的密度为7.133g/cm^3，熔点为420℃，沸点为911℃。纯锌的强度、塑性都较低，是一种硬而脆的金属，故通常会添加Al、Cu、Mg等元素制成锌合金才会具有良好的力学性能。近年来，为了充分发挥锌合金的优良性能，通过多元合金化并采取金属型铸造、压力铸造等特殊铸造方法研制出一系列性能优良的高铝锌基合金。这类合金具有较高的力学性能，可代替锡青铜、锡基和铅基铸造轴承合金制备轴承材料、机床导轨等。与铸铁相比，高铝锌基合金的成本要低20%以上；与锡青铜相比，高铝锌基合金的成本仅为其七分之一。因此，高铝锌基合金是一种价廉、质优、节能的新型材料，具有广阔的应用前景。

5.1 概述

5.1.1 锌铝合金的类型

若按铸造方法分，铸造锌铝合金可分为压铸合金和重力铸造合金两大类；若按用途来分，可分为仪表用合金、阻尼合金、模具耐磨合金及零件耐磨合金等。

目前国际上用作铸件的标准系列有两大类，一类是ZAMAK合金，一类是ZA系列合金。使用的ZAMAK合金有ZAMAK2、ZAMAK3、ZAMAK5及ZAMAK7（为简便起见，下文统称上述合金为2号、3号、5号及7号合金）。ZA系列有ZA-8、ZA-12、ZA-27及ZA-35。

锌铝合金于20世纪70年代开始发展，主要用于重力铸造。直到20世纪80年代，该合金才开发用于压铸件。ZA-8主要用于热室压铸，ZA-12及ZA-27因有特殊熔化要求，只能用于冷室压铸。ZA-35一般用于重力铸件。而ZAMAK合金发展要先于ZA系列合金，主要用于压力铸造。表5-1～表5-4分别列出了ASTM规定的重力铸造合金和压力铸造合金铸件及铸锭的成分。

表5-1 重力铸造合金铸锭的化学成分（质量分数,%）

牌号	Al	Mg	Cu	Fe（≥）	Pb（≥）	Cd（≥）	Sn（≥）	Zn	来源
ZA-8	8.0～8.8	0.015～0.3	0.8～1.3	0.1	0.004	0.003	0.002	—	ASTM B661
ZA-12	10.5～11.5	0.015～0.3	0.5～1.2	0.075	0.004	0.003	0.002	其余	
ZA-27	25.0～28.0	0.01～0.2	2.0～2.5	0.1	0.004	0.003	0.002	—	

表 5-2　重力铸造合金铸件的化学成分（质量分数,%）

元素	ZA-8	ZA-12	ZA-27	ZA-35
Al	8.0~9.8	11.0~12.5	25.0~28.0	30.0~35.0
Mg	0.015~0.03	0.01~0.03	0.01~0.02	3~5
Cu	0.8~1.3	0.8~1.5	2.0~2.5	3~5
Fe（≤）	0.1	0.075	0.1	0.1
Pb（≤）	0.004	0.004	0.004	0.004
Cd（≤）	0.003	0.003	0.003	0.003
Sn（≤）	0.002	0.002	0.002	0.002
Zn	其余	其余	其余	其余

表 5-3　压力铸造合金铸件的化学成分（质量分数,%）

元素	2号合金	3号合金	5号合金	7号合金	ZA-8	ZA-12	ZA-27
Al	3.5~4.3	3.5~4.3	3.5~4.3	3.5~4.3	8.0~8.8	10.5~11.5	25.0~28.0
Mg	0.02~0.05	0.02~0.05	0.03~0.08	0.005~0.02	0.015~0.03	0.015~0.03	0.01~0.02
Cu	2.5~3.0	≤0.25	0.75~1.25	≤0.25	0.8~1.3	0.5~1.2	2.0~2.5
Fe（≤）	0.1	0.1	0.1	0.075	0.075	0.075	0.075
Pb（≤）	0.005	0.005	0.005	0.003	0.006	0.006	0.006
Cd（≤）	0.004	0.004	0.004	0.002	0.006	0.006	0.006
Sn（≤）	0.003	0.003	0.003	0.001	0.003	0.003	0.003
Ni	—	—	—	0.005~0.02	—	—	—
Zn	其余	其余	其余	其余	其余	其余	其余

表 5-4　压力铸造合金铸锭的化学成分（质量分数,%）

元素	2号合金	3号合金	5号合金	7号合金	ZA-8	ZA-12	ZA-27
Al	3.59~4.3	3.9~4.3	3.9~4.3	3.9~4.3	8.0~8.8	10.5~11.5	25.0~28.0
Mg	0.025~0.05	0.025~0.05	0.03~0.06	0.01~0.02	0.015~0.03	0.015~0.03	0.01~0.02
Cu	2.6	≤0.10	0.75~1.25	≤0.10	0.8~1.3	0.5~1.25	2.0~2.5
Fe（≤）	0.075	0.075	0.075	0.075	0.10	0.075	0.10
Pb（≤）	0.004	0.004	0.004	0.002	0.004	0.004	0.004
Cd（≤）	0.003	0.003	0.003	0.002	0.003	0.003	0.003
Sn（≤）	0.002	0.002	0.002	0.001	0.002	0.002	0.002
Ni	—	—	—	0.005~0.02	—	—	—
Zn	其余	其余	其余	其余	其余	其余	其余

表 5-5 列出了我国的铸造锌铝合金的化学成分。可以看出，我国的合金系列已与国际接轨。表 5-5 中的 ZA4-1、ZA4-3、ZA8-1、ZA27-2 分别与表 5-4 中的 5 号、2 号、ZA-8 及 ZA-27 合金一致。

表 5-5 铸造锌合金化学成分（GB/T 1175—2018）（质量分数,%）

合金牌号	合金代号	合金元素			杂质含量（≤）						杂质总和
		Al	Cu	Mg	Zn	Fe	Pb	Cd	Sn	其他	
ZZnAl4Cu1Mg	ZA4-1	3.5~4.5	0.75~1.25	0.03~0.08	其余	0.1	0.015	0.005	0.003	—	0.2
ZZnAl4Cu3Mg	ZA4-3	3.5~4.3	2.5~3.2	0.03~0.06	其余	0.075	Pb+Cd 0.009		0.002	—	—
ZZnAl6Cu1	ZA6-1	5.6~6.0	1.2~1.6		其余	0.075	Pb+Cd 0.009		0.002	Mg 0.005	—
ZZnAl8Cu1Mg	ZA8-1	8.0~8.8	0.8~1.3	0.015~0.030	其余	0.075	0.006	0.006	0.003	Mn 0.01 Cr 0.01 Ni 0.01	—
ZZnAl9Cu2Mg	ZA9-2	8.0~10.0	1.0~2.0	0.03~0.06	其余	0.2	0.03	0.02	0.01	Si0.1	0.35
ZZnAl11Cu1Mg	ZA11-1	10.5~11.5	0.5~1.2	0.015~0.030	其余	0.075	0.006	0.006	0.003	Mn 0.01 Cr 0.01 Ni 0.01	—
ZZnAl11Cu5Mg	ZA11-5	10.0~12.0	4.0~5.5	0.03~0.06	其余	0.2	0.03	0.02	0.01	Si 0.05	0.35
ZZnAl27Cu2Mg	ZA27-2	25.0~28.0	2.0~2.5	0.010~0.020	其余	0.075	0.006	0.006	0.003	Mn 0.01 Cr 0.01 Ni 0.01	—

5.1.2 锌铝合金的使用特点及材质选择

1. 锌铝合金的使用特点

前面已陆续谈到锌铝合金的特点，现将锌合金在使用中的特点总结如下：

1）良好的轴承性能，用 ZA-12 合金及 ZA-27 合金与青铜轴瓦合金比较表明，锌铝合金具有较低的摩擦系数、较高的承载能力、较高的耐磨性。由于单位体积锌合金的成本要比铜合金低得多，因此，这种材料的轴瓦具有良好的经济性。

2）成本低、能量消耗少及污染小，由矿石提供炼锌的过程能耗较小，而在制成铸件时熔化的能耗也较低。另外，铸造生产中不会产生任何有毒的合金污染物或废料。生产每吨锌铸件的耗电约为 130kW · h，生产每吨铜铸件的耗电约为 320kW · h，生产每吨铝铸件的耗电约为 400kW · h，生产每吨钢铸件的耗电约为 500kW · h，可见锌生产耗电最低。另外工装成本也较低，在压铸时铸造锌合金的金属模具置换及维修成本可以忽略不计。总之，锌铝铸造合金的生产成本仅为铜合金的 1/3。

3）生产周期短，锌金属熔化潜热比铝低，传速到模具上的热量较少，导致铸造周期变短。

4）可加工性好，可进行粗、精车，精车零件的表面质量高，呈光亮的银白色。也可进行研磨加工。

5）优越的表面质量，锌合金可以经受各种防腐装饰表面处理。例如，在其表面进行粉末喷涂以提高表面质量，但并不会增加过高的成本。

6）良好的耐蚀性，在普通大气中，锌具有良好的耐蚀性。另外，如上所述，其耐蚀性还可以通过各种表面处理加以改善。

7）较高的导电、导热性，锌铸造合金在导电、导热性方面与铜、铝合金基本相当。因此，它可以代替铜基或铝基合金用在要求导电、导热的场合。

8）良好的铸造成形性能，锌合金优越的铸造成形性能可以使其铸造出较薄的铸件，例如，最小壁厚为2mm，最小铸出孔径（直径）为1mm。另外，这种合金适用于多种造型材料，如砂型、石膏型、硅橡胶型、金属型及石墨型等。

9）非磁性及抗火花性，锌合金的非磁性可使其用于制造电子元件以及受磁场干扰的精密零件，锌合金的非火花性可使其用于制造在有爆炸可能场合工作的零件。但值得注意是，ZA-27合金与锈蚀铁或钢碰撞时会产生火花。

10）良好的电磁性及无线电屏蔽性。

2. 锌铝合金材质的选择

表5-6列出了ZAMAK及ZA两大系列合金的综合性能评价，其力学性能可参考表5-11和表5-12。

表5-6 锌铝合金的性能评价

性能	合金						
	3号	5号	7号	2号	ZA-8	ZA-12	ZA-27
压铸性	极好	极好	极好	极好	很好	很好	很好
砂铸性	不建议	不建议	不建议	好	好	极好	优
永久性成形性	不建议	不建议	不建议	好	很好	极好	中
强度	好	好	好	很好	很好	极好	极好
韧性	极好	很好	极好	很好	很好	好	中
冲击韧性	极好	极好	极好	好	很好	好	优
耐磨性	好	好	好	很好	很好	极好	极好
可加工性	极好	极好	极好	极好	极好	很好	好
压力气密性	极好	极好	极好	极好	很好	极好	中
电镀性	极好	极好	极好	极好	很好	好	不建议
上色性	极好	极好	极好	极好	很好	好	优
涂刷性	极好	极好	极好	极好	极好	极好	极好
尺寸稳定性	极好	极好	极好	很好	很好	很好	优
抗火花性	极好	极好	极好	极好	极好	极好	中

3号合金是锌铝合金压铸件的首选材料，它的物理性能与力学性能适中，具有良好的铸造性能及长期工作的尺寸稳定性，该合金也具有良好的表面处理特点，易于电镀、涂覆及上色等。

5号合金的强度及硬度高于3号合金，但是其韧性比3号合金低，因此影响了它在二次加工时的成形性。5号合金的性能改变是因为它比3号合金增加了$w_{Cu}=1\%$（表5-3）。5号合金具有良好的铸造性，抗蠕变性能也比3号合金优越，该合金也易于进行电镀等表面处理。由于使用习惯，人们通常使用3号合金，通过改变构件的结构设计来提高其承载能力，只有在有特殊强度要求时才选5号合金。

7号合金是在3号合金中加入少量镁的改进材质，加镁的目的是提高合金液的流动性；为了降低晶间腐蚀，还加入少量镍，该合金的韧性比3号合金高，一般在制造薄壁件时，使用这种材质。

2号合金是ZAMAK系列中唯一用作重力合金的材质，主要用于制作模具及注塑机上的工装。该合金是该系列中硬度和强度最高的，主要是因为该合金中加入了$w_{Cu}\approx 3\%$，并经过长期的时效处理，故该合金具有非常好的铸造性。另外，该类合金的抗蠕变能力也最高。试验表明，该合金还可以用来制作轴承。

ZA-8合金比ZAMAK系列大多数合金的强度、硬度及抗蠕变能力都高，只与2号合金相似。ZA-8合金的表面处理同样可使用ZAMAK系列合金的处理方法。在使用中，3号及5号合金难以满足要求时，可用ZA-8合金代替。

ZA-12既可用于压铸，也可用于重力铸造，是一种多用途合金，它在砂型铸造、金属型铸造及石墨型铸造中具有良好的铸造性能。在压铸方面，它比ZA-27合金的成品率高，压铸材料的伸长率、冲击性能也较好，该合金同样可以制造轴承使用，但它的表面涂镀性比ZAMAK系列合金差。

ZA-27合金是用于重力铸造及压力铸造的高强度锌合金，其重量较轻，又具有良好的轴承性及抗磨性，但是该合金在熔化铸造时需注意避免铸件的内部缺陷。另外，在有较高的尺寸要求时需进行必要的稳定化处理，在既要求有较高强度，又要求有良好耐磨性的条件下，ZA-27合金是最好的选择。

表5-7列出了ZA-35合金与几种铸造青铜的性能比较，其中SAE40合金含$w_{Pb}=5\%$，$w_{Sn}=5\%$，$w_{Zn}=5\%$，其余为铜；ZQSn6-6-3含$w_{Pb}=3\%$，$w_{Sn}=6\%$，$w_{Zn}=6\%$，其余为铜；ZQSn10-1含$w_{P}=0.5\%$，$w_{Sn}=10\%$，其余为铜。ZA-35合金的密度显然比青铜要低得多，强度也比青铜高。尽管表中ZA-35合金的线胀系数与SAE40相当，比其他两种铜合金的高，但是在ZA系列合金中，它是最小的。

表5-7 ZA-35合金与青铜的性能比较

性能	合金			
	ZA-35	SAE40	ZQSn6-6-3	ZQSn10-1
抗拉强度/MPa	294	255	187	230
硬度HBW	100~120	60	63	85
密度/(g/cm^3)	4.6	8.8	8.8	8.7
线胀系数（293~373K）/$10^{-6}K^{-1}$	20.5	20.3	17.1	18.5

5.2 凝固组织、相变及合金元素的作用

5.2.1 锌铝合金的结晶特点

常用锌铝合金中，一般$w_{Al}<40\%$。合金由液态向固态转变时，因合金含铝量的不同，会出现与液态有关的共晶反应、包晶反应及匀晶反应（图5-1）。如$w_{Al}=4\%$的合金会有共晶

反应及匀晶反应，$w_{Al}=27\%$的合金有匀晶反应及包晶反应，$w_{Al}=35\%$的合金只有匀晶反应。与这些反应一起出现的固态相往往有 α、β 及 η。但是实际使用的锌铝合金还含有其他元素，因此在合金凝固时会出现其他相。如合金中含有有用合金元素 Cu 时，合金凝固时会出现 T-$Cu_5Zn_2Al_3$ 及 ε-$CuZn_3$ 相。ε 相的晶格常数为 $a=0.274$mm、$c=0.429$mm。如合金中存在有害元素 Fe 时，凝固时会出现 Fe_2Al_3 相。

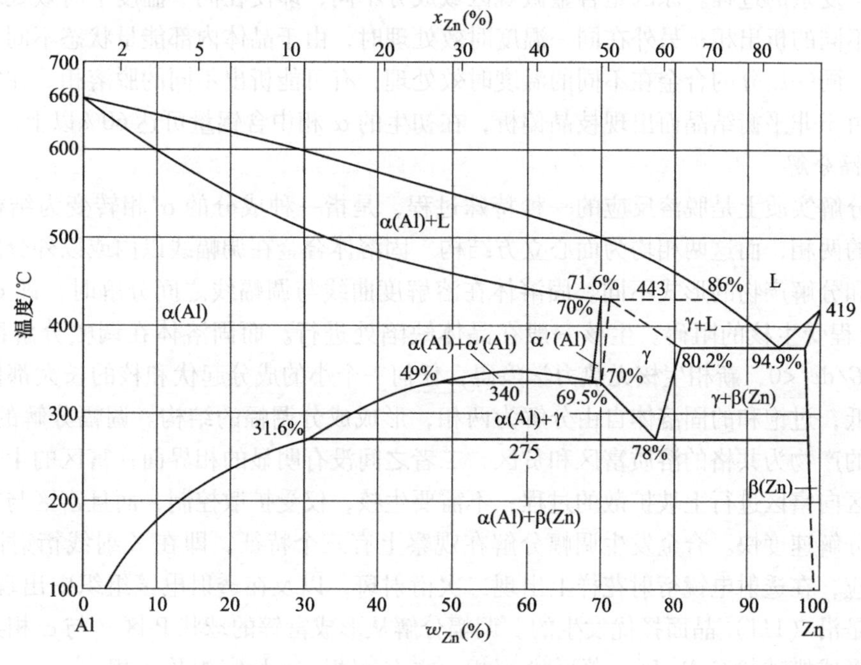

图 5-1　Al-Zn 二元相图

锌铝合金的固态相变主要包括共析转变、脱溶反应及调幅分解。

1. 共析转变

锌铝合金共析转变过程是 α 相和 η 相以相互协作方式从 β 相中形成并长大，其反应式为：

$$\beta_{(22Al)} \xrightarrow{275℃} \alpha_{(68.4Al)} + \eta_{(0.6Al)}$$

在组织中，α 相和 η 相呈片状交替分布，与钢铁中的片状珠光体类似，因而又被称为锌铝合金中的珠光体。在片状珠光体中，α 和 η 两相呈片状规则排列。α 相和 η 相有固定取向关系，即 $(111)_\alpha /\!/ (0001)_\eta$，$[110]_\alpha /\!/ [1230]_\eta$。

ZA-22 共析合金的等温转变图与共析钢过冷奥氏体的等温转变图类似。C 曲线鼻部（温度为 100~150℃）的转变开始时间很短，约为 5s。在 100℃以上的温度下，获得层状共析组织。转变温度越高，得到的组织越粗。在 50℃以下，转变组织为细粒状组织（粒径为 0.5μm 以下）。在 70℃左右，转变产物为片状和粒状共析体混合组织。

实际使用的共析合金往往含有少量铜或硅元素。因此使得共析合金的固态相变变得较为复杂。在 350℃以下，含铜共析合金有如下冷却转变：

$$\beta + T' \xrightarrow{285℃} \alpha + \varepsilon \tag{5-1}$$

$$\beta + \varepsilon \xrightarrow{276℃} \alpha + \eta \tag{5-2}$$

$$\alpha + \varepsilon \xrightarrow{268℃} T' + \eta \tag{5-3}$$

2. 脱溶反应

脱溶反应是指合金凝固以后随着温度降低从 β 相中析出 α 相的转变。锌铝合金的脱溶过程是一个复杂的过程。原因是合金微观区域成分不同，即使在同一温度下时效处理，也有可能出现不同的析出相；另外在同一温度时效处理时，由于晶体内部能量状态不同，脱溶相也会不同；同一成分的合金在不同的温度时效处理，有可能析出不同的脱溶相。在铸造锌铝合金中，由于非平衡结晶而出现枝晶偏析，在初生的 α′相中含铝量可达 60%以上。

3. 调幅分解

调幅分解实质上是脱溶反应的一种特殊过程，是指一种成分的 α′相转变为结构相同而成分各异的两相，而这两相均为面心立方结构。固溶体合金在调幅线以内或以外分解时，其分解机理和分解产物的形式不同。固溶体在溶解度曲线与调幅线之间分解时，即 $d^2G/dc^2>0$，分解过程受生核的阻碍。生核一般在晶体缺陷处进行。而固溶体在调幅分解区内分解时，即 $d^2G/dc^2<0$，新相生核无热力学障碍，任何一个小的成分起伏和核的长大都使系统的自由能降低，过饱和的固溶体自由分解为两相，形成成分调幅的结构。调幅分解的特点为：调幅分解的产物为共格的溶质富区和贫区，二者之间没有明显的相界面；富区的生长是溶质原子从贫区向富区进行上坡扩散的过程；不需要生核，仅受扩散控制，而且富区与贫区的尺寸很小，分解速度快。合金发生调幅分解在观察上有三个特征，即在 X 射线衍射图谱上出现边带效应，在透射电镜衍射花样上出现二次衍射斑，以及在透射电镜组织中出现类织物。调幅分解是沿（111）晶面择优发生的。调幅分解从形成富锌的球状 P 区（与 α 相共格）开始，依次形成椭球状 G. P. 区、菱形状 α′相、立方 α′相、α 稳定相及 η 相。

5.2.2　典型合金的结晶、固态相变及室温组织

1. 含 Al 4%（质量分数）的合金及 3 号合金

在平衡状态下凝固的含 $w_{Al}=4\%$的合金属于过共晶合金，凝固时先析出富锌固溶体 η 相，随后在 382℃左右发生共晶反应，形成由 η 相及高温 β 相组成的层片状共晶体，冷却时从 β 相中析出铝。β 相在低于共析温度（275℃）时转变为（α+η）共析体。3 号合金中加入了铜，结晶时会出现 ε 相，然后产生二元共晶（η+ε）和三元共晶（α′+ε+η）。3 号压铸合金的组织特点是，少量片状共晶体包围富锌的 η 相。该合金的组织细密，η 相的尺寸约为 13μm，共晶体的尺寸约为 20μm。

2. ZA-8 合金与 ZA-12 合金

ZA-8 合金及 ZA-12 合金均属于亚共晶合金（图 5-1）。ZA-8 合金凝固时首先从液相中析出 β 相。该 β 相的枝晶不发达，平均直径为 3～5μm。在 382℃时剩余液体进行共晶转变，形成（β+η）共晶体。在随后的冷却中，β 相发生共析转变，形成细小的片状或粒状共析组织。室温组织的特点是：η 相颗粒处在共晶体中。ZA-12 合金与 ZA-8 合金的不同之处是所含初生相的比例不同。

3. ZA-27 合金

平衡条件下凝固时，首先从液相中析出富铝高温 α′相。443℃时，α′相与剩余液相进行

包晶反应，形成β相。β相是在α′初生相的边缘形成。如果在随后的冷却中快速通过共析反应温度区间，β相会转变成片状或准粒状（α+η）共析组织。而高温α′相也会在基体中分解出细小的富锌相。在α′相内还会出现一种过渡相α'_m，其$w_{Al}=30.2\%$或14.8%，具有面心立方结构。$w_{Al}=14.8\%$的相的晶格常数为0.3950nm。高温α′相转变成低温（α+η）相有两种模式，一种是连续分解，即：

$$\alpha' \longrightarrow \alpha + \alpha''_m \longrightarrow \alpha + \alpha'_\tau + \alpha'_m \longrightarrow \alpha + \eta \tag{5-4}$$

式中，α''_m为菱形富锌相，由共格应力迫使面心立方畸变而形成；α'_τ为面心立方晶格，是富铝相，其成分与α'_m平衡。另外一种是直接在α′晶界出生成$\alpha'_\tau+\alpha'_m$，然后在随后的时效中一起转变成（α+η）。至于进行哪种转变，取决于合金成分、冷却速度及时效温度等。在近于共析成分的合金中，β相的分解也类似α′。η相并不是直接与α'_m相一起由β分解形成，而是通过α'_m相形成的。冷却速度不同，β相固态转变产物的形态不同。一般而言，α与η的层片间距约为250nm。正常的层片间距是通过片层结构不断分枝达到的，偶而也通过界面新片层的形成达到。如果合金在凝固时，冷却速度较快，包晶反应不完全，剩余液体富锌，凝固组织中会出现共晶体。共晶液相是以薄层将包有β相的α′初生枝晶分开。共晶反应时，共晶体中的β相附在原有的β相上，而留下薄壳η相。值得注意，共晶体的β相成分与包晶反应的β相成分不同。前者$w_{Al}\approx19\%$，而后者$w_{Al}\approx30\%$。如果合金中含Cu，组织中必然会出现含Cu化合物。观察组织时发现，η相中有两种含Cu化合物，一种为ε相，另一种为T′相。由式（5-3）看，ε在268℃以下不稳定，要转变成T′相。T′相含$w_{Zn}=12\%$、$w_{Cu}=58\%$、$w_{Al}=30\%$；ε相含$w_{Cu}=15\%$。ε向T′的转变，必然涉及元素原子的扩散即铝向η相的迁移，或者ε再固溶，铜通过η相扩散至α相。由于这种转变需要的原子扩散路程较长，加之ε相与锌基体具有类似的晶体结构及很小的晶格错配度，导致亚稳定相ε在室温能长期保持下来。另外，铜的存在，对合金的凝固过程也有较大影响。$w_{Cu}=2\%$的ZA-27合金的一次结晶的平衡组织应为单相α′。但是由于结晶时出现枝晶偏析，残余液相中的Zn和Cu发生富集，凝固末期发生二元共晶和三元共晶反应。这时结晶过程如下：

$$L \longrightarrow \alpha' + L \longrightarrow \alpha' + (\alpha' + \varepsilon) + L \longrightarrow \alpha + (\alpha + \varepsilon) + (\alpha + \varepsilon + \beta) \tag{5-5}$$

富铜相ε在三元共晶反应前析出，在枝晶间隙中生核并长大，因而一般ε相总是位于晶界附近。但是富铁的$FeAl_3$总是存在于原始枝晶内。实际上这种铜及锌的偏聚，一方面造成了实际固相线下降，会使共晶转变线终点由$w_{Al}=17.2\%$延长至$w_{Al}=50\%$以上。这就是合金ZA-27一次结晶组织中出现共晶组织的原因。

4. ZA-35合金

平衡条件下凝固时，首先进行匀晶转变从液相中析出α′相。在合金凝固后，随着温度的降低，将会发生调幅分解。同样由于铜等合金元素的存在，使合金的相变变得较为复杂。

固溶处理的ZA-35合金在固态冷却中有三个阶段的转变。一是过饱和的α相析出ε与η相；二是发生调幅分解，其表示如式（5-4）；三是发生式（5-3）所示的转变。

5.2.3 合金元素的作用

1. Cu、Mg、Mn及其混合作用

在锌铝合金中，加入铜可提高合金的抗拉强度及硬度。当合金中铝含量增加时，随着铜含量的增加，组织中ε相的数量也增加，合金的强度也增加。在一定范围内提高合金中铜的含量，有利于提高合金的韧性，当w_{Al}及w_{Cu}均为3.5%时，韧性最好。但是，含铜量过多会增加锌铝合金的热裂倾向。进一步增加铝金中铝的含量，当$w_{Al}=22\%$、$w_{Cu}=2\%\sim3\%$时，合金的伸长率可达6%，为最好；当铝含量不变，$w_{Cu}=4\%$时，合金的抗拉强度最高。继续提高含铝量，对于w_{Al}分别为26%及30%的两种合金，伸长率都随含铜量的增加而降低。当$w_{Cu}=2\%$左右时，抗拉强度达到最佳，合金的伸长率可达7%~8%范围。从另一个角度再考察一下铜的作用。将合金中铜含量（质量分数）分成0、2.5%及5%三个级别，考察铝含量变化与合金性能的关系。关于合金的伸长率，在$w_{Al}=26\%$时，不含铜的合金伸长率最高可达14%；$w_{Cu}=2.5\%$的合金伸长率最高为8%；$w_{Cu}=0.5\%$的合金的伸长率基本不随铝含量变化，并且伸长率也较低。关于合金的抗拉强度，无铜合金的抗拉强度随铝含量的增加而平缓地增加。而$w_{Cu}=2.5\%$和5%的合金的抗拉强度则大幅度提高，并且$w_{Cu}=2.5\%$、$w_{Al}=26\%$的合金抗拉强度要比$w_{Cu}=5\%$、$w_{Al}=26\%$的合金抗拉强度略高。因此，在仅从合金抗拉强度及伸长率角度考虑问题时，高铝锌基合金的w_{Cu}取1.0%~2.5%，w_{Al}取25%~28%。

镁在纯锌中的溶解度很小，275℃时不到0.01%。镁在锌铝合金中的溶解度也不大，一般不会超过0.02%。只有当镁过量时才会形成以$ZnMg_2$为基的金属间化合物或含锌铝铜镁的复杂化合物。加入少量的镁，非常明显地提高了合金的屈服强度、抗拉强度和硬度，但是合金的韧度下降显著。当含铝量为3%或更多时，合金仍然具有应用价值。当$w_{Mg}>0.05\%$时，$w_{Al}=2\%$合金的抗拉强度和韧性稍有增加。然而过量的镁对冲击韧度有不利影响，当载荷达到屈服应力时，镁有明显降低合金蠕变性能的趋势。

对$w_{Al}=27\%$的重力铸造锌合金，含铜量多少，合金的伸长率都会随镁含量增加而下降。当$w_{Mg}\geqslant0.01\%$以后，合金的伸长率基本稳定或略有回升。合金的抗拉强度随镁含量增加而增加，但$w_{Mg}>0.01\%$以后，增加辐度大大减小。因此，对于高铝锌基合金，镁量的选择一般取$w_{Mg}=0.01\%$。对$w_{Al}=27\%$的锌合金进行加镁试验，镁加入量$w_{Mg}=0.003\%\sim0.05\%$时，发现$w_{Mg}>0.01\%$后抗拉强度不再增加。而当$w_{Mg}=0.01\%$时，合金的伸长率已从7%降到3%；当$w_{Mg}=0.025\%$时，伸长率降到1.5%。加入少量镁后可以细化晶粒，提高合金的硬度，提高晶间耐腐蚀能力，并提高耐磨性，但镁含量过高也会增加热裂倾向。

Zn-Al-Cu-Mg系合金是迄今为止研究得最多且最重要的一组合金。增加铝和铜的含量，可以使合金的抗拉强度和硬度呈规律性增加，但是屈服强度并没显出清晰的变化趋势。增加镁含量的影响主要是降低合金的韧性。

用$w_{Mn}=2.4\%$的锌锰中间合金加到锌铝铜合金熔液中（其中铝和铜的质量分数均为2%~4%）制备锌铝铜锰合金。将w_{Mn}含量由0.05%增加至0.2%时，对合金力学性能的影响较小。如$w_{Mn}=0.05\%$的合金，其屈服强度和抗拉强度只稍稍增大，而伸长率和硬度并无明显的变化。在该系合金中，锰对低应力下的蠕变没有明显影响。

表5-8为常见铸造锌合金室温力学性能。

表5-8 常见铸造锌合金室温力学性能

序号	合金牌号	合金代号	铸造方法及状态	抗拉强度/MPa	断后伸长率（%）	布氏硬度HBW
1	ZZnAl4Cu1Mg	ZA4-1	J、F	175	0.5	80
2	ZZnAl4Cu3Mg	ZA4-3	S、F	220	0.5	90
			J、F	240	1	100

（续）

序号	合金牌号	合金代号	铸造方法及状态	抗拉强度/MPa	断后伸长率（%）	布氏硬度 HBW
3	ZZnAl6Cu1	ZA6-1	S、F	180	1	80
			J、F	220	1.5	80
4	ZZnAl8Cu1Mg	ZA8-1	S、F	250	1	80
			J、F	225	1	85
5	ZZnAl9Cu2Mg	ZA9-2	S、F	275	0.7	90
			J、F	315	1.5	105
6	ZZnAl11Cu1Mg	ZA11-1	S、F	280	1	90
			J、F	310	1	90
7	ZZnAl11Cu5Mg	ZA11-5	S、F	275	0.5	80
			J、F	295	1.0	100
8	ZZnAl27Cu2Mg	ZA27-2	S、F	400	3	110
			S、T3	310	8	90
			J、F	420	1	110

2. 硅元素的作用

根据图 5-1 所示的铝锌二元相图知，当 w_{Zn}>27%时，锌铝合金高温凝固组织是锌在铝中的固溶体即 α 固溶体。通过对 Zn-Al 合金中的四种合金即 ZA-27（w_{Al} = 27%）、ZA-40（w_{Al}=40%）、ZA-60（w_{Al}=60%）和 ZA-80（w_{Al}=80%）分析看，无论铝含量如何变化，Zn-A1 合金都由等轴的 α 相枝晶组成。但是当锌铝合金中加入一定量的硅元素时，α 固溶体的形貌则发生了较大变化，即固溶体的等轴枝晶变成了有一定取向的树叶（枝）状枝晶。分析表明，硅对固溶体形貌的影响与固溶体的锌铝含量有关：当铝含量高、锌含量低时，组织中出现了柱状晶区和等轴晶区，两区之间有较明显的分界；在铝和锌含量中等时，固溶体呈树叶状枝晶，枝晶伸展十分发达；当铝含量低、锌含量高时，枝晶伸展较为发达，伸展方向十分明显。早期研究发现，在 ZL102 合金中加入锌时，合金的组织发生了变化，当 w_{Zn} = 25%时，合金中的硅形态出现了明显的变化。反过来，在锌铝硅合金中，保持硅成分不变，变动锌和铝的相对量，发现铝含量低的合金中（如 ZA27Six 和 ZA40Six）出现块状硅相，而铝含量高的合金中未发现硅相，这就引出了硅在锌铝合金中固溶度的问题。研究表明在铝锌硅合金中，w_{Zn}=8%、w_{Si}=3%~4%，在 440℃条件下有一共晶反应，即 L+Al ⟶ZnAl+Si，在约 w_{Si}=0.05%、w_{Zn}=95%和 380℃时有三元共晶反应即 L ⟶ZnAl+Zn+Si。结合已知的 Zn-Al、Zn-Si 及 Al-Si 二元相图，推出 Zn-Al-Si 三元液相面投影图（图 5-2)。图中 *UV* 线为共晶反应 α′+Si 的液相变温线。当合金成分落在线段 *UV* 以上的区域时，液体冷却凝固时首先应析出的是初生硅相。当合金中的含硅量一定时，可以看出，提高 Zn-Al 合金中的含 Zn 量，当越过 *UV* 线时就出现了初生硅。同理，当含铝量确定后，增加合金中 Si 含量，当其越过 *UV* 线后，也会出现块状硅相。由此可以证实，锌铝硅合金和铝硅合金一样也有共晶硅相和初生相的出现。冷却速度对 Zn-Al-Si 合金也有重要的影响。由砂型凝固的合金组织即由缓慢冷却得到的凝固组织看，α′枝晶的生长方向变弱。这是由于原子有充分的时间扩散，使固溶体及硅相都能较充分地长大。另外，在冷却较慢的组织中不仅看到了初生硅相，也看到了共晶硅相。可以看出其中共晶硅相的形态与铝硅合金的类似。

3. 合金中的杂质元素

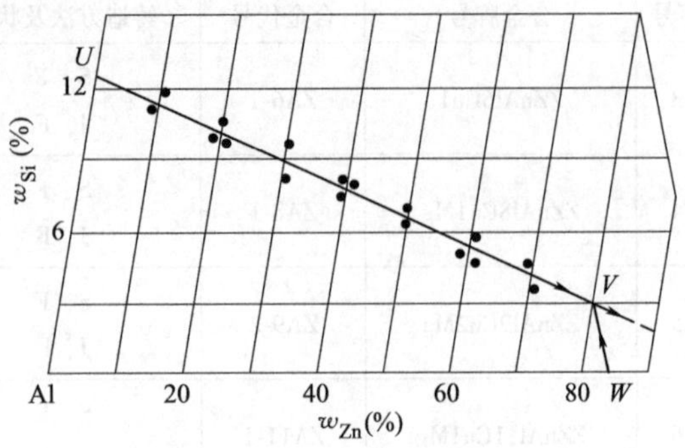

图 5-2 Zn-Al-Si 合金的液相面投影图

在3号锌铝合金中加入铅，当 $w_{Pb}<0.012\%$时，合金拉伸性能略降低；而 $w_{Pb}>0.012\%$时，拉伸性能显著降低。在所选试验的成分范围内（0~0.01%），镉对拉伸性能无影响。在3号锌铝合金中，伸长率随铅含量的增大一直下降。当 $w_{Pb}=0.007\%$时，伸长率为15%；当 $w_{Pb}=0.012\%$时，伸长率为10%。当合金中 $w_{Sn}=0.003\%$时，对伸长率几乎无影响。镉对伸长率无影响。当 $w_{Pb}=0.007\%\sim0.009\%$时，冲击韧度降低。对于3号合金中，当 $w_{Sn}=0.003\%$时，铅及镉的增加会使合金冲击韧度降低。

铅和锡的存在也会使 ZA-12 合金的抗拉强度、冲击韧度及伸长率下降。前已述及，铅既不溶于固态锌，也不溶于固态铝。同样锡也不溶于固态锌和铝。铅和锡也不能与铝、锌形成化合物。因此，锌铝合金中的铅和锡往往分布在合金最后凝固的共晶体中。

合金中确定了四种铁含量的状态即 $w_{Fe}=0.05\%$、$w_{Fe}=0.1\%$、$w_{Fe}=0.15\%$和 $w_{Fe}=0.2\%$。铁用铁粉通过钟罩压入液态合金中，试验结果发现：$w_{Fe}=0.05\%\sim0.2\%$时，合金的抗拉强度及布氏硬度保持稳定。但随铁含量增大，伸长率下降，加入 $w_{Fe}=0.2\%$比 $w_{Fe}=0.05\%$伸长率会降低28%。分析表明，并未发现铁与镁之间有交互作用。

4. 稀土元素的作用

稀土在锌合金中的作用，归纳有三点：①稀土元素在合金中的偏聚，影响合金的组织转变及晶粒大小；②和某些合金元素形成第二相，改善合金的某些性能；③抑制有害元素的作用。

有人研究了 Ce 对 ZA-43 合金组织和性能的影响。所用试验合金的成分为：$w_{Al}=43\%$，$w_{Cu}=2.5\%\sim3.0\%$，$w_{Mg}=0.01\%\sim0.02\%$，其余为 Zn。在750~780℃的液体中加入 Al-11.5Ce 中间合金。试样在350℃下固溶处理4h后在0℃水淬，并在150℃等温时效。试验所加 Ce 取 $w_{Ce}=0$、$w_{Ce}=0.05\%$、$w_{Ce}=0.10\%$、$w_{Ce}=0.15\%$、$w_{Ce}=0.20\%$及 $w_{Ce}=0.25\%$，所得抗拉强度分别为262MPa、285MPa、322MPa、347MPa、334MPa及316MPa，所得伸长率分别为1.5%、1.7%、1.9%、2.2%、1.8%及1.6%，硬度（HBW）分别为95、98、102、105、105及104。观察组织发现，加入 Ce 后合金的组织细化，由原来发达的树枝晶转变为碎块枝晶。用电子探针进行微区分析发现，Ce 的分布极不均匀。化合物的分析结果为：$w_{Ce}=6.99\%\sim7.07\%$、$w_{Zn}=67.68\%\sim70.29\%$、$w_{Al}=16.74\%\sim13.84\%$、$w_{Cu}=8.57\%\sim8.78\%$。由于化合物分布在α相晶界而不是在晶粒中，说明这种含稀土化合物对α相不起形核作用。已经知道，Ce 的原子半径为0.18nm，Al 的原子半径为0.143nm，而 Zn 原子半径为0.125nm。可以算出 Ce 同 Al、Zn 的原子半径相比，分别大了27%和46%。可以推断 Ce 在α相中的溶解度很小，因而它往往富集于相界，造成了结晶前沿的成分过冷效应。α相枝晶在生长中有分枝进入成分过冷区，在其根部出现缩颈，形成了枝晶熔断的条件。Ce 对调幅分解也有影响。调幅分解所形成的 G. P. 区即原子偏聚区，与基体是共格的。由于 ZA-43

合金中固溶体组元半径之差很小，共格应变能较小。按界面能最小原理则G.P.区呈球状。这里的G.P.区为预脱溶产物，在脱溶过程中会逐渐转变为稳定产物。由于Ce在α相中的溶解度较小，时效时Ce能促使过冷α相以更快的速度形成G.P.区，使时效时合金硬度的峰值出现的时间缩短。

研究发现，稀土能和锌铝合金中的一些元素如硅、锌、铝等结合，形成复杂化合物。加入稀土及Si元素后的ZA-27合金，其组织中除了有Al-Zn固溶体晶粒外，晶界处还存在一些尺寸较小的两种形态的块状物。对这两种块状物进行能谱分析发现，不规则块状物为Si相，其立体形态呈不规则块状。而另一种块状物则是一种复杂化合物，该化合物中既有稀土及Si，也有Zn和Al，推断这种化合物的形式为（RE，Fe）$Si_5Al_{10}Zn_6$。当合金中硅含量未变而稀土含量增加后，小颗粒块状物的数量明显增加。由能谱分析可知，这是一种稀土硅复杂化合物。其立体形态是一种球团状形式，嵌入在合金基体中。表5-9列出了合金组织中各相的显微硬度值，可以看出稀土硅化合物的硬度比硅相低，但是要比基体高得多。因此，ZA-27合金是由铝基固溶体及富锌相构成的。

表5-9　合金中各相的显微硬度

测试相	硅相	稀土硅化合物	基体
显微硬度　HV	905	421	91.5

注：表中数据为6个测试值的平均值。

稀土元素在铝锌中的固溶度小，在室温下几乎为零。因此，液态金属凝固时析出的稀土原子很可能要与合金中某些元素的原子进行反应，形成的化合物在凝固时被形成的铝基固溶体枝晶推到晶粒边界处。此外，Si和锌铝并不能形成化合物，但是Si能固溶在铝基含Zn固溶体中。当Si含量超过一定值后，它会以块状Si的形式在合金中出现。由于稀土能够将Si和Zn-Al以化合物形式结合起来，因此在Zn-Al-Si合金中加入稀土元素可以减少合金中游离的Si相。当稀土含量超过一定值后，游离的不规则Si相便会消失。这点已为试验所证实。另外，稀土含量增加可以细化晶粒。稀土的这一作用与稀土化合物颗粒在合金凝固时阻止晶粒长大有关。由于金属凝固时所生成的稀土硅化合物能弥散分布在晶粒生长前沿处，影响了晶粒长大速度，迫使金属在更低的温度下形核及长大，因而合金的晶粒得到了细化。试验发现，由于在ZA-27合金中加入一定量的稀土（RE）和Si元素，组织中出现一些颗粒状第二相；这些物相分布在晶界及枝晶间，阻止了晶粒长大。耐磨性等性能试验结果表明，这种合金的耐磨性要比ZA-27合金高4倍，比Si相增强合金也高，而且其冲击韧度要比Si相增强合金高得多。

在合金中加入质量分数为0.005%~0.5%的La和Fe，分析发现，在w_{RE}>0.15%后，组织中出现许多规则的块状化合物。这些化合物基本呈方形，形状系数接近于1，边部内凹。分析表明，块状化合物是（La，Fe）Al_4Zn_8和（RE，Fe）Al_4Zn_8。由此可见，铁易扩散进入稀土化合物，说明稀土有消除铁的有害作用。在含有有害元素铅和锡的ZA-12合金中加入w_{Ce}=0.03%~0.1%，发现稀土含量从w_{Ce}=0.03%增加到w_{Ce}=0.06%时，合金的强度会增加；而w_{Ce}> 0.06%时，合金强度逐渐降低。原因是Ce元素易于与Pb和Sn生成较高熔点的稳定化合物，如Ce_2Pb（熔点约为1380℃）、$CePb_3$（熔点约为1160℃）、Ce_2Sn（熔点约为1400℃）、$CeSn_3$（熔点约为1180℃）。这些高熔点相在一定含量范围内，一方面消除了铅、锡偏析在共晶体区的不良作用，另一方面起到了强化基体的作用。

5.2.4 锌铝合金的金相检验

一般采用30号、60号、120号、240号水磨砂纸粗磨，然后再用280号、320号、400号金相干砂纸细磨，最后机械抛光。表5-10列出了常用锌及锌合金的腐蚀液与注意事项。

表5-10 常用锌及锌合金的腐蚀液与注意事项

编号	试剂	注意事项
1	氢氧化钠水溶液（100g/L）	浸入试剂内10~15s，温热浸蚀均匀，显露含锌70%以上的锌铜合金
2	1%的盐酸酒精	浸入试剂内10s~1min，显露锌和含铜铝的锌合金
3	铬酸 CrO_3 200g，硫酸钠 Na_2SO_4 15g，水1000mL	主要用于工业锌合金，如果出现斑点，可浸入20%铬酸水溶液。用于压铸件的腐蚀液浓度为该溶液浓度的1/4
4	铬酸 CrO_3 200g，硫酸钠 Na_2SO_4 7.5g，水1000mL	适于含Cu富锌合金
5	铬酸 CrO_3 100g，硫酸钠 Na_2SO_4 7g，氟化钠NaF 2g，水1000mL	适于含铝的压铸件。如果含Cu，则会出现斑点。为防止该现象，腐蚀之后不要冲洗，直接浸入含硫酸钠4g、铬酸50g及1000mL水的溶液中

5.3 锌铝合金的力学性能

5.3.1 力学性能

表5-11为压铸锌铝合金的力学性能，表5-12为重力铸造锌铝合金的力学性能。从中可以发现：不同的铸造方法得到的合金性能不同，显然石墨型得到的抗拉强度要比金属型及砂型要高，而压铸合金的抗拉强度一般要比重力铸造合金高。

表5-11 压铸锌铝合金的力学性能

力学性能		2号合金	3号合金	5号合金	7号合金	ZA-8	ZA-12	ZA-27
抗拉强度/MPa	铸态	358.5	282.7	328.0	282.7	374	404	426
	时效①	331.0	241.3	268.9	241.3	297	310	360
屈服强度/MPa	铸态					290	320	37
	时效					225	241	317
伸长率（%）	铸态	7	10	7	13	6~10	4~7	2.5
	时效	2	16	13	18	20	10	3.0
硬度 HBW	铸态	100	82	91	80	100~106	95~105	116~122
	时效	98	72	80	67	91	91	100
剪切强度/MPa	铸态	317.0	213.7	262.0	213.7	275	296	325
	时效	—	—		—	227	234	257
压缩屈服强度/MPa	铸态	641.2	413.7	599.8	413.7	252	269	385
	时效	—	—	—	—	171	183	288

（续）

力学性能		2号合金	3号合金	5号合金	7号合金	ZA-8	ZA-12	ZA-27
冲击吸收能量/J	铸态	47.5	58.3	65.1	58.3	42	29	5
	（6.35mm×6.35mm无缺口试棒）时效	6.8	55.6	54.2	55.6	17	19	2.2
疲劳强度/MPa（5×10^8周期）		58.6	47.6	56.5	46.9	103		145

① 95℃时效10天，室温为20℃的值。

表5-12 重力铸造锌铝合金的力学性能

力学性能	ZA-8		ZA-12			ZA-27		
	砂型	金属型	砂型	金属型	石墨型	砂型	金属型	石墨型
抗拉强度/MPa	240~276	221~255	276~317	310~345	345	400~441	310~324	414~441
屈服强度/MPa	200	207	207	268	214	372	255	379~393
伸长率（%）	1~2	1~2	1~2	1.5~2.5	2~3	3~6	8~11	8~11
硬度 HBW	80~90	85~90	92~96	85~95	110~125	110~120	90~100	115~130
剪切强度/MPa	—	241	255	—	—	290	228	269
压缩屈服强度/MPa	200	210	228	234	—	331	255	441
冲击吸收能量/J(6.35mm×6.35mm无缺口试棒)	20	—	25	—	—	47	58	73
疲劳强度/MPa(5×10^8周期)	—	52	—	103	—	103	172	103
弹性模量/10^3MPa	85.5	85.5	82.7	82.7	82.7	77.9	77.9	—
泊松比	—	0.296	0.302	0.302	0.302	0.323	0.323	—

5.3.2 时效对合金组织与性能的影响

最简单的热处理方法是合金的均匀化，即加热到320~360℃，保温2~3h，然后缓慢冷却形成细片状共析组织，使合金的塑性、韧性得到提高，并降低韧性—脆性转变温度。热处理的不同冷却速度对合金的性能影响很大。如ZA-27合金在360℃保温2h，然后水冷的抗拉强度为507MPa，伸长率为1%；空冷的抗拉强度为472MPa，伸长率为1.9%；炉冷时，抗拉强度和伸长率分别为370MPa及3.5%。另外，淬火加时效处理，也会改变合金的性能。时效处理能促使亚稳相分解，从而使铸件的组织及尺寸稳定化。在150~250℃时效处理时，伸长率和冲击韧度随加热温度的升高而增大。

1. 时效等温转变的动力学

通过研究ZA-27合金等温转变动力学，测定ZA-27合金在57℃、70℃、97℃及120℃的时效曲线以及试样重新放入保温油中的时效曲线。发现重新放入保温油中的时效曲线不再出现温度峰。试样在60℃以上出现峰值说明合金中过饱和固溶体发生了脆溶反应而放出了大量的热。而60℃以下，由于温度低，原子活动能力弱，不会发生波及整个固溶体的调幅分解。通过SEM观察发现，在90℃时效1.5h和150℃时效6~7h后出现T′相。这种固相转变发生在α′相和ε相的边界，而不是早期ε相的边界。铸态共析合金枝晶结构的核心是α_s，周围为α_t、ε和η相。进一步时效，发现了α_s和α_t两个峰，显然是发生了调幅分解。经过长期时效，可观察到四相转变。通过X射线衍射观察表明，在90℃时效1.5h和150℃时效6~7h后，在$2\theta=44.4°$可观察到T′相。在150℃时进一步时效，ε相的衍射峰在高度上明显降低，伴随而来的是T′相衍射峰的升高。90℃时效1.5h和150℃时效7h时，ε相消失，留下了稳定相T′的峰。

2. 时效对合金组织及力学性能的影响

（1）时效对合金组织的影响　不同合金在不同温度下的时效结果是不同的。对ZA-27合金在250℃时效，饱和的固溶体会发生分解，形成两种相。一种是过饱和的α_s相，另一种是密排六方η相。α_s再分解形成过渡相即共格的G.P.区。刚开始是球形，然后是椭球形。随着锌自α_s的扩散，沉淀物形成菱形α_r'相，最终形成不共格的η_x相及η_m相。试验发现，在250℃时效一周，就可观察到椭圆的G.P.区、细小的α_r'相及η_x相。在时效两周后发现大量α_r'相沿基体的<111>方向分布。在时效三周之后，α_r'相与基体半共格。在时效四周以后，仍可看到η_x相。

ZA-27合金在100℃时效与250℃时效的组织转变过程不一样，并没有观察到中间阶段的G.P.区及α_r'相出现。时效两天后，已观察到η_x及η_m相。时效一周以后，η_m的尺寸为20~30nm。随着时效时间的增长，η_m沉淀相变长形成片状相，在时效四周后，η_m尺寸长大十分显著。当α_s'相中的锌含量很低时，η_m相就达到了它最终的成分、晶格尺寸及形态，就变成η相。而η_x相却十分稳定，时效四周后仍然存在。η_x与η_m两相的区别只是与基体的取向不同，发现η有两种位向关系即$(0001)_\eta /\!/ (111)_\alpha$及$(01\bar{1}0)/\!/(112)$，$\eta_x$的惯习面为$\{011\}$。

从ZA-27合金（含Cu）铸件（锭）上取下一定尺寸的试样，在375℃保持3h后淬入冰水中，保持30min，然后进行室温下的自然时效。首先，观察固溶水淬后的组织，只有β相存在。自然时效一天后，组织中出现了α、η及ε相。自然时效三天后，η相尺寸越来越大，同时粒状反应产生的α相及η相也开始出现。随着时间的延长，处在晶界上粗大的α相及η相吞并小的α相及η相。在以后的十天中，组织由准等轴的α相、η相及少量的ε相组成。到五十天后，各相聚集长大，得到晶粒较粗大的合金组织。在自然时效中，并未发现有T′相。说明在该时效条件下，£相不会转变为T′相。用X射线衍射分析确定，α、η及ε的衍射峰随时效时间的延长而升高，说明这些相的数量在增多。自然时效五十天后，衍射谱不再发生变化。在衍射谱中，α相的峰在β相左侧。随时间延长，α相的2θ角变小，α相的晶面间距增大，几乎接近纯铝的值。说明，越来越多的Cu和Zn由α相中析出。已知，Al的原子半径为0.1431nm，比Zn（0.1332nm）及Cu（0.1278nm）的大。即Zn和Cu原子固溶在铝中会造成铝晶格的负变形，即β相的面间距要比纯铝小。时效前β相的(111)、(200)、(220)及(311)面的面间距（单位为nm）分别为2.312、2.002、1.416及1.207；而时效五十天后α相的相应面间距（单位为nm）分别为2.335、2.023、1.431及1.220；而纯铝的相应面间距（单位为nm）分别为2.338、2.024、1.431及1.221。当Cu、Zn从β相中逐渐析出后，上述晶面的面间距会逐渐变大，β相将转变为α相。另外，对η相及纯锌的相应面间距而言，纯锌的(101)、(102)、(110)、(112)及(201)面的面间距（单位为nm）分别为2.091、1.687、1.332、1.173及1.124，而时效一天后η相的相应面间距（单位为nm）分别为2.092、1.683、1.335、1.172及1.125，时效五十天后η相相应面间距（单位为nm）分别为2.091、1.685、1.332、1.172及1.124。比较上述面间距说明，η相的面间距与纯锌相近，并且随时效时间的延长变化不大。由此也说明，η相中固溶的 Cu 及 Al 原子很少。

(2) 时效对合金力学性能的影响　表 5-13 为重力铸造 ZA-27 合金在 75℃、100℃、125℃时效 0~18h 的结果。可以看出，无论在哪一种温度下时效，合金的硬度随着时效时间的延长增大。但是发现，温度对硬度的影响不是很大，时效温度高时合金的硬度略高些。硬度的提高和时效对组织的影响有关系。对于 ZA-27 合金，随着合金由高温到低温的平缓冷却，组织经历由（α+L）到 p，再到（α+β），到最后形成（α+η）的过程。但在实际冷却条件下，室温时仍然会留有高温 β 相。如果为冷却到室温的合金提供一定的能量，即使合金的温度达到一定水平，α 相即会转变成 α 相及 η 相。这种由富锌面心立方晶格（β 相）向面心立方（α 相）及密排六方晶格（η 相）的转变，必然会造成合金硬化。

表 5-13　重力铸造 ZA-27 合金的硬度与时效温度和时间的关系

时效时间/h	硬度　HBW		
	75℃时效	100℃时效	125℃时效
0	126	126	126
6	129	131	132
12	134	135	136
18	137	138	138

表 5-14~表 5-16 列出了不同重力铸造合金的抗拉强度随时效时间的变化。可以看出，高温时效的抗拉强度随时间延长而降低。表 5-17~表 5-19 分别为压铸合金的抗拉强度及伸长率、硬度吸收能量冲击随自然时效时间的变化。由表 5-17 可以看出，压铸合金的抗拉强度随时间延长而降低，但是伸长率除 2 号合金外都随时间增长而略有增长或保持不变。由表 5-18 可以看出，压铸合金的硬度随时间延长而降低，(注意该表的时效时间范围与表 5-13 不同)。另外，表 5-18 的数据是自然时效的数据。表 5-19 表示压铸合金的冲击吸收能量随时效时间延长而降低，其中 2 号与 5 号合金表现得更为明显。

表 5-14　重力铸造 ZA-8 合金的抗拉强度随时效时间的变化

时间/天	抗拉强度/MPa	
	20℃	95℃
2	—	246
6	—	227
8.0	—	—
12	248	216
20	—	—
27	250	204
35	—	—
54	251	—
92	245	175
152	—	172
326	252	166

表 5-15　重力铸造 ZA-12 合金的抗拉强度随时效时间的变化

时间/天	抗拉强度/MPa	
	20℃	95℃
3	—	295
9	—	284
19	301	273
22	298	—
32	301	—
37	—	254
50	293	—
76	—	248
89	283	—
212	—	236
225	305	—

表 5-16　重力铸造 ZA-27 合金的抗拉强度随时效时间的变化

时间/天	抗拉强度/MPa	
	20℃	95℃
3	—	414
9	—	397
14	424	—
19	—	370
27	425	—
37	—	351
45	425	—
76	—	325
84	421	—
215	—	311

表 5-17 压铸合金的抗拉强度及伸长率随时间的变化

时间/年	2号合金		3号合金		5号合金		7号合金	
	抗拉强度/MPa	伸长率（%）	抗拉强度/MPa	伸长率（%）	抗拉强度/MPa	伸长率（%）	抗拉强度/MPa	伸长率（%）
0	335	10	254	15	305	7	287	11
5	3~1	5	238	16	271	10	241	18
10	318	3	226	15	254	8	241	18
20	296	2	219	14	238	8	—	—

表 5-18 压铸合金的布氏硬度随时间的变化情况

时间/年	硬度 HBW						
	2号合金	3号合金	5号合金	7号合金	ZA-8	ZA-12	ZA-27
0	96	83	91	82	103	100	119
3	—	—	—	—	86	93	109
5	96	76	86	64	—	—	—
10	93	76	83	64	—	—	—
20	92	72	80	—	—	—	—

表 5-19 压铸合金的冲击吸收能量随时间的变化

时间/年	冲击吸收能量/J			
	2号合金	3号合金	5号合金	7号合金
0	39.3	52.9	55.6	58.3
5	14.9	50.2	47.5	54.2
10	8.1	50.2	38.0	55.6
20	6.8	38.0	24.4	—

注：表中数据来源于无缺口试样。

5.4 锌铝合金的特殊性能

5.4.1 锌铝合金的疲劳特性

材料在承受交变载荷作用一定时间后失效的现象称作疲劳。锌铝合金制作的许多构件如蜗轮等承受随时间变化的交变载荷。交变载荷中时间呈周期变化的载荷称为循环载荷。描述循环载荷或循环应力的参数有平均应力 σ_m、应力幅度 σ_a 以及不对称系数 R_s。材料在循环载荷下的应力-应变行为和单调应力-应变行为有很大差别。

单调应力-应变曲线和循环应力-应变曲线不同。单调应力-应变曲线由下式表示：

$$\varepsilon = \varepsilon_e + \varepsilon_p = \sigma/E + (\sigma/K)^{1/n} \tag{5-6}$$

式中 ε——弹性应变量；

ε_e、ε_p——分别为弹性应变分量及塑性应变分量；

σ——循环应力；

E——材料弹性模量；

K——强度系数；

n——硬化指数。

循环应力-应变曲线由下式表示：

$$\varepsilon_a = \varepsilon_{ea} + \varepsilon_{pa} = \sigma_a / E + (\sigma_a / K')^{1/n'} \tag{5-7}$$

式中 ε_a——应变幅值；

ε_{ea}、ε_{pa}——分别为应变幅的弹性分量及塑性分量；

K'——循环强度系数；

n'——循环硬化指数。

试验结果表明，ZA-27合金的循环应力-应变曲线位于单调应力-应变曲线的下方，说明ZA-27合金表现为循环软化。而ZCuSn10P1合金循环应力-应变曲线位于单调应力-应变曲线的上方，说明该合金为循环硬化。由统计资料表明，$R_m/R_{eL}>0.8$时，材料表现出循环软化，而$R_m/R_{eL}<0.7$时，材料表现出循环硬化。而ZA-27合金的$R_m/R_{eL}=0.88$，ZCuSn10P1合金的$R_m/R_{eL}=0.52$。也说明ZA-27合金为循环软化。另外通过对试件断口的观察分析发现，ZA-27合金的整个断面树枝状结晶不很多，晶粒较细，韧窝较浅，数量少，而撕裂岭较多，断口表现为准解理。而ZCuSn10P1合金的韧窝明显，表现为韧性断裂。可以看出，在循环加载过程中ZCuSn10P1合金的疲劳强度优于ZA-27合金。

常用S-N曲线确定材料的疲劳强度σ_{-1}（新标准为S，此处为与S-N曲线区分，用σ_{-1}表示）。其中，S为最大载荷对初始截面积的比值，N为循环次数。S-N曲线称作疲劳曲线。在变换频率为50Hz，K（应力强度因子）为0.1的条件下，测试了室温（20℃）、50℃及100℃的3号合金、ZA-8合金及ZA-27合金的疲劳曲线。当N（循环次数）为10^6及20℃时，3号合金的疲劳强度为80MPa，ZA-8合金为115MPa，ZA-27合金为120MPa；在50℃时，3号合金的疲劳强度为70MPa，ZA-8合金为90MPa，ZA-27为85MPa；在100℃时，3号合金的疲劳强度为50MPa，ZA-8合金为70MPa，ZA-27合金为70MPa。可以看出，条件疲劳强度随温度升高是下降的。另外，随着含铝量的增加，疲劳强度有增大的趋势。分别用各温度下的疲劳强度除以合金各温度的抗拉强度，可得到各合金的强度比值。3号合金在20℃、50℃、100℃的强度比为0.40、0.38、0.33、平均值为0.37；ZA-8合金分别为0.35，0.32，0.31，0.326；ZA-27合金为0.27，0.32，0.31，0.3。

由金相观察发现：ZA-27合金组织由韧性高的前β相区包围脆性的前α′相区，η相数量较少。另外还发现组织中有大量的缩孔。但是由前面数据比较可以看出，ZA-27合金的疲劳强度是最高的，只是随着温度升高，其值与ZA-8合金和3号合金的差值减少。由上述强度比可以看出，ZA-27的值与ZA-8相近，但比3号合金低，说明ZA-27的疲劳强度随温度升高而减小，这与其抗拉强度随温度升高而迅速降低有关。在室温下，ZA-27合金具有较高的疲劳强度是因为其基底中有较强的分解了的α′及β区，它们要比3与合金中的η相以及共晶体区强得多。因此，尽管ZA-27合金中有较多的缩孔，其疲劳强度仍然最好。对20℃时ZA-8合金的疲劳断口分析发现，断裂面为穿晶断裂，裂纹穿过基体中低韧性的共晶区。也观察到局部高韧性区，该区由β相组成。此外，还观察到变形孪晶，表明具有密排六方晶格的锌虽具有有限的滑移系，但变形可以借助孪晶进行。此外，还观察到，主断裂面下有微裂纹，而裂纹来自缩孔。说明细小缩孔是疲劳裂纹产生的根源。对ZA-27合金制造蜗轮早期断裂现象观察，发现断面结构粗大而疏松，另外还观察到数量不多的浅韧窝和疲劳裂纹。因此，认为蜗轮断裂是由齿根铸造缺陷较大处的裂纹开始，而且裂纹扩展的速度很快。

蜗轮早期断裂的原因有：①铸造缺陷，②材料本身的韧性差、熔点低，③结构设计不合理。铸造缺陷主要是指偏析和疏松。ZA-27 合金的容许极限温度为 120~150℃，在蜗轮增速加载情况下，润滑条件变差，环境温度升高，材料的强度下降，因而有利于裂纹的产生及扩展。

疲劳裂纹形成寿命估算可由 Miner 线性累积损伤理论估计。根据该理论，每一次循环损伤为 $1/N$，每一级应力下 n 次循环的损伤为 n/N，则 s 级应力水平的损伤应为：

$$D=\sum_{i=1}^{s}\frac{n_i}{N_i} \tag{5-8}$$

以总循环块作用在构件上经历的时间表示疲劳寿命，即 $t=h_0/D$。其中，h_0 为每一循环块作用在构件上经历的时间。循环次数 N 可以通过应变–寿命曲线的数学式计算，即：

$$\varepsilon_a=\frac{\sigma_f'}{E}(2N)^b+\varepsilon_f'(2N)^c \tag{5-9}$$

式中 σ_f'——疲劳强度系数；

ε_f'——疲劳延性系数；

b——疲劳强度指数；

c——疲劳延性指数；

ε_a——局部应变，可利用修正 Neuber 公式即下式得到：

$$k_f=(k_\sigma k_\varepsilon)^{1/2} \tag{5-10}$$

式中 k_f——疲劳缺口系数（有效应力集中系数）；

k_σ——应力集中系数；

k_ε——应变集中系数。

将上式结合胡克定律变形并用应力幅 σ_a 及应变幅 ε_a 表示，得：

$$\sigma_a\varepsilon_a=k_f^2S_a^2/E \tag{5-11}$$

式中 S_a——名义应力幅。

由上可见，当疲劳缺口系数 k_f 及弹性模量 E 已知时，结合材料的循环 σ_ε 曲线，可得到局部应力及应变。将 ZA-27 合金制造的蜗轮在特定载荷作用下取得相应数据，然后按上述方法对蜗轮疲劳寿命进行估算，其结果与实际情况基本吻合。

5.4.2 锌铝合金的摩擦磨损行为

摩擦是相互接触表面上产生的阻碍物体运动的效应。相互运动表面之间的摩擦称为动摩擦，反之称为静摩擦。静摩擦系数为使物体运动所需的最小切向力和垂直于接触面载荷的比值。物体滑动时，保持滑动所需切向力小于使物体开始滑动所需的力，说明动摩擦系数小于静摩擦系数。动摩擦系数与表面接触面积、正向载荷以及滑动速度无关。磨损是摩擦的结果。金属磨损的形式有滑动磨损、磨粒磨损、冲击磨损、微动磨损和扩散磨损等。用作耐磨零件的锌铝合金根据工况不同会遇到上述各种磨损形式。

在生产中，$w_{Al}>25\%$ 的锌合金往往被用作耐磨件。试验发现，$w_{Al}=25\%$ 锌铝合金的耐磨性与合金中的 ε 相有关。磨损试验是在 M-200 磨损试验机上进行。对磨圆环为经过调制的

45 钢，其硬度为 25~28HRC。试验机主轴转速为 200r/min，载荷为 588N。磨损时间为 20h。采用 20 号机油作为润滑油。通过对磨损表面观察发现，该合金的磨损机制为磨料磨损及黏着磨损。随着铜含量增大，耐磨性增大。其原因和组织中的 ε 相有关。ε 相硬度高，在摩擦过程中不易磨损。随着铜含量增大，ε 相的数量增加，因而导致合金的平均硬度增加，从而导致其耐磨性提高。

1. ZA-27 合金

ZA-27 合金中各相的软硬程度不同，其中基体相较软，第二相较硬，因此是很好的减摩材料。用作轴瓦材料时，主要用于低速重载的情况，其承载能力高于锡青铜，润滑失效时不会发生咬焊现象，减震性能好。一般而言，ZA-27 合金的工作温度不超过 150℃，轴承的工作运转速度不超过 7m/s。有人研究了 ZA-27 合金在干摩擦和润滑状态下载荷和环境等对摩擦系数的影响，并用俄歇电子谱仪（AES）、扫描电子显微镜（SEM）以及 TATY-SURTSP-120 形貌检测系统分析磨损过程中微观组织和形貌的变化，根据试验结果和分析提出了锌铝合金不同工况下的摩擦磨损机制。合金在 6kW 电阻炉中熔化，经精炼除气后浇入预热的金属型中铸成 ϕ50mm 的 ZA-27 合金试棒，然后机械加工制成 SRV 滑动磨损标准试样和 M-200 磨损试样。45 钢为摩擦时干摩擦和 0 号机油润滑下磨损的对磨材料。摩擦磨损过程中的试样表层温度变化由铂-铑热电偶或镍铬-镍铝热电偶测定。载荷分别为 200N、500N 和 800N，线速度为 0.42m/s。

通过试验发现：

① 当载荷增加到 200N 以上时，摩擦系数 μ 值变化不大；当加载到 350N 时，μ 值近似为 0.07。摩擦 2min 后，仅发现试样磨面有微微发灰的印痕。

② 在 ZA-27 合金与 45 钢摩擦副的干摩擦中，合金的磨损机制是黏着、氧化和疲劳摩擦磨损，更主要的是犁削。ZA-27 合金与 45 钢作为摩擦副的润滑时，合金的磨损机制是犁削磨损，磨损形貌特点是犁沟平行且转浅。

③ 在 ZA-27 合金中加入 w_{Mn}=0.3%~0.75%，耐磨性最好。加入的锰除部分固溶于基体中外，还生成富锰相的硬质点。

④ 加入硅提高合金的减摩性，尤其是提高合金的承载能力。其承载能力比锡青铜提高 1~1.4 倍，比 ZA-27 合金提高 40%~50%。

⑤ 加入硼、钛元素后，可使合金晶粒细化，ZA-27 合金中的 ε 相能均匀分布在基体中且不易脱落，使合金的磨损率减小。

图 5-3 所示为稀土与硅对 ZA-27 合金性能的影响。可以看出，ZA-27 合金的冲击韧度高，但是耐磨性差。而含块硅的 ZA-27 合金含有硬质的 Si 相因而表现出较好的耐磨性。虽然稀土硅合金中的化合物硬度比 Si 相低，但是它却呈现了很好的耐磨性。观察几种试验合金在非标环块干摩擦磨损 20min 后的表面，其摩擦副为 45 钢。可以看出，ZA-27 合金表面沟槽较深，而且沟槽边有金属屑，说明合金受到了摩擦副的严重犁削，这种现象显然与合金的宏观硬度偏低有关。而在含块硅的合金摩擦表面可看到金属脱落。分析表明，这与合金中的块状硅相被摩擦配偶划下脱落有关。在稀土硅 ZA-27 合金的摩擦表面并未发现金属的脱落现象。虽然有沟槽，但是没有像 ZA-27 合金那样深，另外也未见有金属被切削翻起。这说明，嵌在基体中的稀土硅化合物不仅能起到支撑、抵抗磨损的作用，而且其本身与基体结合牢固，不会像块硅那样易从基体中脱落、形成磨粒后再对合金本身进行磨损。因而，稀土硅

合金的耐磨性不仅比 ZA-27 合金高，而且也比含块硅合金好。

由图 5-3 还可以看出，虽然稀土 ZA-27 合金的冲击韧度于 ZA-27 合金，但是要比块状硅合金高得多。原因是稀土硅化合物能以团粒状在基体中存在，不存在不规则块状硅相棱角对基体的割裂作用；另外由稀土处理的合金晶粒相对较小，化合物分布也较为均匀。因此，由稀土硅增强的 ZA-27 合金不仅具有高的耐磨性，而且还具有足够的韧性，是一种很有前途的耐磨材料。

稀土能将 Si、Zn 及 Al 结合形成复杂化合物。该化合物呈球团状嵌于基体中，其显微硬度 HV 在 416~421HV 范围。稀土硅化合物增强的 ZA-27 合金具有足够高的冲击韧度，因而扩大了耐磨 ZA-27 合金的使用范围。由此看出，可以通过加入硅及稀土来改善 ZA-27 合金的耐磨性。

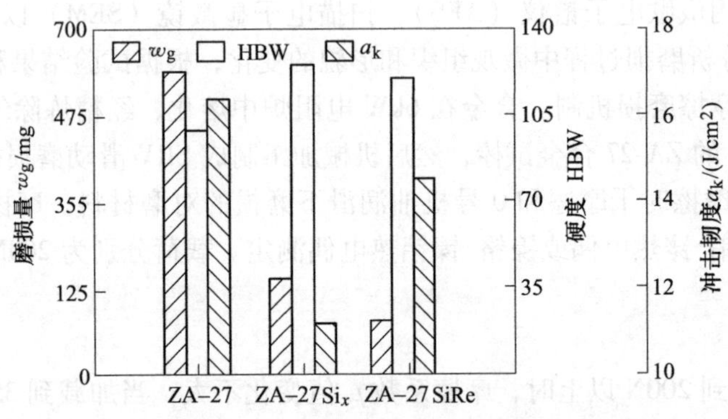

图 5-3　稀土与硅对 ZA-27 合金性能的影响

2. ZA-35 合金

将 ZA-35 合金的耐磨性及轴承性和某些铜合金如 ZQSn6-6-3、ZQSn10-1 等的耐磨性、轴承性做了对比。ZQSn6-6-3、ZQSn10-1 及 ZA-35 合金在干摩擦条件下的摩擦系数（μ）分别为 0. 27、0. 24 及 0. 20，在有滑油的条件下，摩擦系数分别为 0. 13、0. 15 及 0. 09；三种合金在干摩擦条件下的磨损抗力分别为 10. 0、12. 0 及 14. 4；在有润滑的条件下，磨损抗力分别为 1. 0、1. 6 及 2. 5。由以上数据比较看出，ZA-35 合金相对常用的这几种铜合金，不仅具有良好的耐磨性，而且具有较好的轴承性能。由于具有这些良好的性能，ZA-35 合金已被用于矿山机械上蜗轮、各种型号钻孔机上的轴瓦。实践表明，ZA-35 蜗轮的使用寿命要比青铜零件增加三倍，而在低速高载条件下使用的 ZA-35 合金轴瓦多年使用性能良好。

3. 其他铝含量大于 25%的锌铝合金

把 ZA-30、ZA-40 及 ZA-45 三种合金的耐磨性做比较。三种合金中均含有 $w_{Cu}=3\%$ 及 $w_{Mg}=0.01\%\sim0.05\%$。这三种合金分别呈铸态、320℃保温 10h 油冷态，在 M-200 型磨损试验机上进行滑动摩擦。采用 20 号机油作为润滑剂，平均单位载荷为 8. 1MPa，试样实际线速度为 0. 8m/s。试验结果表明，ZA-30 合金在不同状态下的线磨损率均低于其他合金，耐磨性优于锡青铜。而 ZA-40 及 ZA-45 合金则不如锡青铜。ZA-40 及 ZA-45 合金耐磨性较差的原因主要是它们的结晶温度高，组织中气孔和显微缩松较为明显。剥层理论认为，表面裂纹的成核及扩展控制着材料的磨损率。合金组织中的孔洞及缩松在摩擦过程中会严重变形，严重变形的孔洞及缩松往往成为裂纹源。试验表明，在合金中加入稀土元素，能够改善高铝锌合金的耐磨性，其原因是稀土元素的加入可使晶粒细化、使组织致密。如在ZA-43合金中加入 w_{Ce}=0.25%，在线速度为2.58m/s的连续润滑条件下，在载荷为1055.5N时，磨痕宽度由未加Ce时的1.19mm变成0.9mm，摩擦系数由0.031变为0.020。

5.4.3 锌铝合金的晶间腐蚀

w_{Al}=0.02%~22%的锌铝合金在95℃的空气或水蒸气环境中对晶间腐蚀是敏感的。例如，w_{Al}分别为0.10%、4.0%及20%的三种代号为A、B、C的合金。A在95℃时为单相合金，C是共析合金，而B是通用的工业合金。这三种合金均在95℃的空气-水蒸气环境中保持1~10天的时间，用金相法观察浸蚀的深度。试验结果表明：三种合金的浸蚀深度与时间呈近似的直线关系。A合金腐蚀稍微严重些，10天后测定的浸蚀深度为1.125mm，而C合金及B合金的浸蚀深度分别为0.275mm及0.3mm。在干蒸气条件下的腐蚀很可能是来自通过水蒸气和金属之间直接进行的化学反应。但在有水时浸蚀速度增大，这显然与电化学反应有关。铝相对锌是阳极，晶界相对晶内是阳极。

当前，有两种腐蚀深度的金相测定方法。一种是把腐蚀过的试棒沿纵断面抛光后，在约1mm的长度（放大约100倍）内检测23个微区，并测量每一个微区的最大浸透值，然后取其平均值。对每一种合金进行两次这样的测定。这两个值的平均值称作平均腐蚀深度。另一种是测量长度约1mm的试样的最大浸透值，取四个值的平均值。该平均值被称为最大腐蚀深度。试验表明，锌铝合金在加热的干燥空气中没有发生晶界腐蚀。在装有水蒸气的温度为95℃的密封罐中保持10天的试验，结果表明，水蒸气含量确实对晶间腐蚀有影响。

温度对晶间腐蚀也有影响。发现腐蚀速度随温度的增高而增大。腐蚀速度与温度的关系可用式 $\lg d=a-K/T$ 表示，其中，d 为腐蚀速度，a 与 K 为常数，T 为热力学温度。在150℃湿蒸气条件下，单相合金的晶间腐蚀速度为每天3.025mm，在干蒸气条件下的晶间腐蚀速度为每天0.25mm。

杂质元素对晶间腐蚀有较大的影响。采用 w_{Al}=4%、w_{Mg}=0.05%的合金进行试验时，在合金中加入 w_{Ag}=0.001%~0.025%，在95℃的空气-水蒸气中停留10天的浸蚀深度为0.075~0.1mm；在合金中加入 w_{Ca}=0.002%~0.025%，浸蚀深度为0.075~0.10mm；在合金中加入 w_{Ti}=0.001%~0.025%，浸蚀深度为0.075~0.5mm；在合金中加入 w_{In}=0.00025%~0.025%，浸蚀深度为0.15~0.875mm。如果将合金中的镁去除，再加入 w_{In}=0.01%，浸蚀深度会达1.5mm。实践表明，Ag和Ca质量分数低于0.025%时，不会增加合金的晶间腐蚀。Ti的质量分数大于0.014%时，会大大增加合金对晶间腐蚀的敏感性。在无镁条件下，In对晶间腐蚀有较大的作用，而有镁时能够降低晶间腐蚀。降低晶间腐蚀敏感性的元素还有Cu、Ni及Ca。Pb、Sn、Cd及Bi和Ti、In一样能增加合金对晶间腐蚀的敏感性。能够加速晶间腐蚀的元素，一般与锌相比有较大的原子半径，或者能产生对晶界区的阴极相，或者能使晶界区的阳性增强，或者能使晶界区腐蚀产物的黏结力变小，或者与锌和铝都不形成金属间化合物，如Pb、Sn、Cd及Bi在锌铝合金中的溶解度低且原子半径大，易产生晶间偏析。对高铝合金的研究也表明，无论在铸态下还是在均匀化处理后，Sn对Zn-27Al合金的腐蚀危害最大，Pb次之，Cd为第三。

早期的理论认为，晶间腐蚀与有害元素如Pb、Sn、Cd、Bi、Ti、In等的沉淀物有关系。

但是对高纯锌铝合金进行腐蚀试验发现，在热水中，锌铝合金也有同样的腐蚀速度。试验表明，即使没有有害元素存在，低锌铝合金也会受到腐蚀。因此，锌铝合金的腐蚀原因只能从二元合金中找。对腐蚀边界的化学成分进行分析发现，在腐蚀边界，铝具有较高的浓度。在没有杂质元素存在时，纯锌的阴极特性使铝保持在活化和钝态之间，即处于不稳定的钝化状态。杂质元素 Pb、Sn、Cd、Bi、Ti、In 等在锌中的固溶度低，它们存在于锌铝合金的晶粒边界上，阻碍铝的钝化，使腐蚀电流密度增大，会提高腐蚀速度。铜在锌中有较大的固溶度，铜对锌的阴极行为无明显的影响。若铜能存在于晶粒边界，铝将能得到钝化，有相当低的腐蚀电流密度。通过电镜观察发现，Pb 等杂质在锌铝合金中是以单质形式存在于晶界或 α/β 界面上。由于这些元素的电极电位比铝和锌的高，加强了阴极作用。

产生腐蚀的条件是晶粒边界内部的电解值具有弱碱性。腐蚀晶粒边界的阴极反应是一个析氢反应。即 $H_2O \longrightarrow H_0+OH^--e$ 以及 $H_0+H_2O \longrightarrow 4OH^--4e$，其中 H_0 为吸附的氢。如果在阴极不发生氧去极化，就发生下述反应，即 $2H_2O+O_2 \longrightarrow 4OH^--4e$。Cu、Zn、Pb、Sn、In 及 Cd 等在强碱热水中不发生氧去极化反应。氢气在阴极面上析出，伴随有 OH^- 产生，它会引起晶粒边界溶液 pH 值的增加。由于阳极与阴极很接近，整个面上的电解质碱性增强。

Pb 和 Sn 对 Zn-12Al-1Cu-0.02Mg 合金在湿蒸气中的腐蚀有联合作用。试验合金的 w_{Pb} = 0.005%~0.015%、w_{Sn} = 0~0.01%。将膨胀试样铸成长 163mm 的方棒，在带有半球状测砧的测微尺上测量。测量 95℃ 饱和水蒸气中放置十天的试棒的膨胀值。在 w_{Pb} = 0.005%时，膨胀值随锡含量增加而缓慢增加。但在 w_{Pb} = 0.015%时，膨胀值随锡含量增加而迅速增加。在两种铅含量的合金中，加锡会使腐蚀深度增大，直到其数值接近 0.25mm。值得注意的是，在 w_{Pb} = 0.015%的合金内，晶粒粗化。这虽对抗拉强度没有影响，但却使合金的伸长率由 3%降到 2%。有人还研究了 Cu 和 Mg 在 Pb 和 Sn 存在时的最佳含量范围。腐蚀条件与前面相同。试验合金为 ZA-12 合金，w_{Cu} 分别取 0.5%、1.0%和 2.0%，w_{Mg} 分别取 0.02%、0.05%和 0.1%。Pb 和 Sn 的试验质量分数为 0~0.04%。试验结果表明，在试验含锡及含铅成分范围内，铜和镁的最佳质量分数分别为 1.0%和 0.02%。锡的有害作用比铅大得多，最大有害作用出现在质量分数为 0.0025%~0.005%，而质量分数为 0.01%~0.02%时的有害作用反而比前面的范围低。锡的安全极限为 $w_{Sn}<0.001\%$。

关于稀土对 ZA-27 合金的影响，采用混合稀土及镧，分别以含 $w_{混合稀土}$ = 10%和含 w_{La} = 8%的铝合金形式加入合金。腐蚀条件为在 118℃ 保持 1h。试验发现，稀土元素质量分数超过 0.15%后，组织细化，而且还有一些块状化合物。而这些块状化合物在水蒸气中可作为阴极促进金属的腐蚀。因此，稀土对合金的耐蚀性没有显著的改善作用。有人在试验中采用锌锭、纯铝及铝铜中间合金配制化学成分为 w_{Al} = 23.0% ~ 29.00%、w_{Cu} = 1.0% ~ 2.0%、w_{Mg} = 0.01% ~ 0.03%、w_{Fe} = 0.10%、w_{Pb} = 0.004%、w_{Ca} = 0.003%、w_{Sn} = 0.002%的试验合金。为考察稀土和钛的作用，采用它们各自与铝的中间合金以调整合金成分。稀土的加入量（质量分数）分别为 0.05%、0.10%、0.15%及 0.20%。钛的加入量（质量分数）为 0.1%和 0.2%。合金在电阻炉中熔化，于 650℃ 保温 10~15min，充分搅拌后冷却到 550℃，浇注成直径为 26mm 的试棒。浇注前试棒金属型的预热温度为 150~250℃。将试样加工成 ϕ25mm×4mm 和 ϕ15mm×20mm 的试棒。清洗后前者用于测定腐蚀增重。试样分别置于 95℃ 水蒸气及 w_{NaCl} = 3.5%的水溶液（室温）中腐蚀 120h。试验表明，随着稀土加入量的增加，合金的耐晶间腐蚀性能仍有改善。当稀土加入量（质量分数）达 0.20%时，合金在水蒸气中的增重量仅为无稀土时的10.6%，而在NaCl水溶液中为24%，腐蚀深度也降低约50%。由此可见，稀土是减轻锌基合金“失效”的有效元素之一。其原因是，稀土元素的加入可使晶粒细化，并使二次枝晶臂间距减小，减轻了铅、镉、锡等杂质元素的偏析。合金中加入$w_{Ti}=0.1\%$后，晶粒明显细化，二次枝晶臂间距也明显缩小。加入钛后形成Al_3Ti化合物，作为非自发晶核可使固溶体相的晶粒大幅度细化，从而使杂质元素的偏析减轻。钛细化晶粒的效果优于稀土，而在减轻“失效”现象的能力上，则是稀土优于钛。这说明除晶粒大小和二次枝晶臂间距外，还有其他因素影响锌基合金的耐晶间腐蚀能力。钛主要以Al_3Ti形式存在于晶内，作为晶粒核心，稀土主要偏聚于晶界。

晶间腐蚀产生的原因归纳起来有以下几个方面：①溶质铝原子在晶界区的平衡析出聚集导致晶间腐蚀。②不稳定的析出相优先溶解、过量的铝和介稳相β在晶界处的析出和存在是锌铝合金发生晶间腐蚀的条件。③腐蚀介质为碱性时，析出相作为活性阳极而溶解。在晶界区析出的富铝相优先溶解后，η相作为阴极，α相作为阳极优先溶解。④铅、锡加速腐蚀的原因是它们的阳极极化大于锌的阳极极化。⑤铜和镁可使铝相钝化，稀土和钛能细化晶粒，缩小二次臂枝晶间距。⑥稀土化合物在晶界上析出时，改变了电极电位，抑制了合金老化。

5.4.4 锌铝合金的高温性能

1. 压铸合金

（1）抗拉强度随温度的变化　表5-20列出了压铸合金抗拉强度随温度的变化。随着温度的升高，抗拉强度降低。可以看出，ZA-27合金的抗拉强度降低幅度最大。

表5-20　压铸合金抗拉强度随温度的变化

温度/℃	抗拉强度/MPa						
	2号	3号	5号	7号	ZA-8	ZA-12	ZA-27
-40	—	308.9	337.2	308.9	409.6	450.2	520.6
-20	—	301.3	340.6	299.2	402.7	—	500.6
0	—	284.8	333.0	282.7	382.7	434.4	497.1
20	—	—	—	—	373.7	403.4	425.4
21	359.2	282.7	328.2	—	—	—	—
40	—	244.8	295.8	—	—	—	—
50	—	—	—	232.4	328.2	349.6	397.8
95	—	195.1	242.0	193.1	—	—	—
100	—	—	—	—	224.1	228.9	259.3
150	—	—	—	120.0	127.6	119.3	129.0

（2）伸长率随温度的变化　表5-21列出了压铸合金伸长率随温度的变化。可以看出，伸长率随温度的升高而增大。但是ZA-27合金在高温150℃时上升幅度最小。

表 5-21 压铸合金伸长率随温度的变化

温度/℃	伸长率（%）						
	20	30	50	7号	ZA-8	ZA-12	ZA-27
-40	—	3	2	3	2	1	<1
-20	—	4	3	4	2.5	—	1.5
0	—	6（12①，13②）	6（9①，10.5②）	7	3	3.5	3
20	—	19.5①，19②	11.5①，17.5	12	8	5	2.5
21	8	10	7	—	—	—	—
40	—	16	13	—	—	—	—
50	—	—	—	17	34	21	4
70	—	36①，36②	35①，29.5②	—	—	—	—
95	—	30	23	29	—	—	—
100	—	—	—	—	49	59	16
150	—	—	—	45	66	94	16

① 时效6个月。

② 时效3年。

（3）硬度随温度的变化　表5-22列出了压铸合金布氏硬度随温度的变化。可以看出，锌合金的布氏硬度随温度升高而降低。ZA-27合金的布氏硬度在150℃时几乎与ZA-8及ZA-12合金相同。

表 5-22 压铸合金布氏硬度随温度的变化

温度/℃	硬度 HBW						
	2号	3号	5号	7号	ZA-8	ZA-12	ZA-27
-40	—	91	107	90	—	—	—
-20	—	87	104	86	—	—	—
0	—	82	99	82	103	100	119
20	—	75	—	—	100	82	91
40	—	68	89	—	—	—	—
50	—	—	—	64	—	—	—
60	—	—	—	—	80	80	93
95	—	43	62	44	—	—	—
100	—	—	—	—	60	60	70
150	—	—	—	26	39	37	41

（4）冲击吸收能量随温度的变化　表5-23为压铸合金冲击吸收能量随温度的变化。可以看出，压铸合金的冲击吸收能量随温度升高而增大。

2. 重力铸造合金

（1）抗拉强度、伸长率及硬度随温度的变化　表5-24及表5-25分别为合金抗拉强度、伸长率及硬度随温度的变化。可以看出，随着温度升高，抗拉强度降低、伸长率升高、硬度下降。ZA-27 重力铸造合金在室温时的抗拉强度与压铸相当，但是，100℃时的抗拉强度比压铸合金高。ZA-27 砂型重力铸造合金在 100℃时的伸长率要比压铸合金高。

表 5-23　压铸合金冲击吸收能量随温度的变化

温度/℃	冲击吸收能量/J						
	2号	3号	5号	7号	ZA-8	ZA-12	ZA-27
-40	—	2.7	2.7	1.4	1	1.5	2
-25	—	2.4①，2.2②	2.0①，1.9②				
-20	—	5.4	5.4	1.9	1	1.5	3
-10	—	—	—	2.4	2		7
0	—	31.2（4.9①，2.0②）	55.6（13.3①，4.5②）	3.8	Z2	3	
20	—	44.2①，33.4②	43.9①，42.6②	54.4	42	29	13
21	47.5	58.3	65.1	—	—	—	—
40	—	57.0	62.4	—	54	35	15
50	—	—	—	58.3	—	—	—
60	—	—	—	—	56	40	16
70	—	（44.8①，49.4②）	（45.3①，49.1②）	—	—	—	—
80	—	—	—	—	65	46	16
95	—	54	58.3	54.2	—	—	—
100	—	—	—	—	63	46	16
150	—	—	—	43.4	—	—	—

① 无缺口试样时效 6 个月。

② 无缺口试样时效 3 年。

表 5-24　锌铝合金抗拉强度及伸长率随温度的变化

温度/℃	抗拉强度/伸长率		
	ZA-8（永久型）	ZA-12（砂型）	ZA-27（砂型）
-40	244MPa/1%	263MPa/0.8%	452MPa/1.8%
-20	246MPa/1.2%	311MPa/1.2%	441MPa/1.5%
0	260MPa/1%	302MPa/1.1%	448MPa/4.8%
20	240MPa/1.3%	299MPa/1.5%	421MPa/4.6%
60	236MPa/2.9%	278MPa/5.5%	360MPa/12%
100	179MPa/31%	228MPa/33%	283MPa/26%

表 5-25　锌铝合金硬度（HBW）随温度的变化

温度/℃	ZA-8（永久型）			ZA-12（砂型）			ZA-27（砂型）		
	铸态	时效①	稳定化②	铸态	时效	稳定化	铸态	时效	稳定化
20	865	74.1	—	94.5	—	—	106.8	—	90.0
60	80.3	—	—	83.4	—	—	97.2	—	—
100	63.6	—	58.6	69.7	56.8	58.6	82.7	72.5	66.8
150	41.4	—	—	45.8	—	—	57.7	—	—

① 95℃时效 10 天。

② 250℃稳定化处理 12h 后炉冷。

（2）冲击吸收能量随温度的变化　表5-26为冲击吸收能量随温度的变化。与压铸合金相比，随着温度升高，冲击吸收能量略有升高。

表5-26　为砂型铸造锌铝合金冲击吸收能量随温度的变化　（单位：J）

温度/℃	ZA-8		ZA-12		ZA-27			
	铸态	时效①	铸态	时效	铸态	时效	稳定化②	均匀化③
-40	2	Z	3	2	5	3	—	14
-20	3	—	—	3	—	4	—	34
0	6	4	8.5	5	24	7	7	52
20	20	12	25	14	48	15	32	58
50	59	50	77	66	49	32	56	62
100	85	64	84	51.5	50	36	60	—

① 95℃时效10天。
② 250℃稳定化处理12h后炉冷。
③ 320℃均匀化3h，然后炉冷。

5.4.5　锌铝合金耐热性研究

由5.4.4节可知，随着温度升高，合金的强度及硬度降低，因此研究锌铝合金的高温力学性能具有实际意义。由于锌的熔点及锌铝合金的共晶温度低，凝固区间大，因而合金的高温强度较低。以ZA-27合金为例，150℃时，抗拉强度为100~150MPa，而实际最高使用温度为120~150℃。在实际摩擦磨损过程中，由于润滑不良，磨损副的温升会达到150℃以上，普通ZA-27合金显然不能适应在这种条件下工作。

有关资料介绍了混合稀土对合金高温性能的影响。所用合金成分为 $w_{Cu}=2.0\%$，$w_{Mg}=0.02\%$，所用稀土加入量（质量分数）分别为0、0.1%、0.2%、0.3%、0.5%、0.7%及0.9%。原材料采用1号锌锭、A00铝锭、电解铜、金属镁以及含 $w_{Ce}>45\%$ 的混合稀土。拉伸试样的直径为6mm，标距为30mm，冲击试样的尺寸为10mm×10mm×55mm，试样均由金属型制成。高温拉伸试验按GB/T 4338—2006标准进行，试验机为WJ-10A万能试验机，加热装置为自制加热炉，炉膛均热带长度大于90mm，试验温度为150℃，温度偏差为3℃。测温用热电偶热端紧贴在试样表面，自动控温，保温时间为30min。热冲击试验在三用冲击试验机上进行，加热装置与热拉伸相同。按照有关规定，试样离开加热炉到打开的实际时间为5~7s，过热温度为5~7℃，保温时间为30min，载荷保持时间为30s。试验结果表明，随着稀土含量的增加，组织中的白亮化合物数量增多，尺寸增大，主要分布于晶界处和枝晶间。化合物的形貌多为块状、粒状或星形状。稀土含量增大时会出现长条状或大块状，按原子百分比计算，化合物可能为（RE，Cu）Al_5Zn_{16} 或（RE，Cu，Fe）Al_5Zn_{16}。随着稀土含量的增加，高温抗拉强度及硬度均增大（表5-27）。当加入 $w_{RE}=0.7\%$ 时，强度比普通ZA-27合金提高30%，硬度提高25%，伸长率无明显下降。冲击韧度先上升后下降，$w_{RE}=0.3\%\sim0.5\%$ 时达最大值。

表 5-27 稀土对合金性能的影响

稀土加入量（质量分数）(%)	拉抗强度/MPa		伸长率（%）		硬度 HBW		冲击韧度/J·cm^{-2}	
	20℃	150℃	20℃	150℃	20℃	150℃	20℃	150℃
0	406	154	7	30.3	97	40	23	31.8
0.1	430	168	5	27	118	43	18.3	45
0.2	422	167	5.8	24.2	120	45	16	36.8
0.3	393	173	6.2.	27.5	123	46	36	61.8
0.5	397	187	2.7	15.6	127	48	22.2	54.6
0.7	397	200	2.1	14	135	50	15.9	35.1
0.9	412	191	2.2	13	141	51	13.2	31.4

研究了锂对 ZA-27 合金高温力学性能的影响。所用合金的成分为 $w_{Al}=25\%\sim32\%$，$w_{Cu}=2.0\%\sim2.5\%$，$w_{Mg}=0.01\%\sim0.02\%$，其余为 Zn。锂加入量为 $w_{Li}=0.02\%\sim0.1\%$。Cu 和 Mg 分别以 $AlCu_{50}$ 和 $AlMg_4$ 中间合金的形式加入。高温拉伸试验在 MTS-810.24 液压伺服试验机上进行，拉伸时的夹头移动速度为 3mm/min。在 ZA-27 合金中加锂后，合金组织明显细化。在研究中该作者认为晶粒细化能提高材料的室温强度，这是因为界面强化机制在起作用。同时，晶粒细化也能提高高温强度，因为晶界相由连续网状变为不连续的小颗粒分布，有利于减少晶界开裂的倾向。锂加入量在 $w_{Li}=0.04\%\sim0.08\%$时强化效果最好。在高温下合金的伸长率和断面收缩率随着锂含量的增大而下降，当 $w_{Li}=0.1\%$时，伸长率和断面收缩率最低。

5.5 外界条件对锌合金组织与性能的影响

5.5.1 凝固冷却速度的影响

合金凝固是通过冷却速率 R 直接影响合金的显微组织的，主要是影响枝晶的间距（DAS）或晶粒的直径（d），从而影响合金的性能。根据 Hall-Pech 公式 $\sigma=\sigma_0+Kd^{-1/2}$，ZA-27 合金、ZA-12 合金及 ZA-8 合金的强度与晶粒的直径关系分别如下：

$$\sigma = 370 + 200d^{-1/2} \tag{5-12}$$

$$\sigma = 240 + 400d^{-1/2} \tag{5-13}$$

$$\sigma = 49 + 857d^{-1/2} \tag{5-14}$$

其中，σ 的单位为 MPa，d 的单位为 μm。试验表明，随着二次枝晶间距的增大，屈服强度下降。

冷却速度对合金组织与性能有影响。缓冷（陶瓷型）的铸态试样中晶粒尺寸比快冷（金属型）的大 3~4 倍。缓冷组织中 α 相的周围富锌区较大，而快冷时富锌区较小。另外，在快冷试样中晶界处的共晶相较多，部分区域出现不连续网状。试验表明，缓冷时的力学性能不低于快冷试样，有时还略有提高。

测定了 ZA-8 合金、ZA-12 合金及 ZA-27 合金在几种铸造型条件下二次枝晶臂的间距（SDAS）。对于 ZA-8 合金，在预热 350℃的石墨型中，SDAS 为 6μm；在 25℃的砂型中，SDAS 为 15μm。对于 ZA-12 合金，在预热 350℃的石墨型中，SDAS 为 7μm；在砂型中，

SDAS 为 25μm。对于 ZA-27 合金，在相同预热温度的石墨型中，SDAS 为 18μm；在砂型中，SDAS 为 25μm；在预热 500℃的钢金属型中，SDAS 为 68μm；在 350℃的钢金属型中，SDAS 为 20μm；在 80 MPa 挤压铸造的钢金属型中，SDAS 为 28μm。

可以看出，石墨型（预热 350℃）的铸造合金组织要比砂型的二次枝晶间距小。另外，也可以看出，铸造方法不同，对合金组织的晶粒尺寸也有影响，对 ZA-27 合金，挤压铸造要比普通重力铸造得到的晶粒细小。值得指出的是，影响合金性能的首先是合金组织的完善性。如果合金中有大量的缩孔、疏松缺陷存在，合金组织中的晶粒大小对性能影响就不大；只有合金中缩孔、疏松水平下降到最低，合金的晶粒尺寸因素才起作用。合金的抗拉强度、伸长率及冲击韧度与合金组织的完善性有很大关系。由上面叙述可以看到，预热 350℃金属型的重力铸造合金组织中的 SDAS 为 20μm，挤压铸造得到的合金组织的 SDAS 为 28μm，即前者的晶粒比后者的细小。按道理，重力铸造合金的抗拉强度等性能要比挤压铸造合金的高。但实际上，预热 350℃金属型的重力铸造合金的抗拉强度及伸长率分别为 417~538 MPa 和 6%~7.8%，而挤压铸造合金的抗拉强度及伸长率分别为 522~700 MPa 和 8.9%~16.2%，即挤压铸造合金的抗拉强度比重力铸造合金的抗拉强度好得多。其原因就是挤压铸造所得到的组织完善性能要比重力铸造合金好得多。

5.5.2 半固态搅拌对组织及性能的影响

普通铸造过程中，初晶以枝晶方式长大。当固态率达到一定程度如 20%时，枝晶就形成连续网络骨架，金属就失去宏观流动性。如果液态金属从液相到固相冷却过程中对液态金属进行强烈搅拌，则使普通铸造形成时易于形成的树枝晶网络骨架被打碎而保留分散的颗粒状组织形态，悬浮于剩余液相中。这种颗粒并非枝晶显微组织，金属在面相率达 50%~60%时仍具有一定流变性，从而可利用常规的成形工艺如压铸以实现金属的成形。

制备半固态合金的方法很多，除机械搅拌法、电磁搅拌法，还有电脉冲加载法、超声振动搅拌法、外力作用下合金液沿弯曲通道强迫流动法、应变诱发熔化激活法（SIMA）、喷射沉积法（Ospray）、控制合金浇注温度法等。其中，电磁搅拌法具有工业应用潜力。

1. *机械搅拌法*

很早有人用搅拌浆制备铝-铜合金、锌-铝合金和铝-硅合金半固态浆液。后续又对搅拌器进行了改进，采用螺旋式搅拌器制备了 ZA-22 合金半固态浆液。通过改进，改善了浆液的搅拌效果，强化了型内金属液的整体流动强度，并使金属液产生向下的压力，促进浇注，提高了铸锭的力学性能。但存在的问题是搅拌器必须和液态金属接触。

2. *电磁搅拌法*

电磁搅拌处理的优点是：搅拌器与金属无接触，搅拌时间及搅拌强度等参数易控制。电磁搅拌是利用旋转电磁场在金属液中产生的感应电流，金属液在洛伦兹力的作用下产生运动，从而达到对金属液搅拌的目的。

目前，主要有两种方法产生旋转磁场：一种是在感应线圈内通交变电流的传统方法；另一种是旋转永磁体法。后者的优点是电磁感应器由高性能的永磁材料组成，其内部产生的磁场强度高，通过改变永久磁体的排列方式，可使金属液产生明显的三维流动，提高了搅拌效果，减少了搅拌时的气体卷入。

电磁搅拌装置实际上是按照异步电流电动机起作用的。电磁搅拌器可以分为旋转型和线性型。旋转型搅拌器的作用类似交流电动机中的定子，可由三相电源或两相电源供电，在它的磁极间产生一个旋转磁场。合金液体在旋转磁场产生的转动力矩作用下转动。线性型搅拌器实际上是圆柱型电感器的变形。产生的移动磁场在液体中产生一个作用力，力的方向指向移动方向。这两种搅拌器的性能由电磁搅拌力强度 $F(\mathrm{N/m^3})$ 来确定，它与线性磁场速度 $U(\mathrm{m/s})$、电源频率及磁密度 $B(\mathrm{T})$ 有关。在磁力作用下，合金液流会产生运动。例如，旋转永磁体电磁感应器内的任一水平截面上均存在一个二维磁场，设其径向分量为 B，周向分量为 B_c，则金属每一个点所受到的电磁力 F 可分解成和旋转方向一致的周向力 F_c 和指向离心方向的径向力 F_r。它们分别表示为 $F_c=J_zB_r$ 和 $F_r=J_zB_c$。其中 J_z 为旋转磁场产生的感应电流 J 的轴向分量。感应电流 J 与金属液电导率 σ 和感生电动势 ε（$\varepsilon=\mathrm{d}\Phi/\mathrm{d}t$）有关，即 $J=K\sigma\cdot\varepsilon$。式中 $\mathrm{d}\Phi$ 为磁通量的变化，它与磁极排布方式、磁极强度及磁极角速度 ω（$\omega=2\sigma NP/60$，这里 N 为磁极对数，P 为转速）有关。在 F_c 和 F_r 作用下，合金液体形成强烈的水平二维运动。由于还存在 J_cB_r 和 J_rB_c 的共同作用，因而在垂直方向上产生一个小的作用力 F_z，使液体最终产生三维运动。对枝晶在流动时的受力情况为：假定 y 向为二次枝晶臂垂直于流体运动的方向，z 向平行于二次枝晶臂轴，则流体作用于 y 向的表面应力 f_y 表示为 $f_y=3\eta\Delta v/2r$。其中，η 为合金液体的动力黏度，Δv 为枝晶侧臂长度 L 内的固液相平均速度差，r 为侧臂半径。作用在整个枝晶侧臂上的力：$f_t=2\iint f_y r\mathrm{d}x\mathrm{d}\theta=3\pi L\eta\Delta V$。而沿 x 方向所受到的应力 f_x 表示为 $f_x=M_xr_x/I'_x$。其中，M_x 为作用于距侧臂顶端 x 处枝晶横截面上的弯曲应力矩；r_x 为 x 处侧臂截面半径；I_x 为 x 处侧臂截面惯性矩即 $I_x=\pi r_x^4/4$。

有人研究了搅拌锌铝合金浆料的本构关系，所用的电磁搅拌装置包括电源、感应圈系统、连续冷却系统、液体搅拌系统和测温系统。合金熔化后，将温度提升至580~600℃后将液体浇入一容器中。当温度达520℃左右时，开始对液体进行电磁搅拌，一直进行到液相线以下某一温度。在搅拌时，冷却系统的平均冷却速度为2.5℃/min，而停止搅拌时的冷却速度根据需要确定。在恒定的冷却速度下，液体中的固相分数由温度确定，而最终初生非枝晶相的形状和分布由温度和搅拌剪切速度共同确定。提高搅拌速度达480r/min时，会引起湍流，降低熔体中的温度梯度以及界面处的成分过冷，使初生相的单相生长受到抑止，因而导致了晶粒碎化。

有人研究了旋转磁场作用下ZA-27合金初生相形貌演变过程及机理。试验用自制旋转永磁体产生旋转磁场的立式电磁搅拌装置搅拌合金熔体。该试验装置装有磁钢固定桶，转速为1000r/min。内装有内径为54mm的坩埚。用内径为8mm的铜管在不同位置抽取试样。用光学显微镜和扫描电镜观察组织变化，用能谱仪分析初生相的成分分布。他们采用了两种搅拌制度，第一种搅拌制度是：当熔体从520℃炉冷到450℃保温3min后，开始电磁搅拌并持续36min。第二种搅拌制度是：在熔体温度达520℃时起动电磁搅拌，持续至470℃保温，时间为36min。他们观察了第一种搅拌制度的效果。搅拌前，靠近坩埚壁面的熔体温度较低，初生相易在此处形核。在470℃保持1min，熔体内出现部分α相枝晶；在470℃保持3min，初生相枝晶数量增多并且变粗。但电磁搅拌1min后细小的枝晶侧臂部分消失，二次晶臂间距增大，枝晶根部曲率变小，有些枝晶杆部出现凸凹不平；搅拌3min后，某些枝晶根部直径减至很小；搅拌10min后，粗大的枝晶杆也会出现局部重熔，一些较大的枝晶碎段也随流流向其他部位。在碎晶生长和新核生长的同时，还出现了细小碎晶的重熔，此时晶粒已全部碎化和粒化。搅拌 24min 后，初生枝晶几乎全部变成球状晶和椭球状晶，均匀地分布在合金中。在第二种制度下，由于开始冷却时已受到强烈的电磁搅拌，熔体各部分的温度基本均匀。这样，初生晶在熔体中形核，核的生长受到流体流动的强烈影响。由于流体能将生长所排出的溶质带走，使由溶质建立起来的浓度边界层变薄，从而使枝晶择优生长方向的生长速度受到限制，使晶粒按等轴方式生长成球状或椭球状晶体。

国外也有人利用该手段，研究了半固态搅拌下 ZA-8 合金、ZA-12 合金及 ZA-27 合金的组织及性能。所用装置为连续搅拌半固态铸造机。该铸造机装有一个垂直振动带孔活塞，用来搅拌圆柱形铸铁容器中的浆液。活塞及容器内部刷有一层耐火涂料。炉料先在燃气炉中熔化，然后将液体倒入铸造机上的电加热容器内。当浆料制备完毕，将容器下部的碳化硅塞子提起，液体流至正下方的钢制铸模中。在普通铸造条件下，由于 ZA-8 合金接近共晶成分，其组织由共晶体和 β 相组成。但是搅拌以后，组织由球形晶粒和其周围的粗大层片共晶体组成。ZA-12 合金由于所含铝量高于 ZA-8 合金，在普通铸造条件下，组织中枝晶所占的比重要大些。在固态搅拌条件下，相比 ZA-8 合金初生晶粒稍微大一些。普通铸造条件下的 ZA-27 合金中含有 α 相及 β 相。半固态搅拌后，初生 α 相形成一定尺寸的晶团，初生相数量增多。由性能对比看，半固态搅拌后合金的抗拉强度比未处理时要高。再如，有人在研究 ZA-27 合金的半固态成形时，在 450℃控制固相率为 50%。搅动速度为 600r/min，凝固速度控制在 10℃/min。试验结果表明：非枝晶结构合金的可成形性要比枝晶结构好；合金中的球形初生晶能改善合金的质量；挤压成形的材料具有极好的力学性能。另外一种搅拌铸造机的操作过程是：先在坩埚中熔化合金；降低搅拌器叶片，搅动金属液；在停止叶片搅动、提升叶片的同时，感应圈向坩埚下部运动；起动离心电动机，进行离心浇注。这种工艺能使浆液直接铸成产品。该工艺的铸造压力为 $P=0.5\Omega^2\rho(r_s^2-r_o^2)$。式中，$\rho$ 为合金的密度，Ω 为转动的角速度，r_s 为离心铸造机的回转轴到浇道入口处的距离，r_o 为离心铸造机的回转轴与坩埚中心间的距离。用这种方法对 ZA-27 合金所做的试验结果表明，在液相线温度以下（480℃）铸造，可获得细的枝晶组织。这种细晶组织的试样要比在液相线温度以上（580℃）铸造所得的试样有更好的伸长率。

5.5.3 变形加工对组织及性能的影响

$w_{Al}=22\%$左右的锌铝合金可以用作变形加工，该合金属于共析合金。Zn-22Al-2Cu 合金在 350℃经 2 天固溶处理所得组织的主要相有 β_s' 和 ε。Zn-20Al-2Cu-2Si 合金的主要相还有 σ。其中，β_s' 作为基体，σ 相为富硅相，σ 相以颗粒形式独立存在。$w_{Al}=22\%$的合金在凝固后自然冷却条件下得到的主要相有 α_s'、β_s' 及 η_s'。富铝相 α_s' 先从液相中析出，作为枝晶的中心。在随后冷却中，α_s' 相周围的成分逐渐向 β_s' 过渡，为 α_s' 相周围出现 β_s' 相创造了条件，η_s' 相在凝固结束后的固溶体枝晶间出现。如果合金中含有铜，在此处也可看到 ε 相。如果对上述合金连续铸造的试棒在 250℃进行挤压成形，所得的组织与上述处理方法不同，合金的组织组成相为 α、T' 及 η_E'。

由此可见，锌铝合金挤压加工后即经过热-机械作用，组织发生了变化。原有的 α_s' 及 β_s' 相分解成 α 相，原来过饱和的 η_s' 相，分解转变成 η_E' 相。另外，含铜锌的铝合金在 268℃处在 α、η 及 T' 的三相区，因此由 β_s' 及 η_s' 分解得到的 ε 相在 250℃会进行 $\alpha+\varepsilon = T'+\eta$ 的转变，形成新的含铜相 T'。值得注意的是，变形得到的相的晶格常数既不同于 ε 相，也不同

于 η_s' 及 η 相。η_E' 的 a_0 及 c_0 分别为 0.2663nm 及 0.4872nm，而其他相的 a_0 及 c_0 分别为：ε，0.2767nm，0.4289nm；η_s'，0.2668nm，0.4842nm；η，0.2671nm，0.4946nm。使用 Zn-20Al-1.8Cu 合金在 300℃挤压，然后淬火，快冷组织中除了有（α+β）粒状共晶体，也有 ε 相及金属间化合物 $FeAl_3$。由此可以看出，合金在高温下变形确实存在 β 相及 ε 相。淬火快冷抑制了高温相的分解及转变。工作温度对变形后合金的力学性能有影响。20℃时合金的极限抗拉强度及伸长率分别为 229MPa 及 35.6%，100℃时为 171.4MPa 及 69%，200℃时为 15.7MPa 及 86%。

5.5.4 锌铝合金的阻尼性能

1. 材料阻尼的基本概念

固体材料中，应变往往落后于应力，振动循环一周后形成滞后回线，说明振动能被内部消耗。内部能量消耗通常是将机械能转变成热能，耗散于材料及环境中。

材料阻尼通常可用四个参数表征。

其一是内耗值 Q^{-1}，也称倒质量系数，其表达式如下：

$$Q^{-1} = (f_2 - f_1)/f_m \tag{5-15}$$

式中 f_m——共振频率；

f_2、f_1——材料强迫振动时 A^2-f 谱上 $\frac{1}{2}A^t$ 所对应的频率，其中 A 及 f 分别为振幅与振动频率。

其二是对数衰减率 δ，其表达式如下：

$$\delta = n^{-1}\ln(A_i/A_{i+n}) \tag{5-16}$$

式中 A_i、A_{i+n}——材料自由振动下，在 t_1 及 t_2 时刻分别对应于第 i 周和第 $i+n$ 周的振幅。

其三是比阻尼式减振系数 Ψ，其表达式如下：

$$\Psi = \Delta W/W \tag{5-17}$$

式中 ΔW——材料振动一周所耗散的能量，可以表示为 $\frac{1}{2}\sigma_0\varepsilon_0\cos\delta$，其中，$\sigma_0$、$\varepsilon_0$ 分别为材料的应力及应变，δ 为应变与应力的相位差；

W——振动一周内应力所做的功，可以表示为 $\pi\sigma_0\varepsilon_0\sin\delta$。

由此，式（5-17）可以变为下式：

$$\Psi = \Delta W/W = 2\pi\tan\beta \tag{5-18}$$

其四是相位差正切或损失角正切 $\tan\beta$。它可以表示为：

$$\tan\beta = \eta = kE''/E' \tag{5-19}$$

式中 η——损失系数；

k——材料试样的几何系数；

E''、E'——其强迫振动下的损失模量和动态模量。

在衰减能较小的条件下，如 $\tan\beta<0.1$，可用 $\tan\beta$、Q^{-1} 或 δ 来表示；在衰减能较大的条件下，如 $\tan\beta\geqslant0.4$，通常用 $\tan\beta$ 来表示。

常用阻尼的测试方法有低频扭摆法、共振棒法及复合振荡器法。低频扭摆法是采用直径为 0.5~1.5mm、长为 100mm 的细丝或薄片作为试样，在自然振动下，通过测定振幅衰减谱，用式（5-16）计算出材料的阻尼性能。共振法是在强迫振动下，通过测量应变与应力之间存在的相位差β，利用式（5-19）得到材料的阻尼性能。复合振荡器法是将65mm×3mm×3mm的待测试样粘贴到某石英晶体（加热炉中）上，再先后通过该石英晶体侧粘到第二探测石英晶体和第三驱动石英晶体上，组成一个四元复合振荡器。通过粘贴在驱动和探测晶体上的电极导线来施加驱动信号和获取采集信号，阻尼性能通过式（5-16）测得。

2. ZA-27合金的阻尼性能

ZA-27合金在600℃浇注后得到的试样的阻尼性能Q^{-1}为1×10^{-2}；ZA-27合金将铸态试样在375℃保温3h然后在冰水中水淬30min得到的固淬水淬试样的阻尼性能Q^{-1}为6×10^{-4}。可见，水淬试样的阻尼性能较差。对水淬试样进行自然时效，随时间延长而阻尼性能增强。在时效10天后Q^{-1}达最大值7×10^{-3}，以后又随时间增加而降低。自然时效50天后，Q^{-1}基本达到稳定值。如在ZA-27合金中加入不同量的稀土元素，也能得到不同的阻尼值。如在合金中分别加入质量分数为0.1%、0.2%、0.3%、00.4%及0.5%的稀土，得到相应的Q^{-1}值（$\times10^{-3}$）分别为1.1、1.27、1.40、1.35及1.25，可以看出，$w_{RE}=0.3\%$时，阻尼性能最好。

对于金属，阻尼是一个组织敏感参量。金属晶体中缺陷对金属阻尼性能的影响很大。对晶体材料而言，存在的缺陷有点缺陷、线缺陷、面缺陷及体缺陷。点缺陷产生中、小水平的阻尼，线缺陷产生中、高水平的阻尼，面缺陷、体缺陷提供更大范围的阻尼。其中，线缺陷（即位错）和面缺陷（即相界面与晶界）对锌铝合金阻尼性能的影响最大。一般而言，相界面与晶界在合金受到交变载荷时能承受剪切力。当剪切力达到一定程度时会引起界面的滑移或者晶界的黏滞流动。

在ZA-27合金中，存在基本相α、η及ε。在周期载荷作用下，会出现这些相之间的界面滑移，从而引起振动能的耗散。另外，α、η及ε相的弹性模量不同，三个相在相同交变应力作用下的变形不同。这不仅有助于相界的滑移，而且会在晶界处引起较大的应力集中，导致软相中出现微观的塑性变形。这些都会引起能量的耗散。合金中，晶粒及相的尺寸越小，存在的界面则越多，合金的阻尼性能越好。淬火态的ZA-27合金中只含有较粗的β相，晶界少，故阻尼性能低；在自然时效中，由于β相分解析出细小的α、η及ε相，晶界增多，阻尼性能增强；随着时间的延长，合金中的α、η及ε相变粗，界面减少，故阻尼性能又降低。在ZA-27合金中，加入稀土后会形成高熔点的$REAl_4$相颗粒，该颗粒可以成为α相形核的基体，因此可以细化α相的尺寸，而且还可以减少片状共晶体的层片间距，这些都有助于增加合金内的晶界面，增大振动能的耗散。

位错的作用是振动会引起位错移动，弱钉扎点（如溶质原子、空位）上会出现雪崩式脱钉，然后在强钉扎点（位错网点、沉淀相等）周围形成位错环，由此引起应力松弛和机械振动能的消耗。由位错引起的内摩擦可由下式表示：

$$Q^{-1}=\frac{ABL^4\omega}{36Gb^2} \tag{5-20}$$

式中 A——位错能；

B——阻尼常数；

L——位错环长度；

ω——角频率；

G——弹性模量；

b——柏氏矢量。

由式（5-20）可以看出，阻尼性能对位错环长度非常敏感。在ZA-27合金中，淬火组织在室温下存在大量的过饱和空位，这些空位及溶质原子易于集中在位错线上，从而阻止位错的运动。另外，空位增多，相应的位错环长度减少。在自然时效中，空位被消除，因此导致位错长度和位错易动性增加，从而导致合金阻尼性能提高。

将合金的晶粒尺寸控制到纳米级，使材料在应力作用下有超延伸性能。具有这种性能的合金已用于建筑行业的振动控制阻尼器上。

5.6 锌合金的制备

5.6.1 锌铝合金制备工艺

1. 重力铸造锌铝合金制备工艺特点

（1）原材料及其准备　熔化锌基合金的主要原料有铝锭、锌锭、镁锭及电解铜板等。所用锌锭的成分见国家标准GB/T 470—2008，其他主要原材料的牌号及成分见表5-28～表5-30。原材料在使用前必须去污及预热。铜元素往往是以中间合金的形式加入到合金液体中，因此在熔制锌基合金前要熔制铝铜中间合金。熔制铝铜中间合金时，首先要将铝锭和电解铜板上的污垢去除并预热。若使用较小的坩埚熔化，还需事先将铝锭破碎成小块，最好用锻工垛刀在锻锤上切开。

表5-28　铝锭的成分（摘自GB/T 1196—2017）

牌号	杂质元素（质量分数,%）								
	Al（≥）	Fe	Si	Cu	Zn	Mg	Ga	其他单个	杂质总和
Al99.85	99.85	0.12	0.08	0.005	0.03	0.02	0.005	0.015	0.15
Al99.80	99.80	0.14	0.09	0.005	0.03	0.02	0.005	0.015	0.20
Al99.70	99.70	0.20	0.10	0.01	0.03	0.02	0.01	0.03	0.30
Al99.60	99.60	0.25	0.16	0.01	0.03	0.03	0.01	0.03	0.40

表5-29　铜的成分

级别	牌号	化学成分（质量分数,%）											杂质总和
		Cu+Ag（≥）	杂质元素（≤）										
			As	Sb	Bi	Fe	Pb	Sn	Ni	Zn	S	P	
一号铜	Cu-1	99.95	0.002	0.002	0.001	0.004	0.003	0.002	0.002	0.003	0.004	0.001	0.05
二号铜	Cu-2	99.90	0.002	0.002	0.001	0.005	0.005	0.002	0.002	0.004	0.004	0.001	0.10

（2）附加材料　采用木炭作为合金液体的覆盖剂以防止合金的氧化。氯化锌、六氯乙烷及其他一些无毒精炼剂可作为锌铝合金的精炼剂以除气造渣。为了防止杂质特别是铁渗入液态合金，要对所用工具事先涂刷涂料。涂料主要由氧化锌、滑石粉、水玻璃及水构成，其配方见表5-31。

表 5-30 镁锭的成分（GB/T 3499—2011）

牌号	化学成分（质量分数,%）											
	Mg（≥）	杂质元素（≤）										
		Fe	Si	Ni	Cu	Al	Mn	Ti	Pb	Sn	Zn	其他单个杂质
Mg9999	99.99	0.002	0.002	0.0003	0.0003	0.002	0.002	0.0005	0.001	0.002	0.003	—
Mg9998	99.98	0.002	0.003	0.0005	0.0005	0.004	0.002	0.001	0.001	0.004	0.004	—
Mg9995A	99.95	0.003	0.006	0.001	0.002	0.008	0.006	—	0.005	0.005	0.005	0.005
Mg9995B	99.95	0.005	0.015	0.001	0.002	0.015	0.015	—	0.005	0.005	0.01	0.01
Mg9990	99.90	0.04	0.03	0.001	0.004	0.02	0.03	—	—	—	—	0.01
Mg9980	99.80	0.05	0.05	0.002	0.02	0.05	0.05	—	—	—	—	0.05

表 5-31 锌合金用涂料配比（质量分数,%）

编号	氧化锌	滑石粉	水玻璃	水	石墨	备注
1	5	93	2	适量	—	浓度以刷涂为宜
2	25~30	—	3~5	其余	—	—
3	—	20~30	6	其余	—	—
4	—	25~30	5	其余	25~30	—

（3）配料方式　假设 C 为元素在合金中的质量分数，M 为炉料总量（kg），ρ 为合金元素在熔化中的烧损率，那么合金元素的需要量 Q(kg) 可由下式计算得到：

$$Q = CM/(1-\rho) \tag{5-21}$$

合金元素在熔化中的烧损率见表 5-32。

表 5-32 合金元素的烧损率（质量分数,%）

合金元素	Zn	Al	Cu	Mg
烧损率 ρ	0.5~2	0.5~1	0.5	5~10

（4）熔化设备及工具　由于锌合金熔点低，加热熔化方式较多。常用的有感应电炉、反射炉和坩埚电阻炉等。坩埚是锌合金熔化的主要工具。如果在坩埚炉中熔化，必须有合适的炉衬，一般采用碳化硅或石墨黏土。如果用反射炉，一般采用普通耐火砖及耐火黏土。因为锌铝合金中的铝易与铁反应形成有害的化合物如 $FeAl_3$，因此最好不要使用铁坩埚熔化锌铝合金。已经知道，锌铝合金中有富锌相及富铝相，由于它们的密度不同，熔化中会出现元素偏析。因此，熔体在浇注前要有较好的搅拌措施。有芯感应电炉熔化有自动搅拌熔体的作用，对无芯感应电炉的熔体需要稍加搅拌即可浇注。对反射炉或电阻坩埚炉熔制的液体在浇注前要整体搅拌。

另外熔化中还需要准备小浇勺、大浇勺、钟罩、取样勺、扒渣勺及浇包等。

2. 合金的熔化及浇注工艺特点

重力铸造合金的熔化方法有中间熔化法及直接熔化法。中间熔化法是将所加合金元素事先熔制成中间合金，其特点是防止元素氧化。

使用熔点为1080℃的铜和熔点为660℃的铝制成的中间合金，其熔点可降低到600~650℃。在所熔制的合金中，铜和铝的比例为3:4。一般采用电阻坩埚炉熔制。先将石墨坩埚预热到200℃左右，涂刷涂料2~3次，然后烘干。在涂有涂料的坩埚中放入破碎后的铝锭。坩埚大时可放入整块铝锭。加热时可在坩埚炉内撒入木炭粉。铝熔化后将预热的电解铜加入到铝液中，然后不断搅拌使铜块在铝液中完全溶解。待铜完全溶解后，可断电，并进行精炼。常用的精炼剂有氯化锌或六氯乙烷。由于精炼剂的密度比合金溶液要小，加入时要用钟罩压下以使精炼剂与合金充分反应。精炼剂一般要用纸包好后再压入。精炼结束后用扒渣勺将木炭及炉渣去除便可浇铸成锭。浇注的中间合金铸锭的厚度为40~50mm。太厚会增加破碎的难度。

在用中间合金熔制锌基合金时，先将所需重量锌锭的三分之一装入炉内，温度调定在650℃。待锌熔化后，在其表面撒上木炭粉。将称好的铝铜中间合金逐渐加入熔化的锌液中，并不断进行搅拌。待中间合金完全溶解后，即可断电。然后用钟罩将经预热的用纸包好的镁压入炉底，并搅拌。最后再用精炼剂除气造渣。待炉温降至450℃左右时即可进行浇注。

直接熔化法是一种直接加入所需金属的方法。熔化中先将铜置于坩埚中加热熔化，停止加热后，在铜液中加入铝块并进行搅拌。当温度降至700℃左右时，可放入锌块，锌熔化后将镁压入包底。合金的加入过程中要适当对合金液体进行搅拌以使其成分均匀化。合金熔化结束后，要进行精炼去气处理。浇注前要扒渣。采用这种方法配制合金的缺点是温度高，锌极易被氧化，所产生的氧化锌对人体健康不利。因此，生产中一般采用前一种方法。

具体熔化方法可根据单位实际生产条件而定。例如，生产ZA-27合金时，电炉熔炼有人采取下列方式：在备料时，铜以厚度为3mm的小薄条加入，长度不得超过炉膛直径的25%。所有炉料均需在150℃烘烤30min以去除油污。配料按锌烧损（质量分数）5%、铝烧损（质量分数）5%及镁烧损（质量分数）25%计算，铜烧损忽略。熔炼时先加入铝块，注意不要过热，然后加入铜条及锌块，最后加入镁块。合金用0.5%（质量分数）的氯化锌精炼，浇注温度为550~600℃。炉前检验采用断口分析，银白色及灰白色为合格。

也有人推荐$w_{Al}=21\%\sim28\%$、$w_{Cu}=2\%\sim3\%$及$w_{Mg}=0.01\%\sim0.035\%$的锌铝合金的配制为：配料按烧损率分别为$w_{Zn}=1\%\sim3\%$、$w_{Al}=5\%\sim20\%$、$w_{Cu}=0.5\%\sim1\%$及$w_{Mg}=10\%\sim30\%$计算。熔炼顺序为：先进行炉料及工具的准备，然后加料并熔化，再用质量分数为0.1%~0.5%的精炼剂及质量分数为0.05%~0.07%的变质剂进行处理。变质剂的主要成分为$w_{RE}=45\%$。熔炼温度控制在580~600℃，过热温度控制在60~80℃，浇注温度控制在510~520℃。实践表明，温度高于600℃会造成元素大量烧损，还会引起严重吸气。处理温度低于580℃，会导致精炼、变质、炉前检验及静置时间不够，夹杂不易排除。回炉料不宜超过总重量的20%。实践表明，回炉料过多会降低材料的伸长率。

压铸合金的熔化方法有直接熔化法和二次熔化法。直接熔化法是先将坩埚预热到暗红（600℃），装入铜料并加热熔化，再用1.5~5.8的磷铜脱氧，此后加入所有的铝；铝熔化后加入计划炉料90%的锌或90%的回炉料；升温到650℃后，用钟罩将$w_{Mg}=0.1\%\sim0.13\%$和$w_{ZnCl}=0.1\%\sim0.13\%$压入液体中；最后加入$w_{Zn}=10\%$或所有回炉料。在二次熔化法中，先将铝和铜熔化成$Cu_{50}Al_{50}$或$Cu_{67}Al_{33}$中间合金，铝铜中间合金的熔制采用坩埚炉。坩埚预热后，先加入全部铝料的2/3，再加入全部铜炉料的1/3，余料放置于炉盖上预热；铝熔化后，铺撒覆盖剂；继续加热至700~800℃使炉料全部熔化。再将剩余铜料分批加入坩埚内。铜全部熔化后，加入1/3的剩余铝料，再用氯化锌或六氯乙烷脱氧去渣。熔化锌铝合金时，先将全部锌料或质量分数为90%的回炉料装入坩埚炉内，再加入铝铜中间合金并加热到650℃。这时加入$w_{Mg}=0.2\%$和$w_{ZnCl}=0.1\%\sim0.12\%$，然后加入余下$w_{Zn}=10\%$及回炉料。最后加入占炉料总重量0.05%的氯化锌精炼，静置5~7min后即可扒渣浇注。值得注意的是，熔化时间及熔化温度要控制适当。如果熔化时间过长或熔化温度处于凝固区间，会造成熔体上部漂浮大量熔渣，而熔渣中含有大量铝。如果将渣扒除，必然造成合金含铝量大大降低。

锌铝合金的液相线温度分别为：ZA-8，404℃；ZA-12，432℃；ZA-27，484℃。浇注前的过热度以40~80℃为好。浇注温度取决于合金类型、合金液体在铸型中的流动长度、（铸型内）铸件的厚断面尺寸、内浇口的相对位置以及造型材料等因素。温度过低，则合金充型能力变差；温度过高，则影响凝固形式并会造成晶粒粗大。另外，当合金液体温度超过700℃时，会产生锌烟（氧化锌），所以建议浇注温度不要超过650℃。

总之，锌合金的熔化工艺特点为：熔化设备可选用范围广，可使用感应电炉、电阻坩埚炉、燃油坩埚炉、燃气坩埚炉及燃焦坩埚炉等，但主要用前两者；熔化工艺简单易行，无须专门的造渣及除气处理，也无须使用专门的覆盖剂；熔化速度快，熔化效率高，能源消耗少；为限制有害杂质的带入，要求原料的纯度高，另外在备料时炉料要与铝合金、铜合金隔离放置；熔化时要上下搅动以避免比重偏析；熔化要迅速，不宜过度过热。

鉴于这些特点，熔化时要特别注意如下事项：①保持溶液洁净，原材料要纯，要清洁，凡是与液态金属接触的容器或工具都应刷有涂料，防止容器或工具上的杂质进入溶液；②避免水蒸气存在，所用工具如各种勺、搅拌棒、金属型等在使用时都应烘干预热以去除水蒸气，防止工作中出现液体飞溅伤人事故，以及产品气孔缺陷，预热温度一般在200℃左右；③严格控制浇注温度。

5.6.2 锌铝合金的细化处理

对铝细化处理使用的细化剂同样适用于锌铝合金。通过细化晶粒来改善金属及合金的性能，已为冶金及铸造行业所关注。因合金的晶粒细化会使材料的力学性能特别是伸长率显著提高。另外，材料的铸造性能，如液体的充型及补缩能力也会得到改善，铸件的冷隔、裂纹及宏观偏析等缺陷也明显减少。晶粒细化方法较多，按细化机制可分为化学细化、物理细化、机械细化及热力学细化等。而生产中广泛采用的是化学细化，即在金属液中加入一定量的特殊添加剂（如金属或金属化合物），这些物质与金属液作用形成大量的细小化合物，构成了液体形核的外来质点，从而达到细化晶粒的目的。这种方法的特点是处理成本低，操作简便，使用效果好。因此，广大研究工作者在化学细化方面做了大量的工作，研究重点集中在细化剂元素的选择及细化剂的制造、细化处理的工艺参数确定、细化结果的检验及评价方法和细化机理研究方面。

1. 盐类细化剂

盐类细化剂的特点是微量的加入量便有强烈的细化作用，另外盐类细化剂中Ti与B的比例比较容易调整。李建新研究了钛盐、硼盐对锌铝合金的影响。试验使用了三种盐类细化剂，即氟钛酸钾、氟硼酸钾及二者的复合盐（氟钛酸钾：氟硼酸钾=80∶20，质量分数）。盐类细化剂的加入量为0.2%（质量分数）左右。处理合金为ZA-27，采用1号纯锌、0号纯铝、2号纯镁、2号电解铜作为原料，铜以中间合金的方式加入。细化剂的加入方式为：在压入镁几分钟后，将钛盐及硼盐撒在液态金属表面，保温10~15min，使盐与液体充分反应。然后扒渣→静置→扒渣→浇注试样。添加钛盐的温度在750℃以上，添加硼盐的温度为600~620℃，添加复合盐的温度为720~750℃。试验结果表明，细化剂加入量对细化有较大的影响。当加入量从质量分数为0.05%增加到0.2%时，ZA-27合金晶粒组织进一步细化。当加入量（质量分数）超过0.2%时，晶粒尺寸减小的趋势逐渐变慢。由此可以初步确定该细化剂的合适加入量（质量分数）为0.2%~0.3%。浇注温度、重熔次数对晶粒细化也有影响。用加入量（质量分数）为0.2%的复合盐细化剂在720℃时处理ZA-27合金，保温10min，降温到550℃，浇注金属型试样，然后依次升温。在700℃以下浇注时，随着浇注温度的升高晶粒并不粗化，说明在该温度范围内细化剂作用稳定。但当浇注温度升高到800℃时，晶粒略有粗化，浇注温度为900℃时晶粒粗化比较明显，出现了部分粗大的树枝晶。另外在900℃时合金液开始冒白烟，即大量的锌开始气化升华。所以实际生产中浇注温度一般控制在550~600℃。重熔温度为650℃时，试验发现重熔第6次和没有重熔时的晶粒尺寸几乎一样，即重熔次数对晶粒尺寸没有影响。保温时间没有太大影响。连续保温后其晶粒并没有粗化，而且晶粒分布比较均匀一致，说明该细化剂具有长效性。钛盐、硼盐对锌铝合金微观组织也有作用。试验发现，添加硼盐与添加复合盐有类似的结果。钛盐、硼盐及稀土对锌铝合金力学性能影响的规律是：合金伸长率随硼盐添加量的增加而提高，但强度降低。当加入量（质量分数）超过0.4%以后，合金伸长率的提高和强度的降低都变得缓慢了。还可以看出反应温度对合金伸长率的影响比较大，在相同添加量的情况下，温度越高，合金伸长率越低。但反应温度对强度的影响并不明显。

2. 含钛中间合金细化剂

合金细化剂以中间合金的形式在生产中使用。由于中间合金的使用效果比盐类添加剂如氟硼酸钾及氟钛酸钾要稳定得多，故合金细化剂在国外冶金及铸造工业中占有特殊的地位。合金细化剂属于“组织结构”中间合金，与所谓“合金化”中间合金不同，它的作用是直接影响被处理金属或合金在凝固时的组织结构。按细化剂的形状不同，它可分为块状细化剂、条棒状细化剂和丝带状细化剂。块状细化剂在生产中可直接铸成，条棒状细化剂还需经过轧压加工而得到。条棒状合金细化剂已在工业中得到广泛使用。

（1）Al-Ti及Al-Ti-B中间合金

1）对合金细化剂的种类及要求。在生产中间合金时，应满足以下质量要求：①细化效果好，其中包括使用效率要高，即在单位时间、单位用量下具有好的细化效果；②所形成的新的化合物分布要均匀，不能产生聚集或化学聚合；③带入夹杂物的数量要少。在以上要求中，前两者至关重要，而后者所指的夹杂物可通过其他手段如陶瓷泡沫滤网去除。最早使用的合金细化剂为Al-Ti中间合金。其常用类型有Al-6Ti及Al-10Ti两种。由于在使用时，加入量较大，易产生严重偏析，故逐渐为Al-Ti-B中间合金所代替。根据Ti与B的质量比不同，目前工业使用的商品Al-Ti-B系列合金有如下11种：Al-5Ti-0.5B、Al-5Ti-0.2B、Al-5Ti-0.1B、Al-6.5Ti-1B、Al-10Ti-1B、Al-10Ti-0.4B、Al-10Ti-0.15B、Al-3Ti-1B、Al-3Ti-0.5B、Al-3Ti-0.2B及Al-3Ti-0.1B。

2）合金细化剂中Ti和B的作用。从目前所使用的铝合金细化剂看，Ti的细化作用是最为重要的。Ti的细化作用一般用“包晶理论”解释。这是因为在Ti-Al平衡相图中存在如下包晶反应：$L+TiAl_3 \longrightarrow \alpha \longrightarrow Al$，其中初生相 $TiAl_3$ 在晶粒细化中起重要作用。影响 $TiAl_3$ 出现的因素除足够量的 Ti 元素富集外，还有凝固时的冷却速度。因为一定的冷却速度能促进 Ti 元素的富集。

也有人认为 Ti 的细化作用和 $TiAl_3$ 的过渡相 Al_xTi 有关。因为实际生产中的液体结晶并非平衡结晶，故在结晶过程中会出现亚稳定相 Al_xTi。这种相的晶格常数与铝固溶体很接近，故该相能直接成为铝结晶的形核基底。这种“结构形核理论”已为金相观察所证实。

另外还认为，Ti 的作用主要是造成液体的结构过冷。实验证实，在加入 $w_{Ti}=0.0005\%$ 的条件下，能使液体过冷 0.2℃。这就是所谓 Ti 的“结构过冷理论”。有人研究了 $w_{Ti}=0\sim0.05\%$ 对 ZA-27 和 ZA-24 锌铝合金的细化作用。熔化采用碳化硅坩埚，采用 Al-5Ti 中间合金加钛。尽管在较低的温度（550℃）重熔数次后能使晶粒细化，但为了保证钛能迅速溶解，试验采用较高的熔化温度（约 750℃）。

用钛细化铝基合金已提出各种理论，例如，提出 $TiAl_3$ 为活性形核剂。碳化物、硼化物也可作为铝基合金的形核剂。但有人发现用钛细化锌铝基合金时，形核剂是一种新相。通过光学显微镜观察发现，在初生 α 晶粒的中心存在一种立方形态的相。用凯勒试剂浸蚀 2min 或用 0.5%的盐酸酒精溶液腐蚀较长时间能将这种相腐蚀显现出来。试验表明，$w_{Ti}>0.05\%$，不会使晶粒更加细化。对萃取出来的立方晶核嵌入铜基体中切片抛光，然后用电子探针分析。其结果为：$w_{Ti}=30.7\%\sim32.8\%$，$w_{Zn}=21.8\%\sim23.4\%$，$w_{Al}=44.1\%\sim47.5\%$。晶核相可以用 Al_5Ti_2Zn 表示。对萃取相进行电子显微选区分析，测定相的晶体点阵及其参数。

具体方法是：先将碳膜置于一张铜网上，再将晶核粒子沉积于其上，然后用装有测角镜载物台的 EM300 透射电镜进行测定。由于颗粒较厚，衍射图用立方棱或角摄取。对同样的区域再用扫描电镜进行能谱分析，所得到的结论一致，晶核相为立方晶格，其晶格常数为 $a=3.99Å$。由于基体 α 相和 Al_5Ti_2Zn 相一样都是立方晶格，并且 ZA-24 合金中 α 相的晶格常数为 $a=4.02Å$ 以及 ZA-27 合金中 α 相的晶格常数为 $a=3.99Å$，即错配度低于 2%，因此 Al_5Ti_2Zn 相可以作为锌铝合金结晶的晶核。但是当 $w_{Ti}>0.05\%$ 时，Al_5Ti_2Zn 相数量不再增加，而出现了 $TiAl_3$。$TiAl_3$ 相往往沉积在 Al_5Ti_2Zn 相上，使 Al_4Ti_2Zn 相的作用消失。

B 在 Al-Ti-B 中间合金中以 TiB_2 化合物形式存在。与 $TiAl_3$ 相比，TiB_2 是不溶性化合物。关于 B 在细化中的作用仍然存在着争议。有人根据前述“包晶理论”认为，B 的加入可使包晶反应时的液体中的 Ti 含量降低，这样就保证了在低 Ti 含量时 $TiAl_3$ 的热力学稳定性。但是“硼化物质点形核理论”认为，TiB_2 可直接作为铝结晶形核的基底，因为 TiB_2 的晶格常数与铝也十分相近。近年来有人结合包晶理论及简单异质形核理论，提出了带有结晶反应的异质形核理论，即所谓“Hulk 理论”。该理论对 Ti 及 B 的作用解释为：Al-Ti-B 中间合金熔化的同时，TiB_2 及 $TiAl_3$ 溶解；B 及 Ti 元素进入液体；未溶解的 $TiAl_3$ 被 TiB_2 所覆盖，直到一个完整的包晶晶粒形成；Ti 元素通过覆盖层由内向外扩散，而 Al 元素由外向内扩散，直到壳里形成富 Ti 液体；壳内液体在高于平衡温度的条件下形核；α-Al 晶核长大，枝晶穿过覆盖层；随着 α-Al 长大，包晶晶粒消失，但硼化物仍然保留在 α-Al 的中心。

3）其他元素对 Al-Ti-B 细化剂作用的影响。Zr 和 Cr 元素对 Al-Ti-B 的细化产生“毒化”作用。有人认为，这和结构过冷有关，也有人认为这是“核心毒化”的结果，即这些元素沉积到 TiB_2 的表面，阻碍 TiB_2 形核。也有人解释为不同元素形成硼化物的形核作用不同。如 Cr、Zr、Nb、Ta、V 等元素都能形成稳定的和 TiB_2 相似的硼化物，但其中 Nb、Ta 的硼化物可以帮助铝形核，而Cr、Zr的硼化物却不能细化晶粒。在生产中，为了减小这些元素的不良作用，有意识地预先在液体中加入Ti。例如，处理AlTiZr（含0.1%Ti及0.1%Zr）液体，未加TiB_2时，Zr未起不良作用；加入TiB_2时，可以更好地细化组织。但在处理AlSi合金时，尽管也加入了TiB_2处理，但Zr仍具有阻止细化的作用。

人们观察到，一定量的Fe、Si、Ti在铝液中能共同促进细化，而微量的Fe、Si、Cu却无这种作用。有人专门研究了Si的促进作用。Si和Mg有增强作用，Si和Fe及Cu的作用也是相互增强的，但是Cr和Mn则削弱Si的作用。另外，当浇注温度高时，Si的作用降低。对结晶核心进行观察，发现TiB_2颗粒上存在硅相。除Si元素外，在加入1%的Cu和Zn元素时，也表现出大的促进作用。试验表明，Fe、Si、Mg、Cu对铝的细化增强作用依次递减。

4）Al-Ti-B合金细化剂存在的问题。主要是细化处理后的金属或合金在继续加工时会出现较大的问题。在用Al-Ti-B细化剂处理的合金中存在硬质的TiB_2质点，在合金轧制薄板时会在其表面形成条纹，另外还会增加轧制时的摩擦力。实际上可熔性化合物$TiAl_3$，也会引起这种缺陷。对于铝硅镁合金的细化结果表明，TiB_2聚合物往往和氧化物结合在一起，轧制加工后，合金表层出现明显划痕线。在生产中，人们倾向于使用Ti与B的质量比为5∶1的$AlTi_5B_1$合金细化剂。这是因为该合金中不仅有较多的TiB_2，而且还有大量的自由Ti。但是在生产薄板件时，人们却采用$AlTi_5B_{0.2}$或含硼更低的中间合金，其目的是减少硬质硼化物的含量。

（2）Al-Ti-C中间合金　除Al-Ti-B中间合金中的硬质TiB_2颗粒对生产不利以外，微量的Cr、Zr元素对其细化产生毒化并影响了生产的稳定性。因此，探讨其他细化剂成为科学工作者的研究方向。早在1949年有人曾提出Al-Ti-C对铝有细化作用。但是碳在铝中的溶解度低，生产出的合金质量不稳定，因而未受到足够重视。近年来，由于Al-Ti-B合金的不足，人们又重新着眼于Al-Ti-C中间合金的研究。

1）Al-Ti-C中间合金的显微组织及细化作用。根据显微观察及EDS技术判定，在Al-Ti-C中间合金的组织中存在针状的$TiAl_3$及小块的TiC。但通过电子衍射进一步分析，在TiC表面偶然还有Al_4C_3及Ti_3AlC相。尽管电子探针分析结果有Fe，但未观察到铁化合物存在。Al-Ti-C中间合金的细化作用取决于TiC，因TiC与TiB_2一样有简单异质形核的作用。但当TiC表层出现没有形核能力的Al_4C_3及Ti_3AlC相时，TiC的形核作用便消失。这被称为TiC的"中毒"现象。造成这种"中毒"现象的原因是，润湿TiC颗粒的铝液同时在颗粒/液体界面发生反应$3TiC+4Al = Al_4C_3+3Ti$和$9Ti+Al_4C_3 = 3Ti_3AlC+Al$，这样，在TiC颗粒表面便形成了$Al_4C_3$及$Ti_3AlC$颗粒。

2）Al-Ti-C中间合金的细化结果。使用块状Al-Ti-C中间合金处理纯铝，并与块状及杆棒状Al-Ti-B合金进行对比。加入量（质量分数）均为0.2%，浇注温度为725℃，保温时间为5~120min。试验结果表明，保温5min后，块状Al-Ti-C与杆棒状Al-Ti-B的细化效果基本相同。但当铸型温度提高后，Al-Ti-C合金的效果更好。

3）存在的问题。目前生产中使用的中间合金为$AlTi_5C$和$AlTi_6C$，其中$AlTi_5C$已成为商品并在工业中使用。从使用的结果看，未出现Zr及Cr元素对Al-Ti-C合金的细化造成毒化的报道。但是，目前从理论上讲还存在一些问题，例如，如何解释在Al-Ti-C合金中不仅有游离的Ti元素，而且还有游离的C元素，而C元素本身对铝的细化有反作用。另外，$TiAl_3$和TiC之间的相互作用，即$TiAl_3$对TiC的影响仍不清楚。从实际应用的角度讲，用Al-Ti-C

中间合金处理时会出现条状晶和等轴晶的混合组织，这是生产应用中不能接受的。因此在生产中还需进一步优化生产条件及改善产品性能。

（3）Al-Ti-B-Fe 中间合金　TiB_2 是工业应用中不希望存在的质点。除减少 B 的含量来消除其不良作用外，有人在 Al-Ti-B 中间合金中加入 Fe 元素来改善硼化物的性质，所研制的合金为 $AlTi_5B_1Fe_3$。中间合金试制的方法采用普通凝固及特殊凝固两种。采用前者得到中间合金的组织相为：AlFe、Al_2Fe、Fe_2Ti、Fe_3Al、$AlFe_2B_2$、$TiAl_3$、Ti_9Al_{23}、Ti_2Al、Ti_3Al 及 FeB。采用后者得到的组织相为：Ti_3Al，FeTi、TiAl、$TiAl_{13}$、Al_4Fe、Fe_3B 及 Ti_9Al_{23}。在使用特殊方法得到的显微组织中，Fe 及 Ti 元素的分布均匀，质点细小而分散，没有硼化物的聚集。

（4）Al-Ti-碱土金属中间合金　碱土金属 Be、Mg、Ca 及 Sr 对 Al-Ti 合金的细化也有促进作用。如使用 $AlTi_5Sr_{0.6}$中间合金处理纯铝，在加入量（质量分数）为 0.35%时，细化结果与常规细化剂相同。在用 Al-Ti-Sr 及 Al-Ti-Ca 中间合金处理的组织中，通过扫描电镜及电子探针观察，发现组织中存在与晶粒细化有关的 Al-Ti-Sr 及 Al-Ti-Ca 二元中间相。关于这些相的构成及作用机理，有待进一步研究。

（5）钛基中间合金存在的问题及解决途径　钛与铝的比差较大，因此中间合金中的钛易偏聚，并形成粗大的针状 $TiAl_3$ 化合物。经计算，在 750℃温度条件下，平均尺寸为 40μm 的块状 $TiAl_3$ 化合物，要完全溶入到液态金属中，需要花费半个小时。而平均尺寸为 100μm 的板状晶体在相同温度下保温 1h 仍然未能全部溶解。由此来看，含有粗大化合物的中间合金细化效率并非很高。

在一般制造条件下，若使中间合金的含钛量增加，势必造成合金细化剂中 $TiAl_3$ 颗粒尺寸增大，因而降低中间合金的细化效果。我们采用离心浇注及在金属型中保压凝固的方法制取高钛合金细化剂，并研究了这种中间合金的细化效果。图 5-4 所示为离心熔化浇注充型设备。在真空（0.1 Pa）下用高频感应电源加热和熔化原材料。离心转轴的旋转速度为 416r/min，冷却水流量为 6.6L/min。为了避免金属钛与坩埚反应，坩埚由钛酸铝及碱土金属氧化物制成，其内部尺寸为 ϕ55mm×75mm。坩埚及铸型的轮廓形状如图 5-5 所示的工作原理图。

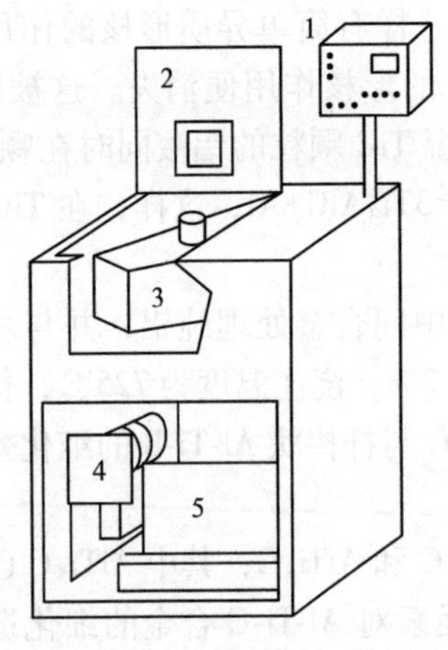

图 5-4　离心熔化浇注充型设备

1—显示及控制　2—炉盖　3—旋转臂

4—高频振荡器　5—控制板

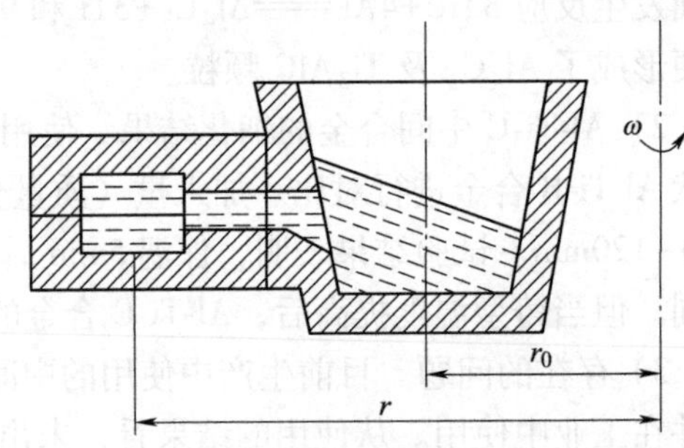

图 5-5　坩埚及铸型的轮廓形状及工作原理

铸型由铜制成，其外部轮廓尺寸为160mm×140mm×40mm，试样尺寸为ϕ12mm×100mm。每型可铸三个试样。合金熔化前，先将熔化好的铜铸型放入转臂箱内定位，其浇口与坩埚的出液口相连。在坩埚内放入原材料后即可合盖抽真空。达到预定的真空度时可接通加热电源，使坩埚内的原料感应加热及熔化。通过盖子上的玻璃可直接观察坩埚内合金的熔化情况。待坩埚内的合金熔化后即可切断加热电源，并使转臂绕转轴旋转。此时坩埚内的液体在离心力作用下迅速充入铸型，并在离心压力作用下凝固。

图5-6a、b所示为$AlTi_6$合金重熔、离心压铸前后的合金组织，图中的白亮块为$TiAl_3$化合物。可以明显看出，离心压铸后的中间合金中，$TiAl_3$化合物颗粒变得十分细小。图5-7所示为在离心压铸条件下，$TiAl_3$颗粒平均直径随中间合金钛含量的变化。可以看出，尽管随着钛含量的增加，$TiAl_3$化合物颗粒的平均直径在增大；但是在相同含钛量条件下，离心压铸所得到的$TiAl_3$颗粒要小得多。换言之，在颗粒平均直径相同的条件下，用离心压铸法要比用普通制造方法所得到的合金中允许的钛含量更大。这种方法使中间合金中$TiAl_3$颗粒变细小的原因，不仅与金属型激冷、过冷度增大有关，也与液态金属在离心压力作用下的凝固有关。根据扩散激活能ΔG_A与压力p的关系，液态金属的形核率I与压力p有如下关系：$\ln I=\ln a-b(d+p)^{-2}-cp$。其中，$a$、$b$、$c$及$d$均为与压力无关的热力学参数。可以看出，在一定压力范围内，压力增大，液态金属的形核率也增大。在旋转浇注条件下，试样上任何一点所受到的离心压力p_r与转速ω和该点与转轴的距离r有如下关系，即$p_r=0.5\rho\omega^2(r^2-r_0^2)$。其中，$\rho$为液态金属的密度，$r_0$为试样自由表面到转轴的平均距离。由于离心浇注时铸型与转轴有相当的距离和转轴具有相当的转速，因而旋转所产生的离心压力对形核是有一定作用的。但是，离心压力更重要的作用是，增加了液态金属充型和凝固时与铸型壁面的接触，因而改善了传热条件，增大了旋转铸型的散热强度，使金属凝固速度加快，凝固时形成的化合物颗粒变得更为细小。

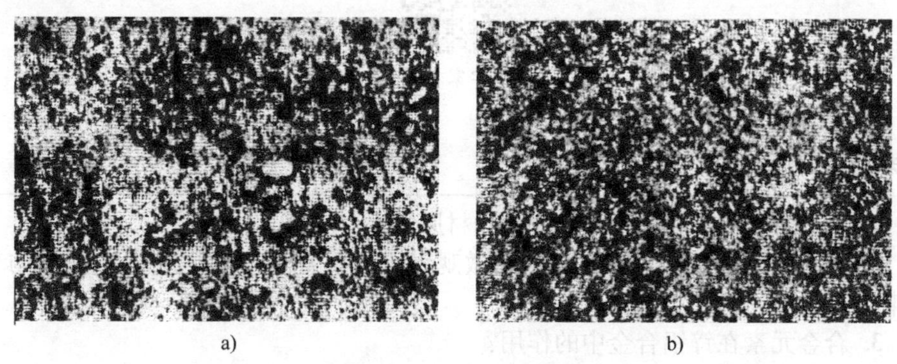

a)　　b)

图5-6　$AlTi_6$中间合金组织示意图（×500）

a）$AlTi_6$合金重熔　b）离心压铸后

3. 稀土细化处理

前已述及，稀土元素Ce对ZA-43合金的组织有明显细化作用，和Ce在合金中的成分过冷效应引起枝晶分枝熔断有关。彭日升等详细讨论了稀土对锌铝合金的作用。选用国产1号锌、纯铝和Al-50Cu中间合金、纯镁及Al-10RE（镧、铈等混合稀土）中间合金熔制合金时，合金在石墨坩埚中用电阻炉熔化，用C_2Cl_6除气，铁模浇注。当$w_{RE}=0.06\%$时，效果最好，晶粒尺寸从56μm细化到36μm，枝晶臂间距从40μm减小到26μm。再增大稀土含量时，细化作用减小，变质使粗大树枝晶变小，使枝晶臂变短。此外，变质处理使晶界上的ε化合物尺寸变小，均匀分散分布，连续网状ε减小，条状ε增多。稀土加入量增加到$w_{RE}=0.10\%$时，组织中出现白色块状稀土相，沿晶界分布。稀土加入量再增加，化合物呈堆积状分布。由该稀土相能谱分析可推算稀土相分子式为（RE，Cu）Al_4Zn_7。560℃液淬组织中没有锌基固溶体和ε化合物，有较多的α小晶块、$CeAl_4$和$LaAl_4$化合物，组织呈白色。边缘清晰且分布均匀的小颗粒为$CeAl_4$和$LaAl_4$化合物，边缘不明显的暗白色块为α晶块，它主要是合金液液淬时的析出物。α枝晶结晶时，未能作为结晶核心的$CeAl_4$和$LaAl_4$化合物富集在结晶前沿液体中。组织中白色树枝晶为α固溶体，白亮色方块为（RE，Cu）Al_4Zn_7稀土相。由于Al-RE－10%合金的组织为$CeAl_4$+($CeAl_4$+Al）共晶和$LaAl_4$+（$LaAl_4$+Al）共晶，液相线温度为1000℃，而变质合金在低于700℃下熔炼，因此合金液中存在未熔化的$CeAl_4$和$LaAl_4$颗粒。试验表明，$LaAl_4$和$CeAl_4$与α相有很好的共格对应关系，可以成为α相形核的基底。另外，合金液中那些未能成为α相形核衬底的$CeAl_4$和$LaAl_4$颗粒，结晶时富集在固液界面前沿，机械地阻碍了合金液中铝、锌、铜原子扩散。上述原因使α枝晶的长大受阻，从而缩小了枝晶臂间距。

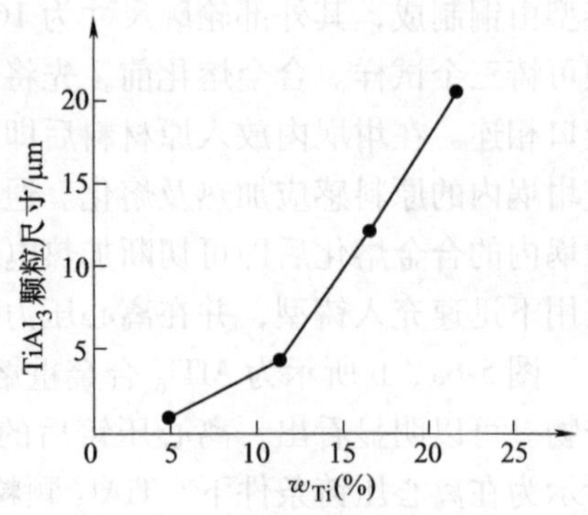

图5-7 $TiAl_3$颗粒平均直径随中间合金中钛含量的变化

拓展视频

科学家精神

思考题

1. 锌铝合金具有哪些优缺点及其选材原则？

2. 随铝含量的变化，锌铝合金的微观组织和常规力学性能会发生怎样的变化规律？

3. 合金元素在锌铝合金中的作用？

4. 时效处理对锌铝合金组织和性能的影响？

5. 材料的疲劳性能是什么？锌铝合金的疲劳性能怎样？

6. 如何提高ZA-27锌铝合金的摩擦磨损性能？

7. 简述锌铝合金容易产生晶间腐蚀的原因及其改善措施。

8. 简述锌铝合金的制备工艺及注意事项。

9. 简述锌铝合金的细化处理工艺。

下篇
材料应用

第6章 形状记忆合金

形状记忆合金（Shape Memory Alloy，SMA）是指具有记忆自身形状功能的合金材料。其实早在1951年，张禄经和Read就应用光学显微镜观察到形状记忆效应（Shape Memory Effect，SME）的极端例子：Au中含Cd 47.5%的合金中，低温相马氏体和高温（剩余）相（母相）之间的界面随着温度下降向母相推移（母相→马氏体），随着温度上升，向马氏体推移（逆相变：马氏体→母相）。虽然当时未以形状记忆命名，也未引起功能应用的重视，但是通常以此标志着对SMA研究的开始。直到1963年，美国海军军械研究室Buehler等偶然发现Ni-Ti合金（当时作为阻尼材料开发研究）在室温经形变弯曲（马氏体态），再经加热（发生逆相变：马氏体→母相）后自动回复母相状态形状（自动弹直）；由于积累了马氏体相变的知识，他们领悟到这类合金（具有热弹性马氏体相变的合金）在经过马氏体态变形和经逆相变，能自动回复母相形状，于是命名为形状记忆。20世纪70年代，人们对于Cu基合金中记忆效应的微观机制、应力诱发马氏体相变晶体学有了清晰的认识，而Ti-Ni合金由于包含复杂的相变现象，并且难以制备单晶体，其理论研究进展缓慢。进入20世纪80年代，研究有了较大进展，到前几年才逐步弄清了Ti-Ni合金马氏体的晶体结构和内部组织、R相变与马氏体相变晶体学、记忆机制、实效行为等现象。

20世纪70年代以来已经开发出Ni-Ti基、Cu-Al-Ni基、Cu-Zn-Al基形状记忆合金等，并已应用于工业生产。20世纪80年代，又开发了Fe-Ni-Co-Ti基、Fe-Mn-Si基等形状记忆合金。1989年，美国弗吉尼亚理工学院及州立大学的C. A. Rogers提出将NiTi丝埋入复合材料层合板中，使构件具有被动减振降噪的能力。在这个被称为形状记忆合金混杂复合材料的构想中，最突出的特点就是利用SMA的特性，改变结构中的应力应变分布。这是形状记忆合金在工程结构减振方面的第一次应用。30余年来，有关形状记忆效应的研究已涵盖马氏体相变领域，现已应用在生物、电子、机械、航空航天、运输、建筑、化学、医疗、能源、家电、服饰等越来越多的领域。

重点知识讲解

扫码看视频讲解

6.1 理论基础

6.1.1 热弹性马氏体

形状记忆合金的名称来自于它能够记忆形状的能力，其实质为热弹性马氏体相变。

徐祖耀提出马氏体相变的定义：替换原子经无扩散切变位移（均匀和不均匀形变），由此产生形状改变和表面浮突，呈现不变平面应变特征的一级、形核-长大型的相变。与一般马氏体相变不同的是，形状记忆合金相变为热弹性的。以电阻法、DSC 法等可测得材料进行马氏体相变及其逆相变的相变临界温度，如图 6-1 所示。一般以 *Ms* 表示母相开始转变为马氏体的温度，*Mf* 表示马氏体相变完成的温度；*As* 表示马氏体经加热时开始逆相变为母相的温度，*Af* 为逆相变完成的温度。在低于 *Ms* 点的温度下，随着冷却过程的进行，马氏体晶粒长大，但是长大到一定程度后，热力学的化学自由能减少与弹性的非化学自由能增加之和达到某一极小值，这时，晶粒便停止长大。这种热效应和弹性效应之间的平衡状态也就是热弹性（Thermoelasticity）这一名称的由来。在热弹性马氏体相变中，已有的马氏体晶核随温度的降低以相当于冷却速度的速度（例如，人肉眼也能观测得出的速度）长大，并且随着温度升高而收缩。

另外，有研究表明，只有热滞面积（图 6-1 中冷却及加热曲线所包围的区域 *MsMfAsAf*）较小的热弹性马氏体才具有形状记忆效应。图 6-2 所示为无形状记忆效应的 Fe-Ni 合金与热弹性马氏体 Au-Cd 合金相变热滞的比较，可见具有形状记忆效应的 Au-Cd 合金的热滞面积很小。

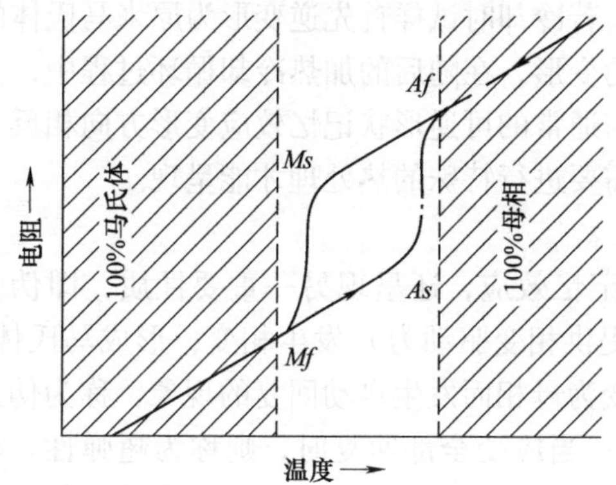

图 6-1　热弹性马氏体相变及逆相变过程示意图

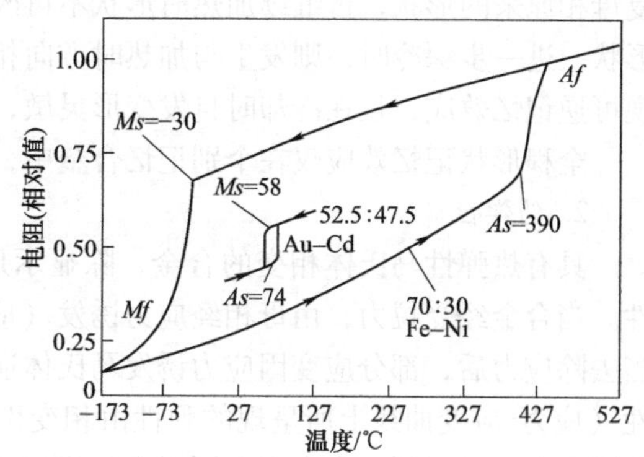

图 6-2　Fe-Ni 合金和 Au-Cd 合金的电阻-温度曲线

钢的马氏体很硬，不能进行塑性变形，而形状记忆合金的热弹性马氏体却不硬，在其 *Mf* 点以下很容易变形。但是为了保证合金加热时形状能完全复原，应变量不能过大（通常限制在 3%~9%），具体取决于合金的成分。

6.1.2　形状记忆效应及超弹性

形状记忆合金一般具有两大特性：形状记忆效应和超弹性。

1. 形状记忆效应

多数合金中，热弹性马氏体相变的存在是形状记忆效应的前提条件。形状记忆效应是指材料在 *As* 以下发生形变，在加热到 *Af* 温度以上借助于可逆的（通常指晶体学上可逆）逆转变得到回复的现象。形状记忆效应有三种类型：

（1）单程形状记忆效应　当一定形状的母相样品由 *Af* 以上冷却至 *Mf* 以下形成马氏体后，马氏体在 *Mf* 以下变形，经加热至 *Af* 以上，伴随逆相变，材料会自动回复其在母相时的形状。当马氏体变形后经逆相变，能回复母相形状的称为单程形状记忆效应。若没有再次施加变形，单程形状记忆效只会发生一次。

(2) 双程形状记忆效应　有的材料经适当"训练"后，不但对母相形状具有记忆，而且再度冷却时能回复马氏体变形后的形状，称为双程记忆效应（一般双程记忆效应并不完全）。双程形状记忆效应是随着温度一冷一热的变化，而发生形状上的反复变化。

双程形状记忆效应是在单程形状记忆效应的基础上，通过"训练"而获得的。所谓"训练"，其目的是使马氏体按照人们的要求定向生长，从而获得所要求的形状变化。例如，训练记忆合金试片使其具有冷弯热直的双程记忆效应，具体步骤如下：

1）通过淬火等热处理方式使试样获得热弹性马氏体，此时的马氏体的生长取向是混乱的。

2）将具有热弹性马氏体的试样加热到母相状态（温度大于 *Af*）。

3）母相状态时将试样弯曲。

4）将在母相状态弯曲的试样保持弯曲淬入温度低于 *Mf* 的环境或溶液中。

通常试样重复上述四个步骤 6~10 次后，就具有了双程形状记忆效应。

(3) 全程形状记忆效应　全程形状记忆效应是指试样在 *Mf* 以下变形，加热到 *Af* 以上回复母相原来的形状，再继续加热时形状不再改变；若冷却时试样首先逆变形为原来马氏体的形状，进一步深冷时，则发生与加热时方向相反的变形，在随后的加热冷却循环过程中，呈现可逆记忆效应，且在冷却时自发变形灵敏，但与通常的可逆形状记忆效应变形方向相反。

全程形状记忆效应仅在个别记忆合金中，且需要进行特殊的热处理才能呈现。

2. 伪弹性

具有热弹性马氏体相变的合金，除显示形状记忆效应，还呈现另一重要性质，即伪弹性。当合金经受拉力，由母相经应力诱发（应力提供相变驱动力）发生相变，形成马氏体；当去除应力后，部分应变因应力诱发马氏体逆相变为母相而发生自动回复的现象，称为伪弹性（应力-应变曲线上所呈现的弹性由相变引起）；当应变全部回复时，则称为超弹性。对不同合金，或对同一合金在不同温度下施加压力，卸载后会出现不同的应变回复情况。

图 6-3 所示为形状记忆效应和超弹性产生条件示意图。如果合金塑性变形的临界应力较小（图 6-3 中 *b* 线），会出现滑移而产生塑性变形，就不会出现伪弹性；若临界应力较大（图 6-3 中 *a* 线），则应力未达到塑性变形的临界应力（未发生塑性变形）时就出现了伪弹性。图 6-3 中 *Ms* 处引出的斜线表示温度高于 *Ms* 时，应力诱发马氏体相变所需要的临界应力。*Af* 点以上相应的应力产生的变形，在外力去除后即自动回复，称为伪弹性区。*As* 点以下时经变形后需加热才能回复其原来形状，称为形状记忆效应区。在 *As* 与 *Af* 之间相应的应力下，则是二者共有区。另外，形状记忆合金的伪弹性可回复的应变量能达到 10%~20%。

6.1.3　形状记忆效应机制

形状记忆合金母相的结构比较简单，一般为具有高对称性的立方点阵，且绝大部分为有序结构。马氏体的晶体结构比母相复杂，对称性低，且大多为长周期堆垛，同一母相可能有几种不同的马氏体变体。如果考虑内部亚结构，则马氏体结构则更为复杂：如 9R 与 18R 马氏体的亚结构为层错，3R 与 2H 马氏体的亚结构为孪晶。

形状记忆合金的母相一般都是有序的。由于有序化，合金具有更高的弹性极限。因此，

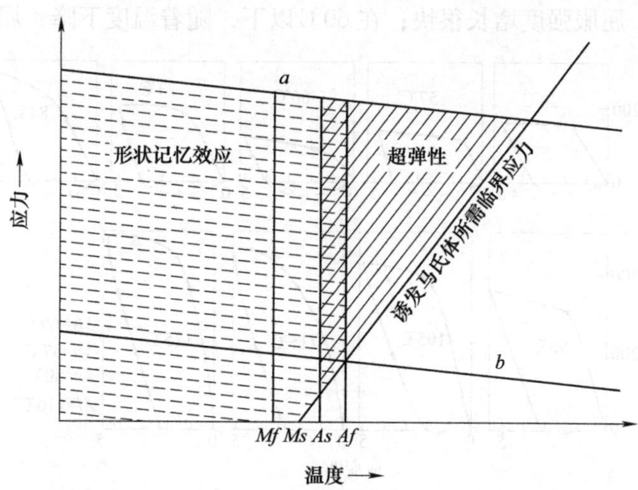

图 6-3 形状记忆效应和超弹性与温度、应力以及滑移临界切应力间的关系

热弹性马氏体在相变过程中产生的尺寸畸变不会超过母相的弹性极限。相变时，母相与马氏体相的界面能保持弹性共格，为逆相变时重新构成母相结构提供有利条件。另外，高度有序化的母相，对称性低，逆相变时容易回复原状，即容易出现形状记忆效应。由于滑移引起的变形是不可逆的，故形状记忆合金的亚结构由孪晶及周期层错组成，不含可动位错。形状记忆合金加热时回复原状是热弹性马氏体逆相变的结果。该结果的产生不是由于滑移，而是由于马氏体变体（即晶体结构相同，但取向不同的单个马氏体）之间的界面移动所致。

一般来说，形成有序晶格和热弹性马氏体相变是形状记忆合金的基本条件。

6.2 镍钛形状记忆合金

6.2.1 NiTi 合金的力学性能

NiTi 合金的力学性能，如抗拉强度、屈服强度、伸长率、硬度、可加工性等的测量结果列于表 6-1 中。

表 6-1 NiTi 合金力学性能

硬度 HV	（马氏体相）180~200
	（奥氏体相）200~350
抗拉强度/MPa	1000~1100
屈服极限/MPa	（马氏体相）50~200
	（奥氏体相）100~600
伸长率（%）	20~60①

① 随热处理条件不同有变化。

上述大部分力学性能实际上与温度相关。图 6-4 所示为一组 Ni-50Ti 合金的应力-应变曲线，应变量均为 5%。由图 6-4 可以看出，该材料在 66℃附近屈服强度最低；在 66℃以上时，随着温度上升，屈服强度增长很快；在60℃以下，随着温度下降，屈服强度增长很慢。

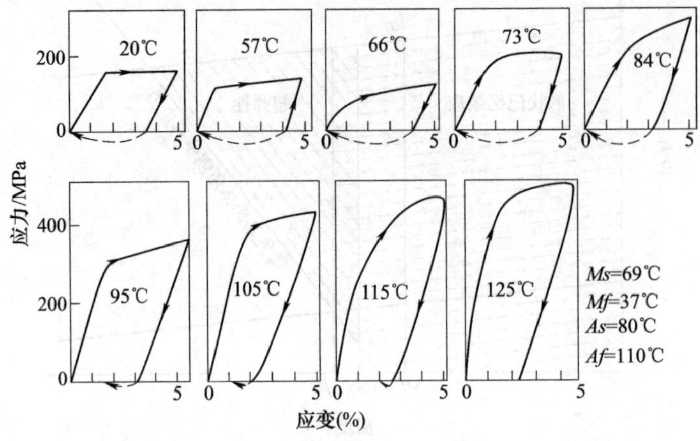

图6-4　各种温度下Ni-50Ti合金的应力-应变曲线

图6-5所示为3种不同Ni含量NiTi合金的屈服强度和温度的关系，材料均经过800℃淬火。

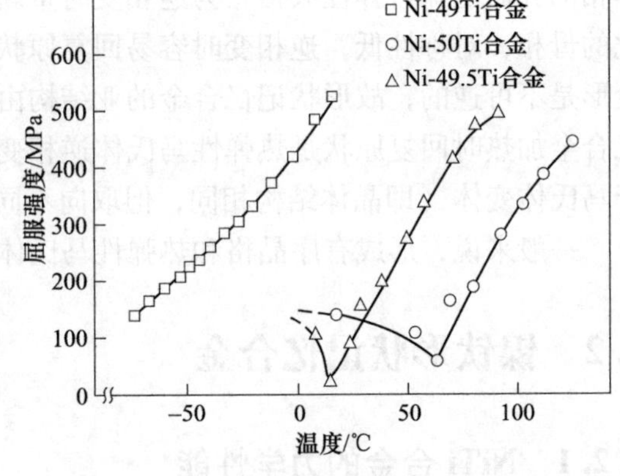

图6-5　NiTi合金的屈服强度-温度曲线

Rozner等人对Ni-50Ti合金试样在-196~700℃时的拉伸变形的应力-应变曲线作了测定，发现了几个颇具特征的性质，介绍如下：

1）在70℃以下出现不连续屈服，当出现4%~7%的Lüders应变后，加工硬化速度极快。

2）在100~400℃，合金屈服现象变成连续，加工硬化速度也减小。

3）400℃以上几乎无加工硬化现象，始终保持良好的均匀延伸。

4）即便在-196℃，合金试样都能达到近40%的伸长率。

6.2.2　NiTi合金的形状记忆特性

形状记忆合金的形状记忆效应表现在马氏体相变过程中。形状记忆合金随着温度的变化表现出形状变化（形状回复），同时产生回复应力；马氏体相变和马氏体逆相变存在温度滞后，即$As-Ms\neq0$；经历了一定的热循环或应力循环后，形状记忆特性开始逐渐衰减以至消失，即存在疲劳寿命等问题。将这些与形状记忆效应相关的性能称为形状记忆特性。

NiTi合金的形状记忆特性归纳于表6-2。

表6-2　NiTi合金形状记忆特性

相变温度（Af点）/℃	-10~100
温度滞后/℃	2~30

（续）

形状回复量	循环次数少时	6%以下
	循环次数多时	（$N=10^5$）2%以下
		（$N=10^7$）0.5%以下
最大回复应力/MPa		600
热循环寿命		10^5~10^7
耐热性/℃		≈250

形状记忆特性中的形状回复力-温度、形状回复量-温度、回复力-形状回复量等相关曲线都表现出非线性关系，以及实际使用中的设计方法等有其特殊性。

1. 晶粒细化对形状记忆特性的影响

NiTi 合金是迄今为止发现的记忆特性最好的一种形状记忆合金。由于 NiTi 合金的弹性各向异性小，难以在晶界处产生大的应力集中。所以在热循环或应力循环中性能比较稳定，反复循环的寿命比较长。NiTi 合金在固溶处理后的平均晶粒大小只有数十微米，因此它不会像铜基记忆合金那样，在晶界处产生破裂，而且成形性良好。NiTi 合金的平均粒径尺寸再减少一个数量级，达到几微米，则可以期待晶界处的应力集中更少，反复循环的寿命延长，屈服强度上升，形状回复力提高，伪弹性特性得以改善。

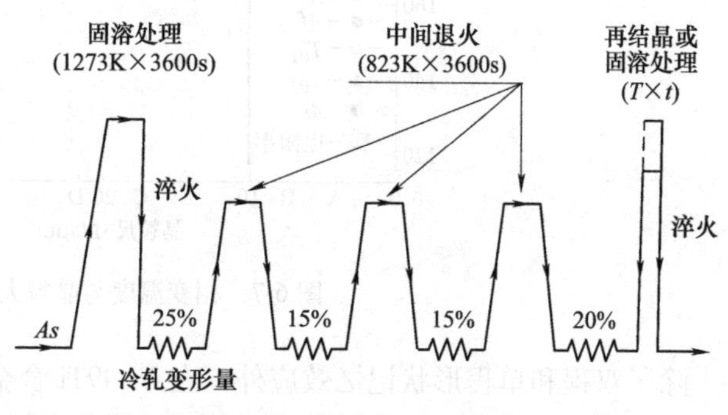

图 6-6　热处理工艺示意图

Honbashi 等精心制做了 Ni-49.3Ti 合金试样，通过热处理-冷加工-再结晶为基本骨架的处理方法，确定了能获取细化晶粒的加工变形规范和热处理条件，如图 6-6 所示。

再结晶温度为 950~1000K 附近时，固溶热处理材料的平均粒度可以细化到原来粒径的 1/8，并得到均匀的等轴晶组织。

为得到充分的纤维状组织，并将再结晶驱动力蓄积成内部应变能，需要进行反复多次的冷轧和中间退火。此时，中间退火规范以 823K×3600s 为最好。

随着再结晶后晶粒细化，相变温度 *Ms* 和 *Mf* 都会上升。从图 6-7 可以看出，粒径从 22μm 减到 4μm，相变温度 *Ms* 上升约 20℃。比较而言，*Mf* 上升比较缓慢。*Ms* 上升的主要原因是，晶界可以成为马氏体形核区，使细晶材料马氏体相变易于启动。同时，残存的未固溶析出物使基体的 Ni 浓度没有得到完全回复，也是造成 *Ms* 上升的重要原因。另外，晶粒的细化增大了晶粒间的约束作用，使马氏体相变推迟结束，所以 *Mf* 上升较缓慢。

2. NiTi 合金的全程形状记忆效应

经过一定的热处理训练，形状记忆合金不仅在马氏体逆相变过程中能完全回复到变形前的母相形状，而且在马氏体相变过程中也会自发地产生形状变化，回复到马氏体状态时的形状，而且反复加热、冷却都会重复出现上述现象。现在将这样的现象称为双程形状记忆效应，将仅在马氏体逆相变中能回复到母相形状的现象称为单程形状记忆效应。

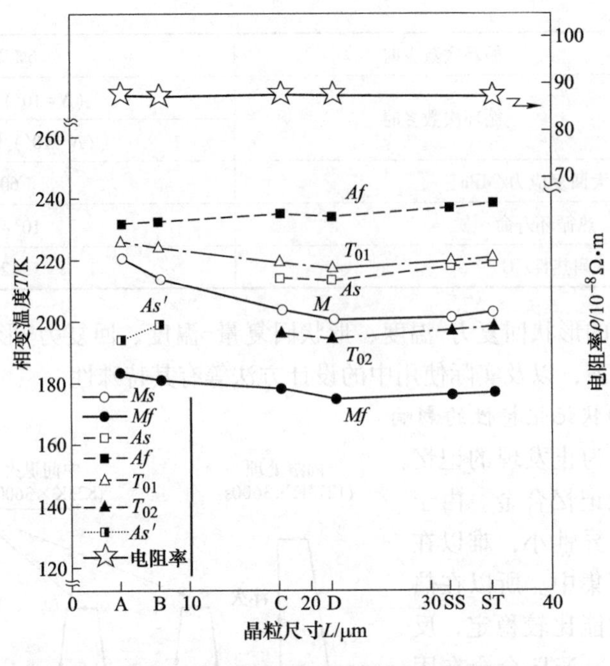

图 6-7 相变温度与晶粒大小的关系

除了双程和单程形状记忆效应外，在 Ni-49Ti 合金中还发现了一种独特的记忆现象，称为全程形状记忆效应，它不仅具有双程可逆形状记忆效应，而且在高温和低温时，记忆的形状恰好是完全逆转的形状。至今为止，只在 NiTi 合金中发现了全方位形状记忆效应。

下面就全程形状记忆效应的形状变化特征、影响形状变化的要素以及该合金的力学性能和形状记忆特性等分别做介绍。

（1）加热冷却时的形状变化　图 6-8 所示为 Ni-49Ti 合金全方位形状记忆效应的模式图。将薄片状试样放入铜管内约束成形，然后在 400~500℃进行适时的时效处理，去除约束后形状如图 6-8a 所示。图中 $M'f$, $A'f$ 为中间相变态温度。当试样被冷却到 $M'f$ 以下时，形状如图 6-8b 所示，接近于直线状，冷却到 Mf 以下，试样自发地变化成翻转了 180°的约束后的形状，如图 6-8c 所示，加热到 Af 以上和 $A'f$ 以上，试样就反向变化成图 6-8d 和图 6-8e 的形状。图 6-8e 的形状和图 6-8a 相同。很明显，高于 $A'f$ 的形状（图 6-8a）和低于 Mf 的形状（图 6-8f）之间是可逆的。当 $T>A'f$ 时，晶体为立方晶结构；当 $T<M'f$, $T>Af$ 时，晶体为三方晶结构；当 $T<Mf$ 时，晶体为单斜晶结构。

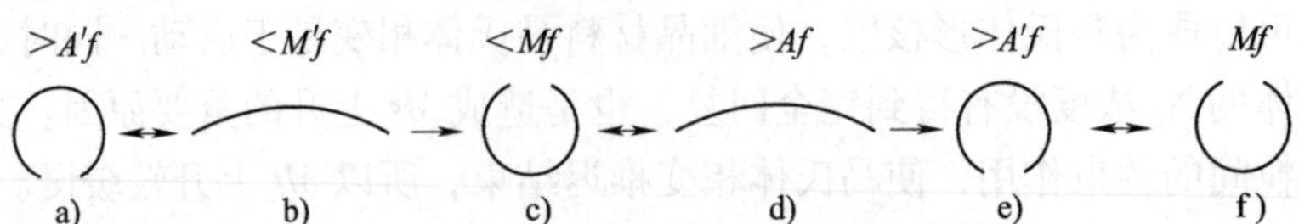

图 6-8 Ni-49Ti 合金全方位形状记忆效应模式图

a) $T>A'f$　b) $T<M'f$　c) $T<Mf$　d) $T>Af$　e) $T>A'f$　f) $T<Mf$

（2）时效温度对形状变化和相变行为的影响　实验已经证明，Ni-49Ti 合金试样的形状变化和相变行为受时效温度影响。300℃时效后出现和单程形状记忆效应相反的自发形状变化。在400℃和500℃时效后，加热冷却会出现形状完全逆转的全方位形状记忆效应。当在550℃以上时效后，试样不再发生自发形状变化，表现出单程形状记忆效应。

将Ni-49Ti合金进行固溶处理（800℃保温2h后水淬）+时效处理（200~700℃范围内保温1h后水淬），如图6-9所示，该图反映了时效温度对Ni-49Ti合金相变温度的影响。时效保温时间均为1h，相变温度用DSC法测定。在300~500℃时，很清楚地看到$M's$和$A'f$中间相相变温度所表现的两阶段相变过程。另外在300℃和400℃时效后马氏体的相变温度都有所下降。其原因在于，时效温度较低时，在时效初期会有微小粒子析出，微小析出物使母相明显变硬，发生马氏体相变时，析出物又使母相稳定化，阻止剪切应变发生。但是增加时效时间，会使围绕析出物的协调应变（析出相引起周围关联区域的应变会随失效过程中析出相的变化而改变）逐渐解除，相变点会逐渐回升。

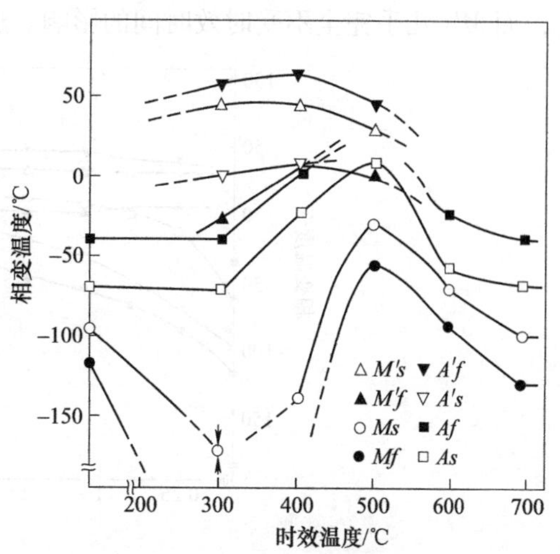

图6-9　Ni-49Ti合金的时效温度对相变温度的影响

（3）时效时间对形状变化和相变行为的影响　图6-10是冷却过程中时效温度相同、时效时间不同对Ni-49Ti合金自发形状变化的影响。图中的纵坐标是形状变化率，它是约束记忆的形状曲率半径（$r_i=20$mm）和任意温度下的曲率半径r_T的比值。由图6-10a（ε_i为约束预应变量）可以清楚地看到，时效温度为500℃时，时效时间越长。自发形状变化越难以发生。时效时间超过16h，不发生形状逆转现象。但是，当在400℃时效时，时效时间为72h，室温下即发生形状逆转，如图6-10b所示。

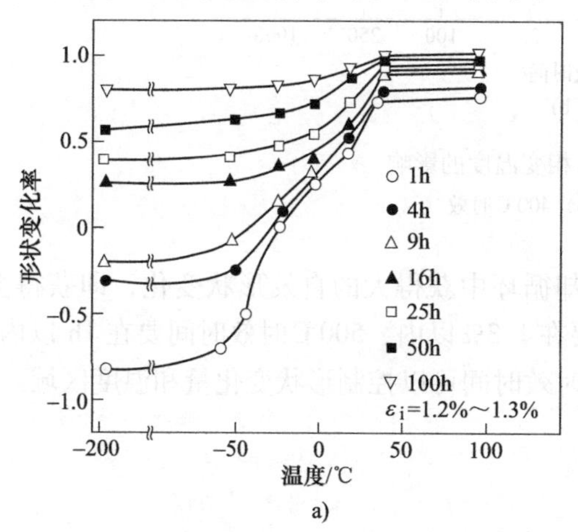

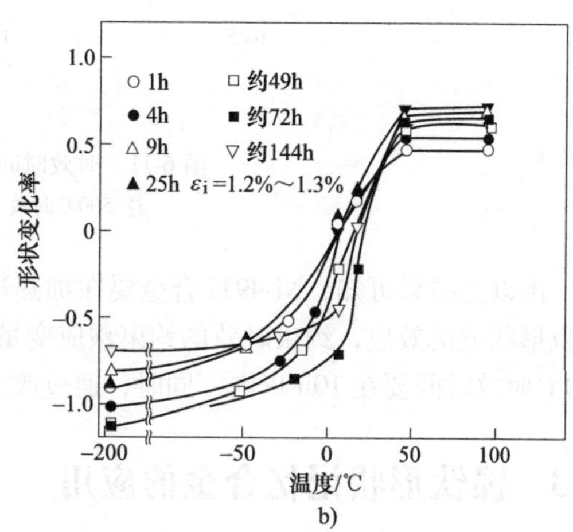

图6-10　时效时间对形状变化的影响

a）500℃时效　b）400℃时效

将Ni-49Ti合金进行固溶处理（800℃保温2h后水淬）+500℃（图6-11a）和

400℃（图 6-11b）分别保温 0.25~1000h 后水淬的时效处理，反映了时效时间对相变温度的影响。从图 6-11a 可知，在 500℃时效，时效时间到了 900s，马氏体相变的开始温度 *Ms* 就已经上升，而且发生了中间相的相变。从图 6-11a、b 中都可以看到，*Ms* 受时效时间影响很大，而 *M′s* 几乎完全不受时效时间的影响。这个原因至今尚没有搞清楚。

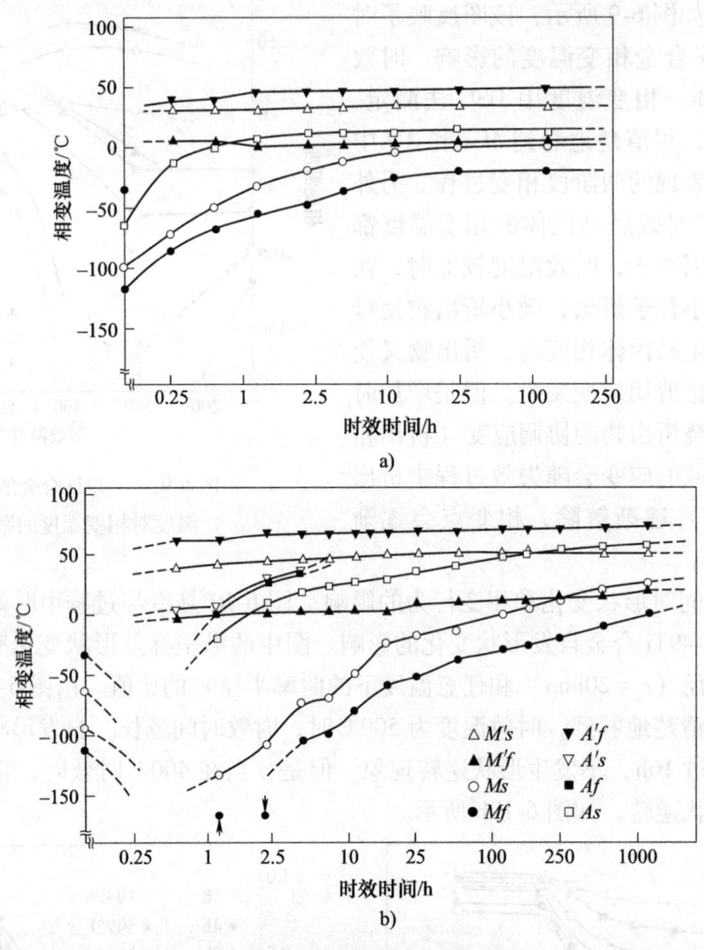

图 6-11　时效时间对相变温度的影响
a）500℃时效　b）400℃时效

由以上结果可知，Ni-49Ti 合金要在加热冷却循环中获得大的自发形状变化，即获得全方位形状记忆效应，约束时效的约束预应变量要在 1.3%以内，500℃时效时间要在 1h 以内，400℃时效时间要在 10h 以内。同时，通过改变时效时间可以控制形状变化量和温度区域。

6.3　镍钛形状记忆合金的应用

6.3.1　NiTi 形状记忆合金在医学领域中的应用

形状记忆合金作为一种不仅具有形状记忆效应，同时具有相变伪弹性效应的新型智能材料，在医学领域的应用研究十分活跃，主要应用领域有：

1）牙科，只和生物体表面接触。

2）整形外科，移植到生物体内部，长时间与生物体组织接触。

3）医疗器具，不直接接触生物体组织。

1. NiTi 合金在牙科中的应用

（1）牙齿矫形正畸丝　为了矫正牙齿前后不齐、啮合不正的畸形，过去都是用一个托架连在牙齿上，然后用一根有弹性的合金丝穿过托架预先设置的缝槽和牙齿直接接触，利用金属丝的弹性使错列不齐的牙齿移动一定的位置。

传统使用的合金丝材料是不锈钢和 CoCr 合金，1978 年，Andreasen 等利用 NiTi 合金加工硬化后所具有的“超弹性”特性，开发了加工硬化型 NiTi 合金丝用于牙齿矫形正畸之后，日本和中国等都利用 NiTi 合金相变伪弹性特点，开发出超弹性 NiTi 合金丝来替代传统的合金丝。

不锈钢、CoCr 合金、加工硬化型 NiTi 合金和超弹性 NiTi 合金的负载-变位特性曲线如图 6-12 所示。从图 6-12 可以非常明显地看出：

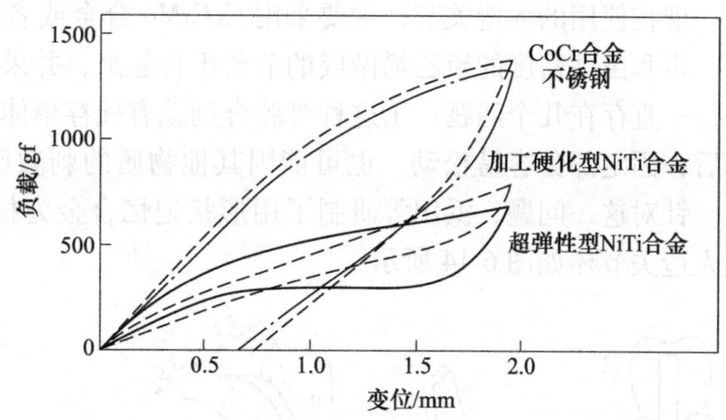

图 6-12　不同牙齿矫形合金丝的负载-变位曲线比较

1）不锈钢和 CoCr 合金的弹性系数大、弹性范围小，而两种类型的 NiTi 合金的弹性系数都比较小、弹性范围却很大。

2）不锈钢和 CoCr 合金相对于很小的变位，负载（力）的变化很大，而两种 NiTi 合金相对于小的变位，负载变化很小，尤其是超弹性 NiTi 合金在很大的范围内，相对于不同的变位，负载几乎不发生变化。

3）不锈钢和 CoCr 合金比较容易产生永久变形，而 NiTi 合金不容易产生永久变形。

表 6-3 是这 4 种合金做成的矫形正畸丝的弯曲实验结果。

在牙齿矫形正畸时，总是希望金属丝一开始的弹性力（矫正力）不要太大：但能比较持久，从图 6-12 和表 6-3 可以看出，超弹性 NiTi 合金的性能最佳。

表 6-3　90°弯曲试验后的永久变形

合金丝种类	永久变形角度/(°)	标准偏差
超弹性 NiTi 合金	0	0
加工硬化 NiTi 合金	1.34	0.20
CoCr 基合金 A	25.4	0.66
CoCr 基合金 B	38.8	1.80
不锈钢 A	10.3	0.50
不锈钢 B	34.0	0.55

（2）牙根　当多个牙齿掉落后，普遍都在牙床上安装可卸假牙。但是，不论是咀嚼、发音，还是从审美角度考虑，都不能完全满足患者的要求。后来开发了多种使用不同材料做

成的不同形态的牙根，希望能尽量接近自然长出牙齿的感觉和功能。1960 年以后，由于 Ti 的冶炼与加工技术的成熟，用 Ti 做成的薄板状的牙根，不仅手术简单方便，而且成功率很高，很快在世界各国普及。

但是，经过了 5~8 年以后，在成功的病例中发现，由于上下齿的不断咬合，齿根下沉，说明齿根的维持力还不够。用形状记忆 NiTi 合金制作成功的薄板结构型牙根如图 6-13 所示。将其埋入颚骨后，用高频感应热或在口腔内不停地灌漱热的生理盐水，使 NiTi 合金牙根的温度上升到约 42℃，这时牙根端部就会产生形如舌头状的张开，分别向两侧张开 30°，以这样的方式实现固定的结合支持力比原来的方法提高了 40%，不仅如此，过去一些不能装入人工牙根的病症，也可以使用 NiTi 合金牙根，因为其咬合支持力强，可维持时间比原来的人工牙根大大延长。

2. NiTi 合金在整形外科中的应用

现在使用的人造关节，主要采用 CoCrMo 合金或者是不锈钢中添加 Co 合金做成金属骨头，再和由高密度的聚乙烯做成的节套组合起来，并采用骨胶合剂把它固定在大腿骨内。但是，一直存在几个问题：①这种骨胶合剂就有残存单体细胞毒性和疲劳恶化的问题；②手术以后，固定部分容易松动，也可能因其他物质的刺激反应，导致新骨生成变缓，或造成感染。针对这一问题，浜田等研制了用形状记忆合金为材料的人造关节棒，用 NiTi 合金做成的人造关节棒如图 6-14 所示。

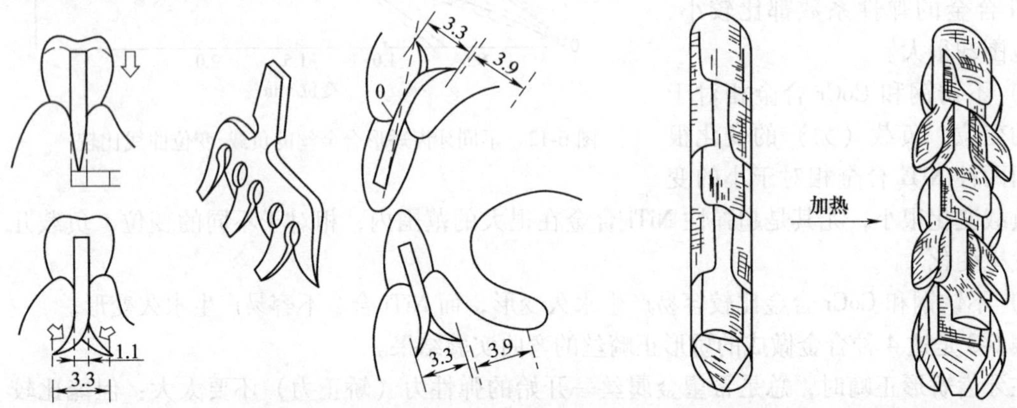

图 6-13　NiTi 合金做成的薄板结构型牙根的结构　　图 6-14　人造关节棒的模式图

选用直径为 ϕ10mm、长为 50mm 的 NiTi 合金圆棒，用线切割机将圆棒加工出 5 列共 15 个弧菱，每个弧菱深 2mm、长 8mm，让每个弧菱全部支成“爪”字状进行形状记忆处理，相变温度 *Ms* 为 0~15℃，*Af* 点定为人体温度偏下。

对试制的 NiTi 合金人造关节棒的固定力进行测试，测试方法是用一个直径为 ϕ30mm 的丙烯树脂棒，在其上开一个孔，将人造关节棒冷却到 *Ms* 点以下，然后装入树脂棒的孔内，孔加工成两种规格，一种为 ϕ10. 5mm，一种为 ϕ11. 5mm，回到室温后，人造关节棒的“爪”将张起，通过从外部施加压力来测定人造关节棒的固定力。

测试结果是，装入直径为 ϕ10. 5mm 孔中时，爪可经受的压力大到 1300MPa，而在 ϕ11. 5mm 的孔中只可得到 350MPa 的固定力。

在羊体内的实验结果证明，NiTi 合金人造关节和周围新生成的骨头连接得非常牢固，相容性非常出色。

6.3.2 NiTi 形状记忆合金的工程应用

1. 连接紧固件

利用 NiTi 形状记忆合金优良的形状记忆效应，可制成各种连接紧固件，如管接头、紧固圈、连接套管和紧固铆钉等。形状记忆合金连接件结构简单、自重轻、所占空间小，并且安全性高、拆卸方便、性能稳定可靠，广泛应用于航空、航天、电子和机械工程等领域。

（1）管接头　管接头是形状记忆合金最成功的应用之一，自 20 世纪 70 年代中期研制成功以来，在美国各种型号飞机上已成功使用数百万只，至今无一例失效，现在美国军方已规定形状记忆合金管接头作为军用飞机液压管路连接的唯一许用系统。管接头为简单圆柱体，内孔加工有凸脊，其内径比连接件的外径略小，在低温下扩径后管接头的内径比被连接管的外径稍大。装配时，将被连接管插入管接头中，随后加热，管接头收缩，即实现管路的紧固连接。与传统管路连接相比，形状记忆合金管接头连接具有结构简单、占用空间小、安装方便、连接可靠和自重轻等优点。

最初管接头所采用的合金为 Ni-Ti 合金和 Ni-Ti-Fe 合金，其相变滞后较窄，安装前必须保存在液氮中，实际应用很不方便。新近开发的 Ni-Ti-Nb 宽滞后形状记忆合金经适当变形处理，相变滞后高达 150℃，用其制成的管接头可以在常温下储存和运输，工程应用十分方便，受到工程界的广泛重视，应用前景十分广阔。

（2）连接套管　形状记忆合金连接套管用于卫星上复合材料构件的连接，可以实现均载连接，以提高系统运行的稳定性和安全可靠性。安装时可采用铜套导热法对其进行加热，以实现安装与紧固。大型空间桁架一般由多个单元组成，其原理如图 6-15 所示。俄罗斯曾在 MIR 空间站上成功地用形状记忆合金连接套管安装连接了长 15m 的空间桁架。

（3）紧固铆钉　工程上通常采用铆钉和螺栓进行固紧，但当不容易操作时，例如，在密闭真空中，形状记忆合金紧固铆钉可以实现这种紧固，如图 6-16 所示。铆钉尾部记忆合金处理成开口状，紧固前，将铆钉在干冰中冷却后把尾部拉直，插入被紧固部件的孔中，温度上升形状回复，铆钉尾部叉开实现紧固。

此外，已采用的形状记忆合金连接紧固件还有薄壁管与封头的密封圈、紧固螺钉和轴承定位圈等。

2. 驱动元件

利用形状记忆合金在加热时形状回复的同时其回复力可对外做功的特性，能够制成各种驱动元件。这种驱动机构结构简单、灵敏度高、可靠性好。对只需一次性动作的驱动元件，要求形状记忆合金具有较大的回复力和良好的记忆效应；对于需多次使用的温控元件，则要求形状记忆合金具有优良稳定的记忆性能、疲劳性能和较窄的相变滞后，以保证动作安全可靠、响应迅速。下面介绍几种典型应用实例。

（1）解锁机构　图 6-17 所示为形状记忆合金驱动器的空间使用载荷释放机构，主要用于空间卫星相机的解锁。该机构由特殊缺口螺栓、圆柱形记忆合金驱动器和加热器组成。安装前，形状记忆合金驱动器被轴向压缩；释放时，加热形状记忆合金驱动器，驱动器回复原长而产生足够的轴向拉力拉断缺口螺栓，使有用载荷释放。1994 年，美国在 Clementine 航天器上，用该机构在 15s 内成功释放了 4 只太阳能板。

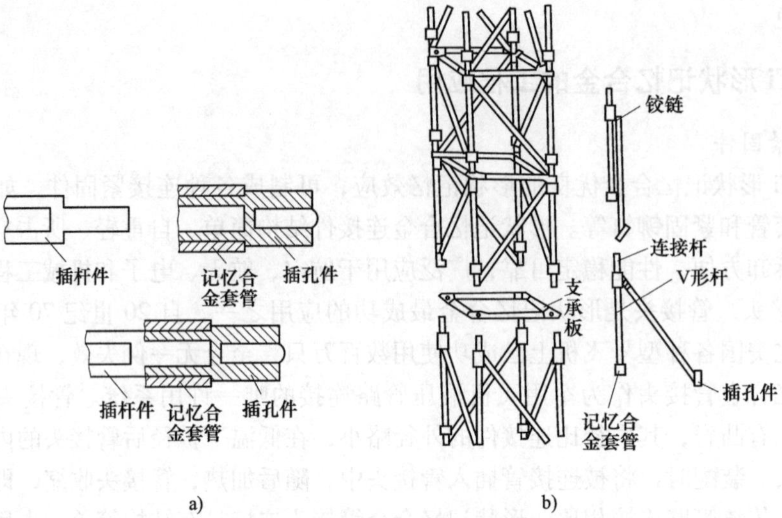

图 6-15　空间桁架形状记忆合金连接

a）接头　b）桁架

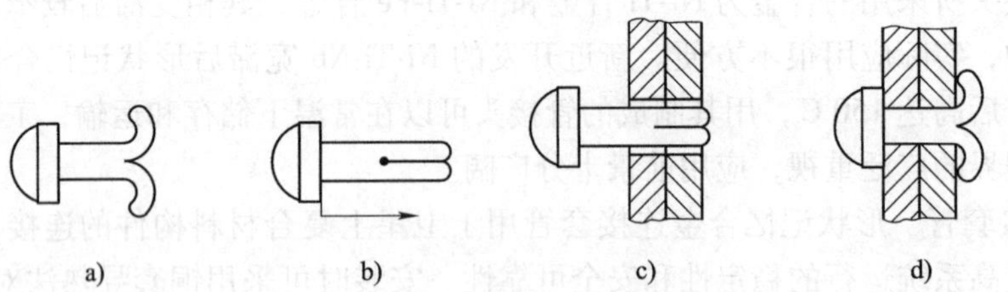

图 6-16　形状记忆合金紧固铆钉

a）成形（$T>Ms$）　b）加力拔直（$T>Mf$）　c）插入（$T>Mf$）　d）加热（$T>Af$）

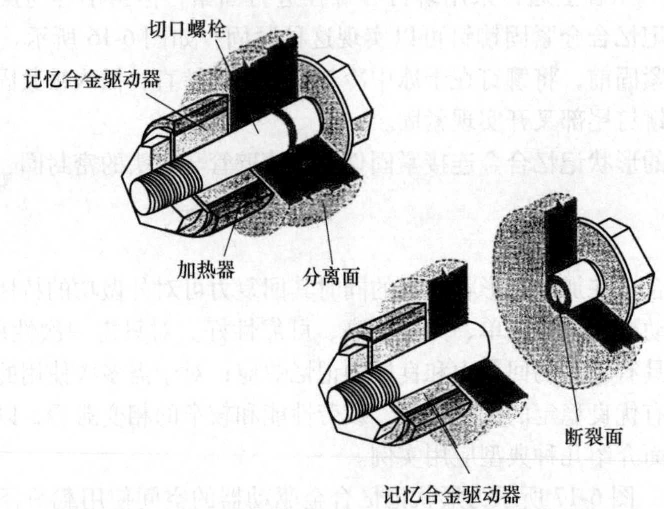

图 6-17　形状记忆合金驱动器的空间有用载荷释放机构

此外，还可用记忆合金驱动器制成用球和插座连接的星用解锁机构和交叉复合材料管的自锁机构。用形状记忆合金驱动的解锁释放机构代替传统的爆炸释放，可避免冲击和污染，安全可靠且安装方便。

（2）偏置机构　图6-18所示为由记忆合金弹簧与普通弹簧（偏置弹簧）构成的偏置机构的工作原理。低温时，形状记忆合金弹簧处于马氏体状态，较软。偏动力（偏置弹簧的力）将形状记忆合金弹簧压向右侧（见图6-18a中的B）；当温度上升时，形状记忆合金弹簧伸长，其回复力将偏置弹簧推向左侧（见图6-18a中的A），这样随着温度的上升与下降，即热循环便实现了往复运动。这种偏置机构可用于各种温控机构，如温控百叶窗、汽车用节温器和风扇离合器等。

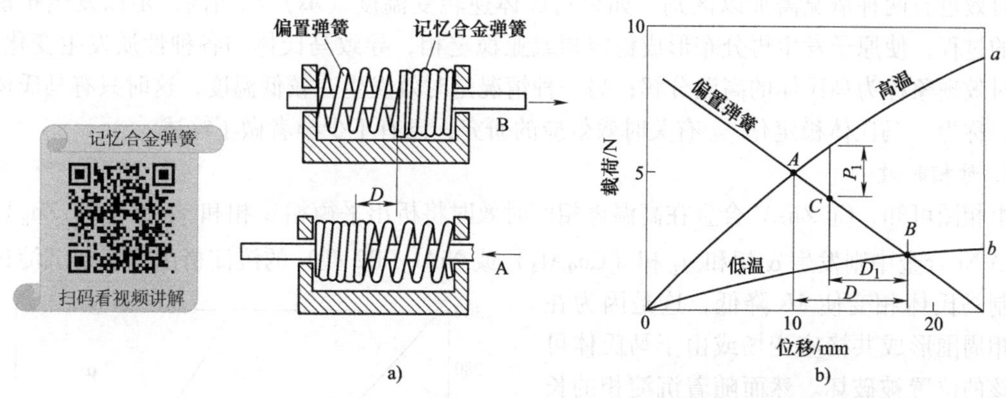

图6-18　形状记忆合金弹簧与普通弹簧构成的偏置机构

a）工作原理示意图　b）位移与载荷关系曲线

为防止汽车发动机过热，汽车上装有循环水、风扇等冷却系统。发动机温度较低时，希望关闭冷却系统；发动机温度过高时，希望冷却系统打开使发动机保持并处于使用效率最高的温度范围内（60～80℃）。图6-19所示为形状记忆合金驱动的节温器，当温度高于控制温度时，形状记忆合金弹簧伸长，压缩偏置弹簧，循环水被打开；温度较低时，偏置弹簧力大于形状记忆合金弹簧力，压缩形状记忆合金弹簧，循环水被关闭。与传统的石蜡式节温器相比，形状记忆合金节温器具有寿命长和驱动平稳等优点。

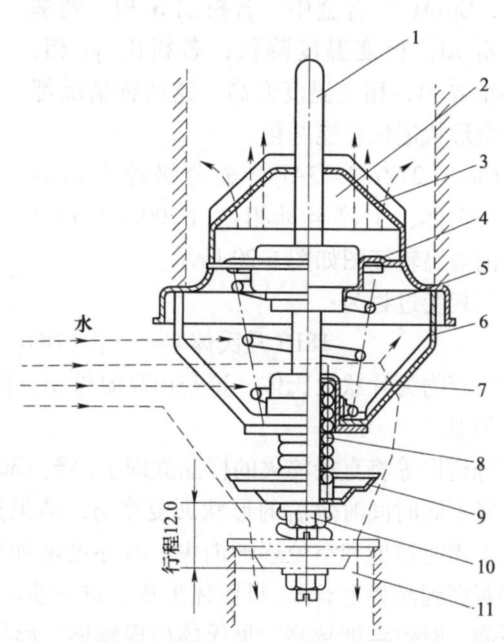

图6-19　形状记忆合金驱动的节温器

1—导杆　2，11—出气口　3—主阀体　4—主阀
5—偏置弹簧　6，7—外壳
8—形状记忆合金弹簧　9—次阀　10—调节螺母

（3）其他驱动机构　形状记忆合金还可制成其他种类的驱动元件，如形状记忆合金驱动机器人手爪、太阳能电池用阳光跟踪装置形状记忆合金驱动器、发动机防热离合器、排气自动调节喷管、降噪声机构和车门锁紧机构等。

6.4 铜基形状记忆合金

6.4.1 铜基形状记忆合金的时效效应

铜基形状记忆合金在母相或马氏体状态放置一定时间后，相变温度和形状记忆效应将会发生变化，即产生时效效应。在不同状态，发生时效效应的机制完全不一样，即使在马氏体状态时效也有两种情况需加以区别。如果马氏体逆转变温度（*As*）相当高，足以发生扩散控制的过程，使原子发生再分布形成稳定相或亚稳定相，导致马氏体的各种性质发生变化，这种时效现象称为马氏体的高温分解；另一种情况是时效发生在较低温度，这时只有马氏体单相，称为“马氏体稳定化”。有关时效效应的研究，已有不少学者做了综述。

1. 母相时效

由相图可知，Cu-Zn-Al 合金在高温母相区时效时将析出平衡相 α 相和 γ_2 相（Cu_5Zn_8），而 CuAlNi 合金中则发生 α 相和 γ_2 相（Cu_9Al_4）或 NiAl（B2 型）的沉淀析出。起初沉淀过程抑制马氏体相变使 *Ms* 降低，这是因为在沉淀相周围形成共格应变场或由于马氏体可能形核的位置被破坏。然而随着沉淀相的长大，母相中的溶质原子富集或贫化（取决于沉淀相的化学成分），导致 *Ms* 降低或升高。例如，Cu-Al-Ni 合金中，若析出 α 相，则基体相富 Al，相变温度降低；若析出 γ_2 相；基体相贫 Al，相变温度升高。这两种情况都使合金形状记忆性能恶化。

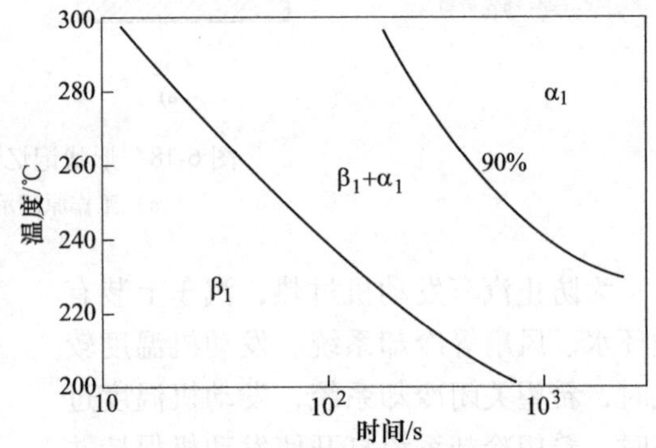

图 6-20　Cu-27. 27Zn-3. 73Al 合金上淬至母相区时效的等温转变图

Cu-27. 27Zn-3. 73Al 合金分级淬火后的 18R 马氏体，上淬至母相区（200 ~ 300℃）时效的等温转变图如图 6-20 所示。

其相变过程为：

$$18R(\text{马氏体}) \longrightarrow \beta_1(DO_3)(\text{母相}) \longrightarrow \alpha_1(\text{贝氏体})$$

终产物为片状贝氏体，这与由高温母相直接快冷至该温度区域等温形成的贝氏体的组织形貌相似。

陈树川等将直接淬火的样品立即上淬至 130℃、150℃和 170℃的母相状态下时效，分别测定经不同时间时效后的形状回复率 η，结果如图 6-21 所示。130℃时效初期，η 值升高，这与上淬时过饱和空位逐渐消失，有序度增加有关；但当时效 10h 以上时，η 值开始下降。金相观察到晶界上有 α_1 贝氏体形成，进一步时效，贝氏体逐渐增多，呈网状分布，η 值急剧下降。时效温度越高，贝氏体出现越早，形状回复率就会在更短时间内急剧降低。

2. 马氏体状态时效

铜基形状记忆合金从固溶温度淬火后，在 *As* 以下温度时效，会发生所谓“马氏体稳定化”现象，具体表现如下：

1）逆转变温度 *As* 和 *Af* 升高，逆转变（M ⟶P）受到抑制，如图 6-22 所示。

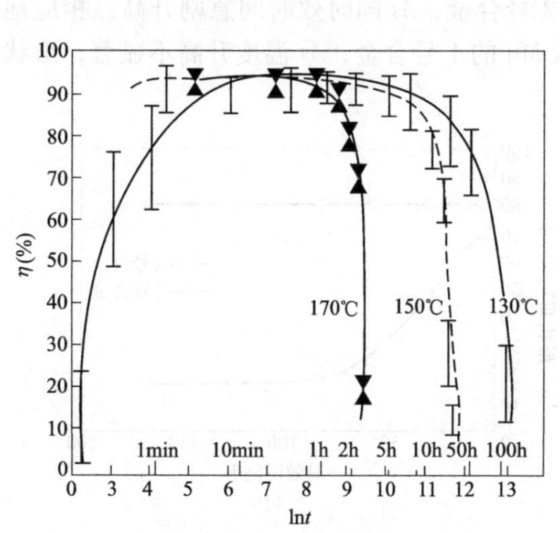

图 6-21　Cu-Zn-Al 合金上淬到不同温度时效形状回复率的变化

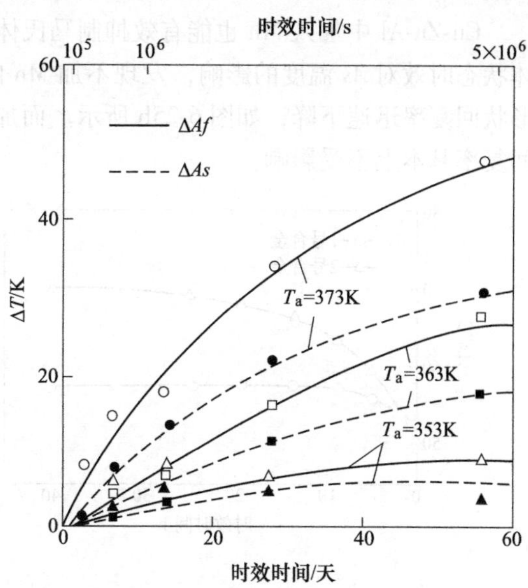

图 6-22　Cu-11. 22Zn-17. 1Al 合金低温时效对 *As* 和 *Af* 升高的影响

2）热弹性马氏体转变量减少直至消失，如图 6-23 所示。

3）刚淬火时，记忆性能良好，随时效时间延长，呈现马氏体稳定化，记忆效应恶化，直至丧失。

4）在 *As* 以上温度分级淬火或淬火后立即上淬，可抑制马氏体稳定化的发生。

5）在低温时效短时间后，发生的马氏体稳定化可以在上淬至 *Af* 以上温度停留后消失。

6）低温时效较长时间后，即使上淬也不能使马氏体稳定化消除。

7）合金成分对马氏体稳定化有很大影响。Cu-Zn-Al 中 Al 含量增大，稳定化速度趋缓，如图 6-24 所示。因此与 Cu-Zn-Al 系相比，Cu-Al-Ni 对稳定化较不敏感。

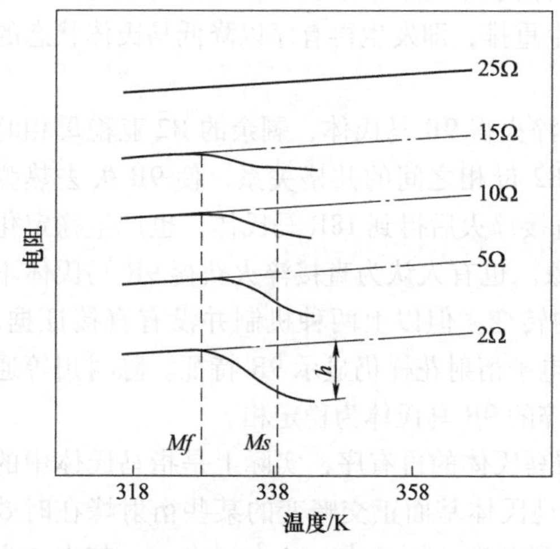

图 6-23　Cu-21Zn-6Al 合金（*Ms*338K）室温时效不同时间的电阻-温度曲线

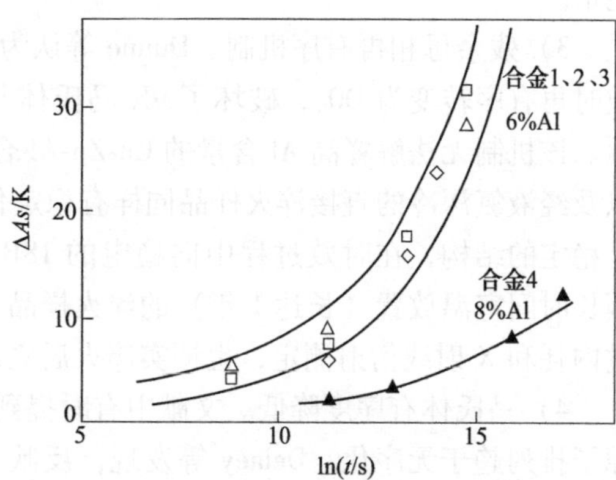

图 6-24　Al 含量对马氏体稳定化的影响

Cu-Zn-Al 中加入 Mn 也能有效抑制马氏体稳定化。图 6-25a 所示为几种试验合金在马氏体状态时效对 *As* 温度的影响，发现不加 Mn 的 2 号合金，*As* 随时效时间急剧升高，相应地形状回复率迅速下降，如图 6-25b 所示。而加入 Mn 的 1 号合金，*As* 温度升高不显著，形状回复率基本上不受影响。

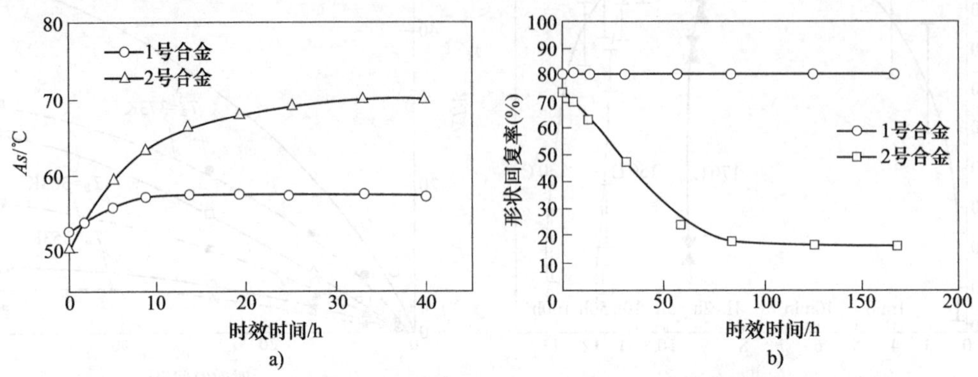

图 6-25　在马氏体状态时效时间对 *As* 温度和形状回复率的影响

a）时效时间对 *As* 温度的影响　b）时效时间对形状回复率的影响

1 号合金—Cu-22.71Zn-8.96Al-2.0Mn-0.3Zr（$c/a=1.42$）　2 号合金—Cu-25.28Zn-9.36Al（$c/a=1.440$）

马氏体稳定化直接制约了廉价的铜基形状记忆合金的实际应用，因而引起众多研究者的关注，纷纷研究并提出如下机制。

1）空位钉扎马氏体/马氏体界面或马氏体/母相界面阻碍了加热时界面的移动，但该机制不能解释单晶中也出现马氏体稳定化的现象，也不能解释稳定化产生马氏体结构参数的变化。

2）马氏体再有序机制。Rapaciol 等认为淬火时，在长程有序基体中引入了无序原子对，马氏体转变时的无扩散性使这些原子对保留在马氏体内；因马氏体结构的对称性比母相低，这些原子对与马氏体不适应。所以此时马氏体的自由能未处于极小状态，低温时效时，在高浓度的淬火空位帮助下，最近邻和次近邻原子发生重排，即发生再有序以降低马氏体状态的能量。

3）残余母相再有序机制。Dunne 等认为直接淬火得 9R 马氏体，剩余的 B2 亚稳母相时效时再有序转变为 DO_3，破坏了 9R 马氏体与原 B2 母相之间的共格关系，使 9R 失去热弹性。该机制无法解释高 Al 含量的 Cu-Zn-Al 合金直接淬火后得到 18R 马氏体，也产生稳定化以及经液氮深冷的直接淬火样品同样有稳定化观象。也有人认为直接淬火获得 9R 马氏体不是稳定的结构，在时效过程中向稳定的 18R 结构转变。但以上两种机制并没有直接证据，因长时间室温放置（长达 1 年）的淬火样品，其电子衍射花样仍显示 9R 特征。陈树川等通过内耗和 X 射线衍射测定，也证实淬火后立即上淬的 9R 马氏体为稳定相。

4）马氏体有序度降低。文献中有时提到所谓马氏体的再有序，实际上是指马氏体中的原子排列趋于无序化。Delaey 等发现，反映 18R 马氏体基面正交畸变的某些衍射峰在时效过程中有互相靠拢的趋势。两峰分裂的程度用分裂参数 $\rho=|\sin^2\theta_1-\sin^2\theta_2|$ 表示，其中 θ 为布拉格角。

漆瑞等将 Cu-26Zn-4Al 合金试样直接淬入冰水后迅速置于 X 射线衍射仪上，原位测定

M9R 马氏体某些衍射线对 $(\bar{1}11)$ 和 (201)，以及 $(\bar{2}05)$ 和 $(1\bar{1}5)$ 的面间距差为 Δd 发现，在室温时效时，Δd 值随时间的延长不断下降，如图 6-26a 所示；同时，马氏体基面点阵常数之比 a/b 随时效时间延长而增加，趋向于无序时的值（$a/b\approx\sqrt{3}$），如图 6-26b 所示。

Yahashiguchi 测定母相超点阵的衍射强度也证明长程有序度随室温时效而降低。

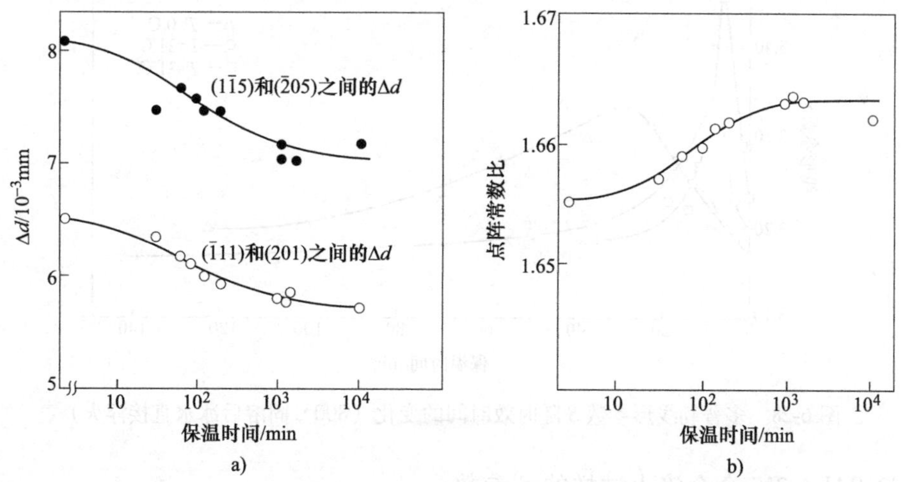

图 6-26　Cu-25.83Zn-3.96Al 合金 800℃固溶淬入冰水后在室温时效的 X 射线衍射原位测定

a）Δd 随时效时间的变化　b）点阵常数比 a/b 随时效时间的变化

电阻测定发现 $\Delta R/R$ 随时效时间呈抛物线形增加，这也反映马氏体有序度降低。时效温度越高，电阻增加速度越快。

上述结果表明，Cu-Zn-Al 合金在马氏体状态时效时，原子发生重新排列，马氏体的有序度降低，即基面上原子趋向于正六边形排列，即由单斜的 M9R 向正交的 N9R 马氏体转变。

5）空位聚集机制。上述机制中不少都提到了空位的作用，然而其确切的作用机制尚无有力的证据。孔颖洁等用正电子湮灭技术直接证明了 Cu-Zn-Al 合金淬火后在马氏体状态时效过程中空位发生聚集。由于 Cu-Zn-Al 合金中的空位在相当低的温度下尚能活动，所以通常在室温下作正电子湮灭测试会带来严重干扰（测试过程中发生时效）。为此必须将各种热处理后的试样储存在液氮中，并在液氮温度下测试，才能获得可靠的数据，真实反映在时效过程中空位发生的行为。图 6-27 所示为 Cu-25.6Zn-3.9Al 合金测出的多普勒线形参数 S 随时效温度的变化，直接淬火的试样从−20℃至 30℃范围等时时效，S 参数有明显增加，超过 30℃后剧烈下降，到 100℃时达到平衡值。但经 150℃分级淬火的试样，经各种温度时效后，S 参数不发生变化。

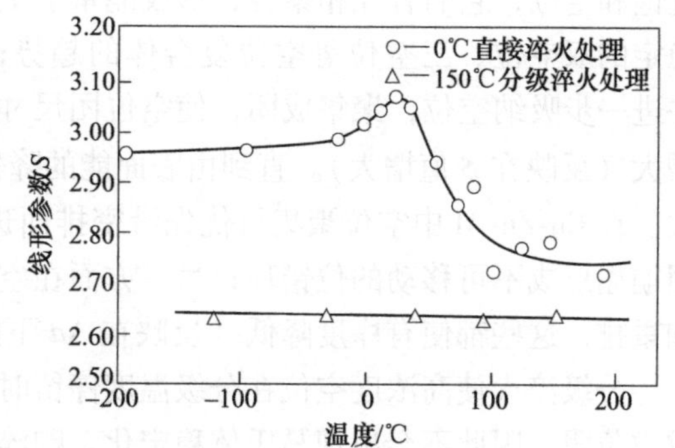

图 6-27　Cu-25.6Zn-3.9Al 合金多普勒线形参数 S 随时效温度的变化

（800℃固溶淬火后在每种温度时效 30min 再测定）

在 *As* 以下不同温度等温时效，*S* 参数先增加达到最大值后又逐渐降低至平衡值，如图 6-28 所示。时效温度越高，达到峰值的速度越快，表明空位聚集过程为热激活过程。由该图的结果可求得表面激活能值为 0.41eV，与 Cu 的双空位的键能（0.23~0.59eV）一致。

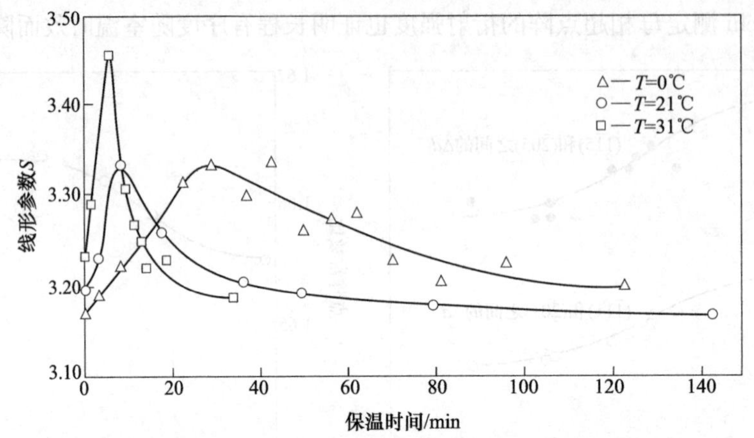

图 6-28　多普勒线形参数 *S* 随时效时间的变化（800℃固溶后冰水直接淬火）

Cu-13.9Al-4.2Ni 合金淬火试样的 *S* 参数随时效温度的变化如图 6-29 所示。在 50℃以下时效，*S* 参数基本保持不变；但在 50℃以上，*S* 急剧下降，未发现如 Cu-Zn-Al 合金中那样存在上升的过程。

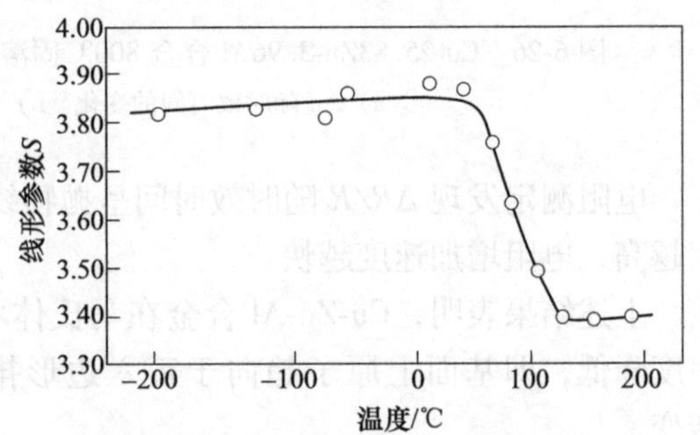

图 6-29　Cu-13.9Al-4.2Ni 淬火试样的 *S* 参数随时效温度的变化

根据以上实验，我们认为马氏体稳定化机制必须综合考虑空位的行为和原子的重新排列两种因素。从高温直接淬火的试样中存在大量过饱和空位，它们有互相聚合，形成能量上更稳定的双空位、三空位等空位复合体的趋势；并进一步吸纳空位，聚集成团，使空位团尺寸增大（反映在 *S* 值增大）。直到由表面能的降低与畸变能的增大达到平衡，空位团才停止长大。在 Cu-Zn-Al 中空位聚集可优先沿密排面进行，使邻近点阵平面发生畸变，或发生空位团崩塌形成不可移动的位错环；另一方面在空位团的帮助下，原子半径较大的 Al 原子迁移和重排，这些都使有序度降低（反映在 Δd 下降，电阻率增加），逆转变温度升高。

分级淬火使高浓度空位在分级温度停留时已大量湮灭。室温时效时低浓度空位不足以形成空位团，因此不会出现马氏体稳定化。刚淬火试样，空位还未来得及聚集成团，或淬火不久，虽形成了空位团，在随后的上淬过程中，空位团分解并迅速湮灭，有序度回复从而能消除稳定化现象。但淬火后长时间放置，空位团崩塌形成的二次缺陷是不可逆的，此时上淬不能消除马氏体稳定化。

上述分析也表明分散随机分布的空位即使数量很多，对稳定化也并无作用，只有聚集成团时才显示。

Cu-Al-Ni 合金因 Ni 原子及其在点阵中所处的位置不同，决定了 Cu-Al-Ni 中空位活动能力较差及原子扩散滞后的特点。Cu-Al-Ni 母相有序结构中的 Ni 原子处于 c，d 亚点阵位置，它被 4 个处于亚点阵 b 位置的 Al 原子所包围，因 Ni 和 Al 原子互为最近邻，且有很强的原子键合力，所以原子扩散能力差。在马氏体密排结构中，原子扩散比母相时更困难。因此过饱和空位在马氏体状态处于不动的“冻结”状态，不发生聚集。当加热到母相时，因 bcc 为非密排结构，较有利于原子的扩散，故空位迅速迁移（S 参数下降）。对于 Cu-Zn-Al 母相，Zn 和 Al 均占据亚点阵 d 的位置。Al 原子与 Zn 原子互为次近邻，原子间距长而且结合能小，因此即使处于马氏体状态，原子扩散仍能进行。表 6-4 比较了两种合金的空位行为。

表 6-4　两种合金的空位行为

合金	空位开始移动的温度/℃	空位团形成趋势	低温时效结果
Cu-Zn-Al	≈-20	易	S 增加、Δd 降低、$\Delta R/R$ 增加，发生稳定化
Cu-Al-Ni	>50	难	S、Δd、$\Delta R/R$ 等无变化，对稳定化不敏感

由表 6-4 可见，Cu-Zn-Al 合金空位活动能力比 Cu-Al-Ni 要强得多。因此对马氏体稳定化更为敏感。亦有报道，Cu-Zn-Al 合金通过热轧能抑制马氏体稳定化。经热轧的 Cu-Zn-Al 合金即使在室温时效 1 年，加热至 363K 仍能逆转变至母相。分析认为热轧时形成的高密度位错为空位提供了高度可动的通道和湮灭的陷阱。

3. 两相区时效

Wang 等将经分级淬火的 Cu-20. 8Zn-6Al-0. 05Ce 合金在（P+M）两相区（即 As 和 Af 之间的温度，361K）进行时效处理，发现了电阻（R）-温度（T）曲线的加热部分出现“平台”现象，如图 6-30 所示。

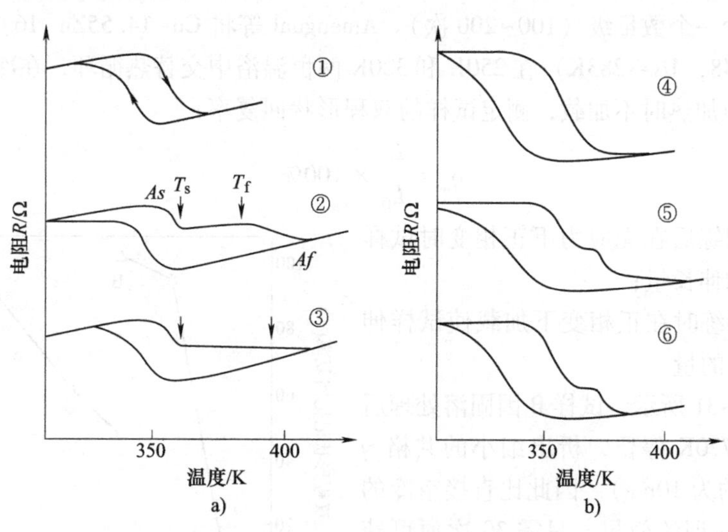

图 6-30　经不同热处理的电阻-温度曲线

a）Cu-20. 8Zn-6Al-0. 05Ce　b）Cu-18. 9Zn-5. 6Al-2Mn-0. 5Zr-0. 05Ce

①，④—100℃分级淬火态/未时效曲线　②，⑥—分级淬火+361K 时效 48h 曲线　③，⑤—分级淬火+361K 时效 96h 曲线

图中 6-30a 中曲线①为未经时效的 R-T 曲线，曲线②和③分别为时效 48h 和 96h 的 R-T 曲线。平台开始温度 T_s 差不多与时效温度（361K）相当。随时效时间增长，T_f 和 Af 温度移向高温，如图 6-30a 中曲线③所示。在两相区长时间时效，对 As 温度未见影响。这主要是

由于在两相区长时间时效，部分马氏体发生稳定化，使逆转变温度升高了$\Delta A=T_f-T_s$，TEM分析表明，存在两种马氏体，一种为A型马氏体，内部层错密度较高，是在时效前存在的马氏体；另一种为B型马氏体，内部层错密度较低，超点阵斑点强度较弱，表示这种马氏体具有较低的单斜度（即较高的正交度），是时效后被稳定化了的马氏体。对Cu-18.9Zn-5.6Al-2Mn-0.5Zr-0.05Ce合金进行同样的热处理，如图6-30④为未时效，图6-30⑤为361K时效48h，图6-30⑥为时效96h，可见平台大大缩短。这表明在Cu-Zn-Al中加入Mn，能阻碍马氏体稳定化，改善形状记忆效应，这与参考文献的结果一致。

6.4.2 铜基形状记忆合金的循环效应

在实际使用过程中，用于驱动元件的形状记忆合金一般都要经过反复的热循环，即经历反复的相变—逆相变过程，而且经常要进行伴随变形的热机械循环，即相变—变形—逆相变过程。材料经历这样的循环，必然使材料内部组织结构发生变化，从而引起形状记忆特性及其他性质的变化。因此，铜基形状记忆合金经热循环后记忆特性的稳定性受到众多研究者的关注。

热机械循环，即在对试样施加恒定的应力下，反复进行热诱发相变，也能获得双程形状记忆效应，并使相变温度发生变化。

1. 双程形状记忆效应

对于晶粒细化的Cu-Zn-Al多晶，用这种方法获得完全的双程形状记忆，所需的循环次数约为10次方数量级。比单纯机械循环（伪弹性循环）的效率要高得多，对单晶后者所需的循环次数为数千次数量级。若基体中存在共格沉淀相（如γ相），获得双程记忆效应所需训练次数可减少一个数量级（100~200次）。Amengual等将Cu-14.55Zn-16.72Al单晶（电子浓度$e/a=1.48$，$Ms\approx283K$）在250K和320K两恒温浴中交替热循环，在冷却时施加恒定的拉伸应力，但加热时不加载，测定试样的双程形状回复率：

$$\eta_T=\frac{L_r}{L_0}\times100\% \tag{6-1}$$

式中 L_r——训练后在无应力下正相变时试样的伸长量；

L_0——训练时在正相变下加载使试样伸长的量。

结果如图6-31所示。试样B因固溶处理后冷却过程中在770K停留，析出细小的共格γ相沉淀（尺寸约为10nm），因此比直接空冷的试样A有更佳的训练效果，只需30次便可获得100%的双程记忆回复率，而试样A需70次。TEM观察表明，经热机械训练后基体有大量位错，而伪弹性训练在β相中几乎看不到位错。无析出物的试样热机械训练过程中，在基体中诱发的位错呈无序分布，而含γ沉淀相的

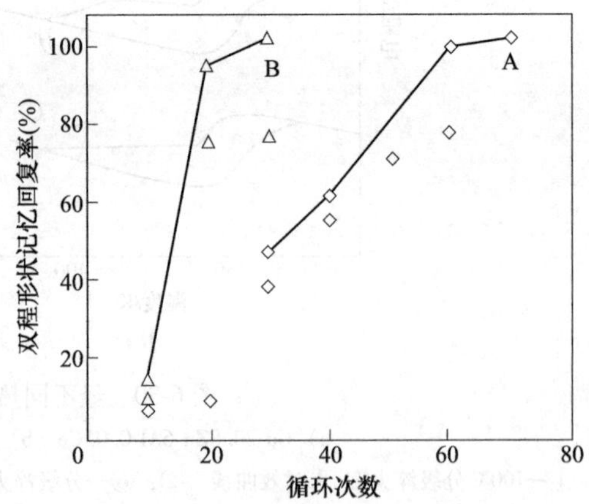

图6-31 双程记忆回复率与训练次数的关系
试样A—1120K×15min空冷 试样B—1120K×15min空冷至770K，再淬入冰水中

试样中，位错沿析出带择优分布，成为“训练”的马氏体变体形核的位置，且位错包围沉淀物形成位错圈，这对双程记忆效应有更大的贡献。这些缺陷改善了经“训练”的马氏体变体与其他变体的适应性，因而对于获得双程记忆效应，热机械训练比伪弹性训练的效率高。

刘和等对已处理成双程形状记忆的 Cu-Zn-Al 合金，再在 0~60℃之间多次循环，观察双程记忆效应的稳定性，如图 6-32 所示。在循环的最初阶段，双程形状回复率 η_T 下降较快，以后渐趋平稳；经 700 次循环后，η_T 大约保持在 60%。

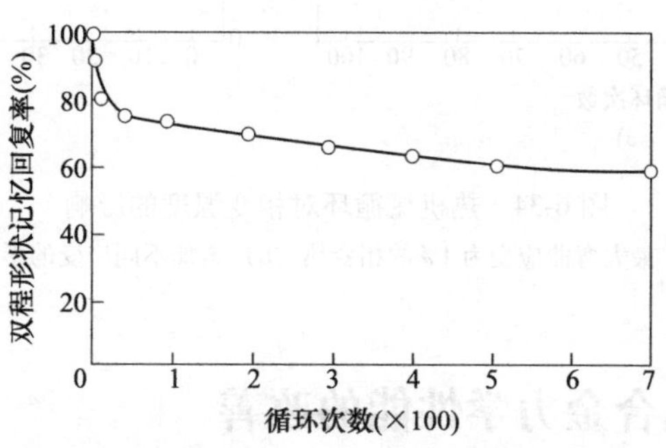

图 6-32　双程形状记忆回复率随循环次数的变化

图 6-33 所示为循环前后的电阻-温度曲线，经 500 次循环后 *Ms* 升高，马氏体相变量减少。近年来 Cingolani 等利用马氏体中发生扩散使之稳定化，进而在 CuZnAl 单晶中获得完全的双程形状记忆效果，并对其他铜基合金如 Cu-Al-Ni 单晶和 Cu-Zn-Al 多晶的效果作了比较，发现有不同的行为和机制。

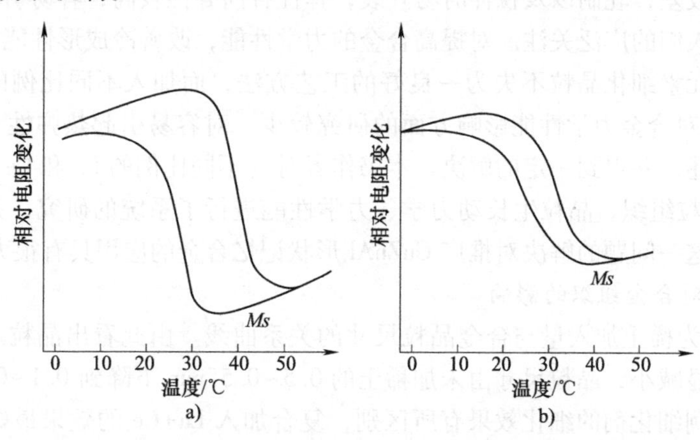

图 6-33　Cu- 25. 83Zn-3. 96Al 合金的电阻温度曲线随循环的变化

a）循环前　b）500 次循环后

2. 相变温度的变化

Qi 等对 Cu-11. 7Zn-4. 65Ni-1. 7Mn-0. 5Ti 合金，将片状试样约束在一圆柱芯棒上，往复置于 25℃的油浴和 150℃的油浴中进行热机械循环，然后用 DSC 测定不同次数循环后的相变温度，发现 *Ms* 和 *As* 温度均随循环次数增加而升高，但 20 次以后升高缓慢，如图 6-34a 所示。相变热则随循环次数增加而降低，如图 6-34b 所示，这表示热弹性马氏体的数量随循环次数增加而减少。

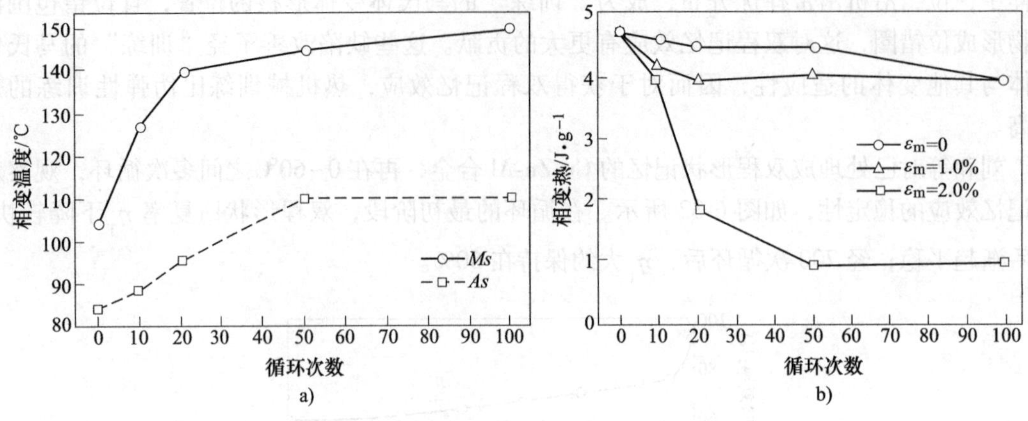

图 6-34　热机械循环对相变温度的影响

a）最大弯曲应变为 1%的相变热　b）施加不同应变的影响

6.5　铜基形状记忆合金力学性能的改善

6.5.1　复合稀土对 CuZnAl 形状记忆合金力学性能的影响

随着科学技术的进步，对 CuZnAl 形状记忆合金的研究也越来越深入，目前已在过热保护器等领域得到应用。然而它所存在的问题，如晶粒粗大（达到 0.5~2mm），力学性能较差，冷成形性能较差，轧制以及拉伸时易开裂，弹性各向异性较高，容易引起热弹性马氏体稳定化，也引起人们的广泛关注。对提高合金的力学性能，改善冷成形性能方面，有不少文章报道加入合金元素细化晶粒不失为一良好的工艺方法，而加入不同比例的复合稀土（主要是 La 和 Ce），对合金力学性能影响方面的研究较少。对容易引起热弹性马氏体稳定化的研究有较多的论述，并得到一定的解决。本书作者对（不同比例的 La 和 Ce）复合稀土细化 CuZnAl 合金的晶粒组织、晶粒生长动力学、力学性能进行了系统的研究，并对有关理论问题进行了探讨。这一问题的解决对推广 CuZnAl 形状记忆合金的应用具有很大的现实意义。

1. 复合稀土对合金组织的影响

图 6-35 所示为稀土加入量与合金晶粒尺寸的关系曲线。由此看出晶粒尺寸随着稀土加入量的增加而明显减小，晶粒尺寸由未加稀土的 0.5~0.55mm 下降到 0.1~0.15mm。

三组不同比例细化剂的细化效果有所区别，复合加入 La+Ce 的效果最好，单独加入 La 或 Ce 的细化效果相当。电子探针能谱分析结果显示 La、Ce 偏聚于晶界，其质量分数达到 0.06%~0.07%，其含量为晶内含量的 10~15 倍（表 6-5），由图 6-36 也可以看出，在合金晶界处形成含有稀土的析出物。

加入稀土可细化晶粒，会使平面—胞晶—树枝晶凝固方式转变提前，二次枝晶间距缩小。另外稀土中的 La 和 Ce 微溶于铜中，大部分与其他元素反应生成高熔点化合物，一部分在溶体中悬浮和弥散分布，在合金凝固初期起异质晶核的作用，可促进合金形核，而在凝固后期和凝固之后的晶粒长大过程中，机械阻碍晶粒长大，因为晶粒长大要靠晶界的迁移和原子的扩散，而晶界析出物的存在，使晶粒长大所需的驱动力增加，从而减缓其增长，在热处

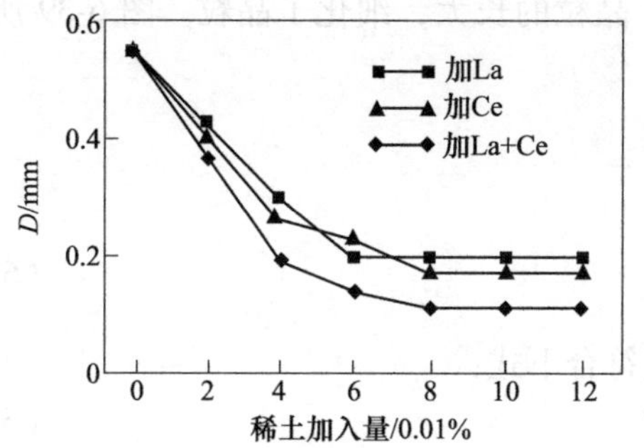

图 6-35　稀土加入量与晶粒尺寸的关系

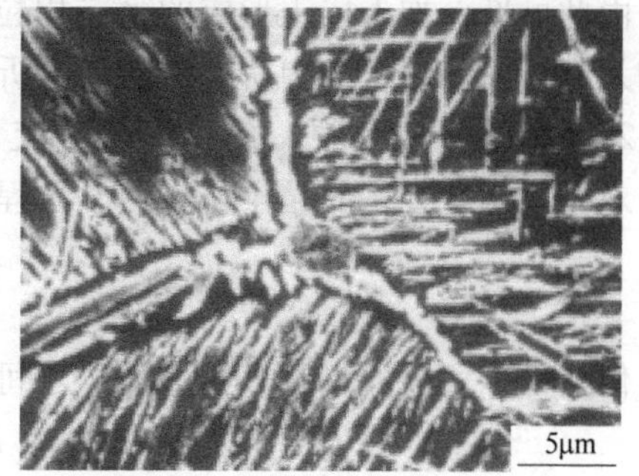

图 6-36　加入 La+Ce 后合金中的晶界析出物

表 6-5　合金中稀土的分布（质量分数，×0.01%）

稀土加入种类	晶界					晶内				
	La	Ce	Pr	Nd	合计	La	Ce	Pr	Nd	合计
La	6.4	1.1	0.4	0.3	8.2	0.6	0.2	2.0	0.1	2.9
Ce	1.2	6.7	0.3	0.4	8.6	0.2	0.5	2.2	0.0	2.9
La+Ce	3.8	3.7	0.3	0.3	8.1	0.4	0.4	2.0	0.2	3.0

理过程的升温和降温过程中，高熔点析出物起着同样的作用，阻止晶界的迁移，减小了热处理时的晶粒长大。由表 6-5 可见，在合金 β 化过程中，基体中的稀土原子向晶界扩散偏聚，减小了晶粒长大的驱动力，而使 β 相晶粒长大速度变小。对于加入稀土的合金，随着细化剂加入量的增加，合金开始时晶粒尺寸大幅度下降，但是在稀土加入量（质量分数）大于 0.04%时，晶粒尺寸虽然仍有减小，但是晶粒的减小变得缓慢。

合金晶粒尺寸的大小取决于晶粒长大时边界迁移的速度，通常，这一迁移速度和驱动力成正比，驱动力一般为自由能的降低，当合金中有溶质原子时，晶界迁移速度可由以下的公式描述：

$$v = (\Delta F - P_i)/\lambda \tag{6-2}$$

式中　v——晶界迁移速度；

ΔF——晶界驱动力；

P_i——晶界移动时杂质的拖动力；

λ——晶界迁移率的倒数。

如果无规则弥散析出物的体积分数为 fv，而且均具有同样的半径 r，则单位面积晶界的接触数为 $3fv/2\pi r^2$，晶界单位面积的抑制力为：

$$P_a = \frac{3fv}{2\pi r^2}\pi r\sigma_b = \frac{3fv\sigma_b}{2r} \tag{6-3}$$

因此，每个原子迁移越过边界所做的功为：

$$P_a\Omega = \frac{3fv\sigma_b\Omega}{r} \tag{6-4}$$

所以，晶界迁移越过第二相粒子的迁移速度应为：

$$v = M\left(\frac{\sigma_b\Omega}{\beta d} - \frac{3fv\sigma_b\Omega}{r}\right) \tag{6-5}$$

由此可见，加入稀土形成的第二相粒子阻碍了晶粒的长大，细化了晶粒。图 6-39 所示为加入复合稀土后合金中所形成的晶界析出物。

2. 晶粒生长动力学及合金应力-应变曲线

对于单相合金，晶粒生长动力学方程式为：

$$\frac{dD}{dt} = K\frac{1}{D} \tag{6-6}$$

但是许多实验数据都表明 D 与 t 之间的关系更符合下式：

$$D = (At)^{b} \tag{6-7}$$

式中 D——平均晶粒尺寸；

t——晶粒生长时间；

A，b——决定于材料和温度的常数。

合金晶粒尺寸随温度及时间的变化如图 6-37 所示。加入复合稀土明显细化了 Cu-Zn-Al 合金的晶粒尺寸，能够有效地抑制晶粒生长。同时也看到；①加入复合稀土 Cu-Zn-Al-RE 合金的晶粒生长速度随固溶保温时间的变化较小，但 Cu-Zn-Al 合金的晶粒生长速度却随着固溶保温时间的增加而增大；②加入复合稀土的 Cu-Zn-Al-RE 合金的晶粒生长速度随固溶保温温度的升高变化很小，而 Cu-Zn-Al 合金的晶粒生长速度随固溶保温温度的升高而增大。

通过回归计算得到指数 b 和参数 A 与固溶温度间的关系（图 6-38）。合金中加入复合稀土后，b 值随温度变化不大，而未加复合稀土合金的 b 值随固溶温度的升高而增大。由于 b 值随固溶温度的变化反映了晶粒生长速率的变化，这就说明加入复合稀土合金的晶粒生长速率随固溶温度的升高变化不大，未加入复合稀土的合金则不同。合金中加入复合稀土后，参数 A 基本不随固溶温度的变化而变化；对于未加入复合稀土的合金，参数 A 随固溶温度的升高而明显增加。由于 A 值与合金的晶粒尺寸成正比，所以图 6-38 也反映了加入复合稀土的细化效果。

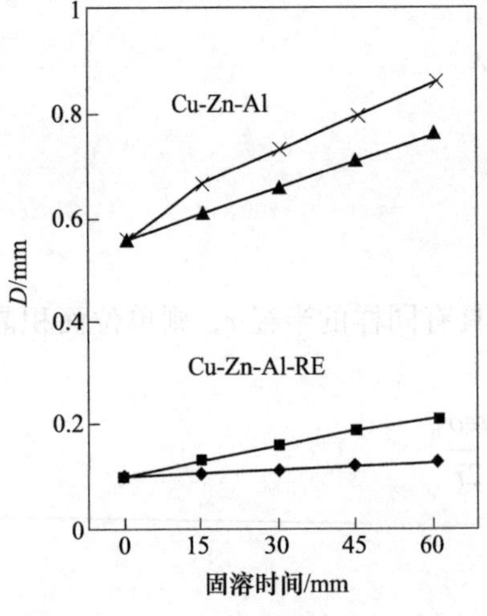

图 6-37 不同温度下晶粒的生长情况

◆，▲—800℃ ■，×—920℃

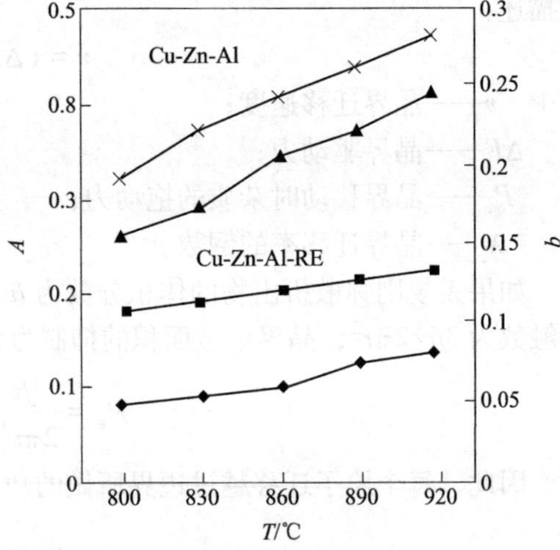

图 6-38 指数 b 和参数 A 与温度的关系

◆，×—b ■，▲—A

图 6-39 所示为拉伸试验温度分别为 20℃ 和 95℃ 时，未加稀土和加入复合稀土的应力-

应变曲线。由于合金的相变温度 Ms 点为58℃，合金的马氏体相变热滞为6℃，所以拉伸试验温度为20℃时，合金处于马氏体状态，当拉伸试验温度上升为95℃时，合金发生马氏体相变，此时合金处于超弹性状态。由图6-39a可以看出，加入复合稀土后，合金的应力-应变曲线明显不同，其抗拉强度、屈服强度和伸长率都大幅度提高。由图6-39b可以看出，加入复合稀土后合金的屈服强度大大提高，但伸长率有所下降，而且合金发生塑性变形的范围减小。其原因主要是应力-应变曲线是在拉伸试验温度为95℃以下完成的，此时合金处于超弹性状态，因此合金的屈服强度提高。总之，无论合金处于马氏体状态（拉伸试验温度为20℃），还是超弹性状态（拉伸试验温度为95℃，合金已发生马氏体相变），加入复合稀土后的合金力学性能明显提高。因此，加入复合稀土后的合金力学性能的提高，是晶粒细化的结果。

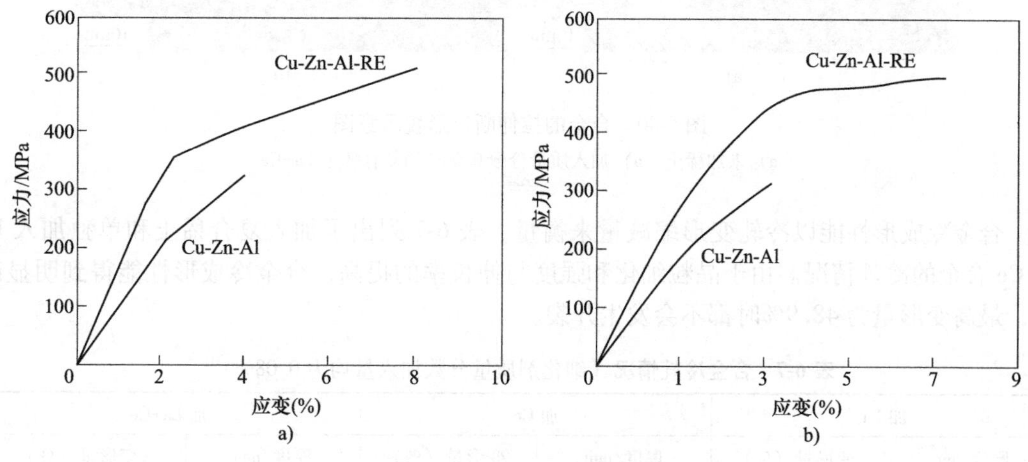

图6-39　合金的应力-应变曲线

a）20℃　b）95℃

3. 复合稀土对合金力学性能及冷成形性能的影响

热处理后，合金在马氏体状态下进行拉伸，力学性能结果见表6-6。无论合金中单独加入La或Ce，还是加入复合稀土，合金的力学性能都得到明显提高，CuZnAl合金未加入稀土时晶粒粗大，有少量O、S等杂质存在就会形成某些低熔点共晶体，如（$Cu+Cu_2S$）和（$Cu+Cu_2O$）等，这些低熔点共晶体沿晶界呈网状分布，在冷轧时产生冷脆性而开裂。加入复合稀土后合金中形成稀土氧化物和稀土硫化物，它们密度较小，容易上浮，消除了晶界上有害杂质的影响。同时，La、Ce与其他基体元素Al、Cu等发生反应，反应产物起到微合金化的作用。细化晶粒意味着晶界的增加，晶界对塑性变形、位错的移动、裂纹的扩展都起到阻碍作用，因而晶粒越细，力学性能越好。CuZnAl形状记忆合金经常发生的是晶间断

表6-6　复合稀土对合金力学性能的影响

力学性能	未加稀土	加入La	加入Ce	加入La+Ce
R_m/MPa	340.4	512.7	512.7	520.4
$R_{p0.2}$/MPa	171.2	272.4	271.5	286.2
A（%）	3.97	6.81	6.78	7.53

裂，它属于脆性断裂，是合金要克服的缺点之一。当合金中加入复合稀土以后，净化了晶界，强化了晶界，因而晶界处的应力集中会大大削弱，塑性增强，拉伸断口形貌由沿晶断口转变为韧窝状断口，如图 6-40 所示。

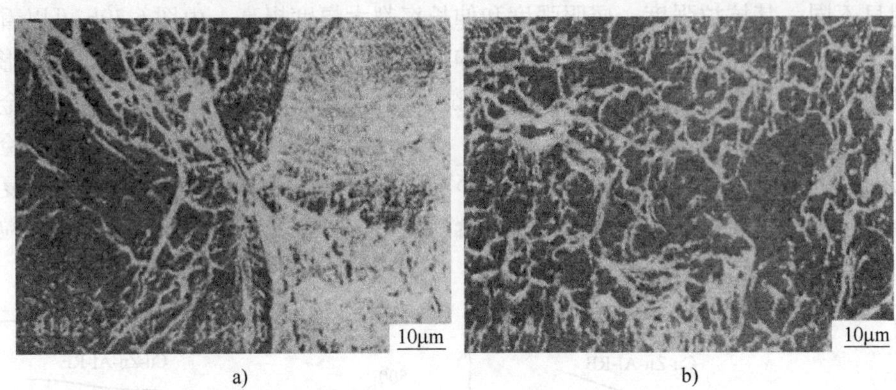

a)　　b)

图 6-40　合金的拉伸断口形貌示意图

a）未加稀土　b）加入质量分数 0.06%的复合稀土 La+Ce

合金冷成形性能以冷轧变形缩减量来衡量，表 6-7 列出了加入复合稀土和单独加入 La 或 Ce 合金的冷轧情况。由于晶粒细化和强度与伸长率的提高，合金冷成形性能得到明显改善，最高变形量为 48.9%时都不会发生开裂。

表 6-7　合金冷轧情况（细化剂质量分数加入量均为 0.08%）①

加 La		加 Ce		加 La+Ce	
厚度/mm	变形量（%）	厚度/mm	变形量（%）	厚度/mm	变形量（%）
1.28~1.82	29.1（未裂）	1.29~1.83	29.5（未裂）	1.29~1.83	29.5（未裂）
0.81~1.28	36.7（未裂）	0.81~1.29	37.2（局部裂）	0.82~1.29	36.4（未裂）
0.50~0.81	38.2（头部裂）	0.49~0.81	39.5（未裂）	0.50~0.82	39.0（未裂）
0.31~0.50	38（未裂）	0.30~0.49	38.8（未裂）	0.30~0.50	40.0（未裂）

① 未加细化剂的试样轧制时开裂，无法轧制。

6.5.2　冷热循环对 CuZnAl 形状记忆合金力学性能的影响

与 NiTi 形状记忆合金相比，CuZnAl 形状记忆合金成本低廉、加工性能好，近年来得到广泛的研究。形状记忆合金作为温控元件，具有感温和驱动双重功能，实际工作中需要承受外力和温度的复合作用，如制作用于煤矿井下火灾监测的井下火灾防预系统装置。因此有必要研究冷热循环对形状记忆合金性能的影响，本文采用不同的热循环次数、不同的热循环温度、以及不同的预应变量 ε 对 CuZnAl 形状记忆合金进行了研究，这对该合金的应用推广有一定的指导意义。但是由于 CuZnAl 形状记忆合金晶粒粗大，无论是制作成丝还是制作成片，都有一定的难度，尤其是在预应变量较大的情况下，进行上千次冷热循环时，试样会出现疲劳的现象。因此，本书作者采用加入第四组元（复合稀土 La+Ce）对合金进行细化处理，以细化晶粒，提高合金的力学性能，复合稀土的加入量（质量分数）应小于 0.1%，否则会使合金的形状记忆性能恶化。

1. 冷热循环对合金相变点的影响

合金的冷热循环分为两个阶段，第一阶段采用不同的预应变量，对合金进行冷热循环训练，第二阶段是达到稳定双程回复率以后进行无约束的冷热循环。对相变点的测定分别是，在未循环之前、达到稳定双程回复率之后、进入无约束循环之后，每循环500次测定一次，总的循环次数是4000次。由表6-8可以看出，随着冷热循环训练次数的增加，合金冷却时的 *Ms* 点和加热时的 *Af* 点有所提高，一般提高5~6℃，而且主要是在冷热循环500次之前。其中，在达到稳定双程回复率之后，相变点提高3℃左右，即在有预应变量的情况下进行冷热循环训练时，合金的相变温度提高幅度较大，冷热循环1000次之后，合金的相变温度变化幅度很小。但合金冷却时的 *Mf* 点和加热时的 *As* 点有所降低，见表6-8。

表6-8 冷热循环前后合金的相变点 （单位:℃）

冷热循环	*As*	*Af*	*Ms*	*Mf*
未冷热循环之前	51	62	57	42
达到稳定回复率之后	48	65	60	40
冷热循环500次	46	67	62	39
冷热循环1000次	46	66	62	39
冷热循环2000次	47	67	63	38
冷热循环3000次	46	68	62	38
冷热循环4000次	46	68	63	38

文献认为，在CuZnAl合金马氏体中，热循环产生了$\frac{1}{2}$［1 1 2 0］位错。它对应于母相中的$\frac{1}{4}$［1 1 1］位错，即使马氏体逆变后它仍可保留在母相中。$\frac{1}{2}$［1 $\frac{1}{2}$ 0］位错由$\frac{1}{3}$［1 0 0］与$\frac{1}{2}$［$\frac{1}{3}$ $\frac{1}{2}$ 0］两个半位错反应生成，$\frac{1}{3}$［1 0 0］位错运动不破坏合金有序状态，而$\frac{1}{2}$［$\frac{1}{3}$ 1 2 0］位错运动则同时破坏nn有序与nnn有序。当nn有序遭破坏时，*Ms* 点上升，而nnn有序遭破坏时，*Ms* 点下降 。另外合金在冷热循环中的位错积累，不断破坏合金的有序结构，也使 *Ms* 点上升 。

2. 复合细化对合金马氏体相变热滞的影响

形状记忆效应的实质在于合金内部马氏体随环境温度的变化发生可逆相变，马氏体相变热滞大小直接关系合金的动作温度。在冷热循环过程中，相变热滞的变化影响形状记忆合金动作温度的重复性，制约着形状记忆合金的实际使用，合金的相变热滞越大，形状记忆合金动作温度的重复性越差。CuZnAl合金中加入稀土后，对合金的马氏体相变热滞有较大影响。测试结果表明，未加入复合稀土的合金马氏体相变热滞为28℃，加入复合稀土后马氏体相变热滞明显下降，单独加入La或Ce，马氏体相变热滞为8~10℃，复合加入La+Ce的合金，马氏体相变热滞最小，仅为6℃。这是由于稀土元素减弱了原子间的作用能，使得原子重新排列较为容易，促进马氏体有序化，减弱过饱和空位的扩散和对界面的钉扎作用，从而减弱了马氏体相界面的迁移阻力。

3. 冷热循环对合金记忆性能的影响

在试验中发现，在100℃机油中冷热循环超过500次以后，随着冷热循环次数的增加，合金的双程形状记忆回复率出现上升和下降的波动，而不是稳定的，但总的趋势是在衰减。另外，双程形状记忆衰减还与记忆训练条件有关，在100℃机油中约束训练比，在150℃机油中经同样训练后双程形状记忆衰减要小得多，如图6-41所示，这与形状回复率的测定结果相吻合。

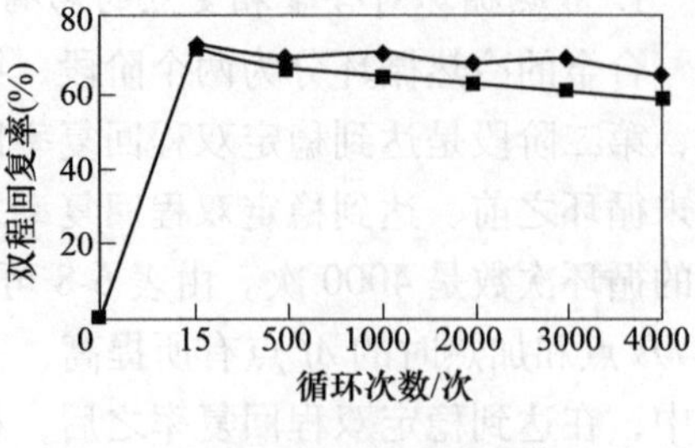

图6-41　形状记忆性能与回复率的关系

◆—100℃机油中约束训练

■—150℃机油中约束训练

4. 不同的预应变量对合金记忆性能的影响

试验发现，随着预应变量的增加，合金达到同等双程回复率稳定的次数减少，而且可达到的形状回复率较高，如图6-42所示。但是预应变量超过3.6%以后，合金的形状记忆性能下降，如图6-43所示。

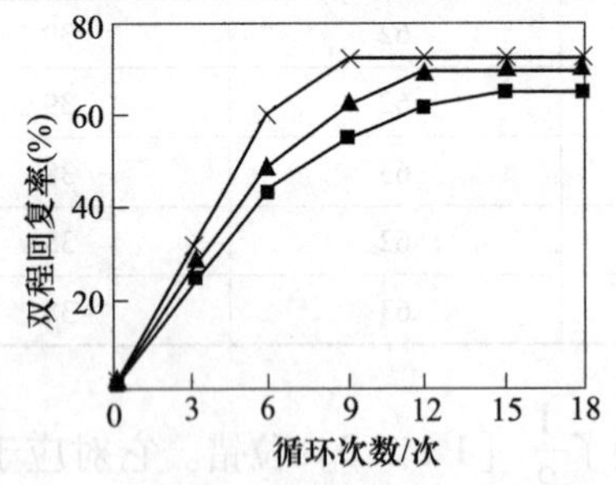

图6-42　达到稳定回复率与循环次数的关系

■—预应变量1.2%

▲—预应变量2.4%

×—预应变量3.6%

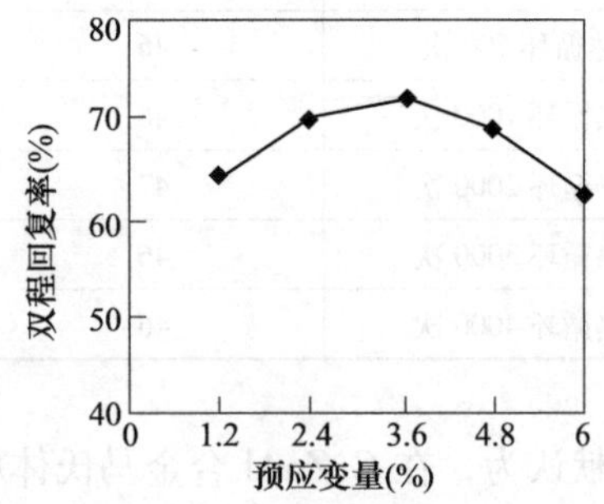

图6-43　预应变量与回复率的关系

一般认为预应变量较小时，随着预应变量的增加，利于应力诱发马氏体的形核和长大，以及变体的运动和再取向，促使马氏体的择优取向，利于合金的双向记忆性能。预应变量再增加时，在冷热循环过程中，合金内部发生正逆热弹性马氏体相变，马氏体与母相之间相界面随外界温度的变化反复迁移，界面位错在迁移过程中不断增加，位错密度很快达到饱和值，从而影响正逆热弹性马氏体相变的转变量，使合金的形状记忆性能下降。有关文献指出，预应变量存在一临界值ε_L，当预应变量$\varepsilon<\varepsilon_L$时，形状回复率与$\varepsilon$呈线性关系，当$\varepsilon>\varepsilon_L$时，形状回复率则下降，这与本书中的结果相吻合。

由图6-44可以看出，预应变量大于3.6%以后，合金中的马氏体条内产生了细条状、台阶状新变体。这些小变体的出现可能是变体长大时，由于自协作不良造成畸变而产生的。细条状、台阶状变体的出现，破坏了马氏体原来良好的边界匹配关系，导致界面可动性降低，不利于马氏体的正逆转变与变形。另外，合金中的位错密度也大大增加。

5. 未加稀土和加入复合稀土的合金形状记忆性能对比

图6-45是合金双程形状记忆性能和循环次数的关系，可见，加入复合稀土细化剂的合

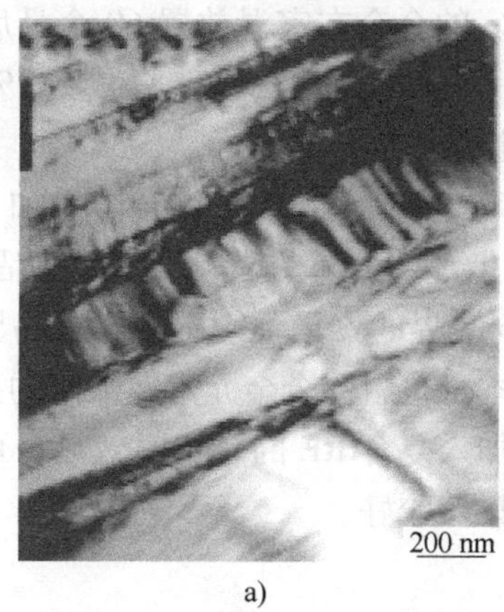

a)

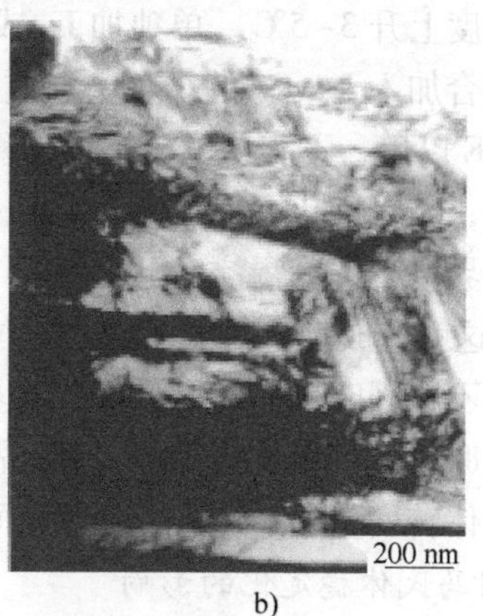

b)

图 6-44　预应变量不同时的透射电镜照片

a）预应变量 2.4%　b）预应变量 6%

金双程形状记忆性能随热循环训练次数的增加而增加，9~15 次后变得稳定，这时合金已进入双程形状记忆性能阶段，此时无论是否加入复合稀土细化剂，合金形状记忆性能变化不大。继续对合金进行冷热循环超过 1800 次后，不加复合稀土细化剂的合金形状记忆性能开始大幅度下降，而加入复合稀土细化剂的合金仍保持较好的形状记忆性能。因为不加复合稀土细化剂的合金晶粒尺寸较大、晶界处杂质较多，在多次反复的冷热循环过程中，合金容易发生塑性屈服，无法保持马氏体相变时的晶体学可逆性。

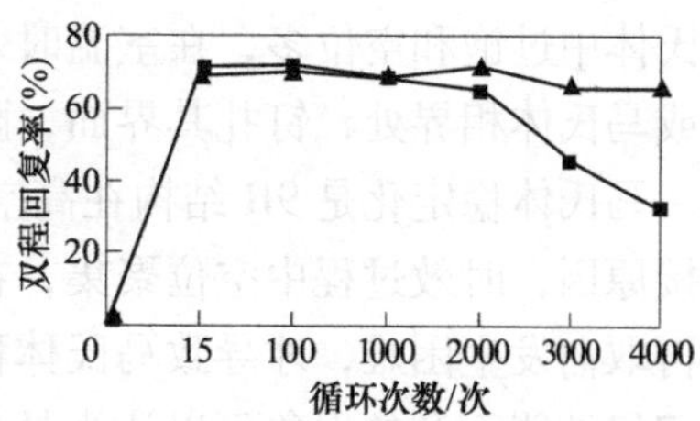

图 6-45　合金双程形状记忆性能与循环次数的关系

■—未加复合稀土细化剂

▲—加入复合稀土细化剂

6.5.3　CuZnAl（RE）形状记忆合金马氏体稳定化的研究及解决措施

马氏体的稳定化是指热弹性马氏体在时效或使用中变得稳定，表现为加热到 A_s 点以上时使马氏体逆转变温度升高，不再发生逆转变，或转变量减少以及形状记忆性能衰退的现象。CuZnAl 形状记忆合金的热弹性马氏体稳定化严重阻碍了它的开发和应用。如何防止该系列合金发生马氏体稳定化，以及发生马氏体稳定化后如何补救，一直是人们研究的热点之一，这一问题的解决有其重大的实用价值。然而对于马氏体稳定化形成原因的认识一直存在分歧，空位钉扎马氏体变体界面，马氏体有序度改变，马氏体结构改变，马氏体内部位错密度发生变化等可能是导致马氏体稳定化的原因，不同学者各有强调，因此采取防止马氏体稳定化的方法也不相同。关于加入复合稀土元素（RE）并配以合理的热处理工艺，包括重新处理和热循环训练来解决马氏体稳定化的问题，目前报道的很少，本书作者对这一问题进行了研究，基本解决了上述问题，并使其推广应用。

1. 加入稀土元素（RE）对马氏体稳定化的影响

将试样在室温（其温度波动范围为 5~37℃）下放置 60 个月后不加 RE 的试样得不到完整的电阻率-温度曲线，形状记忆回复率很低，甚至失去了形状记忆性能，说明发生了马氏体的稳定化。加入 La 或 Ce 的试样，马氏体逆相变温度上升 6~8℃，加入 La+Ce 的试样，马氏体逆相变温度上升 3~5℃。单独加 La 或 Ce 的合金在室温放置 60 个月后记忆性能减少 8%~10%，而复合加入 La+Ce 的合金室温放置 60 个月后记忆性能只减少 3%~5%。这就说明合金中加入 RE 以后，不容易发生马氏体稳定化。

有文献报道，晶粒细化有助于改善马氏体稳定化。在 CuZnAl 合金中加入 La 和 Ce，由于晶粒细化，晶界增多，晶界空位也增多，加上 La 和 Ce 在晶界的偏聚，晶界析出物的存在（图 6-39），这就造成合金对于时效时空位向晶界的聚集不敏感，大量晶界使合金元素和空位偏聚的浓度不会因时效而急剧升高，晶界本身也阻碍合金元素及缺陷的扩散。因此，马氏体变体界面在时效过程中就很少被钉扎。故加入复合 RE 的合金时效后，可逆马氏体转变温度和可逆马氏体转变量相对稳定，使用的可靠性较好。

2. 热处理对马氏体稳定化的影响

直接淬火的合金在室温停放 60 个月以后，其形状回复率已无法测定，这显然是因为在室温停放时合金发生了马氏体的稳定化。然而，在实验的各个环节，从未在淬火+两级时效的试样中发现马氏体稳定化现象。一般认为，时效时，过饱和空位将进行扩散，直接淬火的马氏体中过饱和空位多，在室温时效或使用过程中，过饱和空位形成簇，聚集在马氏体板条界或马氏体相界处，钉扎其界面，阻碍其移动，从而使马氏体稳定化。

马氏体稳定化是 9R 结构在高空位浓度下的特有现象，过饱和空位并非马氏体稳定化的直接原因，时效过程中空位聚集，在局域破坏了马氏体的有序结构，使得逆相变生核和马氏体再取向发生困难，才导致马氏体稳定化和形状记忆性能消失。9R 和 18R 马氏体共存对形状记忆性能不利的现象可以认为是过饱和空位未能及时消除，造成 9R 马氏体稳定化所致。

分级淬火是在马氏体相变点以上淬火，所以马氏体内部不会有大量的空位，在其后的逆相变中对界面的钉扎作用小。而淬火+两级时效的合金试样，第一步淬火时，无论生成的是 9R 还是 18R 马氏体，在两级时效时，15min 内全部转变为 18R 马氏体，同时合金中的应力降低，因此不易发生马氏体稳定化。850℃保温下，室温油淬+两级时效试样的 ρ-T 曲线比较完整，仅相差 3~5℃，其次是 850℃、保温 150℃分级淬火的试样 ρ-T 曲线，相差 5~8℃，而 850℃保温直接室温油淬的试样已得不到完整的 ρ-T 曲线。

3. 稳定化马氏体的重新处理训练

由图 6-46a 和图 6-47a 可见，在室温直接油淬的试样中，以马氏体相为主（此时合金具

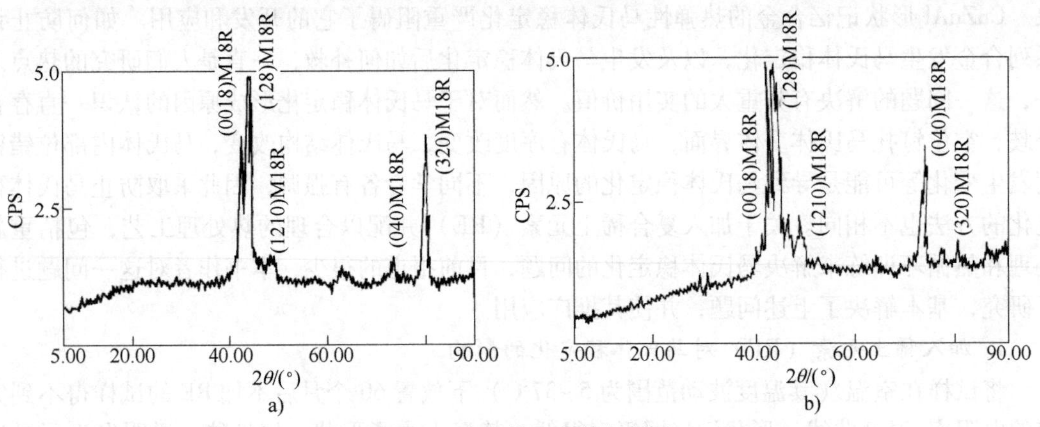

图 6-46　合金的 X 射线衍射图

a）850℃ 直接室温油淬　b）发生马氏体稳定化后重新进行两级时效

有较好的形状记忆性能)，而对于发生了马氏体稳定化后的试样（850℃直接室温油淬后，室温放置60个月的时间)，再重新进行两级时效处理时，由图6-46b可以看出，(128）和（1210）衍射峰增强，而（0018）衍射峰有所下降，但试样中马氏体相总量有所增加。同时对发生马氏体稳定化后的试样重新进行上述处理后再进行热循环训练，试样的形状记忆性能得到回复，但无论是单程还是双程回复率都无法回复到原来的状态，仅回复到未发生马氏体稳定化时的90%~93%。由图6-47b可以看到，合金中的马氏体具有光滑的界面，具有良好的孪晶关系，这利于择优马氏体的生成，利于马氏体间良好的自协作效应。

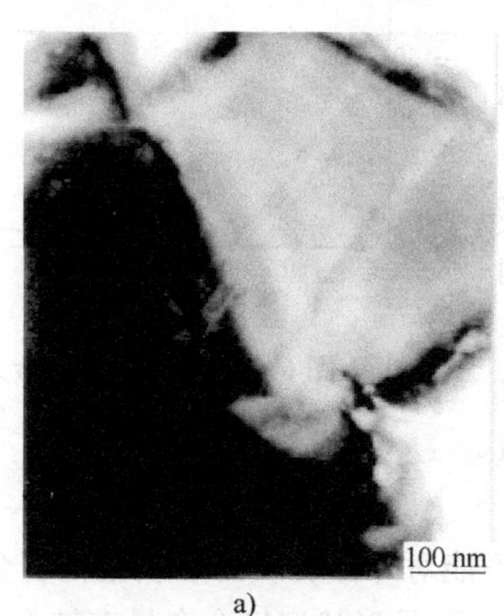

a)

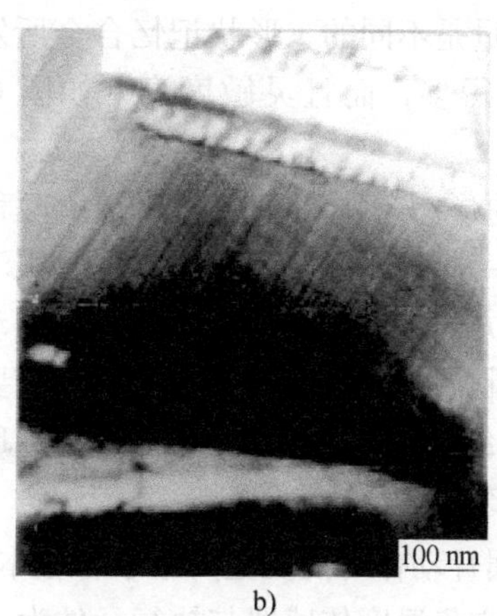

b)

图6-47　合金的透射电镜照片

a）850℃ 直接室温油淬　b）发生马氏体稳定化后重新进行两级时效

6.6　铜基形状记忆合金的应用

6.6.1　CuZnAl形状记忆合金用于过热保护器（保安单元）

由于CuZnAl形状记忆合金具有温度形状记忆效应，尤其是具有感温、驱动双重功能，因此特别适合需要感温并使其动作的部件。本项目主要是用CuZnAl形状记忆合金元件，制作程控电话交换主机配线架上的过热保护器（保安单元)。通信机房内的程控电话交换主机配线架上直列保安座模块，一端接外线终端电缆，另一端与局内电缆连接，并通过热保护器（保安单元）进行过流、过压保护和及时报警，以确保人机安全。目前使用的一次性热保护器（保安单元）的通病是每进行一次过流、过压保护后，内在部分元件熔毁，造成整个过热保护器（保安单元）报废，不能重复使用，寿命短、浪费大。我国目前每年需要消耗程控电话交换主机配线架上的一次性过热保护器（保安单元）1.5亿只，随着电信事业的发展，一次性过热保护器（保安单元）的需求量还要更高，如果采用CuZnAl形状记忆合金元件制作的过热保护器（保安单元)，将给国家节省大量的经费，所以推广应用前景非常好。本书作者在这方面做了大量工作，并取得了很好的社会效益和经济效益。

1. 过热保护器（保安单元）的有关内容讨论

国内报警器和程控电话交换主机配线架上的过热保护器（保安单元）内普遍应用易熔片和双金属片等，其最大缺点是：

（1）易熔片　易熔片是一次性易耗品，当电压过压或电流过流时，放电管放电使易熔片烧损后报警而报废。然而用铜锌铝形状记忆合金元件时，当电压过压或电流过流时，由于放电管放电使温度升高，达到合金的相变温度时（即动作温度），形状记忆合金动作使其报警并切断电源，随着温度的下降，形状记忆合金片又回复原状，所以可以反复使用。

（2）双金属片　双程形状记忆合金元件的功能和双金属片的功能甚为相近，两者之间的共同点都是随温度升降有位移尺寸量的变化，但两者之间的不同点有以下几方面：

1）尺寸相同、形状相同的两种材料所能发生的位移变化量是不同的，形状记忆合金所发生的位移量要大得多，而且灵敏度高，如图6-48所示。

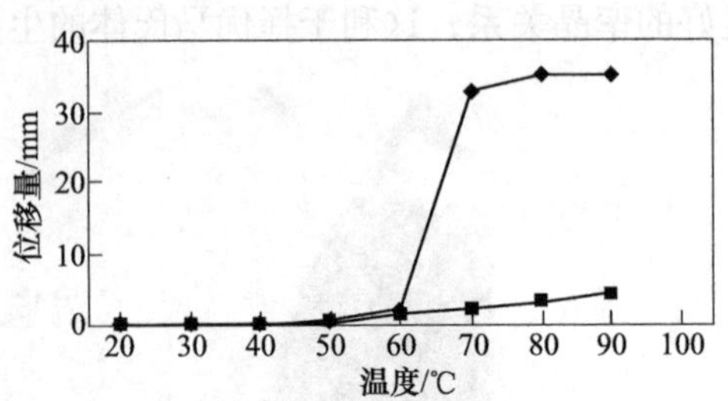

图6-48　形状记忆合金元件和双金属片的特性比较

◆—形状记忆合金　■—双金属片

2）变形的形态不同。双金属片是由两种不同金属贴合在一起的元件，其动作方向只限于和贴合面垂直的方向。而形状记忆合金元件的动作方向是没有限制的，完合可以人为地根据需要设定，可以在三维空间方向上设定，可以实现扭曲、弯曲等复杂动作。

3）双金属片动作时的发生力很小，基本上不能对外做功。而形状记忆合金元件的形状回复力很大，它集温度传感器与执行元件为一体，这是形状记忆合金最有魅力的地方。

正是基于CuZnAl形状记忆合金所具有的优点，所以制作过热保护器（保安单元）非常理想。

2. CuZnAl形状记忆合金过热保护器（保安单元）

根据过热保护器（保安单元）的设计要求，其动作温度为60~100℃，故CuZnAl形状记忆合金元件的相变温度也在该温度范围内。用CuZnAl形状记忆合金元件制作的过热保护器（保安单元）如图6-49所示。U字形形状记忆合金片中间固定，两侧边分别与放电管和热敏电阻紧靠，外界正常电压、电流由进线簧片进入，经CuZnAl形状记忆合金片到热敏电阻，从出线簧片出去。当外界有强电流从进线簧片进入时，传至热敏电阻，使其发热，当达到CuZnAl形状记忆合金片的相变温度时，形状记忆合金片动作变形，产生推力，当接触到与其相邻的接地簧片和报警簧片时，同时将外界强电流断开，实现断开、报警、接地的目

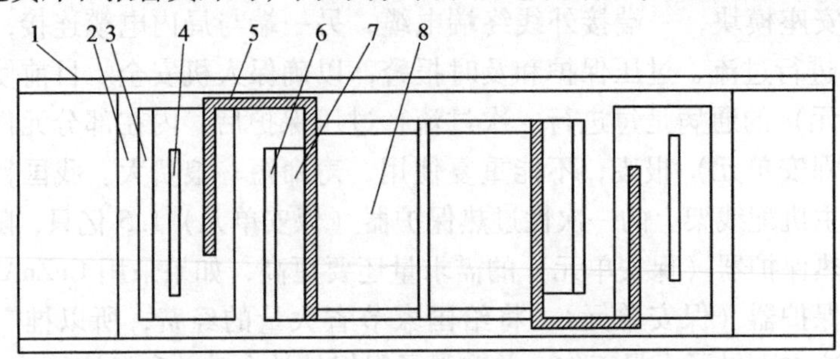

图6-49　铜锌铝形状记忆合金元件制作的过热保护器（保安单元）

1—塑料外壳　2—出线簧片　3—报警簧片　4—接地簧片
5—形状记忆合金片　6—进线簧片　7—热敏电阻　8—放电管

的。当外界有高电压进入时，一大部分由放电管的接地极流出，同时立即引起放电管放电发热，使感受该热的 CuZnAl 形状记忆合金片发生与强电流一样的动作变化，达到断开、报警、接地的目的。若外界电压、电流恢复正常，放电管和热敏电阻变冷，与其充分接触的 CuZnAl 形状记忆合金片回复原位，一切处于起始状态，为下一次的过流、过压保护和报警、接地做准备。

图 6-50 所示为该装置的电原理图，A 与 B 表示进线点，A′与 B′表示出线点，E 为接地点，S 为报警点，C 表示热敏电阻，D 表示放电管，长方形虚线框内表示 CuZnAl 形状记忆合金片，外电流正常，电流由 A、B 进入，到记忆合金片、放电管、热敏电阻，由 A′、B′出去。若遇过电压、过电流，则从 A、B 进入，使放电管、热敏电阻发热，当达到 CuZnAl 形状记忆合金片的相变温度时，形状记忆合金片动作变形，产生推力，使原线路断开的同时与报警点 S、接地点 E 接触，实现断开、报警、接地的目的。外界电流、电压正常，放电管、热敏电阻冷却，CuZnAl 形状记忆合金片自动复位，整个线路恢复起始状态。

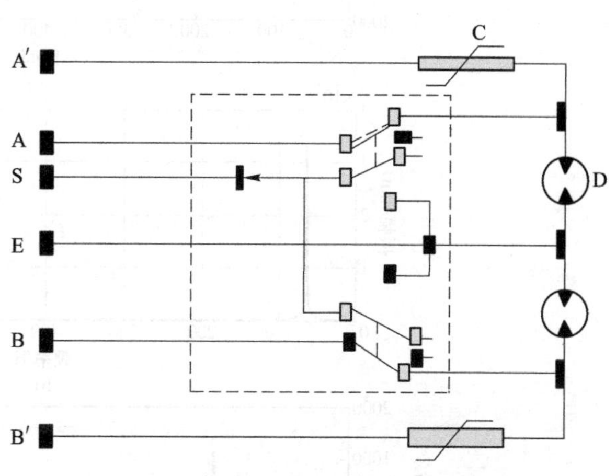

图 6-50　CuZnAl 形状记忆合金元件制作的过热保护器（保安单元）电原理图

6.6.2　CuZnAl 形状记忆合金在工程结构减振中的应用

形状记忆合金变形过程中加载和卸载的路径不重合而形成一个封闭的滞回环，可以消耗大量能量，达到减振耗能的作用。自从 20 世纪 90 年代初 Greasseer 等首次对形状记忆合金在结构振动控制领域的应用进行初步探索，国内外学者陆续开展了形状记忆合金在该领域的基础理论研究和应用研究，但主要是集中在 NiTi 合金方面。本书作者研究了 CuZnAl 合金在工程振动控制领域中的应用。

1. 装有 CuZnAl 形状记忆合金耗能器的框架振动衰减特性

振动框架由 YDS-1 型动态数据集分析仪输出数据，所得数据利用 matlab 编程计算、绘图。没有装形状记忆合金片状耗能器的振动衰减过程非常缓慢，输出曲线如图 6-51a 所示。振动开始后，700s 时的振幅衰减率 $\eta=0.225174$。振幅衰减率定义为：$\eta=A_x/A_0$。其中，A_0 为该次振动的最大振幅，单位为 mm；A_x为此后的第 x 个振幅，单位为 mm。衰减时间 T_x为 A_x对应时间与 A_0对应时间的差值。对振动曲线使用快速傅里叶变换，得频谱曲线如图 6-51b 所示，由图可以得到框架振动的固有频率，约为 65Hz。而装上 SMA 耗能器以后，振幅衰减速度明显加快，振动频率也有所降低，约为 15Hz。

图 6-51b 所示为装有经过室温油淬并时效 10h 处理的相变点为 66℃的形状记忆合金片耗能器以后的振动衰减曲线。两次振动的振幅衰减率及衰减时间见表 6-9。由表 6-9 对比两次振动的衰减速度，装有耗能器的只用了 9 个时间单位即衰减到 50%以下，到 49 个时间单位时振幅已衰减到原来的 11%；而未装耗能器的衰减 56 个时间单位时振幅仍然有原来的 86.7%。

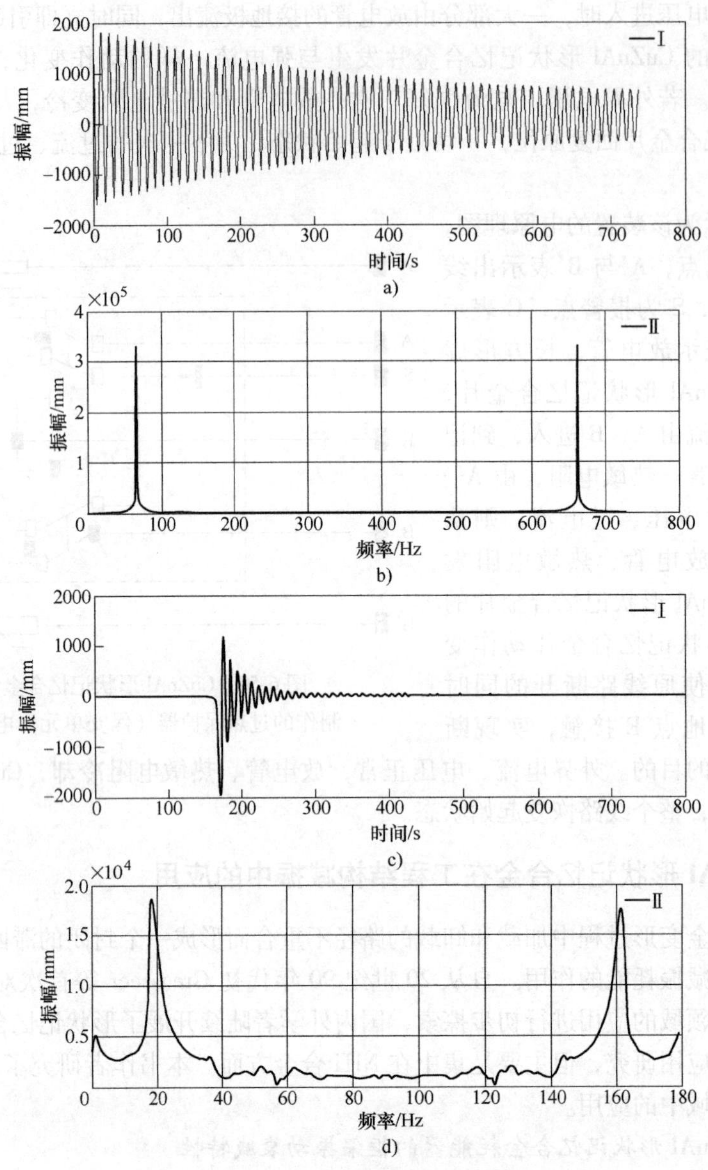

图 6-51　振动衰减曲线

Ⅰ—振动衰减曲线　Ⅱ—频谱曲线

a)，b）未装形状记忆合金耗能器　c)，d）装有形状记忆合金耗能器

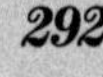

表 6-9　未装耗能器和装上耗能器后的两个振动框架的对比

未装耗能器		装有耗能器	
衰减时间/h	振幅衰减率（%）	衰减时间/h	振幅衰减率（%）
11	0.963314	9	0.470168
22	0.915244	18	0.298317
34	0.881088	28	0.224885
45	0.882985	38	0.168791
56	0.866540	49	0.112698

装上耗能器后，框架结构振动的固有频率有所降低。通过频谱分析得到各种热处理后的试样对应的振动框架的振动频率（Hz）见表6-10。安装相变点不同、经过不同方式热处理的耗能器以后，框架的振动频率都有所下降。在工程应用中可以利用此特性改变结构的振动频率以避开共振。当结构在外部周期应力作用下发生共振时，振动的振幅与能量最大，结构承受的破坏也最大。若是能够降低结构的固有频率，使其远离共振频率，则利于结构不易发生疲劳或长期使用。

表6-10　安装不同耗能器后的框架振动频率

编号	振动频率	编号	振动频率	编号	振动频率
50m17	7	66m17	11	130m17	8
50m27	2	66m27	44	130m27	5
50m37	7	66m37	24	130m37	11
50m110	3	66m110	18	130m110	6
50m210	8	66m210	10	130m210	11
50m310	8	66m310	10	130m310	7

2. 热处理工艺对马氏体状态CuZnAl形状记忆合金耗能器减振效果的影响

实验中共有三种热处理方式以及各自两种时效时间，*Ms*为66℃的马氏体状态的形状记忆合金。共有6组片状形状记忆合金耗能器，每组8根，分别装在两层框架上测试其耗能能力。表6-11中所列试样号66m17的意义：66表示形状记忆合金的*Ms*点为66℃，m表示马氏体状态，1表示表1中序列号为1的淬火方式，7表示时效时间为7h，其他编号依此类推。

表6-11　*Ms*=66℃的合金减振效果比较

66m17			66m27			66m37		
A_0	*Tx*	η	A_0	*Tx*	η	A_0	*Tx*	η
2048	10	0.956543	2048	9	0.697754	2048	9	0.768555
	20	0.677734		19	0.507813		19	0.567871
	31	0.480957		29	0.334473		30	0.388672
	41	0.329590		39	0.158691		40	0.321289
	52	0.238770		50	0.104492		50	0.240234
66m110			66m210			66m310		
A_0	*Tx*	η	A_0	*Tx*	η	A_0	*Tx*	η
1961	9	0.470168	2048	10	0.721191	2048	9	0.549805
	18	0.298317		20	0.471680		19	0.346191
	28	0.224885		30	0.399902		29	0.265137
	38	0.168791		40	0.272461		38	0.182617
	49	0.112698		51	0.180176		48	0.142090

安装了以*Ms*为66℃的SMA耗能器后，框架结构的振动衰减过程记录见表6-11。相同

时效时间7h条件下，室温水淬的合金衰减效果最好，其余两种淬火方式下的效果相近。当时效时间为10h，比较表中的η值，室温油淬合金的减振效果最好，其次是分级淬火，水淬的相对稍差。而都采用室温水淬的淬火方式相同时，时效10h的合金减振效果明显优于时效7h，都采用室温油淬时，时效10h的减振效果略有下降，而分级淬火时效10h的稍微优于时效7h的。比较热处理后的应力-应变滞回曲线面积（表6-12），66m17、66m27、66m37中滞回面积最大的是66m27对应的合金。试样号66m210对应的滞回面积略小于66m27，而66m110和66m310对应的滞回曲线面积分别略大于66m17和66m37，对于Ms为66℃的合金，室温水淬时效7h的减振效果最好。

表6-12　不同热处理工艺对合金滞回曲线所包围的面积的影响　（单位：mm^2）

试样号	66m17	66m27	66m37	66m110	66m210	66m310
面积/mm^2	302.1	346.7	321.4	308.2	340.8	326.5

3. 马氏体状态CuZnAl形状记忆合金热机械循环滞回曲线

每次使用片状马氏体状态的CuZnAl形状记忆合金后都必须加热，发生热弹性马氏体正逆转变各一次，以消除残余应变。不同相变温度CuZnAl形状记合金的拉伸曲线如图6-52所示。第一次拉伸以后加热，片状试样的残余变形完全恢复，后面的热机械循环逐渐有小部分不可恢复的残余应变累积。试验中发现合金热机械循环30次后，滞回面积明显缩小，但30次以后滞回面积缩小幅度下降（图6-52b），弹性屈服点对应的力和变形值都有所下降，其原因是热机械循环过程中产生了大量位错及位错塞积阻碍了马氏体正逆转变的进行。在CuZnAl形状记忆合金马氏体中，热机械循环产生了$\frac{1}{2}$［1 1 2 0］位错，它对应于母相的$\frac{1}{4}$［1 1 1］位错，即使马氏体逆转变后它仍可以保留在母相中。$\frac{1}{2}$［1 1 2 0］位错由$\frac{1}{3}$［1 0 0］与$\frac{1}{2}$［$\frac{1}{3}$ 1 2 0］两个半位错生成，$\frac{1}{3}$［1 0 0］位错运动不破坏合金有序状态，而$\frac{1}{2}$［$\frac{1}{3}$ 1 2 0］位错运动同时破坏了nn有序与nnn有序。另外，在冷热机械循环中合金位错不断积累，也会破坏合金的有序结构。在经过同样次数的热机械循环后，虽然合金的有序度大大下降，但相对而言原来有序度高的合金依然具有较高的有序度，故滞回面积的减小幅度也小。

为了查明马氏体条内的组织结构，用透射电镜进行了组织结构分析。观察表明，热机械循环次数少时，马氏体条内出现了细小平行针状组织（图6-53a）。随着热机械循环次数的增加，马氏体条内出现了平行台阶状变体和交叉状变体（图6-53b），在同样放大倍数下，同一视场中显示马氏体条内的位错密度也逐渐增大。图6-53c和图6-53d为热机械循环后围绕C^*轴旋转所获得的一组电子衍射花样。这组电子衍射花样表明，该合金马氏体为M18R结构。在这组电子衍射花样中，沿C^*轴方向出现拖痕（图6-53c），而且随着热机械循环次数的增加，沿C^*轴方向出现的拖痕强度增加（图6-53d），这正是层错所造成的衍射效应，可见该合金马氏体亚结构为基面上的层错，而且随着热机械循环次数的增加，马氏体亚结构为基面上的层错的密度、数量大大增加。

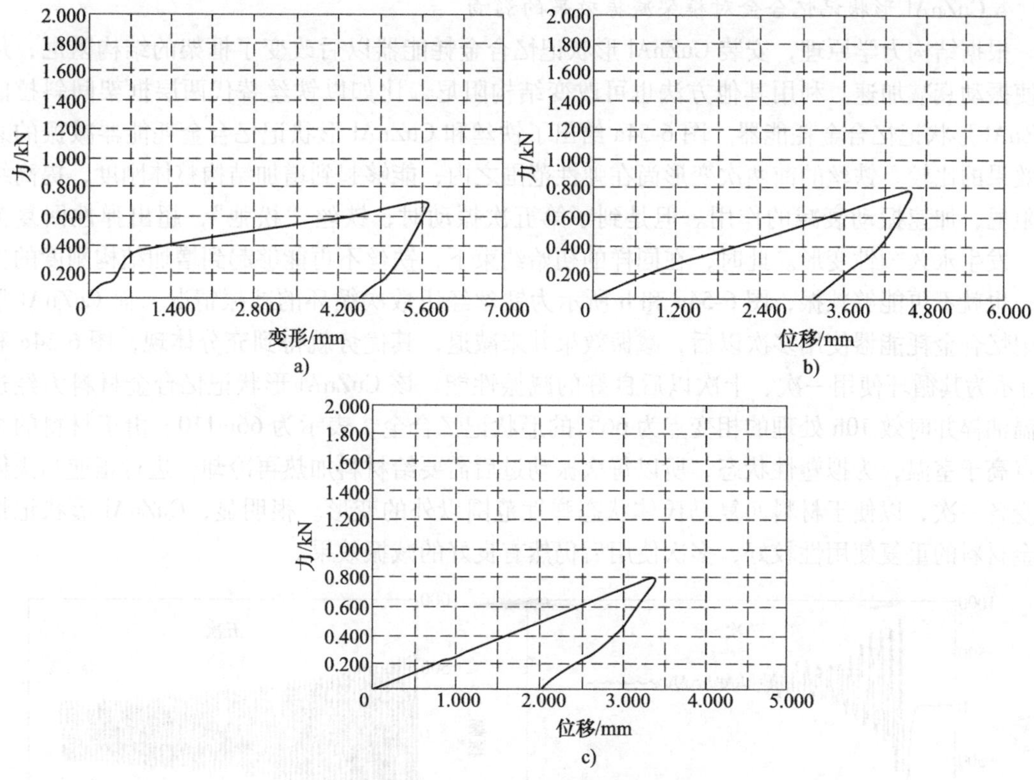

图 6-52 试样 66m27 的拉伸曲线

a）热机械循环 1 次的力-变形曲线 b）热机械循环 30 次的力-位移曲线 c）热机械循环 50 次的力-位移曲线

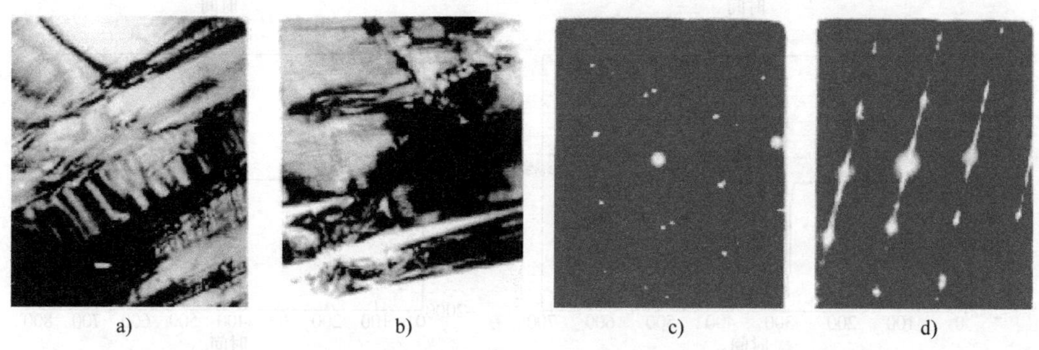

图 6-53 热机械循环后的透射电镜组织及衍射花样（×50000）

a）热机械循环 1 次 b）热机械循环 50 次 c）热机械循环 1 次 d）热机械循环 50 次

随着时效时间的延长（大于 7h 以后），马氏体的自协作性变差，且马氏体中产生了细条状、台阶状新变体。这些小变体的出现是变体长大时由于自协作不良造成畸变而产生的。细条状、台阶状变体的出现，破坏了马氏体原来良好的边界匹配关系，导致界面可动性降低，不利于马氏体的正逆转变与变形，导致马氏体有序度降低，这必然影响晶体学可逆性，导致滞回面积的减小，从而导致减振效果变差。

4. CuZnAl 形状记忆合金对框架减振效果的影响

根据结构力学原理，安装 CuZnAl 形状记忆合金耗能器以后改变了框架的结构阻尼，从而使振动衰减加速。利用其他方法也可改变结构阻尼，比如以铁丝替代两层框架间斜拉的 CuZnAl 形状记忆合金耗能器。图 6-54a 给出了铁丝和 CuZnAl 形状记忆合金耗能器减振的衰减效果的比较。铁丝的前两次变形尚在弹性范围之内，能够起到增加结构整体刚度，提高结构阻尼，加速振动衰减的作用。但是到了第五次振动时，铁丝“松弛”，超出弹性回复范围，发生永久塑性变形。此时，在同样的初始约束下，铁丝不再能够起到增加结构刚度的作用，也就不再能够减振，图 6-54a 和 b 所示为铁丝经历数次循环的减振情况。而 CuZnAl 形状记忆合金耗能器使用多次以后，减振效果并未减退，其优势就得到充分体现，图 6-54c 和 d 所示为其循环使用一次、十次以后良好的减振性能。该 CuZnAl 形状记忆合金材料为经过室温油淬并时效 10h 处理的相变点为 66℃的形状记忆合金，表示为 66m110。由于材料的相变点高于室温，为拟塑性状态，所以每次振动过后需要给材料加热再冷却，进行正逆马氏体相变各一次，以便于材料回复马氏体状态弹性范围以外的变形。很明显，CuZnAl 形状记忆合金材料的重复使用性较好，多次使用后仍然有良好的减振效果。

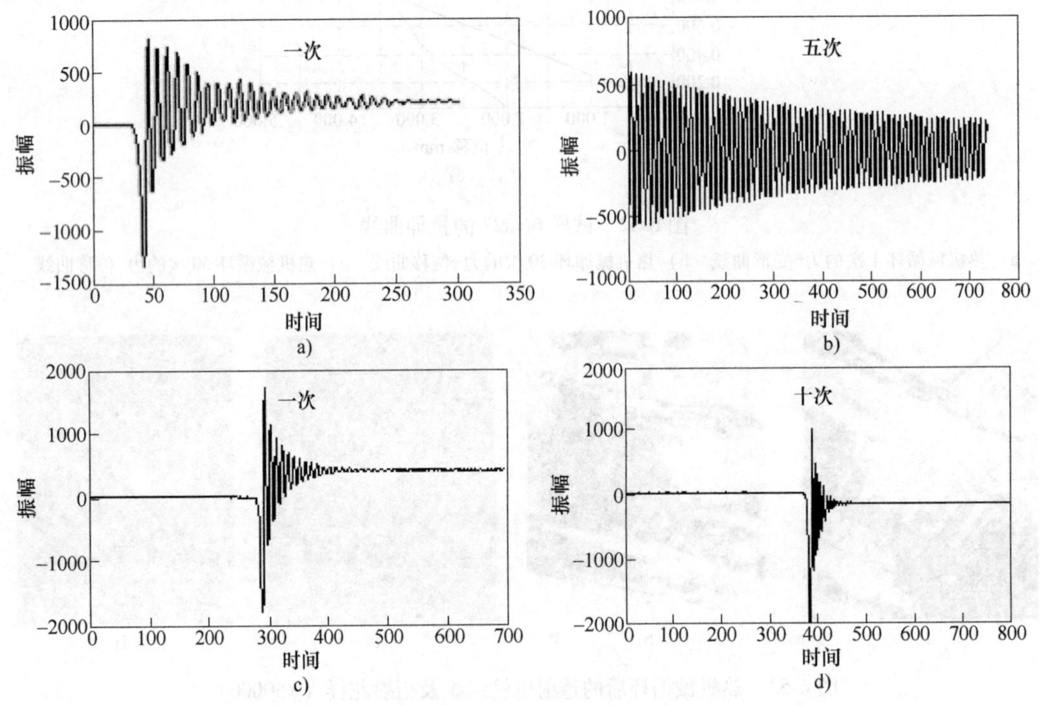

图 6-54　不同材料对框架减振效果的比较

a）铁丝减振、一次　b）铁丝减振、五次　c）CuZnAl 形状记忆合金减振、一次　d）CuZnAl 形状记忆合金减振、十次

5. 框架减振模型及其阻尼比的计算

由于仅考虑框架在 CuZnAl 形状记忆合金耗能器斜拉平面内的振动，所以振动模型可以简化为单自由度的有阻尼的自由振动。用以下微分方程表示：

$$\ddot{y} + 2\xi\omega\dot{y} + \omega^2 y = 0 \tag{6-8}$$

其中，$\omega=\sqrt{\dfrac{k}{m}}$，$\xi=\dfrac{c}{2m\omega}$。 (6-9)

设微分方程（6-8）的解为如下形式：

$$y(t)=Ce^{\lambda t}$$

则 λ 由下列特征方程确定：

$$\lambda^2+2\xi\omega\lambda+\omega^2=0$$

其解为：

$$\lambda=\omega(-\xi\pm\sqrt{\xi^2-1})$$

根据 $\xi<1$、$\xi>1$、$\xi=1$ 三种情况，可得出三种运动状态。当 $\xi<1$ 时，体系在自由反应中引起振动，振动逐渐衰减；当阻尼增大到 $\xi=1$ 时，体系在自由反应中不再引起振动，这时阻尼常数称为临界阻尼常数；当 $\xi>1$ 时，系统在自由反应中同样不能出现振动现象，在实际问题中很少遇到这种情况。$\xi<1$ 时的情况是文中主要讨论的内容，令

$$\omega_d=\omega\sqrt{1-\xi^2} \tag{6-10}$$

则

$$\lambda=-\xi\omega\pm i\omega_d$$

此时微分方程（6-8）的解为：

$$y(t)=e^{-\xi\omega t}(C_1\cos\omega_d t+C_2\sin\omega_d t)$$

再引入初始条件，即得：

$$y(t)=e^{-\xi\omega t}\left(y_0\cos\omega_d t+\frac{v_0+\xi\omega y_0}{\omega_d}\sin\omega_d t\right)$$

上式也可写成：

$$y(t)=ae^{-\xi\omega t}\sin(\omega_d t+\alpha) \tag{6-11}$$

其中，

$$a=\sqrt{y_0^2+\frac{(v_0+\xi\omega y_0)^2}{\omega_d^2}}$$

$$\tan\alpha=\frac{y_0\omega_d}{v_0+\xi\omega y_0}$$

由式（6-11）可画出低阻尼体系自由振动时的 y-t 曲线，如图 6-55 所示，这是一条逐渐衰减的波动曲线。

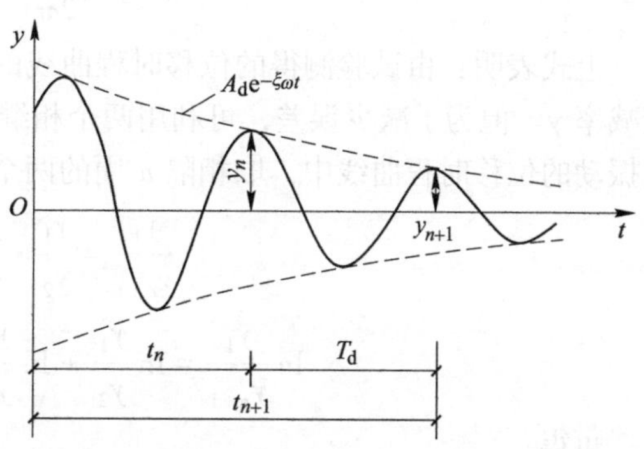

图 6-55 有阻尼单自由度体系自由振动时程曲线

由式（6-11）可以得出低阻尼体系下阻尼对自振频率和振幅的影响。首先，看阻尼对自振频率的影响。在式（6-11）中，ω_d 是低阻尼体系的自振圆频率，有阻尼与无阻尼的自振圆频率 ω_d 和 ω 之间的关系由式（6-10）给出。由此可知，在 $\xi<1$ 的低阻尼情况下，ω_d 恒小于 ω，而且 ω_d 随 ξ 值的增大而减

小。此外，在通常情况下，ξ 是一个小数。如果 $\xi<0.2$，则 $0.96<\frac{\omega_d}{\omega}<1$，即 ω_d 与 ω 的值很接近。因此，在 $\xi<0.2$ 的情况下，阻尼对自振频率的影响不大，可以忽略。

其次，看阻尼对振幅的影响。在式（6-11）中，振幅为 $a\mathrm{e}^{-\xi\omega t}$，由此看出，由于阻尼的影响，振幅随时间增加而逐渐衰减，利用振幅的变化规律可以测得体系的阻尼。在实际问题中，往往是利用阻尼比作为阻尼的基本参数，阻尼比 的值可以通过试验来测定。现在假设由试验绘得的位移时程曲线如图 6-55 所示，位移时程曲线方程为式（6-11）。

严格地说，实际振幅应根据速度为零［$\dot{y}(t)=0$］的条件来确定。然而，对于大多数实际问题，位移时程曲线与指数曲线 $y=\pm a\mathrm{e}^{-\xi\omega t}$ 的切点对应的位移值只比相应的振幅略小一点，但却很接近，因此可将切点对应的位移近似地作为振幅，即：

$$y_k = a\mathrm{e}^{-\xi\omega t_k}$$

由式（6-11）不难得出，在振动过程中，相隔一个周期的两位移之比是不变的，即：

$$\frac{y(t)}{y(t+T_d)} = \frac{a\mathrm{e}^{-\xi\omega t}\sin(\omega_d t+\alpha)}{a\mathrm{e}^{-\xi\omega(t+T_d)}\sin[\omega_d(t+T_d)+\alpha]} = \mathrm{e}^{\xi\omega T_d}$$

显然，相隔一个周期的两振幅之比也是不变的，这只要在上式中取 $t=t_k$，即：

$$\frac{y_k}{y_{k+1}} = \frac{y(t_k)}{y(t_k+T_d)} = \mathrm{e}^{\xi\omega T_d} \tag{6-12}$$

由此可见，单自由度体系有阻尼自由振动的振幅按公比为 $\mathrm{e}^{\xi\omega T_d}$ 的几何级数规律衰减的，而且阻尼比越大，衰减越快。振动衰减的速率通常用对数衰减率表示，对式（6-12）两边取自然对数可得其表示式，即：

$$\gamma = \ln\frac{y_k}{y_{k+1}} = \xi\omega T_d = \xi\omega\frac{2\pi}{\omega_d} = \frac{2\pi\xi}{\sqrt{1-\xi^2}} \tag{6-13a}$$

当阻尼比 $\xi\ll1$ 时，可近似地将对数衰减率取为：

$$\gamma = 2\pi\xi \tag{6-13b}$$

对于一般建筑结构，阻尼比 ξ 的值很小，为 1%~10%。例如，钢筋混凝土结构的阻尼比大约为 5%，钢结构为 1%~2%。由式（6-13b）可得：

$$\xi = \frac{\gamma}{2\pi} = \frac{1}{2\pi}\ln\frac{y_k}{y_{k+1}} \tag{6-14a}$$

上式表明：由试验测得的位移时程曲线的振幅值 y_k 和 y_{k+1}，就可以确定阻尼比 ξ 和对数衰减率 γ。但为了减少误差，可利用两个相继周波振幅之比不变这一特点，从测得的自由衰减振动的位移时程曲线中，取相隔 n 周的两个振幅之比来确定阻尼比 ξ 的值。其依据为：

$$\frac{y_1}{y_{n+1}} = \frac{y_1}{y_2}\cdot\frac{y_2}{y_3}\cdot\cdots\cdot\frac{y_k}{y_{k+1}}$$

$$\ln\frac{y_1}{y_{n+1}} = \ln\frac{y_1}{y_2} + \ln\frac{y_2}{y_3} + \cdots + \ln\frac{y_n}{y_{n+1}} = n\gamma$$

可得：

$$\xi = \frac{\gamma}{2\pi} = \frac{1}{2n\pi}\ln\frac{y_1}{y_{n+1}} \tag{6-14b}$$

6. 安装不同 CuZnAl 形状记忆合金耗能器后的框架阻尼比

根据式（6-14），利用 YDS-1 数据采集仪测得数据可以算出框架结构安装各种 CuZnAl 形状记忆合金耗能器前后的阻尼比，计算结果见表 6-13。CuZnAl 形状记忆合金耗能器材料经过三种淬火方式及两种时效时间处理，合金材料相变点分别为 50℃、66℃和 130℃，因此共有 18 组振动衰减曲线，也就得到 18 个阻尼比数据。未安装 CuZnAl 形状记忆合金耗能器时的空架阻尼比可以算得为 $\xi=0.0054$。从表 6-13 可以看出，安装 CuZnAl 形状记忆合金耗能器时的阻尼比要明显增大，根据热处理方式的不同，一般提高 5.8～26.8 倍。这就为 CuZnAl 形状记忆合金框架结构减振打下了良好的基础。

表 6-13　18 组试样及振动曲线的阻尼比

试样编号	阻尼比	试样编号	阻尼比	试样编号	阻尼比
50m17	0.0532	66m17	0.0422	130m17	0.0722
50m27	0.1447	66m27	0.0596	130m27	0.0632
50m37	0.0938	66m37	0.0418	130m37	0.0550
50m110	0.1381	66m110	0.0751	130m110	0.0316
50m210	0.0328	66m210	0.0586	130m210	0.0398
50m310	0.0651	66m310	0.0617	130m310	0.0577

思考题

1. 简述形状记忆合金的分类及其具有的独特性质。
2. 满足什么条件才能具有形状记忆效应，并称为形状记忆合金？
3. 与钢铁材料相比，形状记忆合金具有哪些不同的特性？
4. 如何使形状记忆合金获得双程形状记忆效应？
5. 铜基和镍钛基形状记忆合金在性能上有何异同点？
6. 谈谈形状记忆合金还可以针对哪些应用进行深入研究，并指出如何研究。
7. 试讨论影响形状记忆合金性能的影响因素。

第7章 轴承合金及其熔铸

轴承是工程机械中很重要的部件，它既要支承轴颈，同时也要承受轴的压力和冲击，并通过它把这些载荷传递给机架。所以，轴承的工作质量直接影响机械的精度和寿命。按轴承支承面与轴颈之间相对运动的形式，轴承可分为滑动轴承和滚动轴承两类。滑动轴承工作较平稳，可以承受较大的压力，所以，在轴的旋转速度很高和承受重载的场合下，例如，高速大马力柴油机和汽车发动机的曲轴、连杆，大型减速器及电动机主轴，涡轮机的主轴等的轴承都是采用滑动轴承。本章所介绍的轴承合金是用于制造滑动轴承的材料。

滑动轴承工作时，轴承支承面和轴颈之间会产生相对滑动。在理想情况下，它们之间应有一层薄的完整的润滑油膜将其分开，使轴旋转时不会与轴承支承面直接接触，这种状态称为液体润滑状态。轴与轴承处于液体润滑状态时其摩擦系数和磨损都是最小的。但是，通常由于润滑油压力较小，这种理想状态很难实现。绝大多数情况下的轴与轴承是处于半液体摩擦状态，即包围轴颈的润滑油膜并不完整，而使轴颈与轴承在某些局部地方直接接触，因此就会产生磨损。所以，轴承材料和轴颈的摩擦特性是值得研究的问题。为了保证机械精度和延长使用寿命，轴承应具有很好的耐磨性，一般来讲，硬而韧的材料具有较好的耐磨性，但是，轴承的硬度太高会使轴颈很快损伤。所以，从延长轴承使用寿命和保护轴颈的不同角度对轴承合金提出的要求往往是矛盾的。因为加工和更换轴要比更换轴承困难得多，所以，轴承合金的硬度应比轴颈的硬度低得多，并且在这一前提下应尽可能地提高轴承合金的耐磨性。

7.1 概述

为了达到与轴配磨时的上述特殊要求，轴承合金应具有下列基本性能：

(1) 力学性能　轴承合金应具有一定的抗挤压强度，承受载荷时不至于被破坏，尤其在轴承的工作温度范围内（一般为50~180℃）应有一定的硬度，使其不会因温度升高而软化。由于轴所承受的载荷在多数情况下是冲击性质的，因此，要求轴承合金具有较高如抗冲击性能以及在反复载荷作用下有很好的疲劳强度。

(2) 摩擦特性　为了延长轴承的使用寿命，轴承合金应有足够的耐磨性。同时轴承合金还应有良好的减磨性，即轴承与轴颈间的摩擦系数越小越好。例如，某些轴承合金的组织中具有均匀分布的硬质点相，轴颈与轴承接触不是整个面的接触，而是依靠轴承合金组织中的硬质点相将轴颈托起，如图7-1所示。

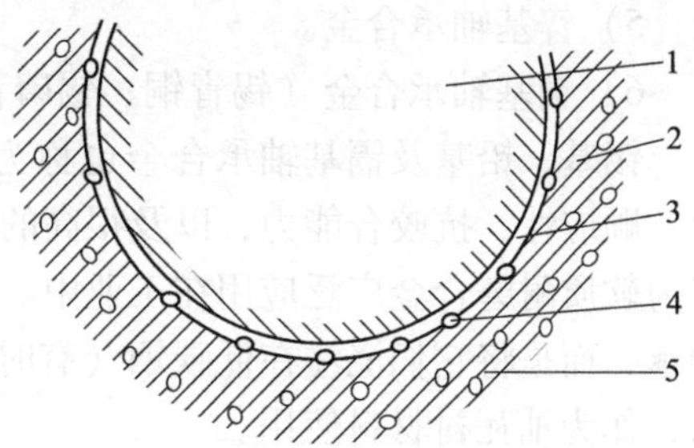

图7-1　轴与轴承接触的理想状态示意图
1—轴　2—轴承　3—润滑油
4—硬质点　5—基体

这样，轴颈与轴承上的很多硬的小质点接触，由于接触面积很小，所以它们之间的摩擦系数很小。此外，硬质点凸出在轴承表面能承受轴的载荷，润滑油可以在其间的凹槽内流动，保证良好的润滑。只要这些小质点的硬度合适，就能使轴承既对轴颈的损伤很小又使其有较好的耐磨性能。同时，这种轴承合金的基体一般应具有良好的塑性，以适应对轴承合金的其他要求。

（3）抗咬合性　当轴承在承受重载或润滑条件不良时，轴颈与轴承发生干摩擦，使轴承与轴颈的某些接触处温升过高，轴承金属软化而被轴颈表面刮走的现象称为咬合。为了避免咬合，要求轴承合金对润滑油具有良好的吸附能力并在较高的工作温度下具有一定的硬度。

（4）嵌藏性　轴承合金的基体应是比较软的，当有尖硬粒子落入摩擦表面时，它们可以被嵌陷在基体中而不至于划伤轴颈的配合表面。

（5）顺应性　由于安装的误差使轴的位置与轴承孔发生某些偏移时，轴承孔应能以相应的塑性变形来适应轴的方向，而不至于使轴产生不均匀的磨损。同时轴承合金的硬度不宜过高，以便于工人在安装时进行刮研加工，一般锡基和铅基轴承合金的硬度以20~30HBW为宜。

（6）耐蚀性　轴承合金应具有一定的化学稳定性，能抵抗润滑油中有机酸及硫化物的腐蚀。

（7）导热性　轴承工作时产生的热量要通过轴瓦传递给机架，这就要求轴承合金的导热性能好，使轴承不致温升过高而影响机器的正常运转。

对轴承合金性能的要求往往是多方面的，以上所列举的只是最基本的性能要求。为了使轴承合金具备上述性能，选择轴承材料时，只能选用两相或多相组成的合金。目前，轴承合金的组织特征大致可以归纳为以下两类：

1）合金组织由硬质点相和软基体组成，如锡基、铅基合金及锡青铜等类型的合金。

2）合金组织由较硬的基体和软质点相组成，如铝-锡、铝-石墨复合材料及铅青铜、灰铸铁等类型的合金。

这两类合金中，前者是早期的轴瓦材料，目前仍在工业中广泛使用，后者是近代才发展起来的，它们具有较好的冲击韧度和疲劳强度，合金组织中的Sn、Pb及石墨相是很好的固体润滑剂。这类合金常用来制造在工作温度高、传递功率大、受冲击载荷及转动速度很高的条件下工作的轴承。

工业上使用的有色金属材料的轴承合金主要有以下几种：

1）锡基轴承合金（Sn-Sb-Cu系）。

2）铅基轴承合金（Pb-Sb-Sn系、Pb-Ca-Na系等）。

3）镉基轴承合金（Cd-Ni系、Cd-Ag系、Cd-Zn系等）。

4）铝基轴承合金。

5）锌基轴承合金。

6）铜基轴承合金（锡青铜、锡磷青铜、铅青铜、铝青铜、硅黄铜、锰黄铜等）。

锡基、铅基及镉基轴承合金也称为巴氏合金，它们具有很小的摩擦系数，良好的嵌藏性、顺应性、抗咬合能力，以及很高的化学稳定性，同时，也容易熔炼和加工。所以。它们作为软质耐磨合金广泛应用在工业中。但由于巴氏合金质地软而强度低，不能用来制造整体轴承，而是将它们浇注在低碳钢（有时也用青铜或铸铁）制成的钢背壳（以下称钢壳）表面，作为轴瓦衬材料使用。

本章将重点讨论工业中最常用的锡基、铅基和铝基轴承合金。

7.2 锡基轴承合金

7.2.1 锡基轴承合金的成分、组织和性能

锡基轴承合金是巴氏合金中性能最好的一种，它的摩擦系数最小，抗咬合性及耐蚀性也很好，虽然它还存在着成本高、疲劳强度尚不如铅基合金等缺点，但它目前仍为优良的轴承材料，广泛应用于工作条件极为繁重的轴承上。

根据 Sn-Sb 二元相图（图 7-2），在平衡条件下，246℃时，Sb 在 Sn 中有最大的溶解度 10.4%，对于 $w_{Sb}<10.4\%$ 的合金，结晶结束时为单相 α 固溶体（包晶转变生成）。但是，在铸造条件下，由于冷却速度较快，出现不平衡组织，所以当 $w_{Sb}>9\%$ 时就出现了第二相 β（Sn-Sb 化合物）。随着温度降低，已结晶的 α 固溶体中将析出 β 相，但由于冷却速度较快，析出的 β 相数量是很少的。α 固溶体具有良好的塑性，构成了锡基合金的软基体。β 相为硬而脆的方形晶体，它是锡基合金中的硬质点，起支承和减磨作用。

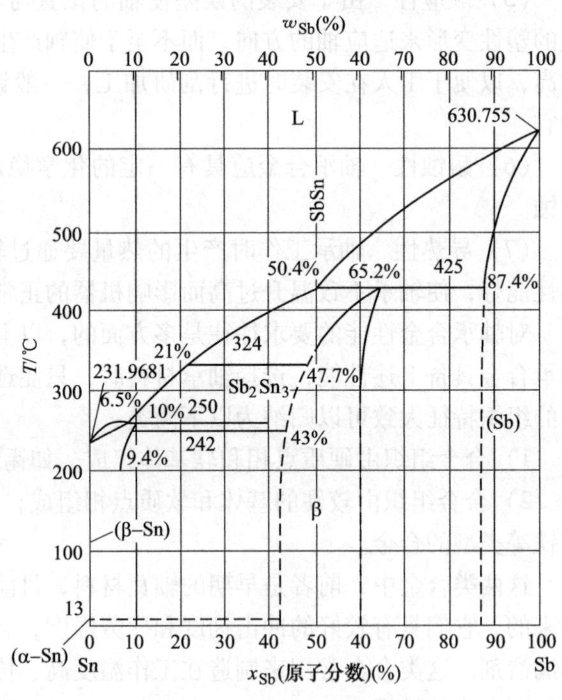

图 7-2 Sn-Sb 二元相图

锡基合金中，随着 Sb 含量的增加，β 相的数量相应增多，合金塑性下降而强度有所提高。如果 Sb 含量过高（$w_{Sb}>20\%$）会使合金发脆以至无法使用，为了保证使用性能，对 β 相的含量应控制在适当范围之内，一般取 Sb 的含量为 $w_{Sb}=4\%\sim12\%$ 为宜。

Sb 的密度比 Sn 小，因而合金中 β 相的密度比 α 相小。所以，在结晶过程中 β 相易上浮形成比重偏析。为了克服比重偏析，常在合金中加入适量的 Cu。Cu 可以固溶在 α 相中使基体强化。同时，当 $w_{Cu}>0.8\%$ 时，在合金中会出现化合物 Cu_6Sn_5，其结晶温度为 250～

300℃左右，比β相析出温度高。当合金中含有适量的Cu时，合金凝固过程中首先析出呈针状或星状的Cu_6Sn_5晶体，在合金中搭成骨架。然后，自液相中析出的β相晶体被骨架所阻挡不致上浮，就在这些骨架上成长，从而有效地克服了比重偏析。Cu_6Sn_5是脆而硬的晶体，适当数量的Cu_6Sn_5相可以提高锡基轴承合金的耐磨性能，但其含量过多会使合金发脆而降低使用性能，所以锡基轴承合金中一般控制在$w_{Cu}=2.5\%\sim6\%$。

杂质元素对合金性能有很大的影响，微量的Pb在锡基合金中即可形成（Sn+β+Pb）易熔混合物，其熔点约为189℃，它的出现使合金耐热性能及力学性能受到破坏，尤其在薄壁轴瓦中，它的有害影响比较严重。所以，在制造承受载荷较繁重的薄壁轴瓦时，合金中应严格控制$w_{Pb}<0.35\%$。Al会降低合金与钢壳的黏结强度，Fe会使合金变脆甚至产生裂纹，所以应严格控制它们的含量。Al、Fe及其他杂质如Bi、As等的允许含量见铸造轴承合金国家标准。

7.2.2 常用的锡基轴承合金

工业常用的锡基轴承合金由于含Sb量的不同在组织上有很大的差异，图7-3及图7-4是锡基合金中比较有代表性的两种牌号合金的显微组织，下面将这两种最常用的合金介绍一下。

图7-3所示为ZChSnSb11-6的显微组织（$w_{Sb}=10\%\sim12\%$，$w_{Cu}=5.5\%\sim6.5\%$，其余为Sn），由于含Sb量较高，组织中出现β（SnSb）的方形晶体，黑色基体为塑性良好的α固溶体；白色针状或星状为Cu_6Sn_5化合物。

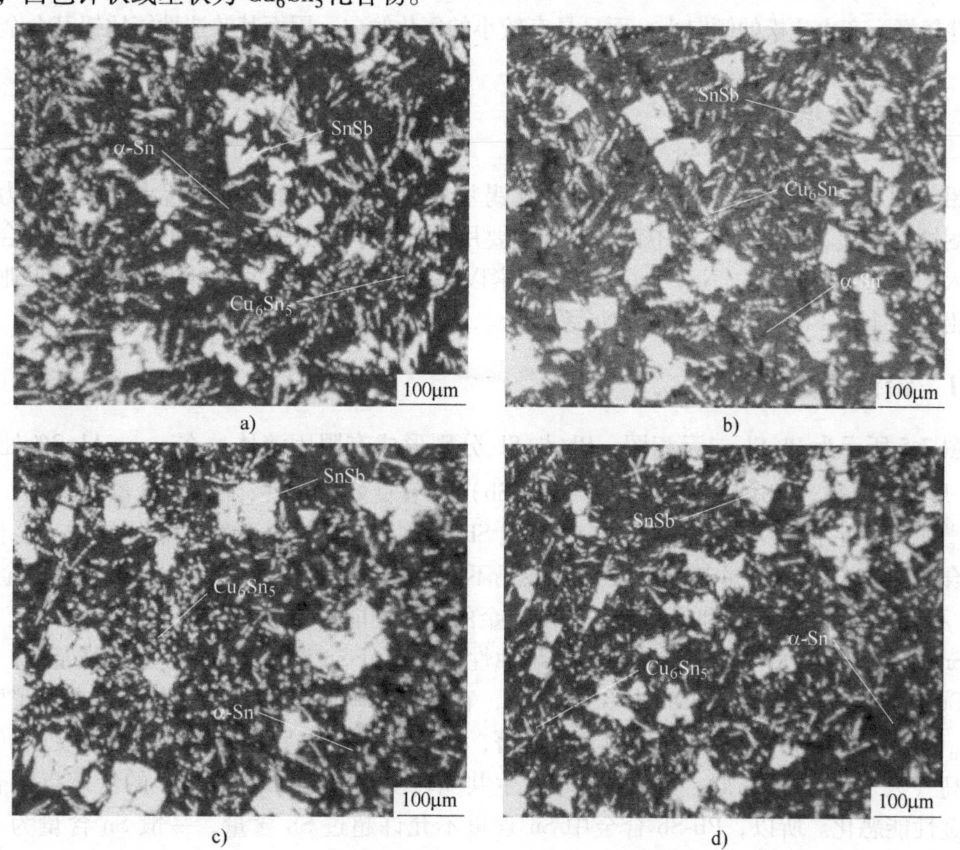

图7-3 不同焊接参数下ZChSnSb11-6的显微组织

a）20V，115A b）20V，120A c）20V，125A d）22V，120A

这种合金开始熔化的温度约为242℃，所以在轴承正常工作温度下（一般小于150℃），它具有足够的强度，在有润滑的条件下，其磨损仅为铅基合金的一半。这种合金的导热性很好，线胀系数小，有很好的抗咬合性及良好的耐蚀性，由于组织中存在较多的β相，合金的塑性较差，故疲劳强度不够高。不适于制造薄壁（合金层厚度在0.4mm以下）的轴瓦。它通常用来制造承受冲击载荷工件的轴瓦，例如，大功率的电动机、蒸汽涡轮机、汽车发动机、柴油机、压缩机连杆等的轴瓦。

图7-4所示为ZChSnSb4-4的显微组织（w_{Sb}=4.0%~5.0%，w_{Cu}=4.0%~5.0%，其余为Sn），由于含Sb量少，组织中没有β相出现，其中黑色基体为α固溶体，白色针状和星状物为Cu_6Sn_5化合物。这种合金比ZChSnSb11-6的塑性更好，但因其强度较低，故需用钢壳来增加其承载能力。用这种合金制成的薄壁轴瓦（合金层厚度为0.1~0.3mm）的疲劳强度大大提高，可以用来制造工作条件很繁重的航空和汽车发动机轴瓦。

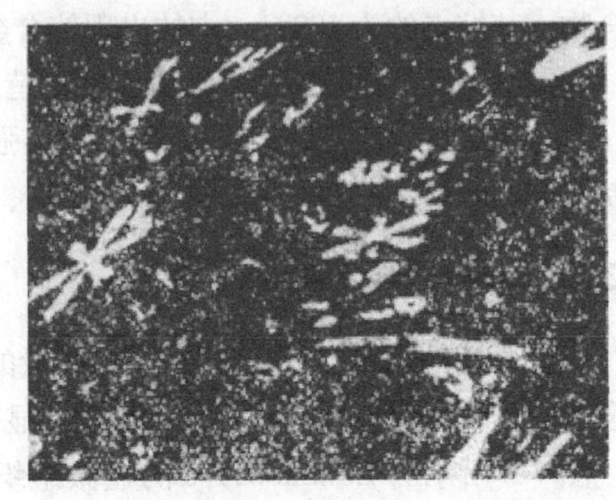

图7-4 ZChSnSb4-4的显微组织（放大500倍）

锡基轴承合金的结晶温度范围较小，所以，流动性较好，产生疏松的倾向小，而且具有较小的氧化倾向，因而其铸造性能比铅基合金好。

7.3 铅基轴承合金

铅基轴承合金具有塑性好、疲劳强度比锡基合金高而且成本低廉等优点，但因其力学性能及耐蚀性较差，所以，工业中铅基合金主要用来制造承受中等载荷的轴承。在铅基合金中常加入Sb、Sn、Cu、Ni、Na、Ca等合金元素以提高其综合力学性能和使用性能。工业上常用的铅基合金是Pb-Sb系及Pb-Ca-Na系合金。

7.3.1 铅锑系合金

图7-5所示为Pb-Sb二元相图，Pb与Sb分别形成有限固溶体，在w_{Sb}=11.2%处，Pb与Sb形成共晶体（Pb+Sb）。共晶体（Pb+Sb）具有良好的塑性，随Sb含量的增加，合金强度增加而塑性下降。当w_{Sb}>11.2%时出现Sb的初晶，它是合金组织中的硬质点，但是，即使合金中w_{Sb}=13%时，其硬度及耐磨性仍不够理想。所以，常常在Pb-Sb二元合金中加入Sn和Cu等元素来改善和提高铅基轴承合金的使用性能。

Sn的加入可以大大改善铅基合金的耐蚀性能，部分Sn溶入Pb也可以增强基体。在有Sb、Cu存在的情况下，形成SnSb和Cu_6Sn_5，它们作为硬质晶体，可以提高合金的耐磨性。当w_{Sn}=5%~15%时，这些有利作用十分显著，当w_{Sn}>20%以后并无十分明显的变化。含锡量过高（大于Sb含量）时，在189℃时发生共晶转变形成（Sn+β+Pb）的低熔点混合物，使合金性能恶化。所以，Pb-Sb合金中Sn含量不允许超过Sb含量，一般Sn含量为w_{Sn}=5%~16%。因此，铅基轴承合金有时也称为“低锡巴氏合金”。

加入Cu的目的在于防止合金偏析，铅基轴承合金比锡基轴承合金有更为严重的偏析倾

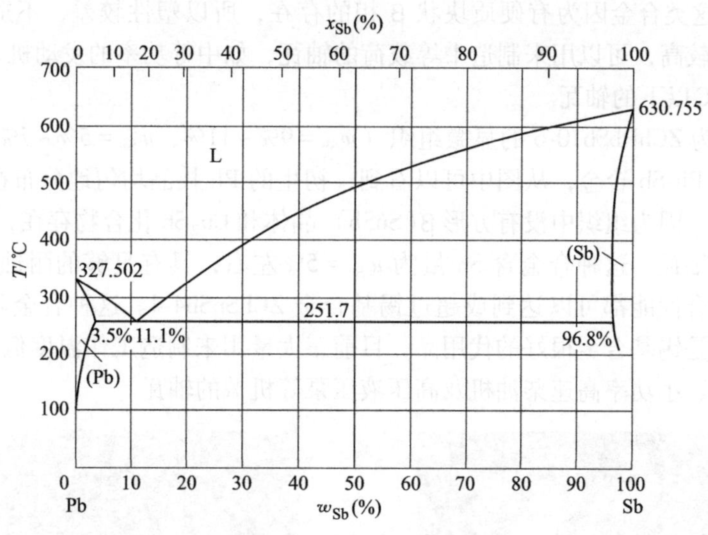

图 7-5 Pb-Sb 二元相图

向，加入 Cu 后形成针状的 Cu_6Sn_5 及 Cu_2Sb，利于克服比重偏析，而且可以增加合金的耐磨性。Cu 可以显著提高合金的开始凝固温度，有关资料指出：每加入 0.1%的 Cu，可以使合金凝固温度提高 6℃左右。所以，过高的 Cu 含量会使合金结晶温度范围增大，从铸造的观点看，一般应控制 Cu 含量在 2%左右为宜。

As 能部分固溶于 Sb 固溶体，少量的 As 还可以细化组织、提高强度，并使合金高温硬度提高。但 As 含量过高会使合金发脆，一般应控制在 $w_{As}=0.3\%\sim1\%$。当 $w_{As}=1\%$时，合金具有最好的流动性。

Cd 可以有效地提高合金的耐蚀性，提高其强度。在有 As 存在的条件下，生成镉砷化合物的硬质点可以减小摩擦系数，但 Cd 也会增加合金的脆性，一般以 $w_{Cd}=1\%\sim1.5\%$为宜。此时合金具有最合适的硬度及高的耐磨性。

Ni 可以细化组织，提高合金的耐磨性。Ni 也可以改善合金的偏析倾向及提高其耐热性能。

Bi 的熔点很低，混入铅基合金后形成低熔点共晶体，严重地破坏了合金的强度。其含量（质量分数）应控制在 0.1%以下。

Al 增加了合金的氧化倾向，使合金与钢壳的黏结削弱，在铅基合金中铝的质量分数应在 0.01%以下。

铅基轴承合金的结晶温度范围较宽，其铸造性能不及锡基轴承合金。熔炼时氧化倾向也比锡基合金严重，所以，熔铸工艺要求比锡基更为严格。

工业常用的 Pb-Sb 系合金由于含 Sb 量不同，其组织上存在着较大的差异，一般可以把它们分成两大类，如图 7-6 和图 7-7 所示，它们的组织特点和用途如下：

图 7-6 所示为 ZChPbSb16-16-2 的显微组织（$w_{Sn}=15\%\sim17\%$，$w_{Sb}=15\%\sim17\%$，$w_{Cu}=1.5\%\sim2\%$，其余为 Pb）。由于含 Sb 量较高，合金显微组织是过共晶组织，组织中出现 β 相的白色方形晶体，它是合金中的硬质点。基体是由 Pb 和呈细纤维状均匀分布的 Sb 构成的共晶体组成，共晶体是该合金的软基体。图中还可以看到白色的针状物，这是 Cu_6Sn_5 或

Cu_2Sb化合物。这类合金因为有硬质块状β相的存在，所以塑性较差，不适合制造薄壁轴瓦，但因其强度较高，可以用来制造中等载荷的轴瓦，如中等功率的发动机、减速器等以及工作温度在120℃以下的轴瓦。

图7-7所示为ZChPbSb10-6的显微组织（$w_{Sb}=9\%\sim11\%$，$w_{Sn}=5\%\sim7\%$，其余为Pb）。该合金是亚共晶Pb-Sb合金，从图中可以看到，初生的Pb枝晶均匀地分布在Pb与Sb固溶体的共晶基体上，因为组织中没有方形β(SnSb)晶体和Cu_2Sb化合物存在，所以塑性很好，很适合制造薄壁轴瓦。这种合金含Sn量为$w_{Sn}=5\%$左右，具有足够的耐蚀性，其顺应性、疲劳强度及抗咬合性能都可以达到或超过锡基合金ZChSnSb4-4。这种合金具有成本低、性能良好的特点，是锡基合金很好的代用品，目前正大量用来制造工作温度低于120℃的发动机，压缩机，中、小功率高速柴油机及高压液压泵等机械的轴瓦。

图7-6　ZChPbSb16-16-2的显微组织（100×）

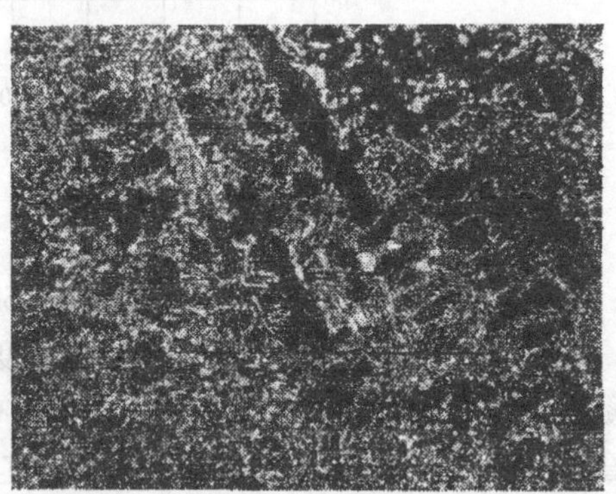

图7-7　ZChPbSb10-6的显微组织（500×）

几种巴氏合金（锡基和铅基轴承合金的总称）的性能见表7-1。

表7-1　几种巴氏合金的性能

合金代号	抗拉强度/MPa	伸长率(%)	布氏硬度HBW	密度/(g/cm³)	线胀系数$\alpha/10^{-8}K^{-1}$	热导率/[W/(m·K)]	线收缩率(%)
ZChSnSb11-6	90	6.0	27	7.38	23.0	33.5	0.65
ZChSnSb8-4	80	10.6	24	7.30	23.2	38.5	—
ZChSnSb4-4	80	7.0	20	7.34	—	—	—
ZChPbSb16-16-2	78	0.2	30	9.29	24	25.1	—
ZChPbSb15-15-3	68	0.2	32	9.60	28	20.9	0.55
ZChPbSb10-6	80	5.5	18	—	—	—	—

7.3.2　铅钙钠系合金

图7-8所示为Pb-Na二元相图的一部分，由图可知，在共晶温度时，Na在Pb中的最大溶解度为1.5%，随着温度降低，到室温时，Na在Pb中的溶解度仅为0.4%，所以，Pb-Na合金有显著的时效强化作用，可以通过热处理使铅基体强化。

图 7-9 是 Pb-Ca 二元相图的一部分，Ca 在 Pb 中只有很小的溶解度，328℃时仅为0.07%，过剩的 Ca 则形成 Pb_3Ca 化合物，Pb_3Ca 是此类巴氏合金中的硬质点。

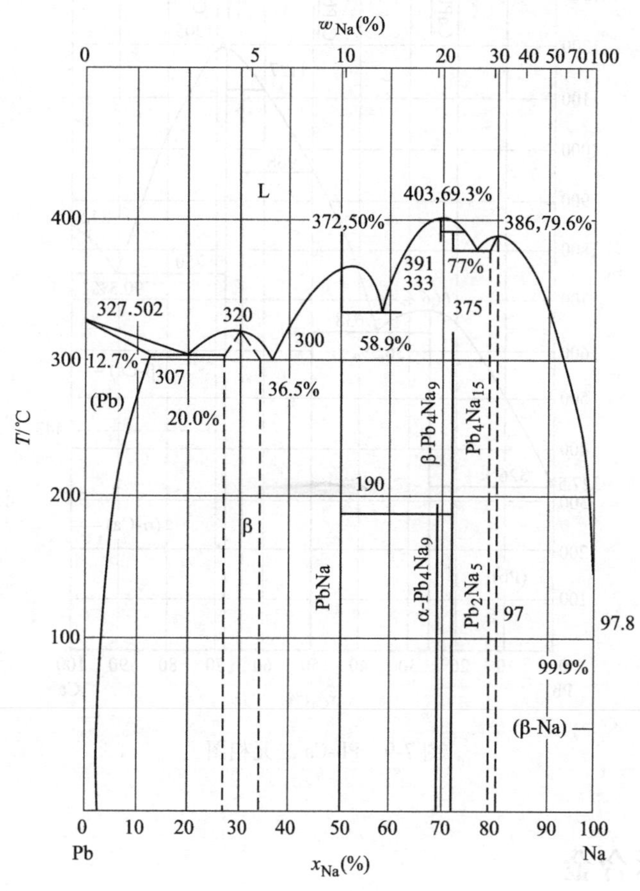

图 7-8　Pb-Na 二元相图

此类巴氏合金的显微组织特征是以 Na 在 Pb 内的固溶体为软基体，其上均匀分布着白色树枝状化合物 Pb_3Ca。为了获得较好的综合性能，此种合金的成分为：w_{Na} = 0.6%～0.9%，w_{Ca}=0.85%～1.15%，其余为 Pb。

Pb-Ca-Na 系合金的氧化倾向较严重，合金熔炼时 Na 和 Ca 的损耗大，同时还易生成氧化膜，影响合金和钢壳的黏合，生产上常在钢壳上开设燕尾槽，用机械的方法加强合金与钢壳的黏结力。合金中有少量 Mg 时，可以减小合金中 Ca 和 Na 的烧损。为 w_{Sn} = 1%～2%时，可以适当减少 Ca 和 Na 的含量而不致影响合金的性能，同时在有 Sn 的情况下，可以改善合金与钢壳的黏合情况。

Pb-Ca-Na 系轴承合金在 315℃时才开始熔化，有较好的高温强度，125℃时仍具有20HBW 的硬度，所以有较好的抗咬合性和冲击韧度，可以用来制造低速、重载和受冲击载荷的铁路客货车辆的轴瓦。Pb-Ca-Na 系合金存在着线胀系数较大、氧化倾向严重、耐蚀性较差、熔炼工艺复杂等缺点，在工业中使用不是很普遍。

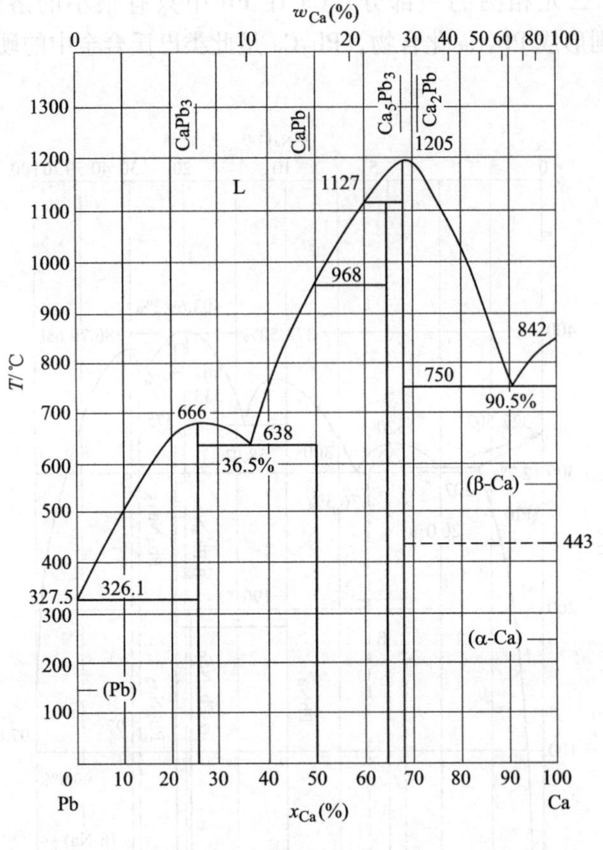

图 7-9 Pb-Ca 二元相图

7.4 铝基轴承合金

铝基轴承合金是近代发展起来的优良减磨合金，它的密度小、导热性好（是锡基和铅基合金的5~10倍）、力学性能较高、在高温下工作时仍保持较高的硬度。所以，在受冲击载荷和较高温度条件下，用它来代替锡基、铅基或铜铅轴承合金可以获得更好的效果。

铝基轴承合金的线胀系数较大，所以，在装配时轴颈与轴承之间要求有较大的间隙，为了提高铝基合金的抗咬合性，常在轴瓦表面镀一层厚度为0.025mm左右的Pb-Sn合金（$w_{Sn}=10\%$）。由于硬度较高，对轴颈的磨损较大，使用时应尽可能地增加轴颈表面硬度。

铝基轴承合金熔炼温度较高，合金易生成氧化膜，所以不易与钢壳黏合，铝基轴承合金的浇注工艺比较复杂。自从采用冷轧工艺将铝基轴承合金与低碳钢板轧制成双金属带以来，铝基轴承合金的生产率大大提高。目前，用铝基轴承合金制成的轴瓦正大量使用在大功率汽油发动机、拖拉机、高速柴油机和其他动力机械上。

铝基轴承合金主要有Al-Sn合金、Al-Sb合金、Al-Si合金、Al1-Pb合金、Al-Cu合金、Al-Ni合金及铝-石墨复合材料等。现将几种常用的材料简要介绍一下。

7.4.1 铝锡合金

图7-10所示为Al-Sn合金二元相图。锡不固溶在铝中，因此，很少量的锡就与铝形成共晶，锡是合金中的软质点，可以起到润滑及减磨作用。为了增加合金的强度，还可以加入少量Cu、Si及Ni，目前我国使用的Al-Sn合金的成分是：$w_{Sn}=20\%$，$w_{Cu}=1\%$，其余为Al。此种成分的Al-Sn合金的共晶体是呈网状分布在铝晶界上的，如图7-11所示。轧制加工后，共晶体被碾压破碎成细小的断续网状，回火处理后可以得到均匀分布的粒状组织，这样就大大地提高了合金的力学性能及加强了合金与钢背材料的黏合强度，Al-Sn合金广泛用于制造大功率高速柴油机及拖拉机轴瓦，它可以在110~130℃下工作。

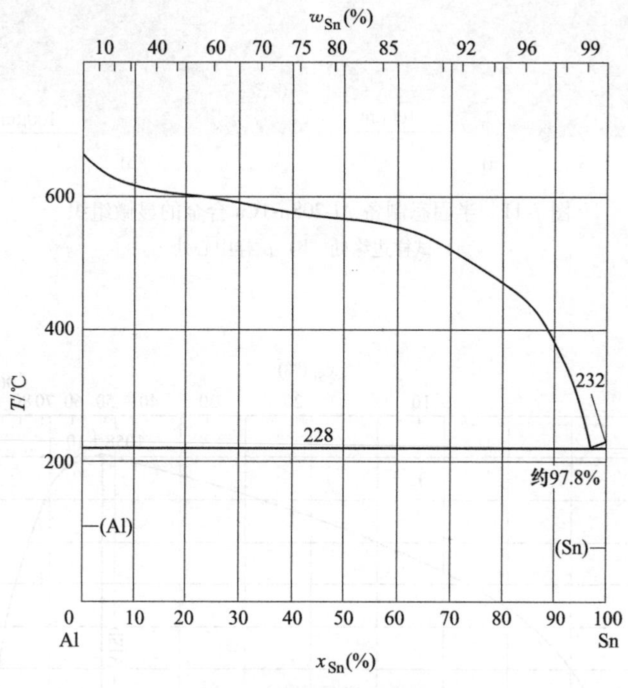

图7-10 Al-Sn二元相图

7.4.2 铝锑合金

Sb不固溶于Al中，少量的Sb即可与Al生成共晶体，继续增加Sb含量则出现针状的Al-Sb初晶，Al-Sb合金二元相图如图7-12所示。Al-Sb的熔点高，硬而脆，所以常用的Al-Sb轴承合金成分区是取在过共晶区域。因为Mg加入到合金中可以使针状的Al-Sb变为球状，从而改善了耐磨性能。所以，我国使用的Al-Sb轴承合金成分是：$w_{Sb}=3.5\%\sim5\%$，$w_{Mg}=0.5\%\sim0.7\%$，其余为Al。这种合金大多是与低碳钢轧制成双金属板材的。

7.4.3 铝硅合金

用于制造轴承的Al-Si合金一般取其成分在共晶或过共晶范围。在铸态下，合金中粗大硅晶体会严重地影响合金的力学性能，所以没有实用价值。自从出现双金属带的轧制工艺之

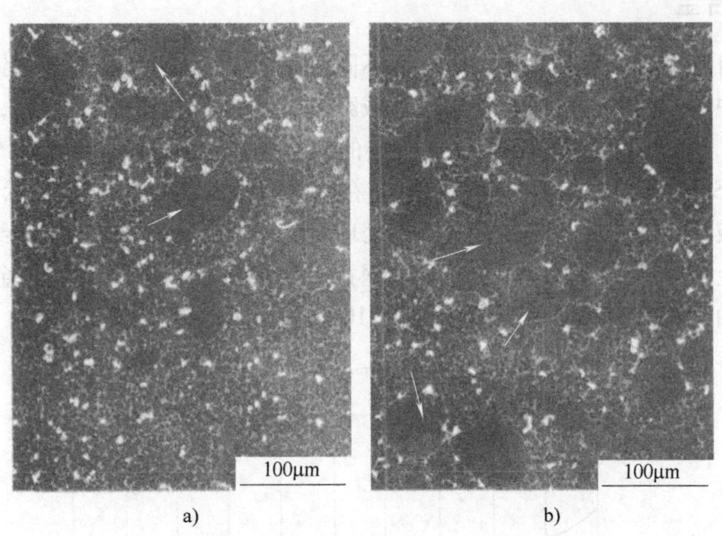

图 7-11　半固态制备 Al-20Sn-1Cu 合金的显微组织

a）试样边缘处　b）试样中心处

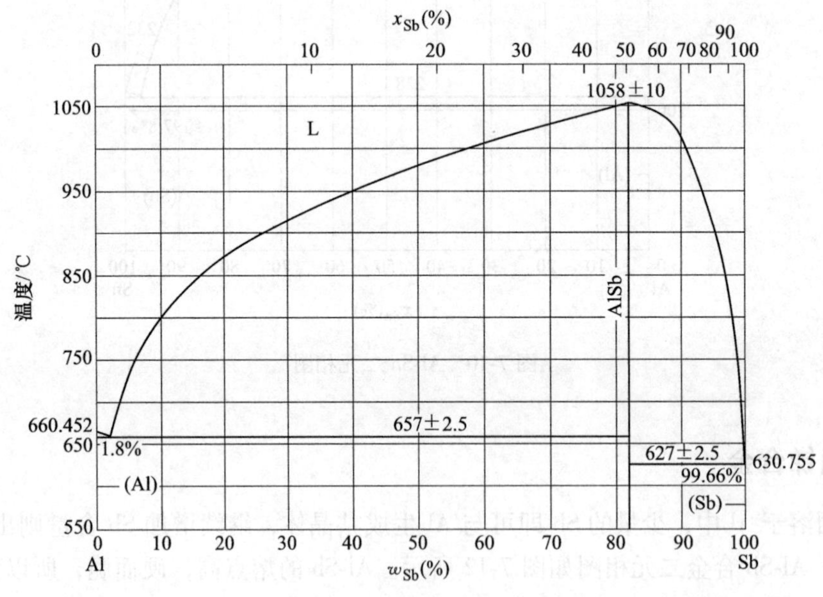

图 7-12　Al-Sb 合金二元相图

后，这种合金使成为很有前途的铝基轴承合金。经过轧制，硅被碾压破碎成呈均匀分布的细小粒状硬质点（粒度为 2.5~25μm），所以，铝硅轴承合金具有强度高、抗冲击性能好、疲劳强度高、成本低等优点，是有发展前途的减磨材料。

表 7-2 列出了几种铝基轴承合金的成分及性能对比。

表 7-2　几种轴承合金的化学成分及性能对比

序号	轴承合金名称	化学成分（质量分数,%）					疲劳强度①/MPa	性能比较②			
		铝(Al)	铜(Cu)	铅(Pb)	锑(Sb)	锡(Sn)		疲劳强度	抗咬合性	耐蚀性	嵌藏性、顺应性
1	锡基巴氏合金		3.5		7.5	89	31.6	1	10	10	9
2	铅基巴氏合金	—	—	84	11	6	31.6	2	9	10	10
3	铜铅合金	—	70	30	—	—	120	8	5③	5	7
4	铅青铜	—	73.5	25	—	1.5	>127	9	4③	5	5
5	铅青铜	—	73.5	22	—	4.5	>127	9	3③	5	4
6	铅青铜	—	80	10	—	10	>127	10	2	5	2
7	铝锡合金	60	—	—	—	40	59.5	4	9	10	9
8	铝锡合金	79	1	—	—	20	98	7	7	10	8
9	铝锡合金	93	1	Ni1	—	6	112	8	5③	10	6
10	铝硅合金	88.5	Si10.5	—	—	—	>127	9	8③	10	4

①“性能比较”中“10”为相对性能最好；“1”为相对性能最差。

② 这些合金带在有 0.025mm 厚的 Pb-10Sn 电镀层后，其性能可达“10”。

③ 疲劳强度系专用疲劳试验台经 3×10^8 循环动载下破坏的载荷。

7.4.4　铝-石墨复合材料

目前国外在纯 Al 或 Al-Si 类合金中加入质量分数为 1%~2%的石墨微粒（以体积计算约占 5%~10%）组成铝-石墨复合材料。试验证明其耐磨性非常好，这种材料在有润滑的条件下，摩擦系数与锡基轴承合金相近，尤其可贵的是，它可以在润滑条件很差甚至不加润滑剂的情况下，仍维持轴承温度不变，这是因为包含在合金中的石墨微粒在足够高的压力下（>0.28MPa）发生变形，并在摩擦表面形成一层连续的润滑剂薄膜。铝-石墨复合材料很适宜制造在十分恶劣的工作条件下长期运转的轴承或活塞等耐磨零件。

由于石墨和铝液互相不浸润，而且石墨密度比铝小，易漂浮。所以，如何将石墨微粒加到铝液中并使其分布均匀是制造这种材料的关键。目前采用的方法有：

1）先制得表面涂有 Ni 的石墨粉，然后用喷射或搅拌的方法加到铝液中。石墨粒子周围呈白色的镶边是 Ni 层，采用这种方法可以使石墨粒子与铝合金基体很好地结合。

2）用超声波振动铝液表面，然后分批加入经过超声波净化的鳞片状石墨粉，使铝液与石墨粒子混合均匀。这种方法虽然可以省去石墨粒子涂 Ni，但是由于石墨粉与铝液不浸润，合金液放置时间过久，仍会形成石墨漂浮。所以，这种方法还不能用于生产。

为了克服石墨漂浮，浇注后应快速冷却，所以一般采用压铸或离心铸造方法。

7.5　锡基和铅基轴承合金的熔铸

锡基和铅基轴承合金的强度较低，在生产中它们都是浇注在钢壳上作为轴瓦的内衬材料使用，所以，合金的熔铸工艺应包括以下几个过程：钢壳的清理与挂锡；合金的熔制；合金的双金属浇注。

7.5.1 钢壳的清理与挂锡

1. 碱洗

碱洗的目的是除去钢壳表面的油污。将加工后的钢壳浸入煮沸的 $w_{NaOH}=10\%\sim15\%$ 的水溶液中，停留时间为5~15min。然后，将经碱煮后的钢壳用清水冲洗，除去残留的碱液，碱洗后的表面对水应能浸润而没有旱斑。

2. 酸洗

碱洗后的钢壳应立即浸入含 $w_{HCl}=30\%$ 的工业盐酸水溶液中进行酸洗，以除去钢壳表面的锈迹，酸浸时间应根据钢壳表面的锈蚀程度决定，一般为2~5min。酸洗后的钢壳先用清水冲洗，再用热水煮沸1~2min。对小批量或单件生产的大型轴瓦的钢壳，也可用毛刷沾少许稀盐酸溶液刷洗挂锡表面，这样可以节约设备和原材料。酸洗后的钢壳表面应呈现均匀的银灰色光泽。

经过清洗的钢壳绝不允许用手接触挂锡表面，以免重新沾上油脂。铸铁制的瓦壳在加工后应进行喷砂处理以除去表面的游离石墨，然后再进行上述清理工序。

3. 涂保护剂

经过清理后的钢壳，应在非挂锡表面涂上保护剂涂料，防止被挂上锡给浇注带来困难。保护剂的配方见表7-3。应该注意，挂锡表面不应涂保护剂。

表7-3 非挂锡表面常用涂料

编号	配方（质量分数,%）					备注
	滑石粉	水	水玻璃	水胶	黏土	
1	1	3	—	1~2	—	调成膏状使用，牢固性强
2	—	适量	—	—	1	
3	2	1	2	—	—	

4. 涂溶剂

涂溶剂的作用是消除钢壳清洗以后重新形成的氧化膜，使挂锡工序顺利进行。溶剂由饱和的 $ZnCl_2$ 水溶液组成。

5. 挂锡

为了使轴承合金和钢壳之间结合牢固，最理想的情况是在轴承合金和钢壳之间形成一层连续地成分逐渐变化的过渡层合金。浇注锡基或铅基合金时，其过渡层是由Sn与钢壳材料形成的，Sn与Fe形成FeSn或 $FeSn_2$。当用青铜作为轴瓦时，Sn与Cu形成 Cu_6Sn_5 或 Cu_3Sn 化合物。上述这些化合物都具有很大的脆性，轴承合金就是依靠这些化合物作为过渡层与钢壳黏合在一起的。所以，过渡层不宜太厚，否则这些化合物的脆性将影响合金的黏结强度。所以钢壳的挂锡层应该是薄而均匀的。

铅基合金挂锡可以采用焊锡（$w_{Sn}=60\%$，$w_{Pb}=40\%$），而锡基合金必须使用纯锡，以防止杂质Pb的混入。挂锡的方法有浸入法和锡条涂抹法两种。

（1）浸入法 将锡（或焊锡）放在锡槽中熔化，锡液温度保持在（270~300）℃ ±5℃

为宜，将待挂锡的钢壳预热至120℃左右，在挂锡表面再次涂抹饱和 $ZnCl_2$ 溶液。然后，将钢壳全部浸入锡槽中，待锡液停止冒泡后，再将钢壳提出。正常情况下，挂锡表面应呈银白色，光亮如镜。如果出现黑斑，则是清洗工序不彻底造成的，应在黑斑处重抹溶剂再次浸锡直至完全将锡挂好。锡槽的温度应严格控制，如果温度过高，会使挂锡表面氧化呈黄色或蓝色，这样会影响合金与钢壳的黏结强度。这种整体浸锡的方法虽然使用设备较多，但是挂锡温度容易掌握，钢壳受热均匀，挂锡速度快，而且可以保证挂锡质量稳定。所以，大批量生产时，应尽可能地采用浸入法。

（2）锡条涂抹法　大型钢壳采用浸入法挂锡有困难时，可以采用涂抹法挂锡。钢壳挂锡前应加热到300~350℃，然后涂抹 $ZnCl_2$ 溶剂，接着用锡条在钢壳挂锡表面往复涂抹，使锡熔化并用刷子把熔化的锡液均匀地涂挂在钢壳表面。

挂锡质量将直接影响合金与钢壳的黏结强度。对灰铸铁制的瓦壳应事先用电镀法镀锡后再进行挂锡。

挂锡后的钢壳应立即浇注，以免锡液冷却后影响合金与钢壳的黏结强度。由于某种原因不能立即浇注时，也应在2h内浇注合金，防止挂锡表面再次氧化。这时应重新将钢壳加热到300℃左右再进行浇注。

6. 无氧化、油污低速切削

在钢背上浇注巴氏合金有时也可以用“无氧化、油污低速切削”代替酸洗工艺，工艺过程大致如下：待浇巴氏合金的钢背，在浇注前2h内，在车床上对待浇表面进行车削，转速为60r/min，进给量为0.6mm/r，吃刀量不大于0.5mm。车削前刀具、夹具和工具要用碱洗去油污，车削时不用切削液，待浇表面车削后不许用手摸。

用这种工艺浇注的轴承，因合金和钢背结合较好，钢背上可不用开燕尾槽等增加结合强度的附加措施。缺点是对切削加工的要求较高，加工后不允许手摸往往不容易做到。

7.5.2　锡基和铅基轴承合金的熔制

为了使合金成分均匀，防止合金浇注时过热，在大批量生产时，常先按合金的成分要求预先熔制合金锭，然后将预制的合金锭重熔，并控制在所需要的温度下进行浇注。熔制合金锭时应使用具有一定纯度的金属原材料，对于杂质Fe、Bi、Al，等应按要求严格控制。二次合金锭的用量视轴瓦的重要程度而定，一般不超过30%。

Cu的熔点较高，一般可以加入Cu-Sb（$w_{Sb}=50\%$）中间合金，或者将Sn与Cu一起加入，利用锡液与Cu相互合金化，可以加速Cu的熔化，然后依次加入Sb和剩余的其他原料，配制成所需牌号的合金。

熔化合金的铁锅用铸铁制成，炉子可以用电炉、油炉或煤炉，图7-13所示为用油炉熔化合金的示意图。

为了防止合金在熔炼过程中氧化，一般用干燥的木炭作为覆盖剂，熔炼结束时往合金液中加入质量分数为0.05%~1%的脱水 NH_4Cl，用钟罩压入进行精炼。在潮湿的季节里，上述操作很有必要。如果熔渣过多，可以在合金液里撒适量的白蜡使氧化渣还原并与合金液分离，然后扒渣浇注。

铅基合金熔炼时会产生少量铅蒸气和PbO烟尘，这些产物会危害人体健康。根据国家规定，空气中最高铅尘含量应低于0.01mg/m^3，所以，在生产铅基合金的场所，工人操作应戴防护手套及口罩，同时应加强通风除尘设施。

熔炼工艺举例：

【例一】 ZChSnSb11-6 和 ZChPbSb16-16-2 的熔制工艺。

1）将干燥的木炭加在铸铁坩埚的底部，然后把坩埚预热到 200℃左右时加入总 Sn 量的一半（如果熔制 ZChPbSb16-16-2 时，Sn 可以一次加入）和全部 Cu。当 Cu 全部熔化后，加入预热的小块 Sb 并不断搅拌，待 Sb 全部熔化后进行清渣。

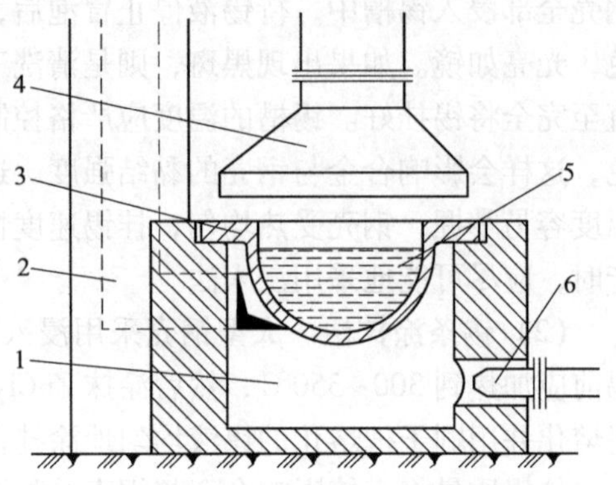

图 7-13 锡基及铅基合金熔炉示意图

1—燃烧室 2—排烟道 3—坩埚

4—排风罩 5—金属液 6—燃烧喷嘴

2）加入剩余的 Sn（如果熔制 ZChPbSb16-16-2 时，Pb 最后一次加入），当合金温度升到规定范围时，可保持恒温以使合金成分均匀，保温时间约 1h。

3）将合金搅拌均匀，用脱水 NH_4Cl 进行精炼，其加入量（质量分数）为 0.05%，如果长时间连续浇注，可以每隔 1h 处理一次。

因为所加入的 Cu 不单是依靠高温熔化，主要是利用液体锡与固体铜的相互溶解，使 Cu 块很快熔化，所以可缩短熔化时间，避免合金过热，从而减少气孔、夹渣，提高流动性，显著改善合金铸造性能，保证浇注质量。

【例二】 ZChSnSb4-4 的熔制工艺。

1）将锡锭、锑块和电解铜按成分要求称量好（$w_{Sb}=4\%\sim5\%$，$w_{Cu}=4\%\sim5\%$，余为 Sn）。

2）将电解铜放在石墨坩埚中熔化并升温至 1100~1200℃，然后分批加入经预热的小块 Sb，同时不断搅拌合金液使锑块全部熔化，保持合金液温度为 900~950℃。

3）在熔化 Cu-Sb 中间合金的同时，将全部锡放在铁锅中熔化，使锡液温度保持在 400℃左右。

4）用大铁勺掏取 4~5kg 锡液至中间合金坩埚旁，用另一小铁勺掏取 1~2kg 中间合金放入大勺内搅拌，然后将大勺内的合金倒回盛锡液的铁锅中，用铁棒搅拌均匀，这样多次往复进行，直至将中间合金取完，最后用铁勺搅匀加入锡液内的中间合金液，并在 500℃保温 1h。

5）精炼，扒渣、浇注合金锭，经化学检验合格后入库备用。

这种方法可以一次熔制较大量的合金，中间合金液态时就加入锡液中，可节省熔化时间，缺点是操作温度较高，占用设备较多。

7.5.3 锡基和铅基轴承合金的铸造

锡基和铅基合金的铸造性能与结晶温度范围有密切关系，而合金的结晶温度范围是由合金的化学成分（主要是含铜量）来决定的。由表 7-4 可知，随 Cu 含量的增加，合金的结晶温度范围也变宽，这是由铜含量的增加使合金液开始析出 Cu_6Sn_5 的温度提高而造成的。一般来讲，铅基合金比锡基合金的结晶温度范围大，所以，铅基合金流动性较差，容易产生气孔和疏松等铸造缺陷。但也不能一概而论，表 7-4 中 ZChSnSb11-6 的含铜量较高，其结晶温度为 130℃，是锡基合金中铸造性能较差的一种。而 ZChPbSb10-6 不含铜，其结晶温度范围很小，所以铸造性能较好。

表 7-4　含铜量对结晶温度范围的影响

合金牌号	含铜量（%）	开始结晶温度/℃	终了结晶温度/℃	凝固温度范围/℃
ZChSnSb11-6	5.5~6.5	370	240	130
ZChSnSb4-4	4.0~5.0	323	240	83
ZChSnSb8-4	3.0~4.0	289	240	49
ZChPbSb15-5-3	2.5~3.0	416	232	184
ZChPbSb16-16-2	1.5~2.0	410	240	170
ZChPbSb10-6	0	260	239	21

锡基和铅基合金的铸造缺陷中，偏析和疏松是很突出的问题，研究合金的相图可知，合金结晶可以分为两个阶段：第一阶段结晶是由合金温度稍低于液相线温度开始到进行包晶或共晶转变温度为止；第二阶段结晶是合金进行包晶或共晶转变。合金在第一阶段结晶时，合金液中首先析出初生晶体，随着温度降低，初生晶体不断成长而且数量不断增多。由于初生晶体与母液的密度差，将使合金产生比重偏析，例如，合金中的富锡或富铅相（Cu_6Sn_5和 Pb 固溶体）密度较大，而 β（SnSb）相和初生的 Sb 相比合金液轻，如果在缓慢冷却的情况下，合金液会产生比重偏析。合金的结晶温度范围越大，这种偏析倾向越明显。因此，为了获得细小均匀的初生晶体，锡基和铅基合金的第一阶段结晶应该在强制冷却的条件下进行。所以合金浇注后，待合金液温度降至液相线温度时，就可以采用水冷使合金在 30~80℃/s 的冷却速度下结晶。考虑到有效的补缩，应该建立顺序凝固的条件，合理的凝固方向应该是由钢壳开始，然后沿着垂直于钢壳的方向逐渐向合金液内部推移。总之，应使合金与钢壳的黏结层首先凝固，这样就保证了黏结质量，也使得靠近钢壳的工作层合金组织细小、均匀，避免了疏松、气孔等缺陷。

浇注温度应该控制在适当范围，温度过高会引起晶粒粗大，但是浇注温度过低，合金液中结晶核心聚积长大，也会引起组织粗大。例如，ZChSnSb4-4 在低于 340℃以下浇注时，即使采用最快的冷却速度，都对细化晶粒不起作用。表 7-5 为几种常用巴氏合金的浇注工艺参数，确定具体轴瓦的浇注温度时，应根据轴瓦大小、合金层厚度而定。

锡基和铅基轴承合金的双金属铸造工艺一般有如下三种：

表 7-5　几种常用巴氏合金浇注工艺参数

合金牌号	钢壳预热温度/℃	合金浇注温度/℃	合金牌号	钢壳预热温度/℃	合金浇注温度/℃
ZChSnSb11-6	200~250	400~450	ZChPbSb16-16-2	200~270	450~470
ZChSnSb4-4	200~250	380~420	ZChPbSb10-6	200~240	400~420

1. 离心铸造

图 7-14 所示为小型轴瓦离心浇注示意图，图中钢壳制成整体圆套或将两半钢壳用机械方式夹牢在离心机上浇注。

离心浇注会造成比重偏析的倾向，这可以通过配料时适当调整成分、合理控制冷却速度及正确地选择转速给予补救，离心机的转速应根据轴瓦内表面的直径来决定。经验证明，内层合金的线速度控制在 3~5m/s 较为合适，或者用下面经验公式来确定：

$$n = \frac{1400 \sim 1800}{\sqrt{0.04R}}$$

式中 n——转速（r/min）；

R——轴瓦内径（mm）。

离心铸造生产效率高，而且不受钢壳大小限制，适于大量生产。

2. 重力铸造

使用专用的夹具把钢壳或待铸合金的轴瓦夹紧，进行重力浇注，这种方法生产效率较低，但对于单件、小批量生产或制作大型轴承以及个别轴瓦的翻修仍是比较适合的。

图 7-15 所示为最简单常用的浇注工艺，半圆金属芯 4 用螺钉固定在立板上，为了避免合金液冲刷金属芯使其局部过热，在金属芯上端制成凹形的浇口杯使合金均匀地流入型腔，压紧螺钉 5 可以将钢壳 6 压紧进行浇注。

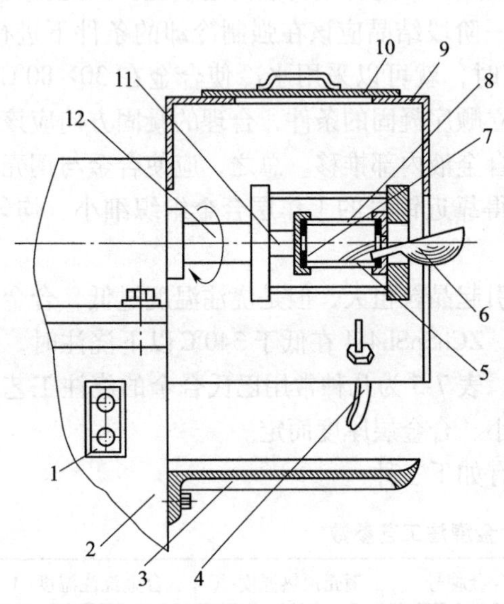

图 7-14 小型轴瓦离心浇注示意图

1—控制按钮 2—传动变速箱 3—回水槽 4—水管 5—合金液 6—浇注勺 7—纸垫 8—钢壳 9—固定护罩 10—可移动护罩 11—推力杆 12—主轴

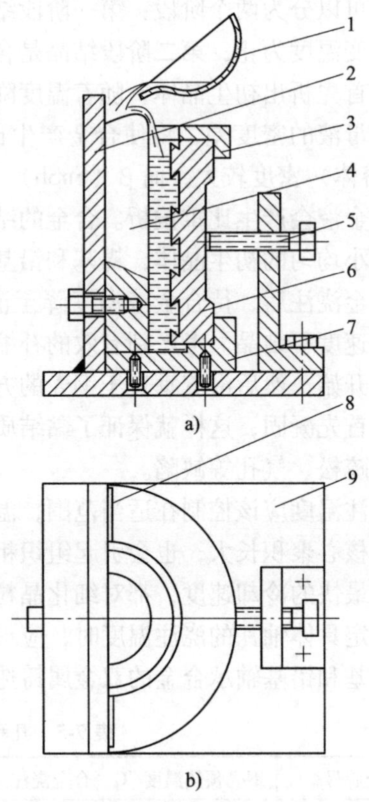

图 7-15 半圆轴瓦浇注工艺采意图

1—勺子 2—立板 3—半圆铁环 4—半圆金属芯 5—压紧螺钉 6—钢壳 7—底座 8—石棉纸板 9—底板

图 7-16 所示为整体圆形钢壳的浇注工艺，也可以将两半圆钢壳合并起来，并在接缝处夹上一层薄的石棉纸板，然后用夹紧环 5 夹紧作为整体圆环进行浇注。

图 7-17 所示为大型轴瓦底注式浇注工艺，钢壳上下各垫一铁环增加型腔的高度，以便补缩，然后用螺栓将压盖和底座与钢壳夹紧，型芯 7 又兼作直浇道，它是用薄钢板制成的，这样可以使靠近型芯的合金缓慢冷却，造成顺序凝固的条件。合金浇注后还可用烧红的金属棒在型腔中搅动合金液，使夹杂物上浮到表面。

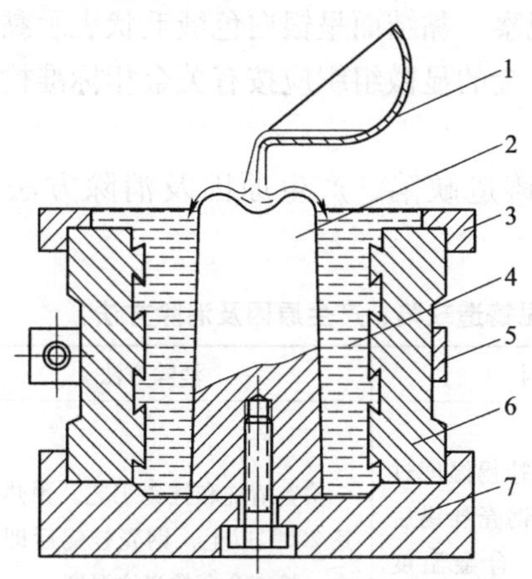

图 7-16 圆形轴瓦浇注工艺示意图

1—浇勺 2—型芯 3—铁环 4—合金液 5—夹紧环 6—钢壳 7—底座

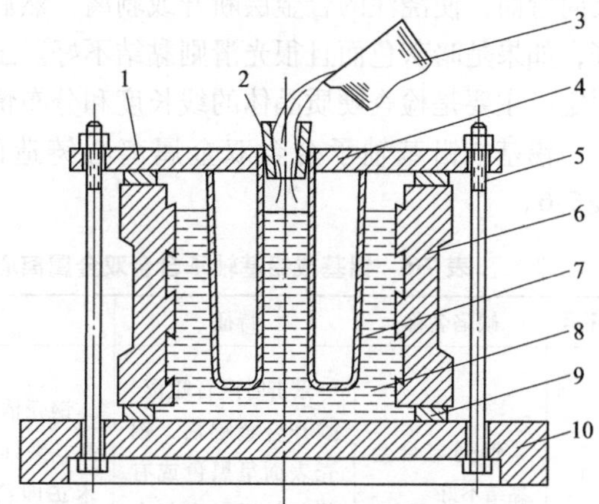

图 7-17 大型轴瓦底注式浇注工艺示意图

1—上铁环 2—浇口杯 3—浇包 4—压盖 5—螺栓 6—钢壳 7—型芯 8—合金液 9—下铁环 10—底座

3. 钢带连续浇注

图 7-18 所示为某厂钢带连续浇注轴承合金的流程示意图，整卷的钢带校直后，进行碱洗、酸洗、涂保护剂、涂溶剂等工序，然后将轴承合金浇注在钢带上，制成双金属带。使用时将双金属带剪裁、冲压成各种尺寸的轴瓦，这种方法的生产效率很高，适合大批、大量生产。

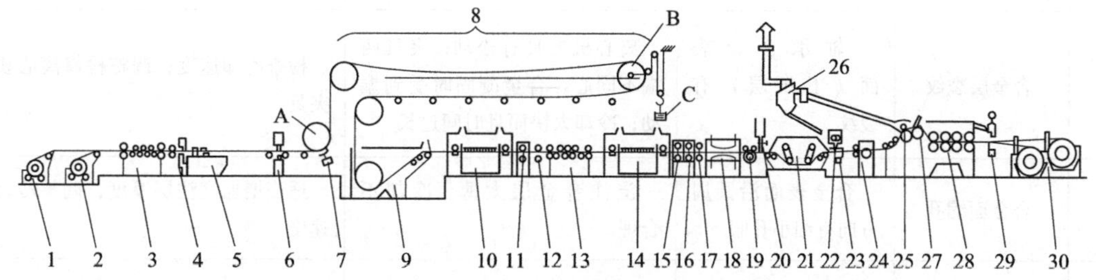

图 7-18 锡基、铅基合金双金属钢带自动生产线流程示意图

1，2—开卷架 3—校直机 4—气动剪 5—对焊机 6—焊缝清理机 7—制动气缸 8—钢带补偿装置 9—除油槽 10—碱槽 11—水冲洗 12—压缩空气吹 13—校直机 14—酸槽 15—水冲洗 16—蒸汽 17—压缩空气吹 18—预热 19—涂水玻璃 20—涂氯化锌 21—挂锡锅 22—浇合金设备 23—喷水 24—抛光机 25—铣刀 26—抽风、分离器 27—剃刀 28—牵引机 29—摆动剪 30—双卷曲机 A，B，C—进料滚轮

锡基和铅基轴承合金轴瓦的质量检验主要是检查合金与钢壳的黏结强度和合金工作层的

金相组织是否合格。合金的黏结强度可以敲击轴瓦，判断声音是否清脆作为最简单的检验方法。要求严格时，可用煤油浸润检验法：将轴瓦浸入煤油中，按不同要求规定浸泡时间，取出后擦干表面的煤油，然后，在合金与轴承钢壳黏结端面涂上粉笔，观察是否有煤油从合金与钢壳的黏结面处渗出来，从而判断合金的黏结质量。还可以定期进行破坏性试验，将轴瓦反向弯曲，使浇注的合金层断开或剥离，然后进行观察，黏结面呈银白色绒毛状表示黏结良好，如果是暗灰色而且很光滑则黏结不好。工作层合金的显微组织应按有关金相标准检查和评定，主要是检查硬质晶体的线长度和分布情况。

锡基或铅基轴承合金双金属离心铸造的常见铸造缺陷、产生原因及消除方法参见表7-6。

表7-6　锡基或铅基轴承合金双金属离心铸造常见铸造缺陷、产生原因及消除方法

序号	缺陷名称	特征	产生原因	消除方法
1	钢壳与合金黏结不好	敲击时声音哑涩、撬开合金层后，钢壳表面呈黑色或有部分挂锡层未与合金黏结	钢壳清洗不净；挂锡温度过高，夹具未预热；钢壳挂锡后未立即浇注合金；合金温度太低	检查清洗和挂锡工艺。预热夹具达200℃以上，钢壳挂锡后即浇合金，检查合金的浇注温度
2	金相组织粗大	显微组织中硬相化合物长度超过图谱规定	浇注温度太高，冷却太慢，浇注温度过低	调整合金浇注温度，加快冷却速度
3	合金成分偏析	显微组织中硬相化合物聚集；靠近钢壳的合金层中铜元素量增加很多	离心机转速太快，冷却速度太慢	调整离心机转速，加快冷却速度；抽查合金表层（指工作层）各元素
4	合金层裂纹	轴承合金表面（工作层）有裂纹	离心机夹具有松动；夹具两端不同心，合金凝固时受到振动；冷却太快而且时间过长	检查冷却速度；调整检修离心机夹具
5	合金面缩孔	合金表面沿圆周方向有细小孔眼	浇注合金层太薄，冷却不合理	适当增加浇注层厚度，调整冷却速度
6	合金表面气孔	合金表面有不规律分布的气孔	浇注温度低，夹具未预热，冷却过快，使混入合金液内的气体来不及与合金分离	检查合金温度是否符合规定，夹具预热应达到200℃左右，调整冷却速度
7	合金表面夹渣	合金表面有夹渣或渣孔	合金浇注温度过低，流动性差，熔渣不能上浮，合金液混入过多杂质；钢壳加热强度过高，时间过长，表面溶剂烧毁变成熔渣而附于表面	经常扒去合金液表面渣物或用NH_4Cl精炼扒渣。调整浇注温度和钢壳预热温度

思考题

1. 轴承选材需要注意哪些事项？其材料应具备哪些特点？
2. 简述轴承合金的分类及其特性。
3. 简述典型轴承合金的常规熔炼工艺及其注意事项。
4. 试述常见轴承合金的铸造工艺方法。

参 考 文 献

[1] 中国机械工程学会铸造分会. 铸造手册：第三卷　铸造非铁合金 [M]. 北京：机械工业出版社，2011.

[2] 吴树森，吕书林，刘鑫旺. 有色金属熔炼入门与精通 [M]. 北京：机械工业出版社，2014.

[3] 王群骄. 有色金属热处理技术 [M]. 北京：化学工业出版社，2008.

[4] 章四琪，黄劲松. 有色金属熔炼与铸锭 [M]. 2 版. 北京：化学工业出版社，2013.

[5] 黄良余. 铸造有色合金及熔炼 [M]. 北京：国防工业出版社，1980.

[6] 铸造工程师手册编写组. 铸造工程师手册 [M]. 3 版. 北京：机械工业出版社，2010.

[7] 马春来. 铸造合金及熔炼 [M]. 北京：机械工业出版社，2014.

[8] 中国机械工程学会铸造分会. 铸造手册：第 5 卷 [M]. 3 版. 北京：机械工业出版社，2011.

[9] 陆树荪. 有色铸造合金及熔炼 [M]. 北京：国防工业出版社，1983.

[10] 肖纪美. 合金相与相变 [M]. 2 版. 北京：冶金工业出版社，2004.

[11] 陈送义，陈康华，彭国胜，等. 固溶温度对 Al-Zn-Mg-Cu 系铝合金组织与应力腐蚀的影响 [J]. 粉末冶金材料科学与工程，2010，15（05）：456-462.

[12] 王宁，孙琴，陈刚. 过共晶铝硅合金对铝合金的变质作用研究 [J]. 铸造，2004，53（12）：1008-1010.

[13] 李茂军，刘光磊，蒋文辉，等. 深冷+固溶+时效复合处理对 A356 合金微观组织和力学性能的影响 [J]. 稀有金属，2020，44（01）：100-106.

[14] 张令瑜，刘光磊，李清龙，等. 激冷处理对 Al-10Si-5Cu-0. 75Mg-0. 55Mn 合金组织和力学性能的影响 [J]. 材料热处理学报，2018，39（04）：56-62.

[15] 刘光磊，张令喻，李茂军，等. 热处理对 Al-Si-Cu 合金力学性能、显微组织与磨损性能的影响 [J]. 摩擦学学报，2017，37（05）：618-624.

[16] 刘璐宁，陈刚，赵玉涛，等. Al-Ti-B-O 复合细化剂对 A356 合金组织及力学性能的影响 [J]. 热加工工艺，2016，45（21）：52-55，60.

[17] 胡慧芳. Al-25%Si 合金 Si 相形态、变质及性能研究 [D]. 重庆：重庆大学，2010.

[18] 张云虎. 脉冲电流作用下 Al-Si 合金定向凝固组织演化研究 [D]. 上海：上海大学，2011.

[19] 王海生，张英，易丹青，等. 过共晶铝硅合金中初晶硅复合异质形核的研究 [J]. 铸造，2018，67（04）：344-348.

[20] 蒙多尔福. 铝合金的组织与性能 [M]. 王祝堂，张振录，郑旋，等译. 北京：冶金工业出版社，1988.

[21] 刘莹颖，张永甲. 稀土元素 Er 对 Al-Zn-Mg-Cu 合金组织与性能的影响 [J]. 新疆有色金属，2010，33（S1）：60-63，65.

[22] 吴俊子，姜佳鑫，贾锦玉，等. 铝及铝合金晶粒细化剂的研究进展 [J]. 稀土信息，2016（12）：32-35.

[23] 徐进军，邓运来，康唯，等. 铝钛硼晶粒细化剂的研究现状与发展趋势 [J]. 轻金属，2016（11）：58-62.

[24] 刘男杰. 细化处理对铸造铝合金组织和性能的影响 [D]. 西安：西安工业大学，2012.

[25] 丁冉，司乃潮，刘光磊，等. 不同工艺条件下 A356 合金的力学性能、微观组织和热疲劳特性研究 [J]. 铸造，2016，65（01）：6-12.

[26] 万浩，司乃潮，李萌，等. 稀土对 CuAl9Fe4Ni4Mn2 合金性能的影响 [J]. 稀土，2015，36（03）：27-32.

[27] LIU T, SI N C, LIU G L, et al. Effects of Si addition on microstructure, mechanical and thermal fatigue properties of Zn-38Al-2.5Cu alloys [J]. Transactions of Nonferrous Metals Society of China, 2016, 26 (07): 1775-1782.

[28] LIU G L, SI N C, SUN S C, et al. Effects of grain refining and modification on mechanical properties and microstructures of Al-7.5Si-4Cu cast alloy [J]. Transactions of Nonferrous Metals Society of China, 2014, 24 (04): 946-953.

[29] 张国君，杨化冰，崔晓丽，等．Al-Ti-B-C 中间合金对 7050 铝合金的晶粒细化与强韧化行为的研究 [C]. 2015 年中国铸造活动周论文集．中国机械工程学会：中国机械工程学会铸造分会，2015.

[30] 孙玥，田伟，胡梦楠．稀土对铝合金力学性能影响的研究进展 [J]. 有色金属材料与工程，2019，40 (03): 55-60.

[31] NGUYEN H H, NGUYEN Q T, LE M D. Formation of Heterostructure with Appearance of α-Al Phase in Hyper- and Eutectic Al-Si Alloys by Solidification at High Rate [J]. Materials Science Forum, 2020, 4808.

[32] CHANG Y P, CHU L M, LIU C T, et al. Effects of T6 Heat Treatment on Fretting Wear Resistance of the Aluminum-Silicon Alloys [J]. Key Engineering Materials, 2019, 4812.

[33] 陈凡荟．混合稀土（Pr+Ce）对 ZL105 合金组织及性能的影响 [D]. 南昌：南昌大学，2017.

[34] 中华人民共和国工业信息化部．铸造铝合金金相　第 1 部分：铸造铝硅合金变质：JB/T 7946.1—2017 [S]. 北京：机械工业出版社，2017.

[35] 刘正．镁基轻质合金理论基础及其应用 [M]. 北京：机械工业出版社，2002.

[36] 赵浩峰，范晋平，王玲．镁合金及其加工技术 [M]. 北京：化学工业出版社，2017.

[37] 高红选，张晓燕，樊磊，等．稀土元素 La 对铝镁合金组织和力学性能的影响 [J]. 铸造，2014，63 (03): 265-267，270.

[38] NOR A, BARBARA R, HELEN O. The in vivo and in vitro corrosion of high-purity magnesium and magnesium alloys WZ21 and AZ91 [J]. Corrosion Science, 2013, 75.

[39] 刘素清，李伟婷，苏亚飞，等．Zr 对 AZ91 镁合金显微组织和力学性能的影响 [J]. 铸造设备与工艺，2019 (06): 29-32.

[40] 董方，刘月，郭升乐，等．稀土元素 Y 对 AZ91D 镁合金显微组织和力学性能的影响 [J]. 轻合金加工技术，2018，46 (05): 62-66.

[41] 董天宇．高性能稀土镁合金研究与应用进展 [J]. 世界有色金属，2018 (19): 156-157.

[42] 汪多仁．稀土复合镁合金的开发与应用进展 [J]. 稀土信息，2011 (10): 20-23.

[43] 张文毓．耐蚀镁合金研究现状与应用进展 [J]. 全面腐蚀控制，2019，33 (01): 6-10.

[44] 张玉龙，赵中魁．实用轻金属材料手册 [M]. 北京：化学工业出版社，2006.

[45] WANG Q D, CHEN J, ZHAO Z, et al. Microstructure and super high strength of cast Mg-8.5Gd-2.3Y-1.8Ag-0.4Zr alloy [J]. Materials Science and Engineering: A, 2010, 528 (1): 323-328.

[46] 翁慧茹，任英磊，刘云秋，等．超高强度铸造镁合金的研究 [J]. 特种铸造及有色合金，2008 (01): 71-73.

[47] 文进．材料工程基础 [M]. 北京：化学工业出版社，2016.

[48] 温新，张文挺，邵忠财．镁合金化学镀镍前处理工艺条件优化 [J]. 电镀与环保，2018，38 (05): 29-31.

[49] 古东懂，韩宝军，徐洲．稀土镧对 AZ91D 镁合金组织及耐蚀性的影响 [J]. 腐蚀与防护，2016，37 (04): 313-316.

[50] 张金玲，何勇，李涛，等．稀土元素 Gd 对 AZ91 镁合金摩擦磨损及腐蚀性能的影响 [J]. 铸造技术，2014，35 (07): 1498-1501.

[51] 张代东，张虎，于学花，等．稀土铈对 AZ61A 镁合金组织和力学性能的影响 [J]. 金属热处理，

2011，36（12）：49-54.

［52］沈杏林，林立华．新型镁合金汽车零件的铸造工艺优化［J］. 热加工工艺，2019，48（09）：98-101.

［53］刘林贤，汪明朴，陈伟，等．新型 Cu-Zn-Cr 合金的形变热处理及对性能的影响［J］. 金属热处理，2015，40（06）：80-85.

［54］田荣璋，王祝堂．铜合金及其加工手册［M］. 长沙：中南大学出版社，2002.

［55］曾秋莲，章爱生，周浪．RB-1 型铜合金铸造添加剂对 HPb59-1 黄铜组织的影响［J］. 南昌大学学报（工科版），2002，24（01）：19-22.

［56］朱志云，李晓闲，刘位江，等．复合添加稀土元素对双相黄铜组织及性能的影响［J］. 铸造技术，2016，37（03）：497-500.

［57］俞梦冰，刘新宽，张柯．P 对 HAl77-2 铝黄铜耐腐蚀性的影响［J］. 铸造，2018，67（02）：152-156.

［58］林波，张卫文．高 Fe、Si 杂质含量的挤压铸造 Al-Cu 合金组织和力学性能研究［J］. 铸造，2015，64（08）：807-813.

［59］吴德振，杨为良，徐恒雷，等．高强高导铜合金的应用与制备方法［J］. 热加工工艺，2019，48（04）：19-25.

［60］侯东健．Cu-Cr-Zr 系高强高导铜合金的时效行为研究［D］. 南京：南京理工大学，2017.

［61］KIM H，AHN J H，HAN S Z，et al. Microstructural characterization of cold-drawn Cu-Ni-Si alloy having high strength and high conductivity［J］. Journal of Alloys and Compounds，2020，832.

［62］李强，马彪，黄国杰，等．稀土在高强高导铜合金中的研究现状与展望［J］. 热加工工艺，2011，40（02）：1-3.

［63］常铁军，姜树立．稀土对 ZHSi80-3 合金组织和性能的影响［J］. 稀土，2002，23（6）：26-29.

［64］常铁军，杨世伟．稀土对 ZQSn10-2 铜合金组织和性能的影响［J］. 热加工工艺，2001，（4）：11-13.

［65］杨博均，陈翔峰，姚敬华，等．铜及铜合金在淡海水交替自然环境条件下的腐蚀行为研究［J］. 装备环境工程，2017，14（02）：24-30.

［66］张丽萍，钱继锋，赵浩峰．钛硼合金元素对特殊铜合金性能的影响［J］. 山西机械，2000，（3）：14-18.

［67］赵浩峰，王玲．铸造锌合金及其复合材料［M］. 北京：中国标准出版社，2002.

［68］谢兴同，薛涛，古文全．Ce 对 ZA43 合金组织与力学性能的影响［J］. 特种铸造及有色合金，2012，32（03）：286-288.

［69］李海龙，翟永周，郭伟朋，等．稀土元素对铸造锌铝合金微观组织和力学性能的影响［J］. 热处理，2018，33（06）：34-36.

［70］陆琼晔，傅明喜，吴晶，等．脉冲电流对 ZA27 合金凝固组织的影响［J］. 机械工程材料，2004，28（1）：12-14.

［71］裴颖脱，张海礼．稀土元素 Y 对粉末冶金制备钛铝合金组织和性能的影响［J］. 冶金与材料，2019，39（01）：168-169.

［72］张黎，陈乐平，周全，等．脉冲磁场对 ZA27 合金凝固组织和力学性能的影响［J］. 特种铸造及有色合金，2018，38（07）：801-805.

［73］马忠贤，冯军宁，胡志杰．钛及钛合金型材研究进展［J］. 世界有色金属，2016（24）：52-53.

［74］邓国珠．钛冶金［M］. 北京：冶金工业出版社，2010.

［75］周彦邦．钛合金铸造概论［M］. 北京：航空工业出版社，2000.

［76］张喜燕，赵永庆，白晨光．钛合金及应用［M］. 北京：化学工业出版社，2005.

［77］邱竹贤．有色金属冶金学［M］. 北京：冶金工业出版社，1988.

［78］田永武，朱乐乐，李伟东，刘喜波．高温钛合金的应用及发展［J］. 热加工工艺，2020，49（08）：17-20.

［79］朱知寿．航空结构用新型高性能钛合金材料技术研究与发展［J］．航空科学技术，2012（01）：5-9.
［80］陶春虎，刘庆瑔，刘昌奎．航空用钛合金的失效及其预防［M］．北京：国防工业出版社，2013.
［81］TAN C S，SUN Q Y，ZHANG G J，et al. Remarkable increase in high-cycle fatigue resistance in a titanium alloy with a fully lamellar microstructure［J］. International Journal of Fatigue，2020，138.
［82］李远睿，黄本多，何庆兵．氢对 Ti-Al-V 钛合金的冲击韧性及组织的影响［J］．重庆大学学报，2003，26（2）：128- 131.
［83］鲍利索娃．钛合金金相学［M］．陈石卿，译．北京：国防工业出版社，1986.
［84］崔昆．钢铁材料及有色金属材料［M］．北京：机械工业出版社，1986.
［85］张翥，王群骄，莫畏．钛的金属学和热处理［M］．北京：冶金工业出版社，2009.
［86］高鹏，刘玲玉．固溶工艺对 Ti-6Al-4V 铸造合金力学性能的影响［J］．材料热处理学报，2019，40（09）：39-43.
［87］何宜柱，张文学，周红伟．TC21 两相钛合金中斜方马氏体的时效分解［J］．稀有金属材料与工程，2012，41（05）：800-804.
［88］BAI X，ZHAO Y，ZENG W，et al. Effect of Compressing Deformation on the Crystal Structure of Stress-Induced Martensitic in Ti-10V-2Fe-3Al Titanium Alloy［J］. Rare Metal Materials and Engineering，2014，43（08）：1850-1854.
［89］LI P，GAO T，KOU W J，等．时效过程中 ω 相辅助 α 相形核及 α 相对 Ti-1300 合金力学性能的影响［J］．中国有色金属学报，2019，29（05）：963-971.
［90］张金民，陈政龙，杨晓．钛合金中氢化物的透射电镜研究［J］．热处理，2018，33（03）：28-30.
［91］陈常强，李守新．纯钛中 I 型氢化的沉淀相及其疲劳行为［J］．金属学报（增刊），2000，（09）：241-243.
［92］胡轶嵩，王凯旋，姜葳．β 锻造工艺对 TC17 钛合金组织和力学性能的影响［J］．热加工工艺，2020，49（09）：41-44.
［93］张英东，李阁平，刘承泽．TC11 钛合金中 α″相和 α′相的组织演变和显微硬度［J］．材料研究学报，2019，33（06）：443-451.
［94］阴中炜，孙彦波，张绪虎．粉末钛合金热等静压近净成形技术及发展现状［J］．材料导报，2019，33（07）：1099-1108.
［95］刘时兵，娄延春，徐凯．Ti5Al2. 5Sn ELI 钛合金铸造组织与力学性能研究［J］．稀有金属材料与工程，2017，46（S1）：99-103.
［96］西北有色金属研究院．稀有金属材料加工手册［M］．北京：冶金工业出版社，1994.
［97］SUN K，WANG PY，WEI MZ，et al. The Effect of Parameter of MIG Arc Brazing on Microstructure and Bonding Strength of Tin-based Babbitt Alloy ZChSnSb11-6 on ASTM 1045 Steel［Z］// 3rd International Conference on Advanced Materials Research and Manufacturing Technologies（AMRMT），Shanghai，China，2018.
［98］邓秋洁．机械合金化 Al-12%Sn-x%MgH_2 轴承合金组织结构及性能研究［D］．广州：华南理工大学，2015.
［99］郭青蔚，王桂生，郭庚辰．常用有色金属二元合金相图集［M］．北京：化学工业出版社，2010.
［100］唐仁政，田荣璋．二元合金相图及中间相晶体结构［M］．长沙：中南大学出版社，2009.
［101］马伟．中锡铝合金轴瓦材料的开发应用［J］．内燃机配件，2004，（02）：17-19.
［102］董天宇．形状记忆合金及其应用［J］．世界有色金属，2018（18）：196，198.
［103］徐祖耀等．形状记忆材料［M］．上海：上海交通大学出版社，2000.
［104］刘平，田保红，赵冬梅，等．铜合金功能材料［M］．北京：科学出版社，2004.
［105］舟久保，熙康．形状记忆合金［M］．北京：机械工业出版社，1990.

[106] ZHUO L R, SONG B, LI R D, et al. Effect of element evaporation on the microstructure and properties of CuZnAl shape memory alloys prepared by selective laser melting [J]. Optics and Laser Technology, 2020.

[107] KENNETH K A, SHAIBU U. Mechanical behaviour and damping properties of Ni modified Cu-Zn-Al shape memory alloys [J]. Journal of Science: Advanced Materials and Devices, 2018.

[108] TUDORO C, ABRUDEANU M, STANCIU S, et al. Preliminary Results on Thermal Shock Behavior of CuZnAl Shape Memory Alloy Using a Solar Concentrator as Heating Source [J]. IOP Conference Series: Materials Science and Engineering, 2018.

[109] CARLO A B, BARBARA P, AUSONIO T. Microstructure and calorimetric behavior of laser welded open cell foams in CuZnAl shape memory alloy [J]. Functional Materials Letters, 2016.

[110] 张亮，万浩，姚鑫，等. 相变点温度对 CuZnAl 形状记忆合金滚滑动磨损性能的影响 [J]. 有色金属工程，2019，9（08）：30-35.

[111] 刘光磊，司乃潮，翟玉敬. 冷轧变形对 Ni-43. 5Ti-0. 5V 形状记忆合金超弹性和显微组织的影响 [J]. 中国有色金属学报，2014，24（03）：700-707.

[112] 许亮，王文华，司乃潮，等. 不同状态 CuZnA（lRE）形状记忆合金热疲劳性能 [J]. 铸造，2012，61（12）：1377-1382.

[113] 徐飞，司乃潮，司松海，等. 真空烧结温度对 Cu-Al-Mn 形状记忆合金性能的影响 [J]. 铸造，2012，61（10）：1125-1129.

[114] 司乃潮，翟玉敬，司松海，等. 时效处理对 TiNiCr 形状记忆合金相变的影响 [J]. 稀有金属材料与工程，2011，40（12）：2147-2151.

[115] 司乃潮，郑利波，司松海，等. 冷变形和中温处理对 TiNiCr 形状记忆合金相变的影响 [J]. 材料工程，2011（07）：20-25.

[116] 司乃潮，刘海霞，祁隆飙. 冷热循环对 CuZnAl 形状记忆合金性能的影响 [J]. 应用科学学报，2003，21（01）：107-110.

[117] 周如，陈忠家，张志，等. Zr 含量及固溶温度对 Cu-Zn-Al 形状记忆合金性能的影响 [J]. 有色金属加工，2014，43（03）：14-17.

[118] 柳月静，陈忠家，刘晓燕，等. 合金成分对 Cu-Zn-Al 形状记忆合金相变性能的影响 [J]. 热加工工艺，2011，40（14）：14-16.

[119] 刘晓燕，陈忠家，柳月静，等. 热处理对 Cu-Zn-Al 形状记忆合金显微组织及回复率的影响 [J]. 金属功能材料，2012，19（02）：1-6.

[120] SONER O, CENGIZ T. Thermoelastic transition kinetics of a gamma irradiated CuZnAl shape memory alloy [J]. Metals and Materials International, 2012, 18 (6).

[121] AMABOLDI S, BASSANI P, PASSARETTI F, et al. Functional Characterization of Shape Memory CuZnAl Open-Cell Foams by Molten Metal Infiltration [J]. Journal of Materials Engineering and Performance, 2011, 20 (4-5).

[122] 张鹤鹤. Cu-Al-Ni 和 Cu-Zn-Al 多孔形状记忆合金的制备及性能研究 [D]. 哈尔滨：哈尔滨工业大学，2014.

[123] 司乃潮，贾志宏，孙少纯. CuZnAl（RE）形状记忆合金马氏体稳定化的研究及解决措施 [J]. 中国稀土学报，2002，20：141-144.

[124] 张宝昌. 有色金属及其热处理 [M]. 西安：西北工业大学出版社，1993.

[125] 布鲁克斯. 有色合金的热处理、组织和性能 [M]. 丁夫，译. 北京：冶金工业出版社，1988.

[126] 崔忠圻，覃耀春. 金属学及热处理 [M]. 第 2 版. 北京：机械工业出版社，2011.

[127] 余永宁. 金属学原理 [M]. 第 2 版. 北京：冶金工业出版社，2013.

[128] 侯增寿，卢光熙. 晶体缺陷与金属热处理 [M]. 北京：机械工业出版社，1988.

[129] 商宝禄. 冶金过程原理 [M]. 北京：国防工业出版社，1986.

[130] 张晨阳，赵升吨，王永飞. 电磁搅拌法制备的半固态 2A50 合金的显微组织演变 [J]. 中国有色金属学报，2015，25（07）：1781-1789.

[131] 余成远，石家平. 超高强铝合金热处理工艺探讨 [J]. 世界有色金属，2019（03）：11-12.

[132] 康铭，窦志家，刘施洋，等. 欠时效时间对 LD5 挤压棒材的性能、硬度和电导率影响规律研究 [J]. 有色金属加工，2017，46（05）：29-31.

[133] 董宇，王新宇，费文慧，等. 淬火水温对 7B04 合金晶间腐蚀与剥落腐蚀的影响 [J]. 金属热处理，2019，44（12）：90-94.

[134] JIAO X Y，LIU C F，GUO Z P，et al. The characterization of Fe-rich phases in a high-pressure die cast hypoeutectic aluminum-silicon alloy [J]. Journal of Materials Science & Technology，2020，51：54-62.

[135] 李欢，文九巴，贺俊光，等. Mg-Zn-Zr 系生物镁合金研究现状及展望 [J]. 材料热处理学报，2019，40（07）：1-9.

[136] 柴韶春，孟奇，杨润，等. Y 对 Mg-Zn-Zr 合金力学性能的影响 [J]. 特种铸造及有色合金，2019，39（07）：711-715.

[137] 曹军，郑磊. 高强高导铜合金的强化方法和研究热点 [J]. 铸造技术，2018，39（07）：1637-1642.

[138] 庄一东，董云伟，顾建其. 铜合金化学热处理在有色金属加工中的应用 [J]. 上海有色金属，2001，22（02）：77-79.

[139] 孔令宝，周延军，宋克兴，等. 热处理对 Cu-0. 52Ag-0. 22Cr 合金组织和性能的影响 [J]. 材料热处理学报，2019，40（12）：68-73.

[140] 赵作福，李鑫，刘亮. 脉冲电压对黄铜合金耐蚀性能的影响机制 [J]. 热加工工艺，2020，49（08）：30-33.

[141] 费跃，朱知寿，王新南，等. 锻造工艺对新型低成本钛合金组织和性能影响 [J]. 稀有金属，2013，37（02）：186-191.

[142] 罗文忠，孙峰，赵小花，等. 固溶处理对 Ti60 合金组织及拉伸性能的影响 [J]. 稀有金属材料与工程，2017，46（12）：3967-3971.

[143] 杨常贺，高钦. 有色金属净化 [M]. 大连：大连理工大学出版社，1989.

[144] 路贵民，柯东杰. 铝合金熔炼理论与工艺 [M]. 沈阳：东北大学出版社，1999.

[145] 王超，高贺凤，王震威，等. 铝合金用新型万能熔剂的检测分析新方法探讨 [J]. 轻合金加工技术，2013，41（06）：48-53.

[146] 李细江，饶雄，张荻，等. 铝及铝合金与熔融钠反应的研究 [J]. 材料工程，2000，(03)：14-16.

[147] 宋文杰，刘洁，董会萍，等. 超轻镁锂合金熔炼工艺研究 [J]. 材料导报，2020，34（Z1）：316-321.

[148] 辛仕伟，冯志军，苏鑫，等. 镁合金熔体保护与净化的研究与进展 [C]. 中国机械工程学会铸造分会，2019：742-747.

[149] 吴健，郭光平，古文全，等. 稀土镧对 ZM5 铸造镁合金显微组织和性能的影响 [J]. 有色金属工程，2018，8（01）：26-31.

[150] 王媛媛，刘洪汇，李海宏，等. 铸造镁合金防燃技术的研究和应用 [J]. 科技创新与应用，2015（08）：16.

[151] 李军仁. 真空自耗电弧炉铜坩埚的受热与冷却计算 [J]. 工业炉，2000，22（04）：51-54.

[152] 张继玉. 真空电炉 [M]. 北京：冶金工业出版社，1994.